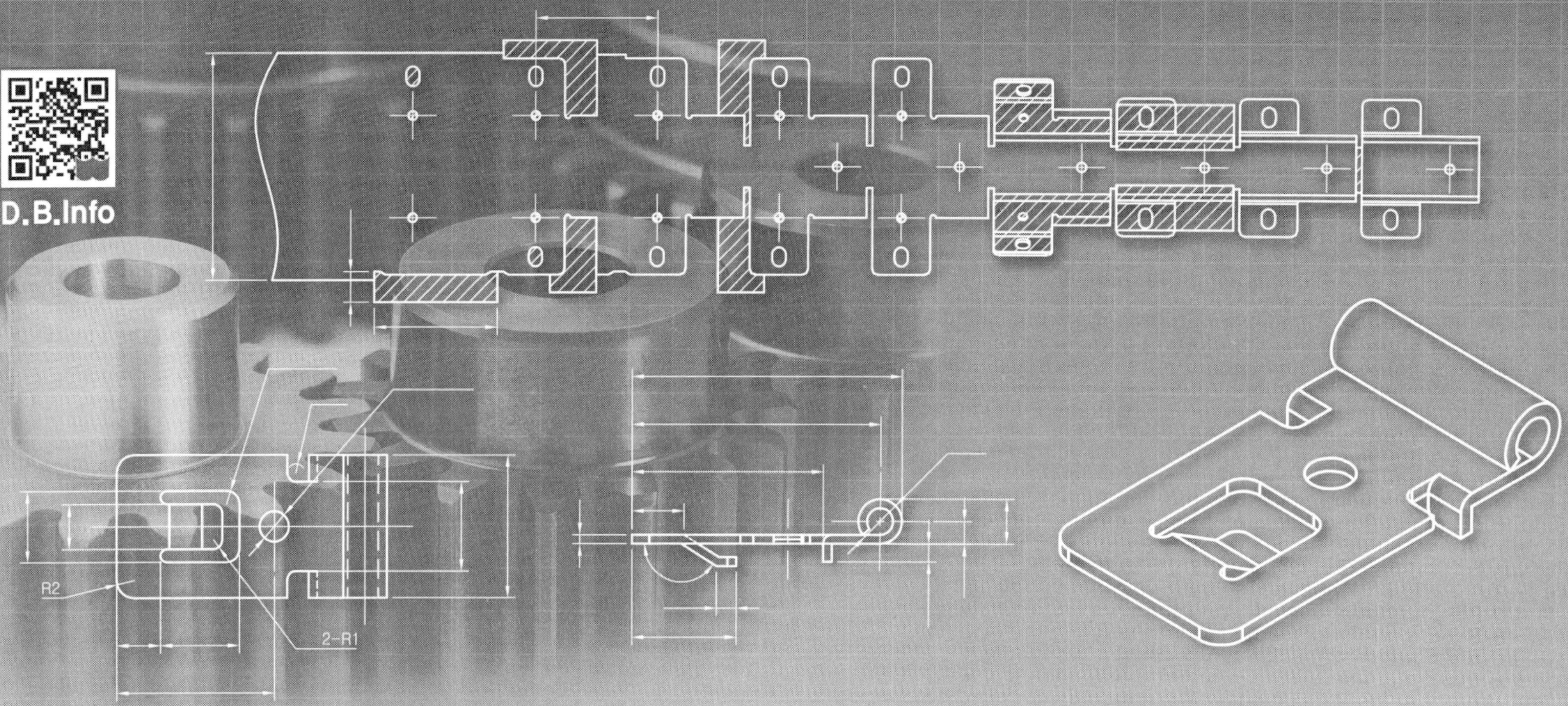

D.B.Info

현장실무능력 배양을 위한

최신 프레스금형 설계도면집

공학박사 · 금형기술사 · 기계공정설계기술사 · 기계제작기술사 윤 갑 석

PREFACE

금형은 재료의 소성(Plasticity), 전/연성(Malleability, Ductility), 유동성(Fluidity)등의 성질을 이용하여 재료를 가공성형, 제품을 생산하는 도구로서 금속재료를 사용하여 만들어진 형(型)을 말하며 "동일형상, 동일규격의 제품을 대량 생산하기 위해 모체가 되는 틀"이라고 한다 한마디로 공구류(tooling)라고 할 수 있다.

금형에 의해 만들어지는 제품의 종류는 매우 광범위하다. 즉, 자동차공업, 컴퓨터, 핸드폰, TV, 오디오 등 전기전자 제조업, 우주항공 산업부품, 시계 및 광학기계 관련 정밀기기산업, 사무용품, 주방용품, 스포츠용품, 완구용품, 카세트, 신발류 등에 이르기까지 거의 대부분의 산업분야와 관련되어 있다. 즉 인간의 기능에 의존하여 극소수의 제품만을 생산하던 1차적 기능 형태에서, 대량생산이라는 2차적 기능으로 확산할 수 있게 한 것이다. 제조업이 존재하는 한 금형은 존재할 것이다 .

본서는 저자의 독자적인 연구가 아니라 오랜 세월 동안 금형인들의 학문을 정리한 것으로 필자는 어려운 내용을 현장 실무 능력을 향상을 위하여 쉽도록 금형설계를 할 수 있도록 정리한 것이다. 오랜 현장 경험을 바탕으로 대학에서 후학들을 지도하는 과정에서 금형산업의 발전을 지원하는 전문기관인 한국금형협동조합의 도움을 받아 금형을 배우는 학생들은 물론 자격증을 준비하는 모든 금형인에게 조금이나마 도움이 되게 정리를 한 것이니 여러군데 미흡한 점은 앞으로 지속적으로 보완을 하고자 한다.

끝으로 본서가 나오기까지 많은 용기와 도움을 주신 분들께 감사드리며 복두출판사 대표님과 관계되시는 분들께 진심으로 감사의 말씀을 드린다.

2017년 12월

공학박사 **윤갑석**

CONTENT

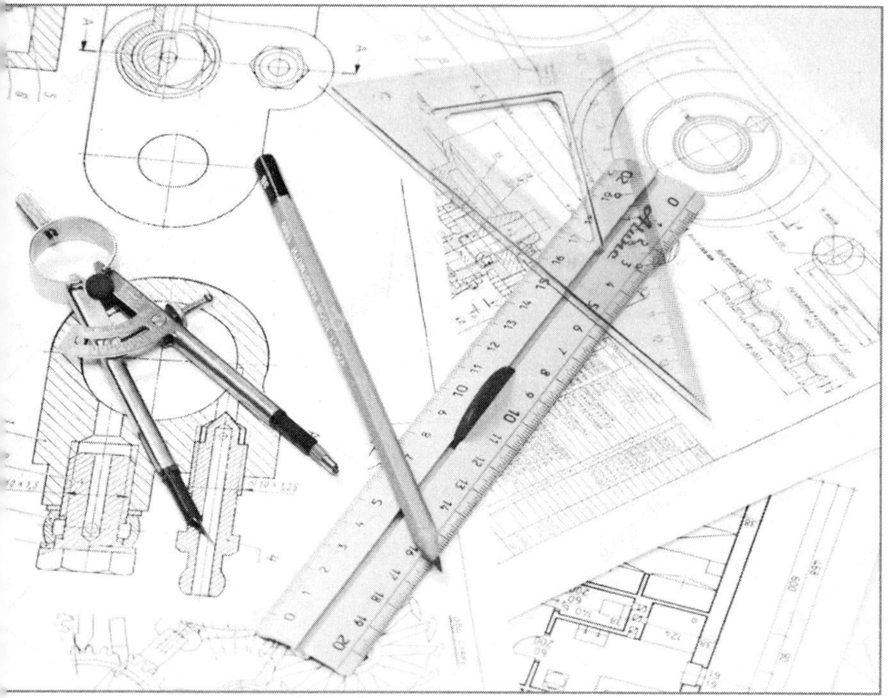

제 3 장 프레스금형설계 도면 Ⅲ | 91

제 4 장 프레스금형설계 도면 Ⅳ | 277

C.H.A.P.T.E.R 1

프레스금형설계 도면 I

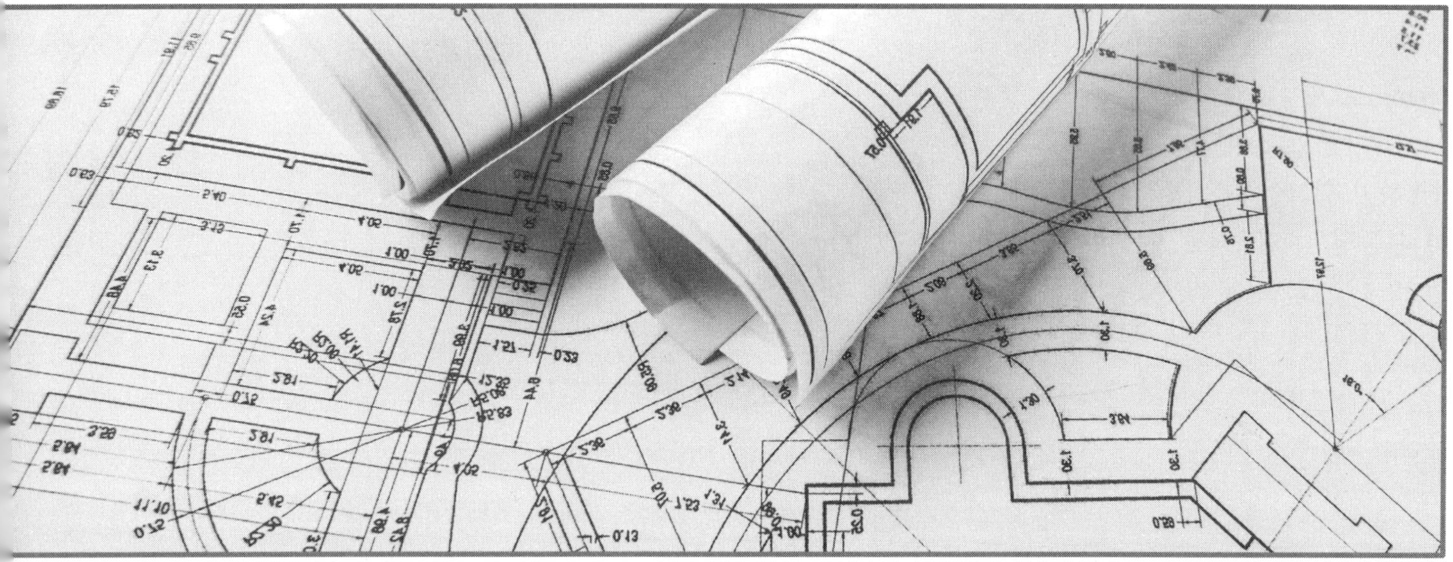

1.1 Progressive-die(Plate A)

■ 요구사항

1) 투상법 : 3각법
2) 가동식 스트리퍼를 사용할 것
3) 제품도에 공차 있는 치수는 공구의 마모를 고려, 기준치수를 보정하여 설계할 것
4) 소재이송은 좌측에서 우측으로 하고, 가이드 리프터핀을 사용하며 피더에 의해 피치 이송을 하므로 사이드 커터를 사용하지 않는다.
5) 제품 배열은 1열 1개 따기로 할 것.(블랭킹 낙하방식)
6) 다이셋트는 FB형 스틸 다이 세트를 사용한다.
7) STRIP LAYOUT 작성 : 피치 소재 폭, 각각의 공정을 기입할 것
8) 단면 조립도 작성 (표제란 작성할 것)
9) 부품도 작성 : ① 다이 플레이트 ② 원형, 이형 피어싱 펀치 ③ 파팅(노칭) 펀치 ④ 포밍 펀치 ⑤ 포밍 다이편
10) 전단편측 클리어런스는 0.05 mm로 할 것.
11) 제품의 최종 완성은 파팅(노칭) 가공으로 완성한다.
12) 파일럿은 별도의 구멍을 가공하지 말고, 제품상의 ∅4 hole를 이용할 것.
13) 표제란(부품란)에 각 부품의 부품명, 재질, 척도, 주기란 등을 명기할 것.
14) 기타 지시되지 않은 사항은 프레스 금형설계 및 KS제도법에 따라 완성할 것.

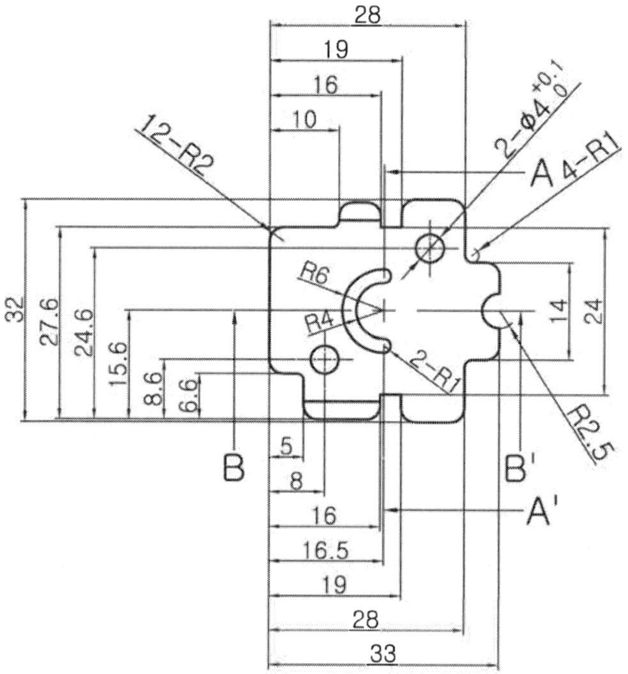

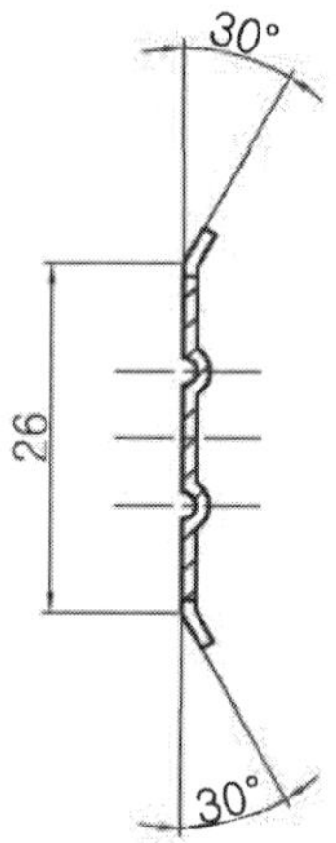

SECTION A-A'

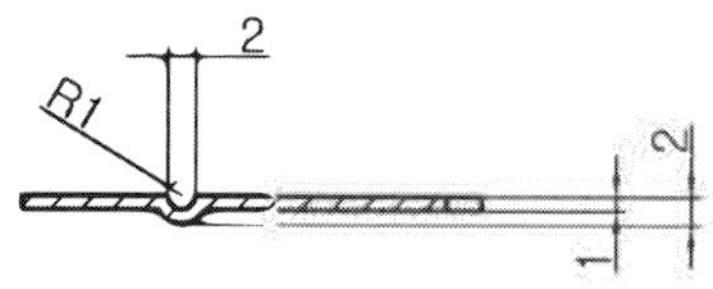

SECTION B-B'

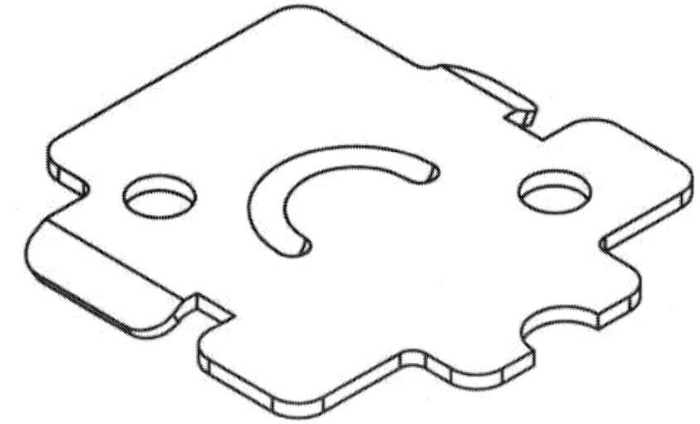

주 서

1. 소재: 냉간압연강판 t=1mm
2. 소재전단강도: 36kgf/mm²
3. 편측클리어런스: 5% t
4. 가이드 리프터, 블랭킹 낙하방식
5. 표면거칠기

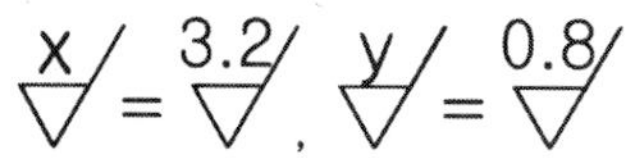

작품명	Plate1	척도	NS
		각법	3각법

복합조립단면도

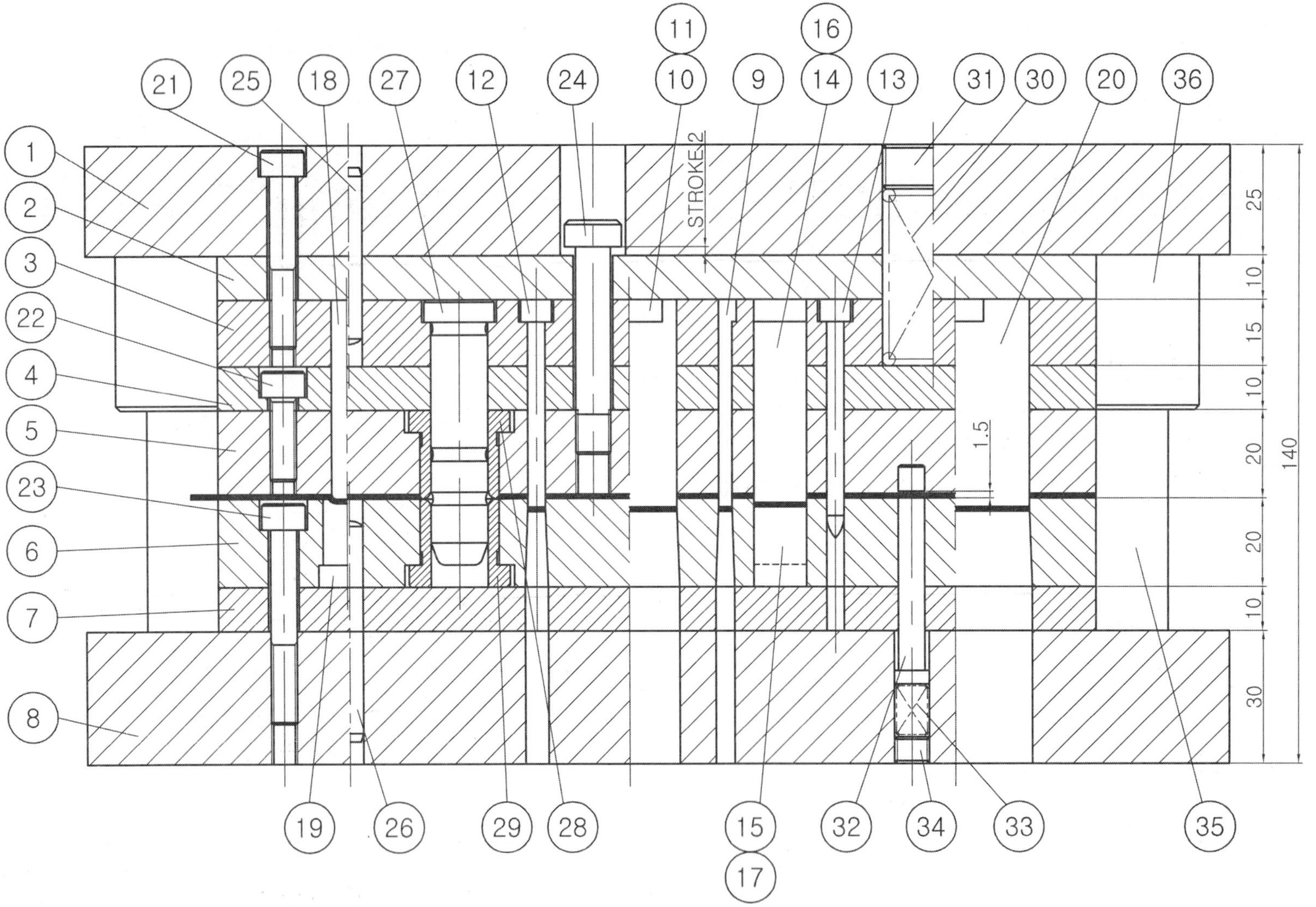

품번	부 품 명	수 량	재 질	비 고
36	가이드포스트부시	4	STC4	H_RC55
35	가이드포스트	4	STC4	H_RC55
34	세트스크류	10	규격품	M8X10
33	스프링	10	규격품	TR7X12
32	가이드리프터	10	STC3	
31	세트스크류	6	규격품	M24X10
30	스프링	6	규격품	TR21X40
29	가이드부시	4	STC4	H_RC55
28	가이드부시	4	STC4	H_RC55
27	가이드핀	4	STC4	H_RC55
26	맞춤핀	2	STC3	ϕ6X50
25	맞춤핀	2	STC3	ϕ6X40
24	스트리퍼볼트	4	규격품	M6X50
23	육각볼트	6	규격품	M6X50
22	육각볼트	6	규격품	M6X25
21	육각볼트	6	규격품	M6X45
20	블랭킹펀치	1	STD11	H_RC55
19	포밍다이편	1	STD11	H_RC55
18	포밍펀치	1	STD11	H_RC55
17	벤딩다이편	1	STD11	H_RC55
16	벤딩펀치	1	STD11	H_RC55
15	벤딩다이편	1	STD11	H_RC55
14	벤딩펀치	1	STD11	H_RC55
13	파일럿핀	4	STD11	H_RC55
12	피어싱펀치	2	STD11	H_RC55
11	노칭펀치	1	STD11	H_RC55
10	노칭펀치	1	STD11	H_RC55
9	이형피어싱펀치	1	STD11	H_RC55
8	하홀더	1	SM45C	
7	다이받침판	1	STD11	
6	다이	1	STD11	H_RC55
5	스트리퍼	1	STD11	
4	압축판	1	STD11	H_RC55
3	펀치고정판	1	STD11	
2	펀치받침판	1	STD61	H_RC55
1	상홀더	1	SM45C	

Progressive-die(Plate A)	척도	NS
	각법	3각법

STRIP LAYOUT

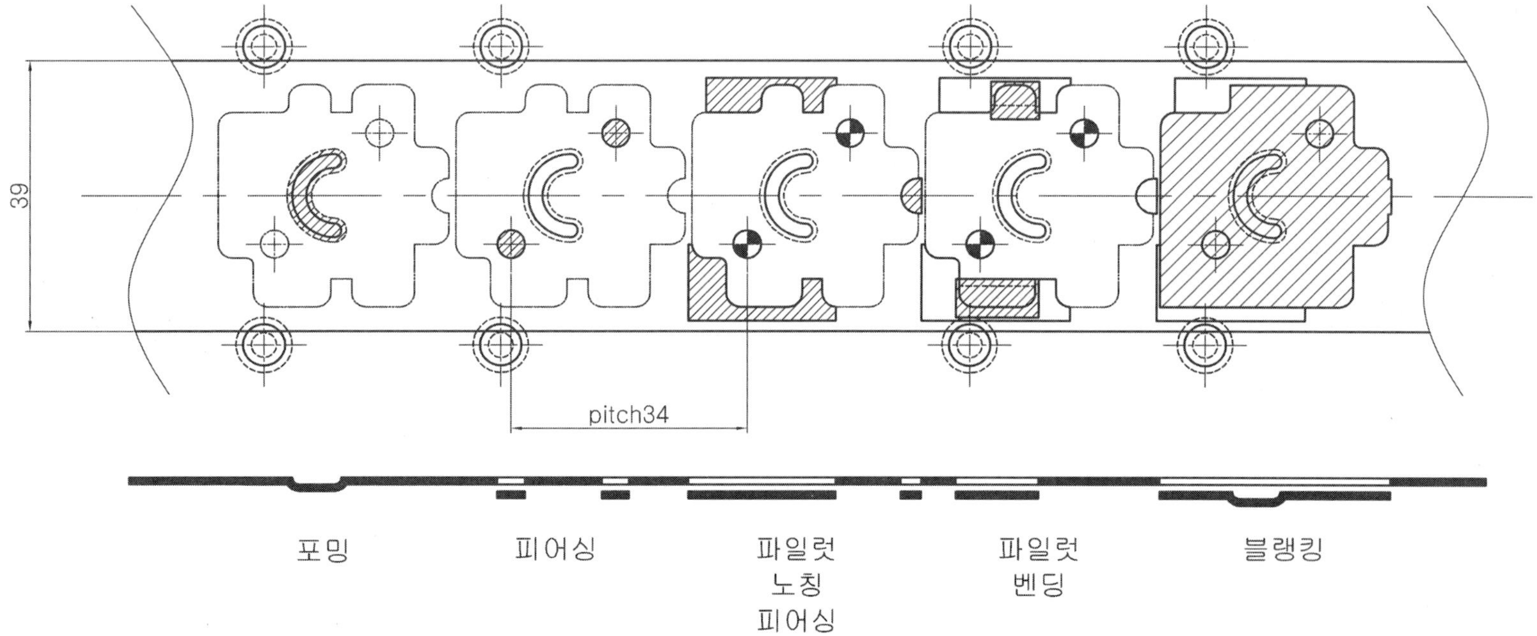

① 상홀더 $\overset{x}{\nabla}$ ($\overset{y}{\nabla}$)

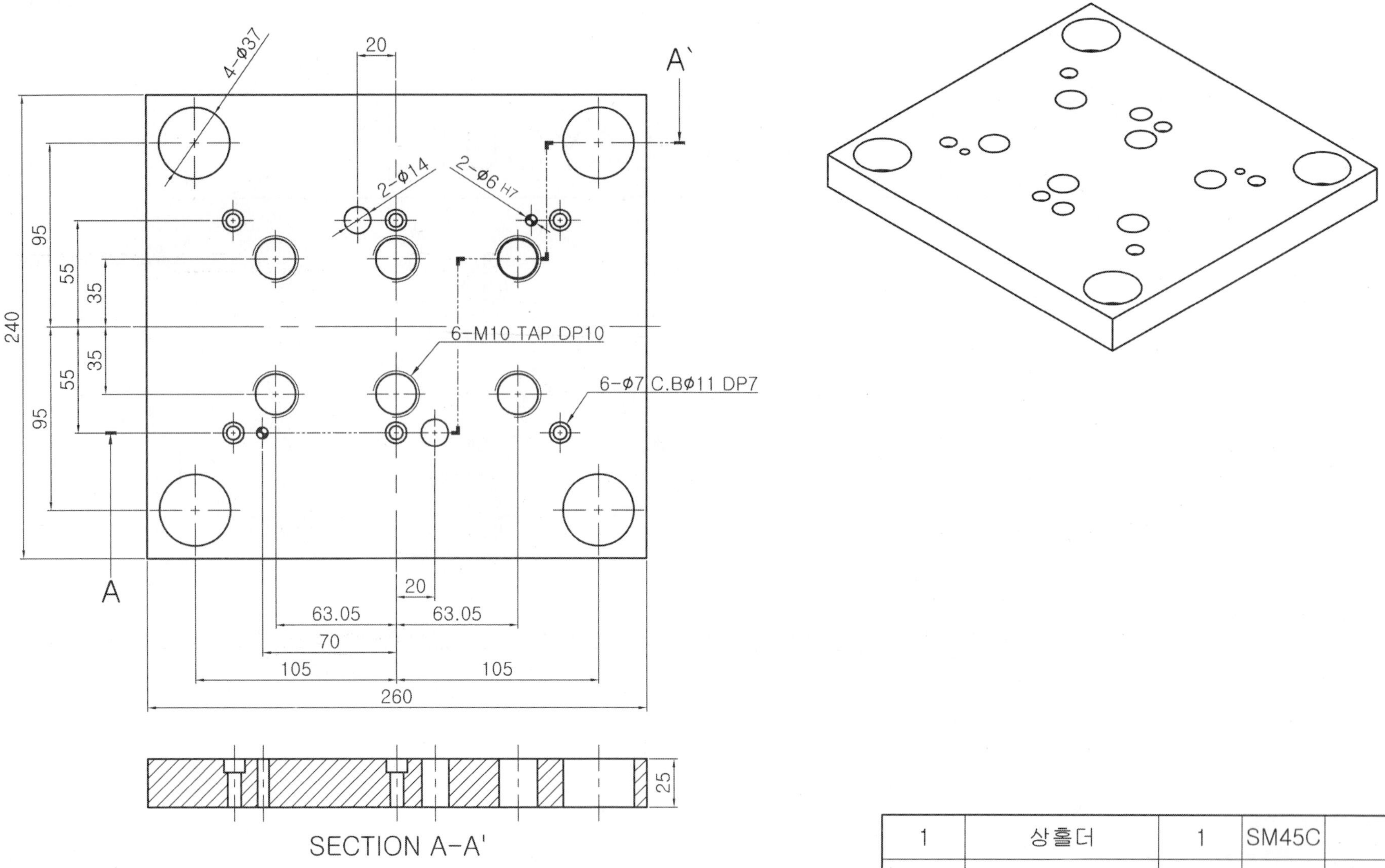

1	상홀더	1	SM45C	
품번	부 품 명	수 량	재 질	비 고
Progressive-die(Plate A)			척도	NS
			각법	3각법

② 펀치받침판 x∕▽ (y∕▽)

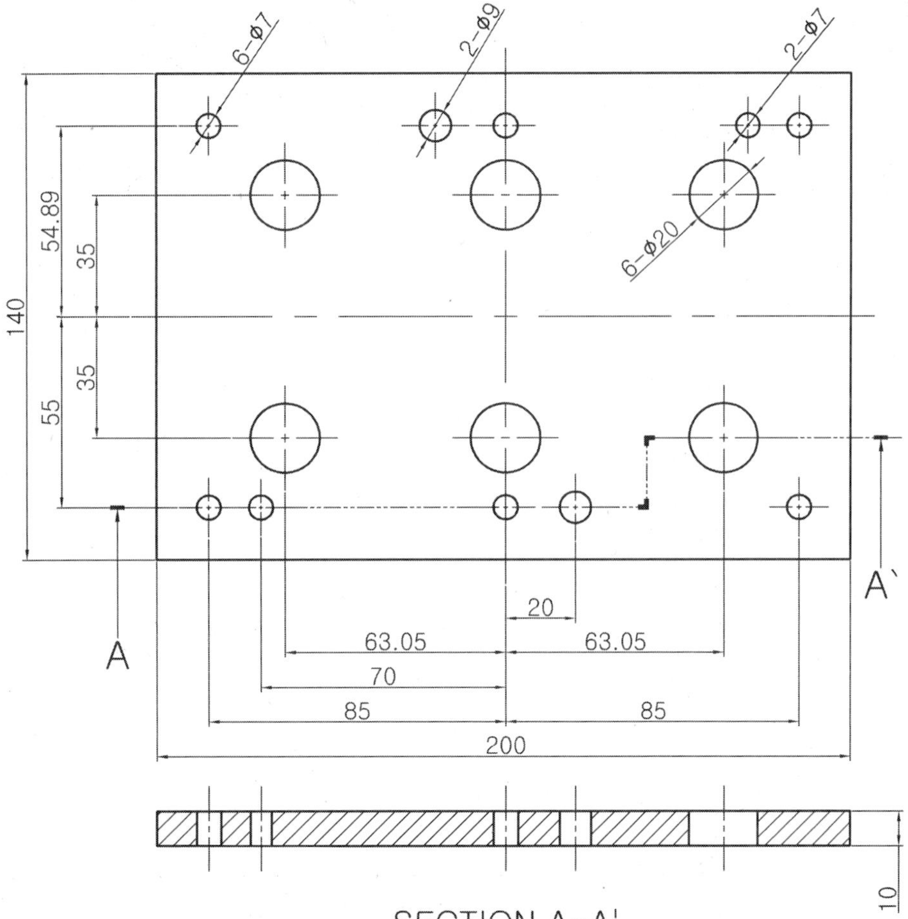

SECTION A-A'

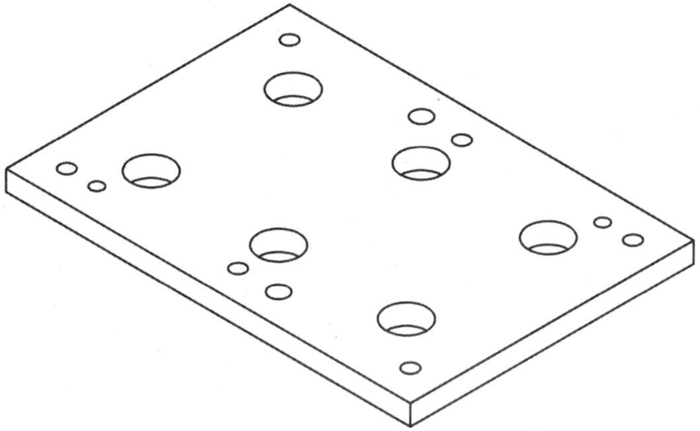

2	펀치받침판	1	STD61	H_RC55
품번	부 품 명	수 량	재 질	비 고
Progressive-die(Plate A)			척도	NS
			각법	3각법

③ 펀치고정판 $\overset{x}{\triangledown}$ ($\overset{y}{\triangledown}$)

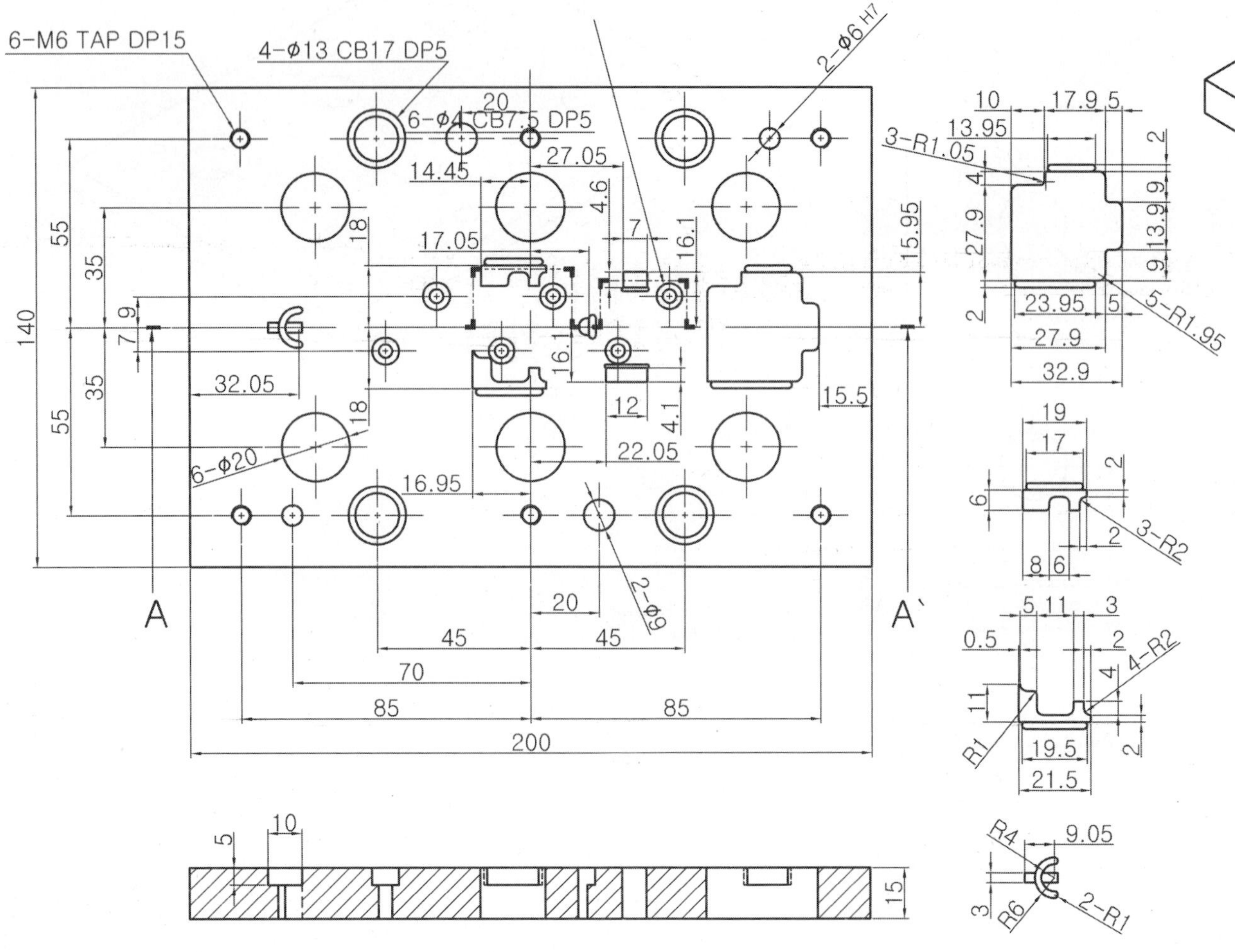

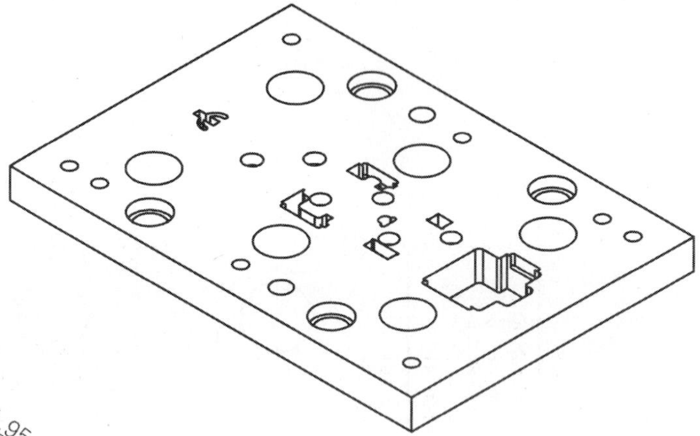

3	펀치고정판	1	STD11	
품번	부 품 명	수 량	재 질	비 고
Progressive-die(Plate A)			척도	NS
			각법	3각법

④ 압축판 $\overset{x}{\bigtriangledown}$/ ($\overset{y}{\bigtriangledown}$/)

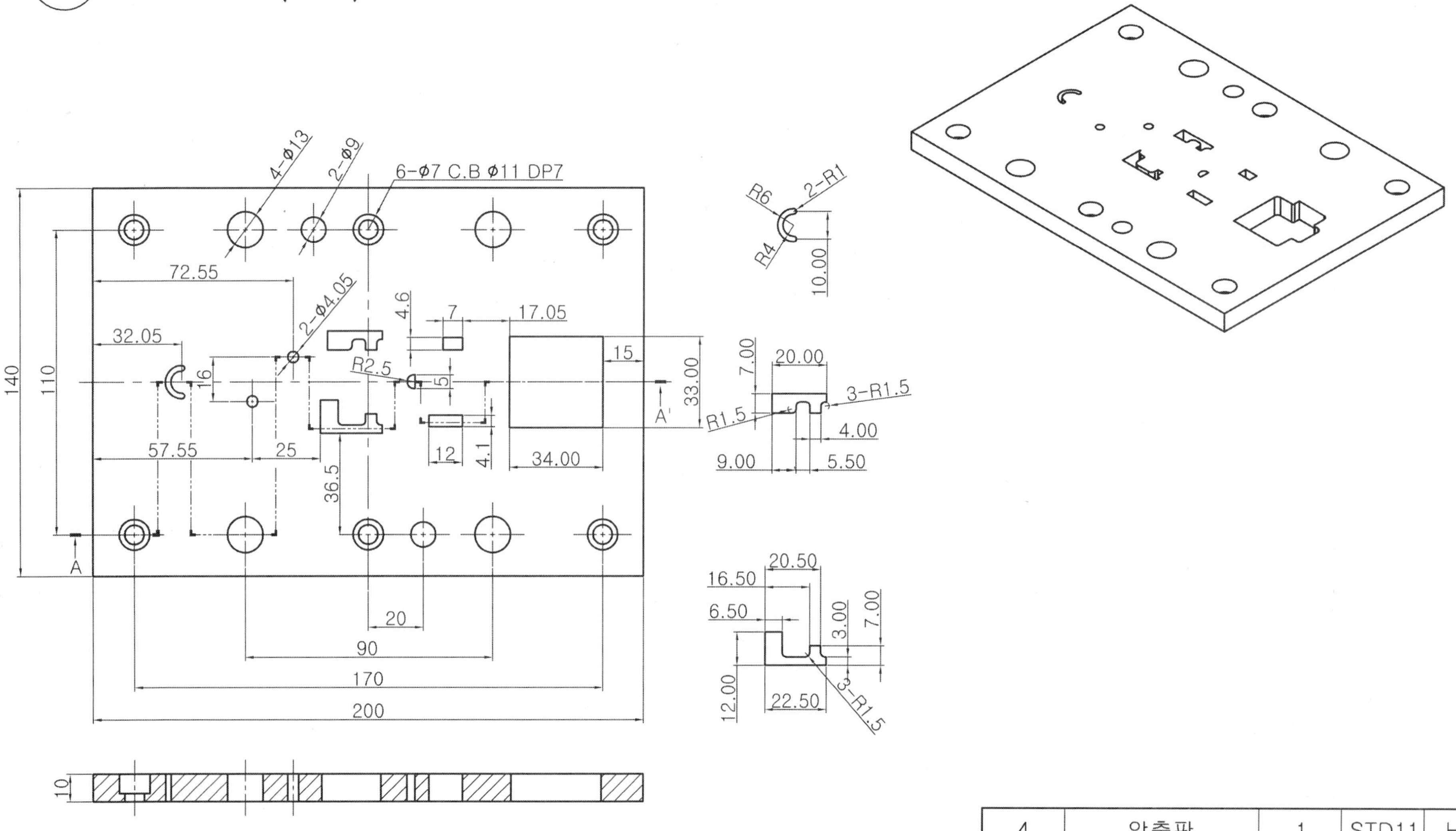

SECTION A-A'

4	압축판	1	STD11	H_RC55
품번	부 품 명	수 량	재 질	비 고
Progressive-die(Plate A)			척도	NS
			각법	3각법

⑤ 스트리퍼 $\overset{x}{\bigtriangledown}$ ($\overset{y}{\bigtriangledown}$)

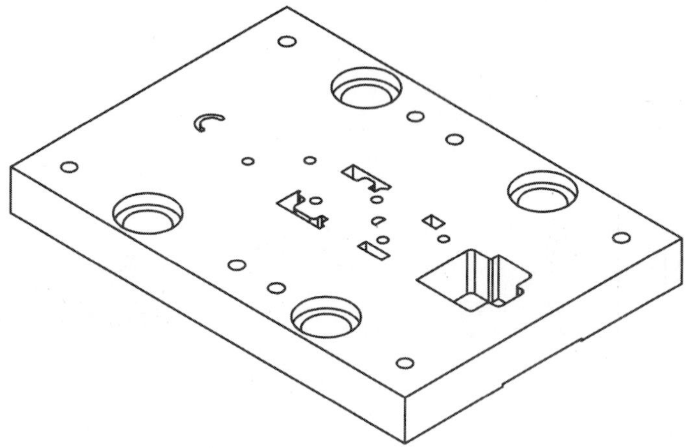

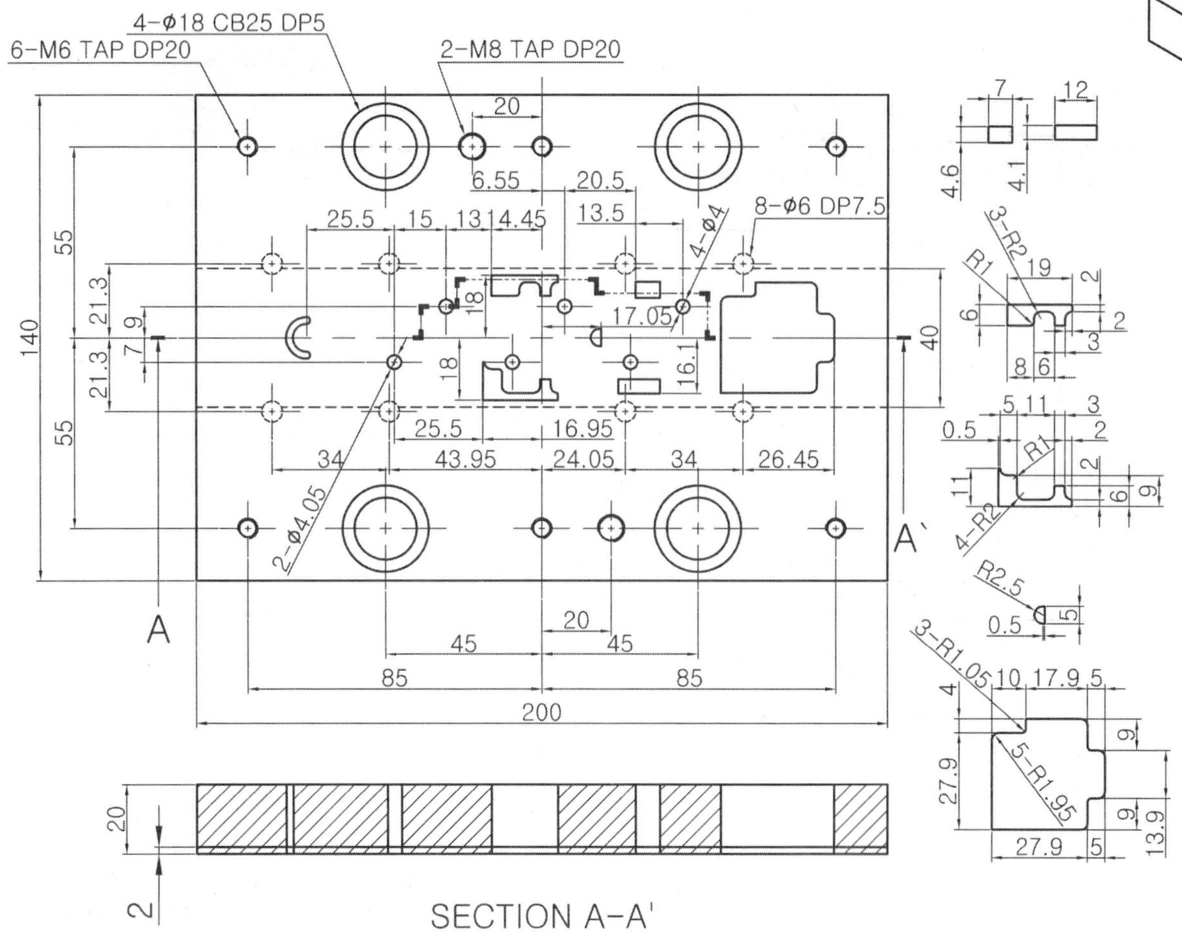

5	스트리퍼	1	STD11	
품번	부 품 명	수 량	재 질	비 고
Progressive-die(Plate A)			척도	NS
			각법	3각법

⑥ 다이 $\overset{x}{\bigtriangledown}$ ($\overset{y}{\bigtriangledown}$)

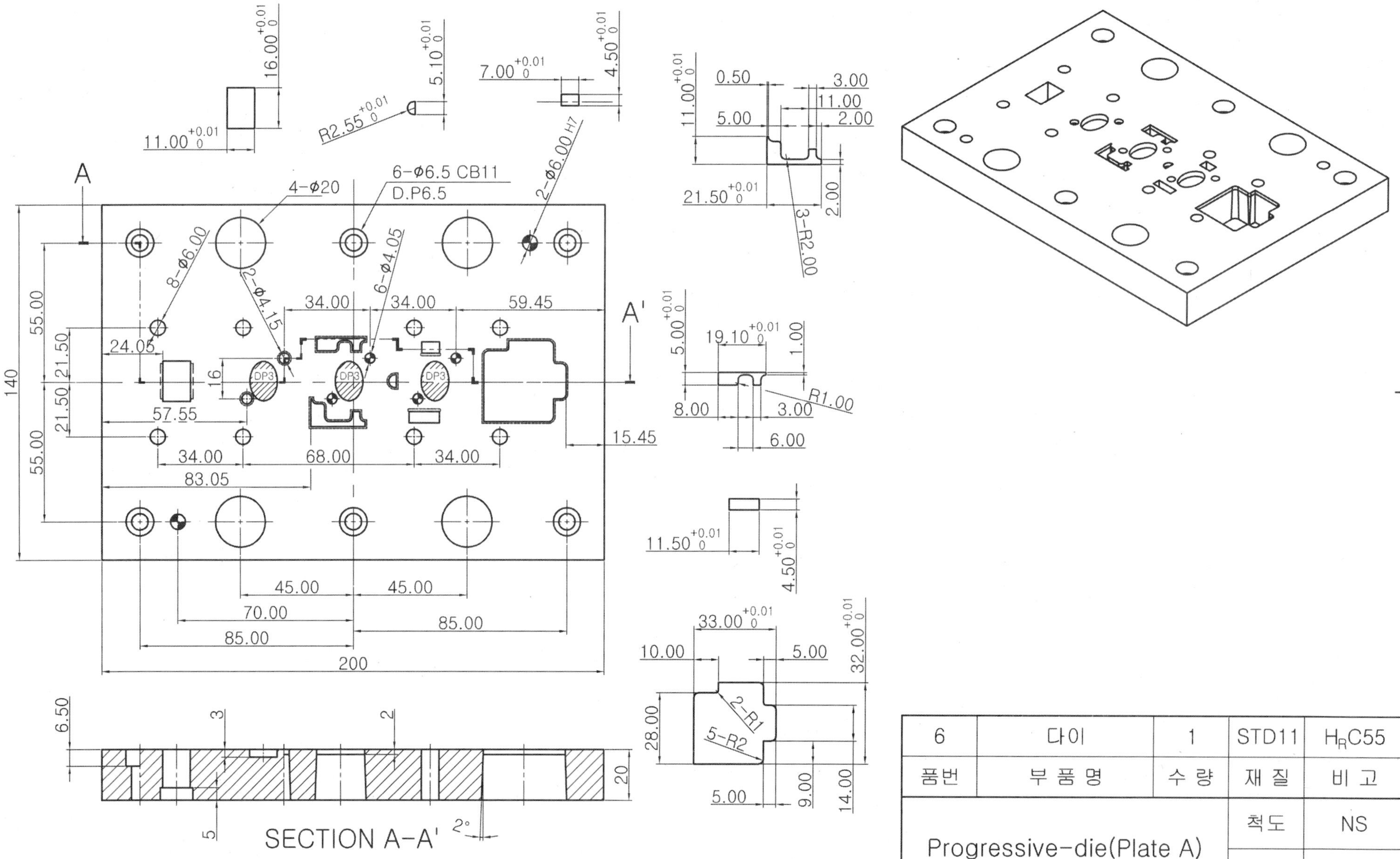

6	다이	1	STD11	H_RC55
품번	부 품 명	수 량	재 질	비 고
Progressive-die(Plate A)			척도	NS
			각법	3각법

⑦ 다이받침판 $\overset{x}{\nabla}$ ($\overset{y}{\nabla}$)

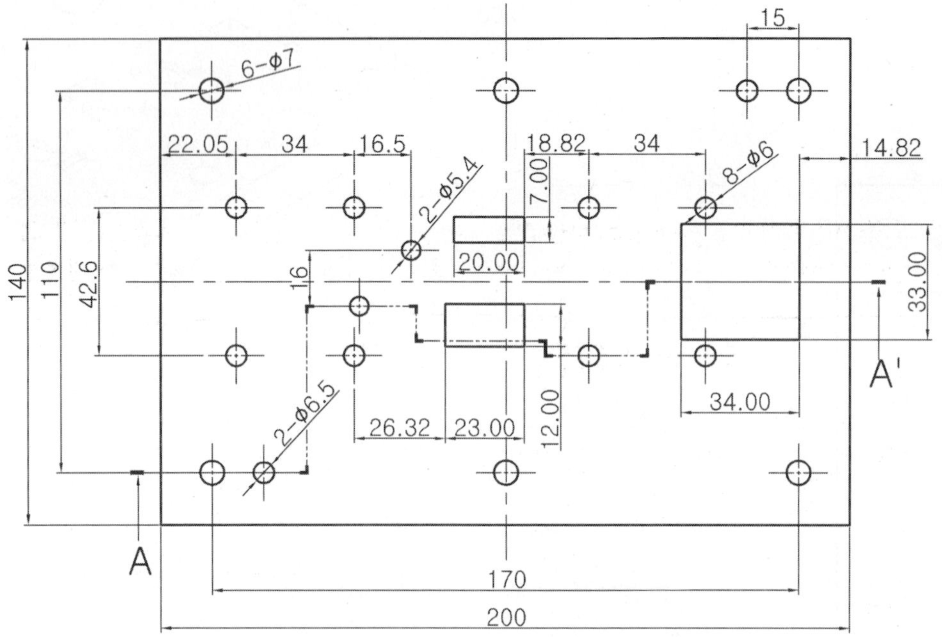

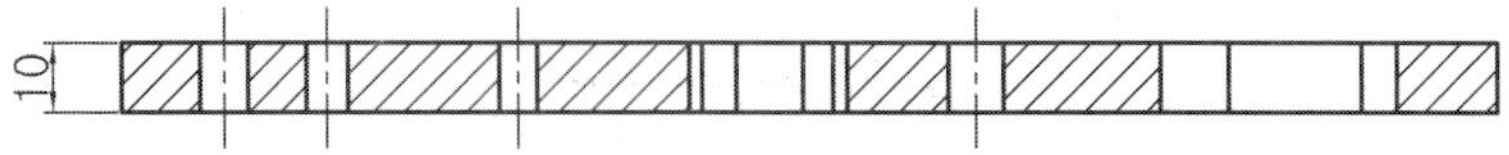

SECTION A-A'

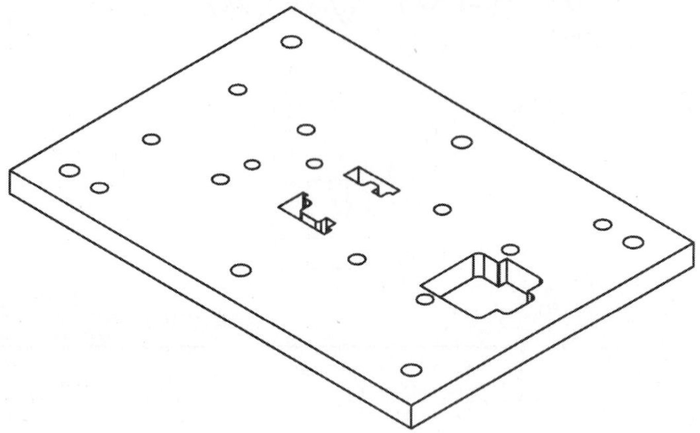

7	다이받침판	1	STD11	
품번	부 품 명	수 량	재 질	비 고
Progressive-die(Plate A)			척도	NS
			각법	3각법

⑧ 하홀더 x/▽ (y/▽)

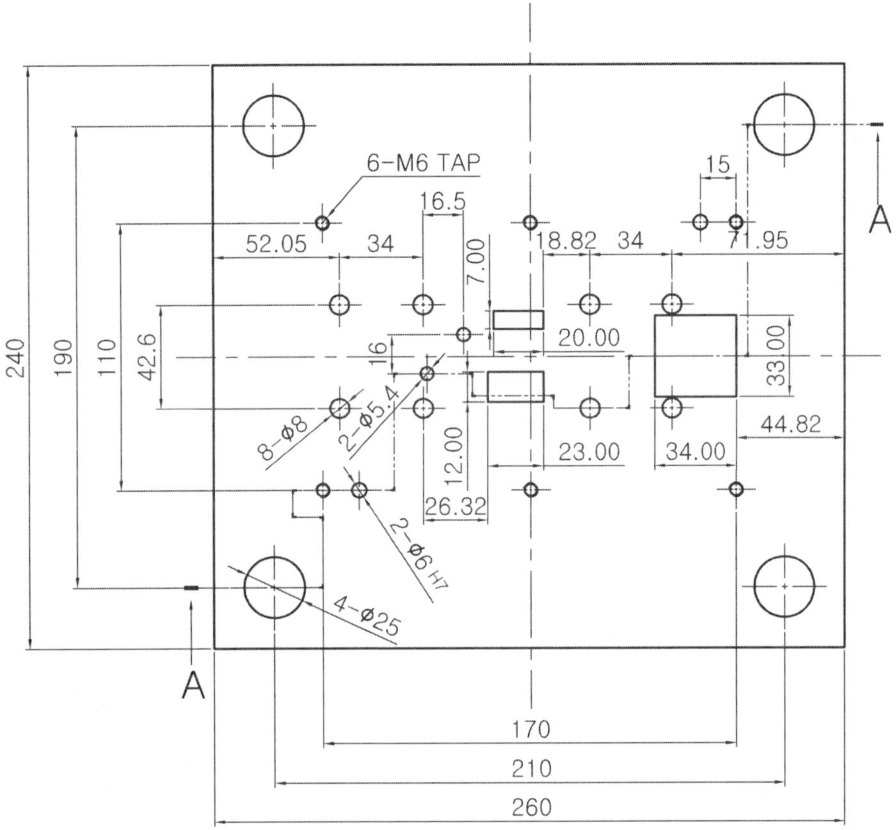

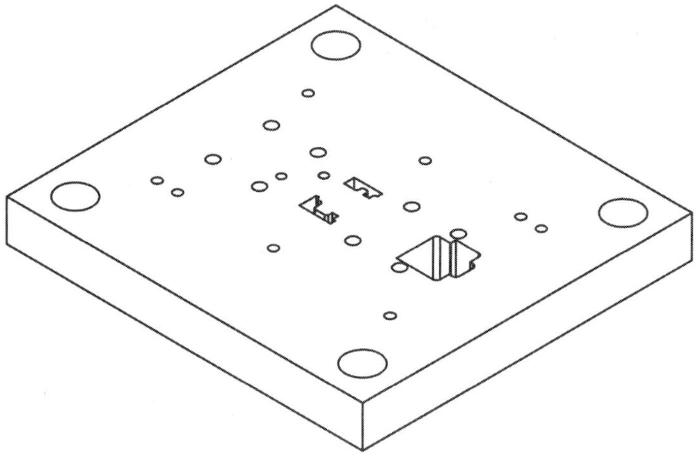

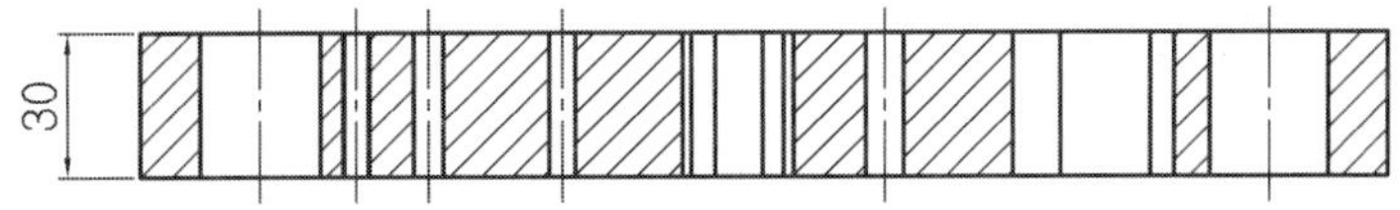

SECTION A-A'

8	하홀더	1	SM45C	
품번	부 품 명	수 량	재 질	비 고
Progressive-die(Plate A)			척도	NS
			각법	3각법

⑨ 이형피어싱펀치 x/ (y/)

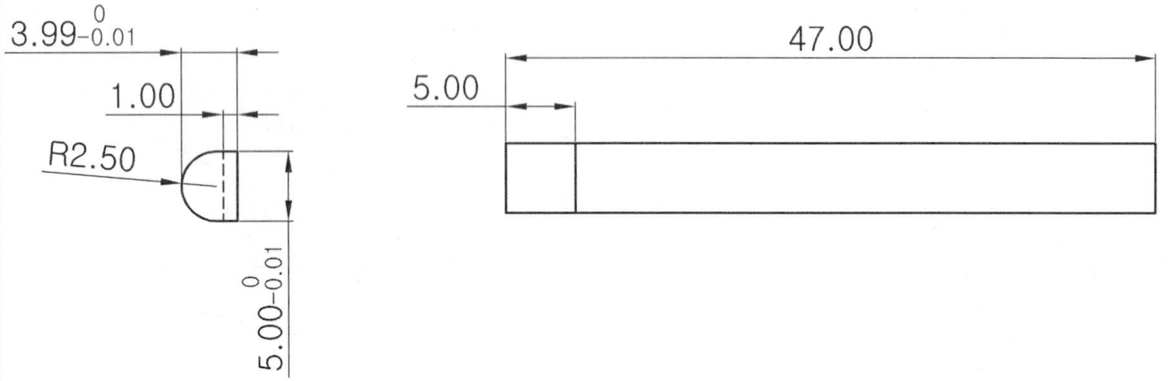

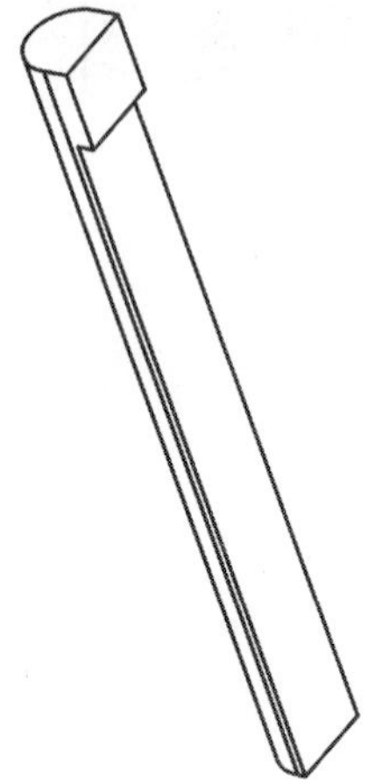

⑳ 블랭킹펀치 x/ (y/)

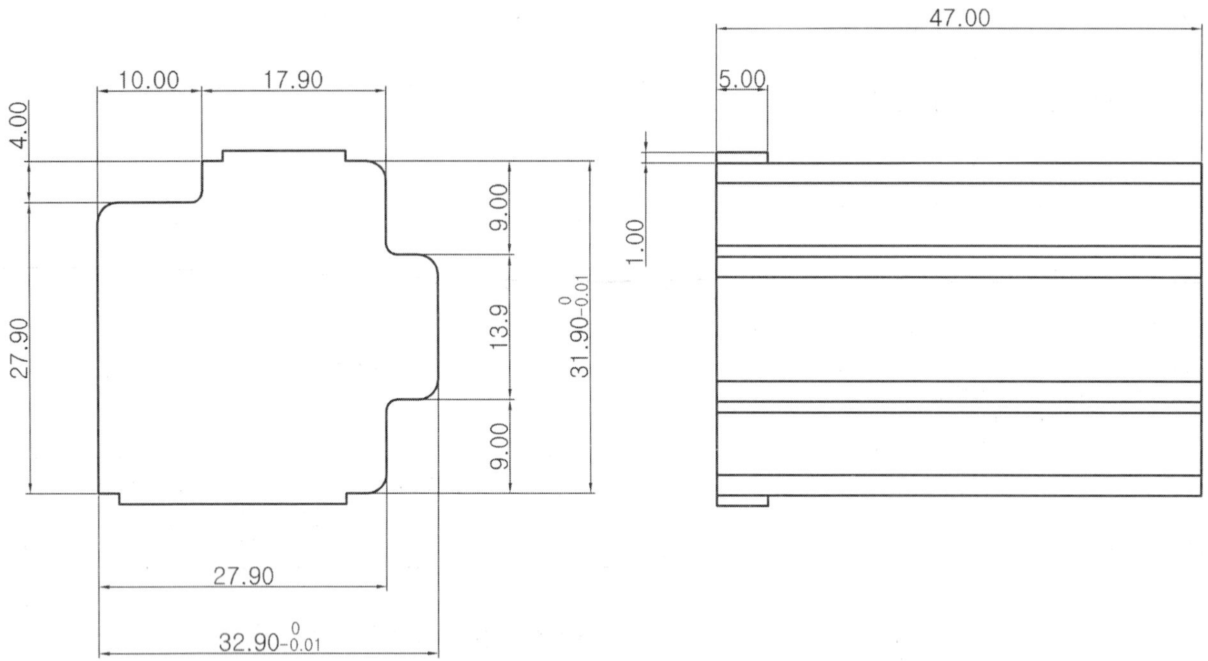

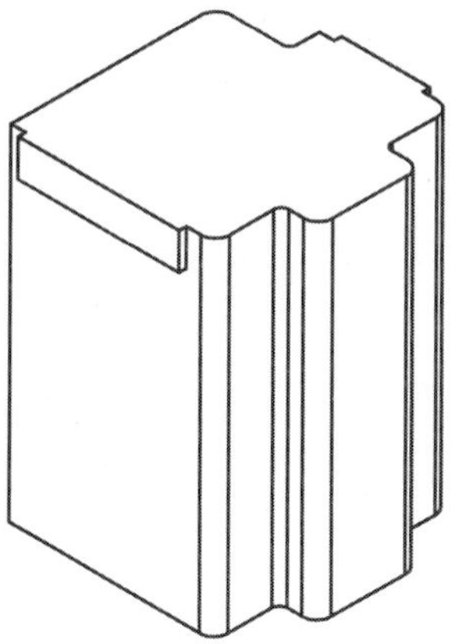

품번	부 품 명	수 량	재 질	비 고
20	블랭킹펀치	1	STD11	H_RC55
9	이형피어싱펀치	1	STD11	H_RC55

Progressive-die(Plate A)		
	척도	NS
	각법	3각법

⑩ 노칭펀치 $\overset{x}{\bigtriangledown}$ ($\overset{y}{\bigtriangledown}$)

⑪ 노칭펀치 $\overset{x}{\bigtriangledown}$ ($\overset{y}{\bigtriangledown}$)

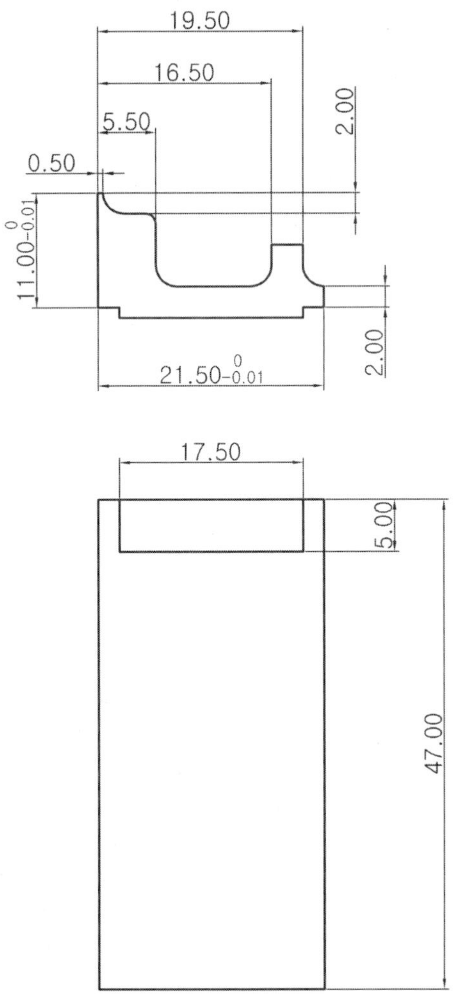

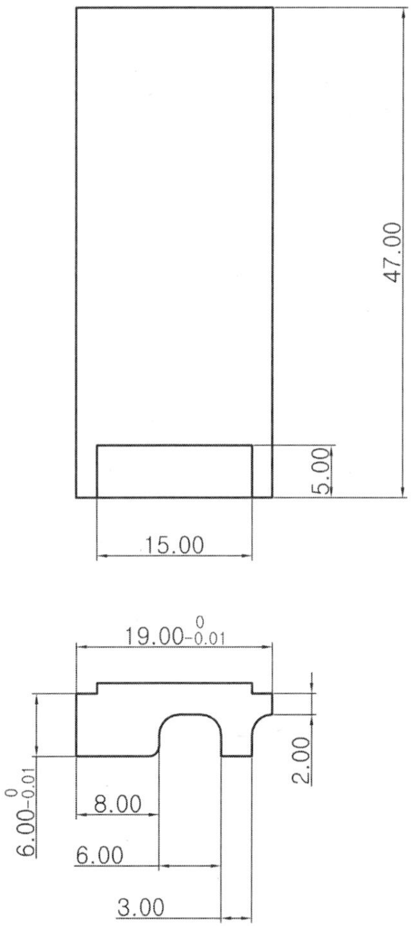

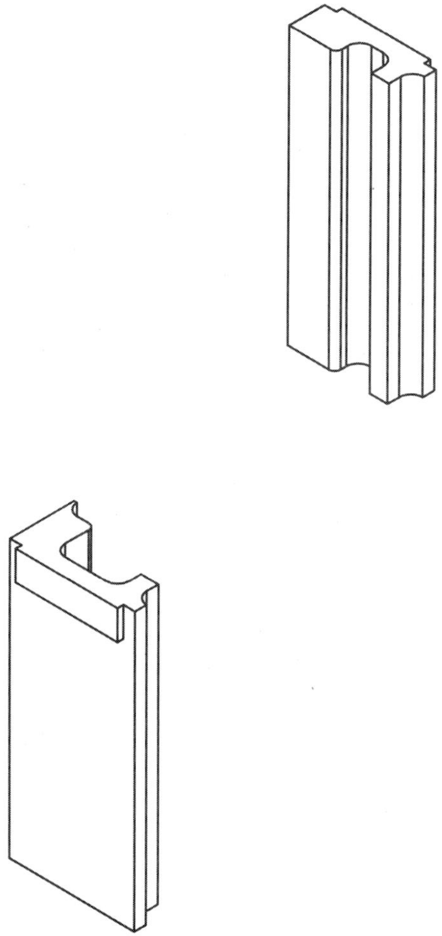

11	노칭펀치	1	STD11	H_RC55
10	노칭펀치	1	STD11	H_RC55
품번	부 품 명	수 량	재 질	비 고
Progressive-die(Plate A)			척도	NS
			각법	3각법

⑫ 피어싱펀치 $\overset{x}{\nabla}$ ($\overset{y}{\nabla}$)

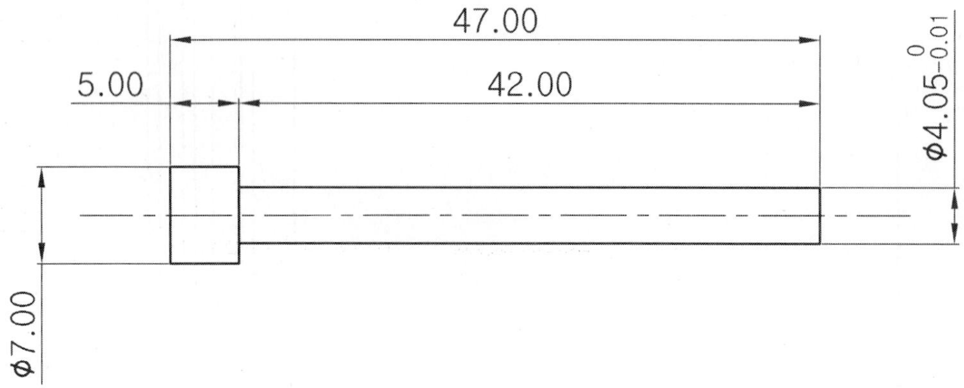

⑬ 파일럿핀 $\overset{x}{\nabla}$ ($\overset{y}{\nabla}$)

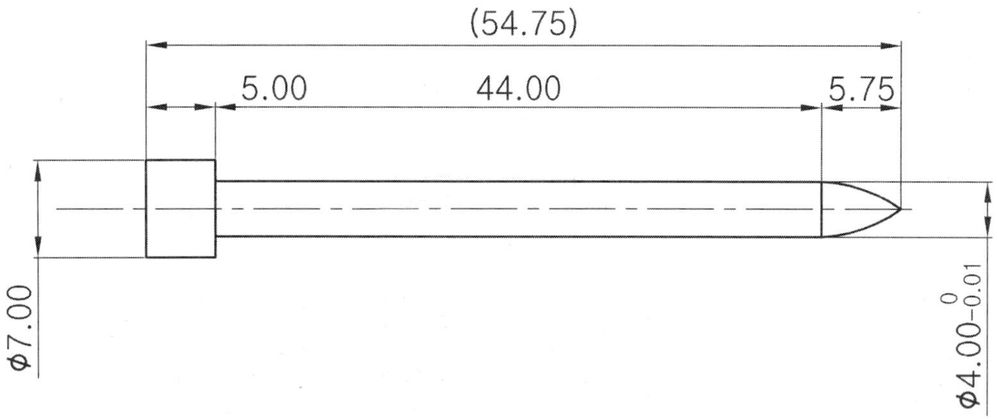

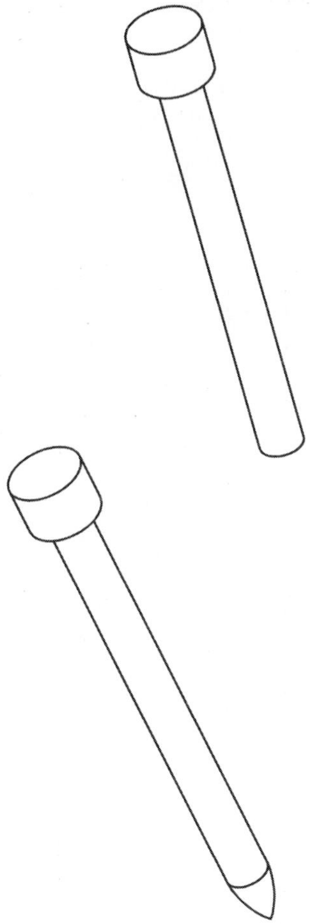

13	파일럿핀	4	STD11	H_RC55
12	피어싱펀치	2	STD11	H_RC55
품번	부 품 명	수 량	재 질	비 고
Progressive-die(Plate A)			척도	NS
			각법	3각법

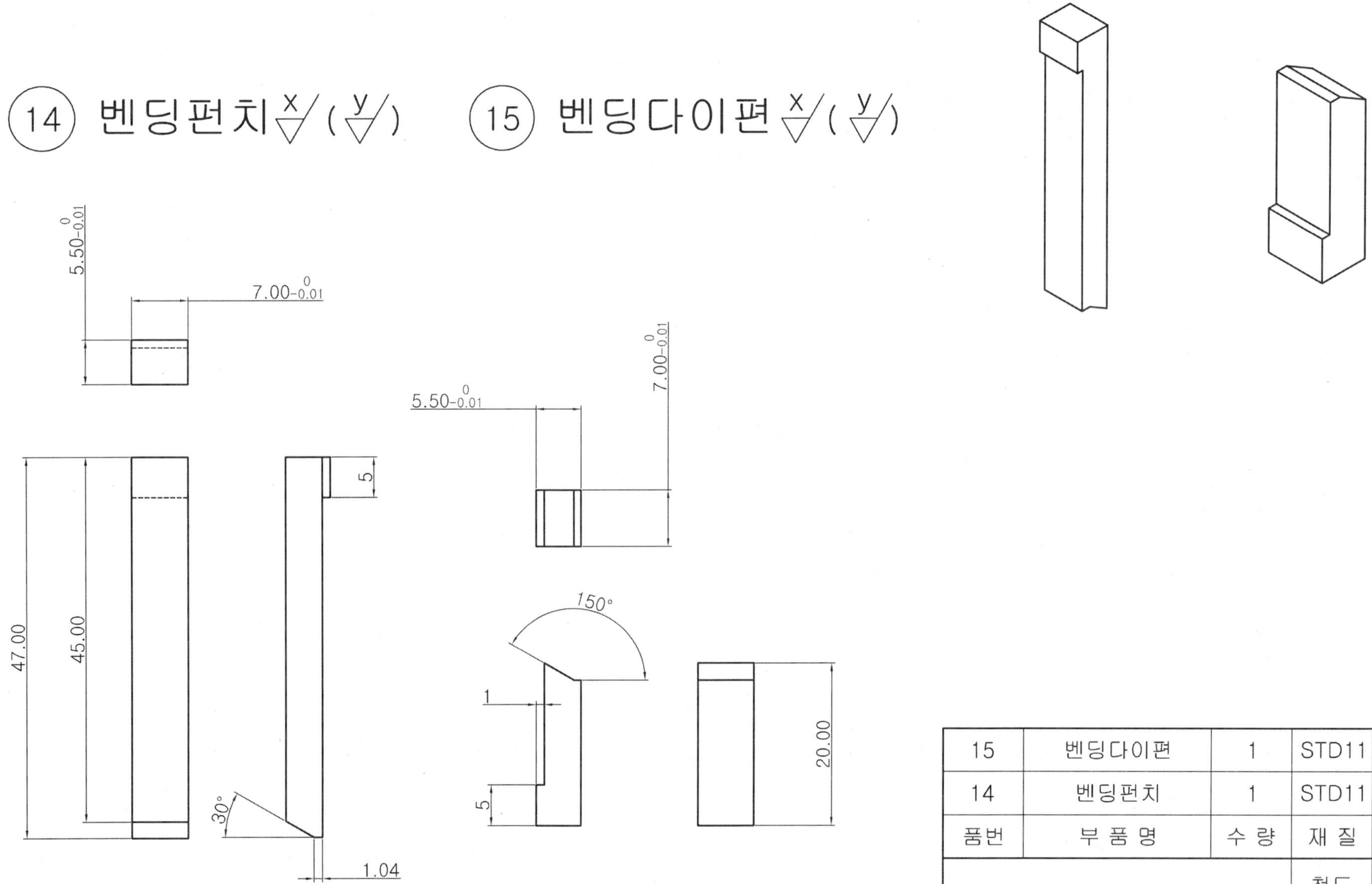

15	벤딩다이편	1	STD11	H_RC55
14	벤딩펀치	1	STD11	H_RC55
품번	부 품 명	수 량	재 질	비 고
Progressive-die(Plate A)			척도	NS
			각법	3각법

⑯ 벤딩펀치 x/ (y/)　⑰ 벤딩다이편 x/ (y/)

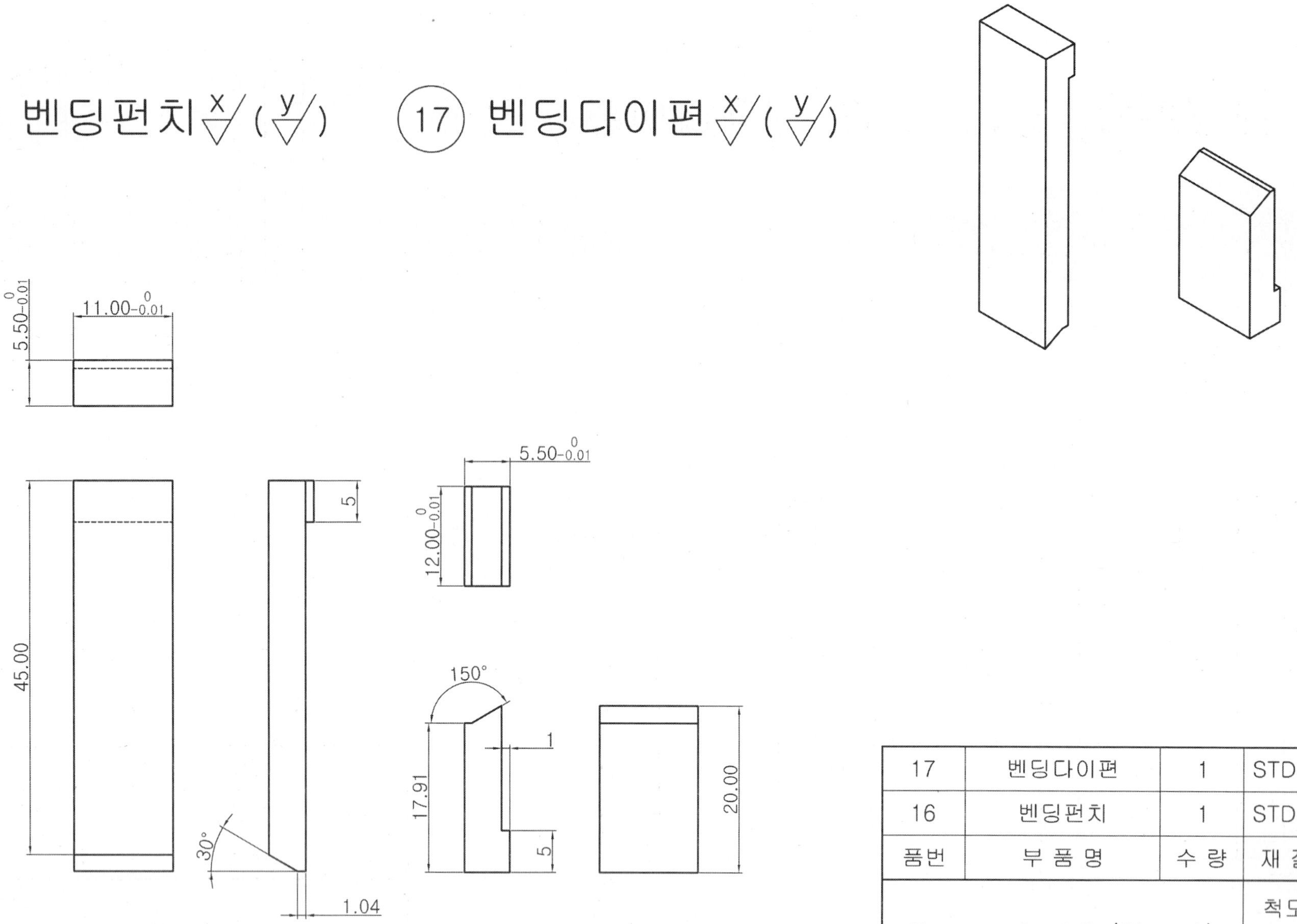

17	벤딩다이편	1	STD11	H_RC55
16	벤딩펀치	1	STD11	H_RC55
품번	부 품 명	수 량	재 질	비 고
Progressive-die(Plate A)			척도	NS
			각법	3각법

(18) 포밍펀치 (x/ (y/))

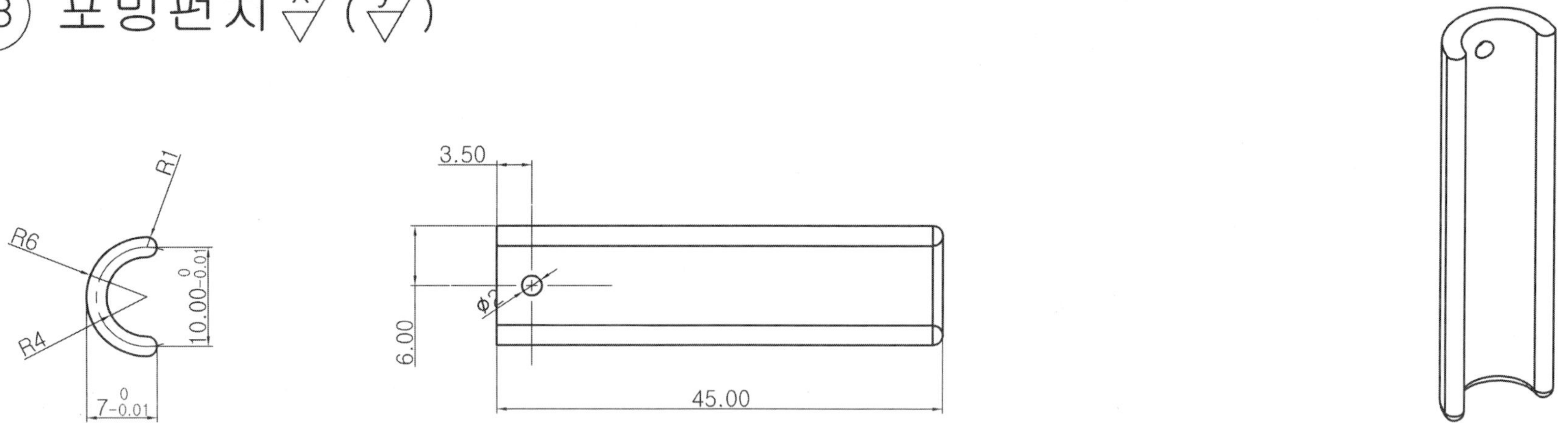

(19) 포밍다이편 (x/ (y/))

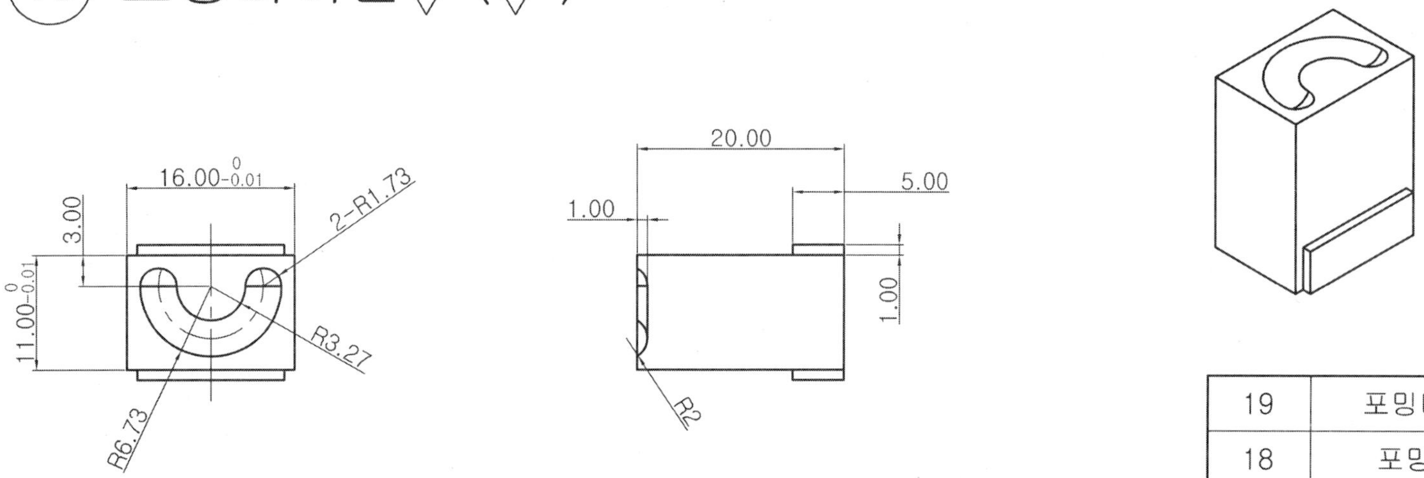

19	포밍다이편	1	STD11	H_RC55
18	포밍펀치	1	STD11	H_RC55
품번	부 품 명	수 량	재 질	비 고
Progressive-die(Plate A)			척도	NS
			각법	3각법

㉔ 스트리퍼볼트 $\overset{x}{\bigtriangledown}$ ($\overset{y}{\bigtriangledown}$)

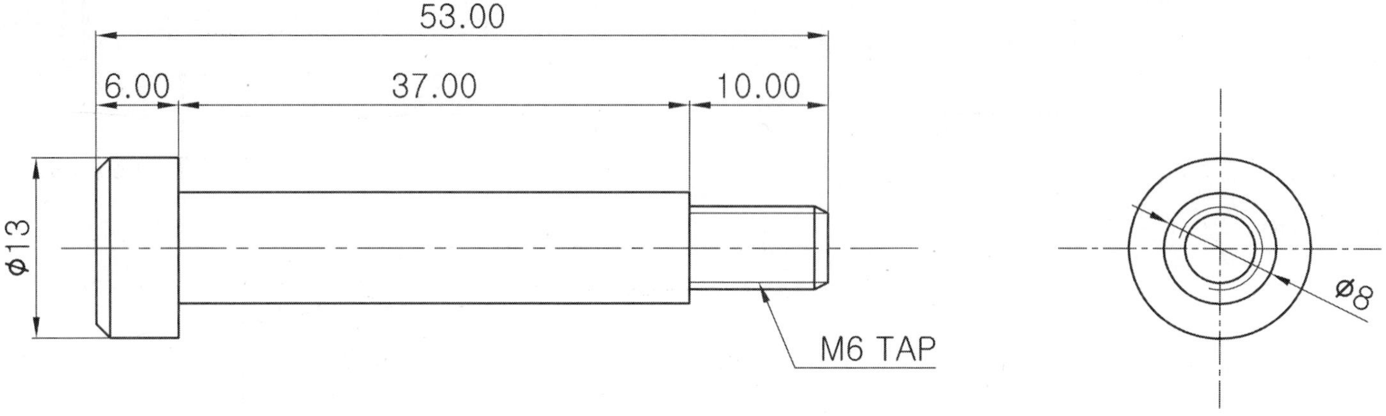

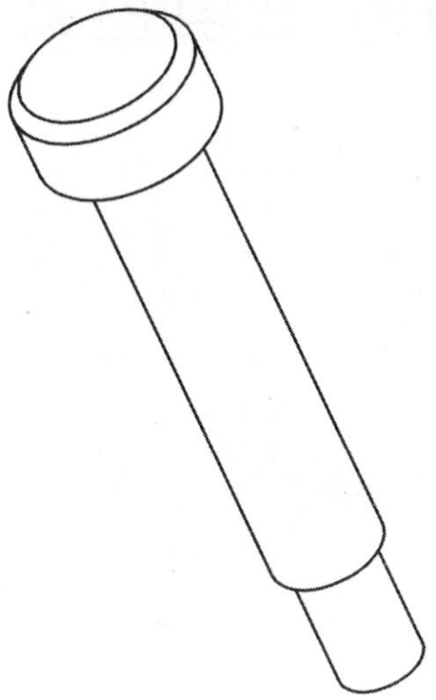

24	스트리퍼볼트	4	규격품	M6X50
품번	부 품 명	수 량	재 질	비 고
Progressive-die(Plate A)			척도	NS
			각법	3각법

㉜ 가이드리프터 $\overset{x}{\bigtriangledown}$ ($\overset{y}{\bigtriangledown}$)

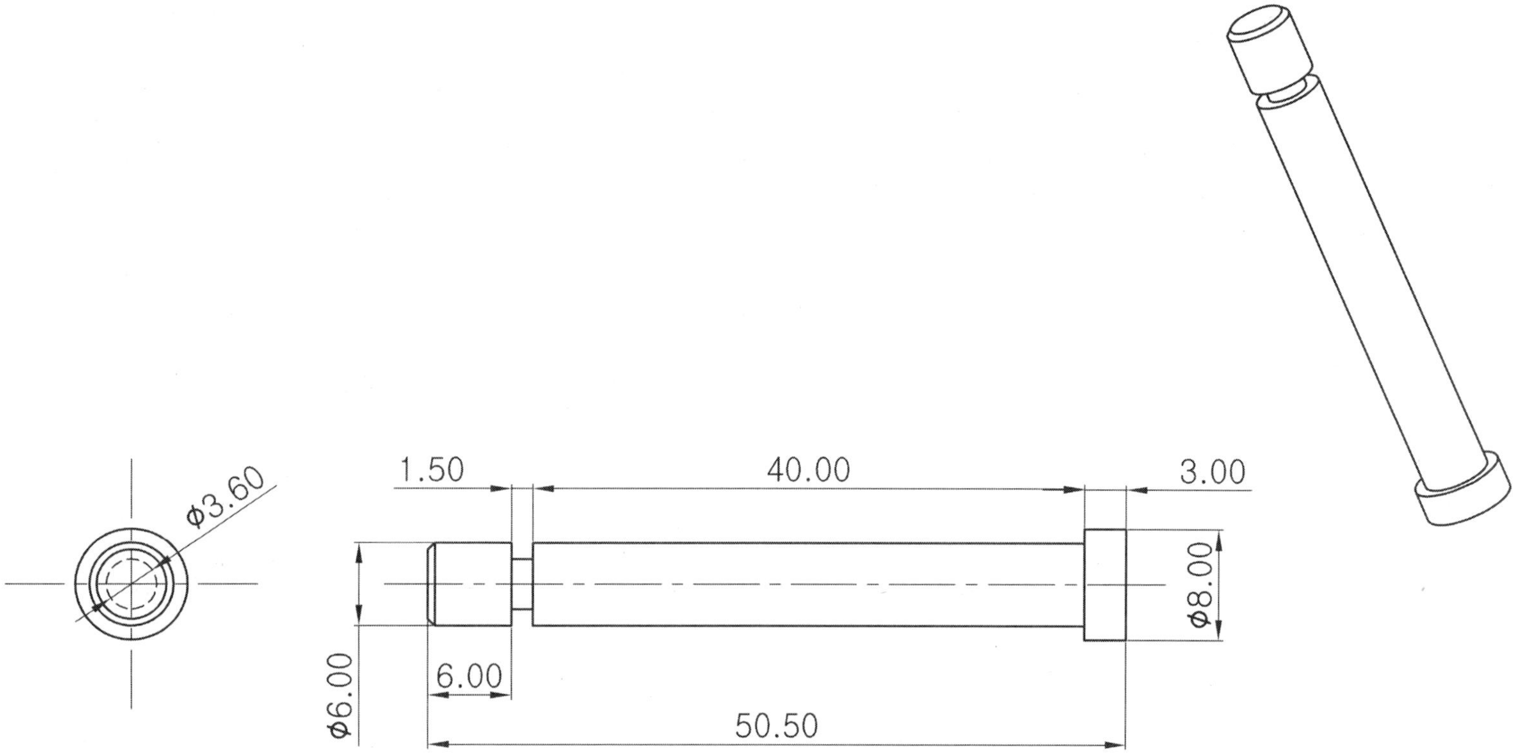

32	가이드리프터	4	STC3	
품번	부 품 명	수 량	재 질	비 고
Progressive-die(Plate A)			척도	NS
			각법	3각법

35 가이드포스트 $\overset{x}{\nabla}$ ($\overset{y}{\nabla}$)

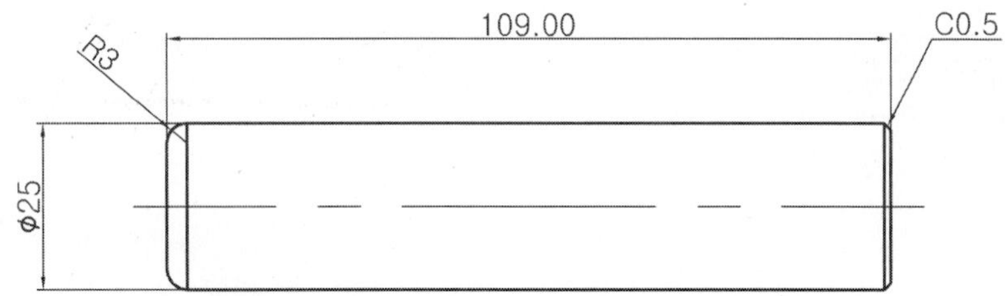

36 가이드포스트부시 $\overset{x}{\nabla}$ ($\overset{y}{\nabla}$)

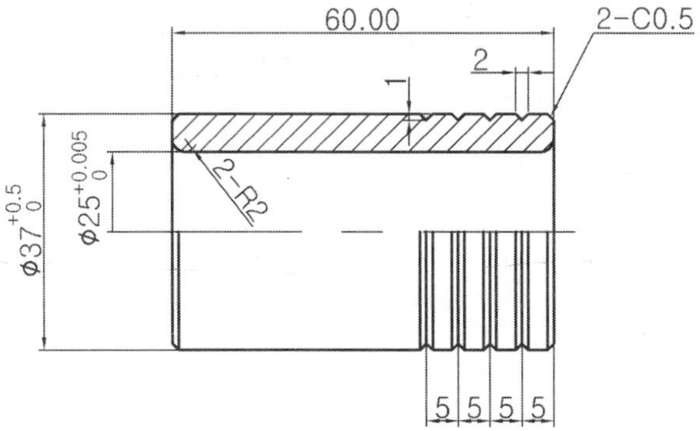

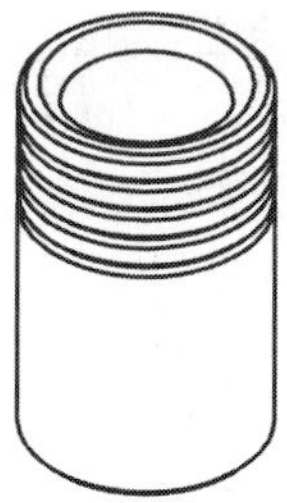

36	가이드포스트부시	4	STC4	H_RC55
35	가이드포스트	4	STC4	H_RC55
품번	부 품 명	수 량	재 질	비 고
Progressive-die(Plate A)			척도	NS
			각법	3각법

1.2 Progressive-die(Plate B)

▮ 요구사항

1) 투상법 : 3각법
2) 가동식 스트리퍼를 사용할 것
3) 제품도에 공차 있는 치수는 공구의 마모를 고려, 기준치수를 보정하여 설계할 것
4) 소재이송은 좌측에서 우측으로 하고, 가이드 리프터핀을 사용하며 피더에 의해 피치 이송을 하므로 사이드 커터를 사용하지 않는다.
5) 제품 배열은 1열 1개 따기로 할 것.(파팅 낙하방식)
6) 다이셋트는 FB형 스틸 다이세트를 사용한다.
7) STRIP LAYOUT 작성 : 피치 소재 폭, 각각의 공정을 기입할 것
8) 단면 조립도 작성 (표제란 작성할 것)
9) 부품도 작성 : ① 다이 플레이트 ② 원형, 이형 피어싱 펀치 ③ 파팅(노칭) 펀치 ④ 포밍 펀치 ⑤ 포밍 다이편
10) 전단편측 클리어런스는 0.05 mm로 할 것.
11) 제품의 최종 완성은 파팅(노칭) 가공으로 하여 적용할 것.
12) 파일럿은 별도의 구멍을 가공하지 말고, 제품상의 hole(∅4)를 이용할 것.
13) 표제란(부품란)에 각 부품의 부품명, 재질, 척도, 주기란 등을 명기할 것.
14) 기타 지시되지 않은 사항은 프레스 금형설계 및 KS제도법에 따라 완성할 것.

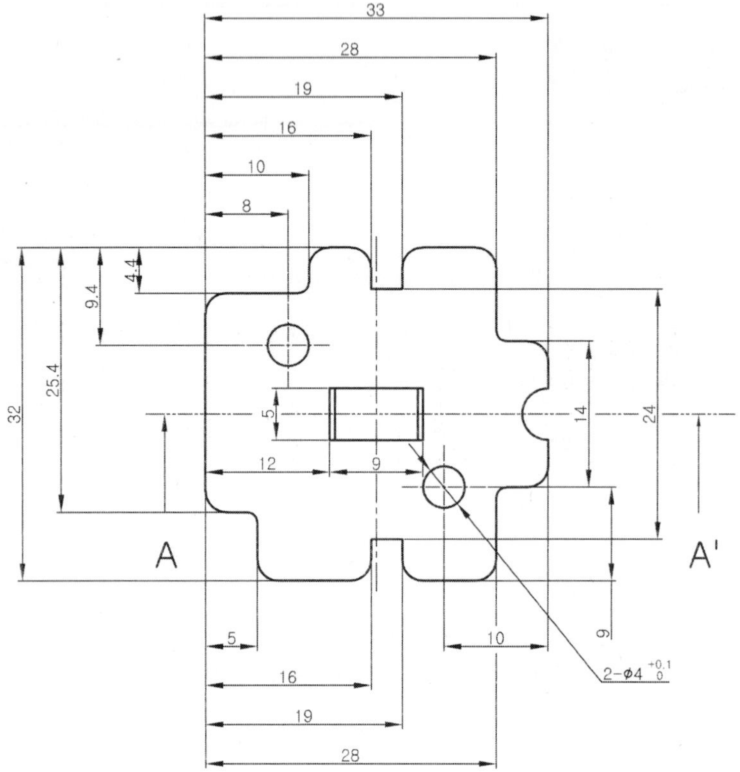

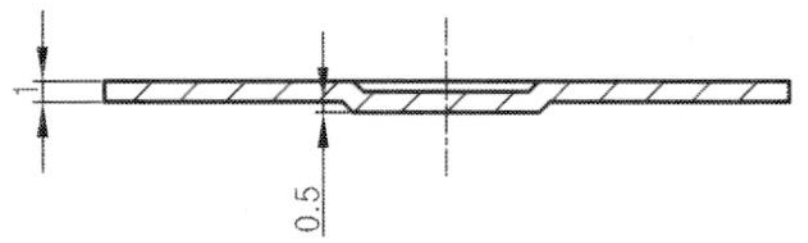

SECTION A-A'

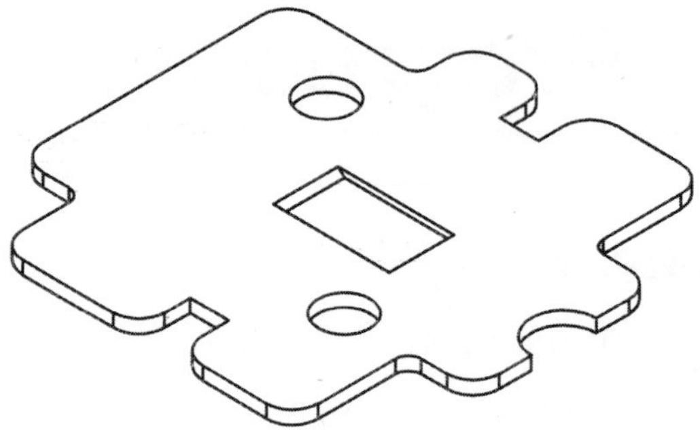

주 서

1. 소재 : 냉간압연강판 : t=1mm
2. 소재전단강도 : 36kgf/mm
3. 클리어런스(편측) : 5% t
4. 소재안내판 -파팅 낙하 방식
5. 표면거칠기 :

x/ = 3.2/ , y/ = 0.8/

0	Product	1		
품 번	품 명	수량	재질	비 고
작 품 명	Plate2		척 도	NS
			각 법	3각법

Strip Lay Out

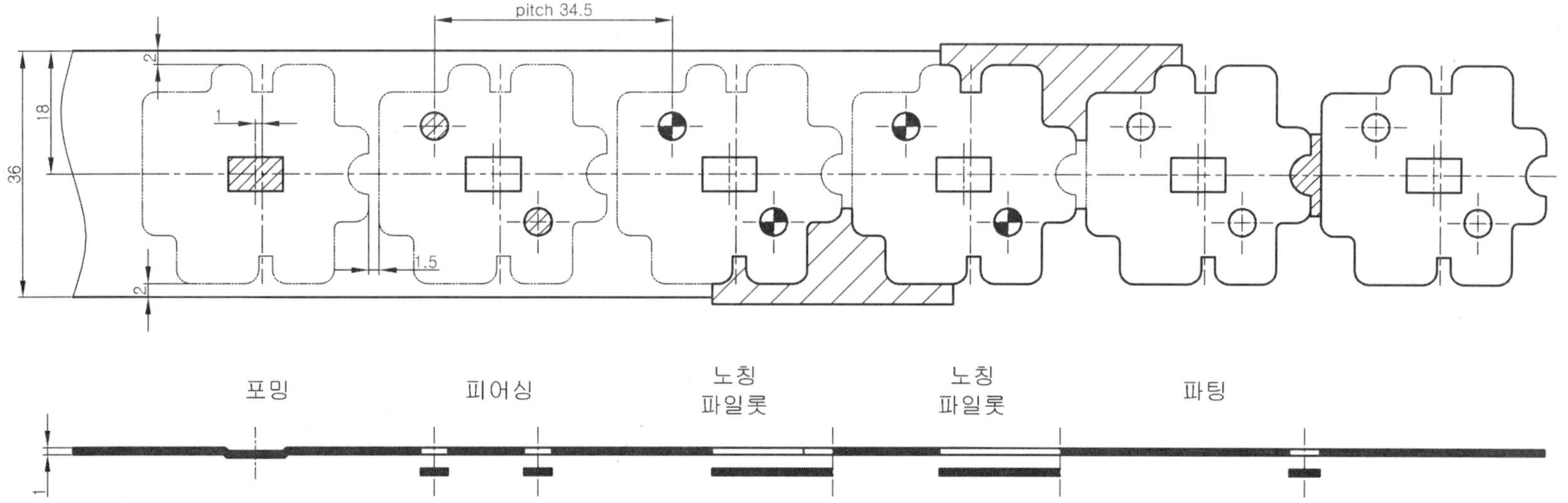

복합조립단면도

주 서

1. 소재 : 냉간압연강판 : t=1mm
2. 소재전단강도 : 36kgf/mm
3. 클리어런스(편측) : 5% t
4. 소재안내판 -파팅 낙하 방식
5. 표면거칠기 :

x/▽ = 3.2/▽ , y/▽ = 0.8/▽

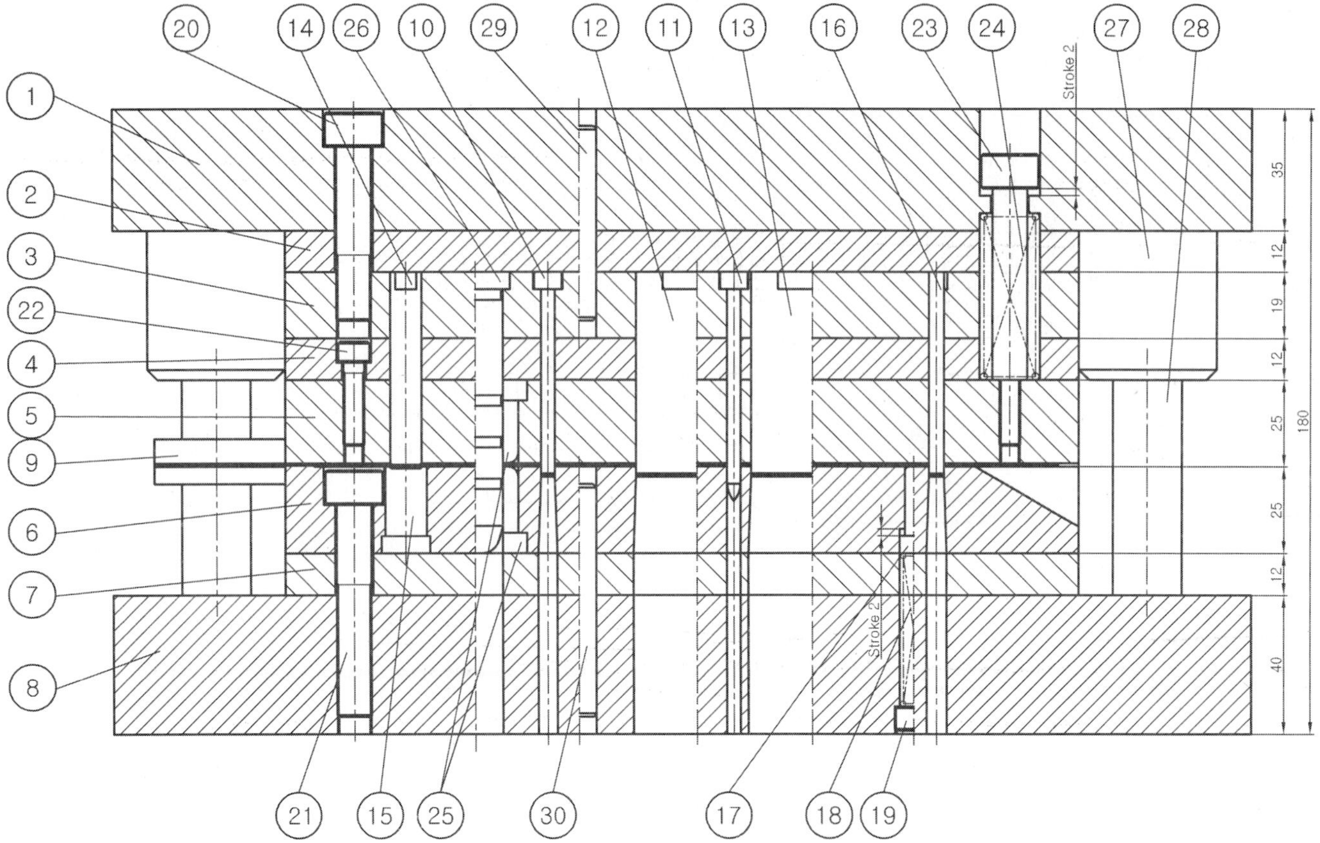

품 번	품 명	수량	재질	비 고
30	맞춤핀	4	STC3	ϕ10 x 67
29	맞춤핀	4	STC3	ϕ10 x 56
28	가이드 포스트	4	STC4	H_RC55
27	가이드포스트부시	4	STC4	H_RC55
26	가이드 핀	4	STC4	H_RC55
25	가이드 부시	8	STC4	H_RC55
24	스프링	6	규격품	TR15 x 46
23	스트리퍼 볼트	6	규격품	M10 x 84
22	볼트	6	규격품	M6 x 30
21	볼트	6	규격품	M10 x 71
20	볼트	6	규격품	M10 x 60
19	세트 스크류	6	규격품	M11 x 7
18	스프링	6	규격품	TR6 x 43
17	밀핀	6	STD11	H_RC55
16	파팅 펀치	1	STD11	H_RC55
15	포밍 다이편	1	STD11	H_RC55
14	포밍펀치	1	STD11	H_RC55
13	노칭펀치	1	STD11	H_RC55
12	노칭펀치	1	STD11	H_RC55
11	파일롯 핀	4	STD11	H_RC55
10	피어싱 펀치	2	STD11	H_RC55
9	소재안내판	1	STD11	
8	다이홀더	1	SM45C	
7	다이 받침판	1	STD11	H_RC55
6	다이	1	STD11	
5	스트리퍼	1	STD11	
4	압축판	1	STD11	H_RC55
3	펀치고정판	1	STD11	
2	펀치 받침판	1	STD11	H_RC55
1	펀치 홀더	1	SM45C	
Progressive-die(Plate B)			척 도	NS
			각 법	삼각법

⑥ 다이 $\overset{x}{\bigtriangledown}$ ($\overset{y}{\bigtriangledown}$)

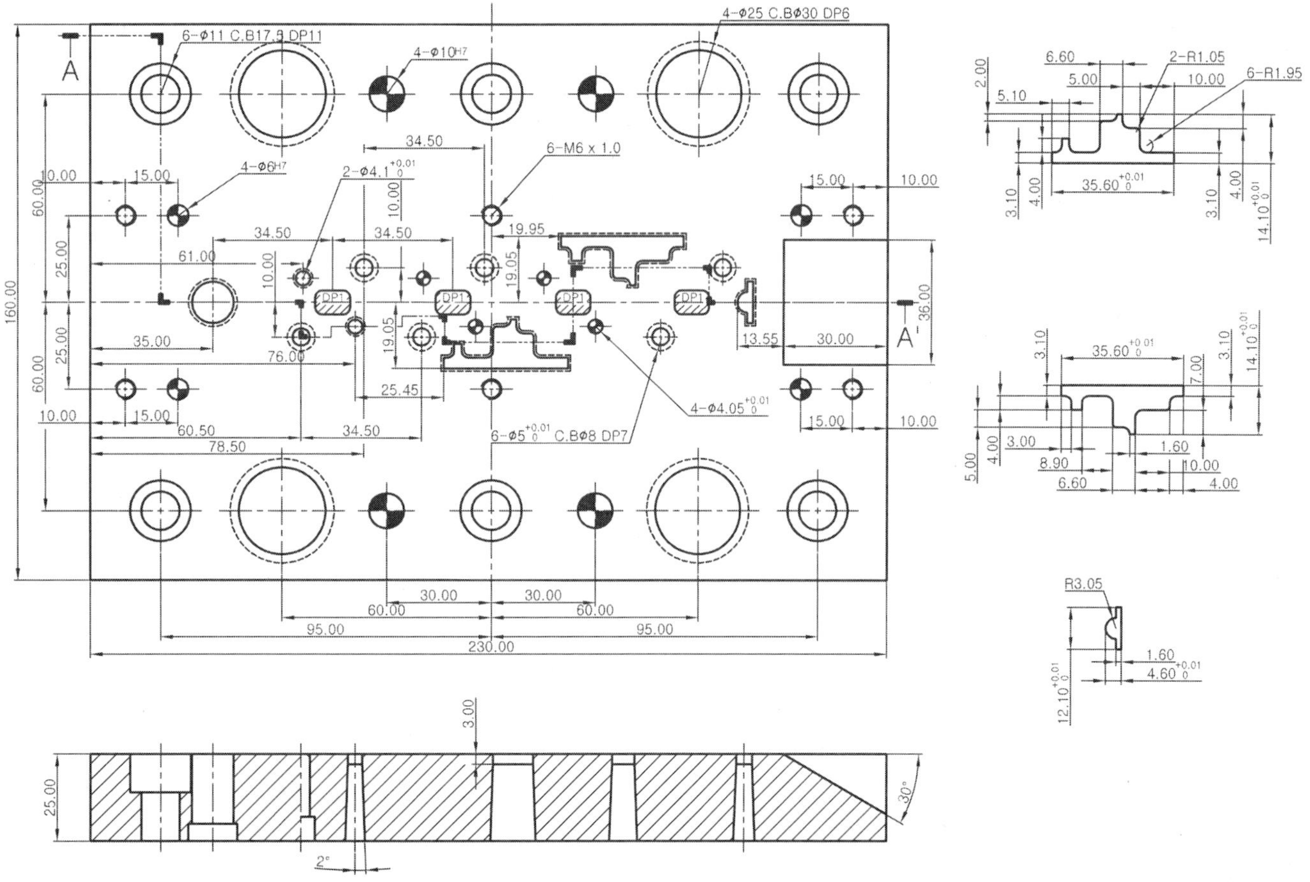

Section A – A'

6	다이	1	STD11	
품 번	품 명	수량	재질	비 고
Progressive-die(Plate B)			척 도	NS
			각 법	삼각법

⑩ 피어싱펀치 $\overset{x}{\bigtriangledown}(\overset{y}{\bigtriangledown})$

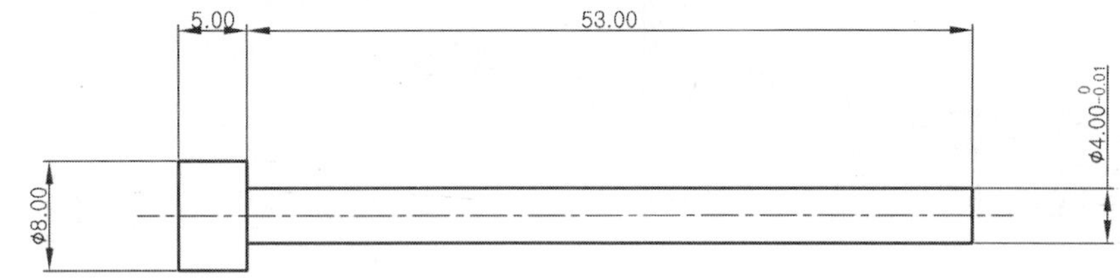

⑪ 파일롯핀 $\overset{x}{\bigtriangledown}(\overset{y}{\bigtriangledown})$

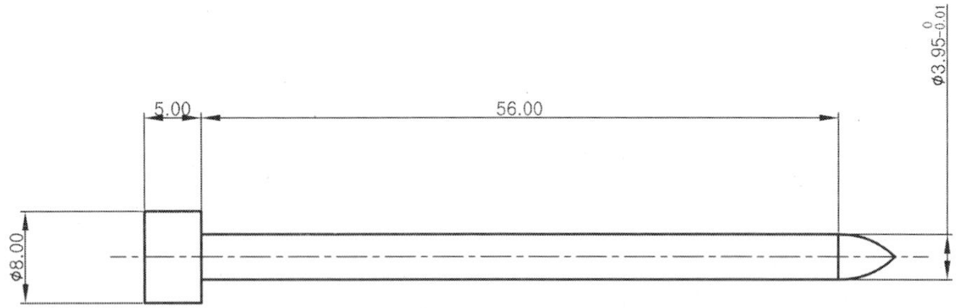

11	파일롯 핀	4	STD11	H_RC55
10	피어싱 펀치	2	STD11	H_RC55
품 번	품 명	수량	재질	비 고
Progressive-die(Plate B)			척 도	NS
			각 법	삼각법

(12) 노칭펀치 x/ (y/)

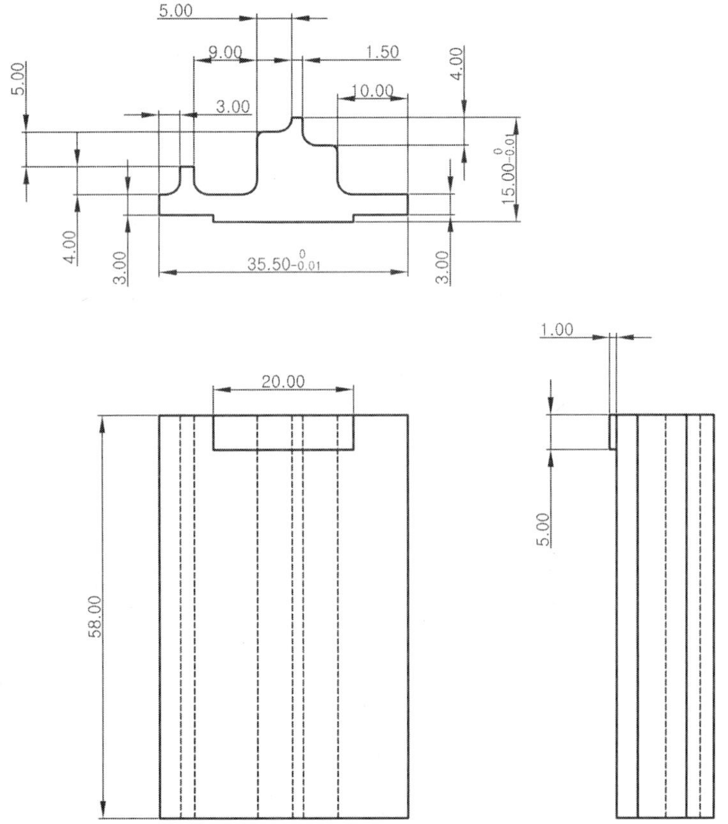

(13) 노칭펀치 x/ (y/)

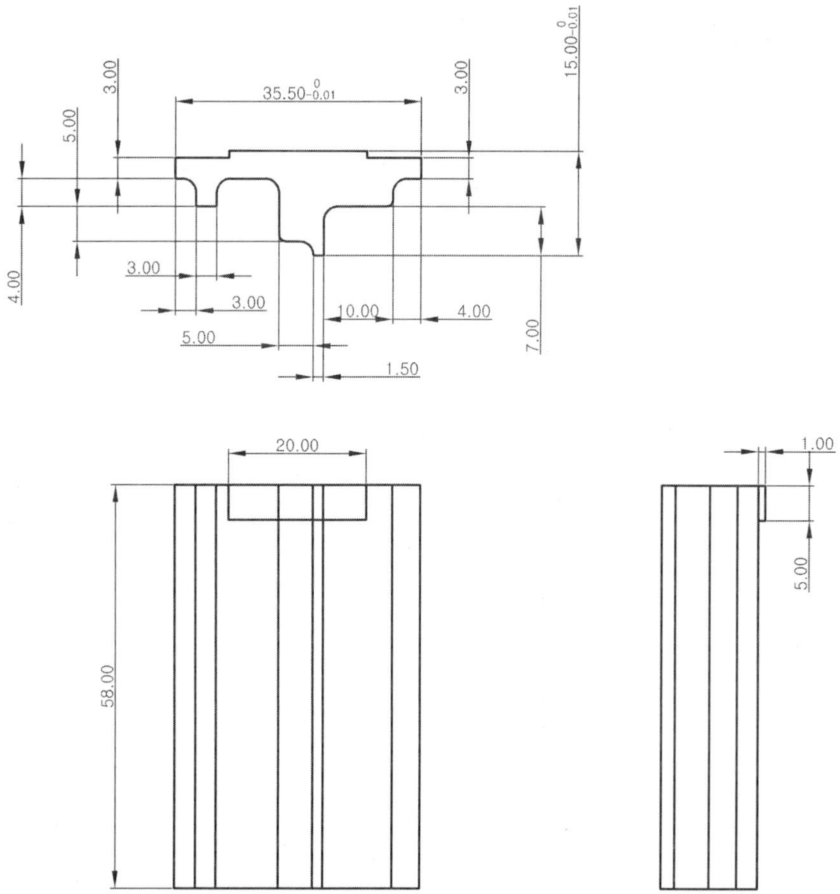

13	노칭펀치	1	STD11	H_RC55
12	노칭펀치	1	STD11	H_RC55
품 번	품 명	수량	재질	비 고
Progressive-die(Plate B)			척 도	NS
			각 법	삼각법

⑭ 포밍펀치 $\overset{x}{\nabla}$/($\overset{y}{\nabla}$/)

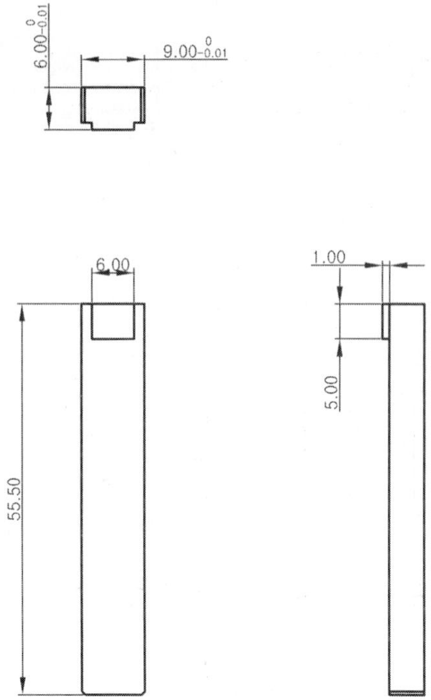

⑮ 포밍다이편 $\overset{x}{\nabla}$/($\overset{y}{\nabla}$/)

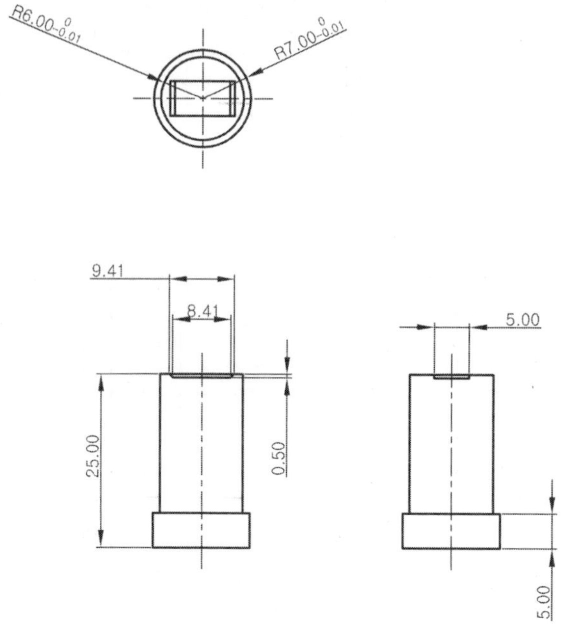

15	포밍 다이편	1	STD11	H_RC55
14	포밍펀치	1	STD11	H_RC55
품 번	품 명	수량	재질	비 고
Progressive-die(Plate B)			척 도	NS
			각 법	삼각법

⑭ 포밍펀치 $\overset{x}{\nabla}$($\overset{y}{\nabla}$)

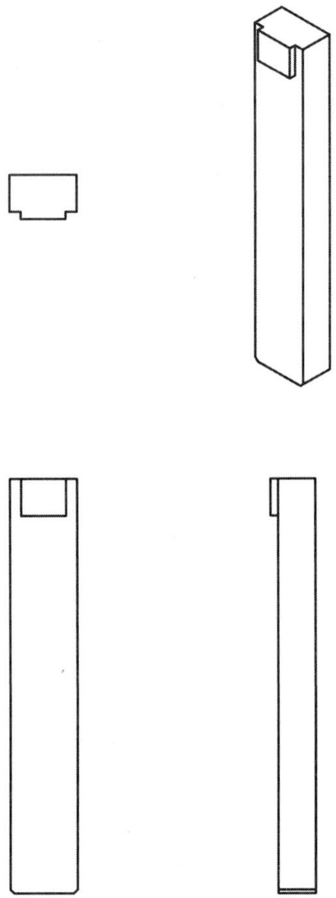

⑮ 포밍다이편 $\overset{x}{\nabla}$($\overset{y}{\nabla}$)

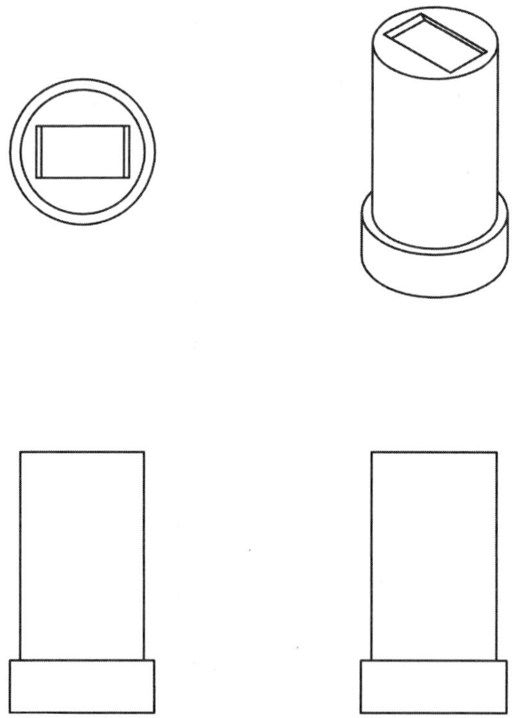

15	포밍 다이편	1	STD11	H_RC55
14	포밍펀치	1	STD11	H_RC55
품 번	품 명	수량	재질	비 고
Progressive-die(Plate B)			척 도	NS
			각 법	삼각법

(16) 파팅펀치 x/(y/)

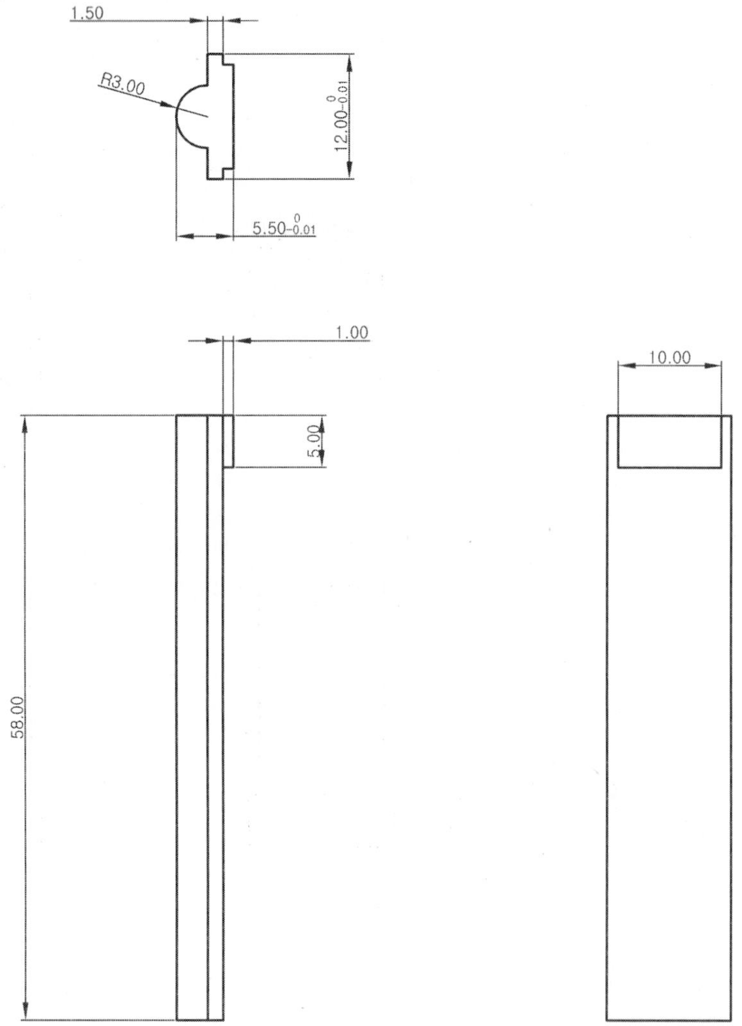

16	파팅 펀치	1	STD11	H_RC55
품 번	품 명	수량	재질	비 고
Progressive-die(Plate B)			척 도	NS
			각 법	삼각법

C.H.A.P.T.E.R 2

프레스금형설계 도면 II

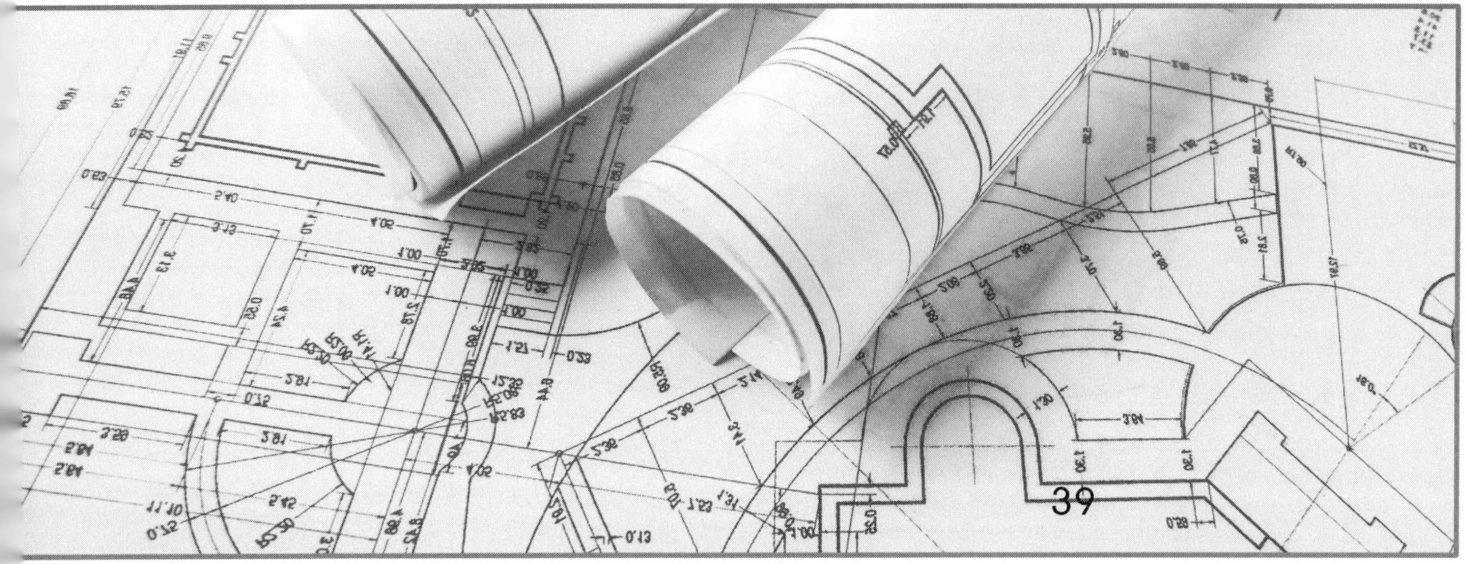

2.1 Compound-die(Washer)

▮ 요구사항

1) 제품도 & 3차원 Solid model을 이용하여 설계한다.
2) 제품 배열 : 1행정으로 1개 생산방식을 적용한다.
3) 금형 타입 : 컴파운드 다이
4) 다이 셋트 : 다이하이트 자유, 생크 체결 직경 자유
5) 소재 이송 : 소재 이송 방향은 좌측에서 우측으로, 소재 이송 높이는 자유, 스크랩 컷팅 장치는 설계자의 선택
6) 클리어런스 : 전단면 길이 두께 50%이상 되도록 클리어런스 적용할 것.
7) 재료이용률 : 적정 이송잔폭, 앞뒤 잔폭을 적용하여 재료 이용률을 최대로 설계할 것.
8) PUNCH & DIE 설계 : 도면공차 감안하여 요구치수를 만족할 것.
9) 스트리핑 : 스트리퍼는 5 mm 이상 작동되도록 한다.
10) 제품 취출 : 녹아웃 바 스프링에 의한 pad 이용
11) 조립도 : 상형과 하형을 결합된 상태로 설계하되 프레스 하사점 상태로 제출하고, 부품 조립이 편리하도록 볼트 체결방향, 상형의 맞춤핀이 낙하되지 않도록 설계한다.
12) 부품도 : 표준부품을 제외한 가공부품이 누락되지 않도록 설계하고 가공이 원활하고 유지보수가 편리하도록 부품 설계할 것. 칩 상승 방지대책을 수립한다.
13) 기타 지시하지 않은 사항들은 KS 제도법에 준하여 모델링 할 것.

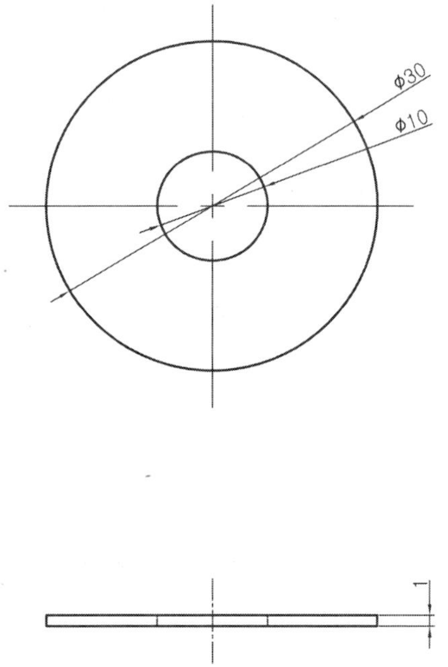

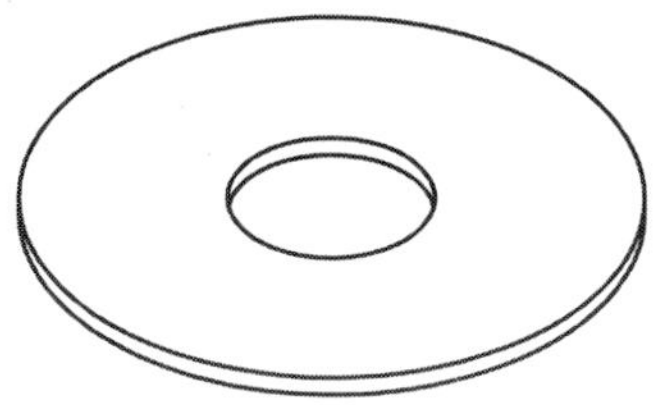

주서

1. 1열 1개생산
2. 컴파운드 금형
3. 클리어런스=5%t(편측)
4. 스프링 녹아웃 방식
5. 재질: SPCC(냉간압연강판)

제품명	Washer	척 도	NS

STRIP LAYOUT

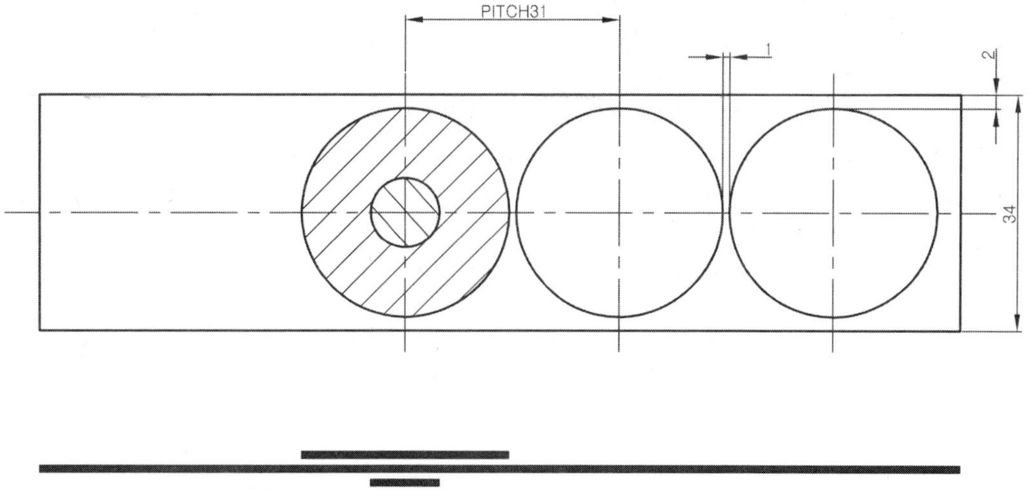

블랭킹
피어싱

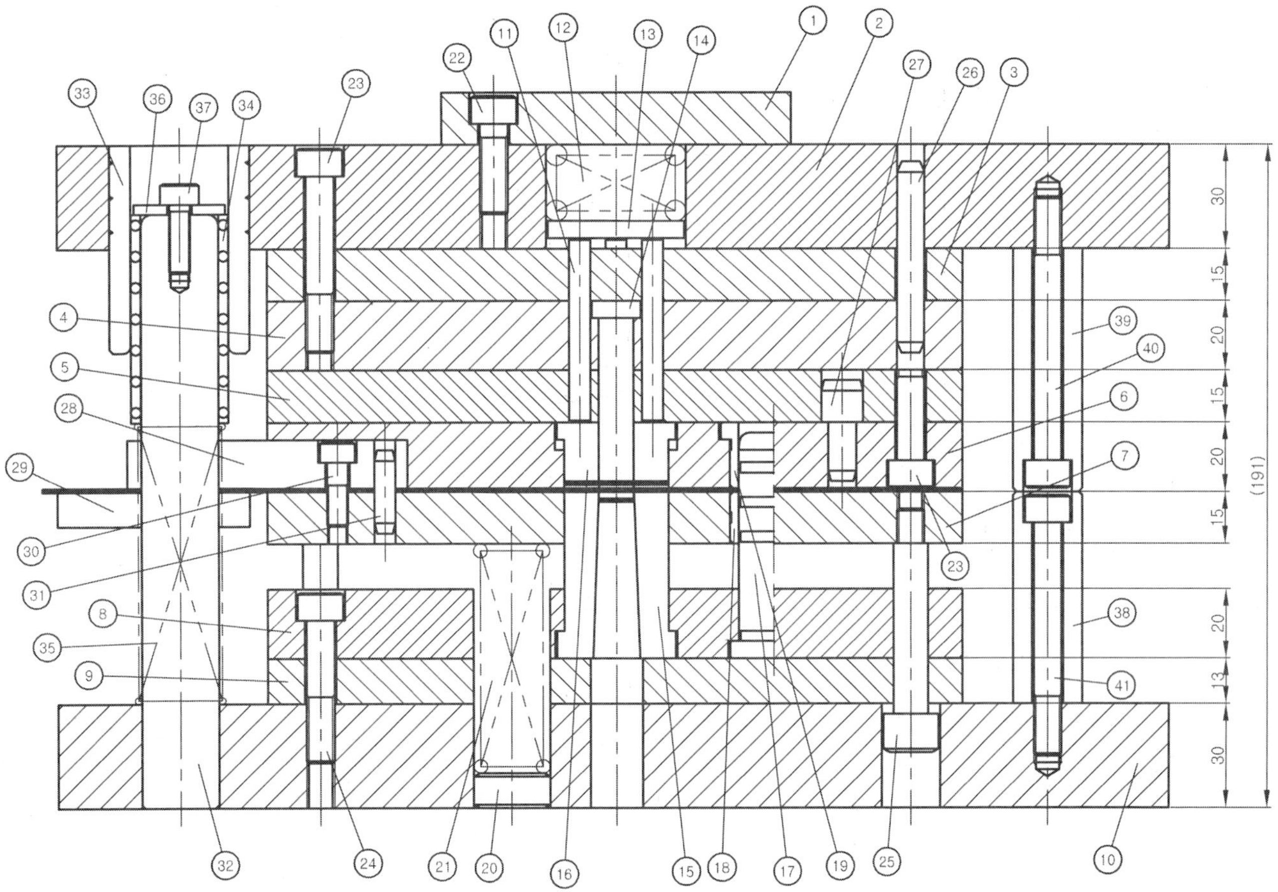

품번	품명	수량	재질	비고
39	상측스토퍼	4	STC3	H_RC55
38	하측스토퍼	4	STC3	H_RC55
34	볼리테이너	4	STD11	H_RC55
33	가이드포스트부시	4	STC4	H_RC55
32	가이드포스트	4	STC4	H_RC55
19	가이드부시	4	STC3	H_RC55
18	가이드부시	4	STC3	H_RC55
17	가이드핀	4	STC3	H_RC55
16	패드	1	STD11	H_RC55
15	피어싱다이&블랭킹펀치	1	STD11	H_RC55
14	피어싱펀치	1	STD11	H_RC55
13	녹아웃패드	1	STD11	H_RC55
12	스프링	1	규격품	TR34X22
11	녹아웃핀	3	STD11	H_RC55
10	하홀더	1	SM45C	
9	하측펀치받침판	1	STD11	H_RC55
8	하측펀치고정판	1	STD11	
7	스트리퍼	1	STD11	
6	블랭킹다이	1	STD11	
5	패드받침판	1	STD11	
4	상측펀치고정판	1	STD11	
3	펀치받침판	1	STD11	H_RC55
2	상홀더	1	SM45C	
1	스프링받침판	1	STD11	H_RC55

Compound-Die(Washer)	척도	NS
	각법	3각법

① 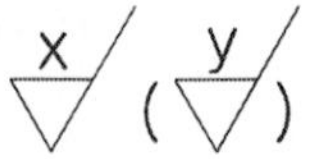

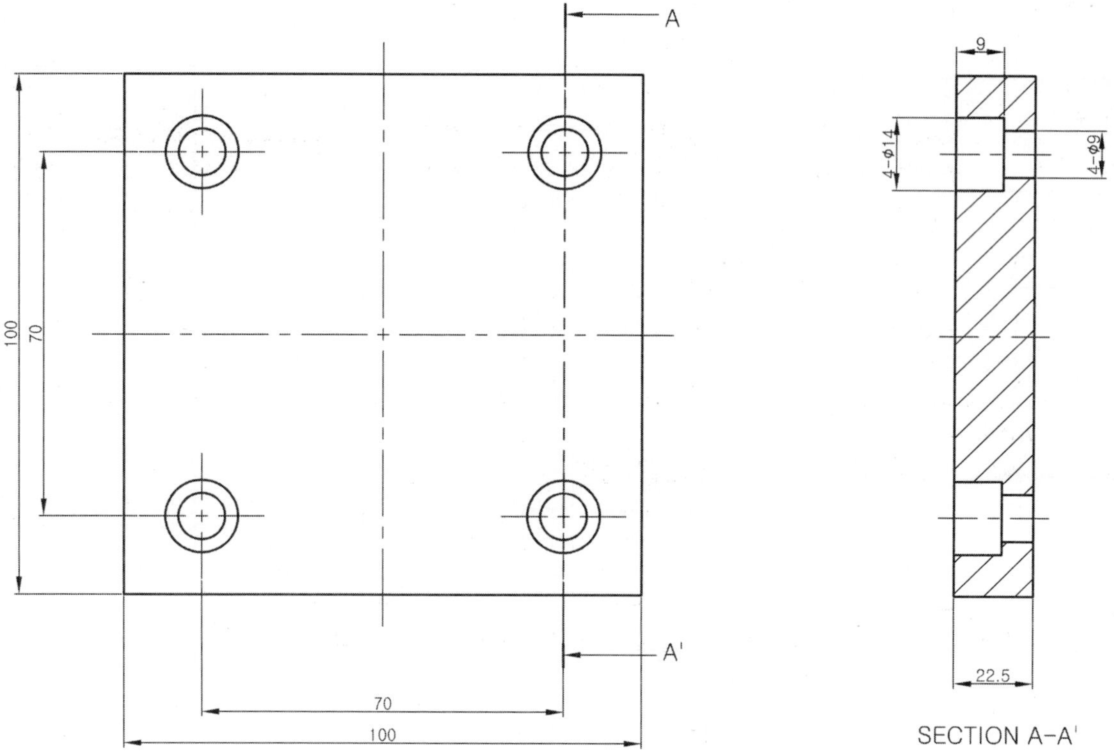

제품명	스프링 받침판	척 도	NS

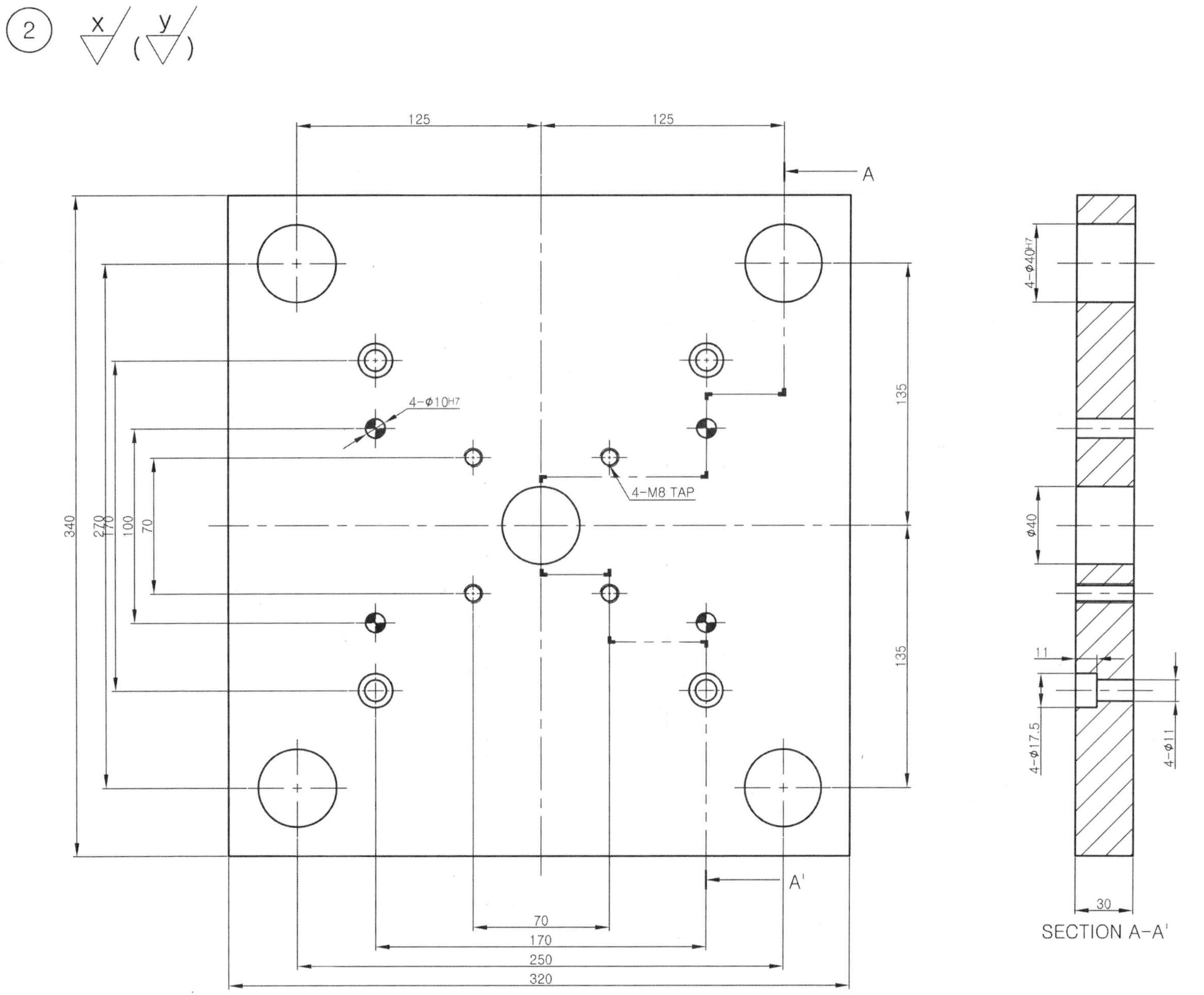
2
x
y
125
125
A
4-φ10H7
4-M8 TAP
340
270
170
100
70
135
135
A'
70
170
250
320
4-φ40H7
φ40
11
4-φ17.5
4-φ11
30
SECTION A-A'

제품명	상홀더	척 도	NS

③ $\overset{x}{\bigtriangledown}$ ($\overset{y}{\bigtriangledown}$)

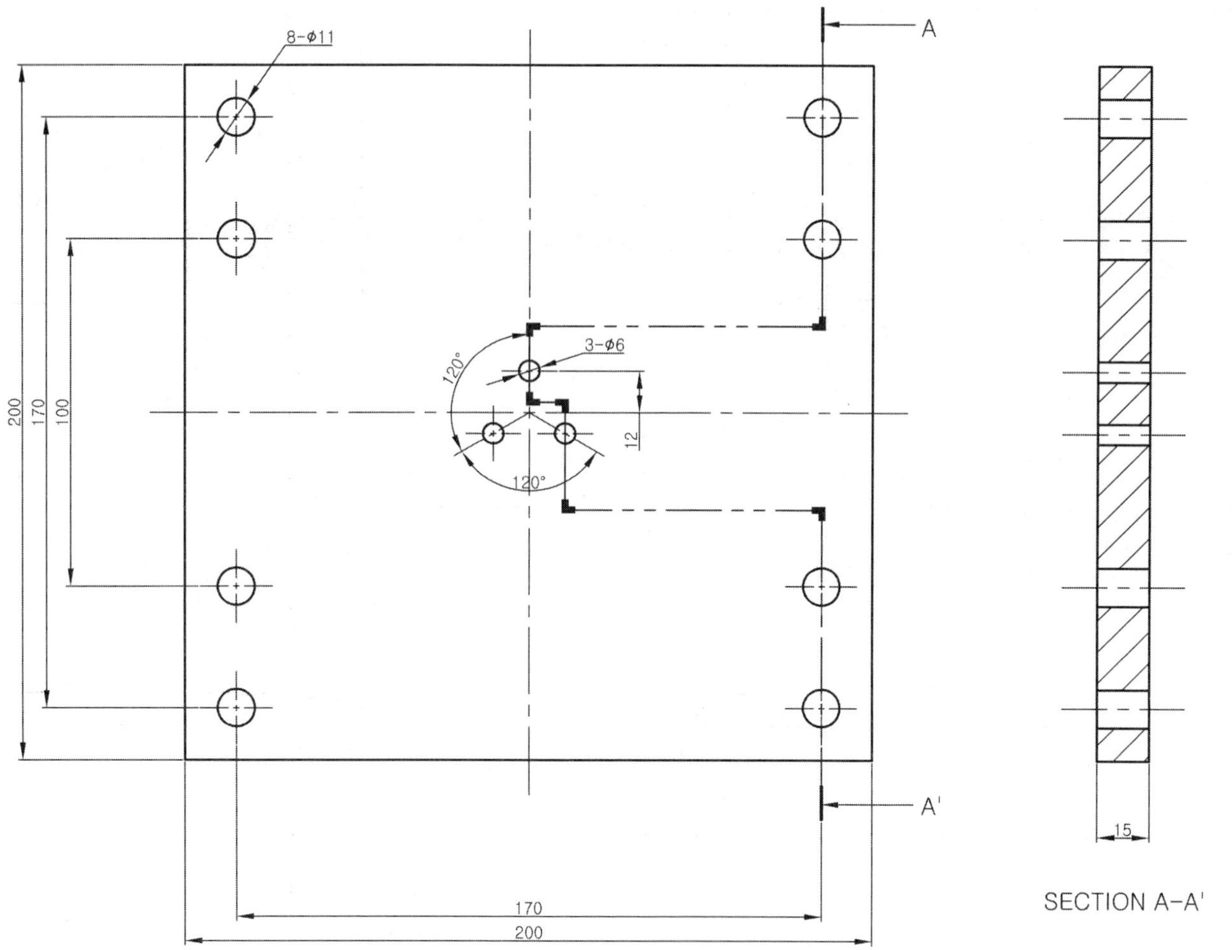

제품명	펀치받침판	척 도	NS

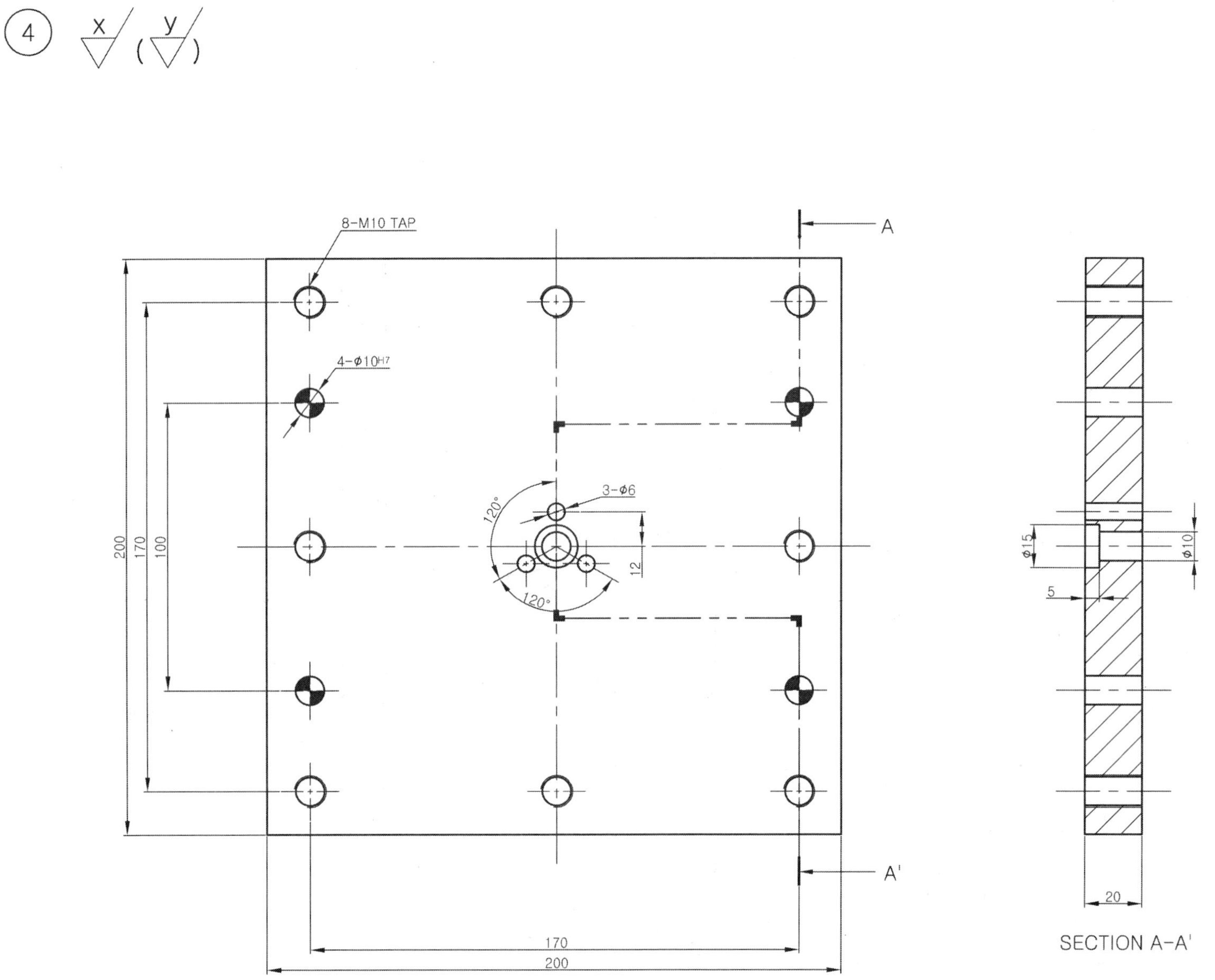

제품명	상측펀치고정판	척 도	NS

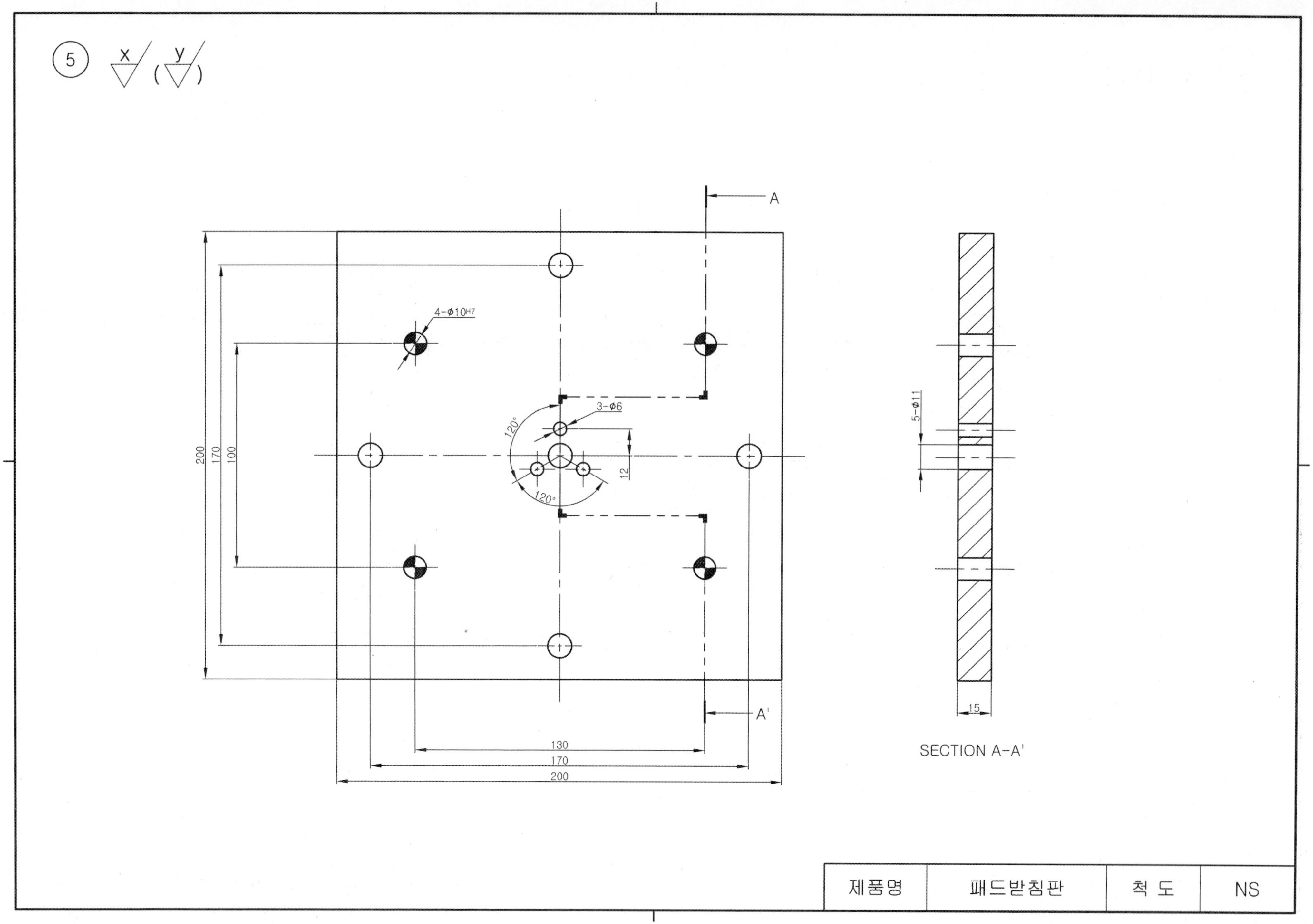
5
x
y
A
A'
4-φ10H7
3-φ6
120°
120°
12
200
170
100
130
170
200
5-φ11
15
SECTION A-A'
제품명
패드받침판
척 도
NS

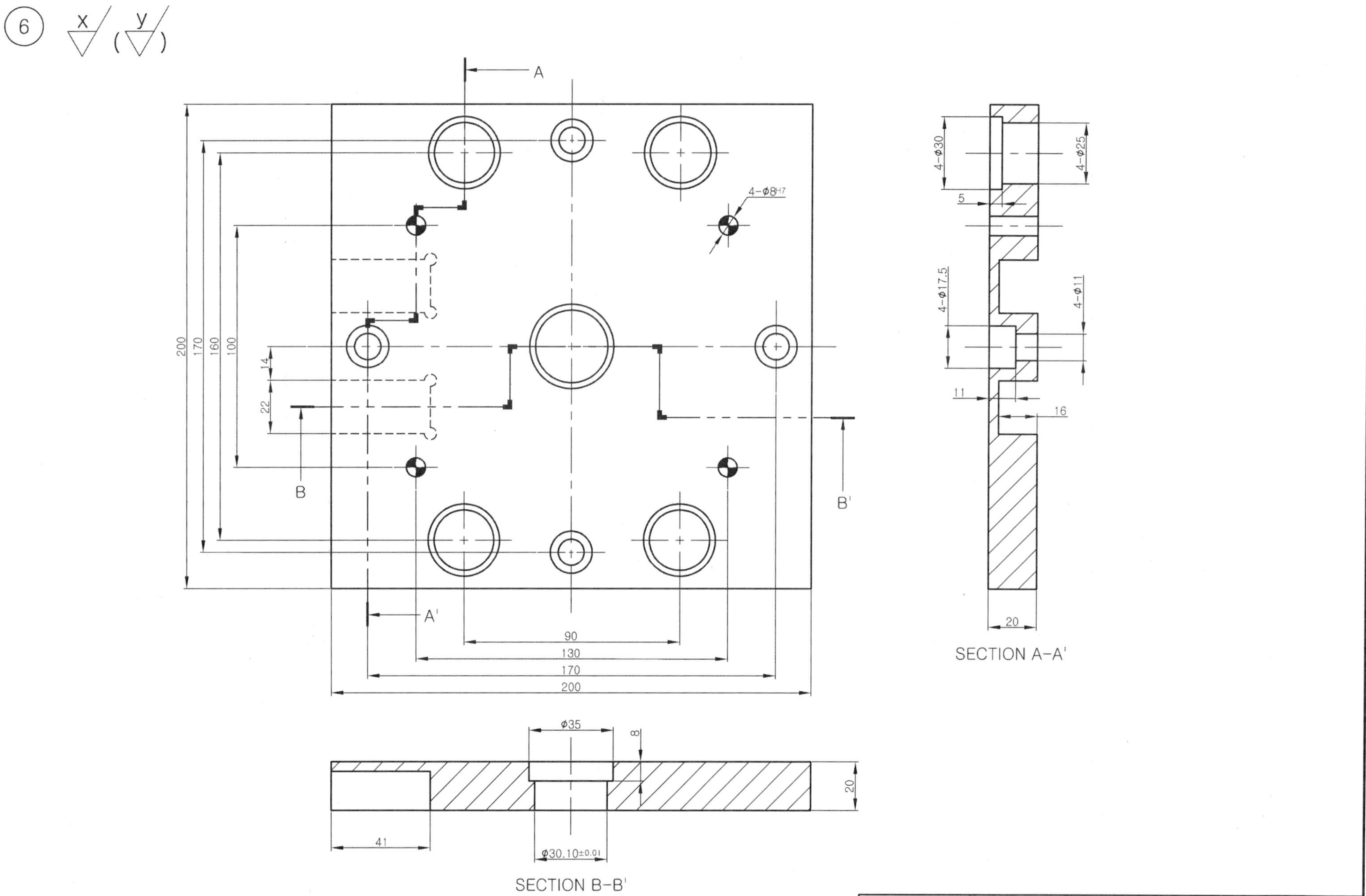

제품명	블랭킹다이	척 도	NS

⑦

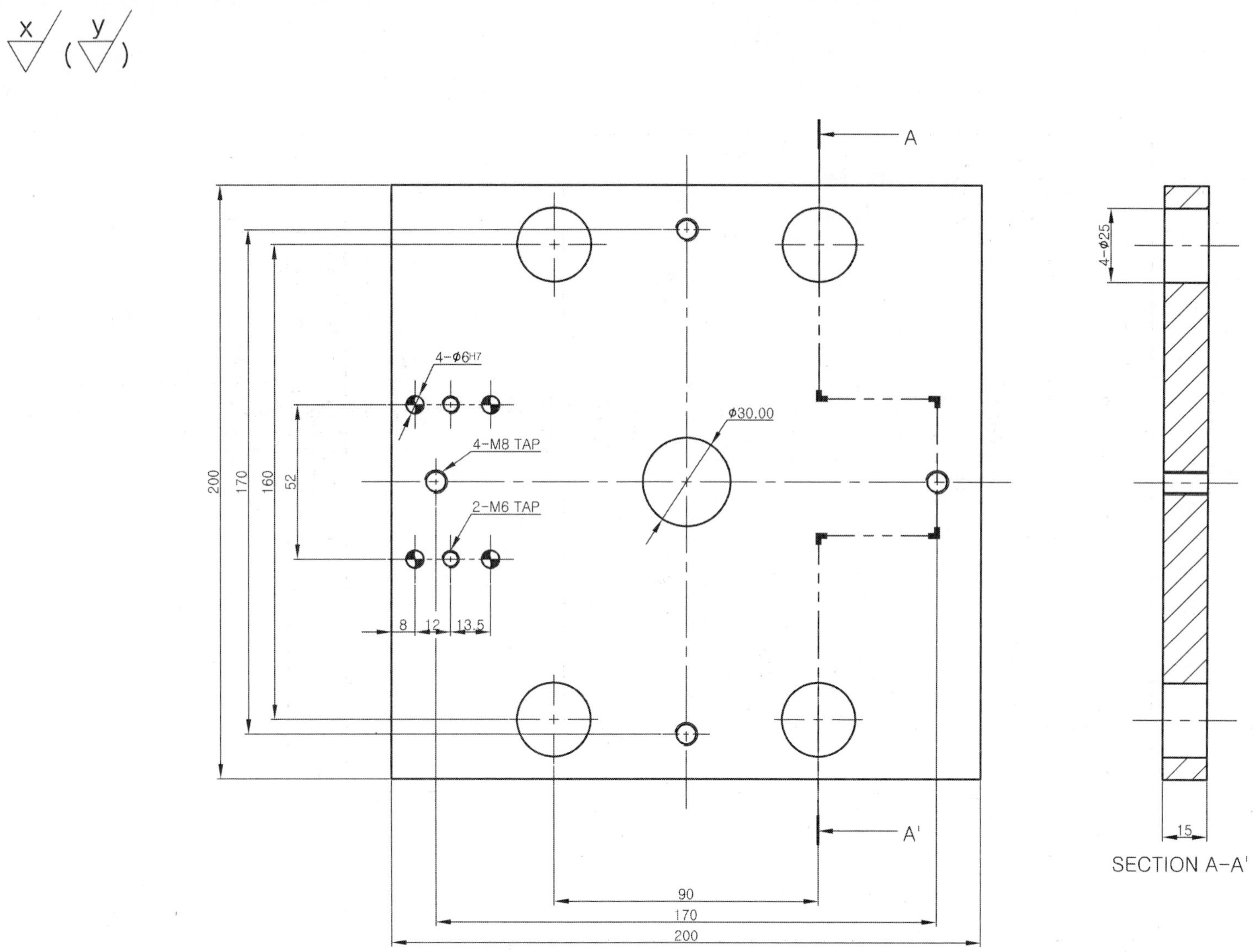

제품명	스트리퍼	척 도	NS

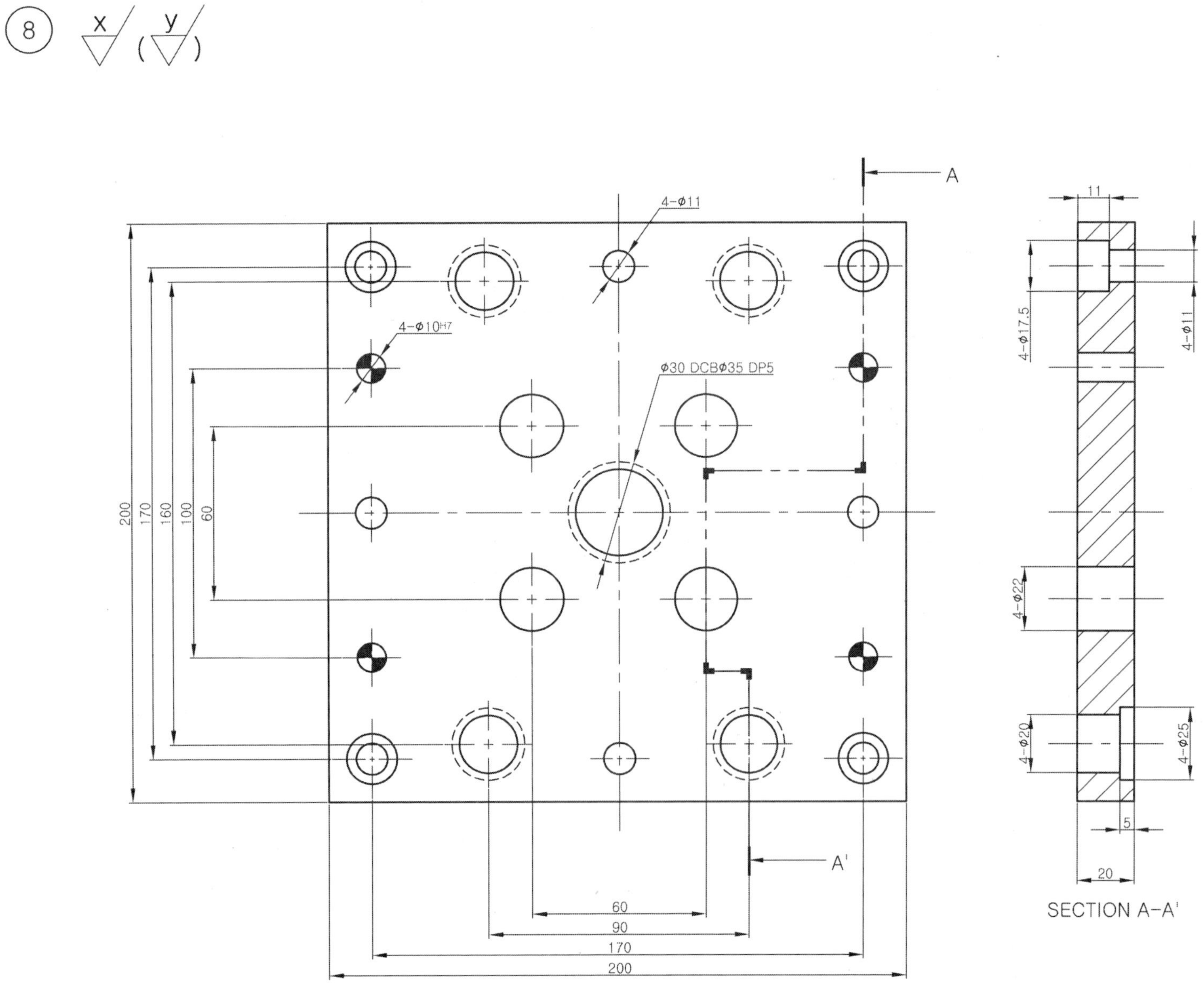

제품명	하측펀치고정판	척 도	NS

⑨

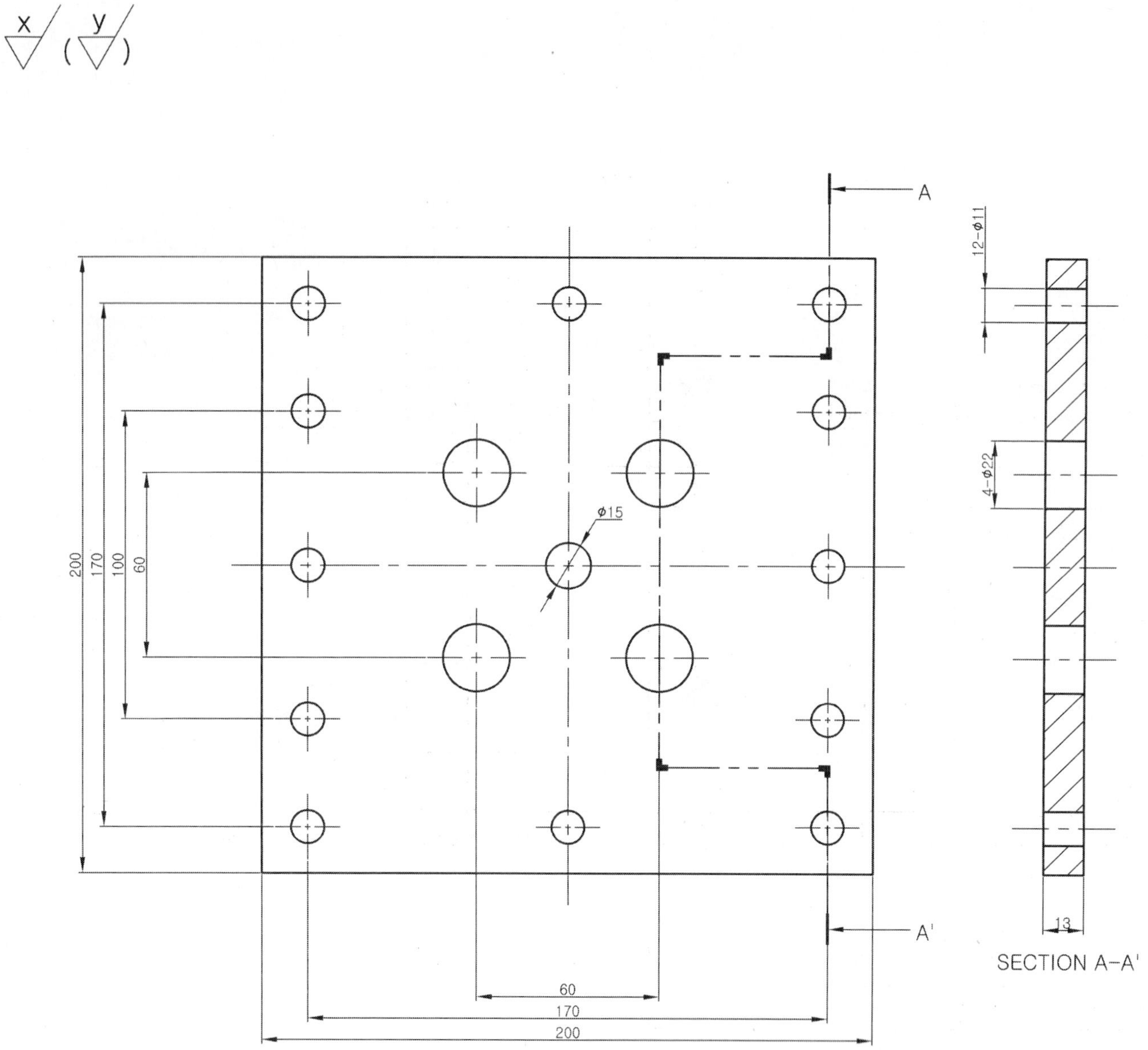

제품명	하측펀치받침판	척 도	NS

⑩

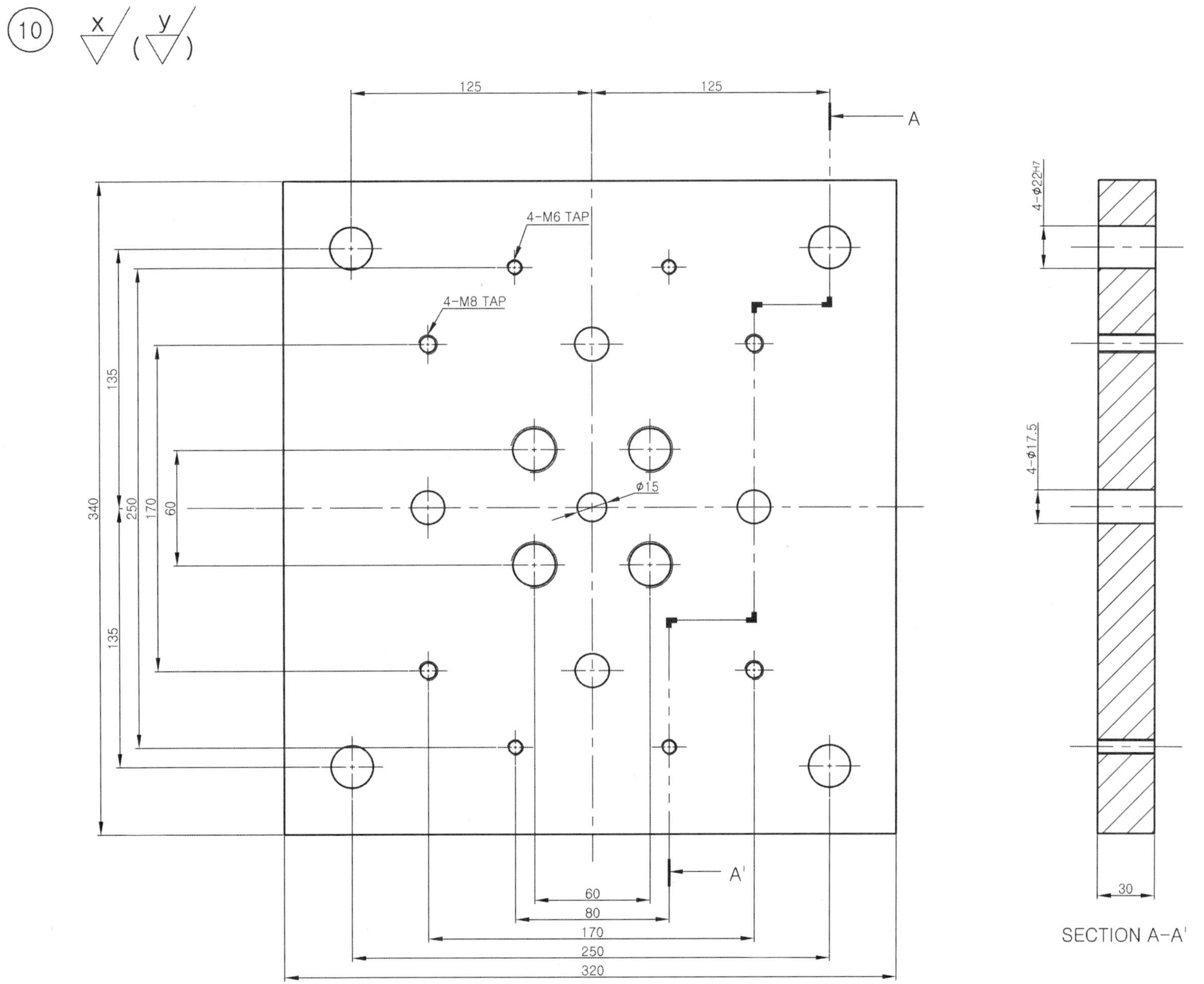

제품명	하홀더	척 도	NS

⑭ $\overset{x}{\bigtriangledown}$ ($\overset{y}{\bigtriangledown}$)

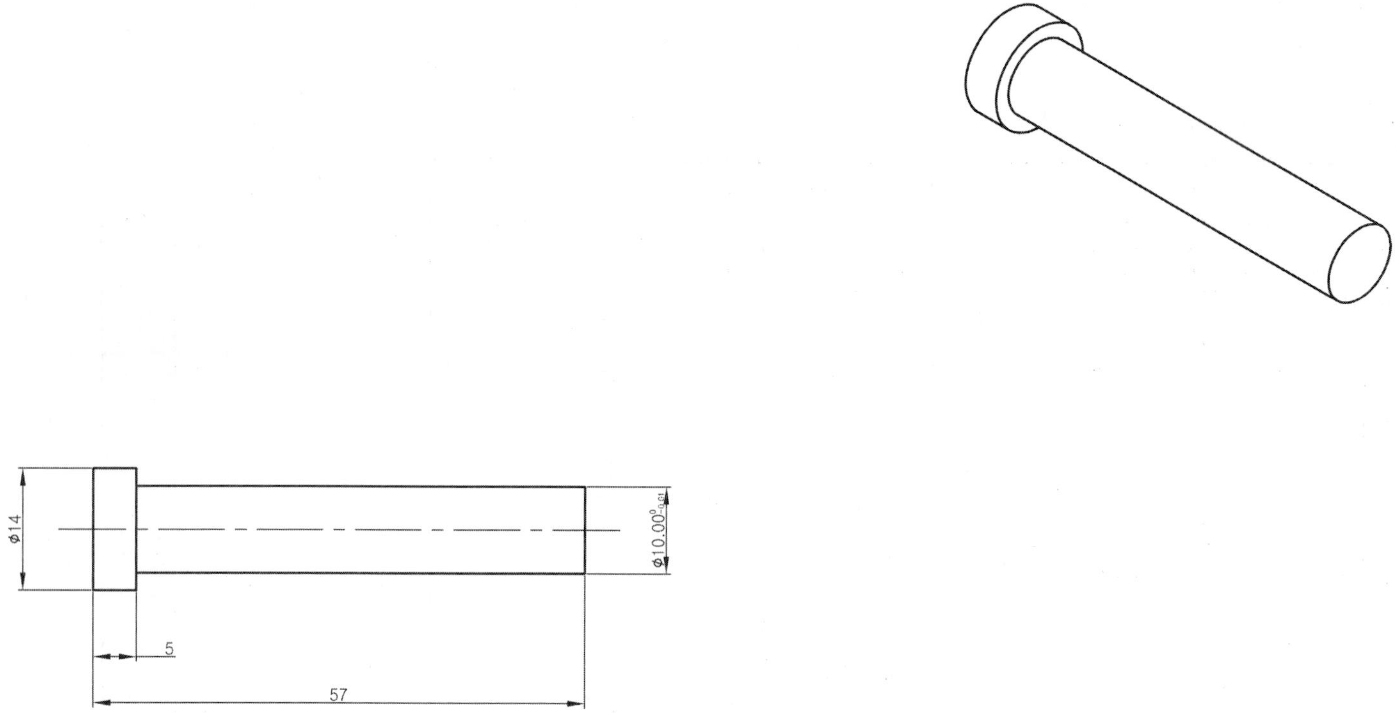

제품명	피어싱펀치	척 도	NS

(15) $\overset{x}{\bigtriangledown}$ ($\overset{y}{\bigtriangledown}$)

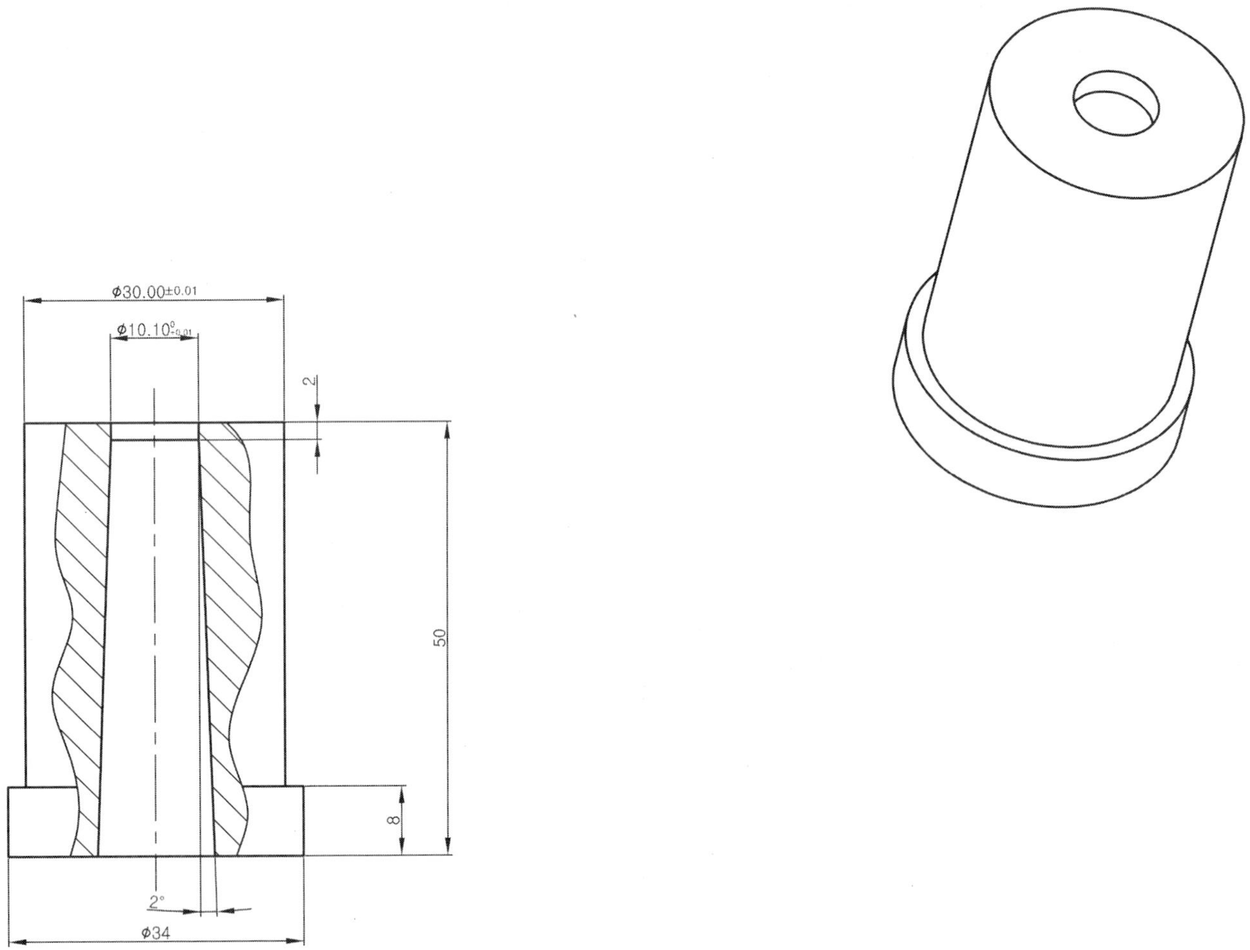

제품명	피어싱다이&블랭킹펀치	척 도	NS

⑯

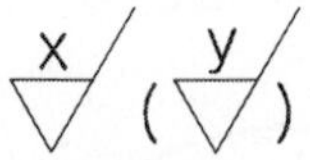

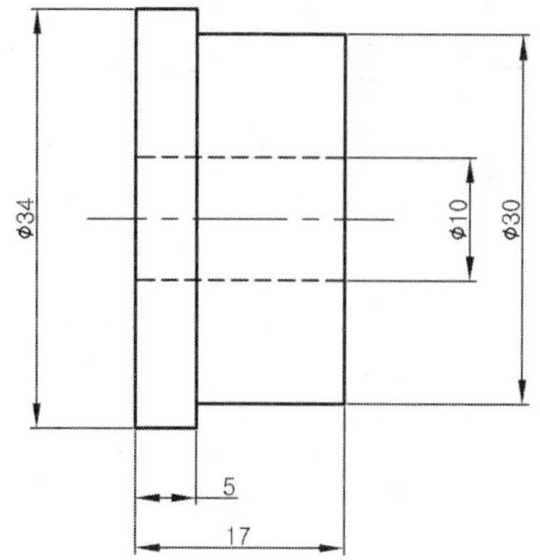

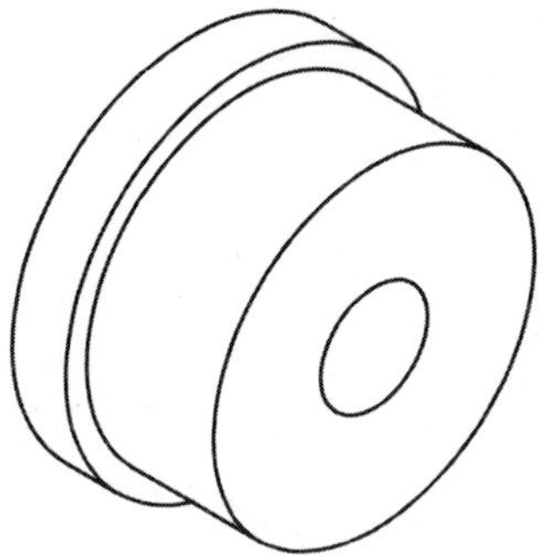

제품명	패드	척 도	NS

2.2 Compound-die(Bracket)

▮ 요구사항

1) 제품도 & 3차원 Solid model을 이용하여 설계한다.
2) 제품 배열 : PRESS 1행정으로 1개 생산방식을 적용한다.
3) 금형 타입 : 컴파운드 다이
4) 다이 셋트 : 다이하이트 설계자가 선택하고, 생크 체결 직경 50 mm
5) 소재 이송 : 소재 이송 방향은 좌측에서 우측으로, 스크랩 컷팅 장치를 마련한다.
6) 클리어런스 : 전단면 길이 두께 50% 이상 되도록 클리어런스 적용할 것.
7) 재료이용률 : 적정 이송잔폭, 앞뒤 잔폭을 적용하여 재료 이용률을 최대로 설계할 것.
8) PUNCH & DIE 설계 : 도면공차 감안하여 요구치수를 만족할 것.
9) 스트리핑 : 스트리퍼는 5 mm 이상 작동되도록 한고, 스트리핑이 되도록 스프링을 배치한다.
10) 제품 취출 : 녹아웃 바 직경은 15 mm이고, 제품 취출은 전면에서 후면이다.
11) 조립도 : 상형과 하형을 결합된 상태로 설계하되 프레스 하사점 상태로 제출하고, 부품 조립이 편리하도록 볼트 체결방향, 상형의 맞춤핀이 낙하되지 않도록 설계한다.
12) 부품도 : 표준부품을 제외한 가공부품이 누락되지 않도록 설계하고 가공이 원활하고 유지보수가 편리하도록 부품 설계할 것. 칩 상승 방지대책을 수립한다.
13) 기타 지시하지 않은 사항들은 KS 제도법에 준하여 모델링 할 것.

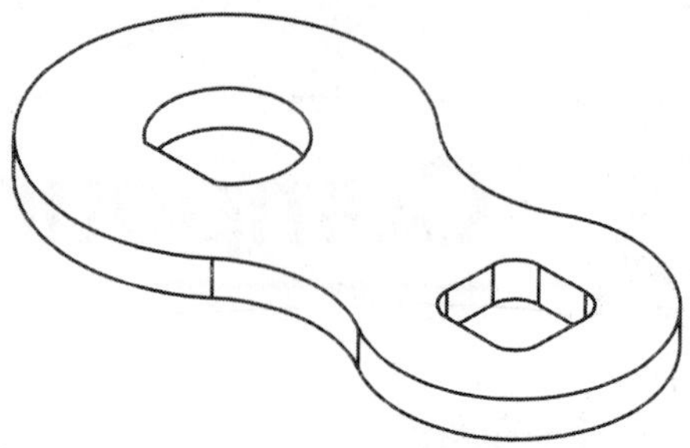

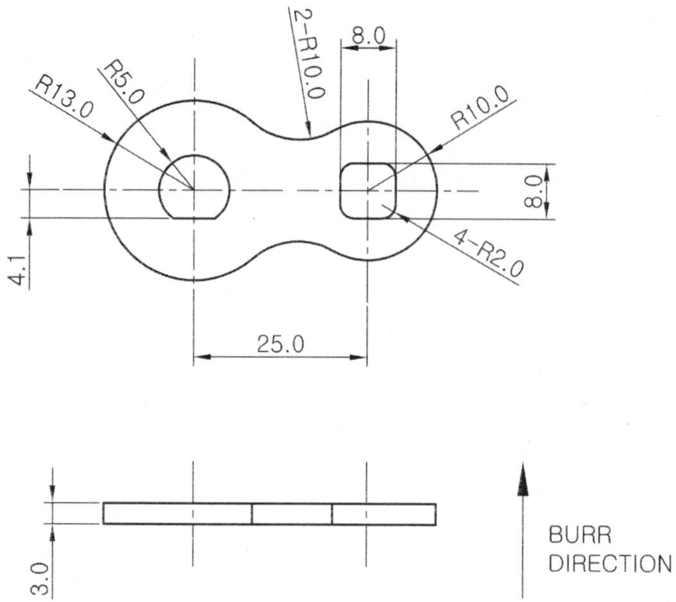

주서

1. 1행정 2개생산 방식
2. 컴파운드 다이
3. 다이 하이트 320mm, 섕크 직경 50mm
4. 소재이송은 좌에서 우로 이송
소재 이송 높이는 볼스터에서 200mm+10mm/-10mm
스크랩 커팅 장치를 마련할 것
5. 클리어런스는 전단면의 두께가 50%t 이상 되도록 설계할 것
6. 도면 공차를 감안하여 요구치수를 만족할 것
7. 스트리퍼는 10mm이상 작동 되도록 하고 스프링을 배치할 것
8. 녹아웃 바 직경은 15mm, 취출은 전면에서 후면

제품명	BRACKET - B	척 도	NS

STRIP LAYOUT

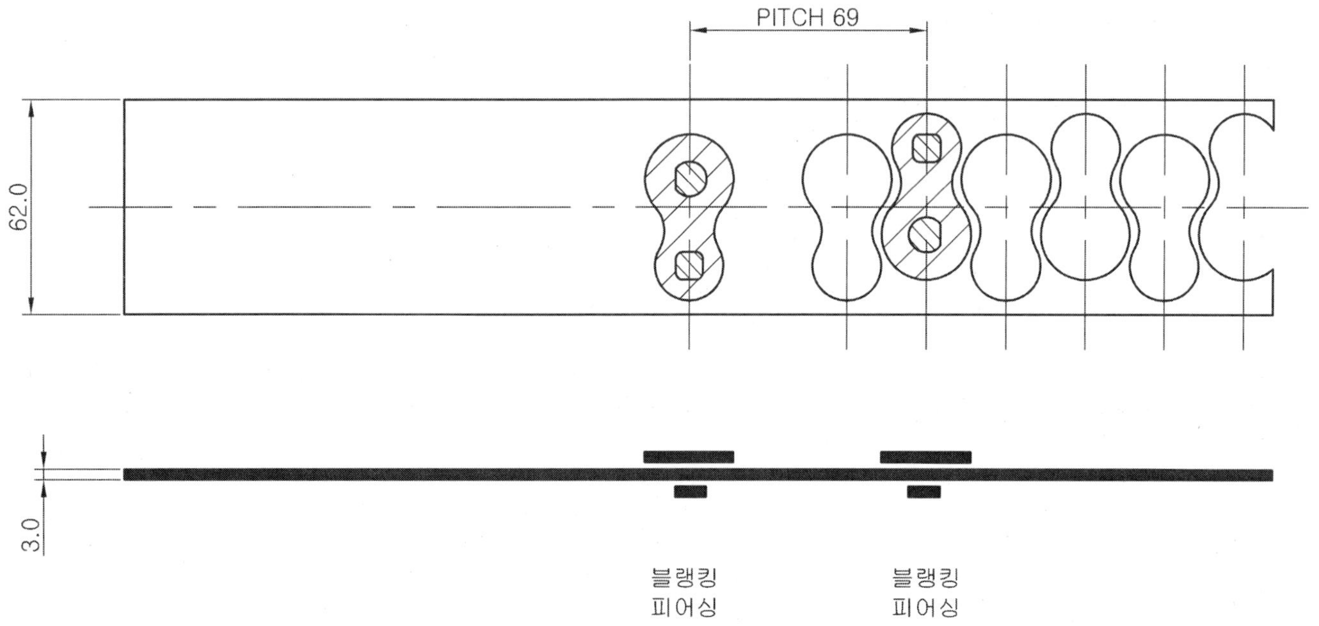

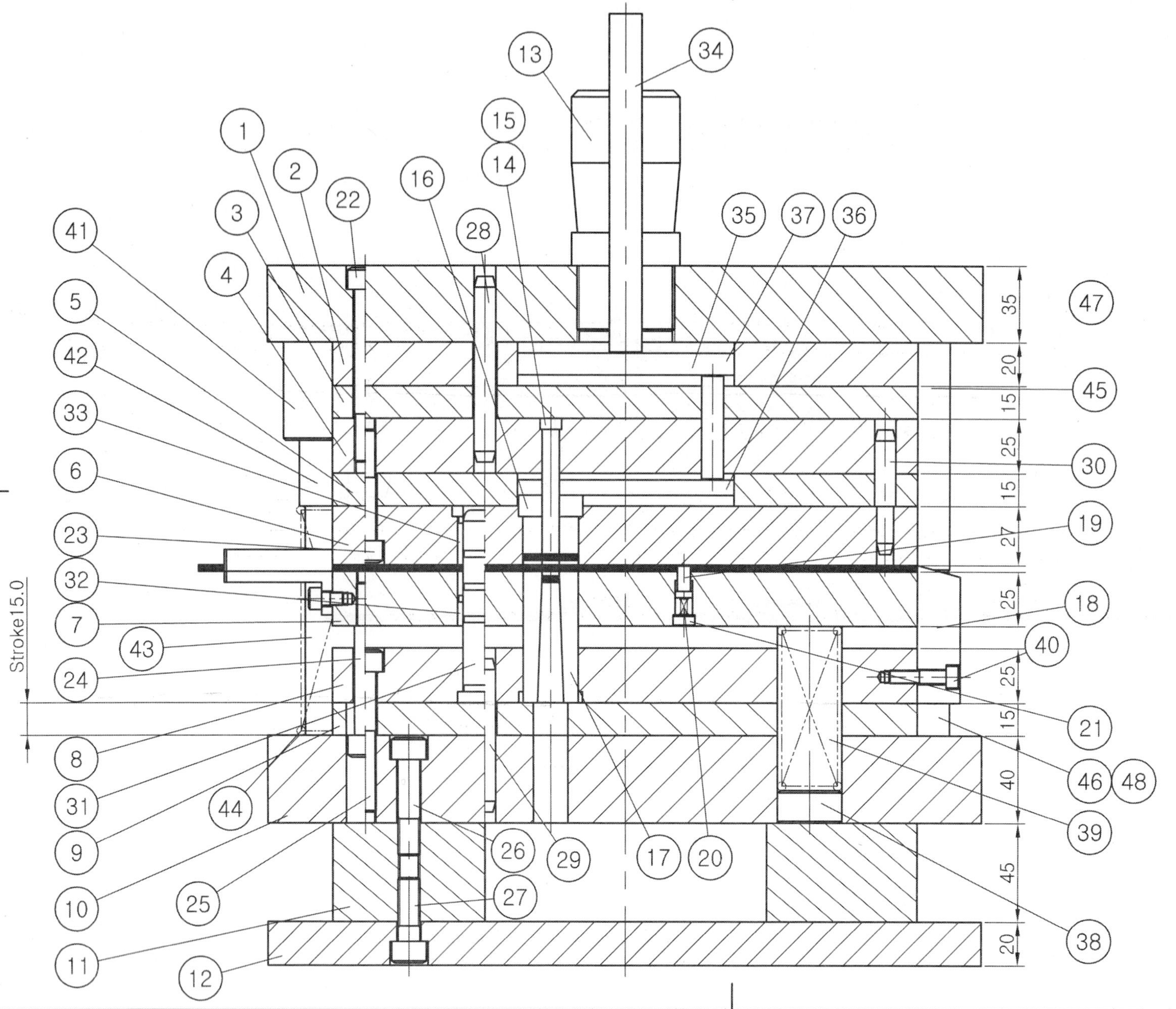

품번	품명	수량	재질	비고
18	스크랩커터	1	STD11	H_RC55
17	블랭킹펀치	1	STD11	H_RC55
16	패드	1	STD11	H_RC55
15	이형피어싱펀치	1	STD11	H_RC55
14	이형피어싱펀치	1	STD11	H_RC55
13	섕크	1	STD11	H_RC55
12	받침판	2	STD11	H_RC55
11	스페이서블록	2	STD11	H_RC55
10	하홀더	3	STD11	H_RC55
9	하측펀치받침판	1	STD11	H_RC55
8	하측펀치고정판	1	SM45C	
7	스트리퍼	1	STD11	H_RC55
6	다이	1	STD11	
5	다이받침판	1	STD11	
4	상측펀치고정판	1	STD11	H_RC55
3	상측펀치받침판	1	STD11	
2	녹아웃안내판	1	STD11	H_RC55
1	상홀더	1	SM45C	

Compound-die (bracket)	척도	NS
	각법	3각법

① 상홀더 $\overset{x}{\nabla}$/($\overset{y}{\nabla}$/)

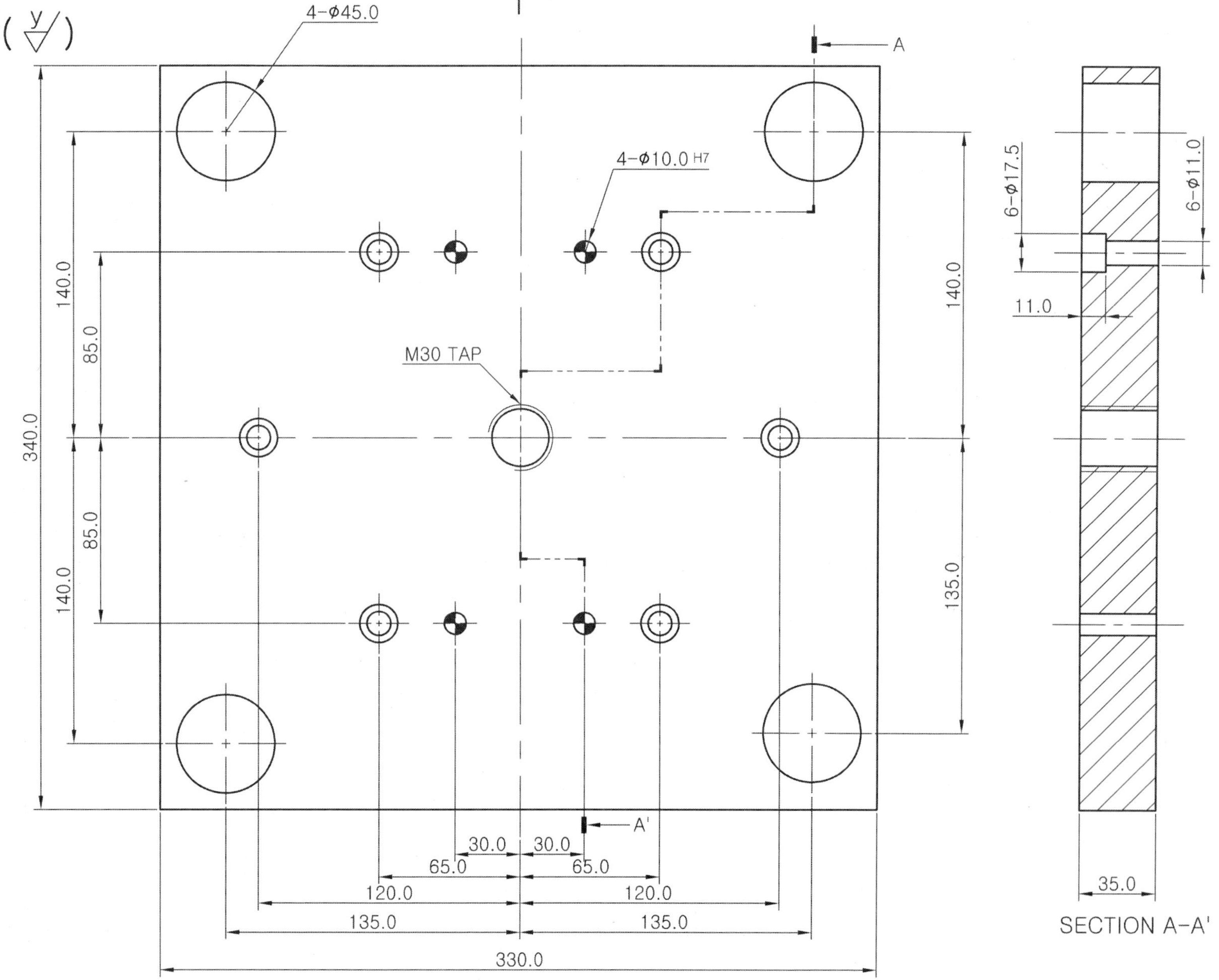

부품명	상홀더	척 도	NS

② 녹아웃 안내판 $\overset{x}{\triangledown}$ ($\overset{y}{\triangledown}$)

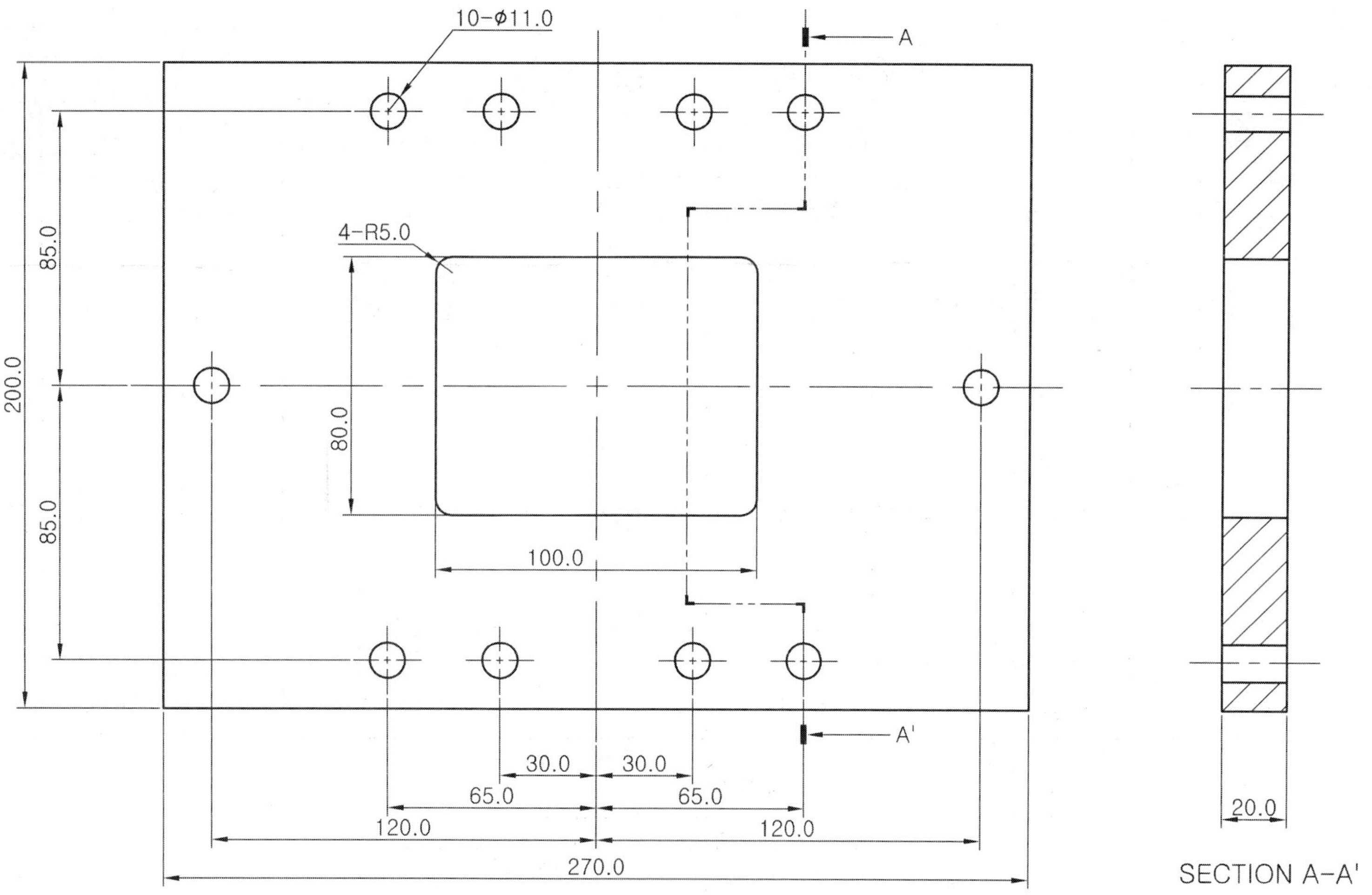

부품명	녹아웃안내판	척 도	NS

③ 상측펀치받침판 $\overset{x}{\nabla}$ ($\overset{y}{\nabla}$)

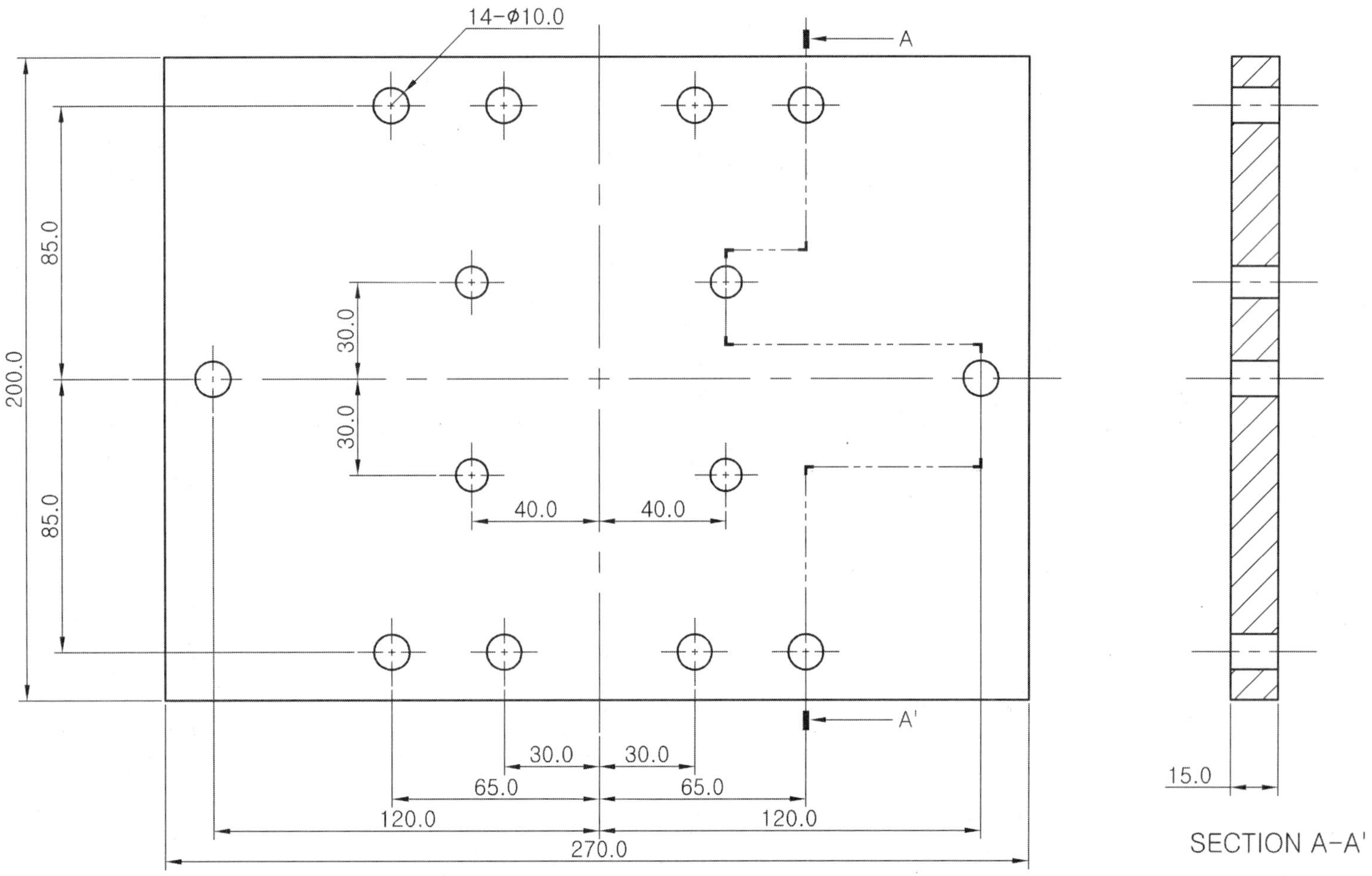

부품명	상측펀치받침판	척 도	NS

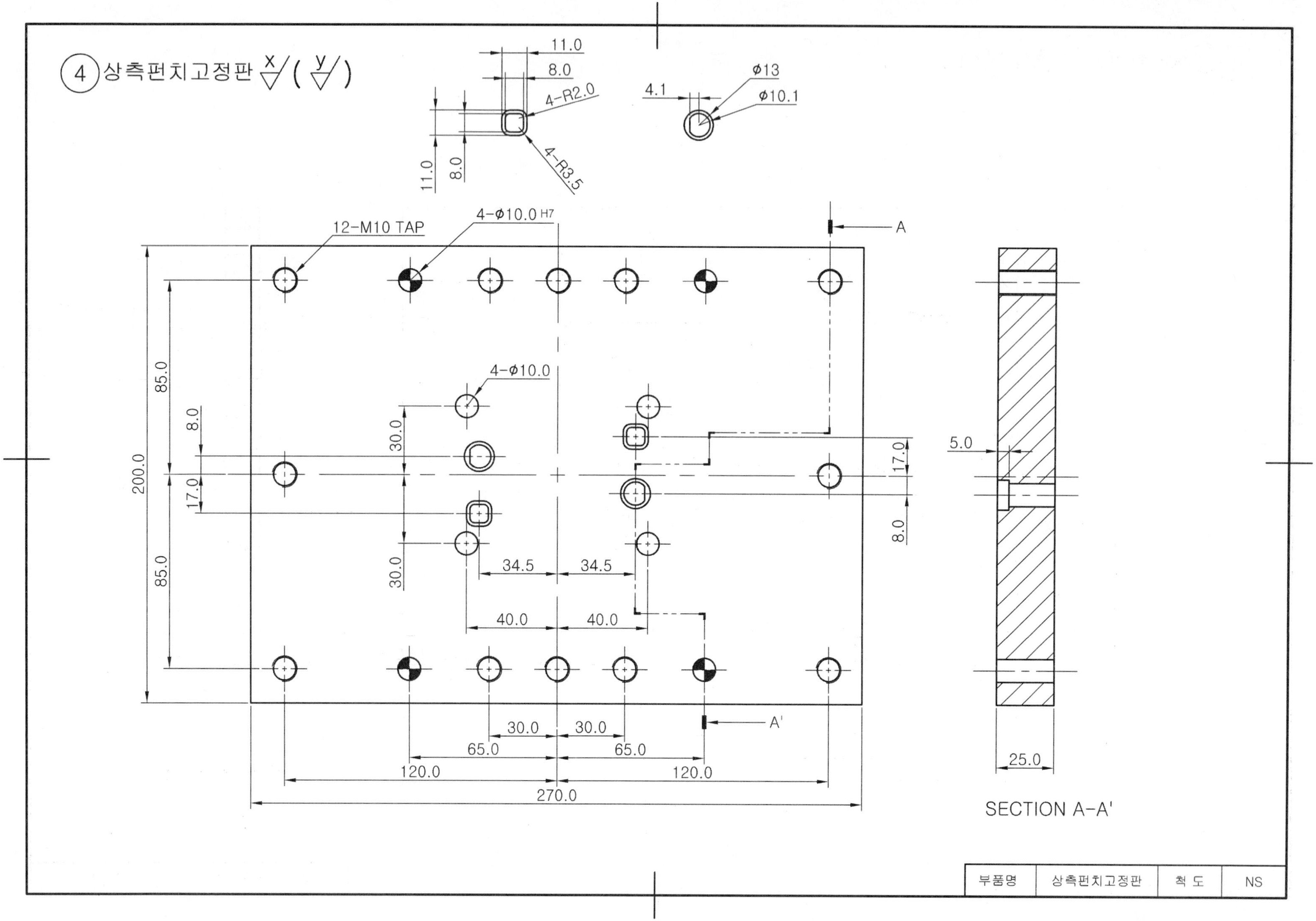
④ 상측펀치고정판
11.0
8.0
4-R2.0
4-R3.5
4.1
ϕ13
ϕ10.1
12-M10 TAP
4-ϕ10.0 H7
4-ϕ10.0
A
A'
85.0
200.0
8.0
17.0
30.0
34.5
40.0
65.0
120.0
270.0
5.0
25.0
SECTION A-A'
부품명
상측펀치고정판
척 도
NS

⑤ 다이받침판 $\overset{x}{\nabla}$ ($\overset{y}{\nabla}$)

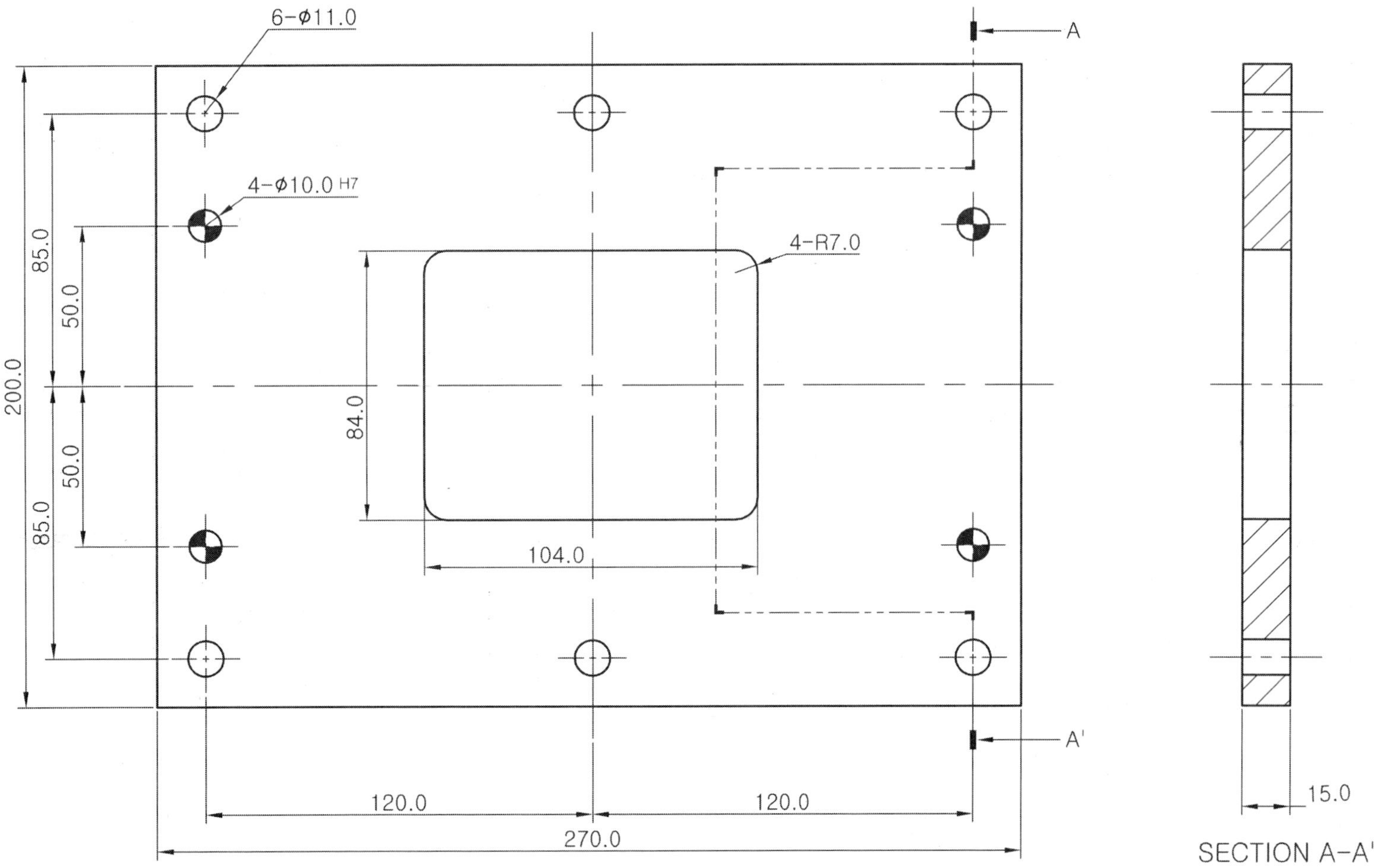

부품명	다이받침판	척 도	NS

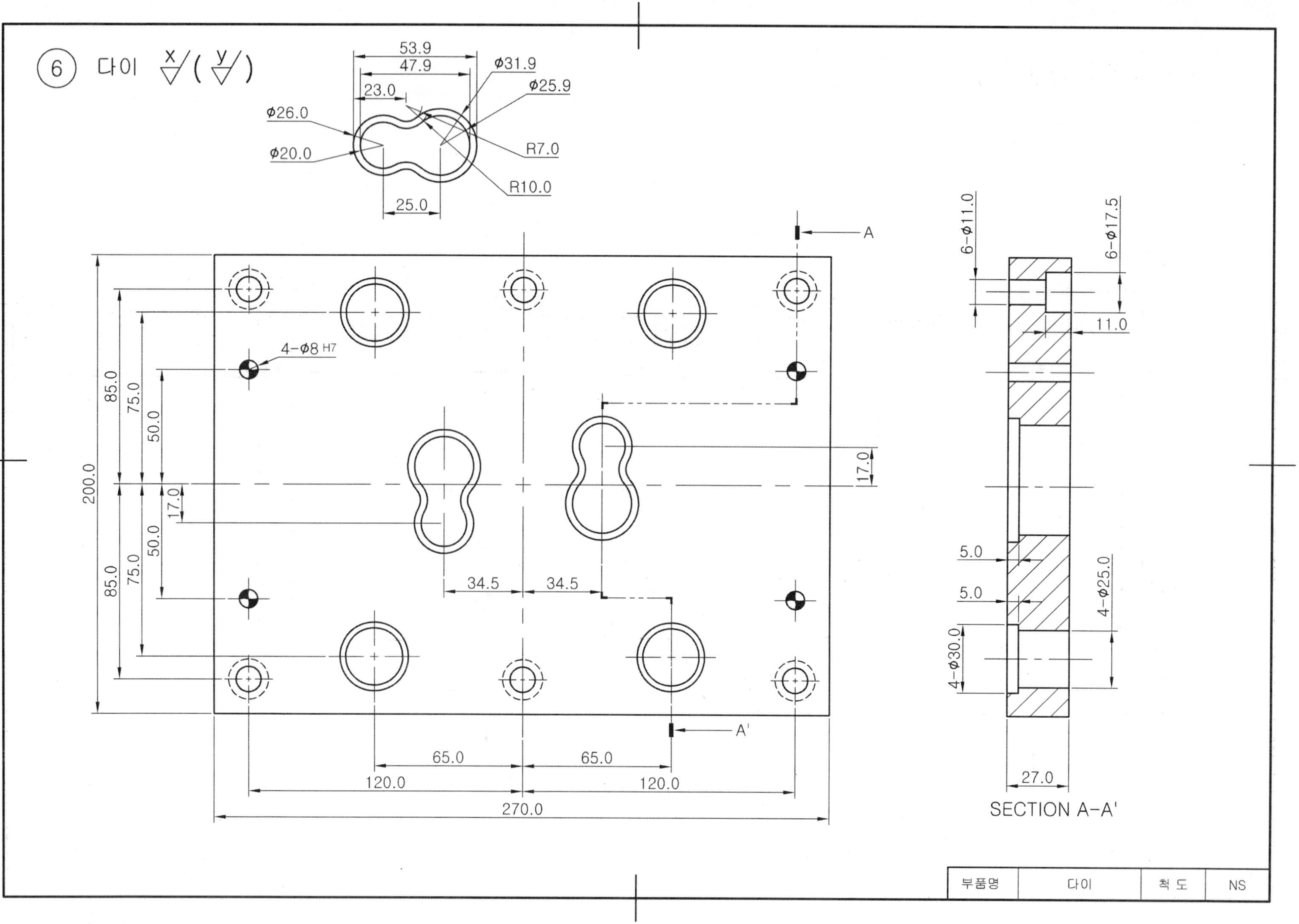

⑥ 다이 x/ (y/)
53.9
47.9
23.0
ϕ31.9
ϕ25.9
ϕ26.0
ϕ20.0
R7.0
R10.0
25.0
A
A'
4-ϕ8 H7
85.0
75.0
50.0
200.0
17.0
34.5
65.0
120.0
270.0
6-ϕ11.0
6-ϕ17.5
11.0
5.0
4-ϕ25.0
4-ϕ30.0
27.0
SECTION A-A'

부품명	다이	척 도	NS

⑦ 스트리퍼 $\overset{x}{\bigtriangledown}$/($\overset{y}{\bigtriangledown}$/)

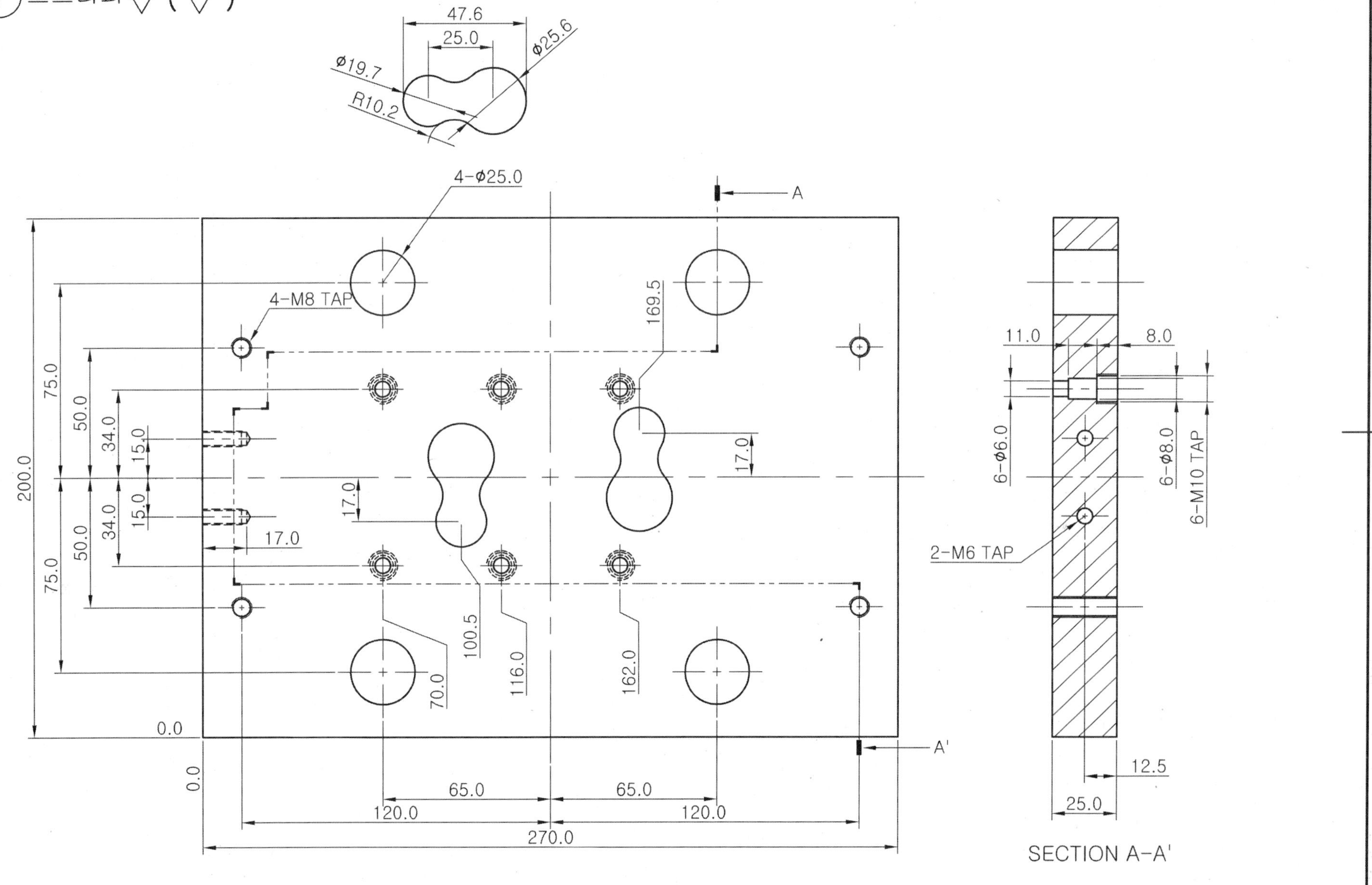

부품명	스트리퍼	척 도	NS

⑧ 하측펀치고정판 $\overset{x}{\bigtriangledown}$ ($\overset{y}{\bigtriangledown}$)

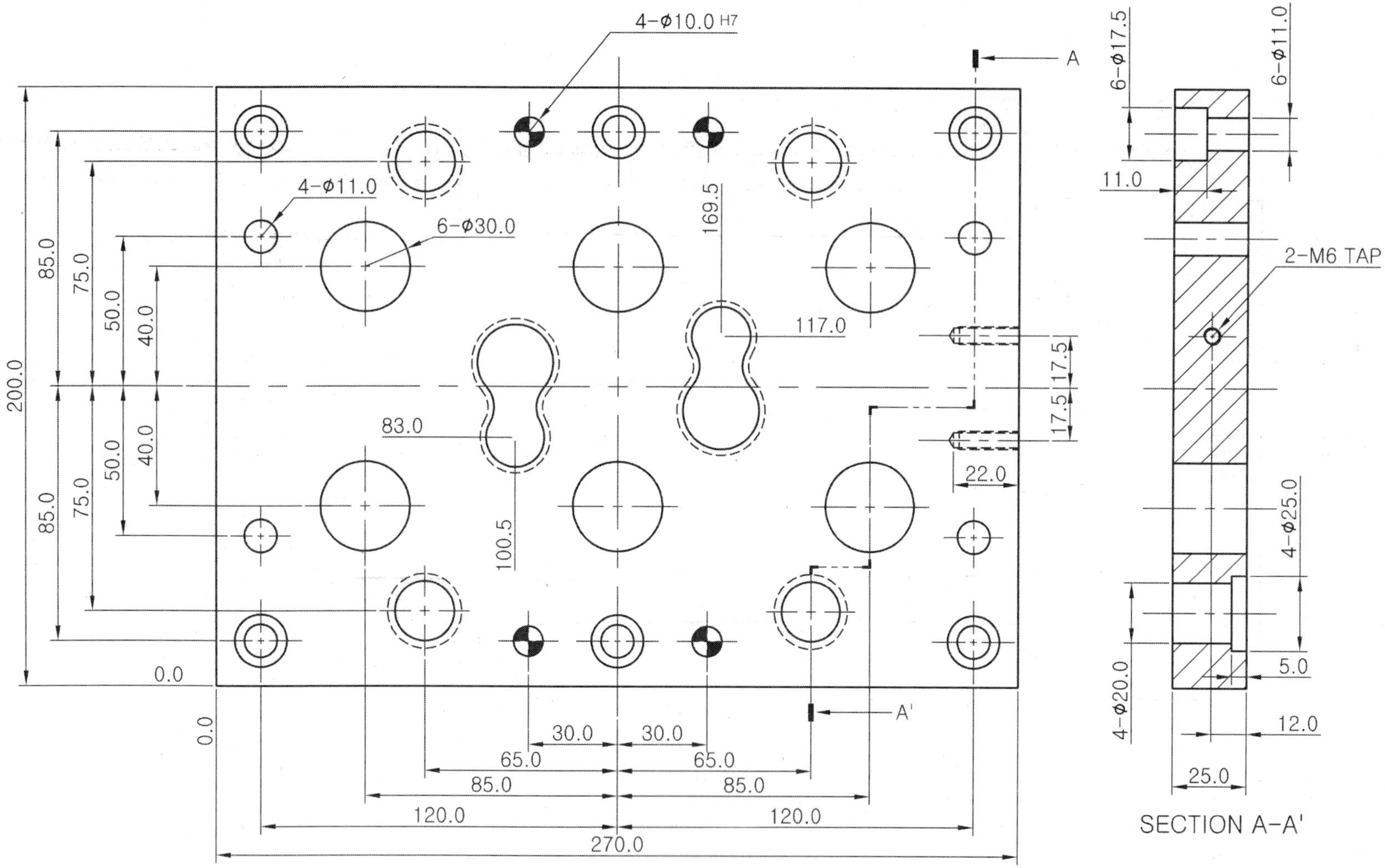

부품명	하측펀치고정판	척 도	NS

⑨ 하측펀치받침판

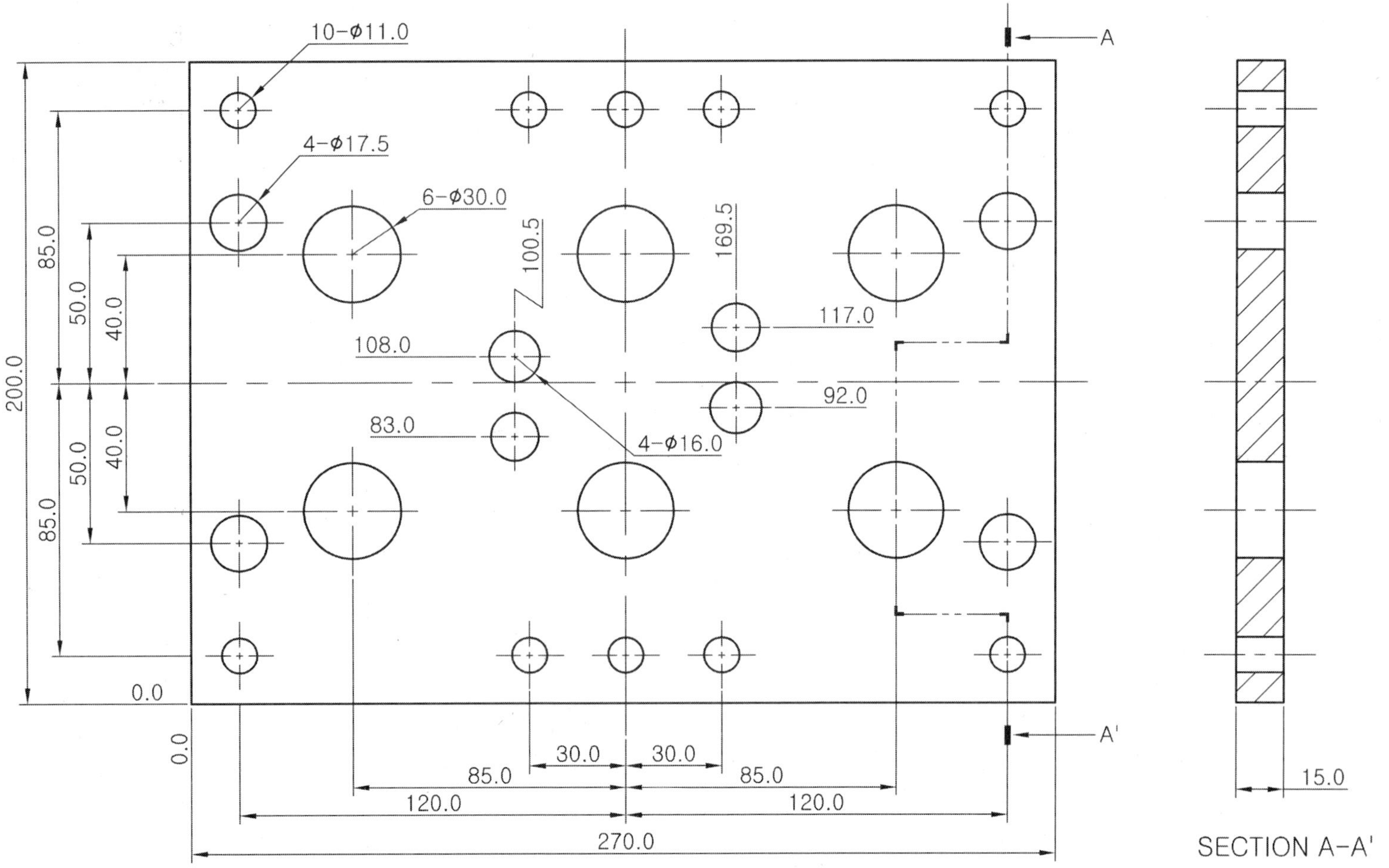

부품명	하측펀치받침판	척 도	NS

⑩ 하홀더

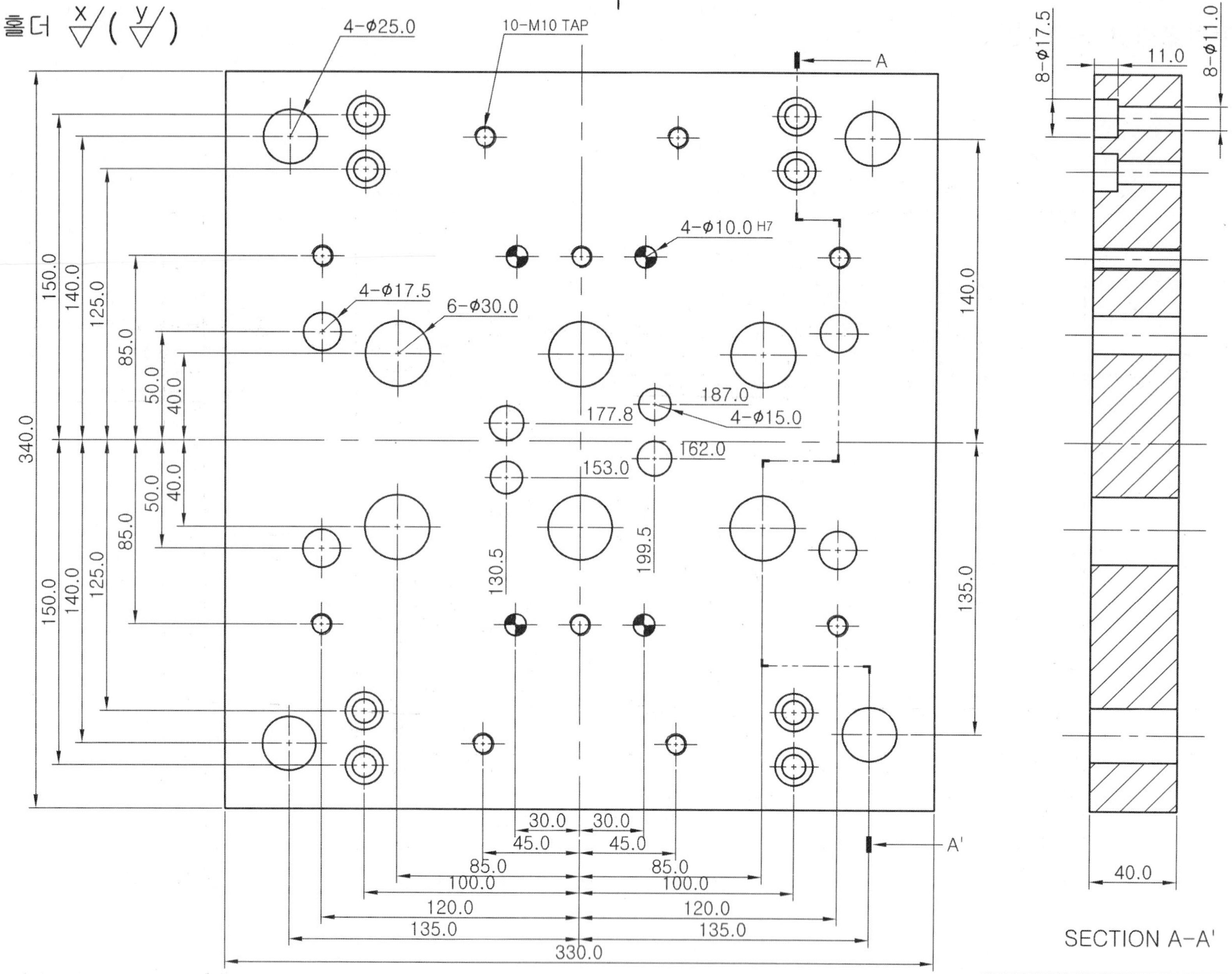

부품명	하홀더	척 도	NS

⑪스페이서블록 $\overset{x}{\bigtriangledown}$ ($\overset{y}{\bigtriangledown}$)

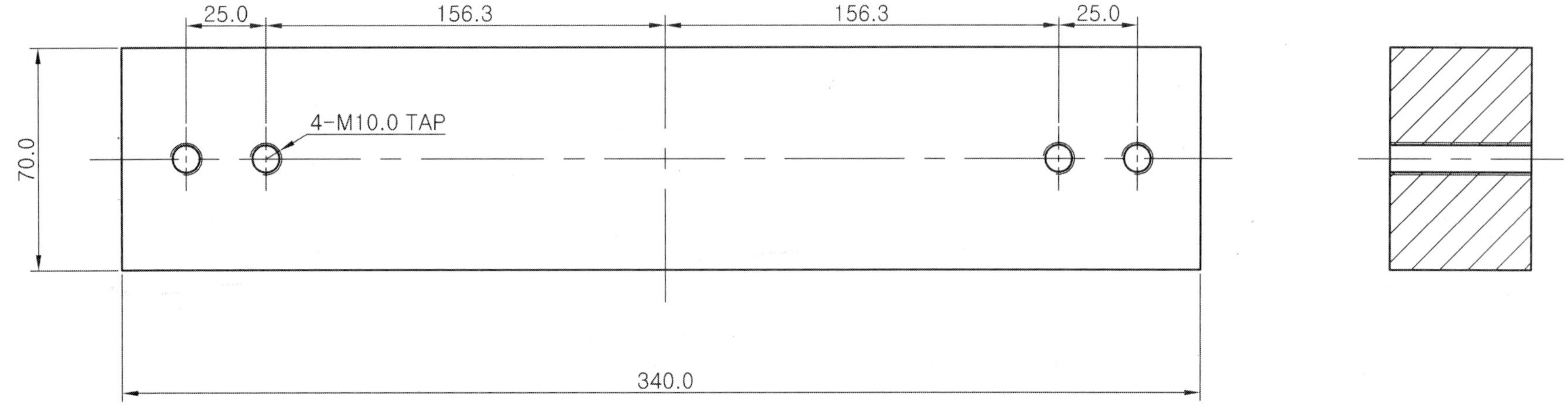

부품명	스페이서 블록	척 도	NS

⑫ 받침판 $\overset{x}{\bigtriangledown}$/($\overset{y}{\bigtriangledown}$/)

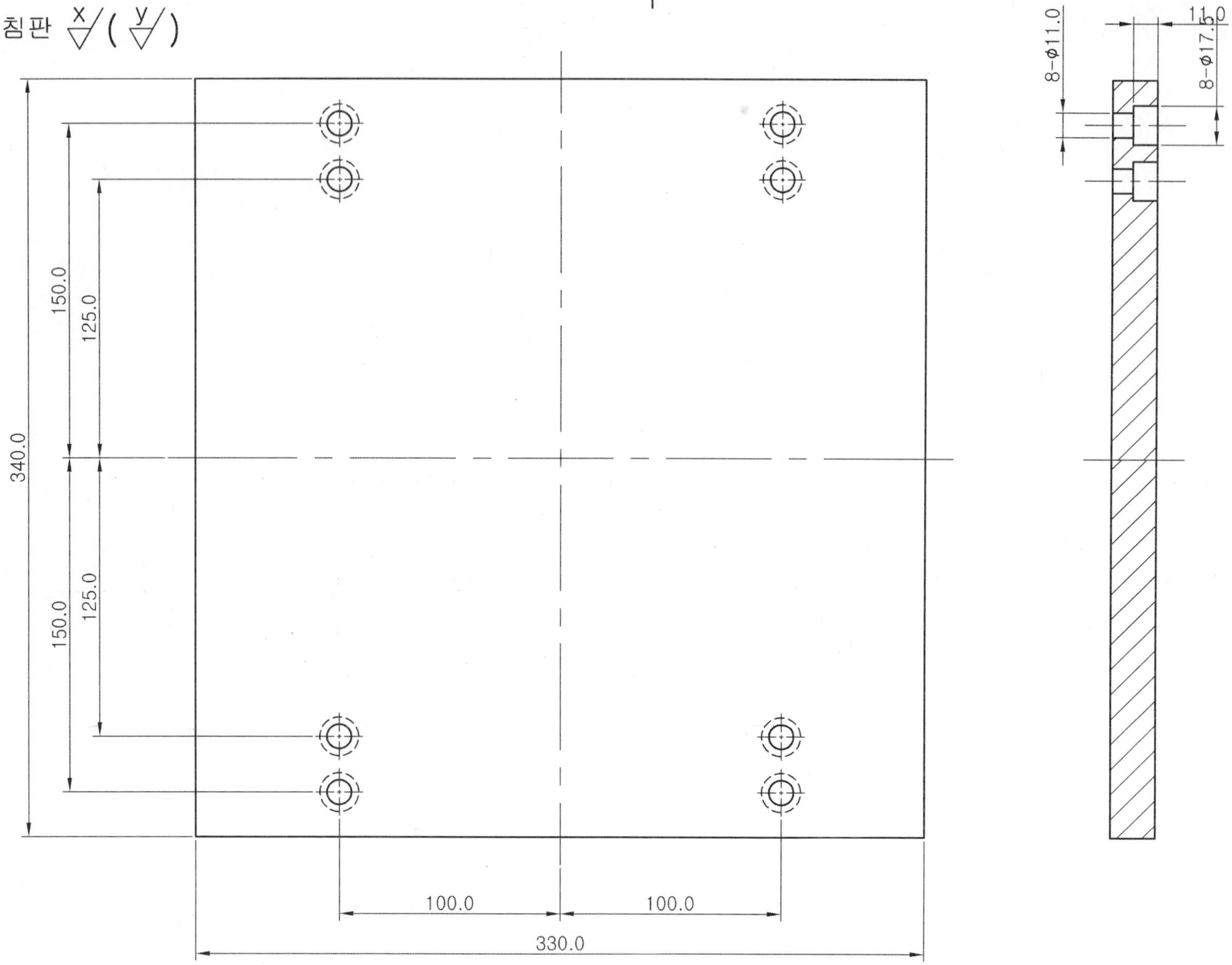

부품명	받침판	척 도	NS

⑬ 생크 $\overset{x}{\bigtriangledown}$ ($\overset{y}{\bigtriangledown}$)

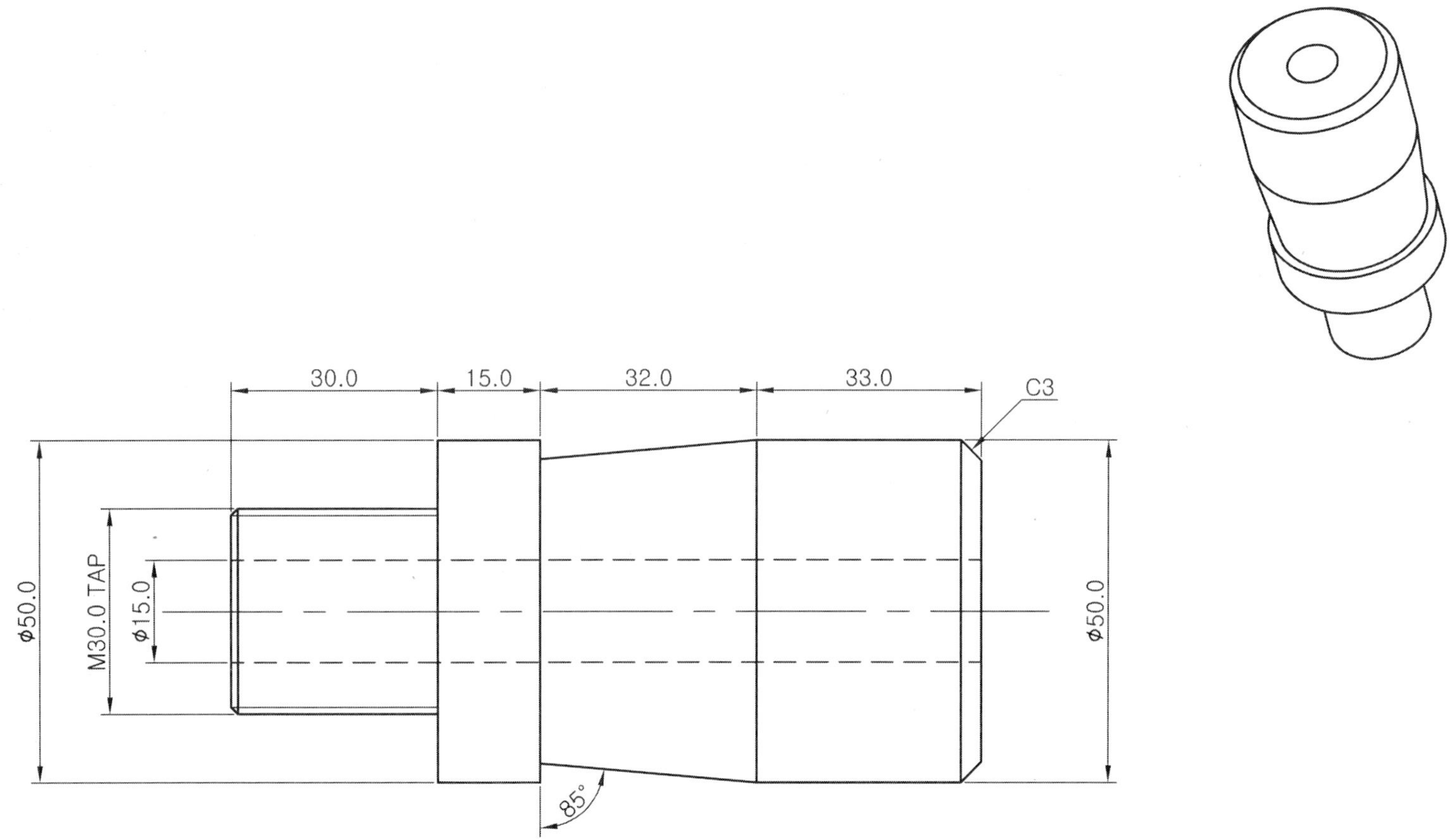

부품명	생크	척 도	NS

⑭ 이형피어싱펀치 $\overset{x}{\bigtriangledown}$ ($\overset{y}{\bigtriangledown}$)

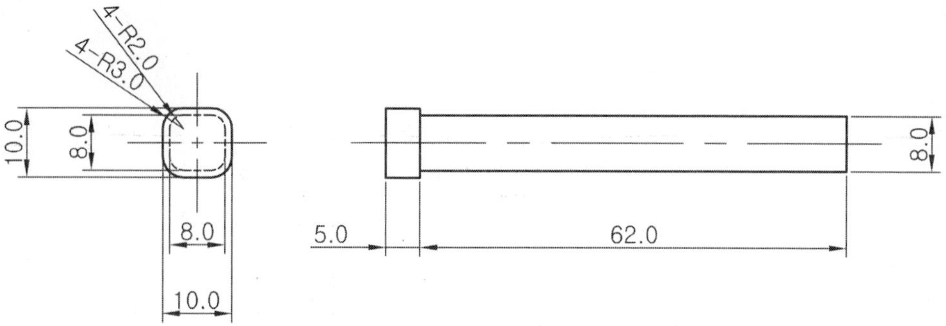

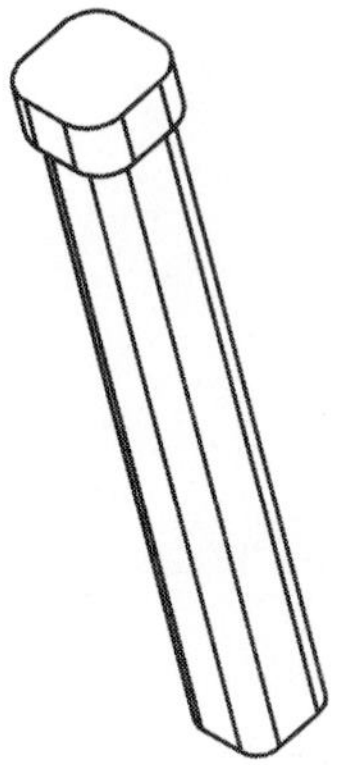

부품명	이형피어싱펀치	척 도	NS

⑮ 이형피어싱펀치 $\overset{x}{\triangledown}$ ($\overset{y}{\triangledown}$)

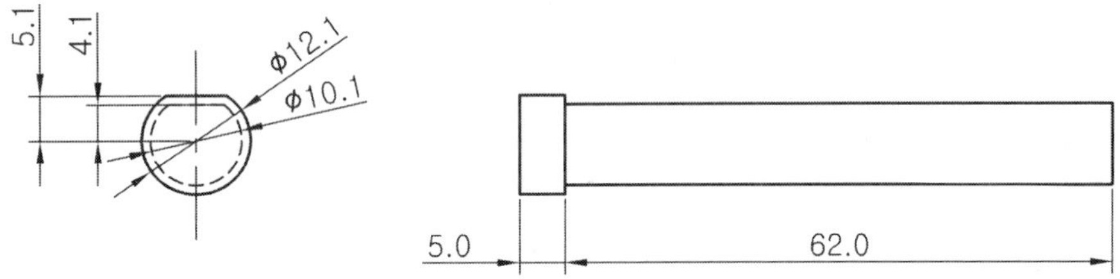

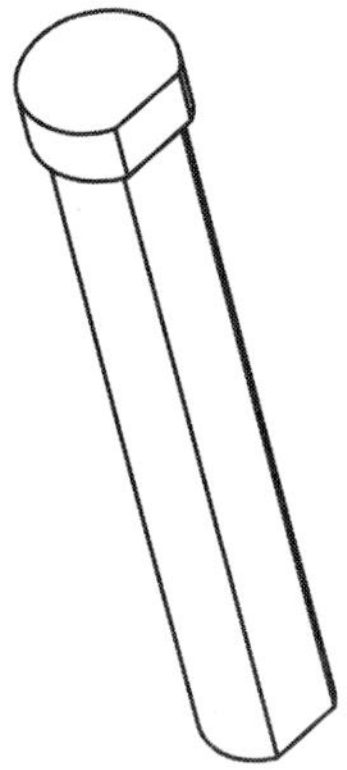

부품명	이형피어싱펀치	척 도	NS

⑯ 패드 $\overset{x}{\triangledown}$ ($\overset{y}{\triangledown}$)

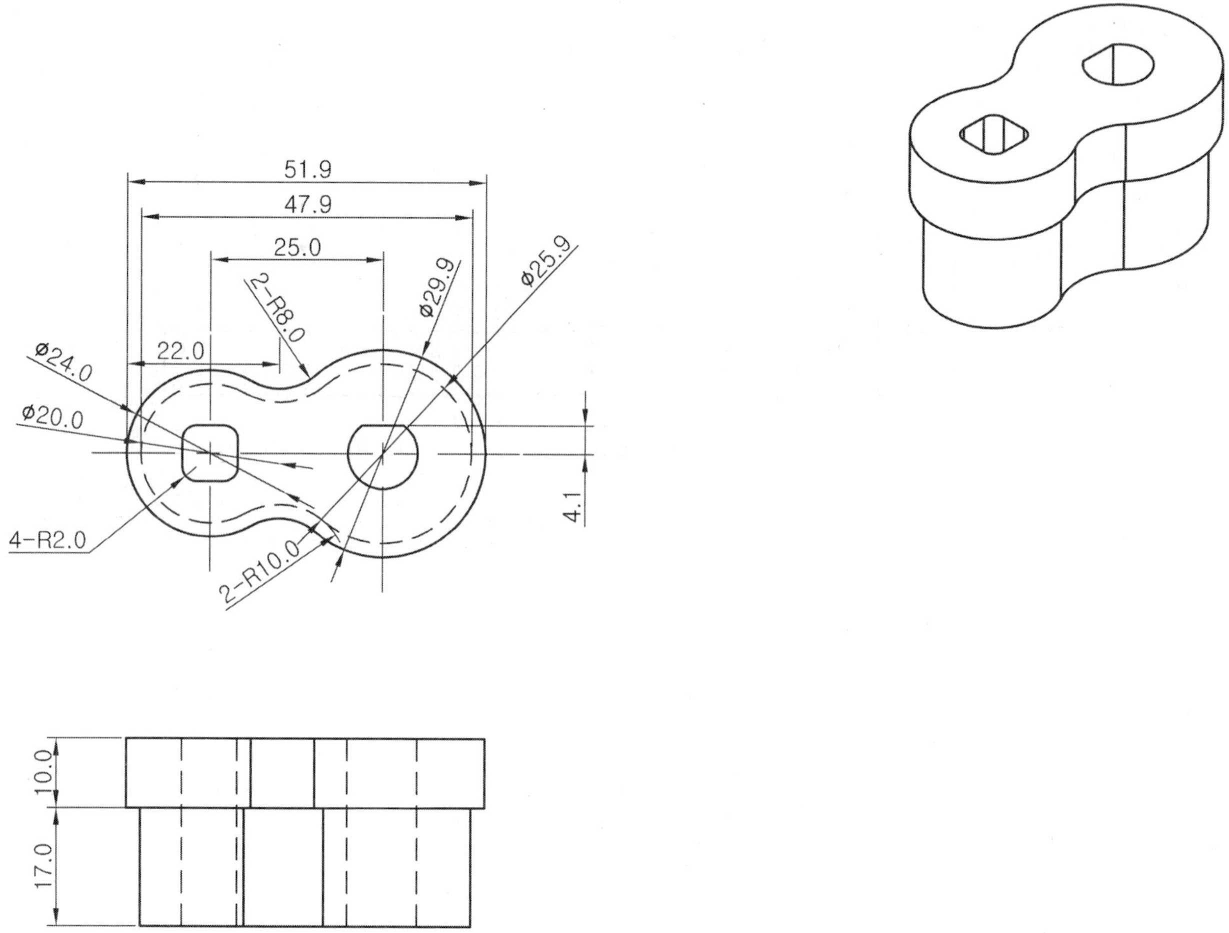

부품명	패드	척 도	NS

⑰ 블랭킹펀치 $\overset{x}{\nabla}\!\!/\ (\overset{y}{\nabla}\!\!/)$

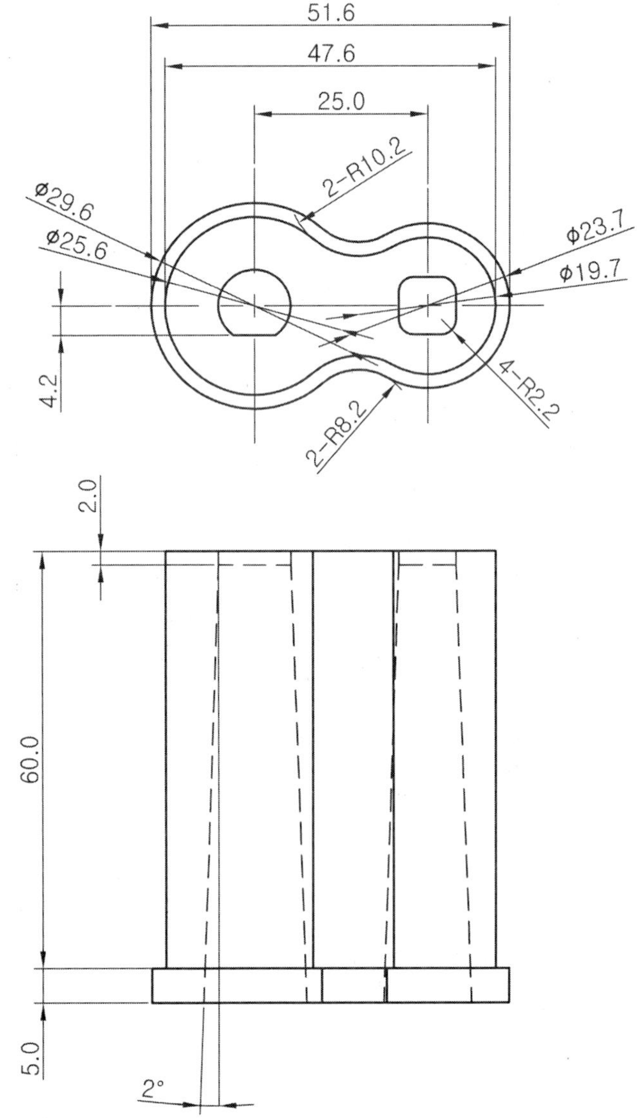

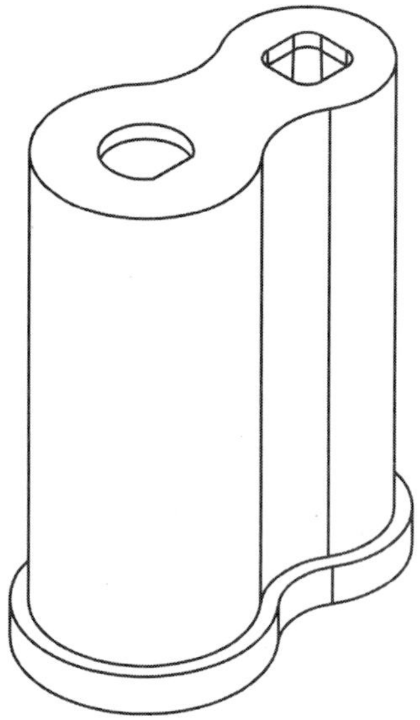

부품명	블랭킹펀치	척 도	NS

⑱ 스크랩커터 x/ (y/)

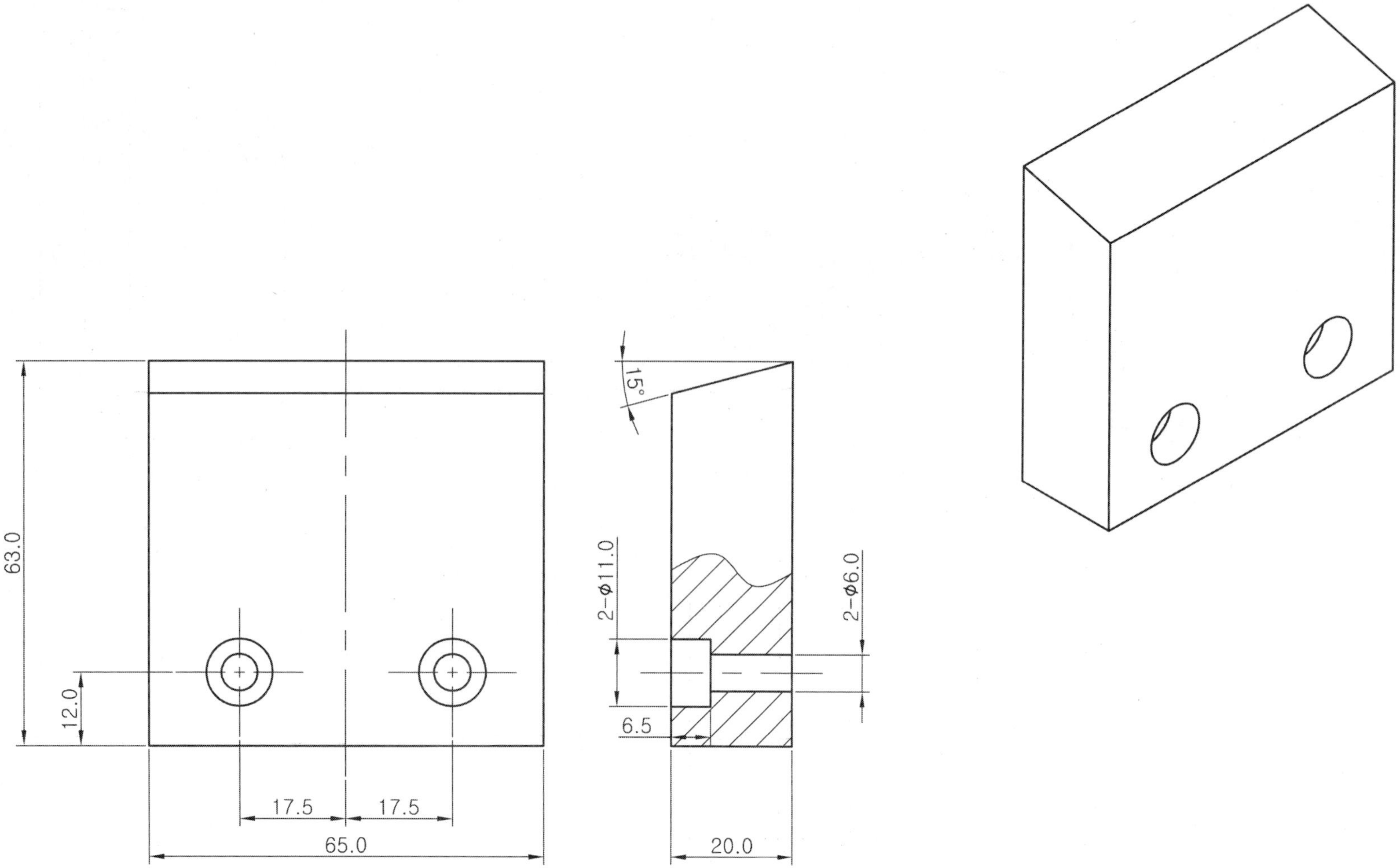

부품명	스크랩커터	척 도	NS

⑲ 핀가이드 $\overset{x}{\triangledown}$ ($\overset{y}{\triangledown}$)

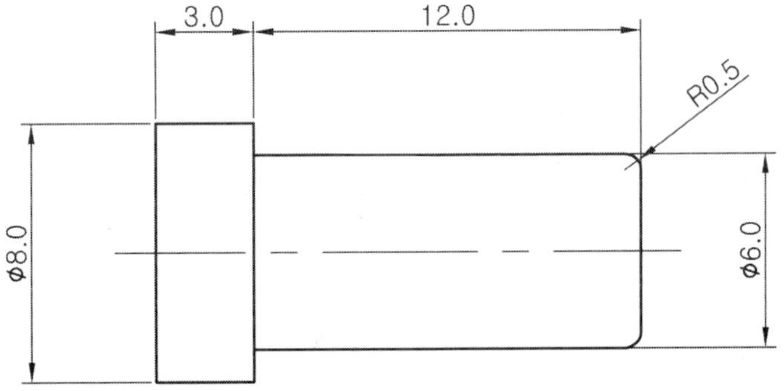

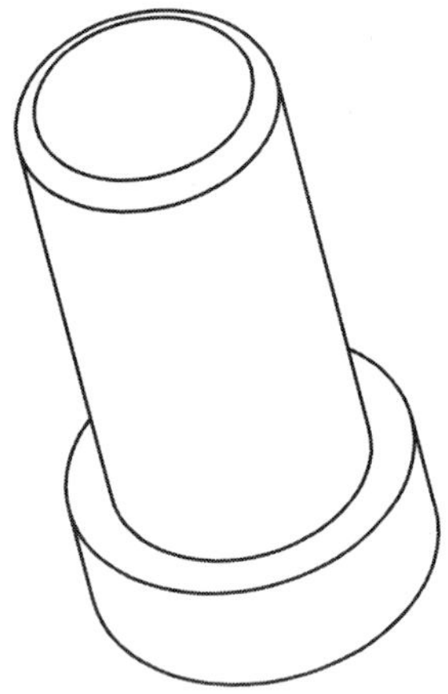

부품명	핀가이드	척 도	NS

㉛ 이너가이드핀 $\overset{x}{\nabla}$ ($\overset{y}{\nabla}$)

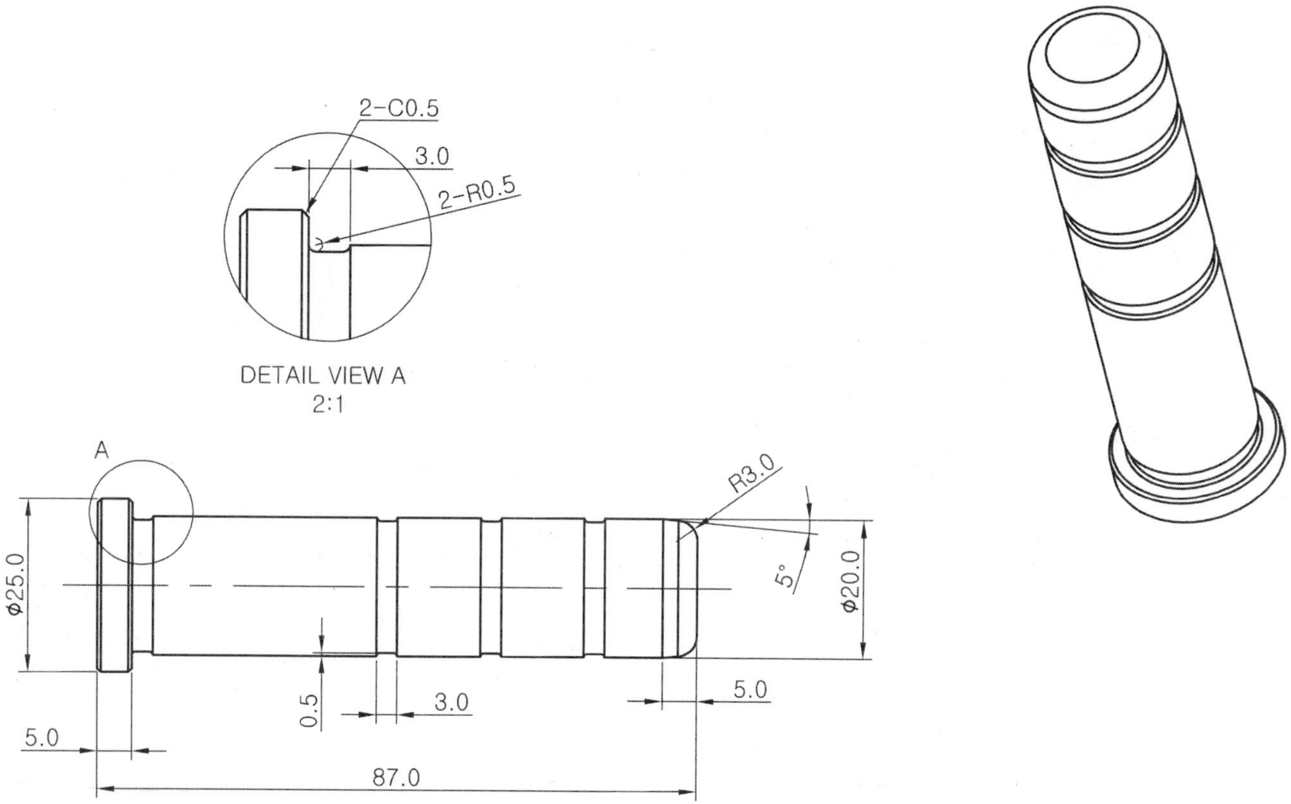

부품명	이너가이드핀	척 도	NS

㉜ 이너가이드부시 $\overset{x}{\triangledown}$ ($\overset{y}{\triangledown}$)

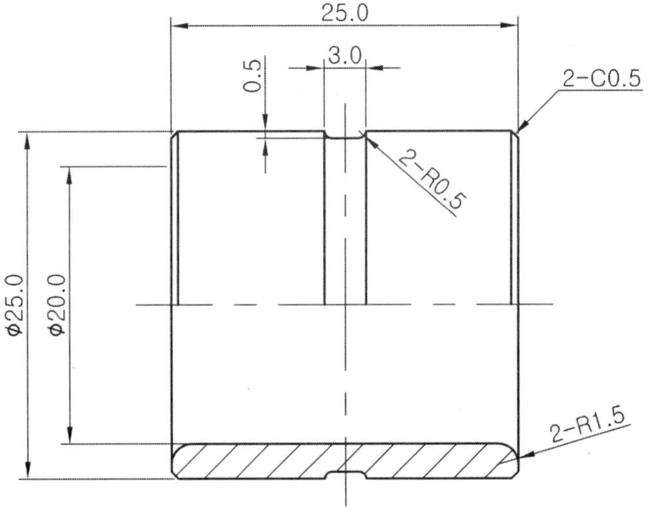

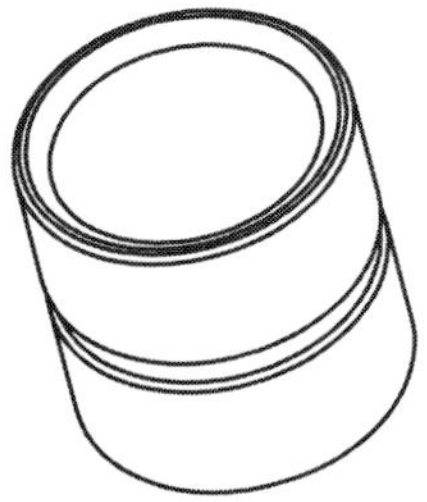

부품명	이너가이드부시	척 도	NS

(33) 이너가이드부시 $\overset{x}{\nabla}$/ ($\overset{y}{\nabla}$/)

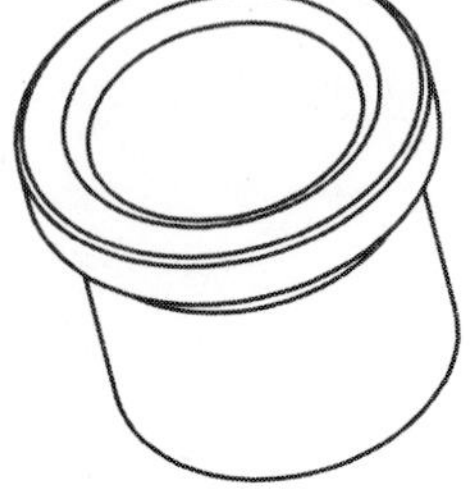

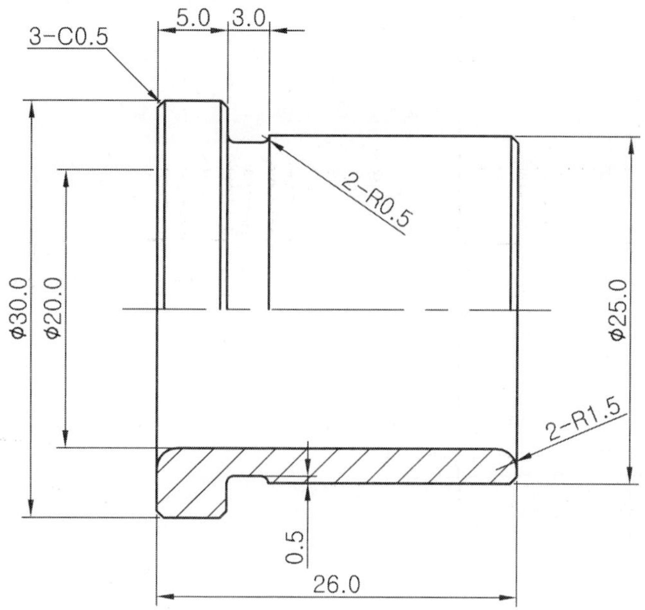

부품명	이너가이드부시	척 도	NS

(35) 녹아웃패드 x/(y/)

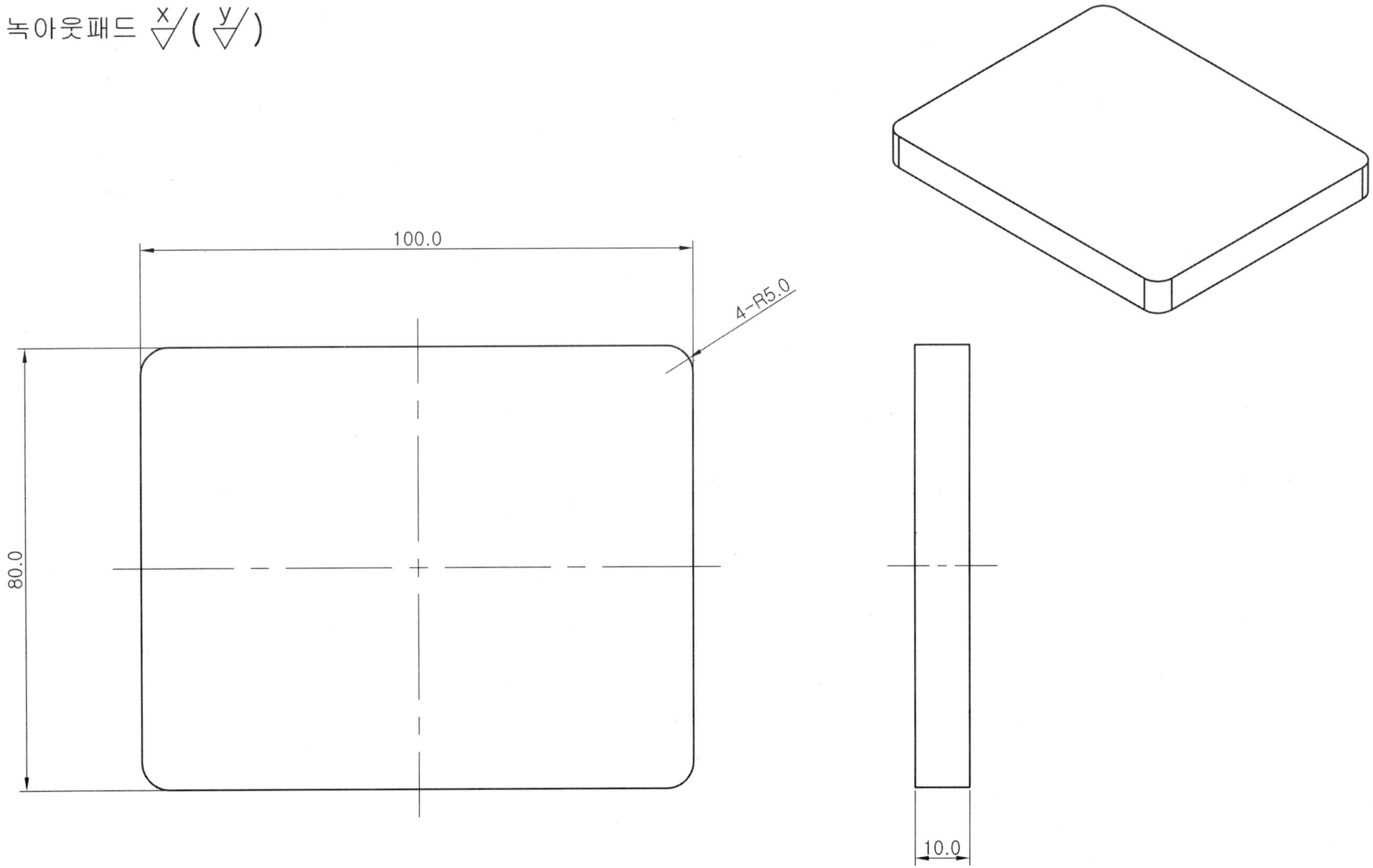

부품명	녹아웃패드	척 도	NS

(36) 녹아웃패드 x/ (y/)

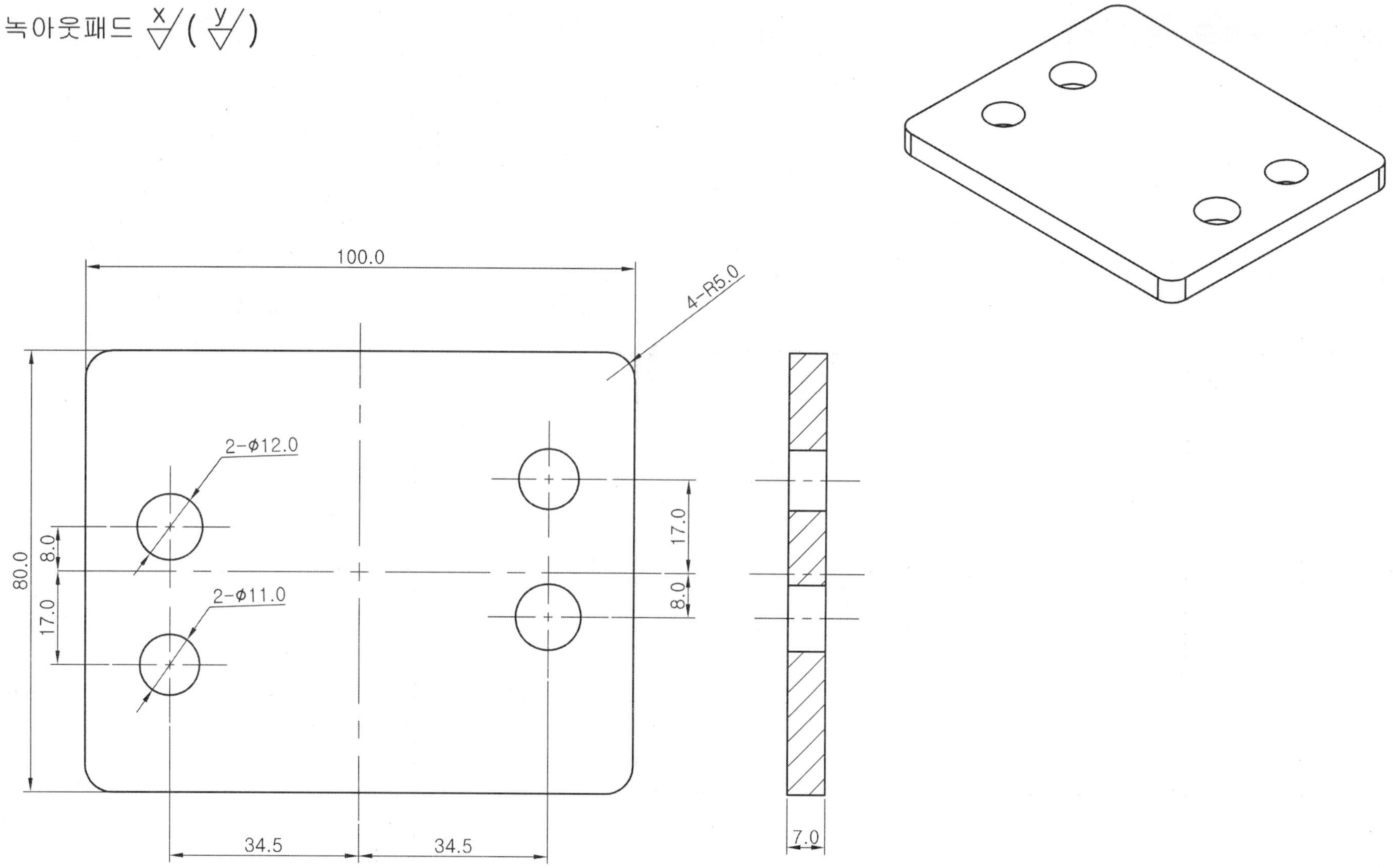

부품명	녹아웃패드	척 도	NS

(41) 가이드부시 $\overset{x}{\bigtriangledown}$ ($\overset{y}{\bigtriangledown}$)

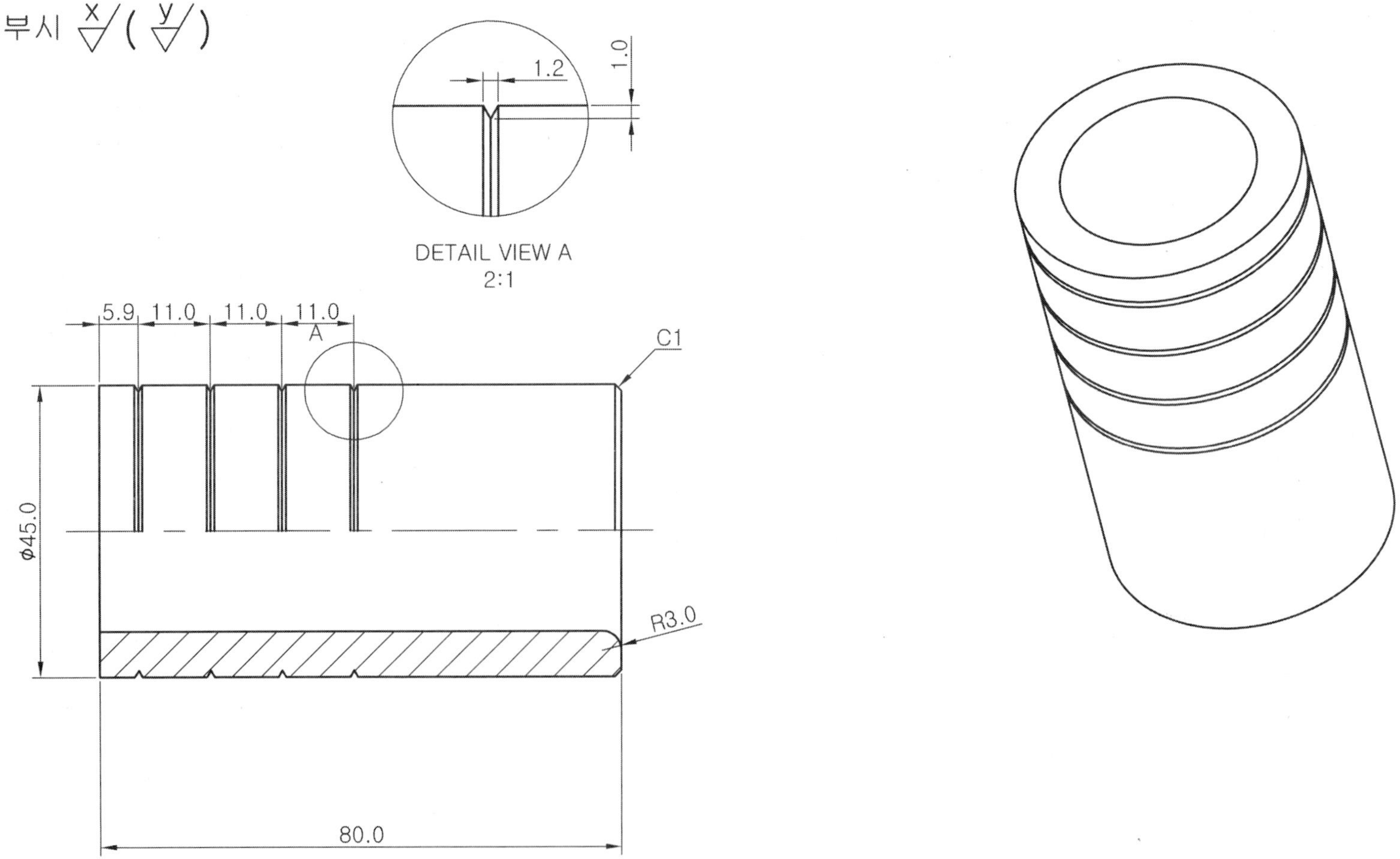

부품명	가이드부시	척 도	NS

42 볼리테이너 $\overset{x}{\triangledown}$/($\overset{y}{\triangledown}$/)

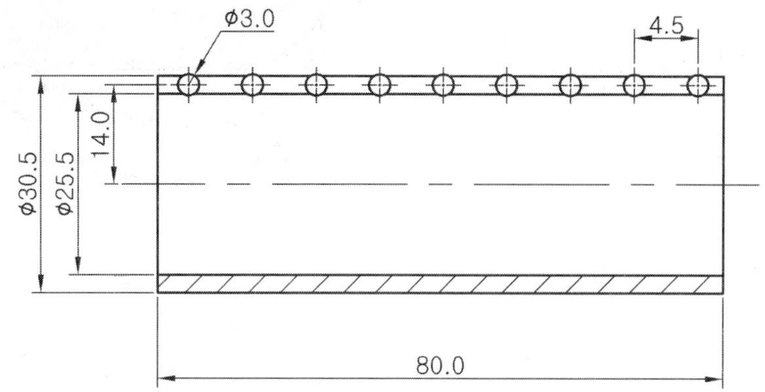

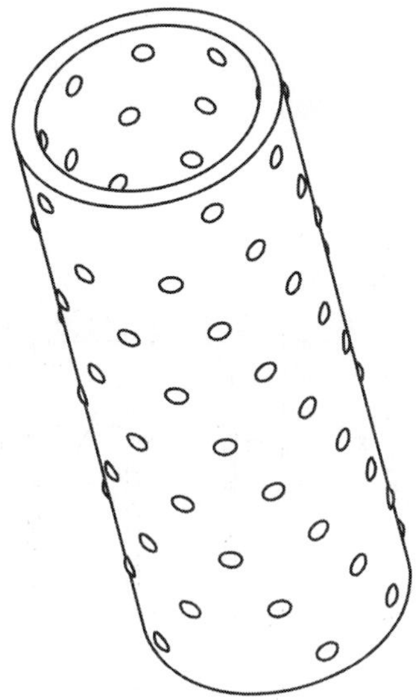

부품명	볼리테이너	척 도	NS

(43) 가이드포스트 $\overset{x}{\bigtriangledown}$($\overset{y}{\bigtriangledown}$)

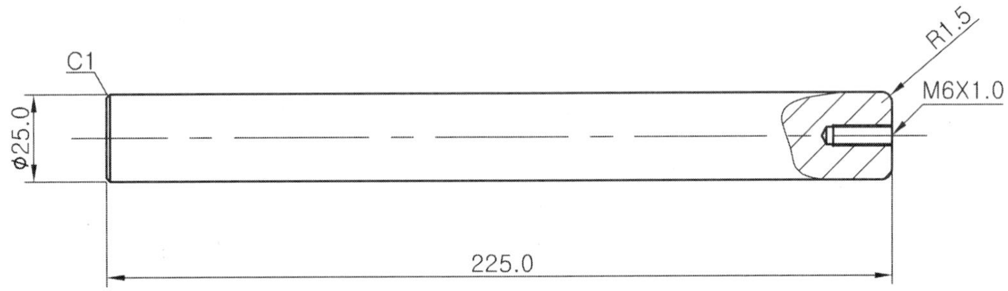

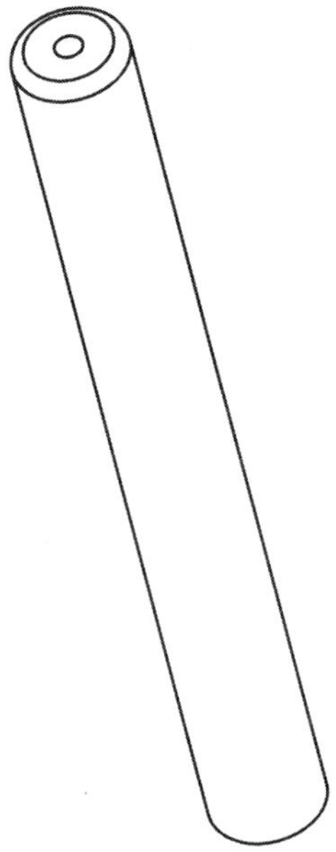

부품명	가이드포스트	척 도	NS

㊺ 상측스토퍼 x/(y/)

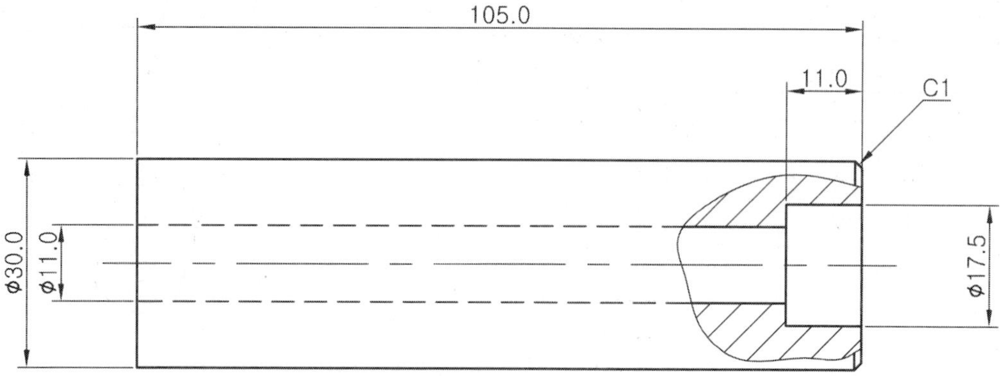

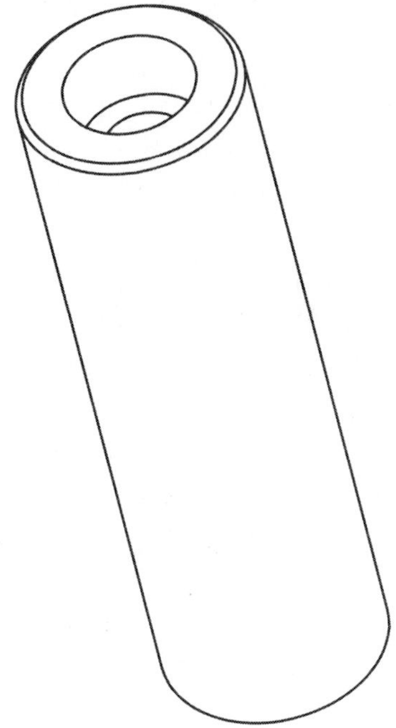

부품명	상측스토퍼	척 도	NS

(46) 하측스토퍼 $\overset{x}{\triangledown}$ ($\overset{y}{\triangledown}$)

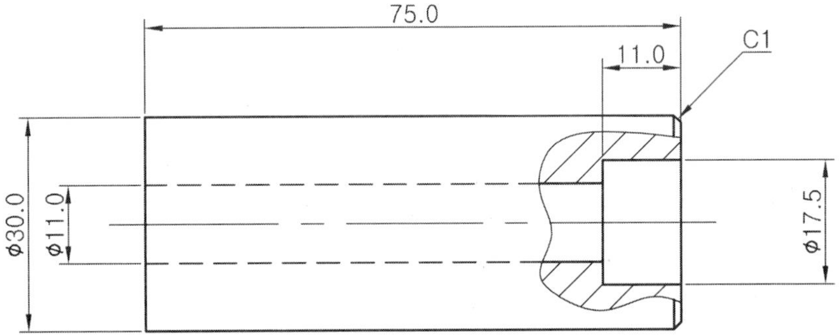

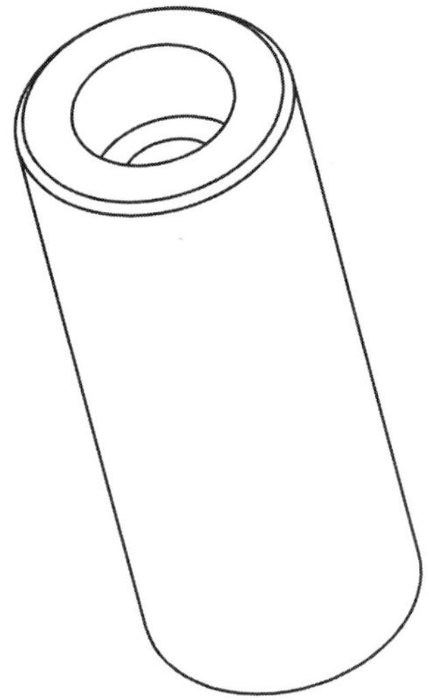

부품명	하측스토퍼	척 도	NS

C.H.A.P.T.E.R **3**

프레스금형설계 도면 III

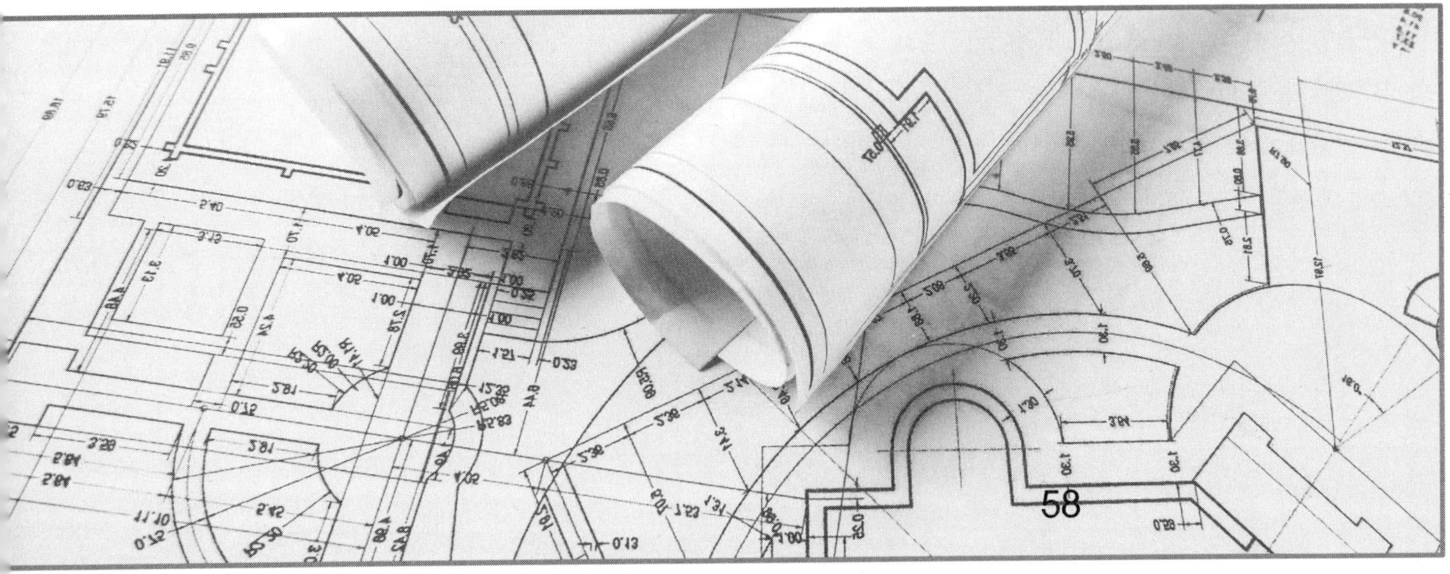

3.1 Progressive-die(Contact plate)

■ 요구사항

1) 투상법 : 3각법
2) 소재의 이송은 좌측에서 우측으로 핸드 이송하고, 사이드 컷 펀치를 사용할 것.
3) LAY-OUT 배열은 1열 1개 생산 가능토록 할 것.
4) 파일럿은 직접 파일럿 방식으로 설계할 것.
5) 클리어런스는 사용 원재료에 따라 수검자가 정하고 이를 스트립 레이아웃에 표기할 것.
6) 스트립 레이아웃도를 작도하고 이송 잔폭과 여유폭을 표기할 것.
7) 조립도는 상형 평면도, 하형 평면도, 정면 단면도를 작도할 것.
8) 부품도는 다이플레이트, 사이드컷 펀치, 노칭펀치, 피어싱펀치 등 4종은 반드시 작도한다. 단, 벤딩펀치와 다이, 엠보싱펀치와 다이, 버링펀치와 다이 등은 해당 부품 2종을 작도할 것
9) 다이셋트는 규격집을 참고로 수검자가 임의로 설정하여 설계할 것.
10) 피어싱, 노칭 등은 성형 수축 및 공차를 적용하여 설계할 것.
11) 부품의 중요 치수(클리어런스부, 부품조립부 등)는 부품모델에 필히 표기할 것.
12) 기타 지시하지 않은 사항들은 KS 제도법에 준하여 설계 작도할 것.

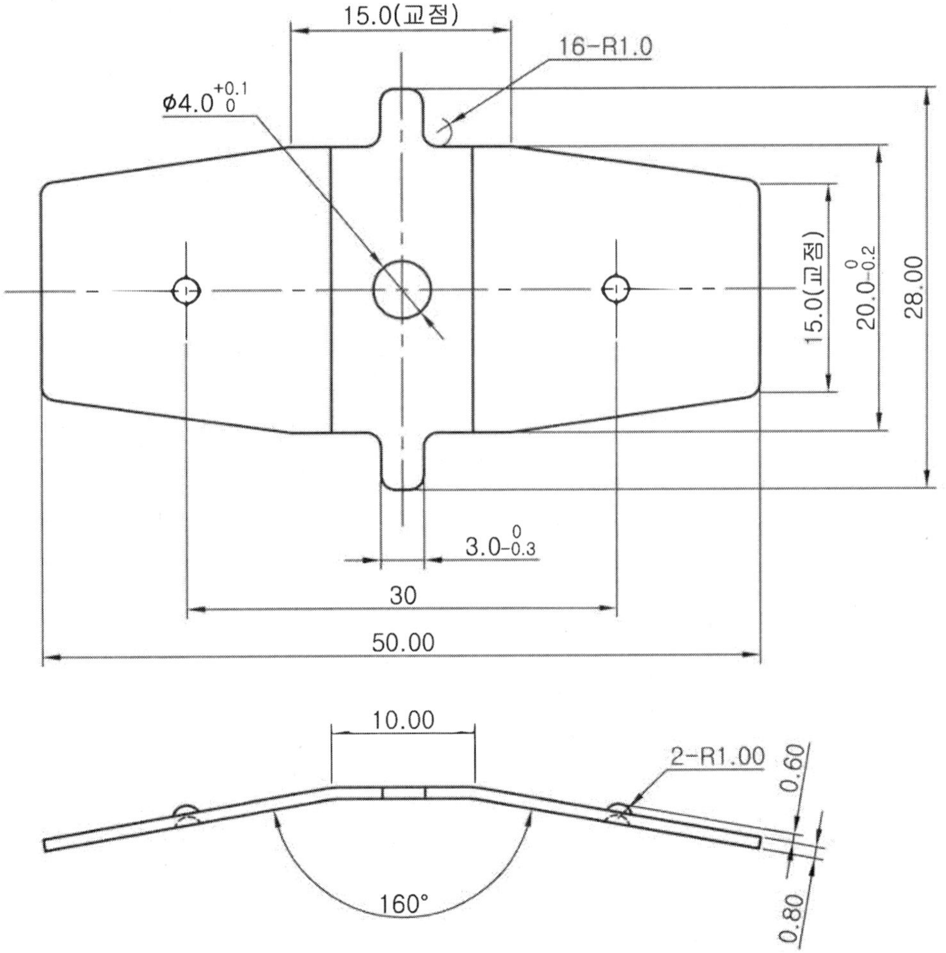

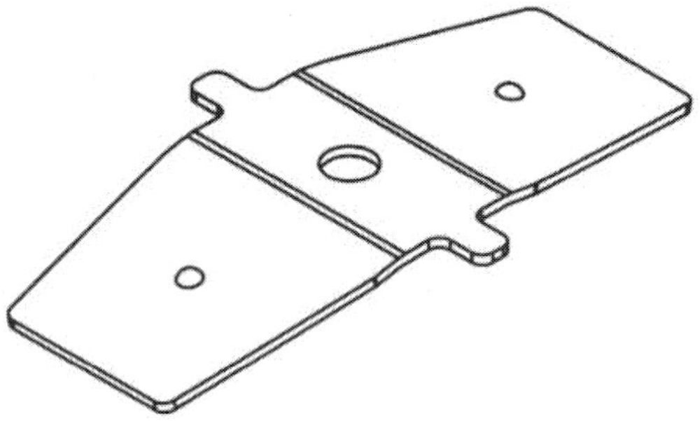

주서

1. 좌측에서 우측으로 핸드이송
2. 사이드컷 펀치를 사용할 것
3. 1열 1개 생산 직접 파일럿 방식
4. 클리어런스= 0.5t

제품명	contact plate	척 도	NS

STRIP LAYOUT

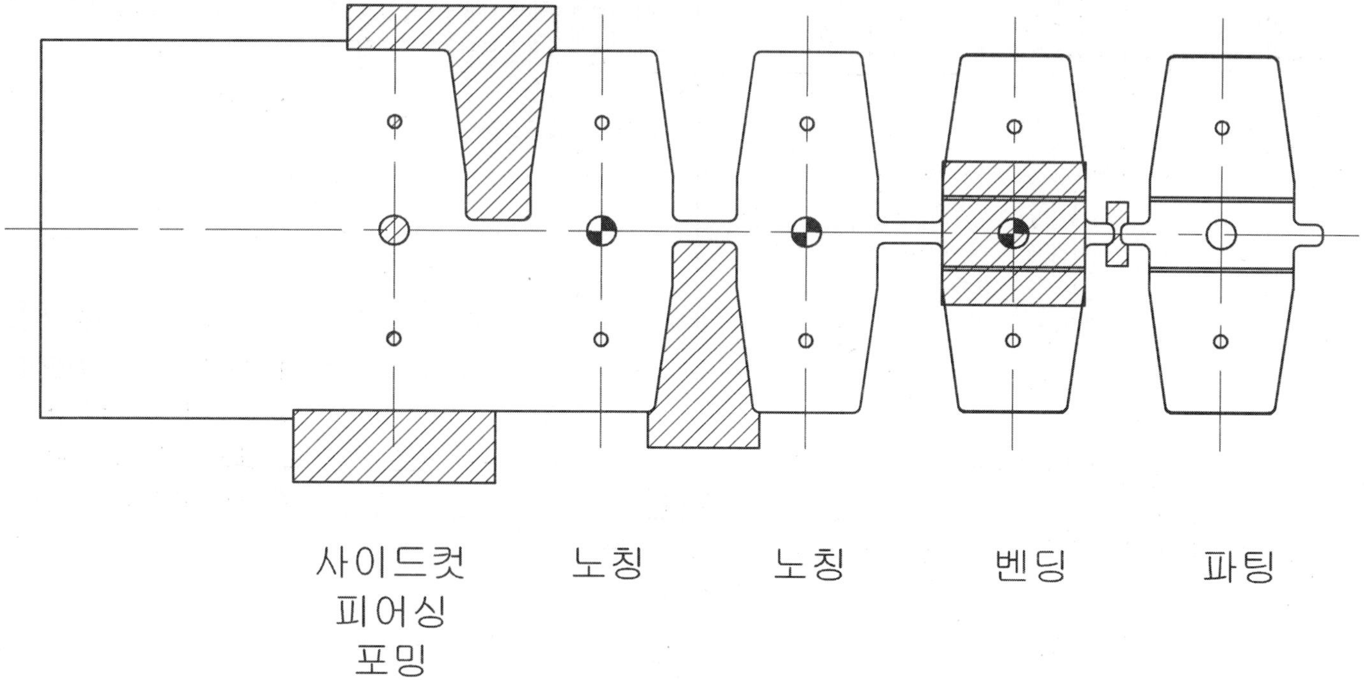

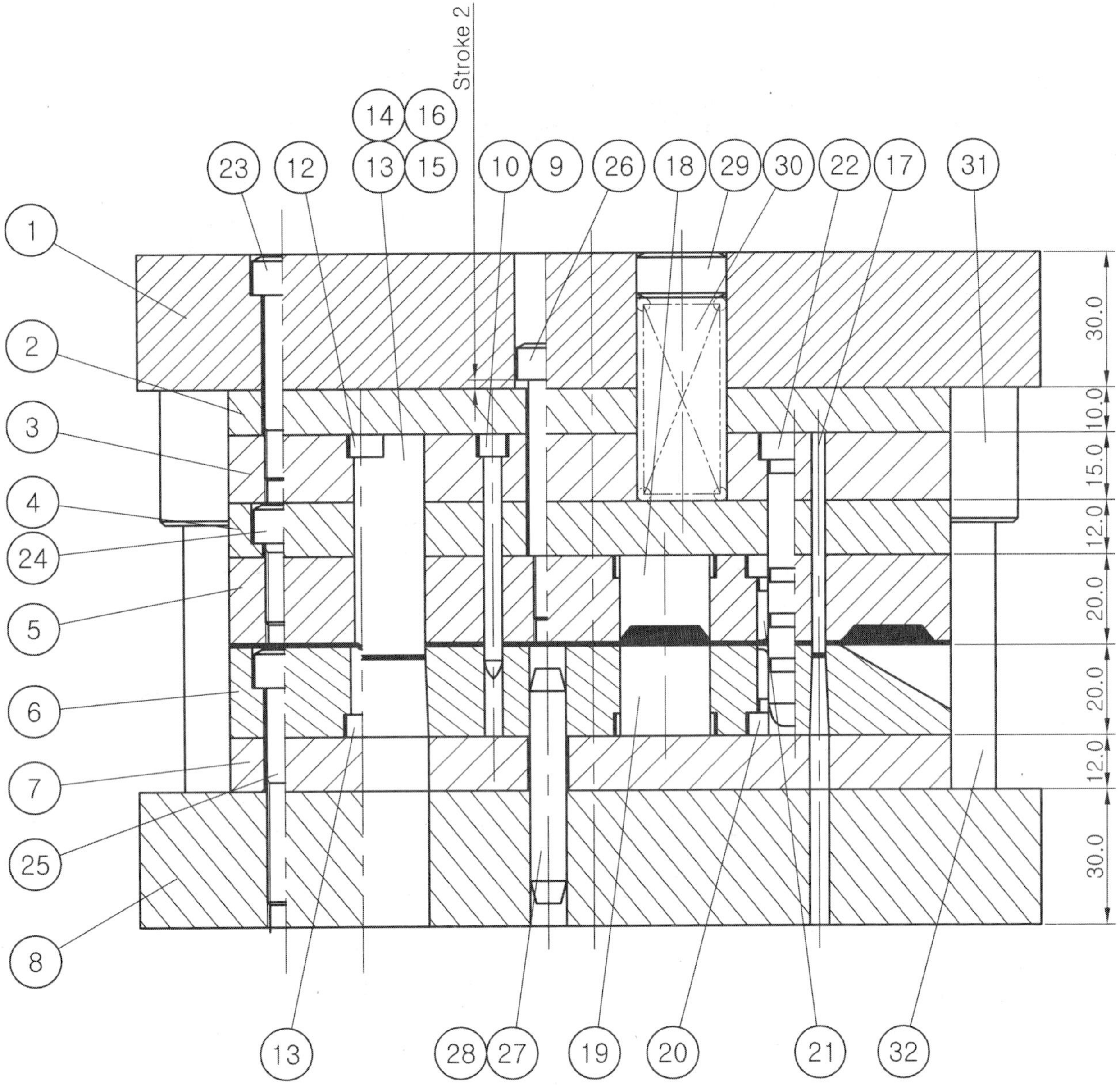

품번	품명	수량	재질	비고
19	벤딩다이편	1	STD11	H_RC55
18	벤딩펀치	1	STD11	H_RC55
17	파팅펀치	1	STD11	H_RC55
16	사이드컷펀치	1	STD11	H_RC55
15	노칭펀치	1	STD11	H_RC55
14	노칭펀치	1	STD11	H_RC55
13	노칭펀치	1	STD11	H_RC55
12	포밍다이편	2	STD11	H_RC55
11	포밍펀치	2	STD11	H_RC55
10	파일럿핀	3	STD11	H_RC55
9	피어싱펀치	1	STD11	H_RC55
8	하홀더	1	SM45C	
7	다이받침판	1	STD11	H_RC55
6	다이	1	STD11	
5	스트리퍼	1	STD11	
4	압축판	1	STD11	H_RC55
3	펀치고정판	1	STD11	
2	펀치받침판	1	STD11	H_RC55
1	상홀더	1	SM45C	

Progressive-die (Contact plate)	척도	NS
	각법	3각법

① 상홀더 $\overset{x}{\bigtriangledown}$ ($\overset{y}{\bigtriangledown}$)

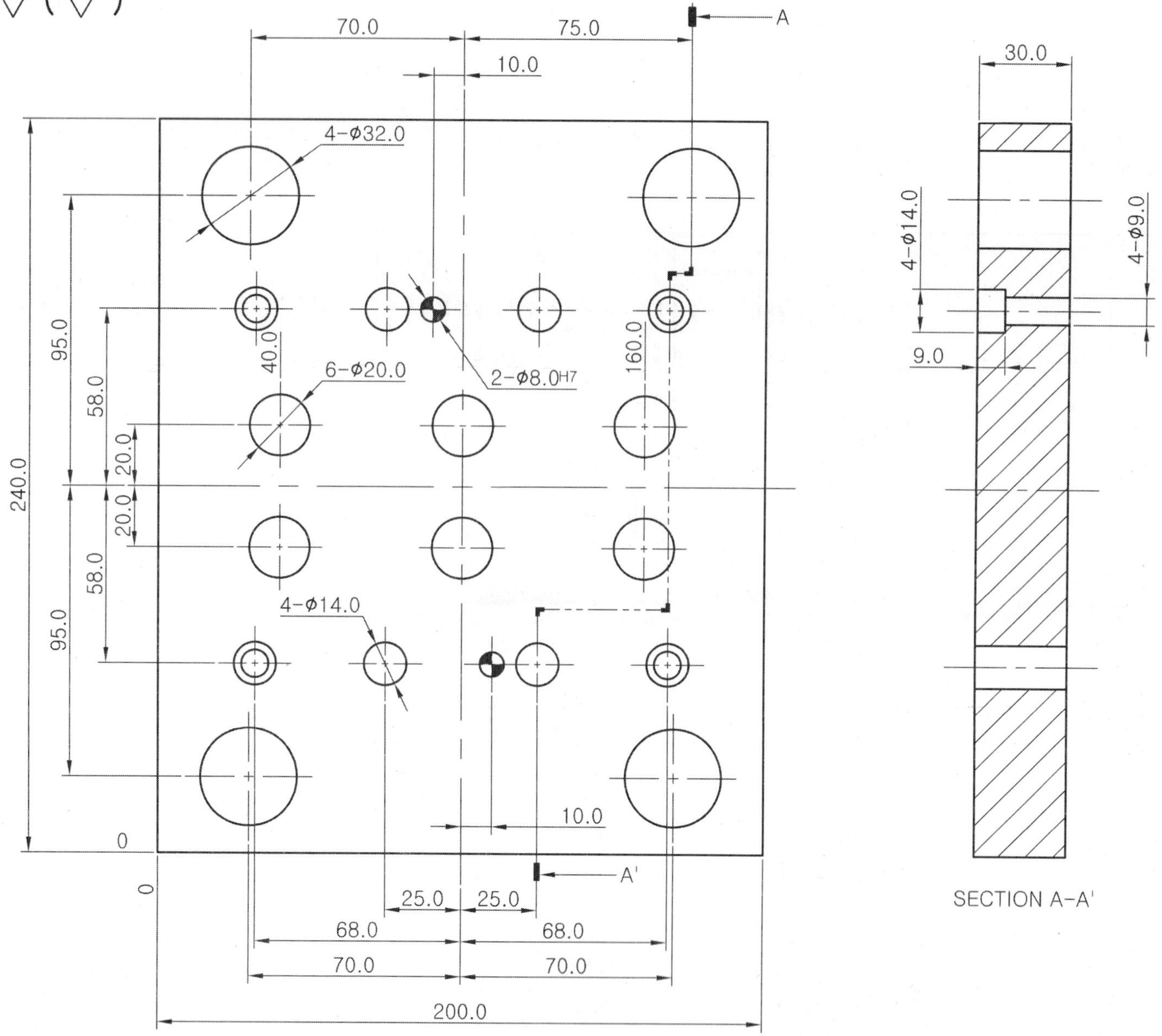

부품명	상홀더	척 도	NS

② 펀치받침판 $\overset{x}{\bigtriangledown}$ ($\overset{y}{\bigtriangledown}$)

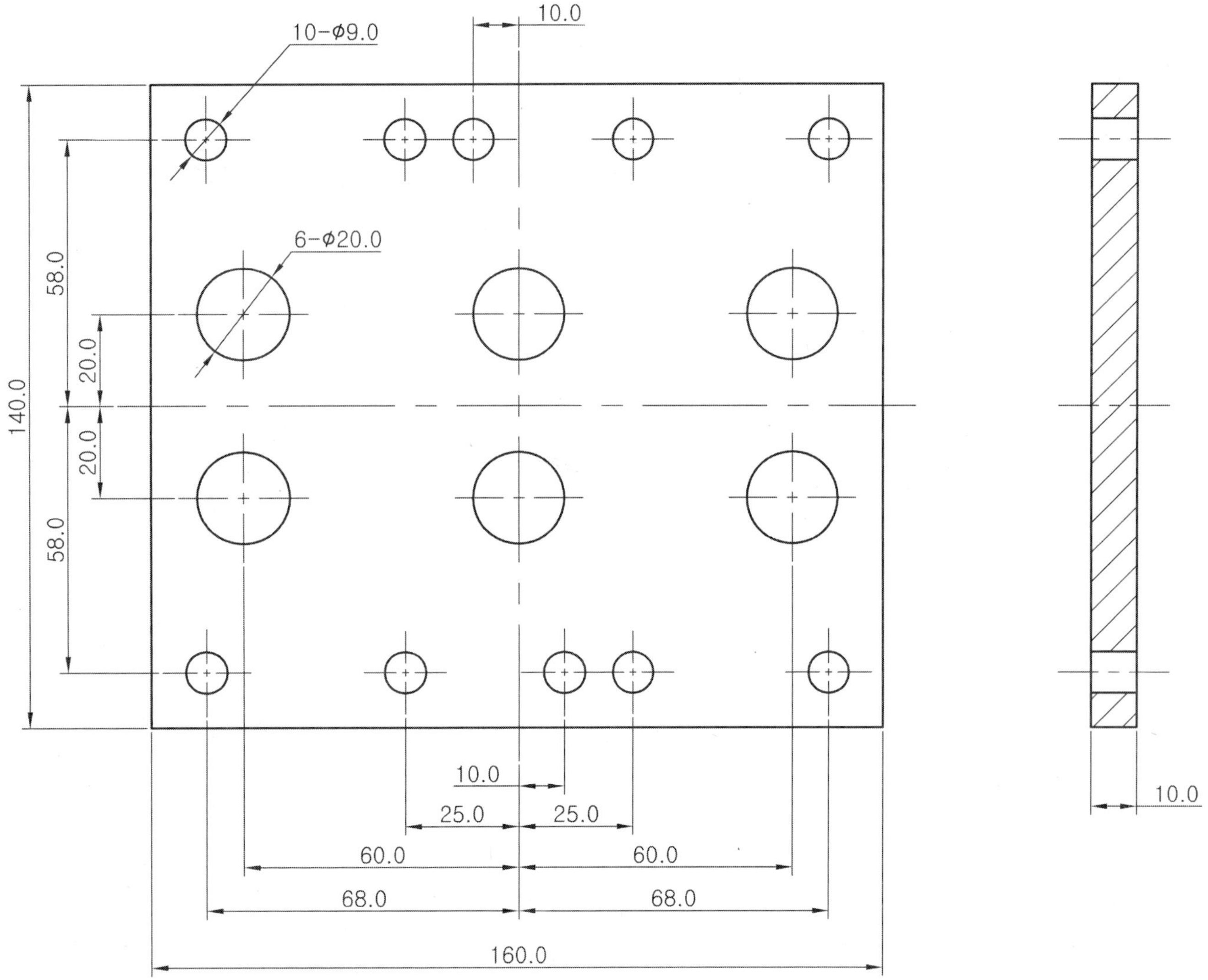

부품명	펀치받침판	척 도	NS

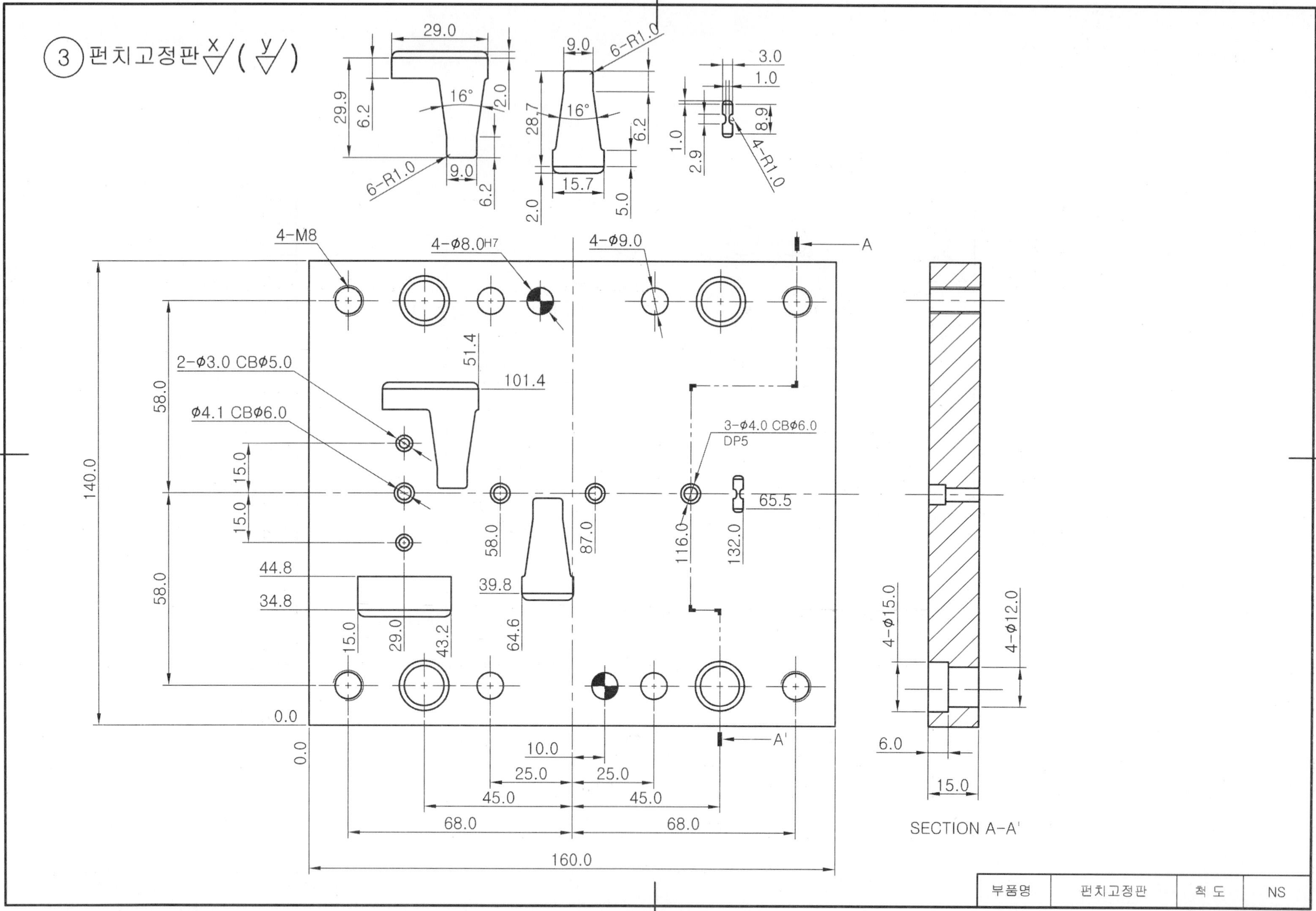
③ 펀치고정판
29.0
29.9
6.2
16°
2.0
6-R1.0
9.0
6.2
9.0
6-R1.0
28.7
16°
6.2
15.7
2.0
5.0
3.0
1.0
8.9
1.0
2.9
4-R1.0
4-M8
4-Ø8.0H7
4-Ø9.0
A
51.4
101.4
2-Ø3.0 CBØ5.0
58.0
Ø4.1 CBØ6.0
3-Ø4.0 CBØ6.0
DP5
15.0
140.0
15.0
65.5
58.0
87.0
116.0
132.0
44.8
39.8
58.0
34.8
15.0
29.0
43.2
64.6
4-Ø15.0
4-Ø12.0
0.0
0.0
10.0
A'
6.0
25.0
25.0
15.0
45.0
45.0
68.0
68.0
SECTION A-A'
160.0
부품명
펀치고정판
척 도
NS

④ 압축판 x/▽ (y/▽)

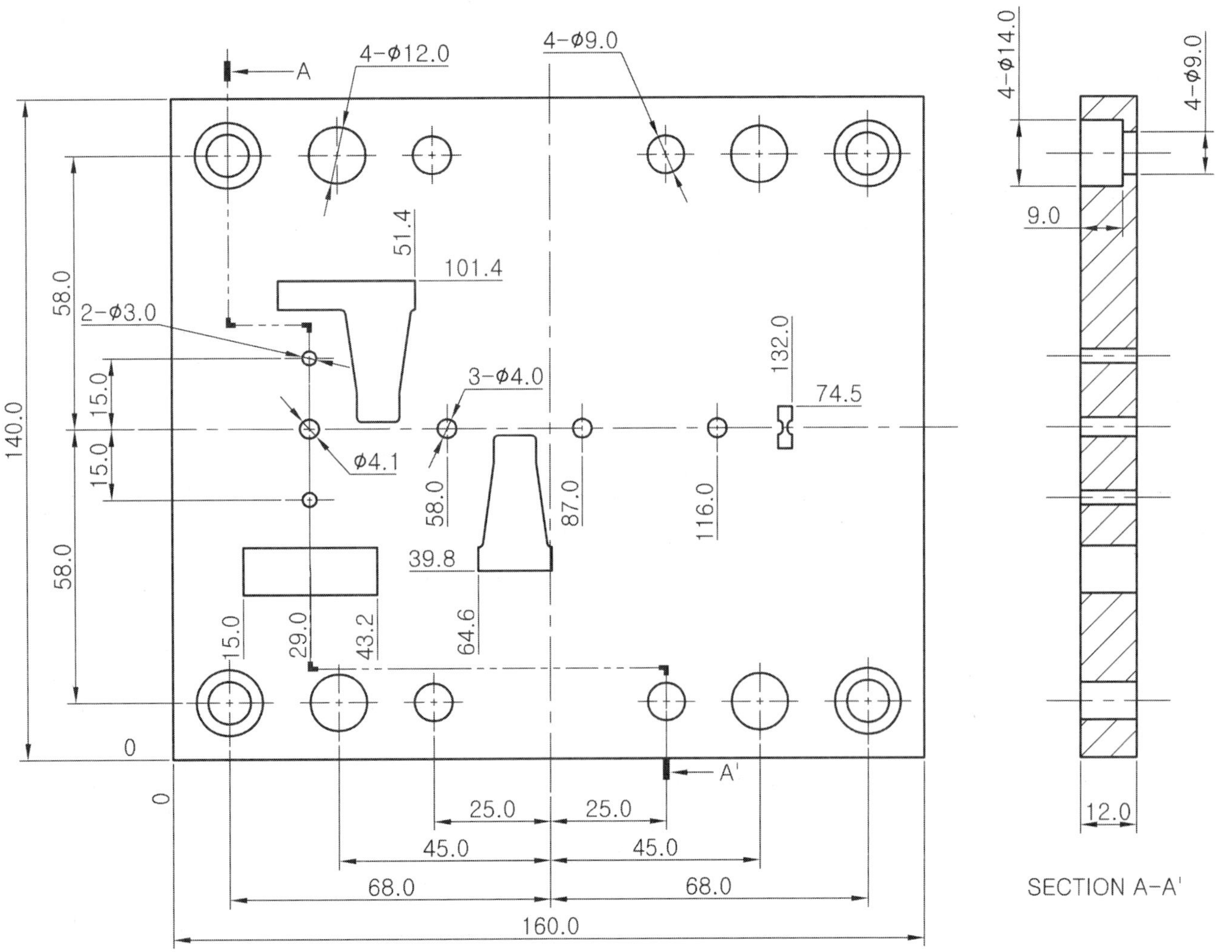

부품명	압축판	척 도	NS

⑤ 스트리퍼 x/▽ (y/▽)

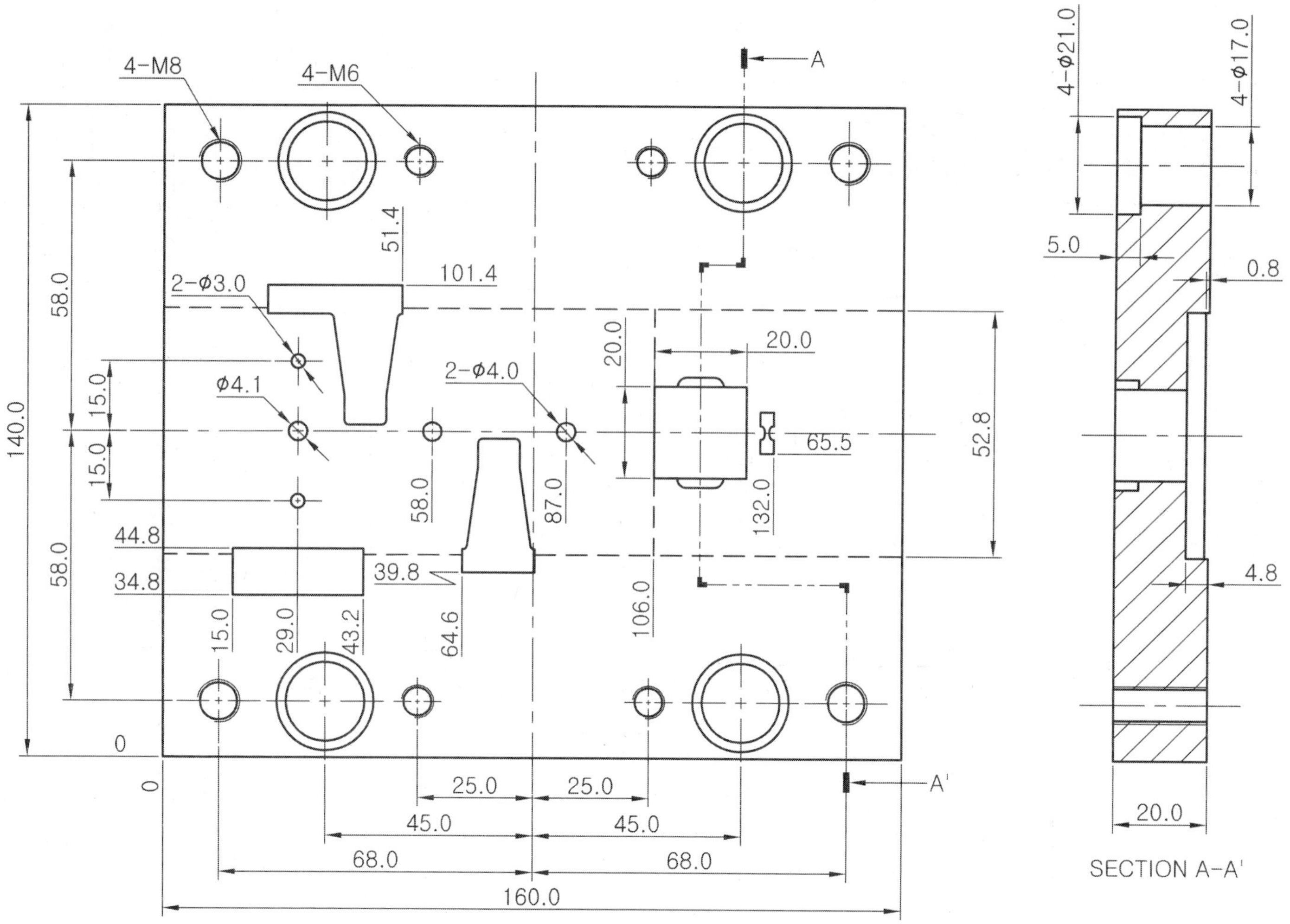

부품명	스트리퍼	척 도	NS

⑥ 다이 $\overset{x}{\nabla}$ ($\overset{y}{\nabla}$)

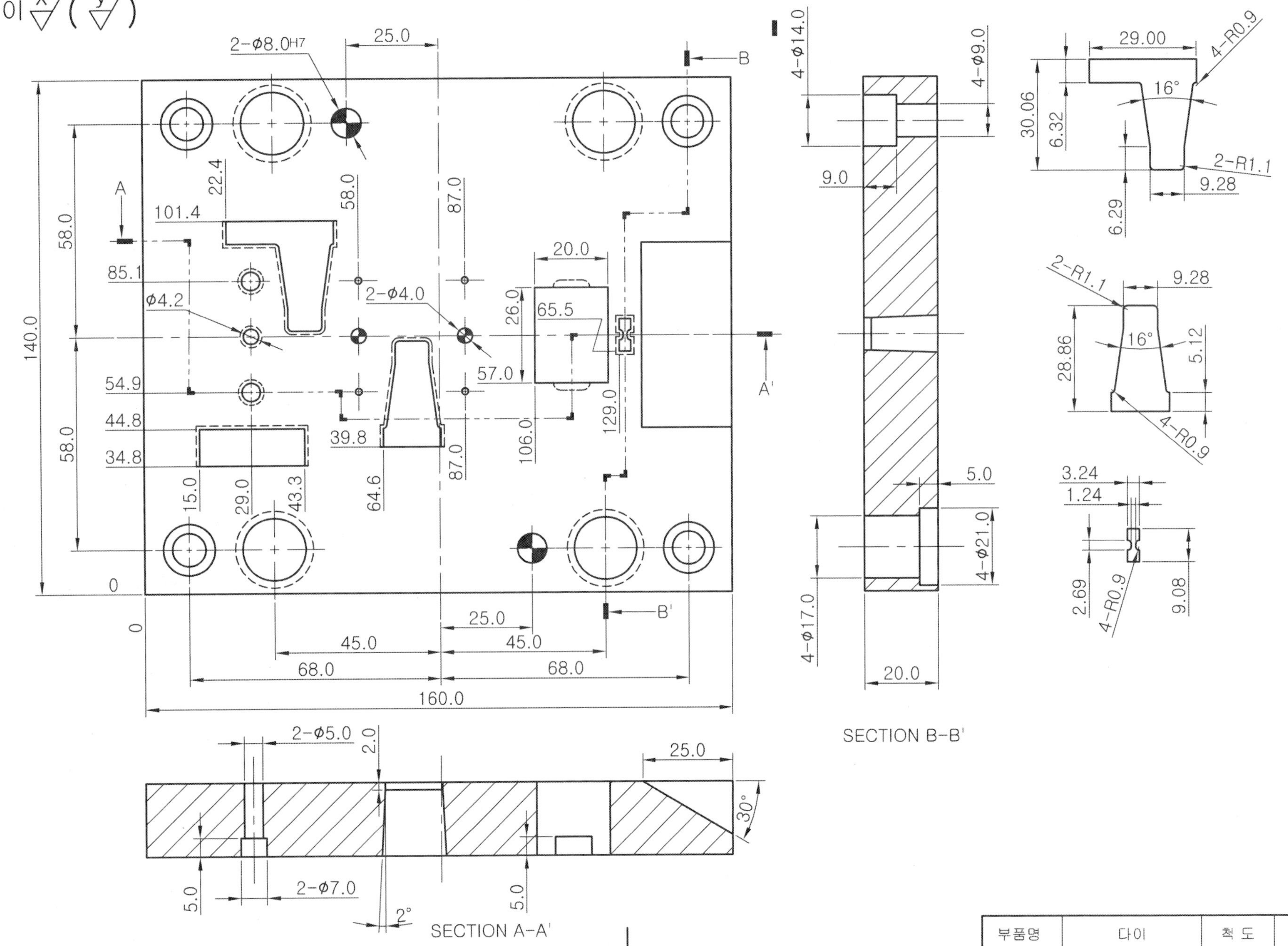

부품명	다이	척 도	NS

⑦ 다이받침판 $\overset{x}{\bigtriangledown}$/ ($\overset{y}{\bigtriangledown}$/)

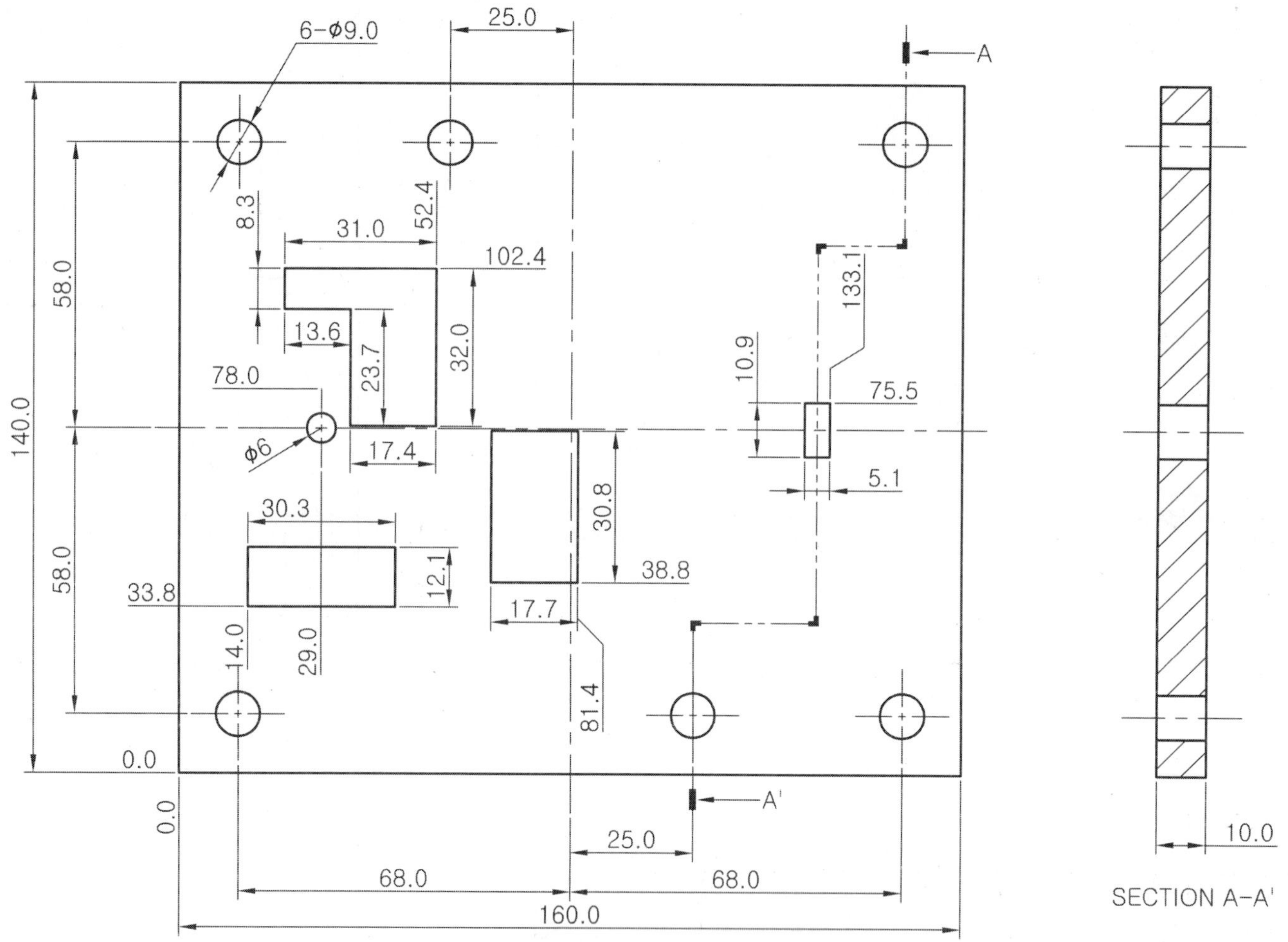

부품명	다이받침판	척 도	NS

⑧ 하 홀더 $\overset{x}{\bigtriangledown}$ ($\overset{y}{\bigtriangledown}$)

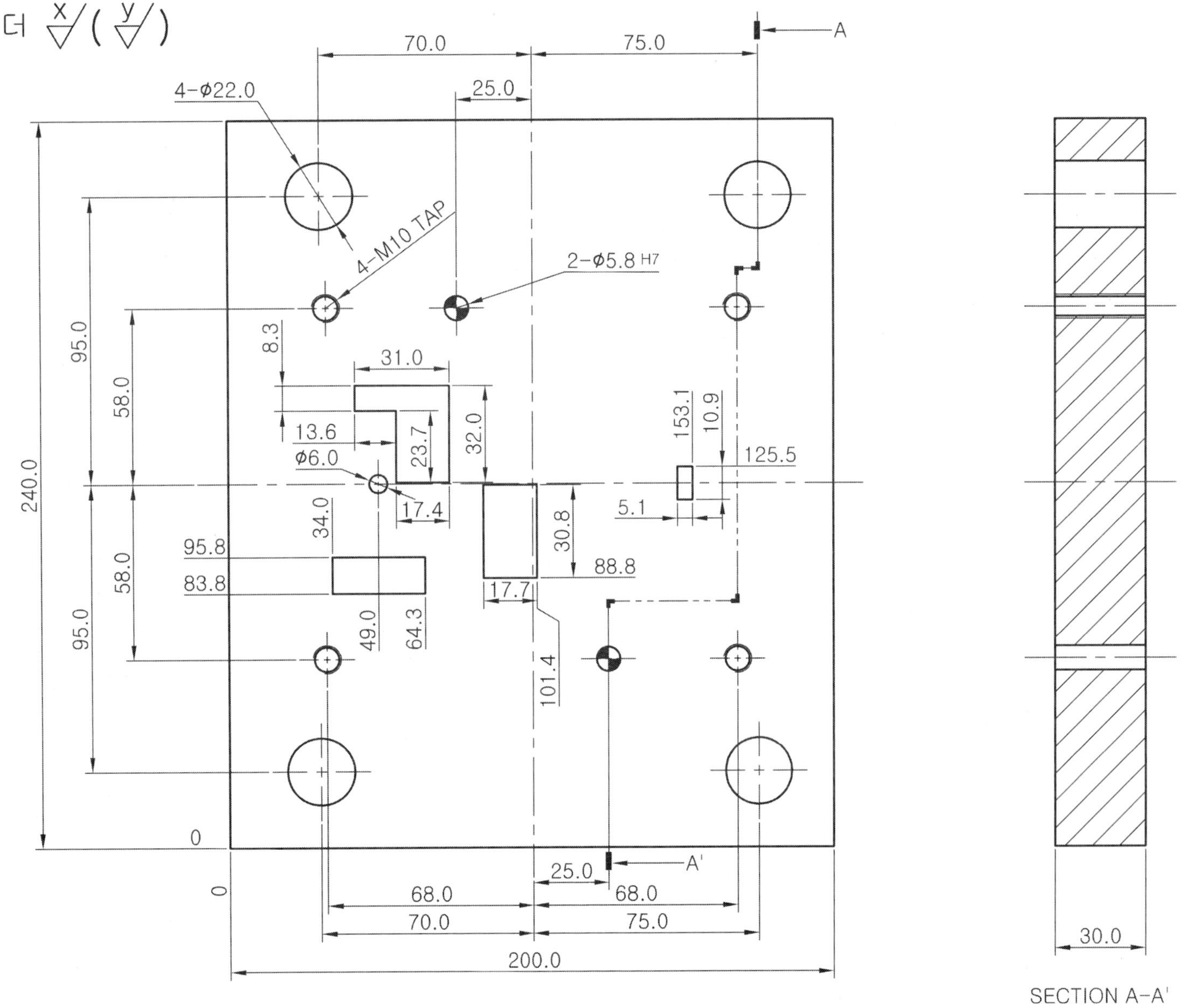

부품명	하홀더	척 도	NS

⑨ 피어싱펀치 $\overset{x}{\nabla}$ ($\overset{y}{\nabla}$)

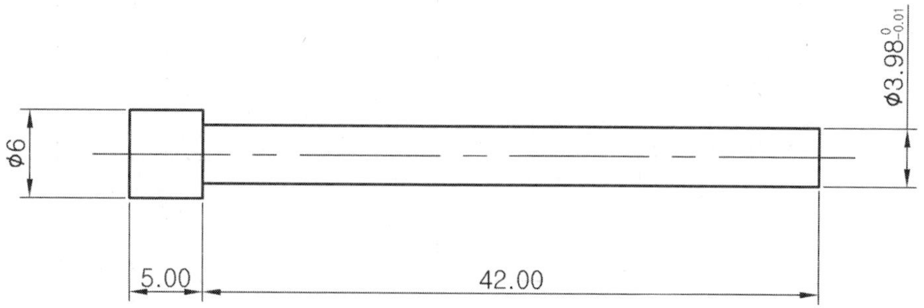

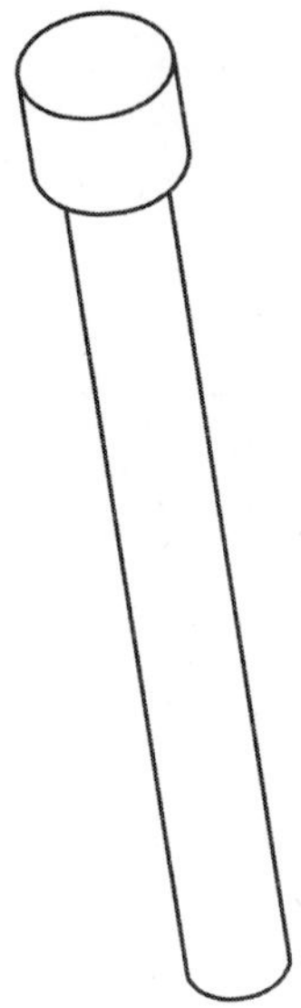

부품명	피어싱펀치	척 도	NS

⑩ 파일럿핀 $\overset{x}{\bigtriangledown}$ ($\overset{y}{\bigtriangledown}$)

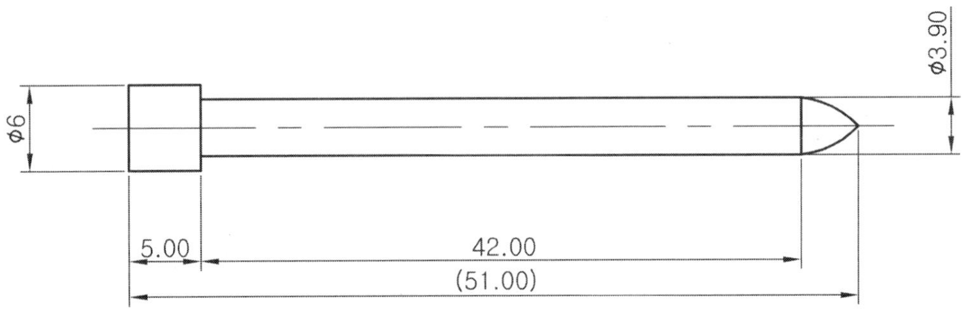

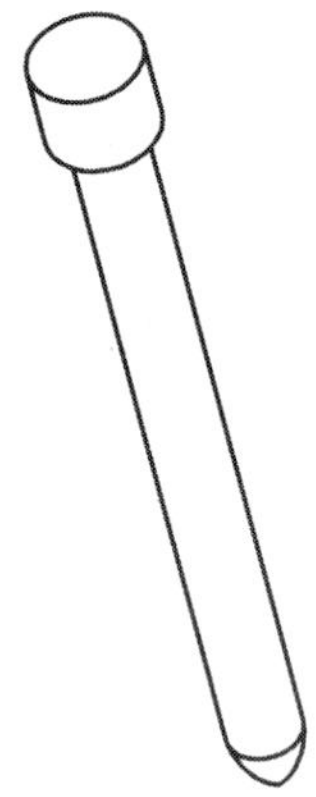

부품명	파일럿핀	척 도	NS

⑪ 포밍펀치 x/ (y/)

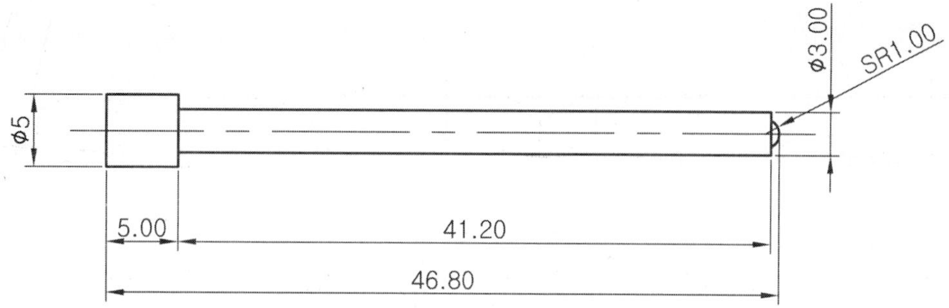

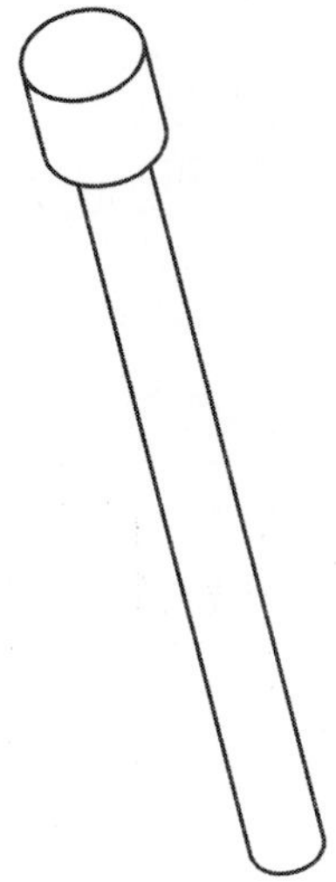

부품명	포밍펀치	척 도	NS

⑫ 포밍다이편 $\overset{x}{\nabla}$/ ($\overset{y}{\nabla}$/)

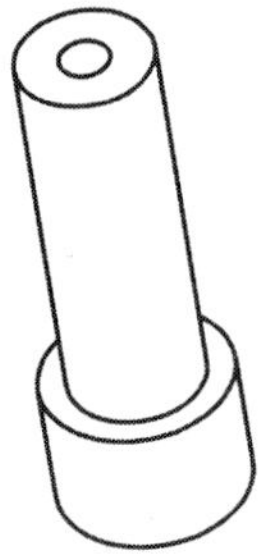

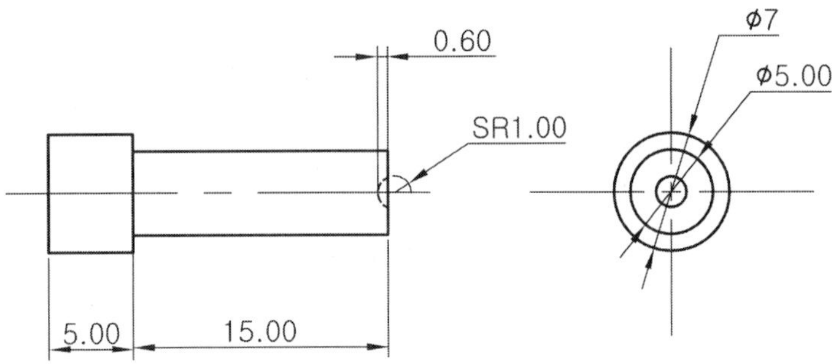

부품명	포밍다이편	척 도	NS

⑬ 노칭펀치 $\overset{x}{\bigtriangledown}$ ($\overset{y}{\bigtriangledown}$)

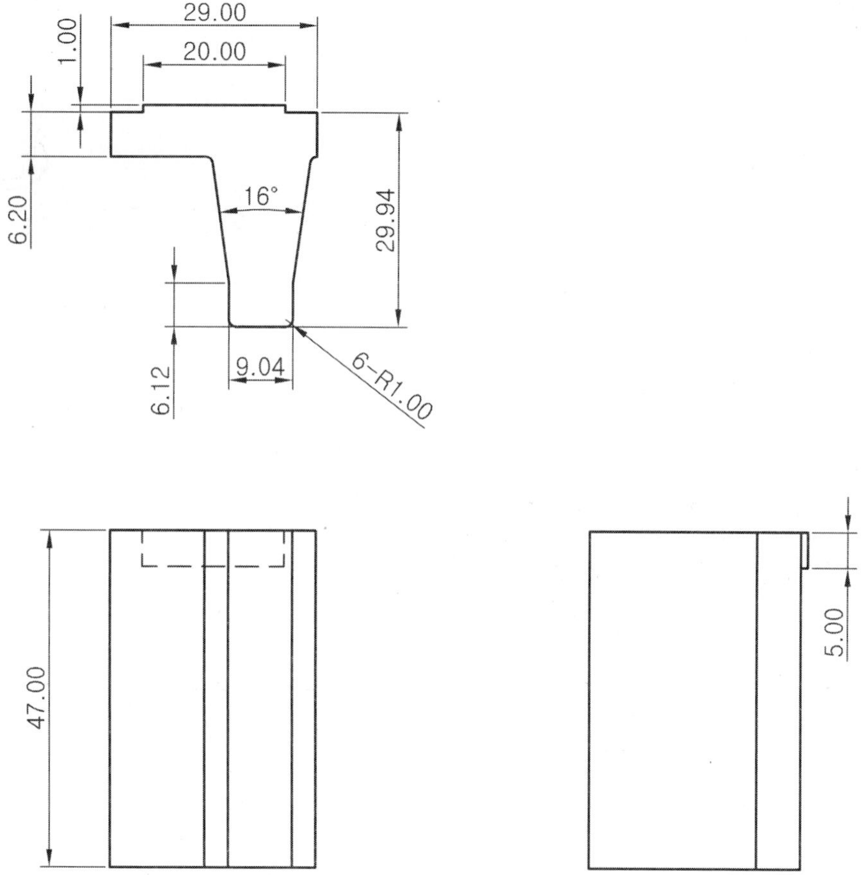

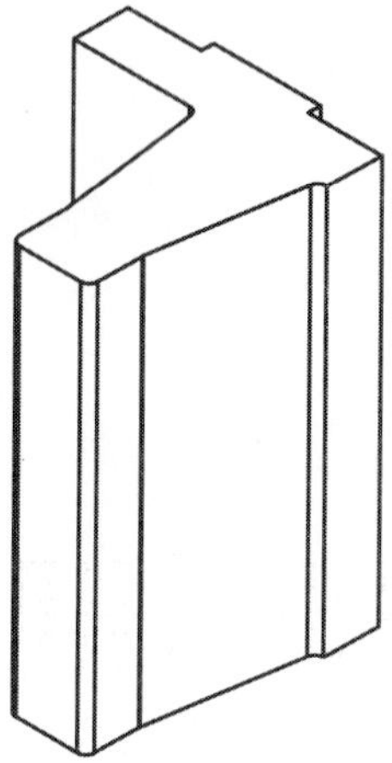

부품명	노칭펀치	척 도	NS

⑭ 노칭펀치 $\overset{x}{\nabla}$ ($\overset{y}{\nabla}$)

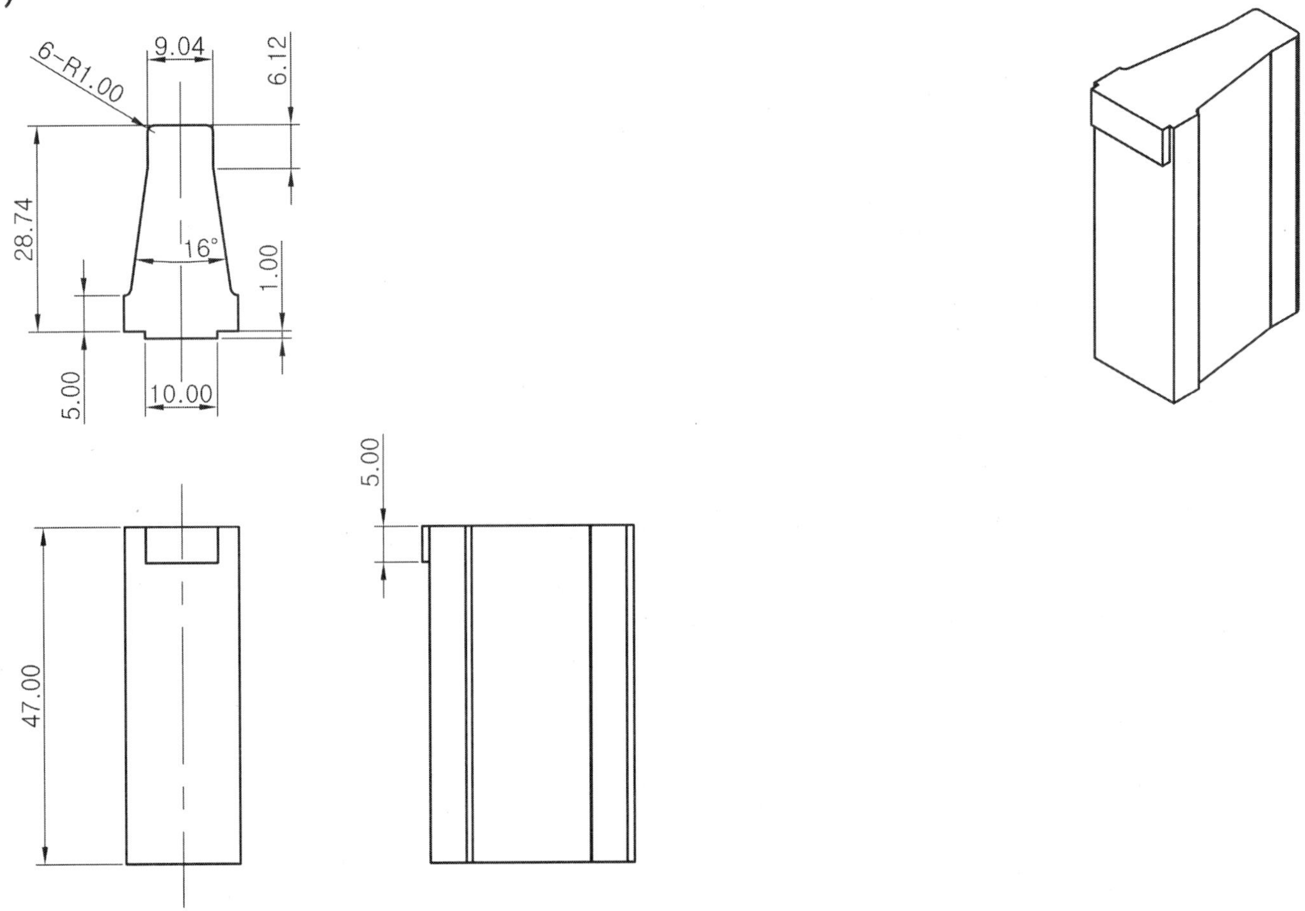

부품명	노칭펀치	척 도	NS

⑮ 사이드컷펀치 $\overset{x}{\nabla}$ ($\overset{y}{\nabla}$)

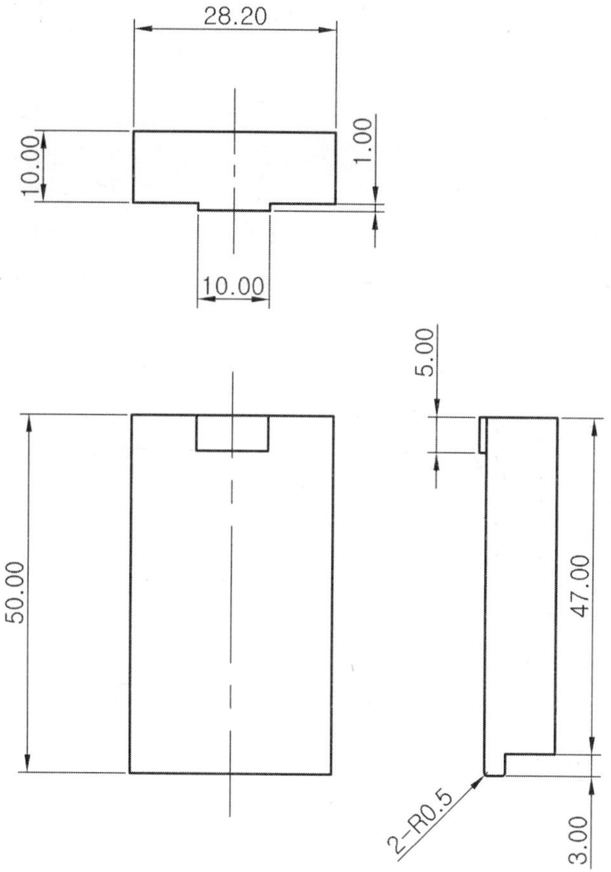

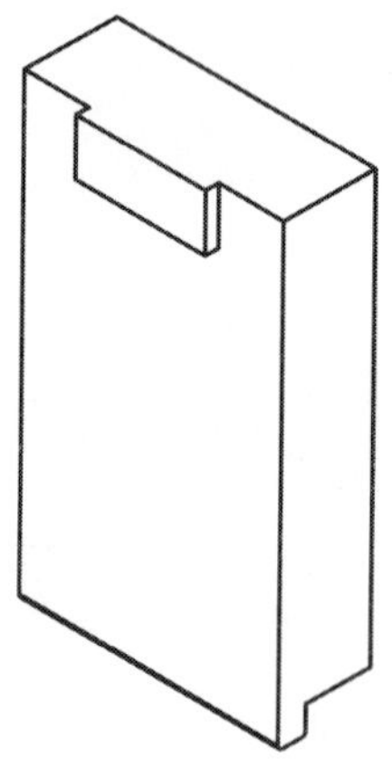

부품명	사이드컷펀치	척 도	NS

⑯ 파팅펀치 $\overset{x}{\triangledown}$/($\overset{y}{\triangledown}$/)

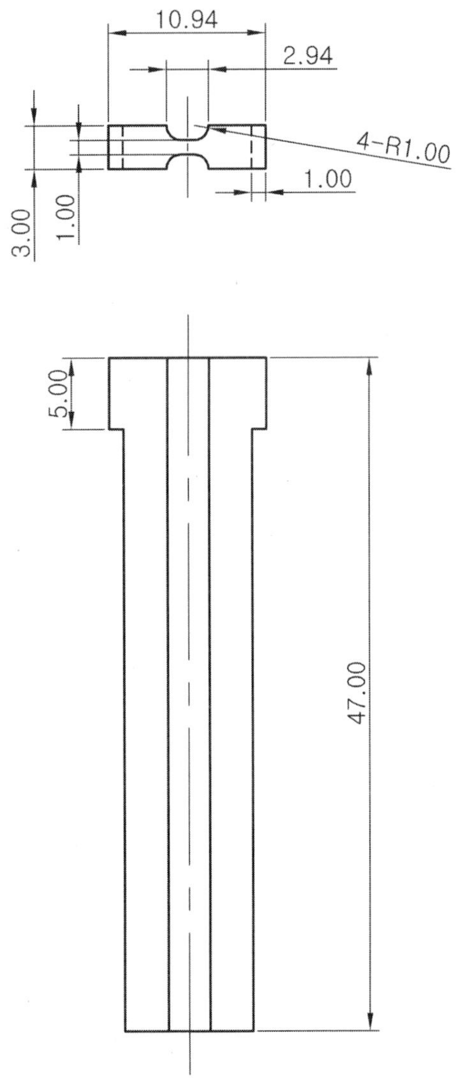

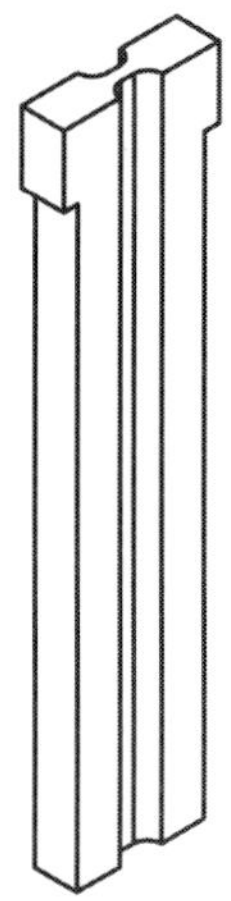

부품명	파팅펀치	척 도	NS

⑰ 벤딩펀치 x/(y/)

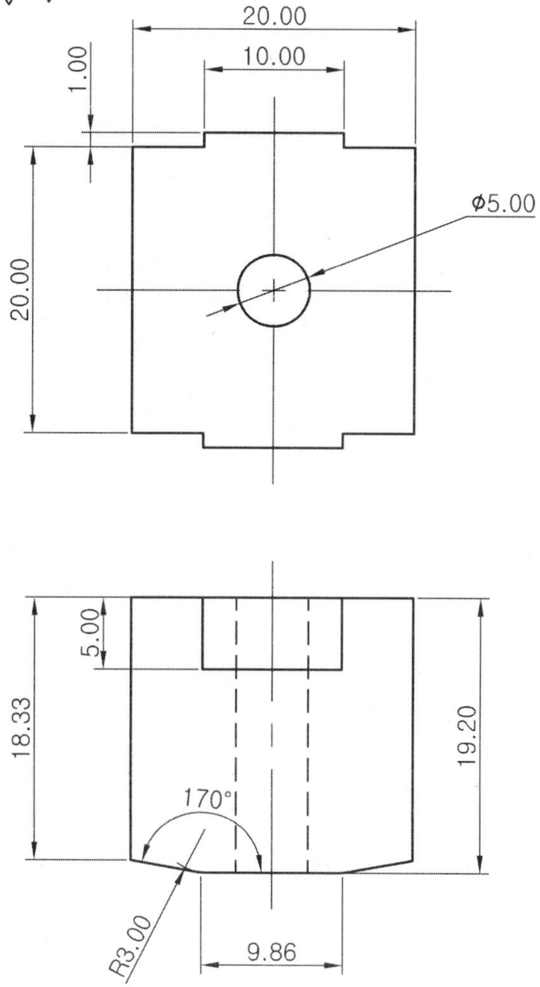

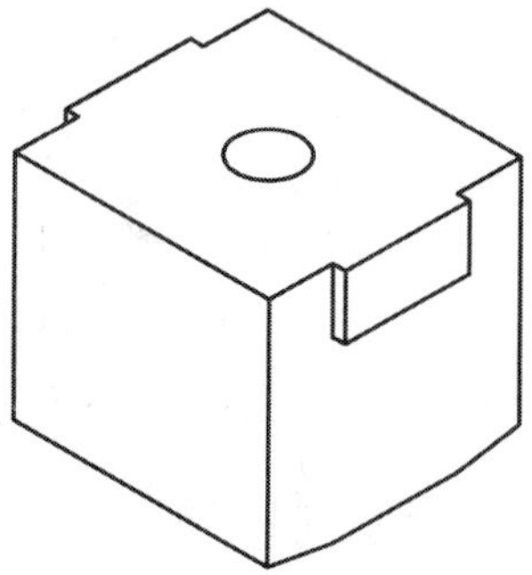

부품명	벤딩펀치	척 도	NS

⑱ 벤딩다이편 $\overset{x}{\triangledown}$ ($\overset{y}{\triangledown}$)

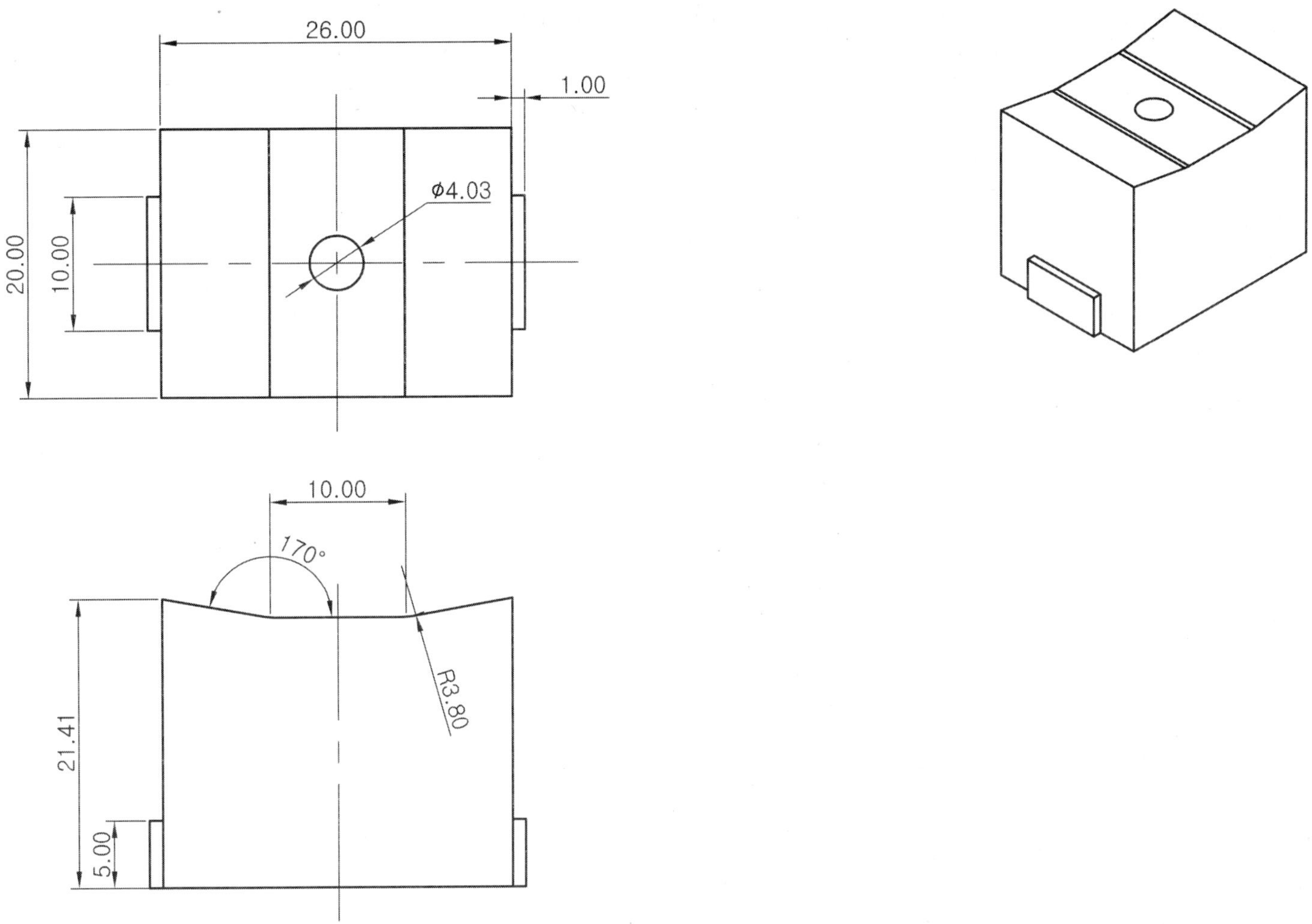

부품명	벤딩다이편	척 도	NS

3.2 Progressive-die(Bracket A)

요구사항

1) 투상법 : 3각법
2) 소재의 이송은 좌측에서 우측으로 롤 피더를 사용하여 자동 이송하고 사이드 컷 공정은 사용하지 말 것.
3) LAY-OUT 배열은 1열 1개 생산 가능토록 할 것.
4) 파일럿은 간접 파일럿 방식으로 설계할 것.
5) 편측 클리어런스는 재료 두께의 5%를 적용하여 설계할 것.
6) STRIP LAY-OUT을 모델링하고 제품전개치수, 피치, 재료폭 등을 표기 할 것.
   단, 작업공정별 명칭을 필히 기입할 것.
7) 조립도는 상형과 하형을 결합된 상태로 완성하되 작업이 완료된 상태로 모델링할 것.
8) 각각의 부품들은 별도로 모델링하여 ASSEMBLY 할 것.
9) 다이셋트는 스틸 다이셋트를 선택하되 규격은 임의로 설계자가 정할 것.
   단, 다이셋트용 가이드 포스트 및 부시는 주어진 규격집을 활용
10) 스트리퍼는 가동스트리퍼 타입으로 설계할 것.
   단, 스트리퍼가이드용 가이드 포스트 및 부시는 주어진 규격 집을 활용
10) 제품도에 주어진 공차는 금형설계치수를 적용한 제품전개도에 치수 기입할 것.
11) 기타 지시하지 않은 사항들은 KS 제도법에 준하여 모델링 할 것.

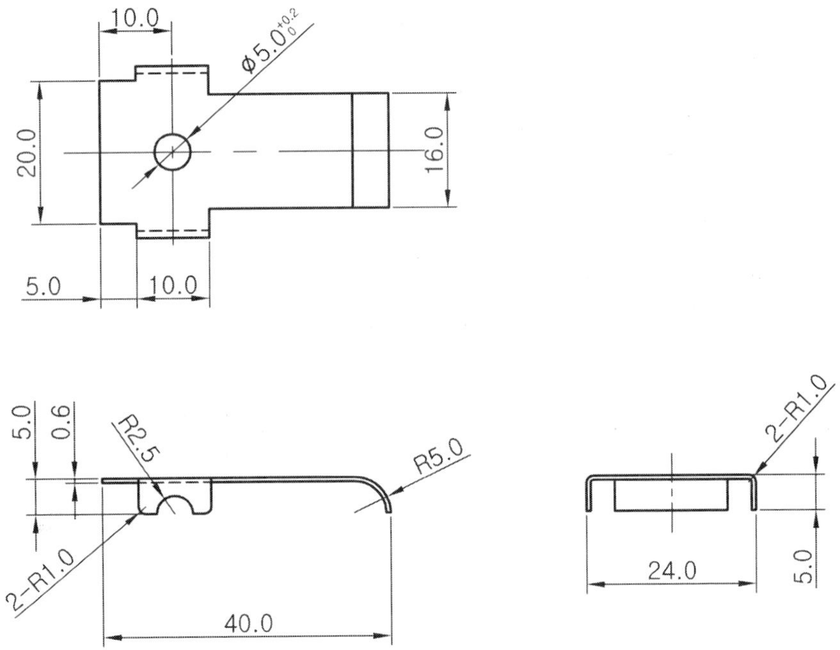

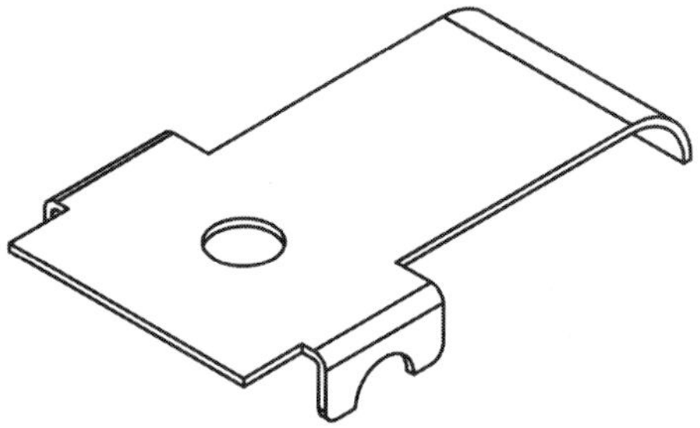

주서

1. 좌측에서 우측으로 롤피더를 사용하고 사이드컷은 사용하지 말 것
2. 1열1개 생산방식
3. 간접파일럿 방식으로 설계할 것
4. 편측 클리어런스= 5%t

제품명	Bracket A	척 도	NS

STIRIP LAYOUT

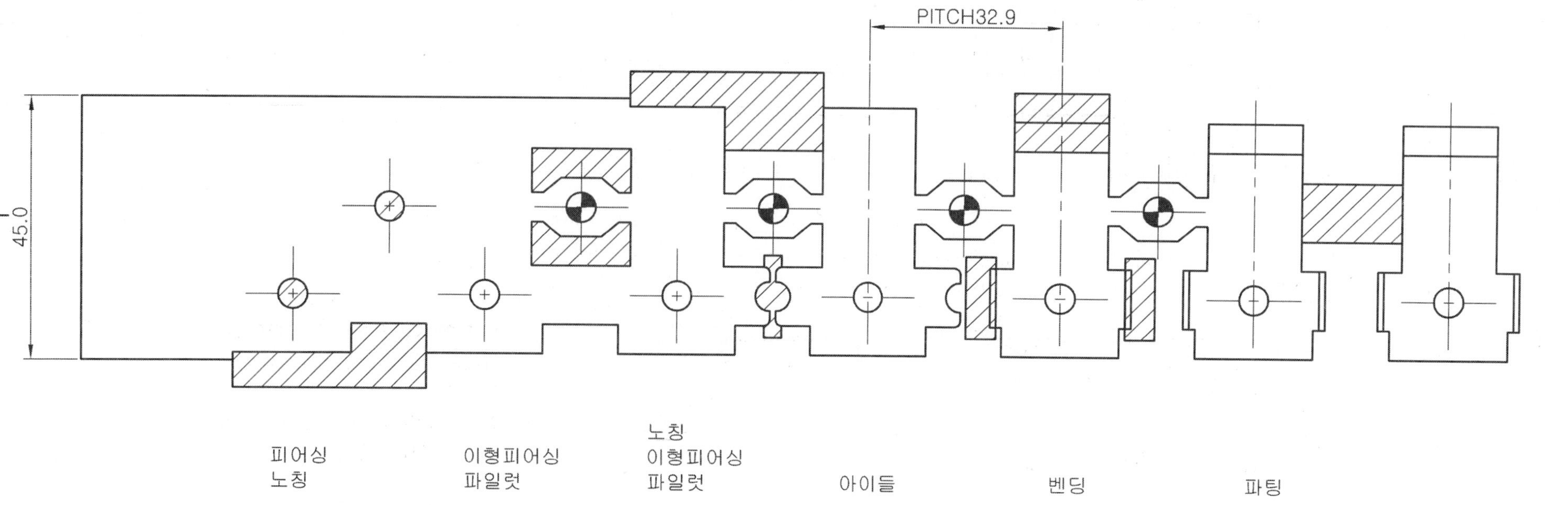

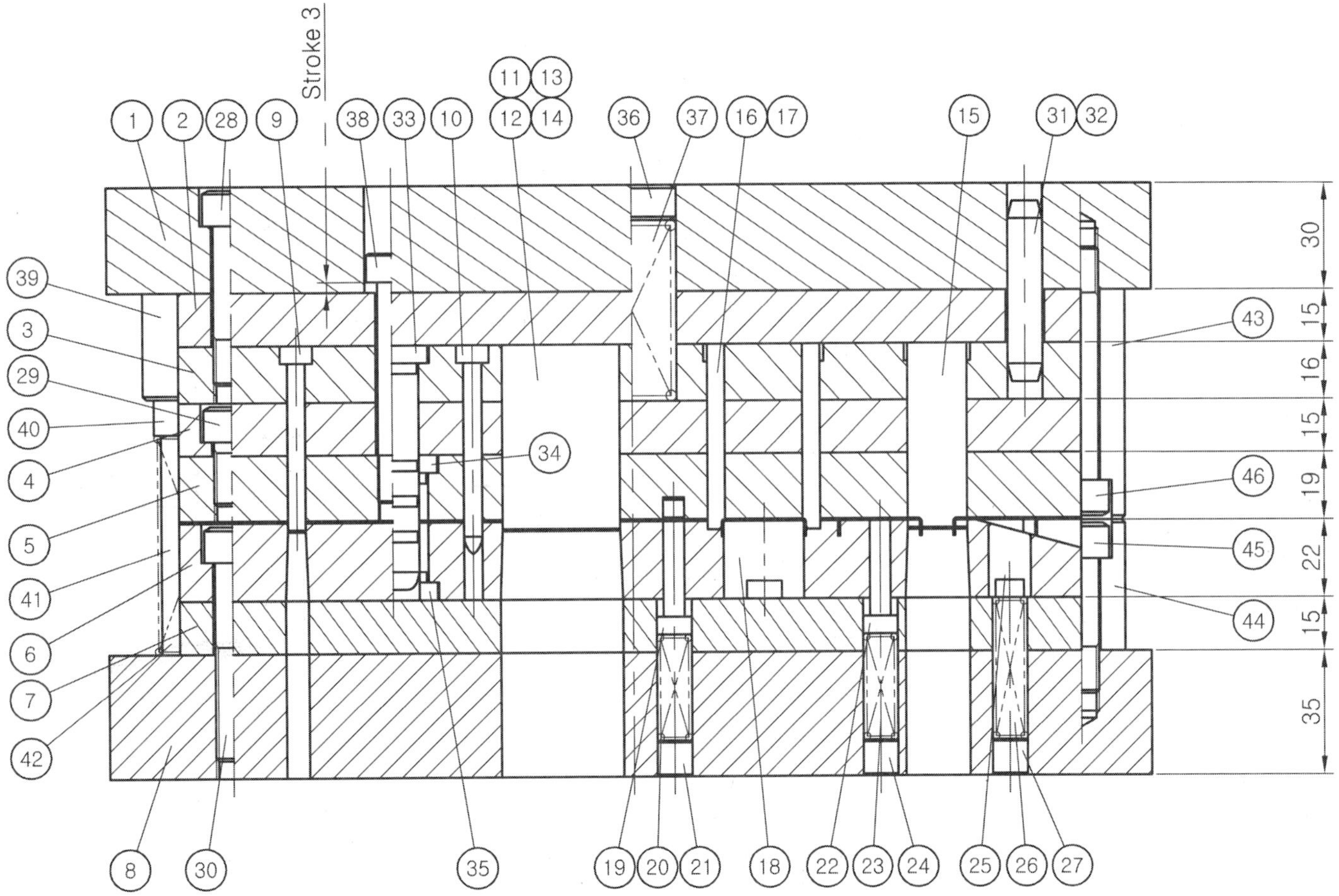

품번	품명	수량	재질	비고
19	가이드리프터핀	1	STD11	H_RC55
18	벤딩다이편	1	STD11	H_RC55
17	벤딩펀치	1	STD11	H_RC55
16	벤딩펀치	1	STD11	H_RC55
15	파팅펀치	1	STD11	H_RC55
14	이형피어싱펀치	1	STD11	H_RC55
13	이형피어싱펀치	2	STD11	H_RC55
12	노칭펀치	2	STD11	H_RC55
11	노칭펀치	2	STD11	H_RC55
10	파일럿핀	3	STD11	H_RC55
9	피어싱펀치	1	STD11	H_RC55
8	하홀더	1	SM45C	
7	다이받침판	1	STD11	H_RC55
6	다이	1	STD11	
5	스트리퍼	1	STD11	
4	압축판	1	STD11	H_RC55
3	펀치고정판	1	STD11	
2	펀치받침판	1	STD11	H_RC55
1	상홀더	1	SM45C	

Progressive-die (rear bracket)	척도	NS
	각법	3각법

① 상홀더 x/(y/)

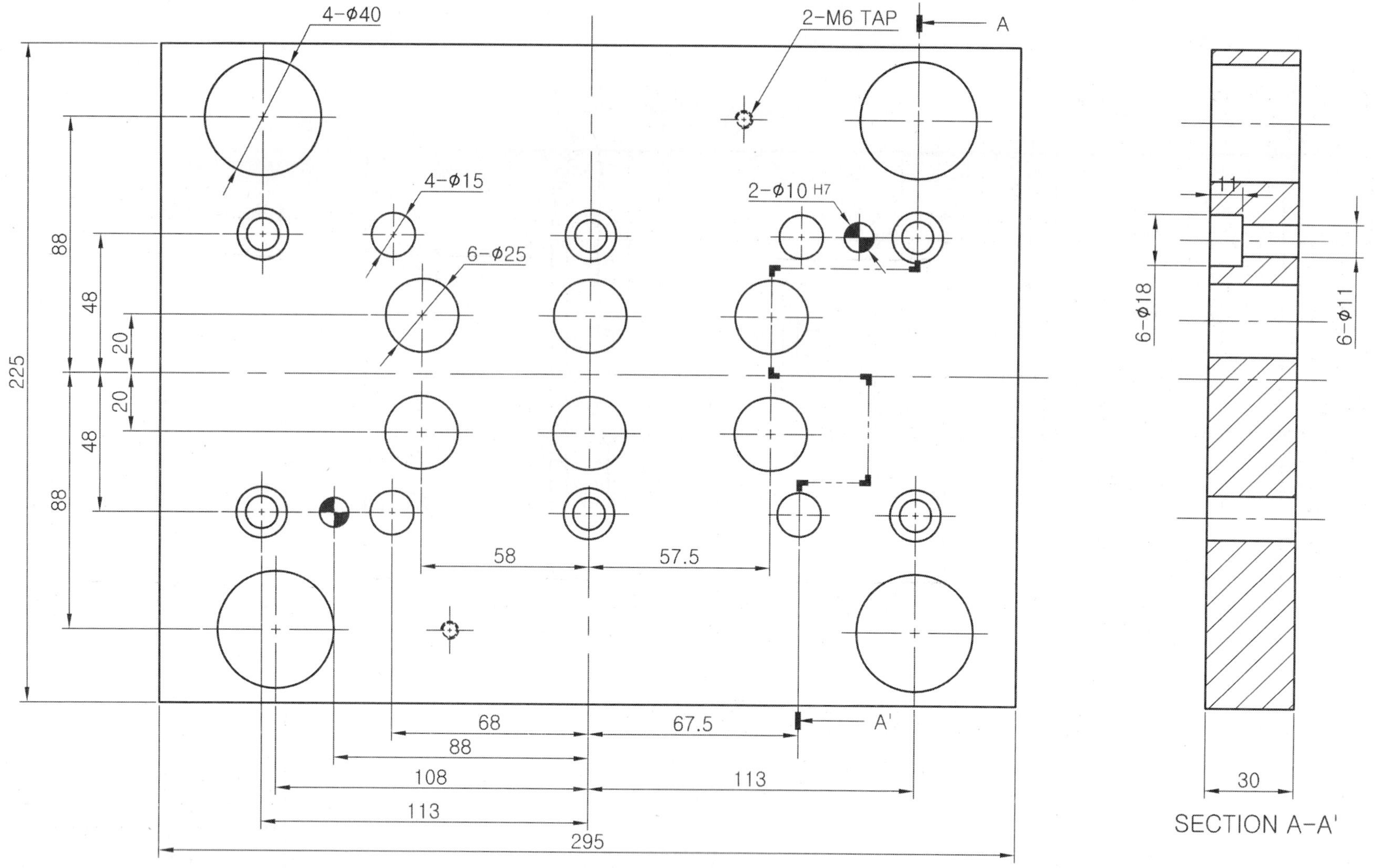

부품명	상홀더	척 도	NS

② 펀치받침판 $\overset{x}{\triangledown}$ ($\overset{y}{\triangledown}$)

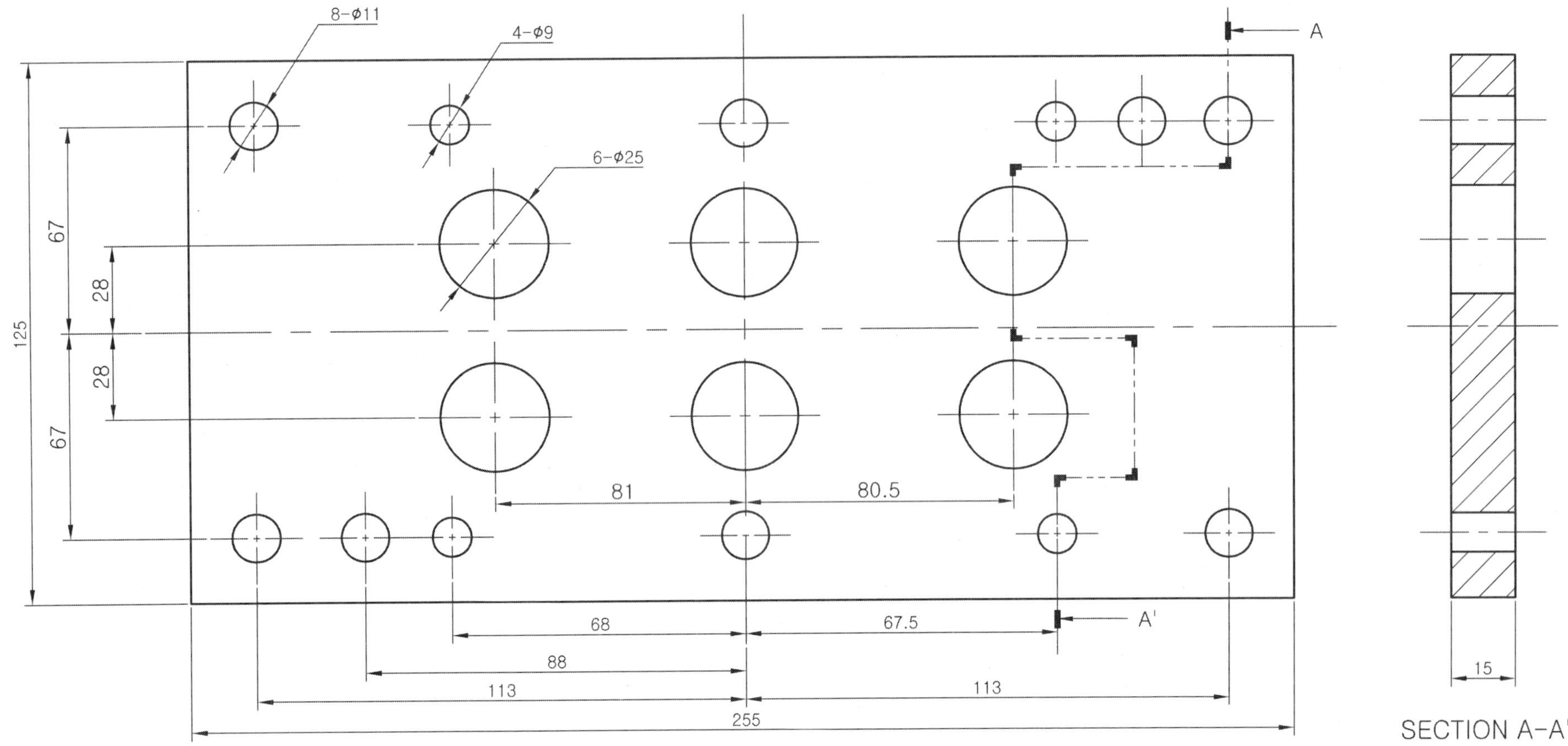

SECTION A-A'

부품명	펀치받침판	척 도	NS

③ 펀치고정판

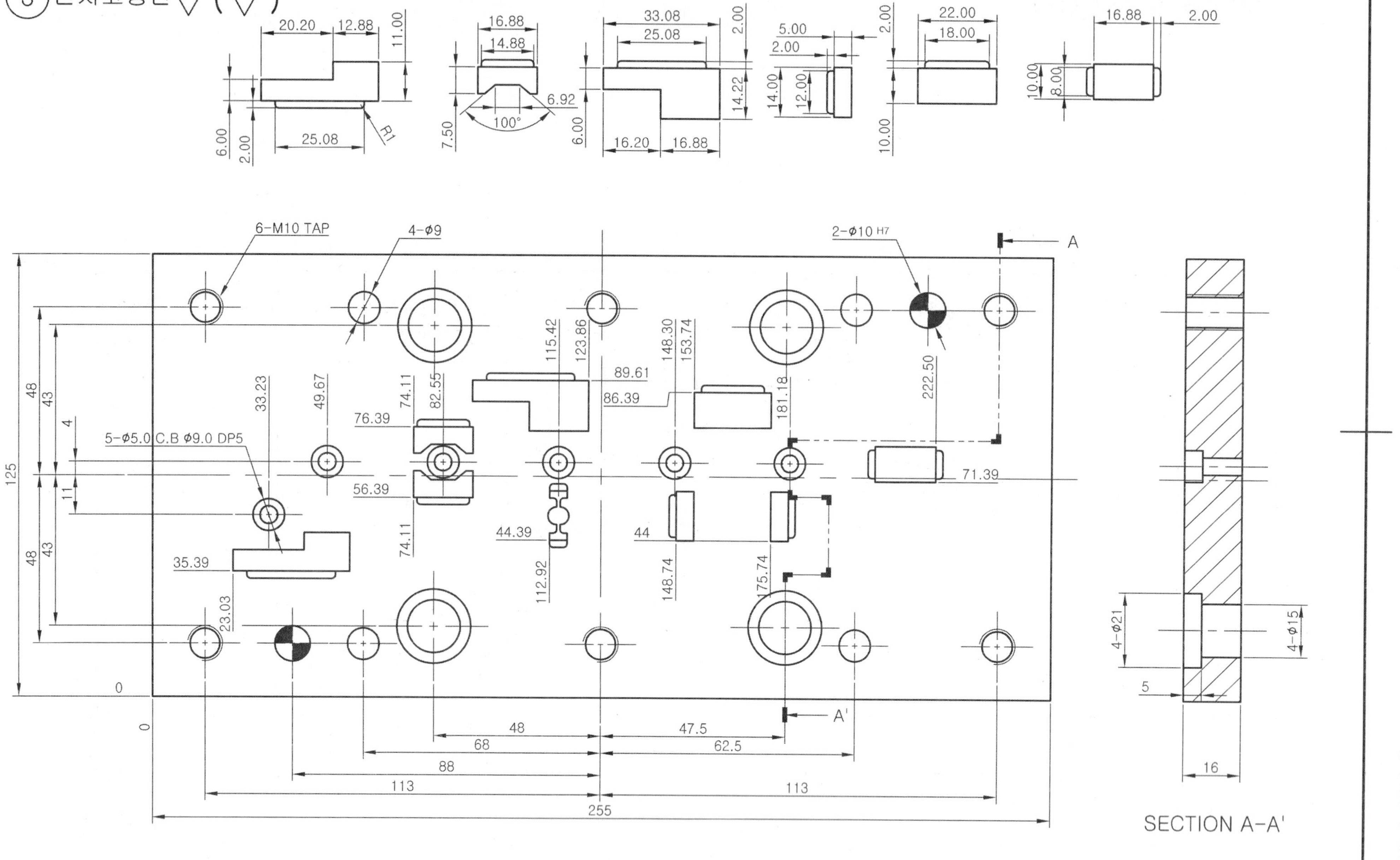

부품명	펀치고정판	척 도	NS

④ 압축판 $\overset{x}{\bigtriangledown}$ ($\overset{y}{\bigtriangledown}$)

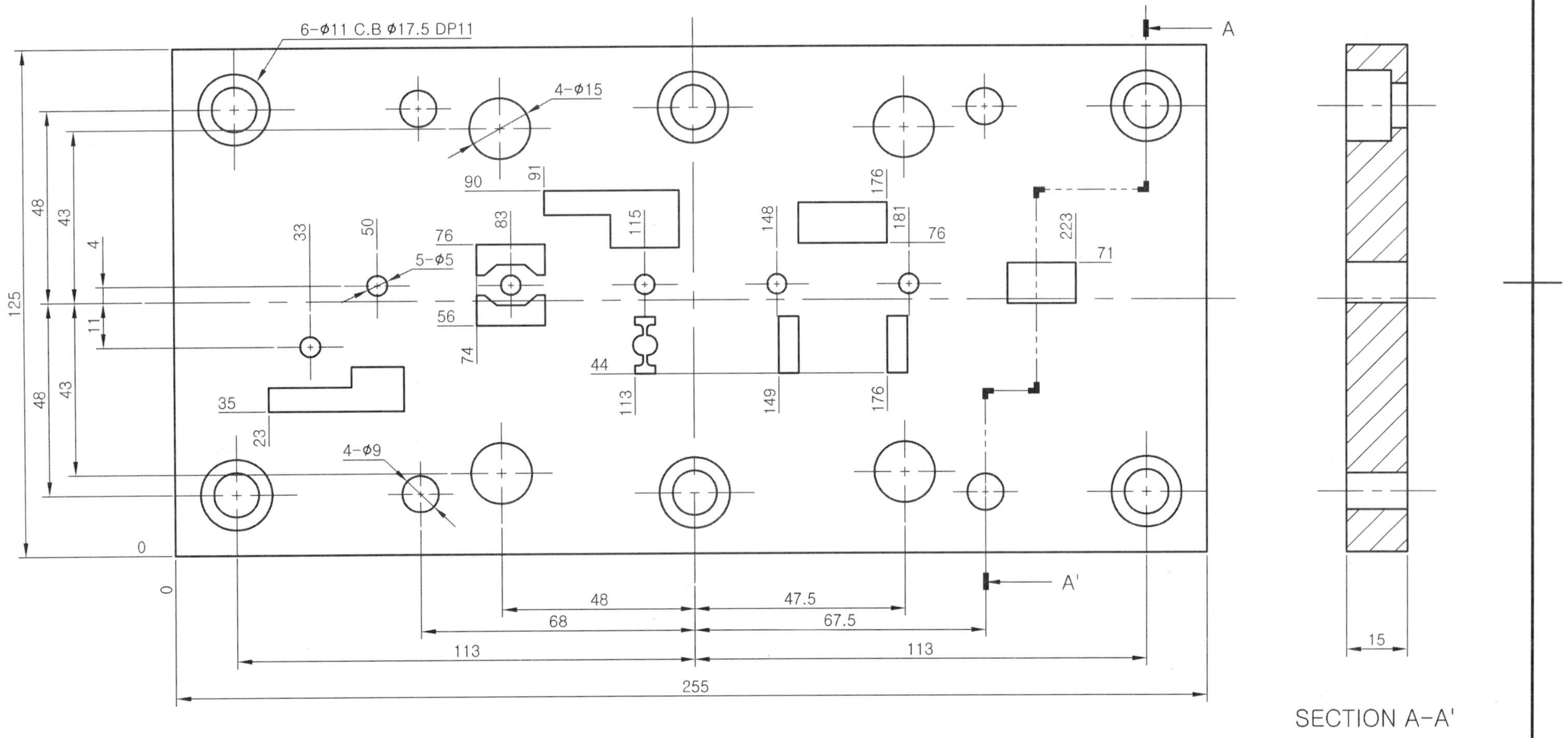

부품명	압축판	척 도	NS

⑤ 스트리퍼 x/▽ (y/▽)

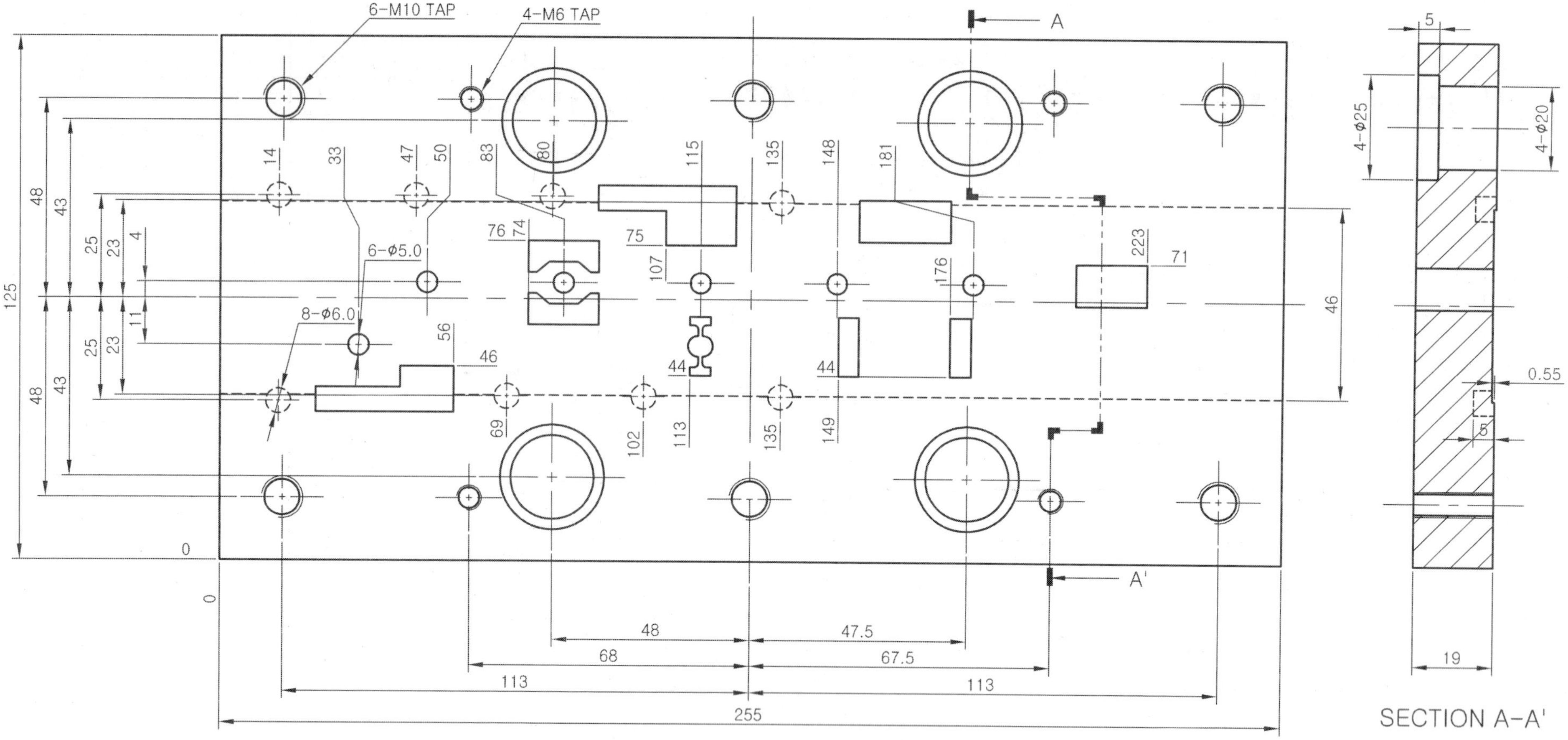

SECTION A-A'

부품명	스트리퍼	척 도	NS

⑥ 다이

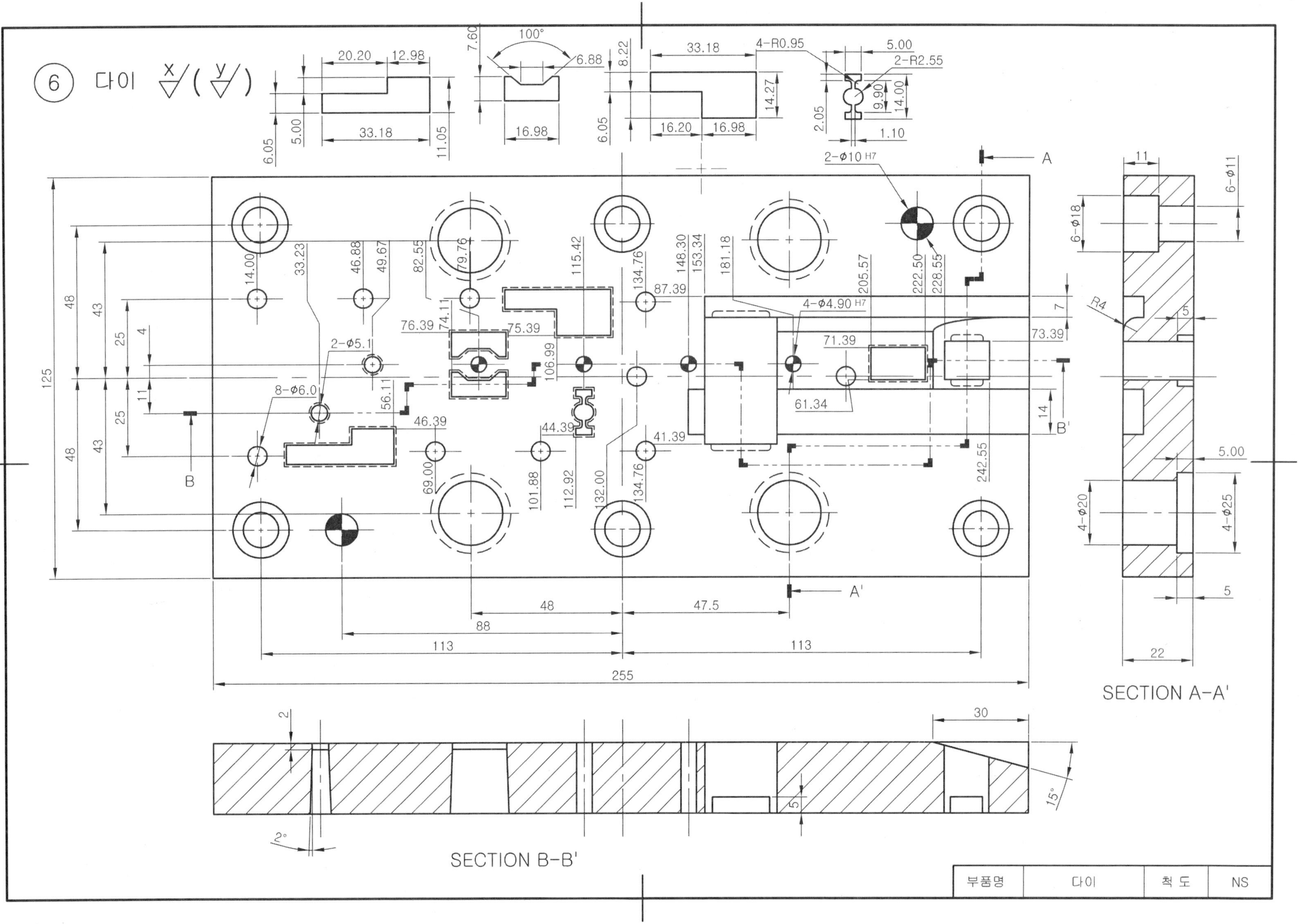

부품명	다이	척 도	NS

⑦ 다이받침판 $\overset{x}{\bigtriangledown}$ ($\overset{y}{\bigtriangledown}$)

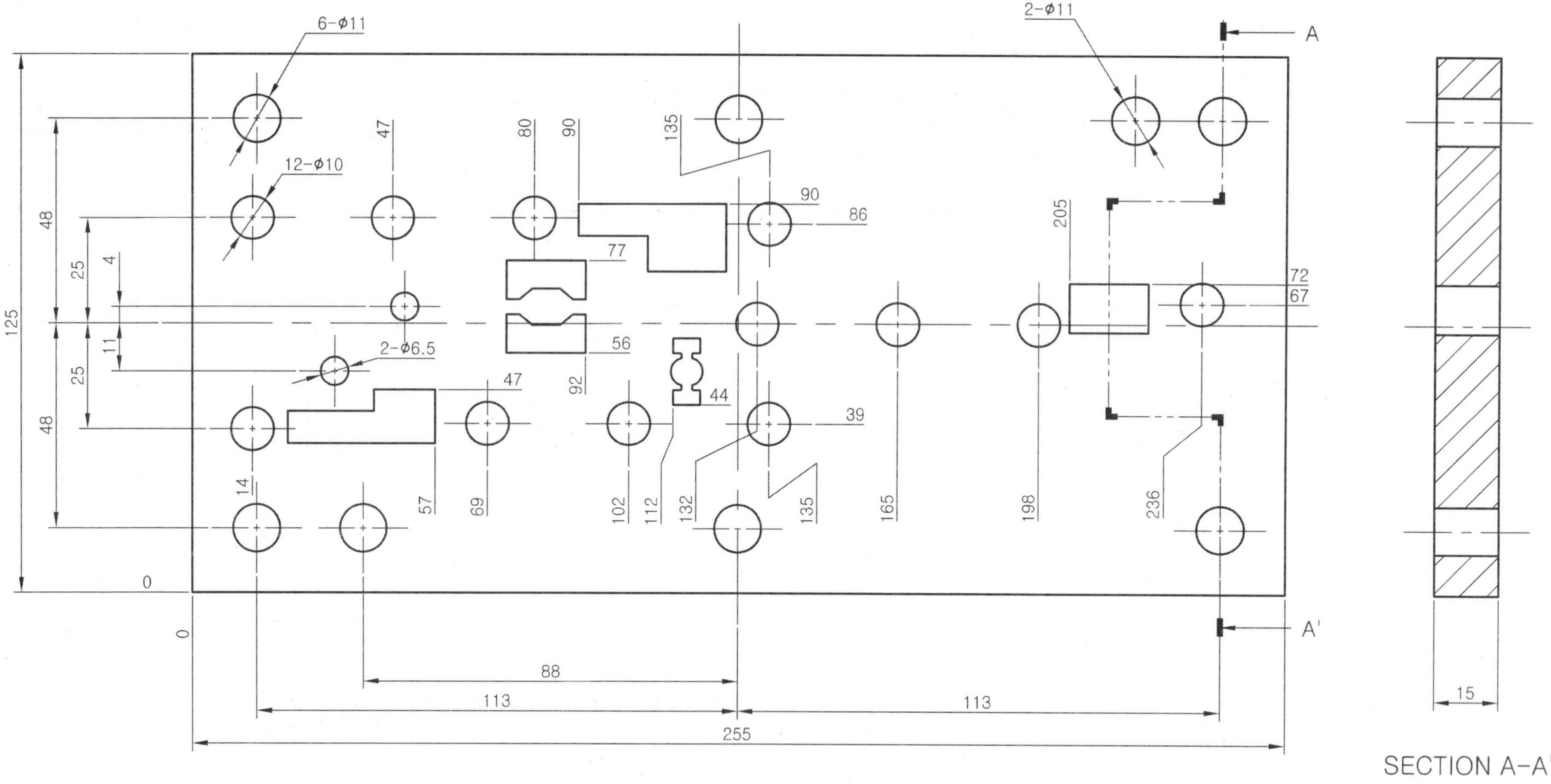

부품명	다이받침판	척 도	NS

⑧ 하홀더 $\overset{x}{\bigtriangledown}$ ($\overset{y}{\bigtriangledown}$)

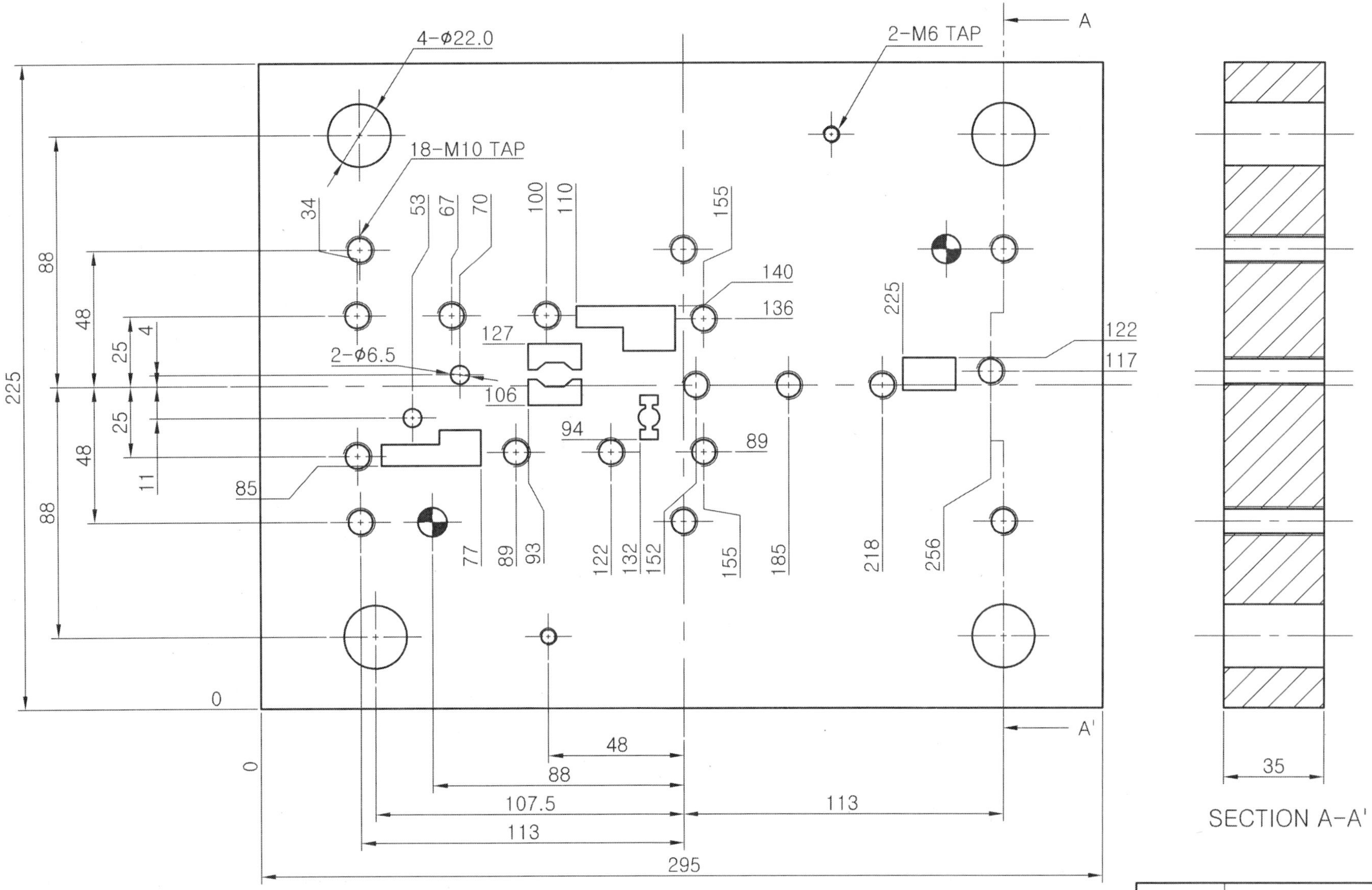

부품명	하홀더	척 도	NS

⑨ 피어싱펀치 $\overset{x}{\nabla}$/ ($\overset{y}{\nabla}$/)

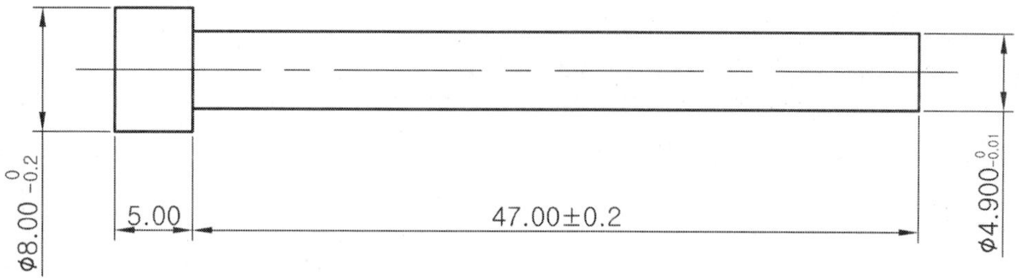

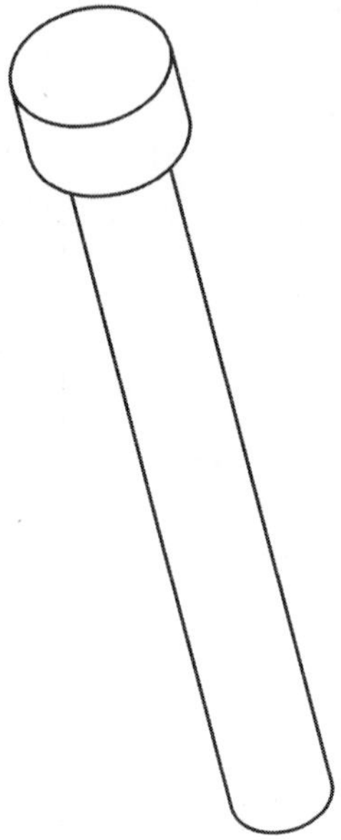

부품명	피어싱펀치	척 도	NS

⑩ 파일럿핀 x/(y/)

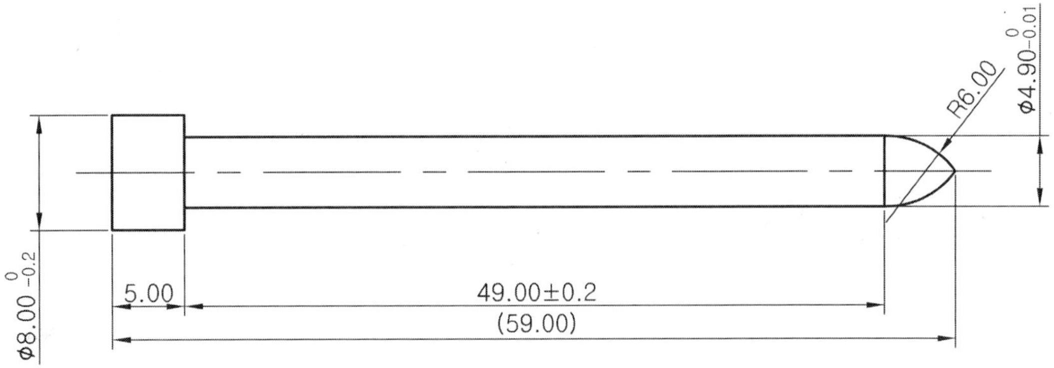

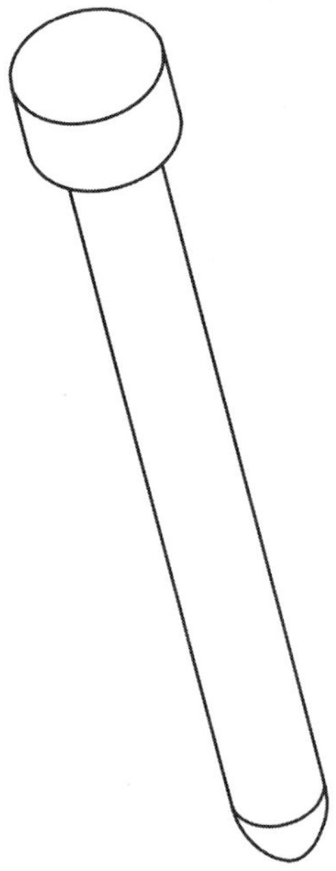

부품명	파일럿핀	척 도	NS

⑪ 노칭펀치 $\overset{x}{\nabla}$ ($\overset{y}{\nabla}$)

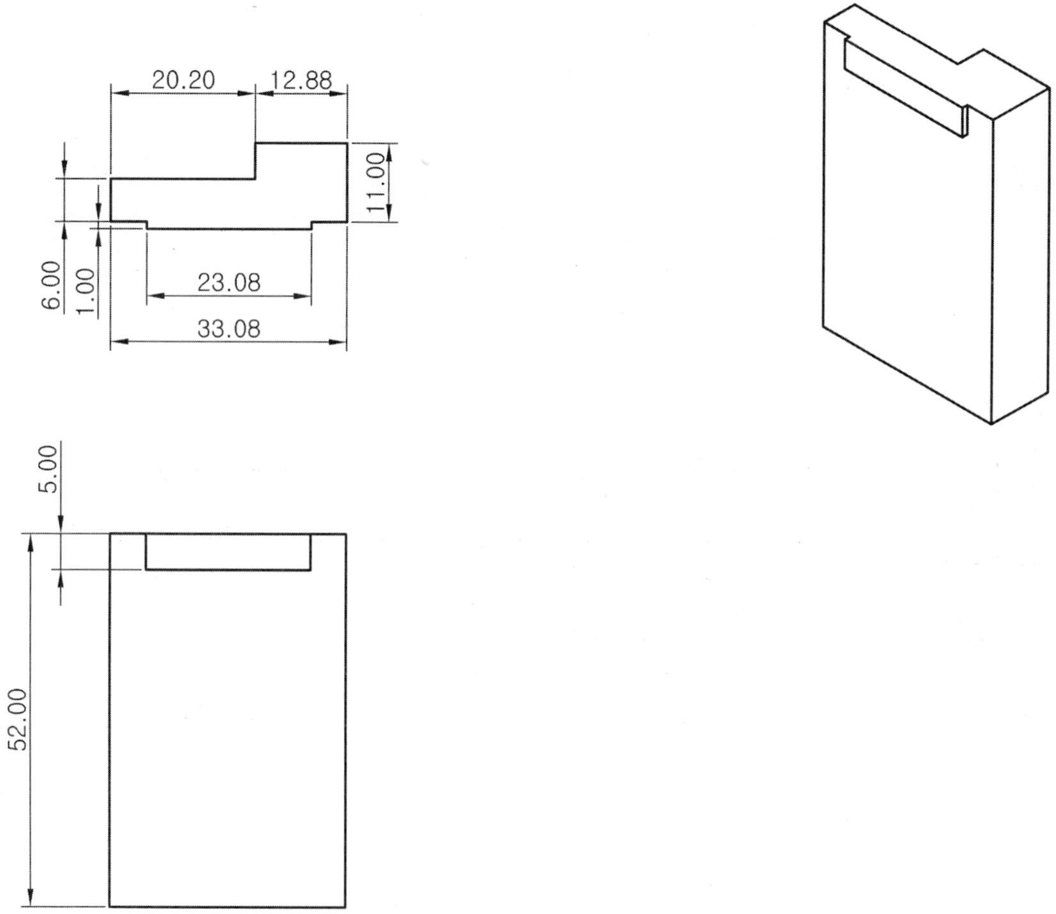

부품명	사이드컷펀치	척 도	NS

(12) 노칭펀치 $\overset{x}{\nabla}$ ($\overset{y}{\nabla}$)

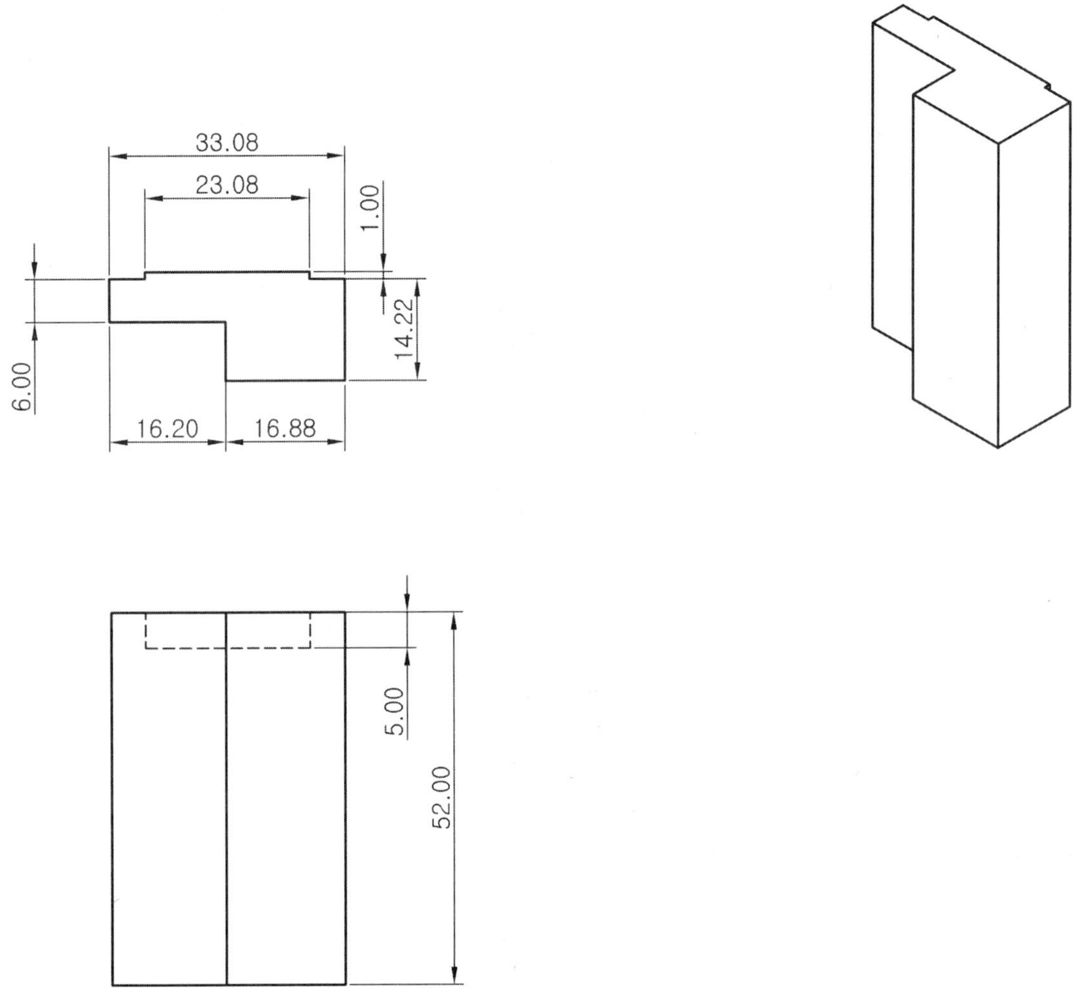

부품명	노칭펀치	척 도	NS

⑬ 이형피어싱펀치 $\overset{x}{\bigtriangledown}$ ($\overset{y}{\bigtriangledown}$)

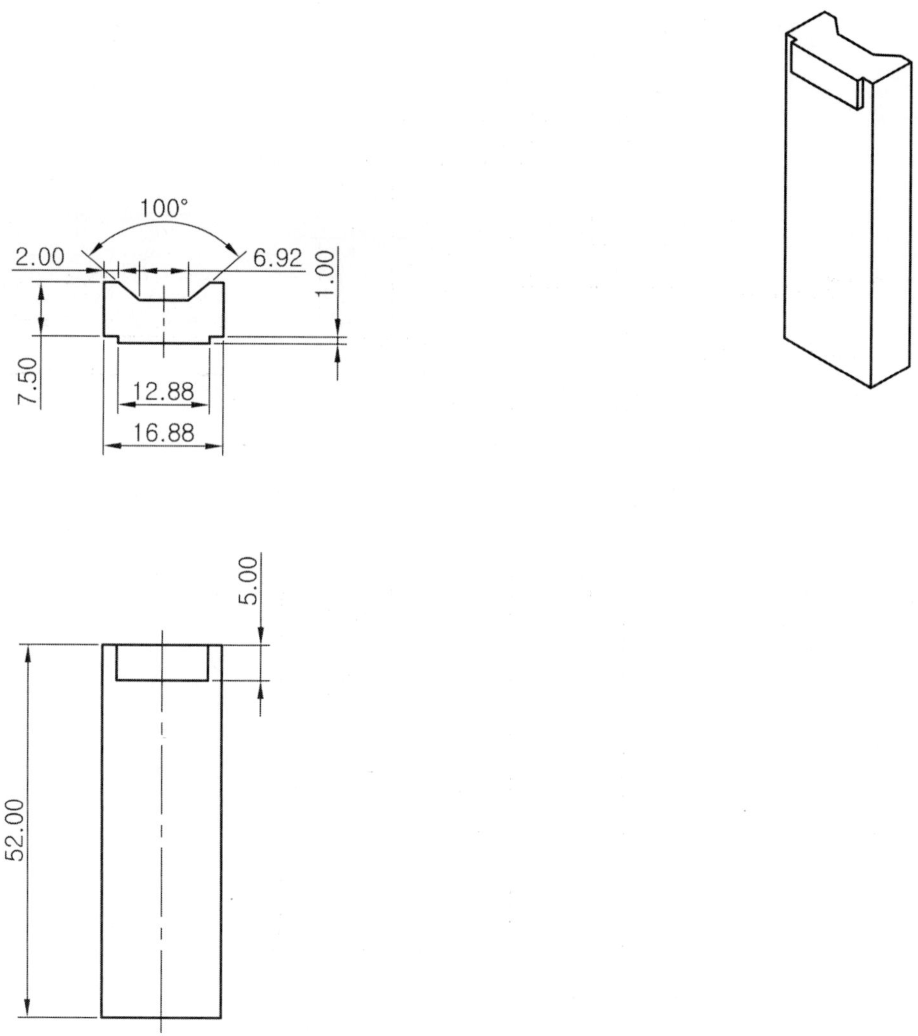

부품명	이형피어싱펀치	척 도	NS

⑭ 이형피어싱펀치 x (y)

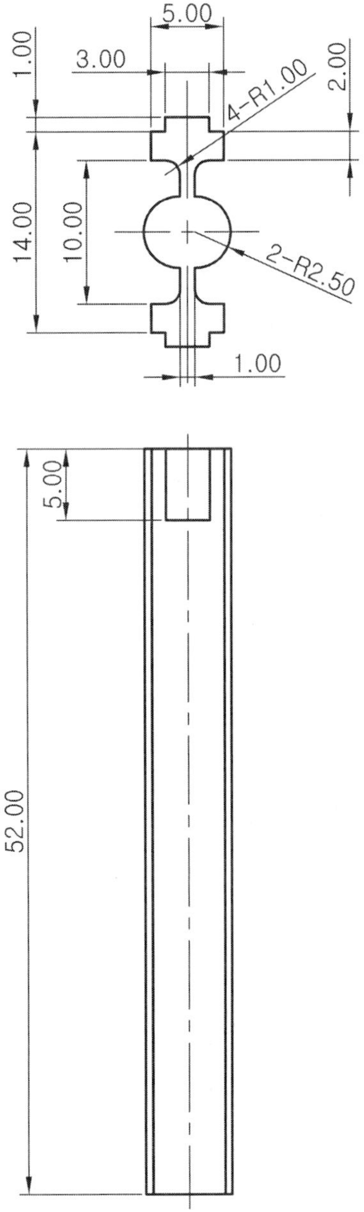

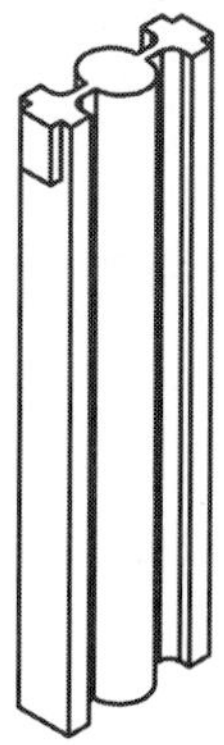

부품명	이형피어싱펀치	척 도	NS

⑮ 파팅펀치 $\overset{x}{\bigtriangledown}$ ($\overset{y}{\bigtriangledown}$)

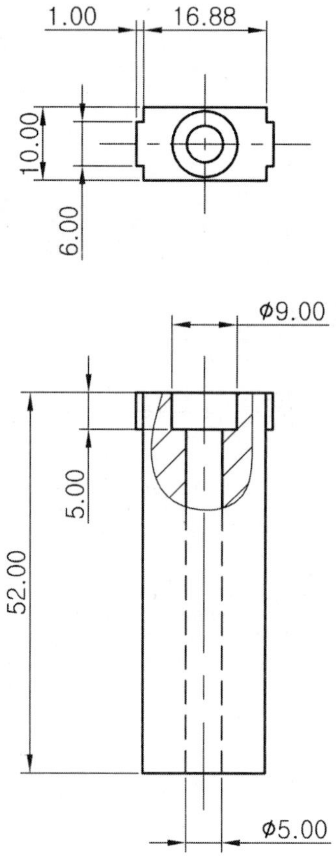

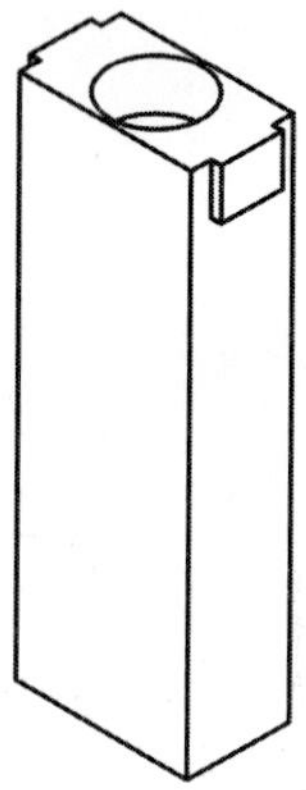

부품명	파팅펀치	척 도	NS

⑯ 벤딩펀치 $\overset{x}{\bigtriangledown}$ ($\overset{y}{\bigtriangledown}$)

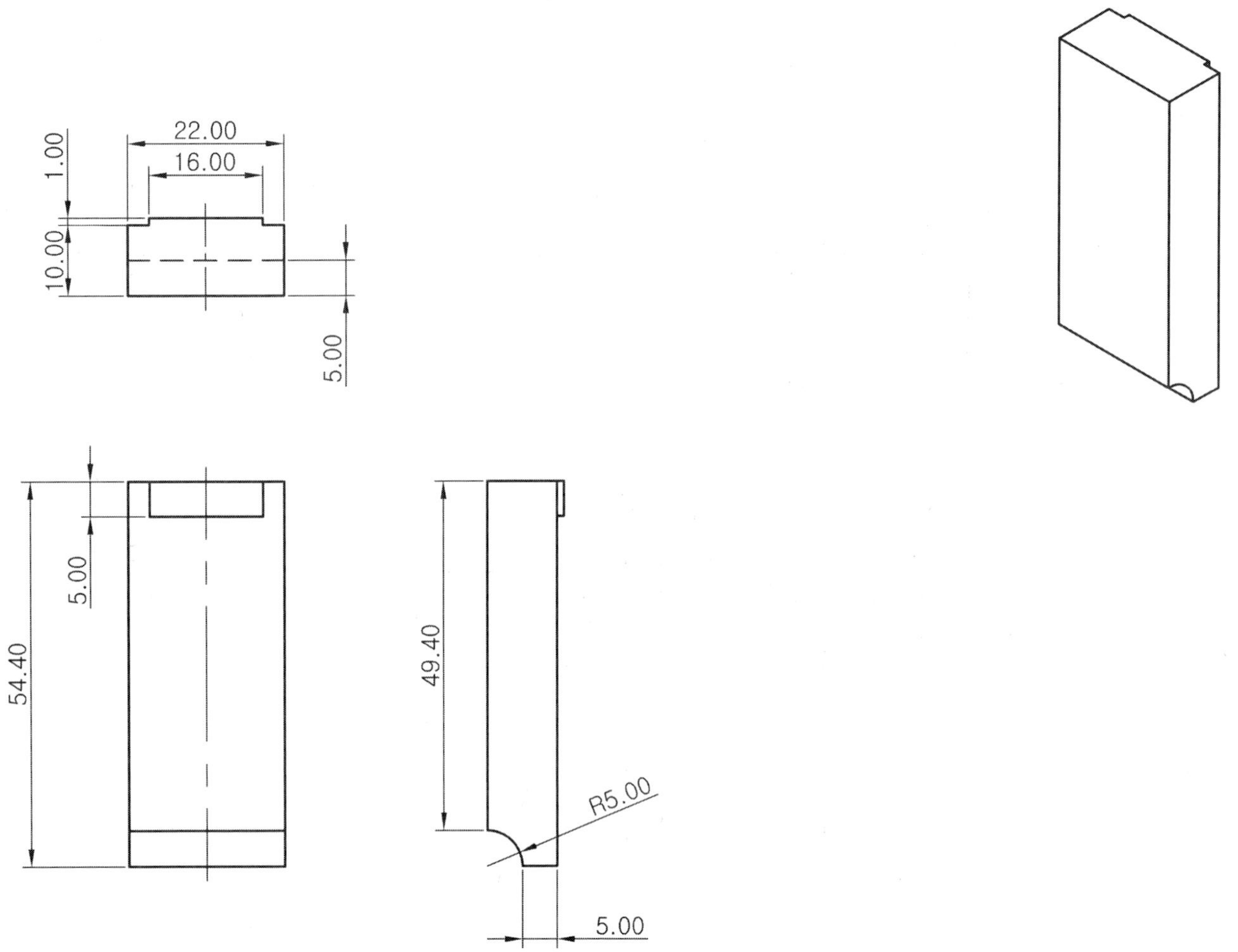

부품명	벤딩펀치	척 도	NS

⑰ 벤딩펀치 x/ (y/)

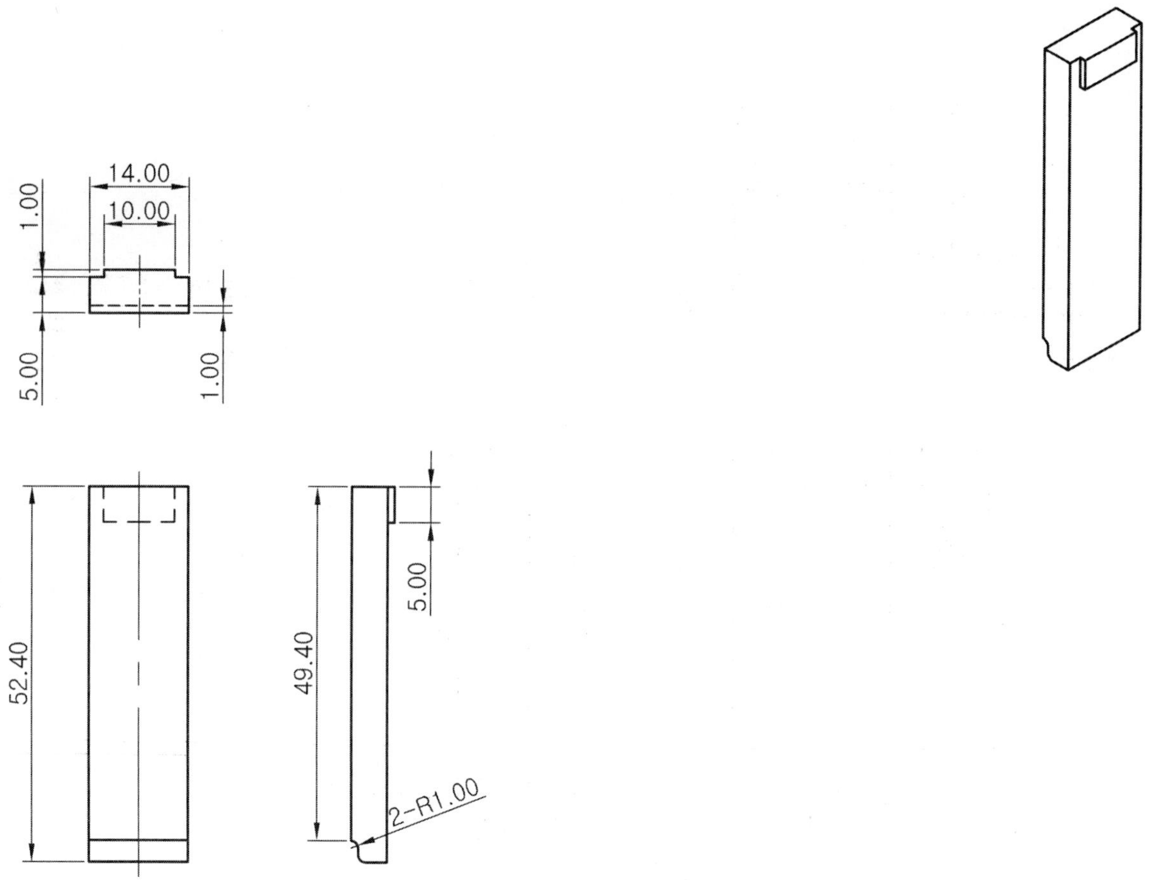

부품명	벤딩펀치	척 도	NS

⑱ 벤딩다이편 $\overset{x}{\bigtriangledown}$/ ($\overset{y}{\bigtriangledown}$/)

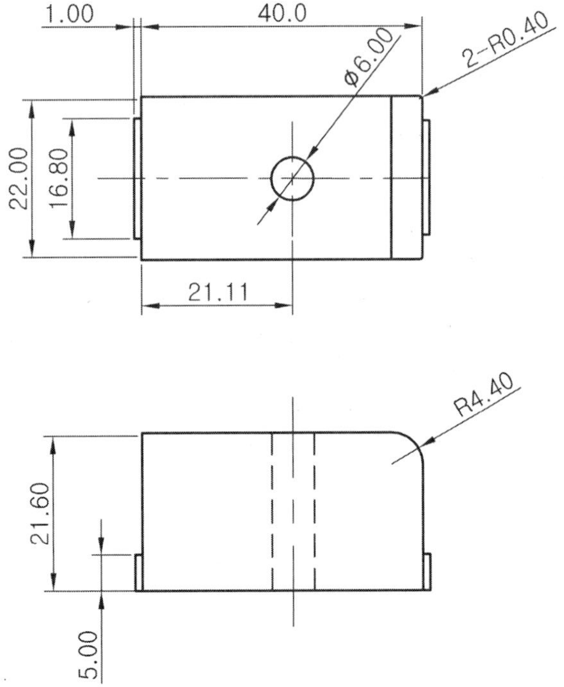

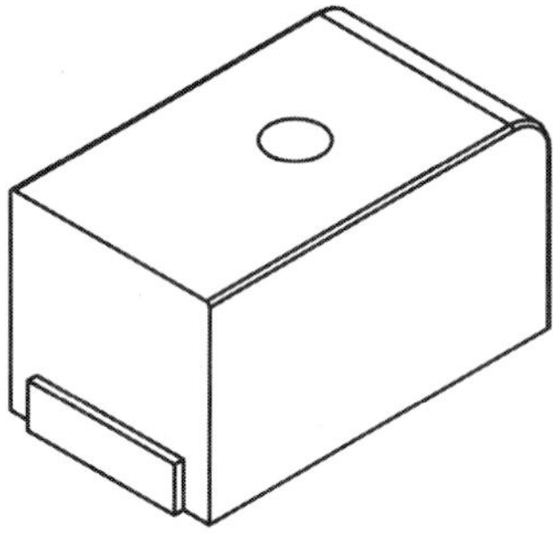

부품명	벤딩다이편	척 도	NS

⑲ 가이드리프터핀 x/ (y/)

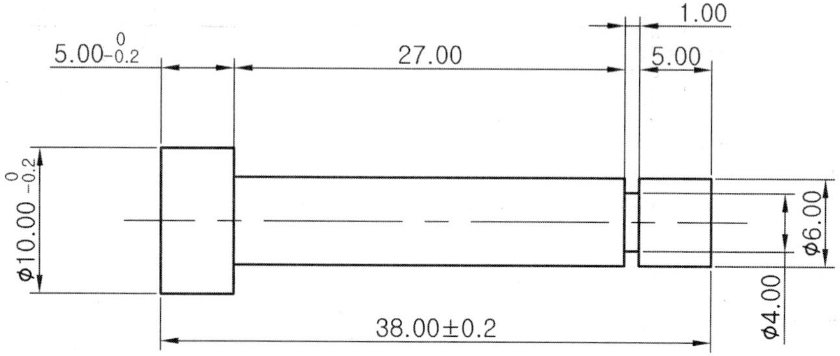

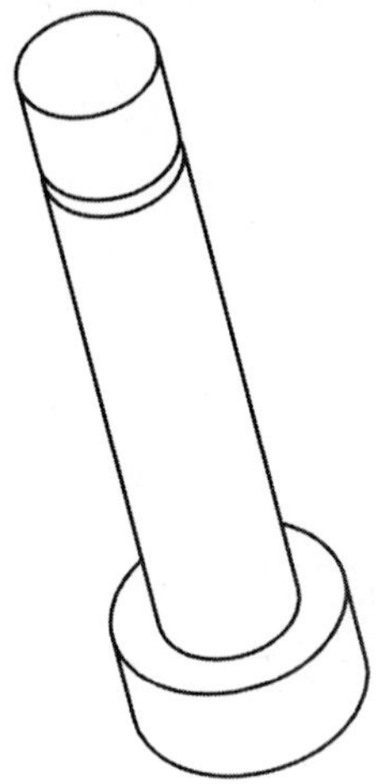

부품명	가이드리프터핀	척 도	NS

㉒ 밀핀 $\overset{x}{\bigtriangledown}$ ($\overset{y}{\bigtriangledown}$)

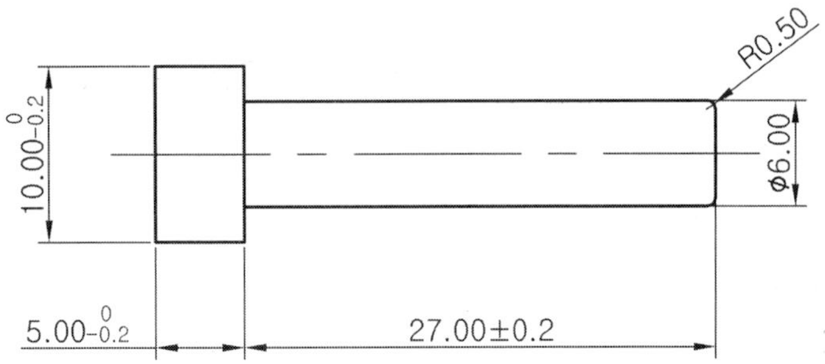

부품명	밀핀	척 도	NS

㉕ 리프터블록 $\overset{x}{\nabla}$ ($\overset{y}{\nabla}$)

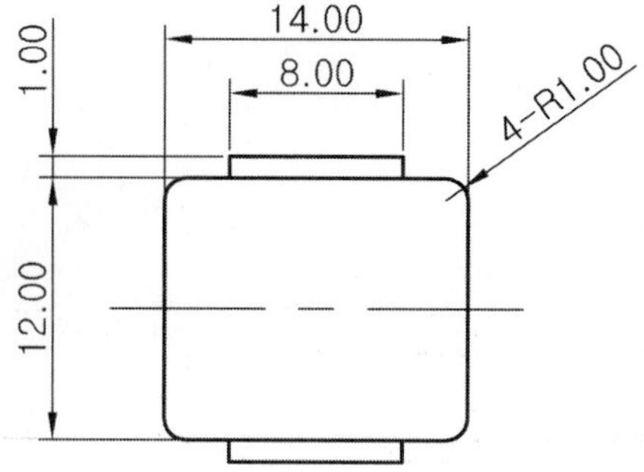

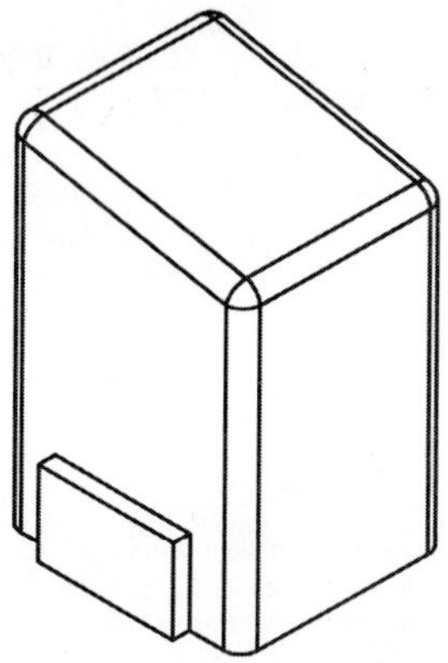

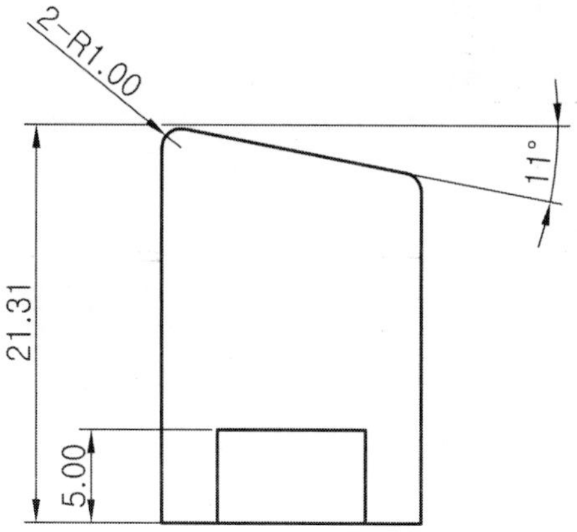

부품명	리프터블록	척 도	NS

3.3 Progressive-die(Rear bracket)

요구사항

1) 제품도 & 3차원 Solid model을 이용하여 설계한다.
2) 판재 정보 : 두께 1.2 mm, 냉간압연강판
3) 금형 타입 : 프로그레시브 다이
4) 다이셋트 : 다이셋트는 설계자가 정할 것.
5) 소재 이송 : 소재 이송은 좌측에서 우측으로 롤 피더를 사용하여 자동 이송하고 사이드 컷 공정은 필히 사용할 것.
6) 클리어런스 : 클리어런스는 재료 두께의 5%(편측)를 적용하여 설계할 것.
7) Lay-out 7-1) Strip Lay-Out 배열은 1열 1개 생산 가능토록 할 것.
   7-2) Strip Lay-Out을 설계하고 제품전개치수, 피치, 재료폭, 엠보싱 등을 표기할 것.
   7-3) 작업 공정별 명칭을 필히 기입하고 Scrap은 최소화 할 것.
8) 파일럿 방식 : 파일럿 방식은 가동 파일럿 방식으로 설계할 것.
9) 밀핀 유닛 : 원활한 소재 이송을 위하여 밀핀 유닛을 적용할 것.
10) 피어싱 가공 : 벤딩을 감안하여 요구치수를 만족할 것.
11) 스프링백의 방지를 위한 조치를 필히 취할 것.
12) 부품도 : 공정의 부품도는 전체 25개 이상 설계할 것.
13) 조립도 단면도 : 상형과 하형을 결합된 상태로 설계하되 상기 주요사항을 표현할 것.
14) 스트리퍼 14-1) 스트리퍼는 가동스트리퍼 타입으로 설계할 것.
    14-2) 스트리퍼 가이드 포스트 및 부시는 주어진 규격 집을 활용할 것.
15) 기타 지시하지 않은 사항들은 KS제도법에 준하여 모델링 할 것.

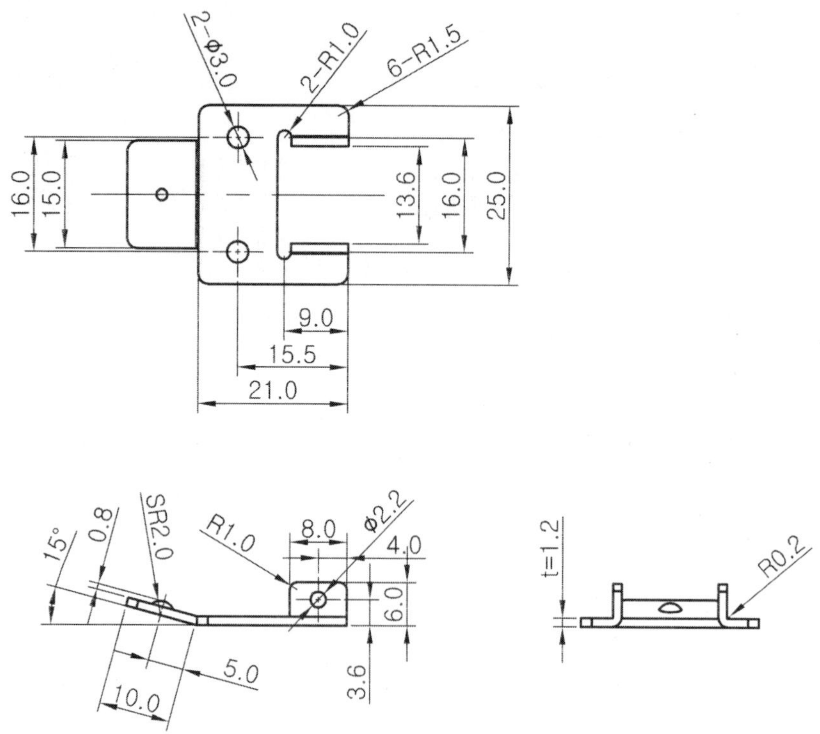

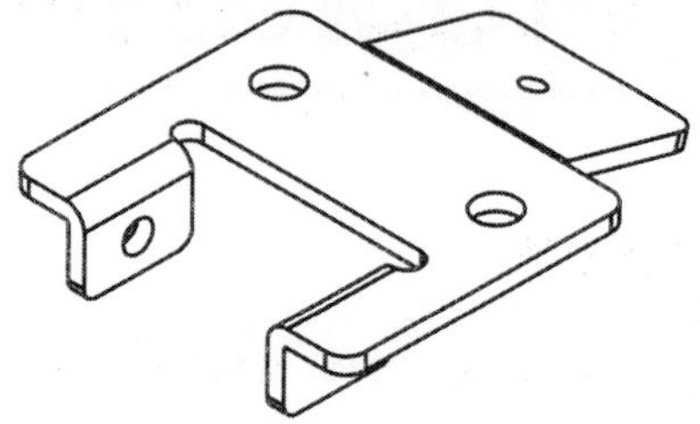

주서

1. 프로그레시브 다이
2. 좌측에서 우측으로 롤 피더 이송
사이드컷 공정 필히 사용할 것
3. 클리어런스=5%t(편측)
4. 가동 파일럿 방식으로 설계할 것
5. 밀핀 유닛을 적용할 것
6. 스프링백의 방지를 위한 조치를 취할 것

제품명	Rear - Bracket	척 도	NS

STRIP LAYOUT

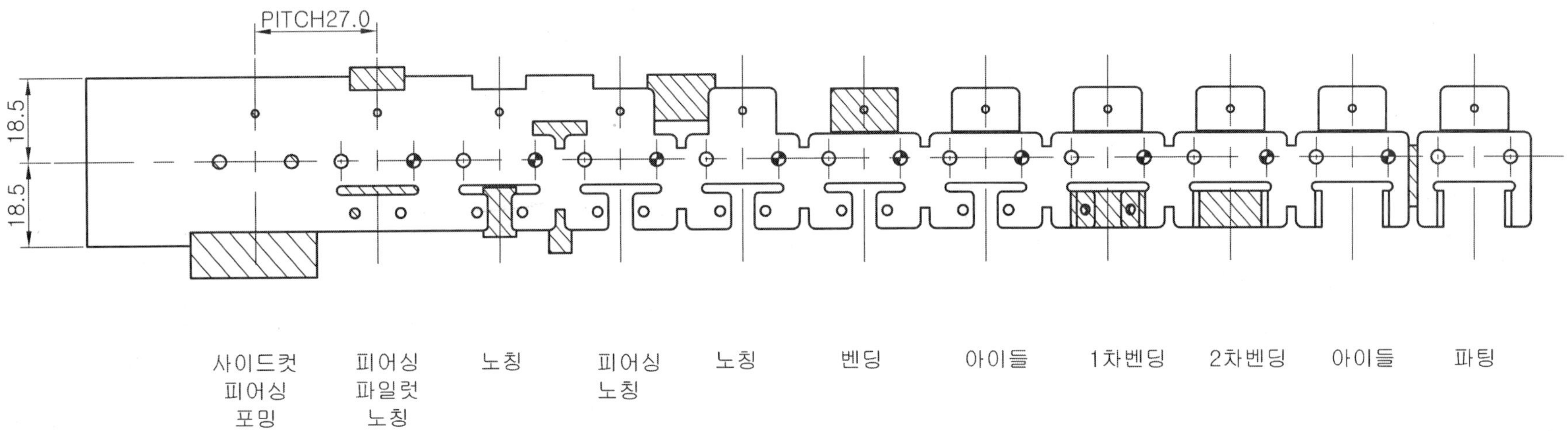

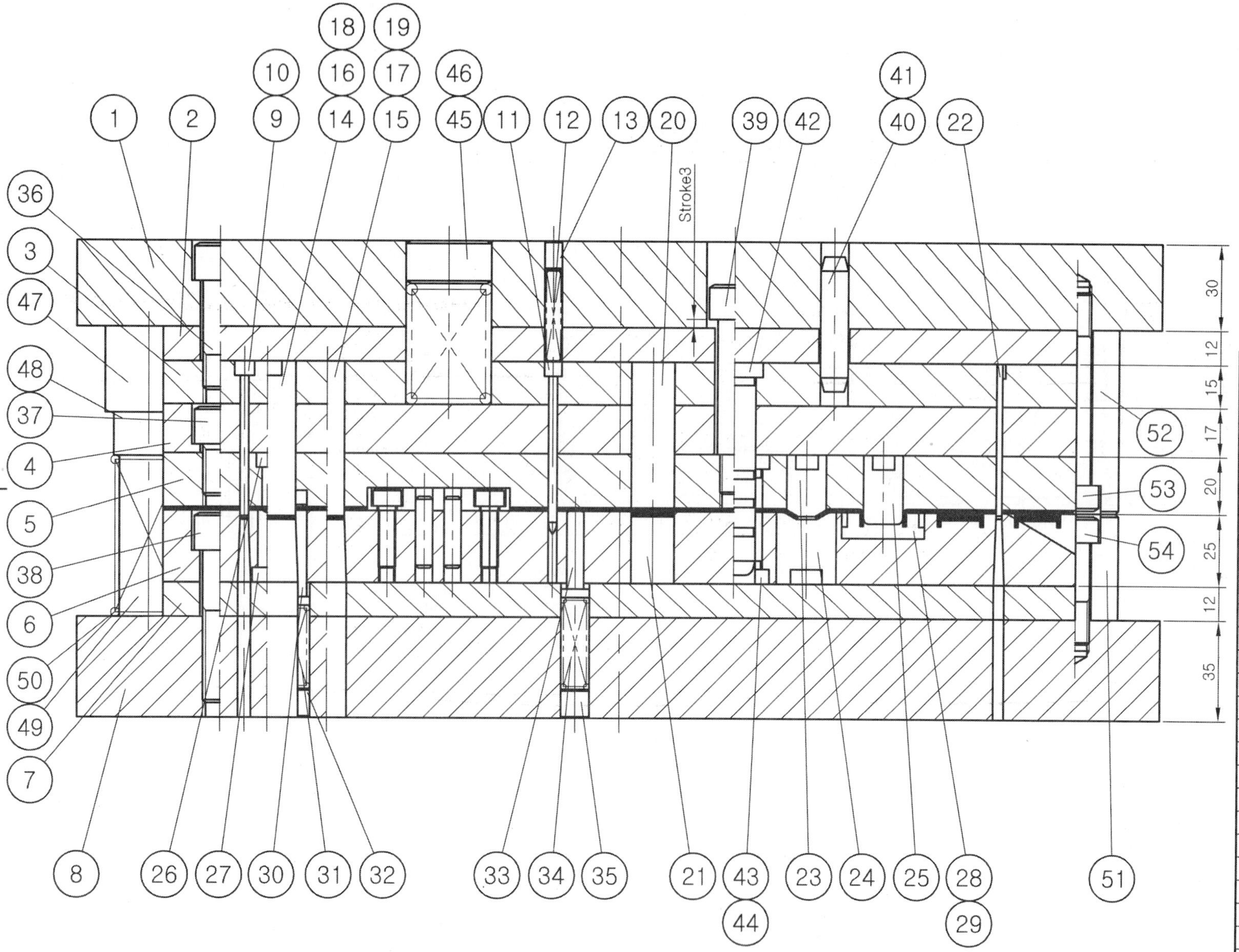

품번	품명	수량	재질	비고
29	도그레그캠	1	STD11	H_RC55
28	캠다이	1	STD11	H_RC55
27	포밍다이편	1	STD11	H_RC55
26	포밍펀치	1	STD11	H_RC55
25	벤딩펀치	1	STD11	H_RC55
24	벤딩다이편	1	STD11	H_RC55
23	벤딩펀치	1	STD11	H_RC55
22	파팅펀치	1	STD11	H_RC55
21	벤딩다이편	1	STD11	H_RC55
20	벤딩펀치	1	STD11	H_RC55
19	노칭펀치	1	STD11	H_RC55
18	이형피어싱펀치	1	STD11	H_RC55
17	노칭펀치	1	STD11	H_RC55
16	이형피어싱펀치	1	STD11	H_RC55
15	노칭펀치	1	STD11	H_RC55
14	사이드컷펀치	2	STD11	H_RC55
11	파일럿핀	2	STD11	H_RC55
10	피어싱펀치	3	STD11	H_RC55
9	피어싱펀치	1	STD11	H_RC55
8	하홀더	1	SM45C	
7	다이받침판	1	STD11	H_RC55
6	다이	1	STD11	
5	스트리퍼	1	STD11	
4	압축판	1	STD11	H_RC55
3	펀치고정판	1	STD11	
2	펀치받침판	1	STD11	H_RC55
1	상홀더	1	SM45C	

Progressive-die (rear bracket)	척도	NS
	각법	3각법

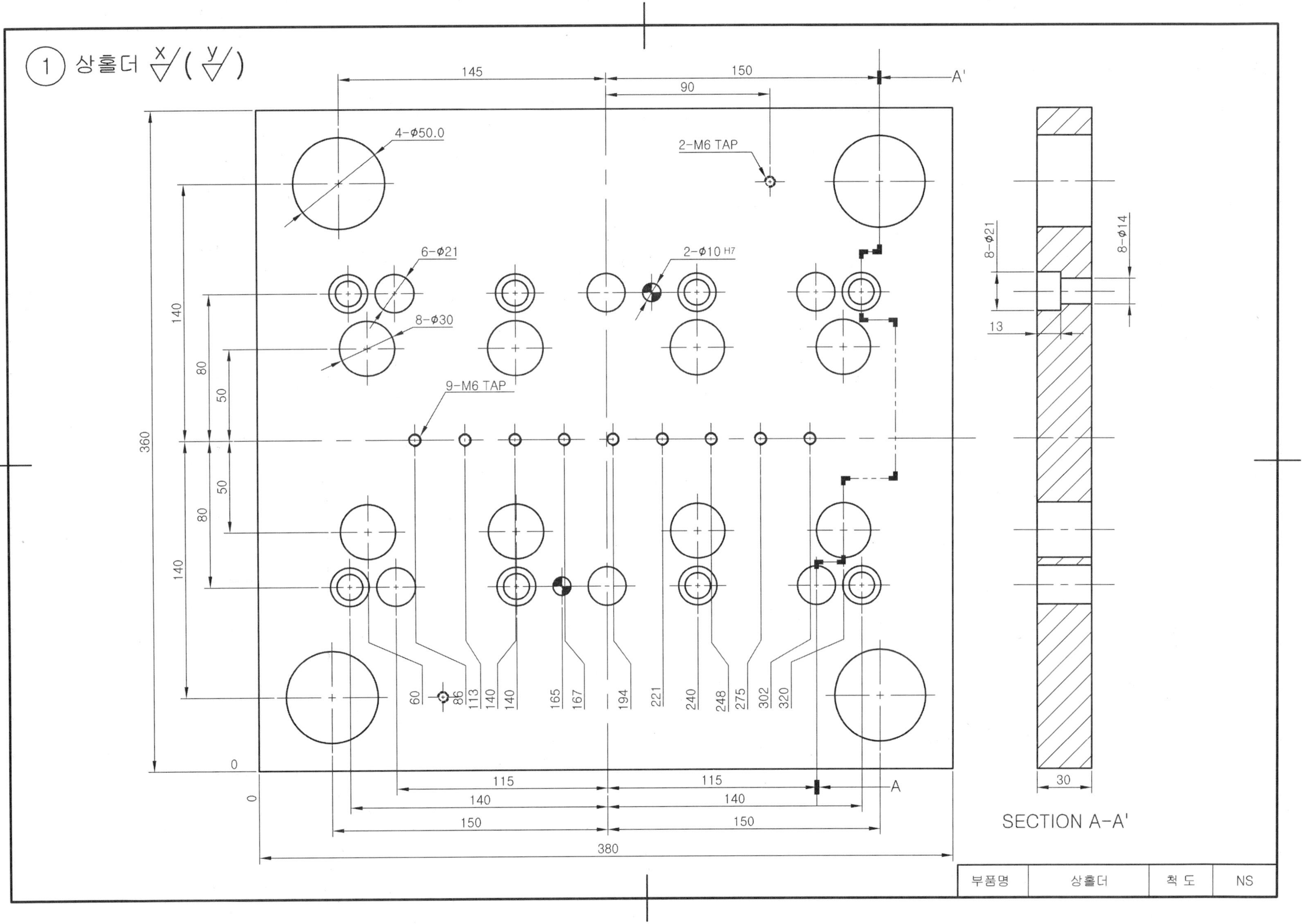
① 상홀더
4-ϕ50.0
2-M6 TAP
6-ϕ21
2-ϕ10 H7
8-ϕ30
9-M6 TAP
145
150
90
140
80
50
360
0
60
86
113
140
165
167
194
221
240
248
275
302
320
115
380
A
A'
8-ϕ21
8-ϕ14
13
30
SECTION A-A'
부품명
상홀더
척 도
NS

② 펀치받침판 $\overset{x}{\bigtriangledown}$/ ($\overset{y}{\bigtriangledown}$/)

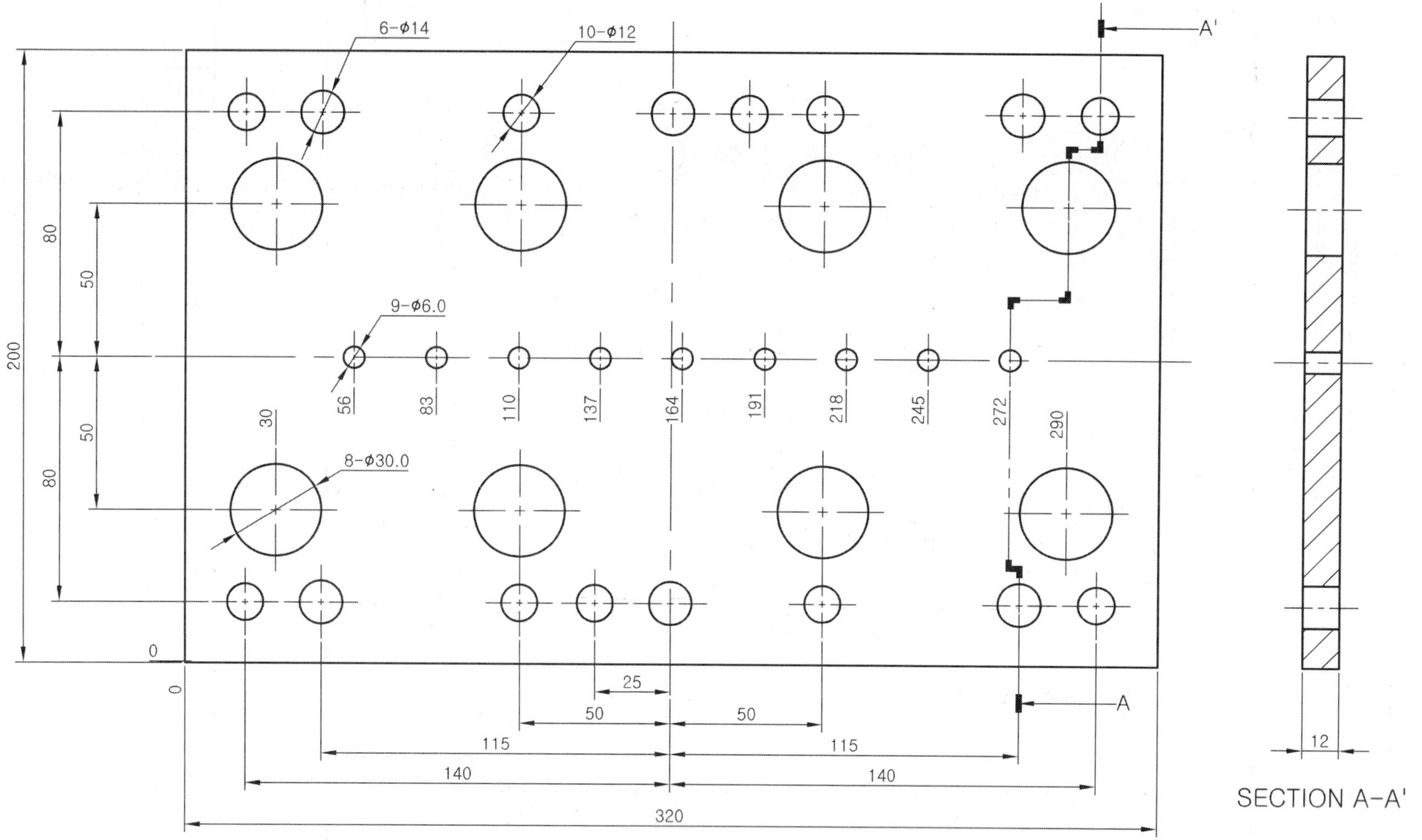

SECTION A-A'

부품명	펀치받침판	척 도	NS

③ 펀치고정판 x/(y/)

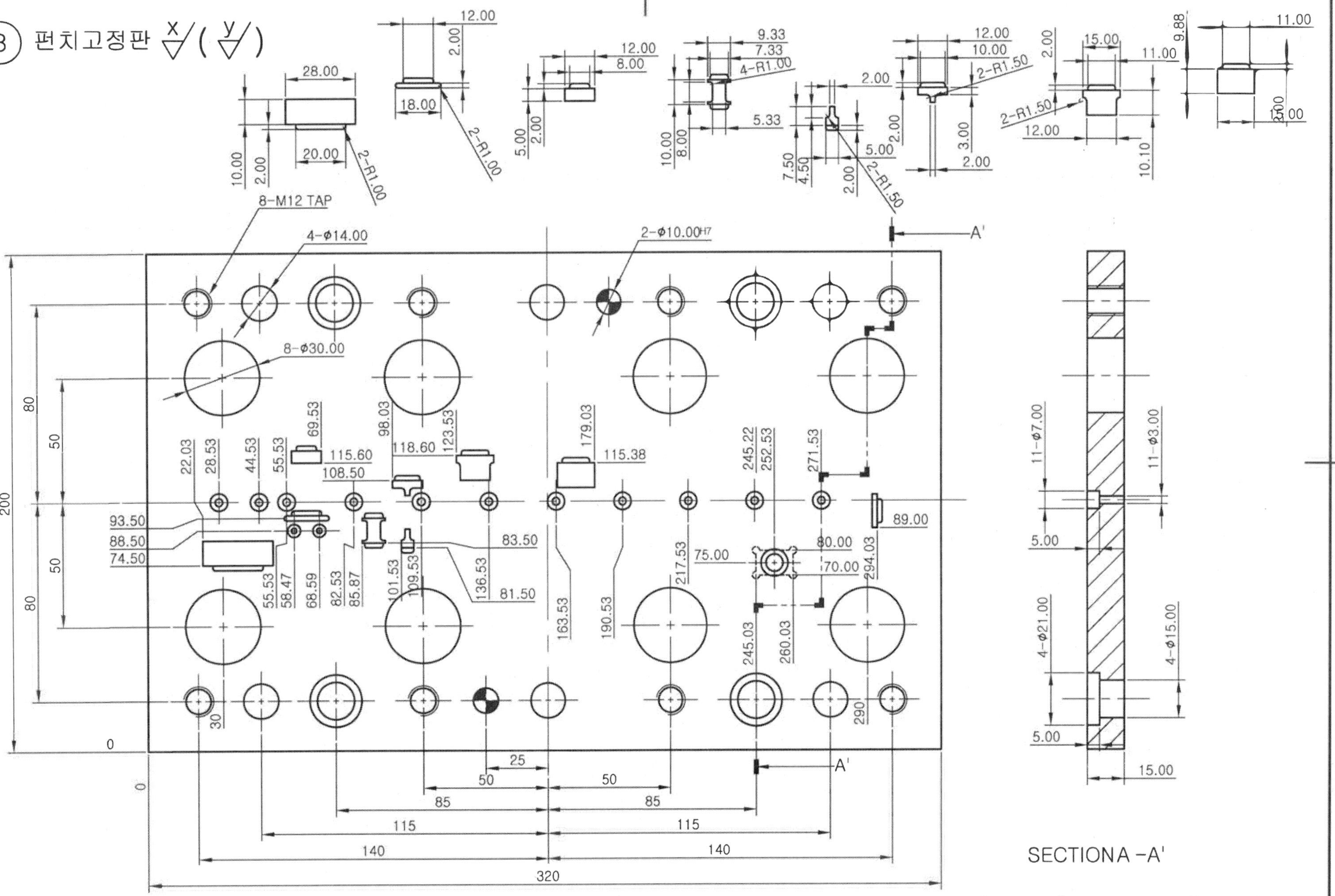

부품명	펀치고정판	척 도	NS

④ 압축판 $\overset{x}{\bigtriangledown}$/($\overset{y}{\bigtriangledown}$/)

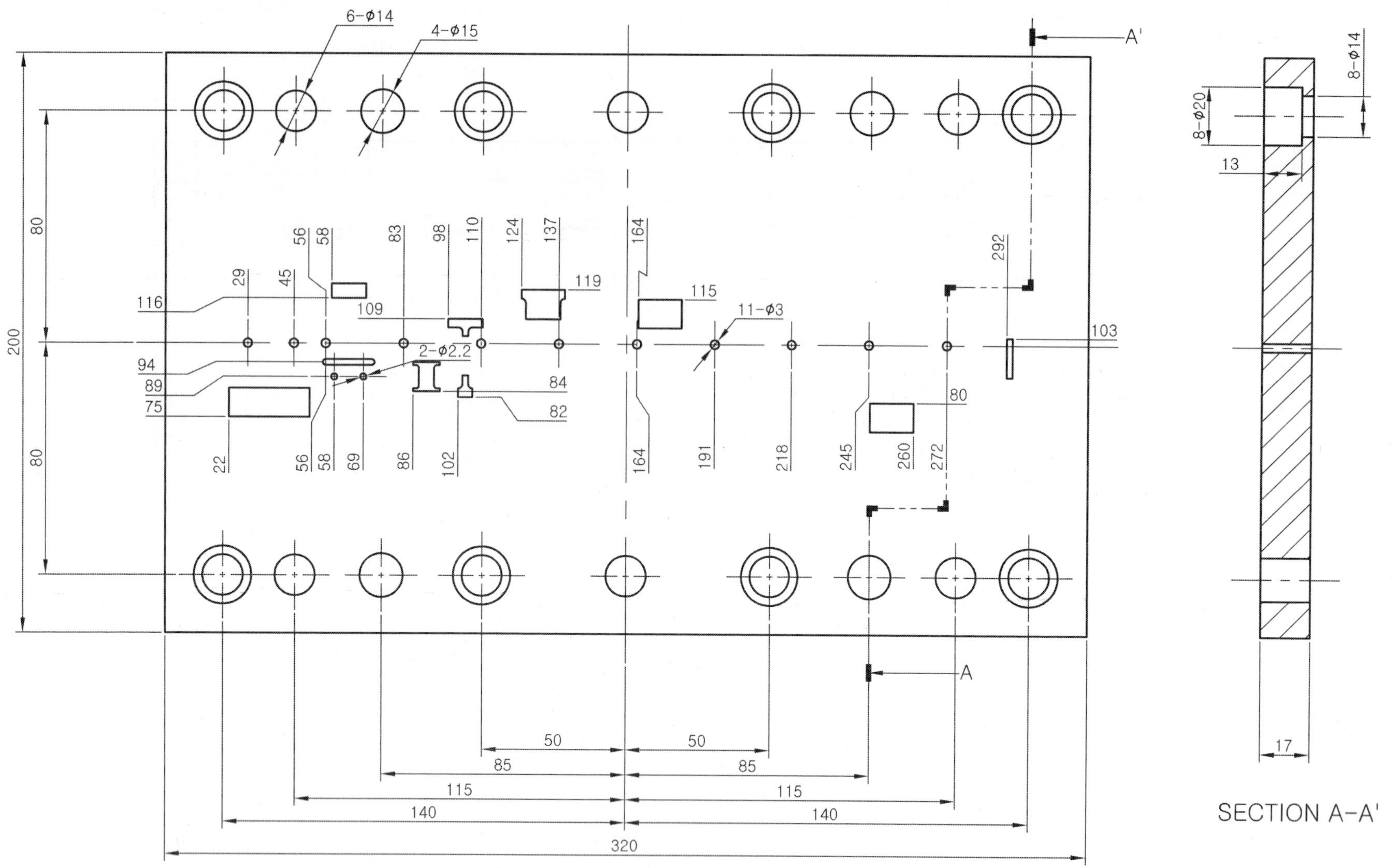

부품명	압축판	척 도	NS

⑤ 스트리퍼 x/▽ (y/▽)

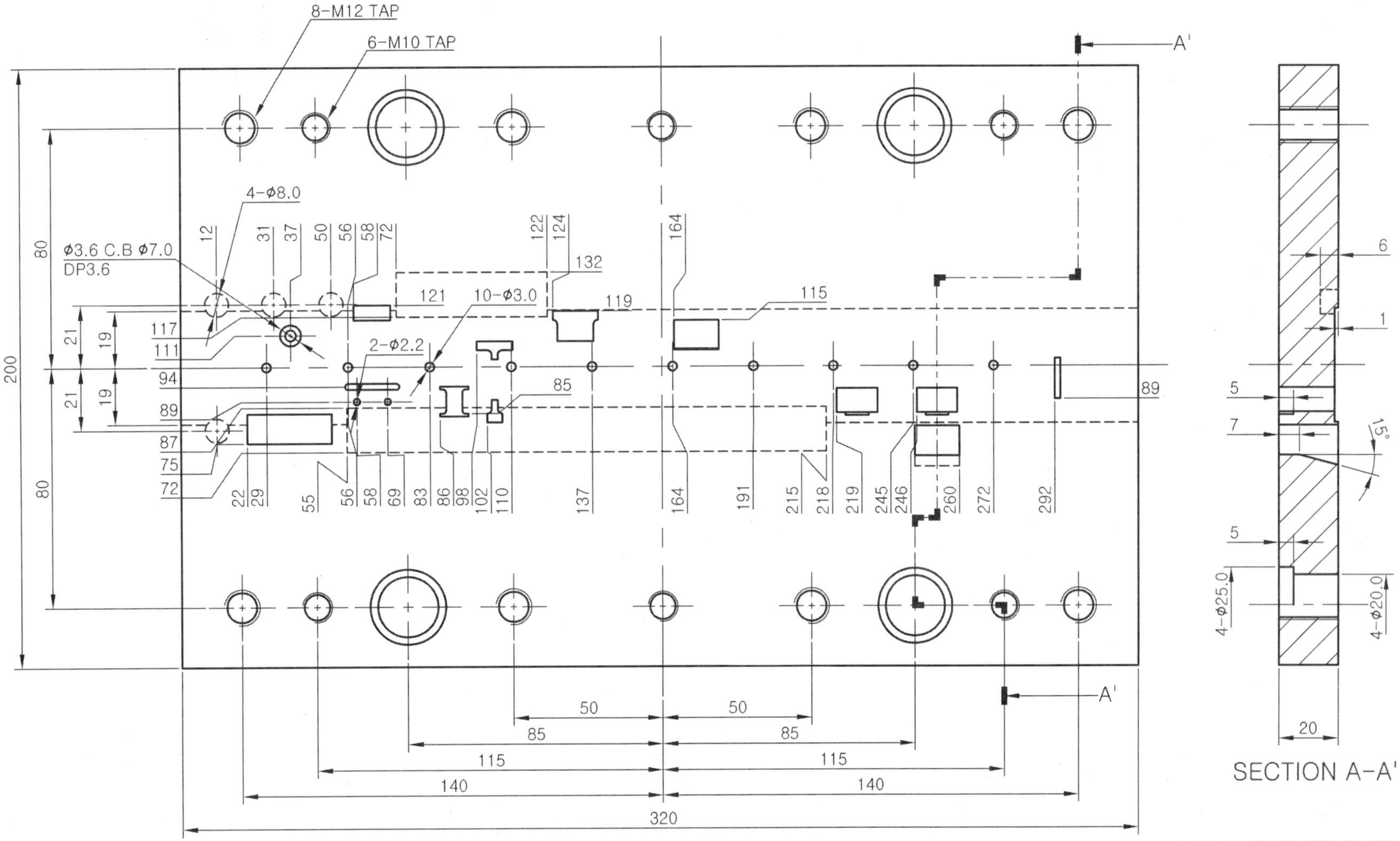

부품명	스트리퍼	척 도	NS

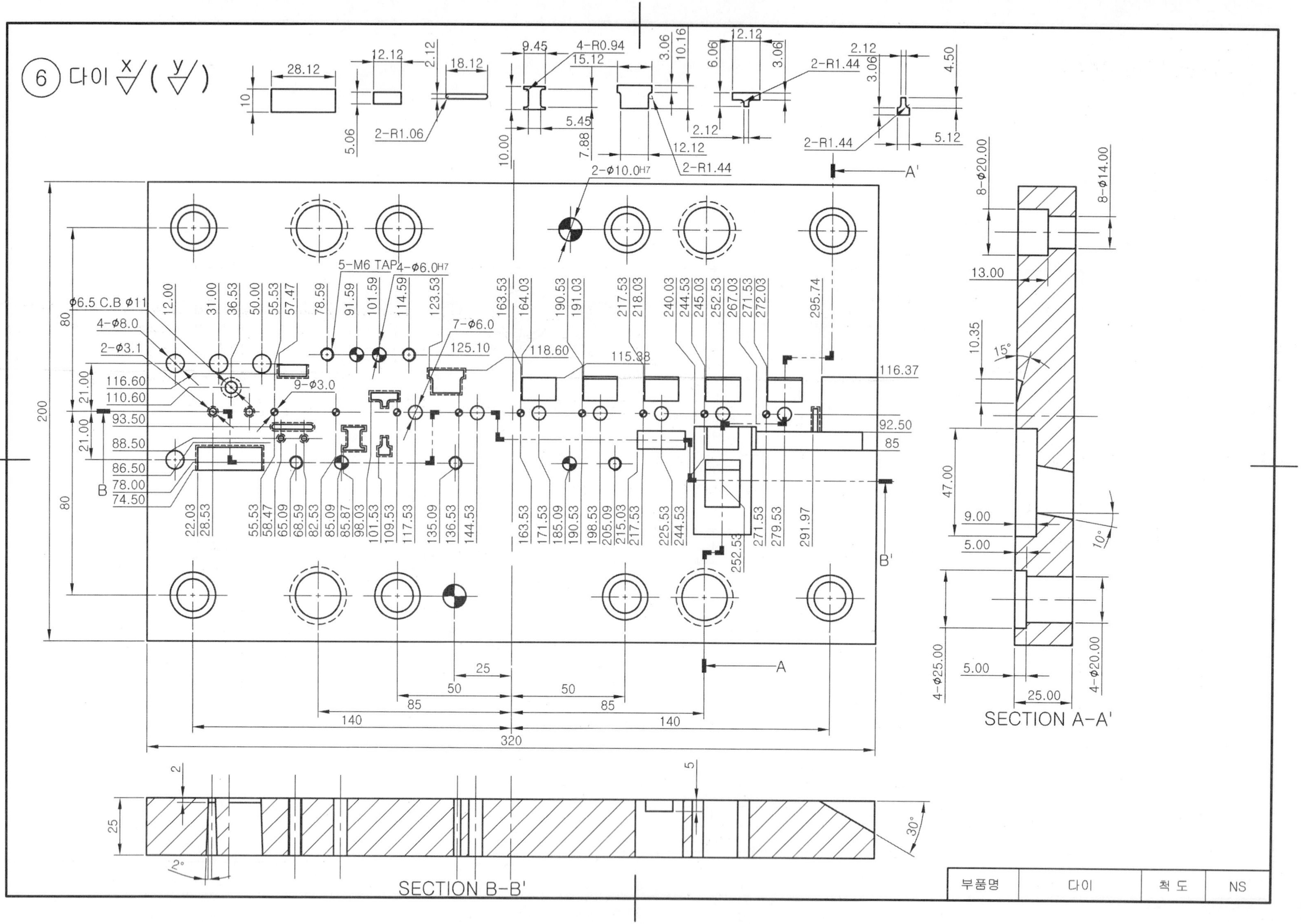
⑥ 다이 x/ (y/)
2-Φ10.0H7
5-M6 TAP
4-Φ6.0H7
7-Φ6.0
9-Φ3.0
Φ6.5 C.B Φ11
4-Φ8.0
2-Φ3.1
4-R0.94
2-R1.06
2-R1.44
8-Φ20.00
8-Φ14.00
4-Φ25.00
4-Φ20.00
SECTION A-A'
SECTION B-B'
부품명
다이
척 도
NS

⑦ 다이받침판 $\overset{x}{\nabla}$ ($\overset{y}{\nabla}$)

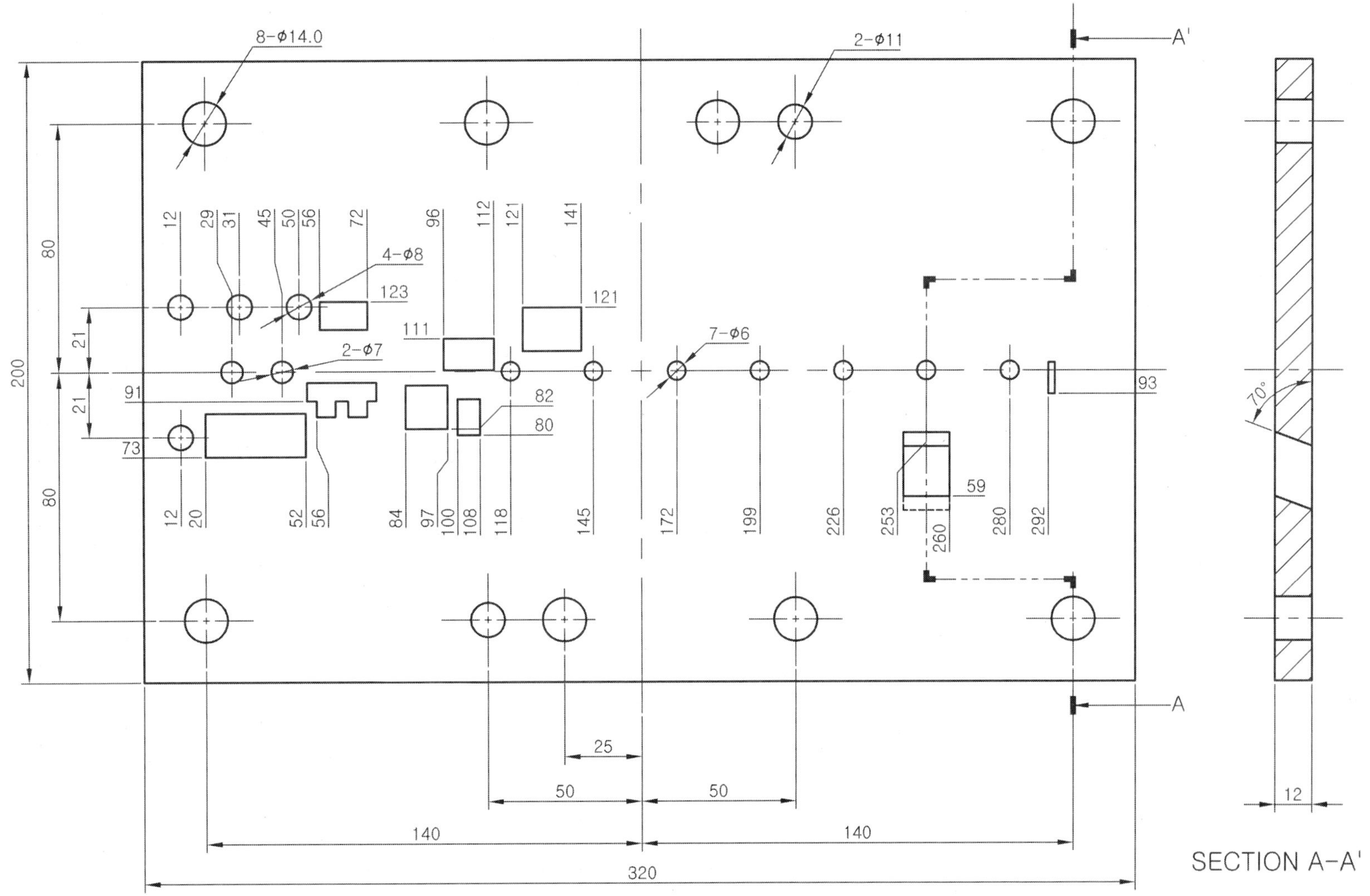

부품명	다이받침판	척 도	NS

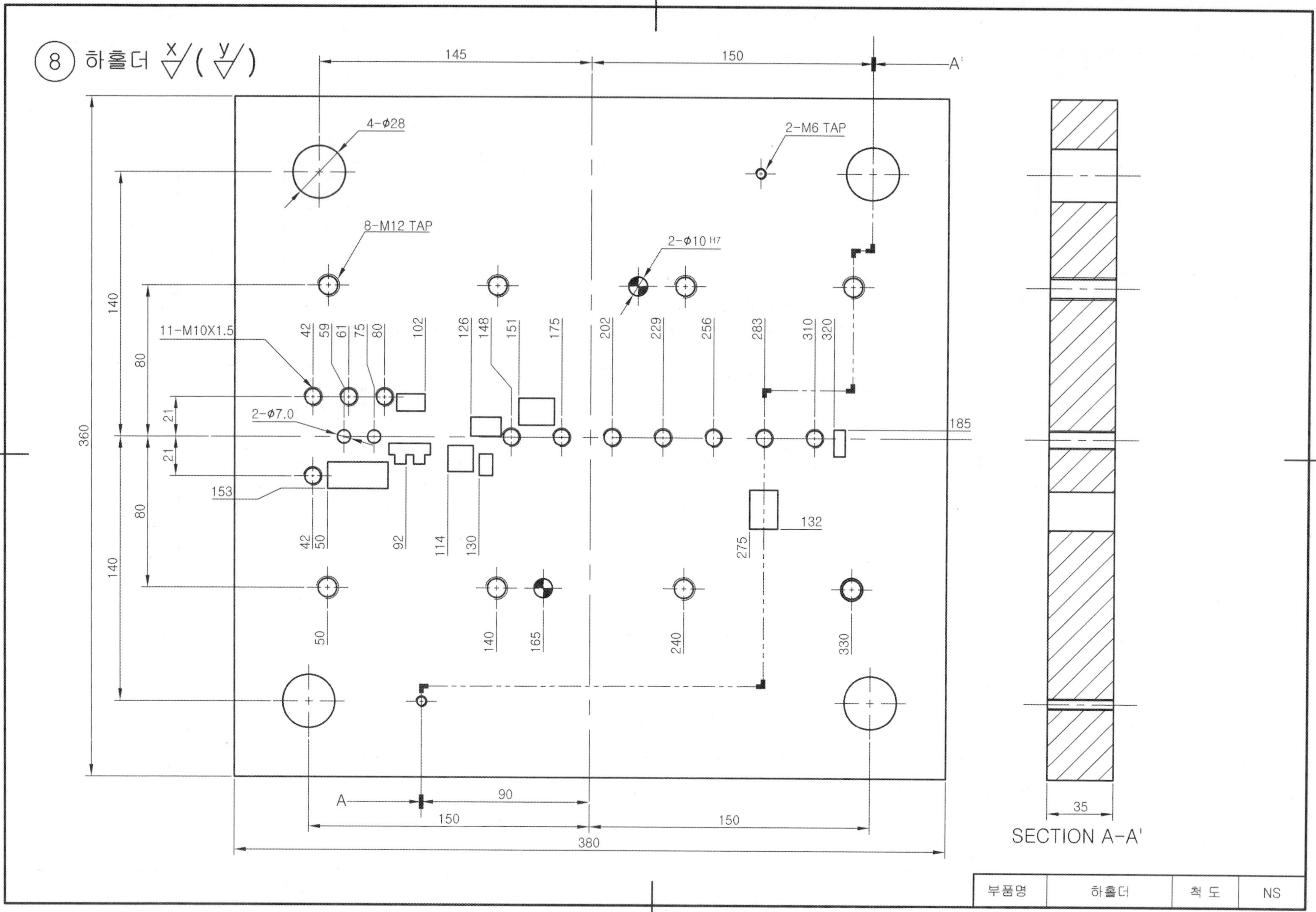
⑧ 하홀더 x/ (y/)
145
150
A'
4-ϕ28
2-M6 TAP
8-M12 TAP
2-ϕ10 H7
11-M10X1.5
2-ϕ7.0
153
132
185
42 59 61 75 80 102 126 148 151 175 202 229 256 283 310 320
42 50 92 114 130 275
50 140 165 240 330
140 80 21 21 80 140
360
A
90
150
150
380
35
SECTION A-A'
부품명
하홀더
척 도
NS

⑨ 피어싱펀치 x/▽ (y/▽)

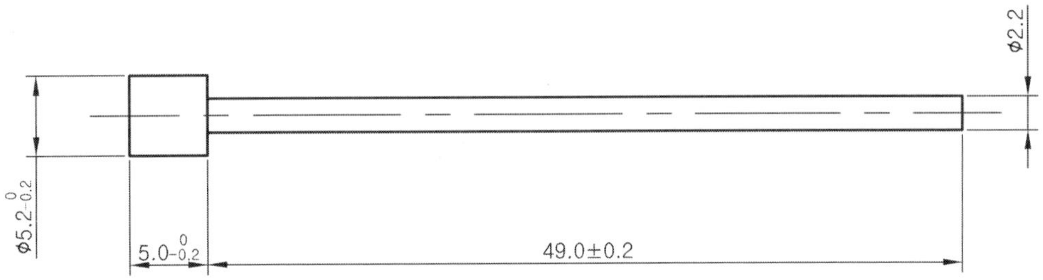

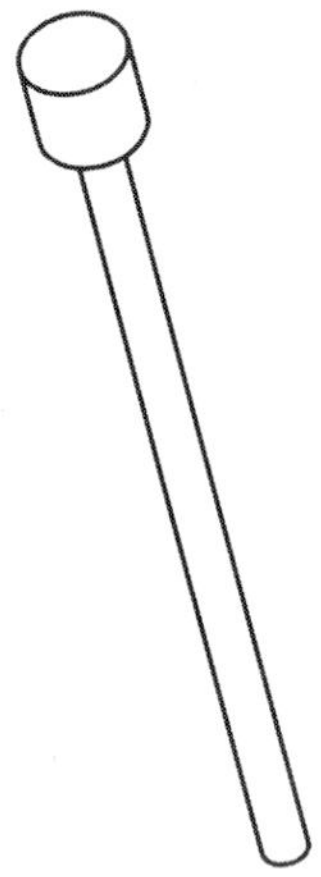

부품명	피어싱펀치	척 도	NS

⑩ 피어싱펀치 $\overset{x}{\nabla}$ ($\overset{y}{\nabla}$)

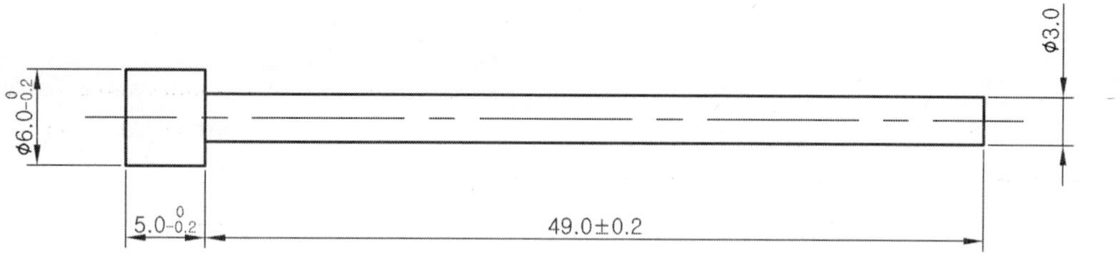

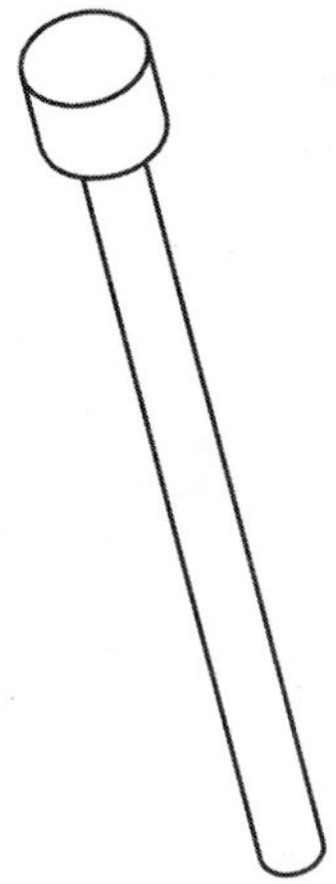

부품명	피어싱펀치	척 도	NS

⑪ 파일럿핀 x/(y/)

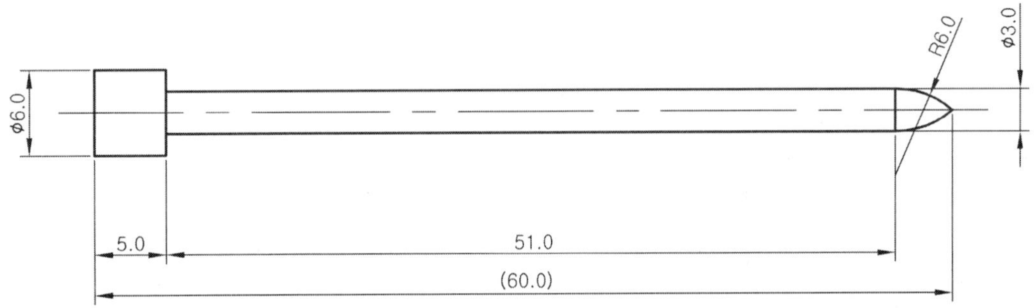

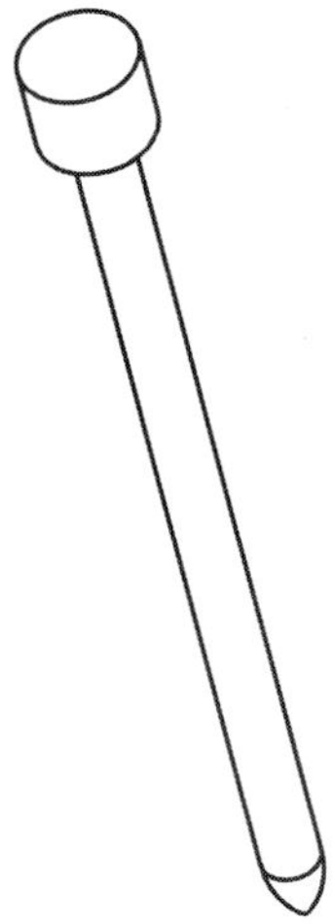

부품명	파일럿핀	척 도	NS

(14) 사이드컷펀치 $\overset{x}{\nabla}$ ($\overset{y}{\nabla}$)

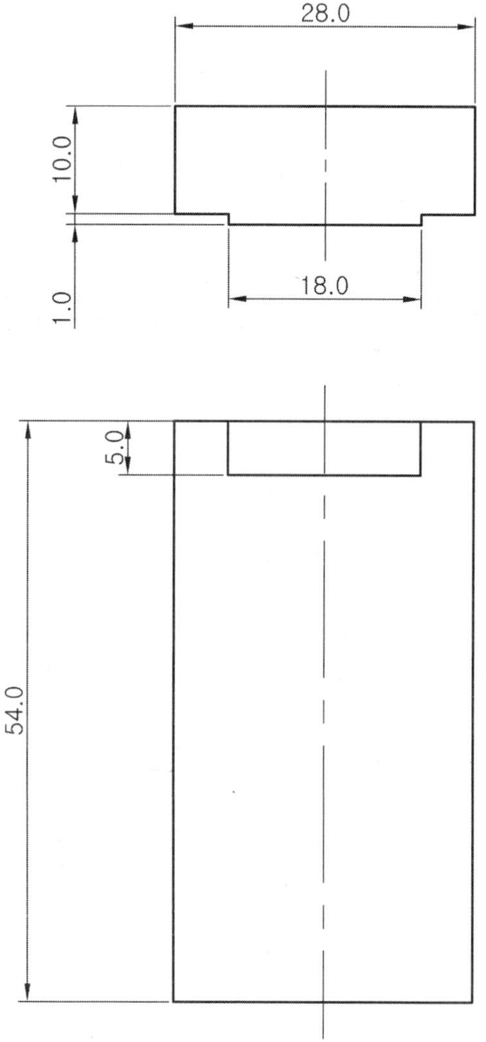

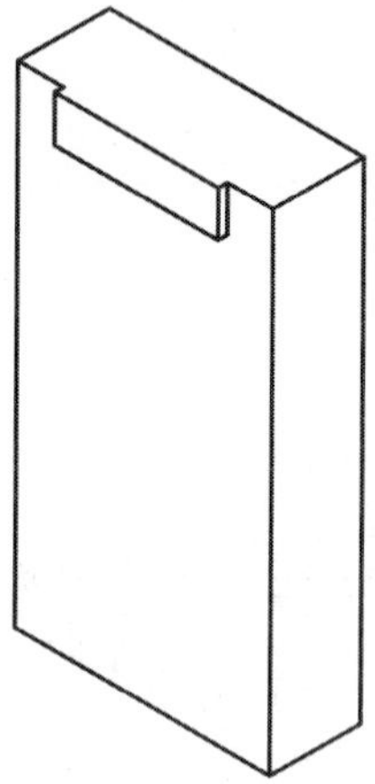

부품명	사이드컷펀치	척 도	NS

⑮ 노칭펀치 $\overset{x}{\triangledown}$/($\overset{y}{\triangledown}$/)

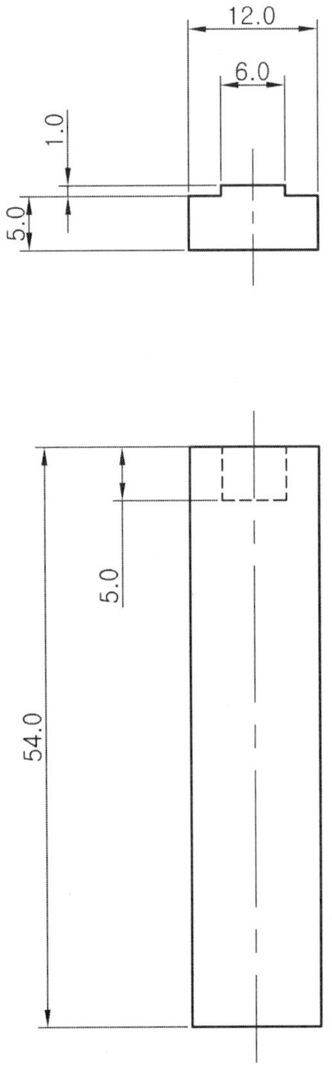

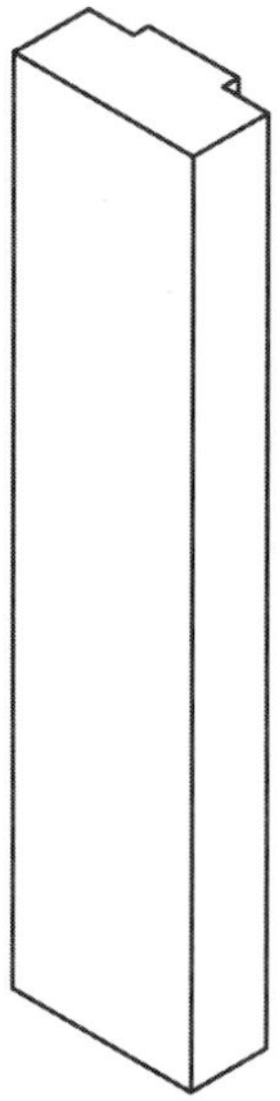

부품명	노칭펀치	척 도	NS

⑯ 이형피어싱펀치 $\overset{x}{\bigtriangledown}$ ($\overset{y}{\bigtriangledown}$)

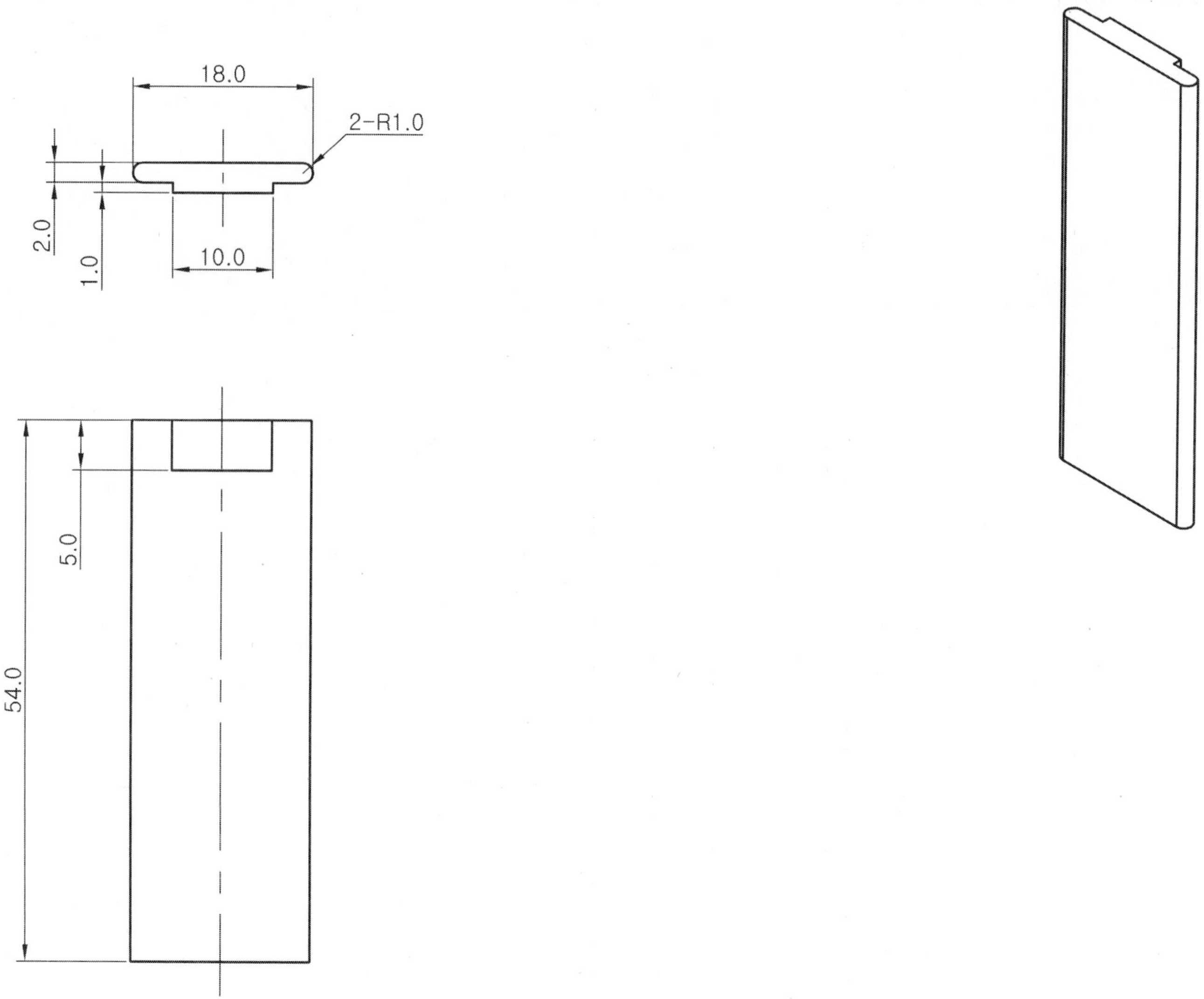

부품명	이형피어싱펀치	척 도	NS

⑰ 노칭펀치 $\overset{x}{\bigtriangledown}$/($\overset{y}{\bigtriangledown}$/)

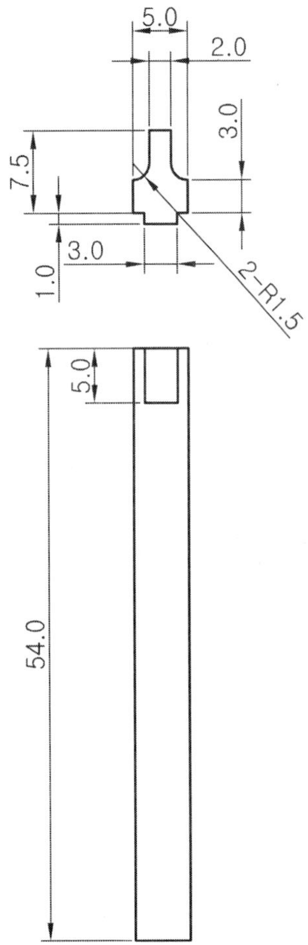

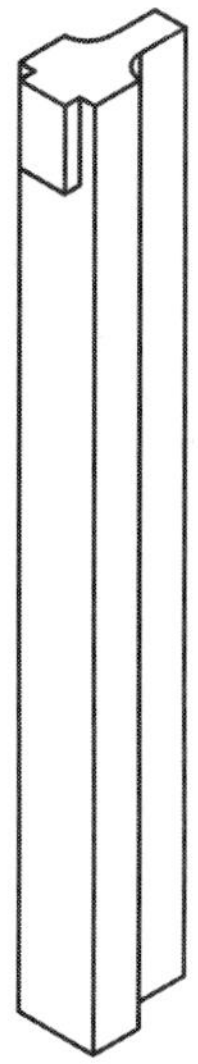

부품명	노칭펀치	척 도	NS

⑱ 이형피어싱펀치 $\overset{x}{\bigtriangledown}$ ($\overset{y}{\bigtriangledown}$)

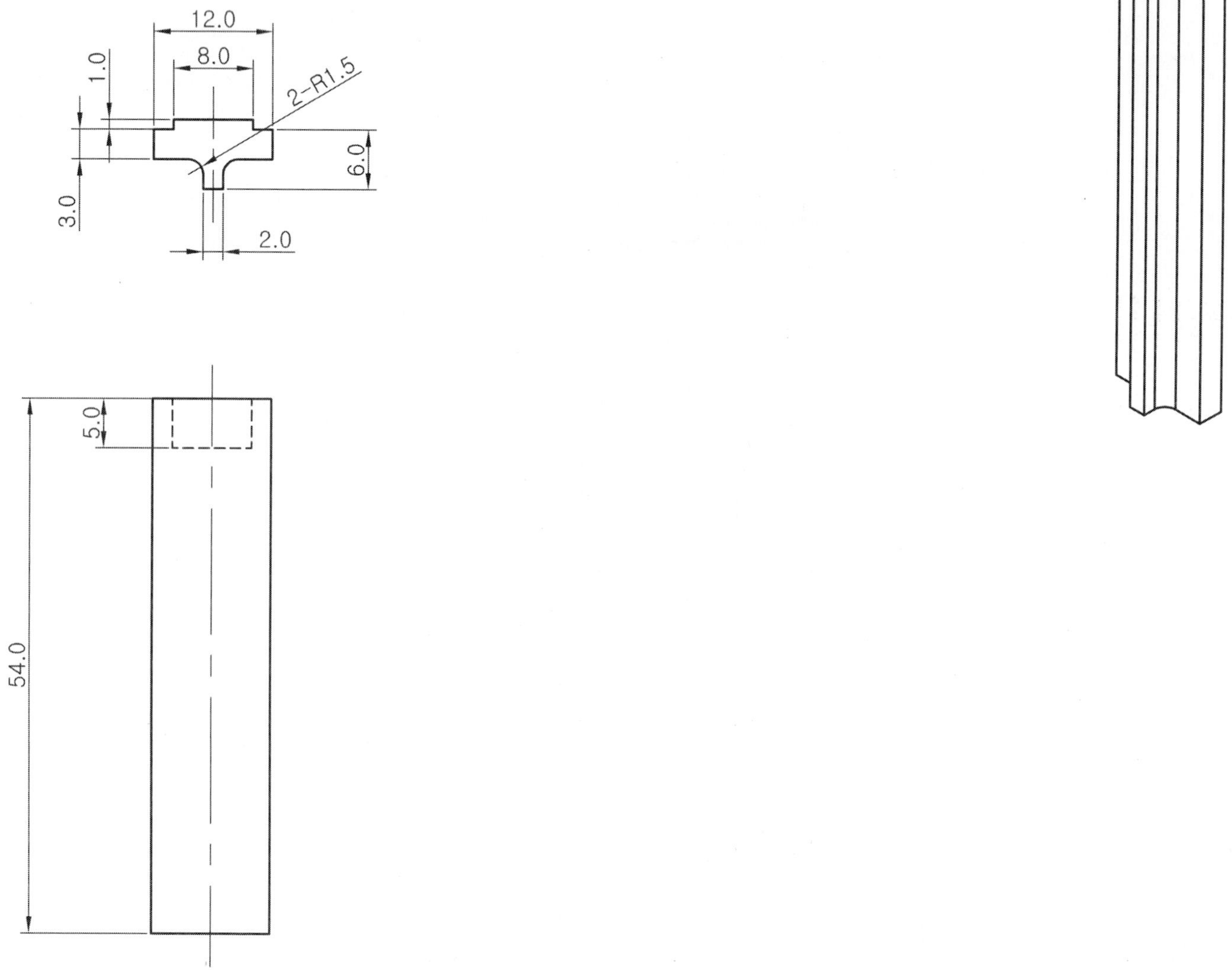

부품명	이형피어싱펀치	척 도	NS

⑲ 노칭펀치 $\overset{x}{\bigtriangledown}$ ($\overset{y}{\bigtriangledown}$)

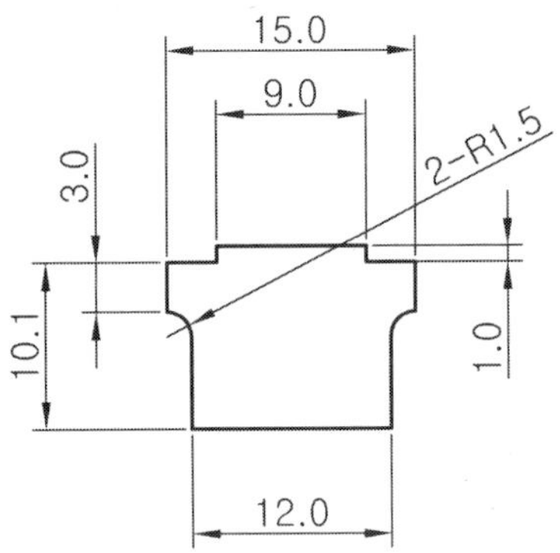

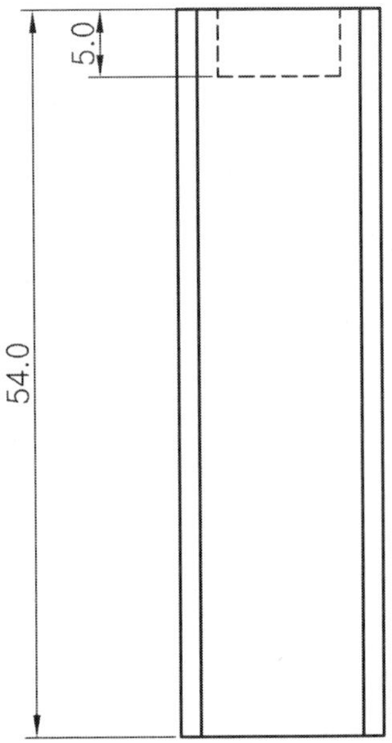

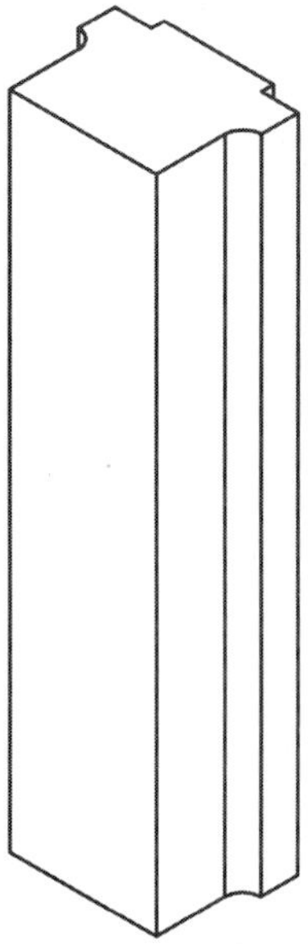

부품명	노칭펀치	척 도	NS

⑳ 벤딩펀치 $\overset{x}{\nabla}$/ ($\overset{y}{\nabla}$/)

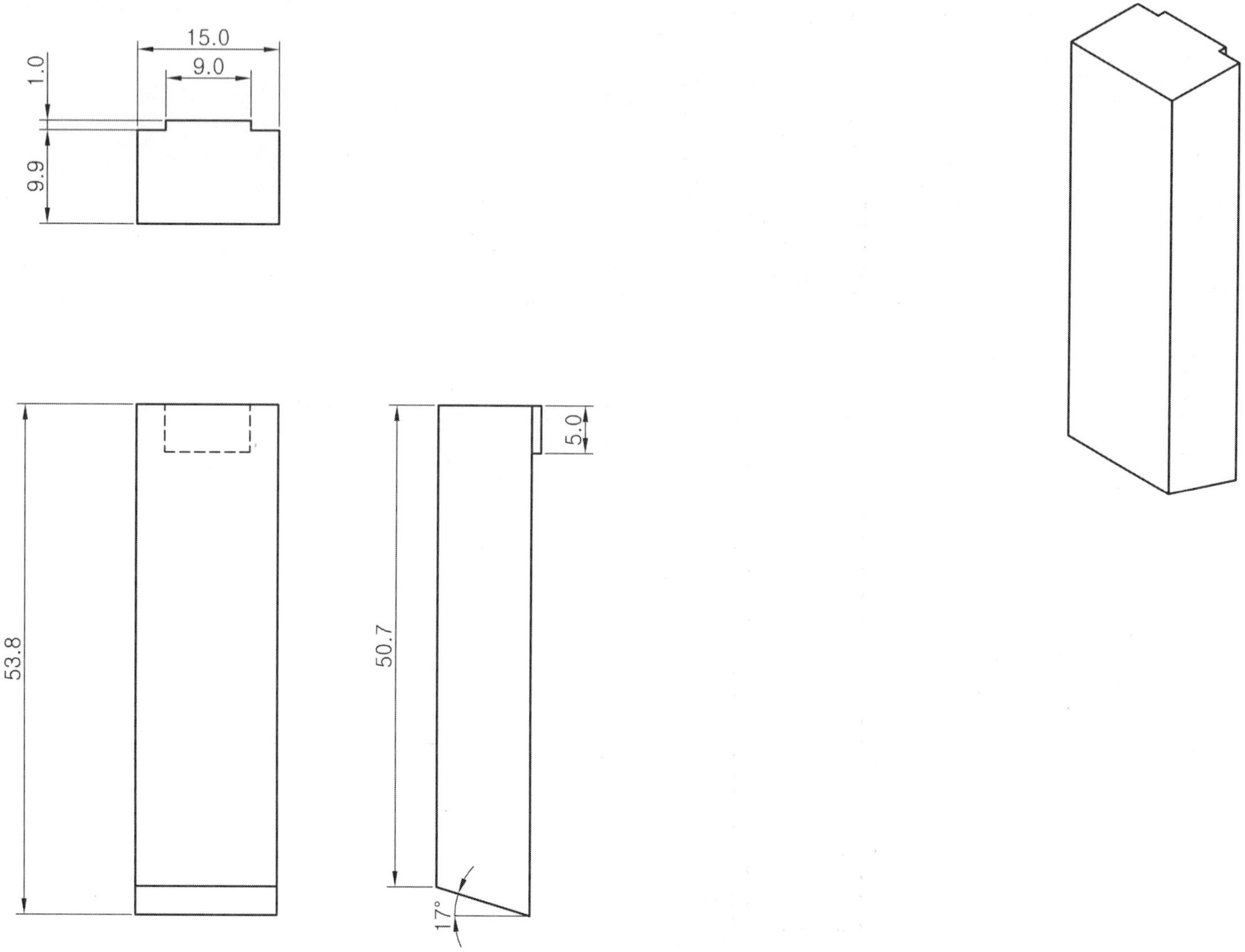

부품명	벤딩펀치	척 도	NS

㉑ 벤딩다이편 $\overset{x}{\bigtriangledown}$ ($\overset{y}{\bigtriangledown}$)

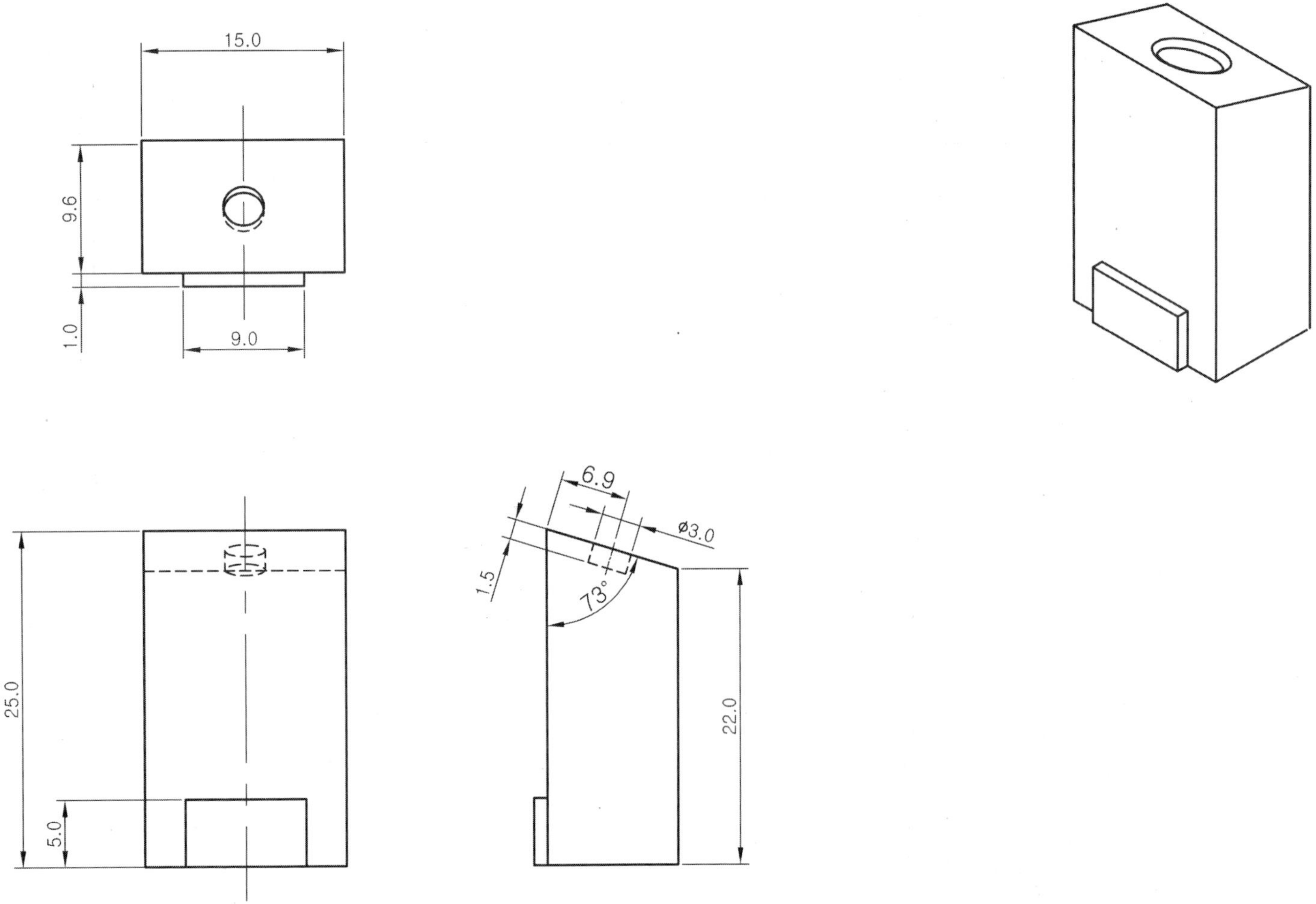

부품명	벤딩다이편	척 도	NS

㉒ 파팅펀치 $\overset{x}{\nabla}\!/$ ($\overset{y}{\nabla}\!/$)

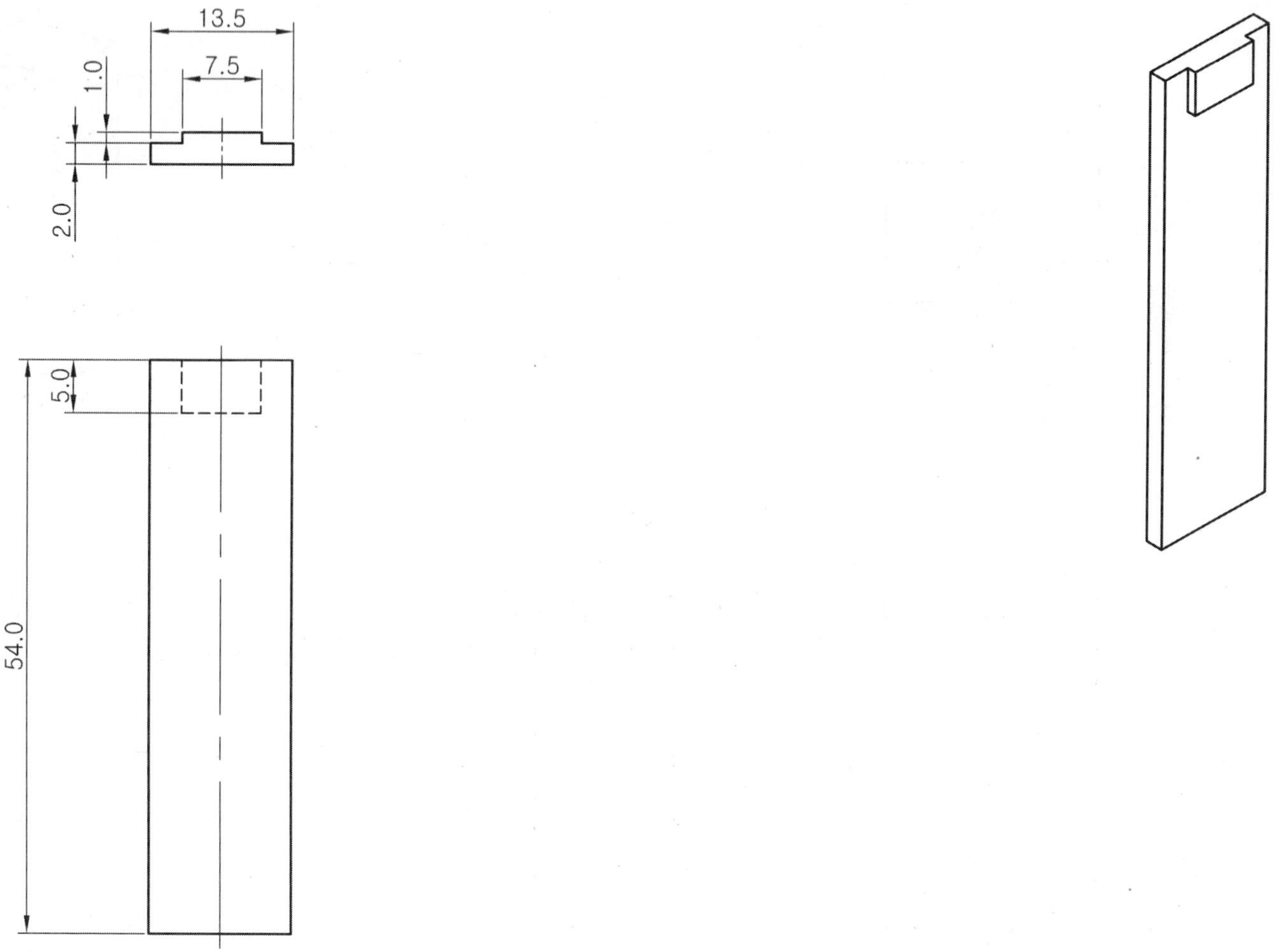

부품명	파팅펀치	척 도	NS

㉓ 벤딩펀치 $\overset{x}{\bigtriangledown}$/($\overset{y}{\bigtriangledown}$/)

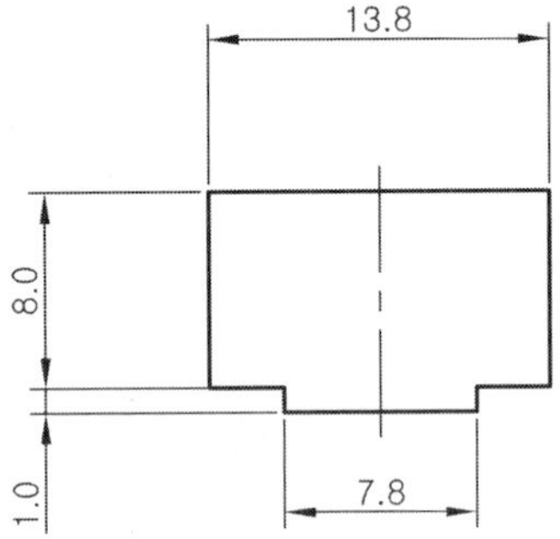

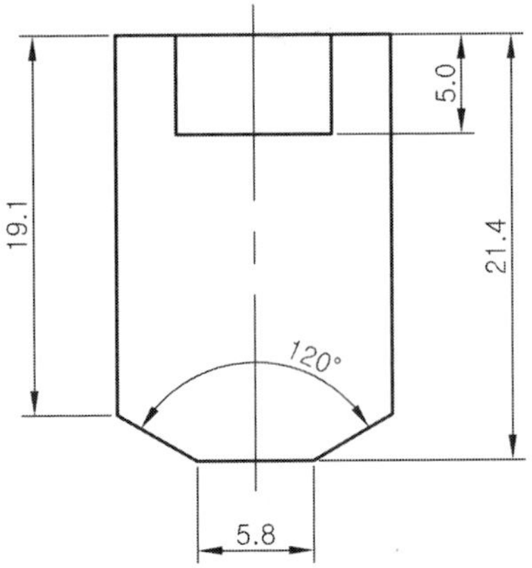

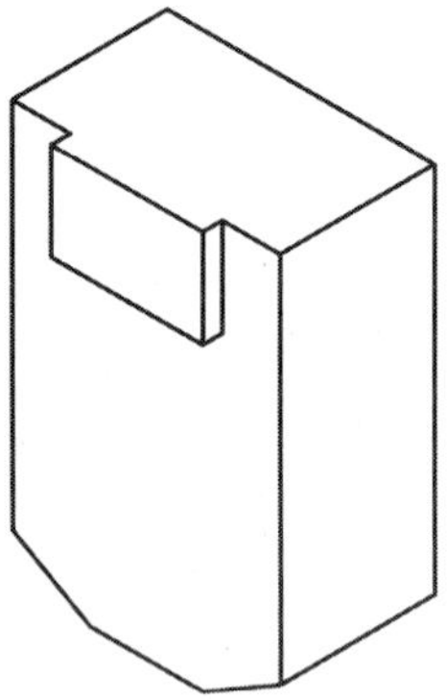

부품명	벤딩펀치	척 도	NS

(24) 벤딩다이편 $\overset{x}{\bigtriangledown}$/ ($\overset{y}{\bigtriangledown}$/)

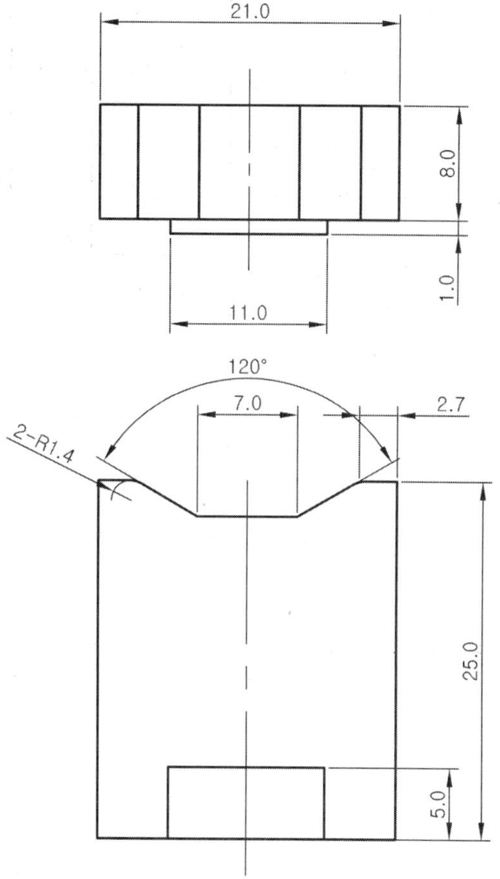

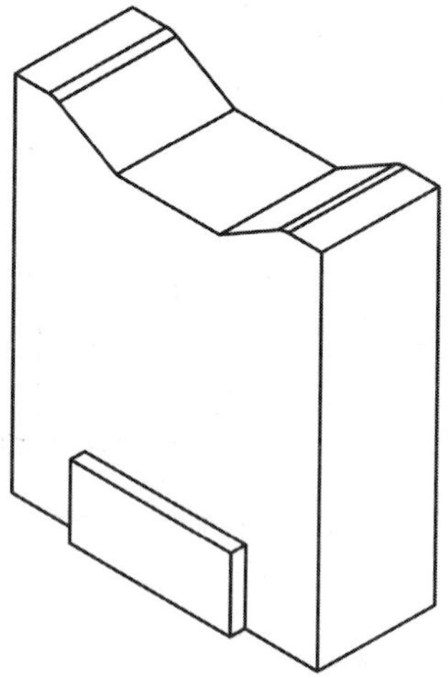

부품명	벤딩다이편	척 도	NS

㉕ 벤딩다이편 $\stackrel{x}{\nabla}$ ($\stackrel{y}{\nabla}$)

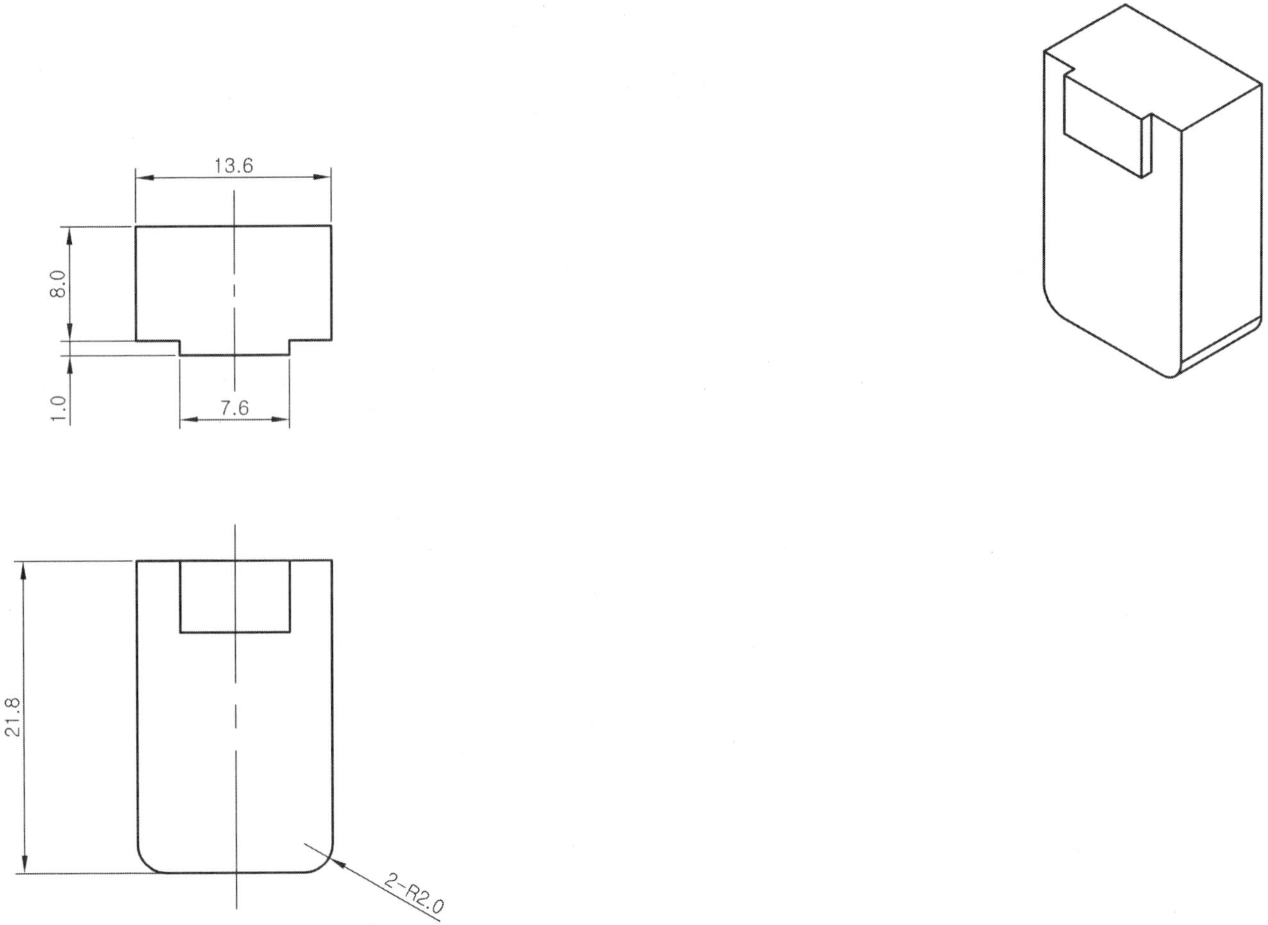

부품명	벤딩펀치	척 도	NS

㉖ 포밍펀치 $\overset{x}{\bigtriangledown}$ ($\overset{y}{\bigtriangledown}$)

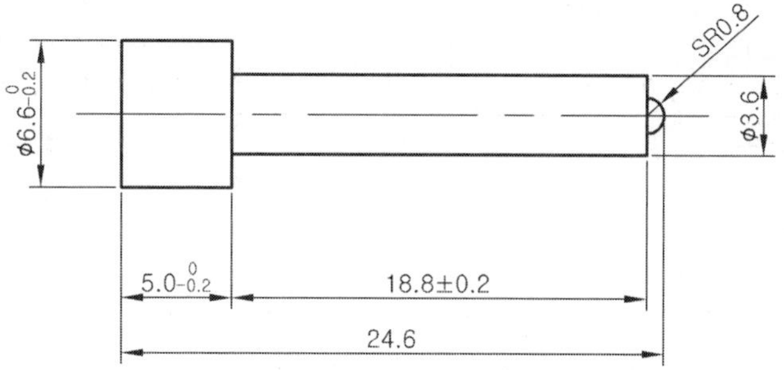

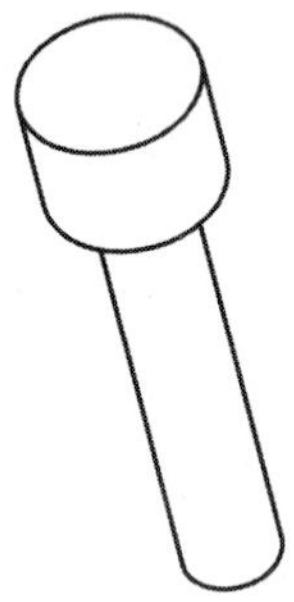

부품명	포밍펀치	척 도	NS

(27) 포밍다이편 $\overset{x}{\nabla}$ ($\overset{y}{\nabla}$)

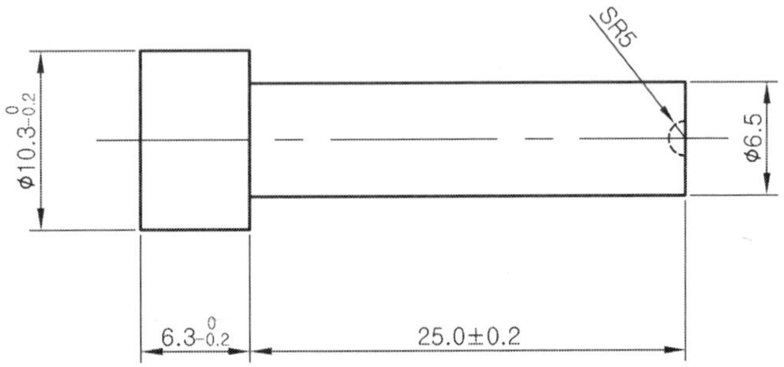

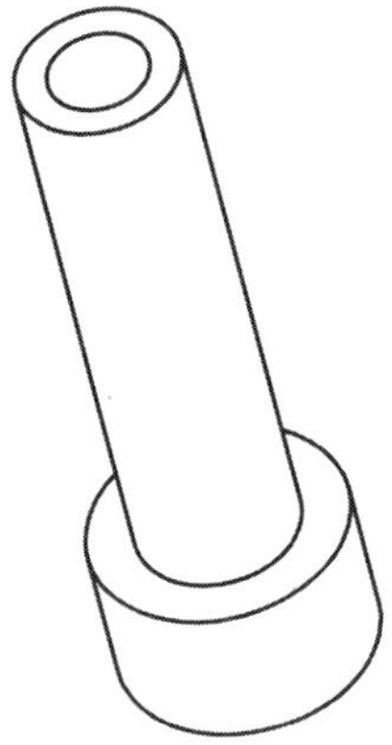

부품명	포밍다이편	척 도	NS

(28) 캠다이 $\overset{x}{\bigtriangledown}$ ($\overset{y}{\bigtriangledown}$)

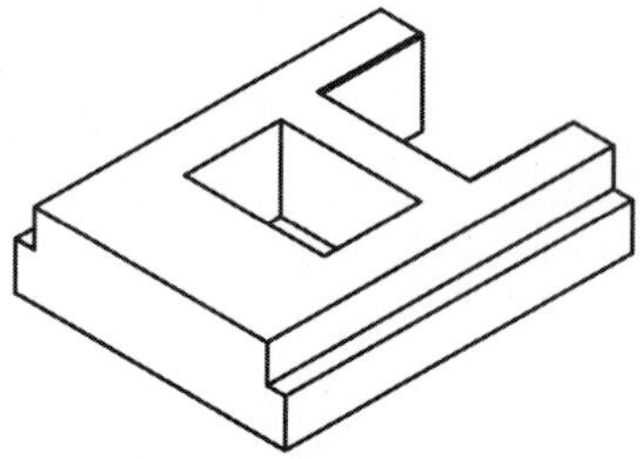

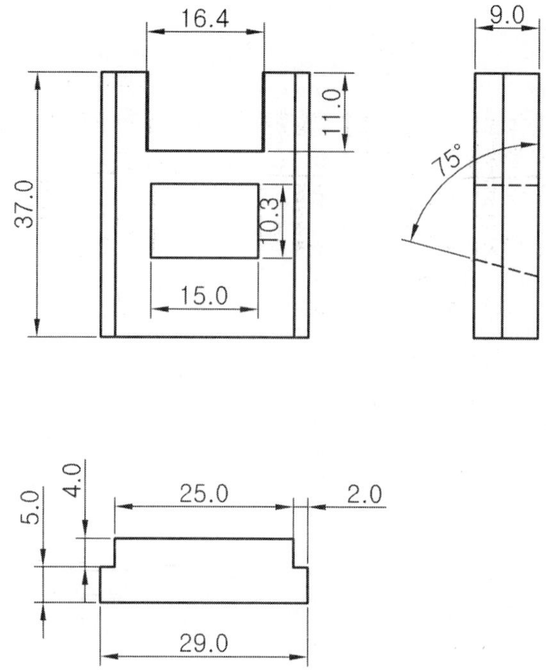

부품명	캠다이	척 도	NS

㉙ 도그레그캠 $\overset{x}{\nabla}$ ($\overset{y}{\nabla}$)

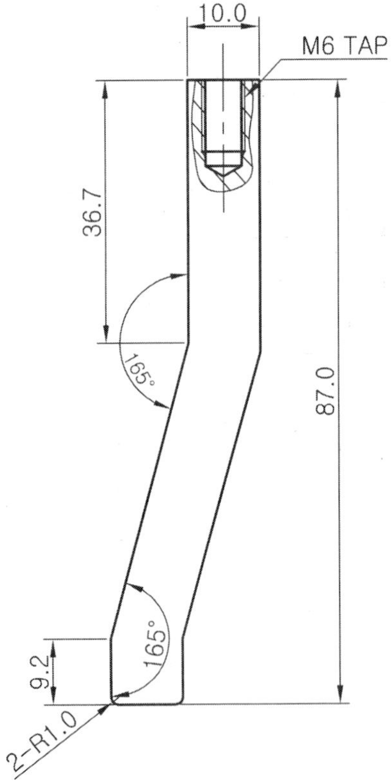

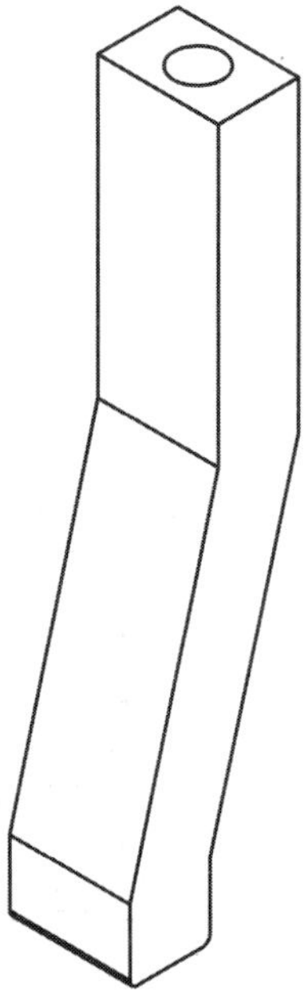

부품명	도그레그캠	척 도	NS

㉚ 가이드리프터핀 $\overset{x}{\bigtriangledown}$/ ($\overset{y}{\bigtriangledown}$/)

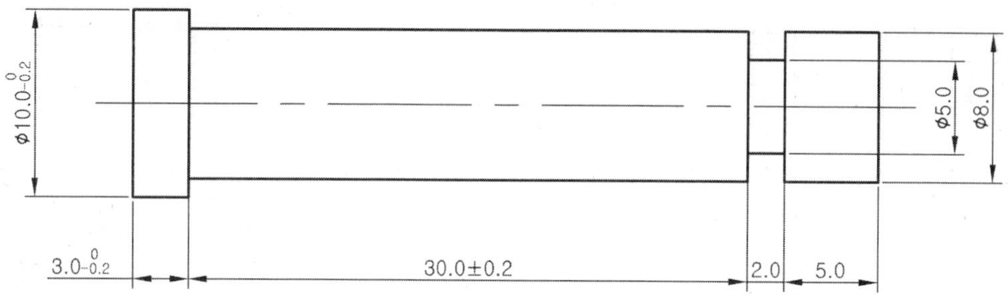

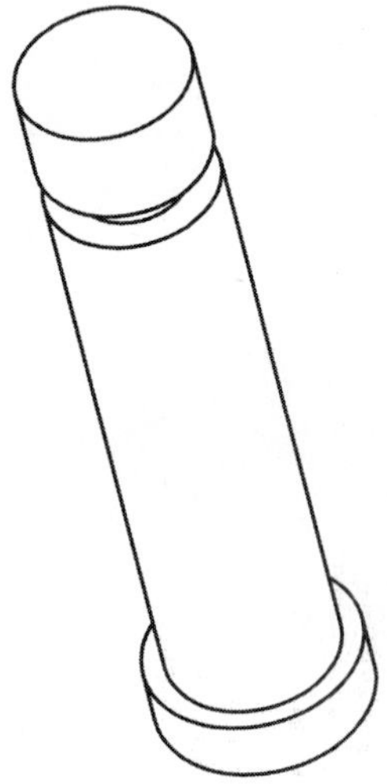

부품명	가이드리프터핀	척 도	NS

㉝ 밀핀 $\overset{x}{\bigtriangledown}$($\overset{y}{\bigtriangledown}$)

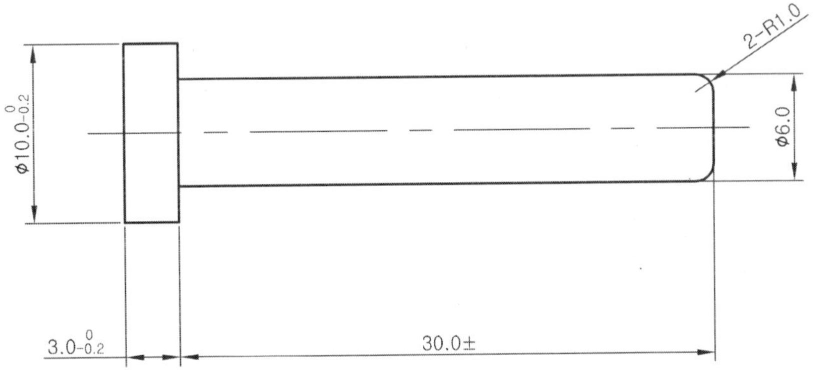

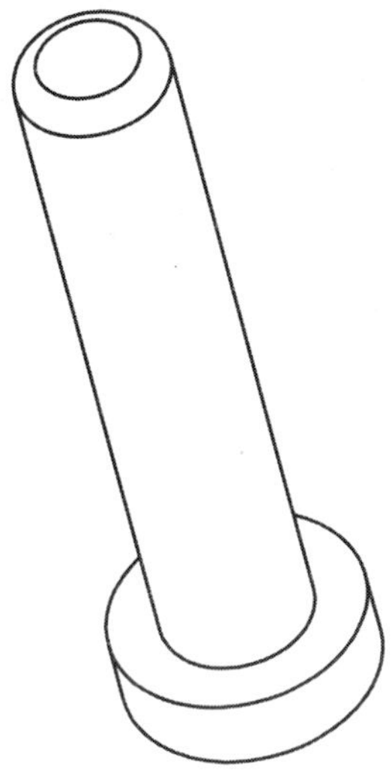

부품명	밀핀	척 도	NS

3.4 Progressive-die(Terminal)

요구사항

1) 제품도 및 3차원 Solid model을 이용하여 설계한다.
2) 판재 정보 : 두께 1.0 mm, 황동판
3) 금형 타입 : 프로그레시브 다이
4) 다이 셋트 : 다이 셋트의 규격은 설계자가 임의로 정하여 설계할 것.
5) 소재 이송 : 소재 이송은 우측에서 좌측으로 롤 피더를 사용하여 자동 이송하고 사이드 컷 공정은 필히 사용할 것.
6) 클리어런스 : 클리어런스는 재료 두께의 8%(편측)를 적용하여 설계할 것.
7) Lay-out
   7-1) Strip Lay-Out 배열은 1열 1개 생산 가능토록 할 것.
   7-2) Strip Lay-Out을 설계하고 제품전개치수, 피치, 재료폭, 버링 기초구멍 등을 표기할 것.
   7-3) 작업 공정별 명칭을 필히 기입하고 재료 이용률을 최적화 할 것.
8) 파일럿 방식 : 파일럿 방식은 직접 또는 간접 파일럿 방식으로 설계할 것.
9) 밀핀 유닛 : 원활한 소재 이송을 위하여 밀핀 유닛을 적용할 것.
10) 피어싱 가공 : 벤딩을 감안하여 요구치수를 만족할 것.
11) 스프링백의 방지를 위한 조치를 필히 취할 것.
12) 부품도 : 공정의 부품도는 전체 25개 이상 설계할 것.
13) 조립도 단면도 : 상형과 하형을 결합된 상태로 설계하되 상기 주요사항을 표현할 것.
14) 스트리퍼
    14-1) 스트리퍼는 가동스트리퍼 방식으로 설계할 것.
    14-2) 스트리퍼 가이드 포스트 및 부시는 주어진 규격집을 활용할 것.
15) 기타 지시하지 않은 사항들은 KS제도법에 준하여 모델링 할 것.
16) 2D도면에 표기되지 않은 치수는 3D모델 치수를 참조할 것.

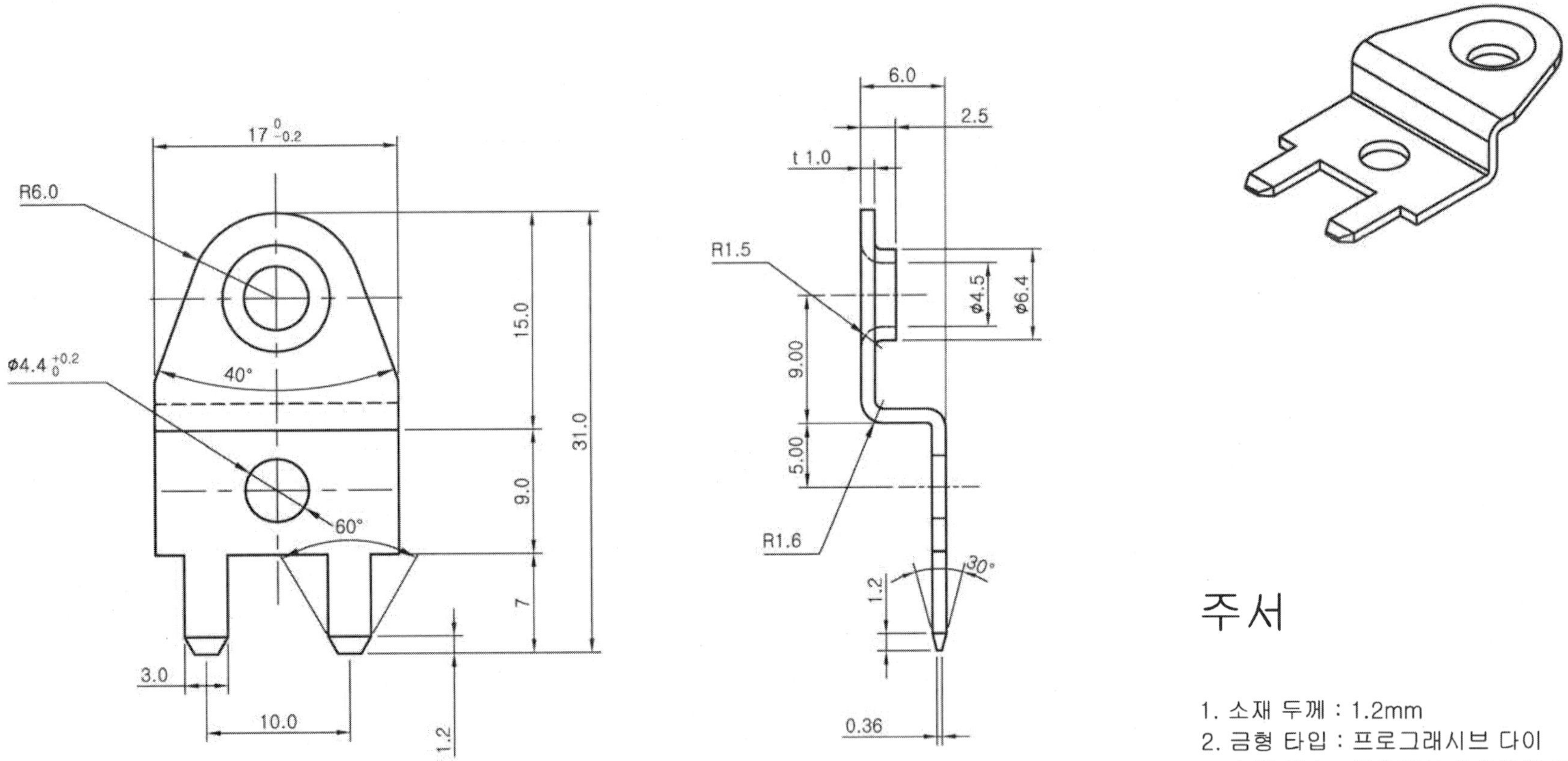

주서

1. 소재 두께 : 1.2mm
2. 금형 타입 : 프로그래시브 다이
3. 소재 이송 : 좌측에서 우측으로 롤 피더 사용
4. 클리어런스 : 재료 두께의 10%(편측)

제품명	Terminal	척 도	NS

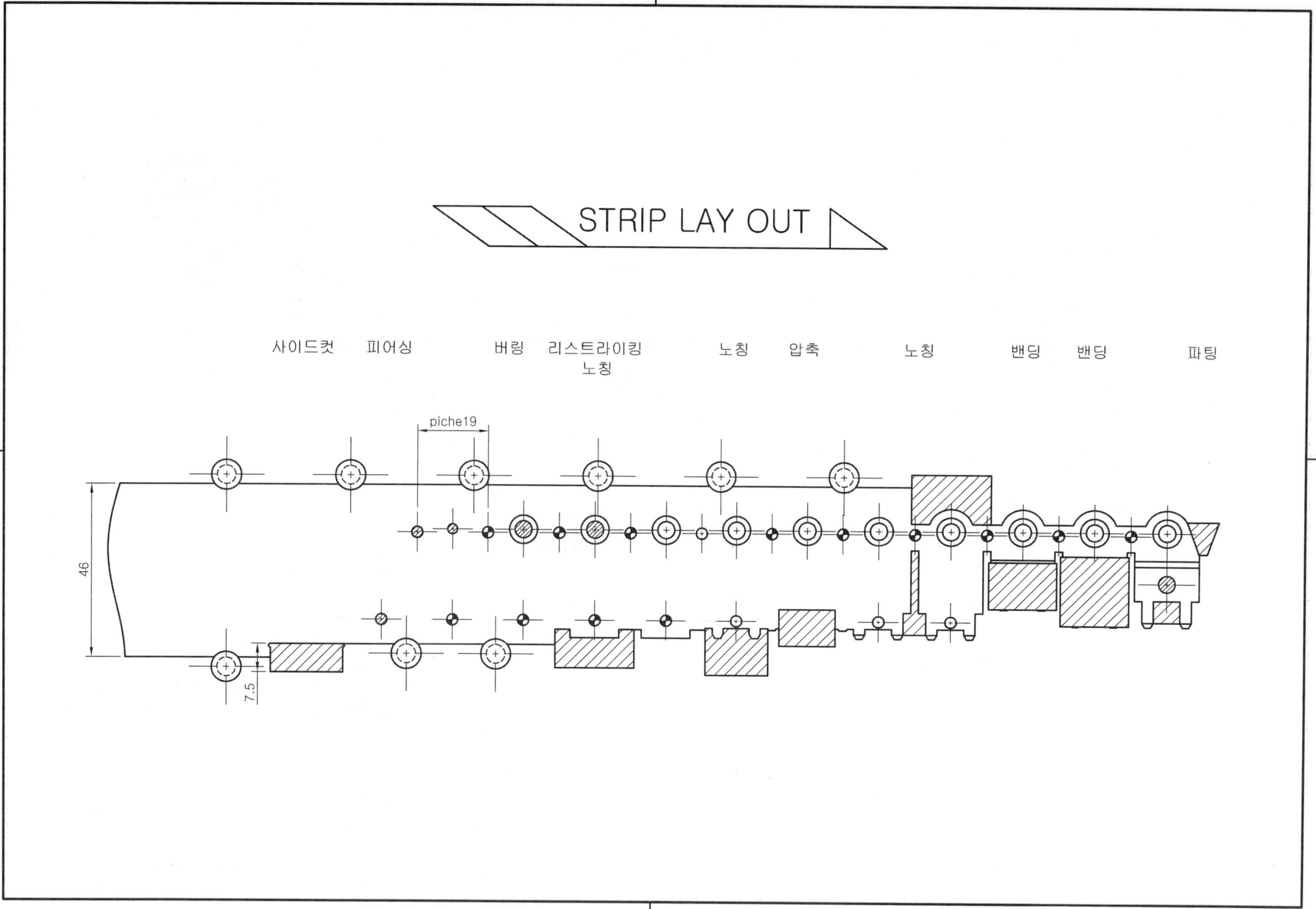
STRIP LAY OUT
사이드컷
피어싱
버링
리스트라이킹
노칭
노칭
압축
노칭
밴딩
밴딩
파팅
piche19
46
7.5

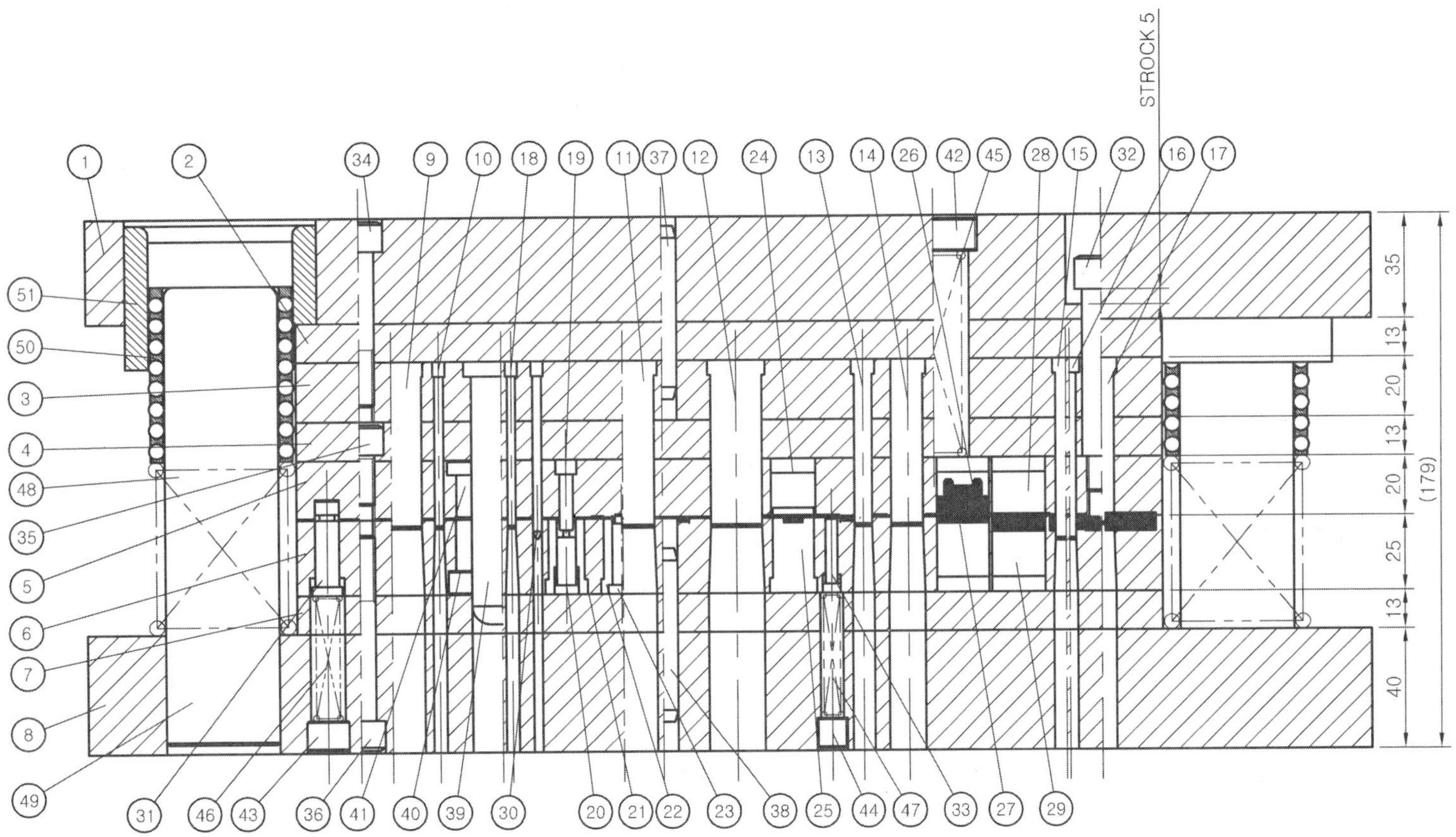

30	파일롯 핀	STD 11	14	HRC55
29	2차 밴딩 다이	STD 11	1	HRC55
28	2차 밴딩 펀치	STD 11	1	HRC55
27	1차 밴딩 다이	STD 11	1	HRC55
26	1차 밴딩 펀치	STC3	1	HRC55
25	압축 다이	STC3	1	HRC55
24	압축 펀치	STD 11	1	HRC55
23	리스트라이킹 심봉	STD 11	1	HRC55
22	리스트라이킹 다이	STD 11	1	HRC55
21	버링 다이	STD 11	1	HRC55
20	버링 심봉	STD 11	1	HRC55
19	버링 펀치	STD 11	1	HRC55
18	애벌 펀치	STD 11	1	HRC55
17	파팅 펀치	STD 11	1	HRC55
16	피어싱 펀치	STD 11	1	HRC55
15	노칭 펀치	STD 11	1	HRC55
14	노칭 펀치	STD 11	1	HRC55
13	노칭 펀치	STD 11	1	HRC55
12	노칭 펀치	STD 11	1	HRC55
11	노칭 펀치	STD 11	1	HRC55
10	피어싱 펀치	STD 11	2	HRC55
9	사이드 컷 펀치	STD 11	1	HRC55
8	하 홀더	SM 45C	1	
7	다이 받침판	STD 11	1	HRC60
6	다이	STD 11	1	
5	스트리퍼	STD 11	1	
4	압축판	STD 11	1	HRC60
3	펀치 고정판	STD 11	1	
2	펀치 받침판	STD 11	1	HRC60
1	상 홀더	SM 45C	1	
품번	품 명	재 질	수 량	비 고

Progressive-die (terminal)	척 도	N.S
	각 법	3각법

① 상 홀더 $\overset{x}{\nabla}/(\overset{y}{\nabla})$

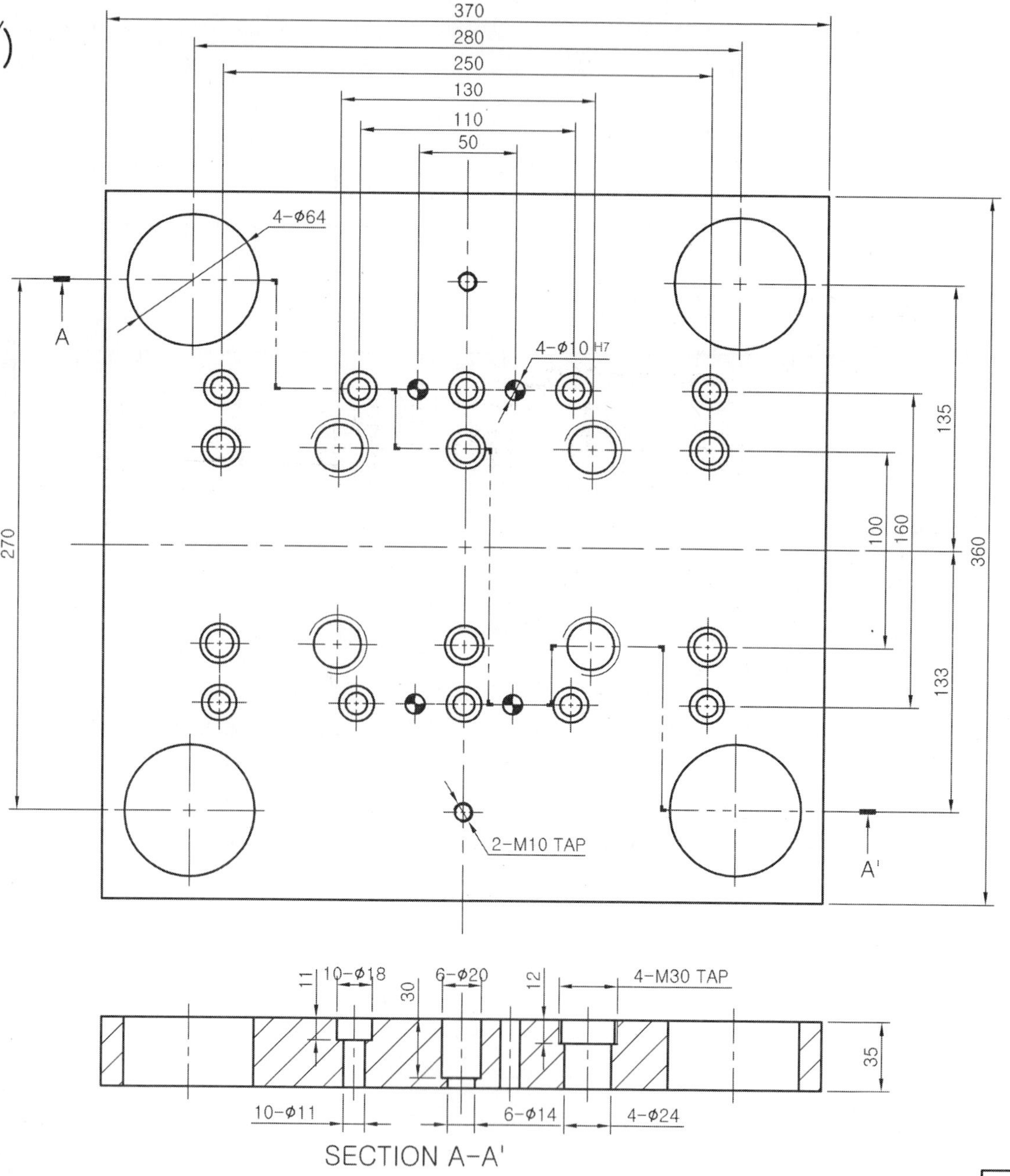

부품명	상 홀더	척 도	NS

② 편치 받침판 $\overset{x}{\bigtriangledown}$/($\overset{y}{\bigtriangledown}$/)

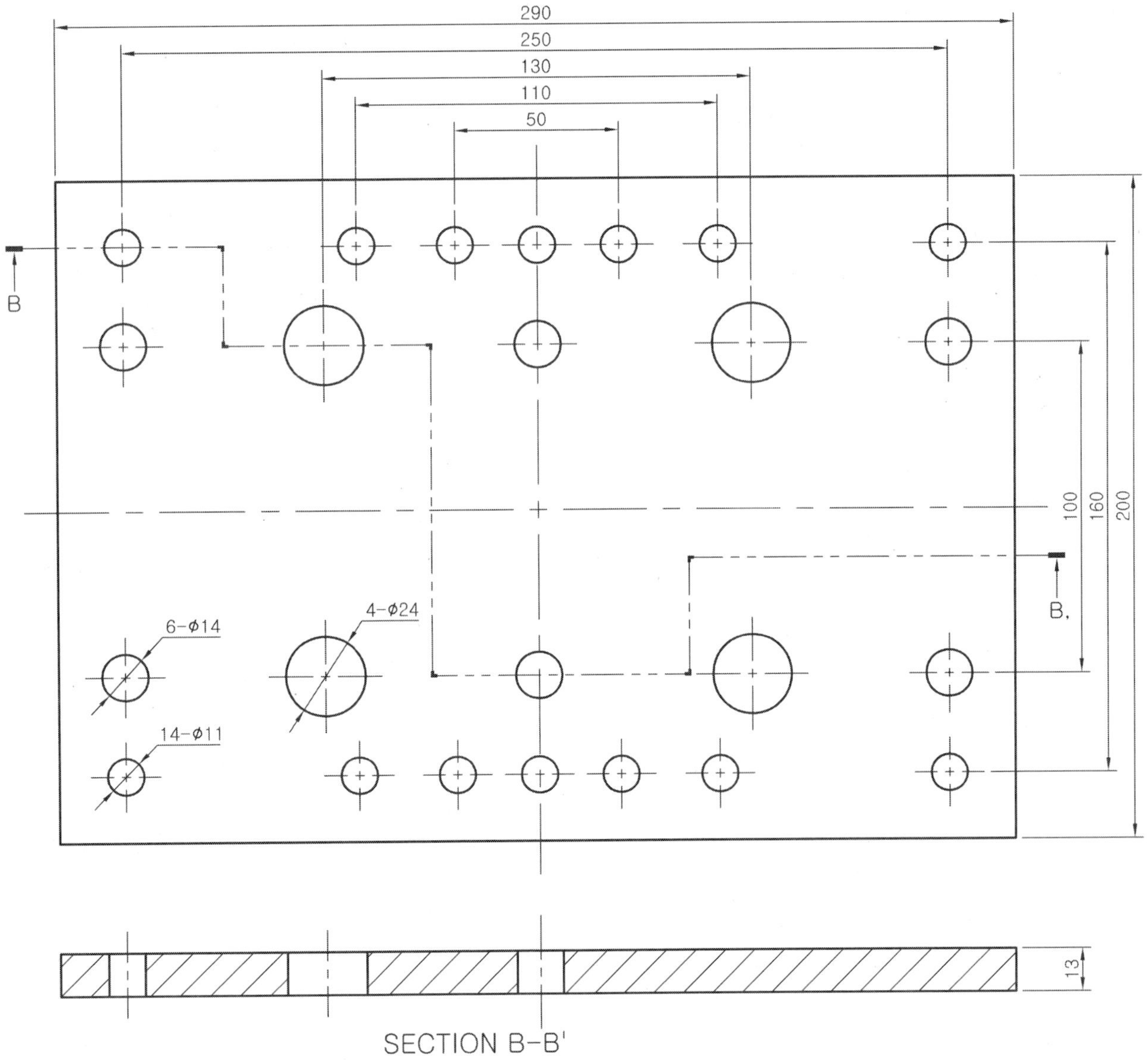

부품명	펀치 받침판	척 도	NS

③ 펀치 고정판 $\overset{x}{\bigtriangledown}$/($\overset{y}{\bigtriangledown}$)

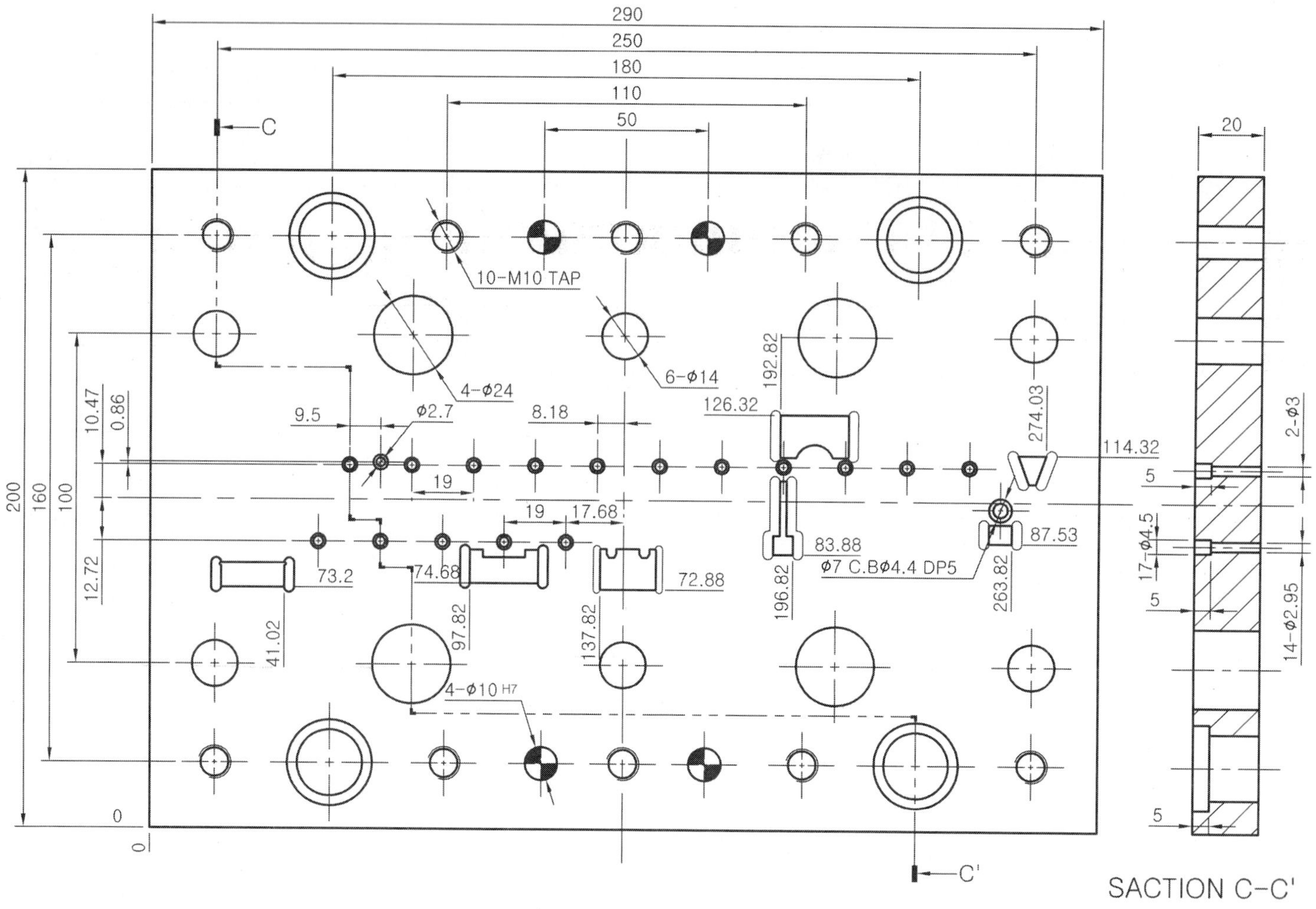

부품명	펀치 고정판	척 도	NS

④ 압축판 $\overset{x}{\nabla}$/($\overset{y}{\nabla}$)

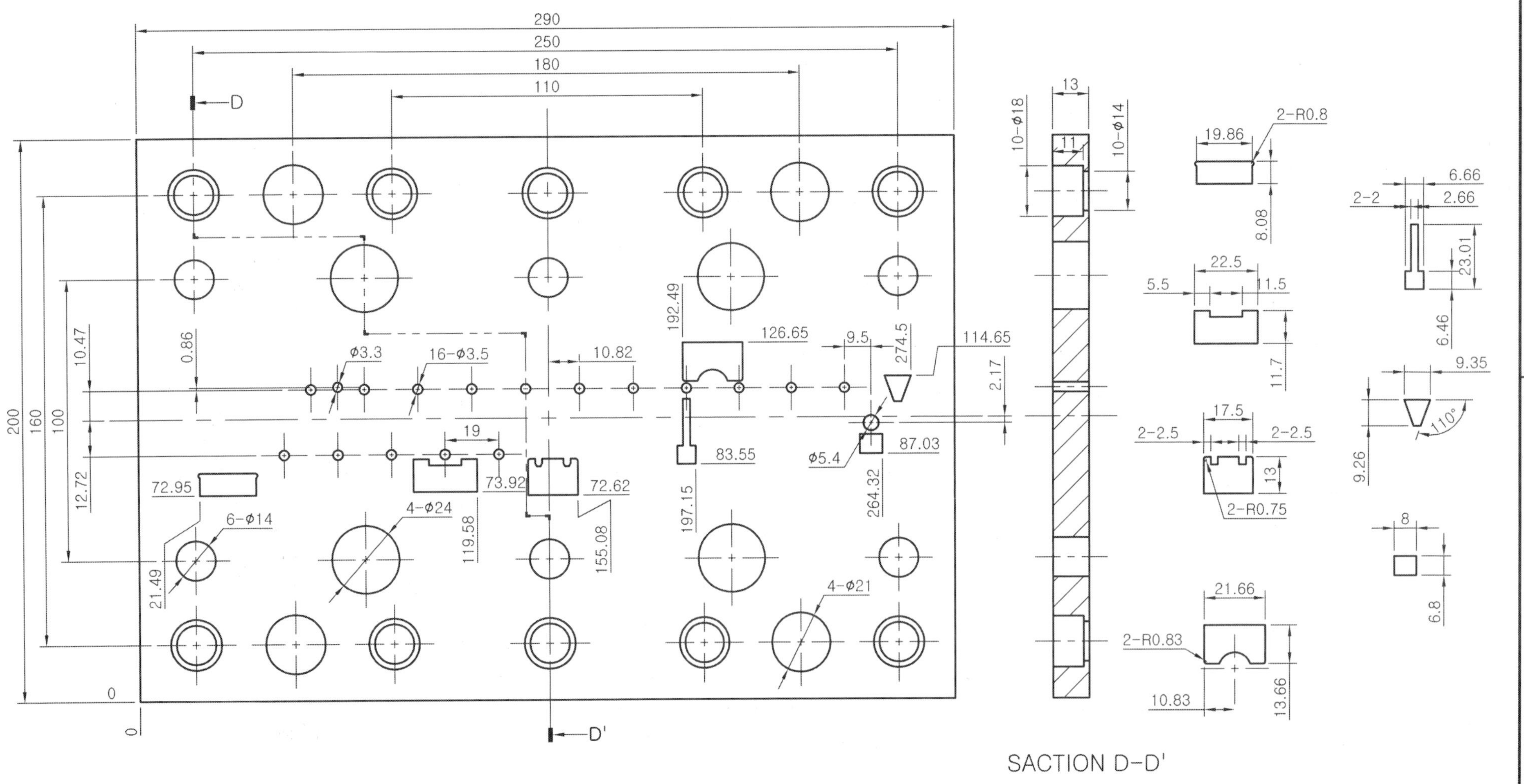

부품명	압축판	척 도	NS

⑤ 스트리퍼 $\overset{x}{\bigtriangledown}$ ($\overset{y}{\bigtriangledown}$)

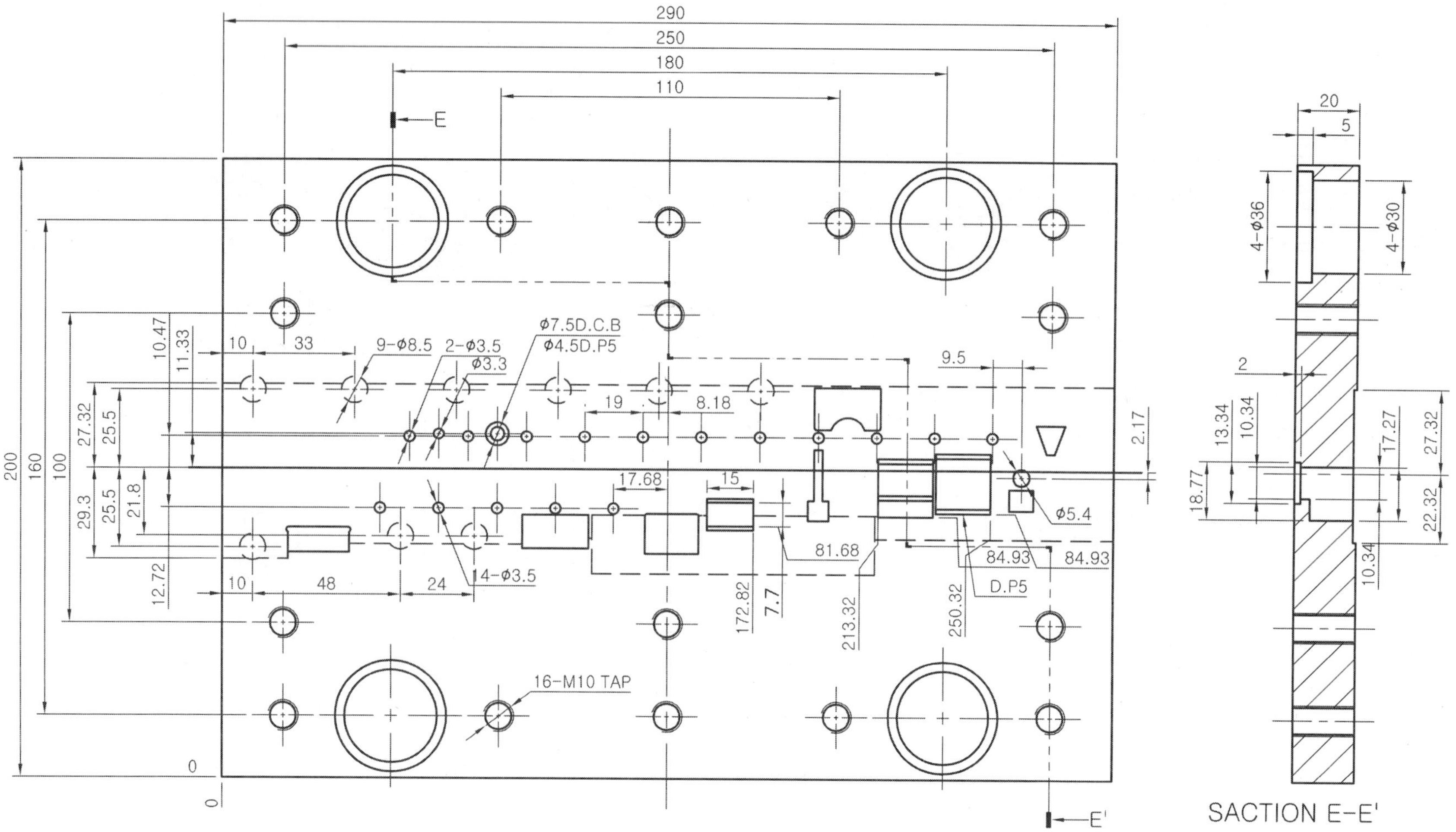

부품명	스트리퍼	척 도	NS

⑥ 다이 x/▽ (y/▽)

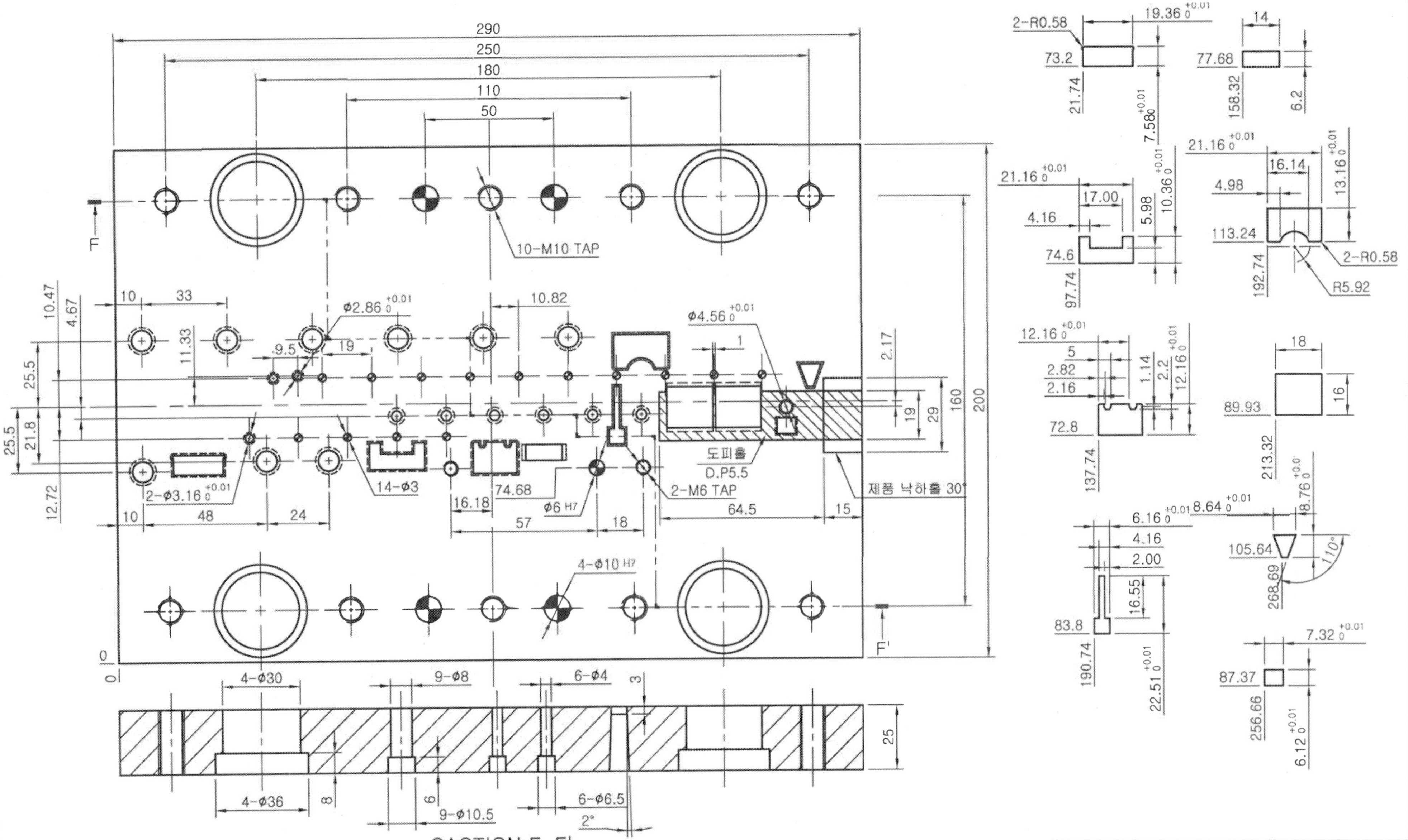

부품명	다이	척 도	NS

⑦ 다이 받침판

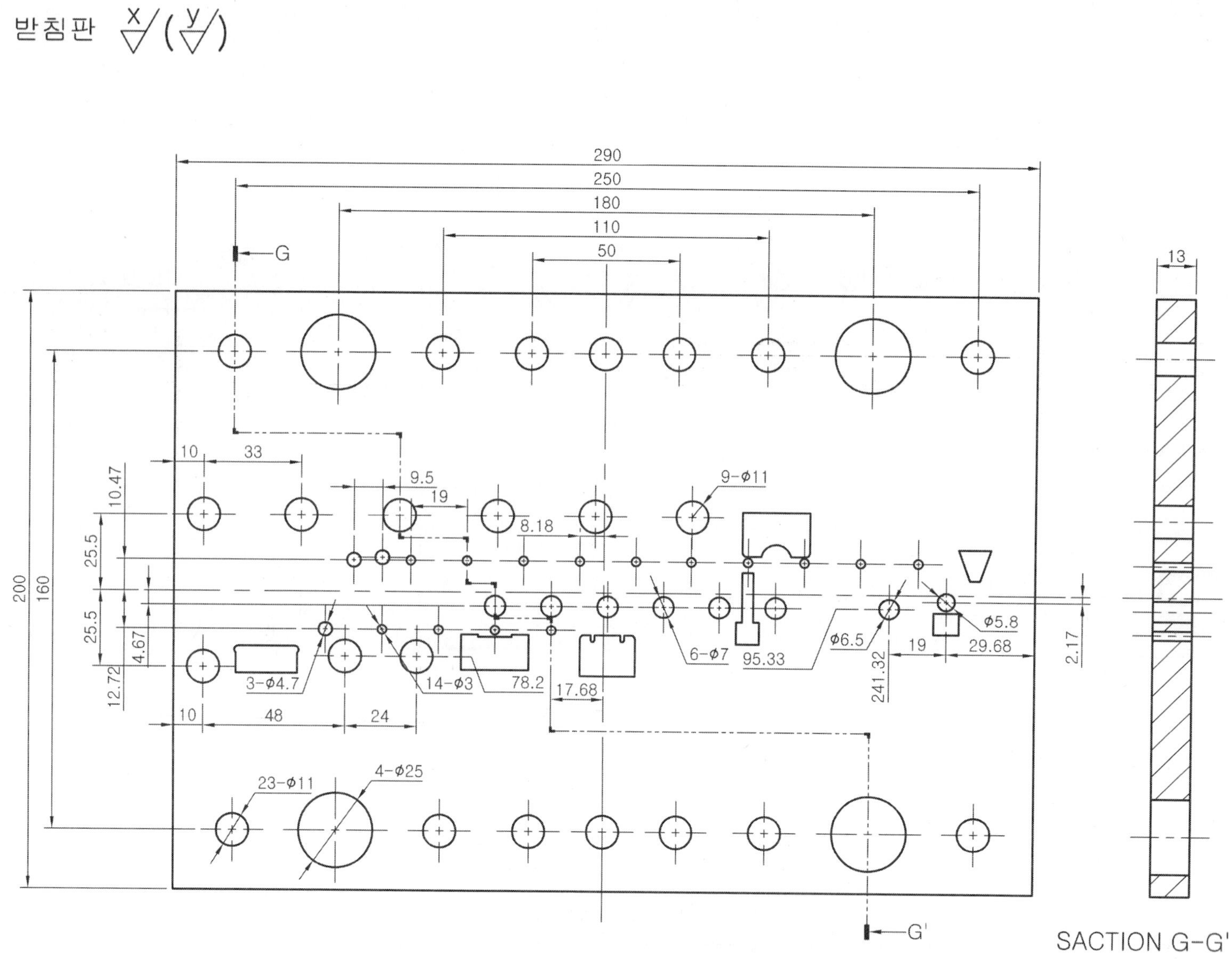

부품명	다이 받침판	척 도	NS

⑧ 하 홀더 $\overset{x}{\nabla}/(\overset{y}{\nabla})$

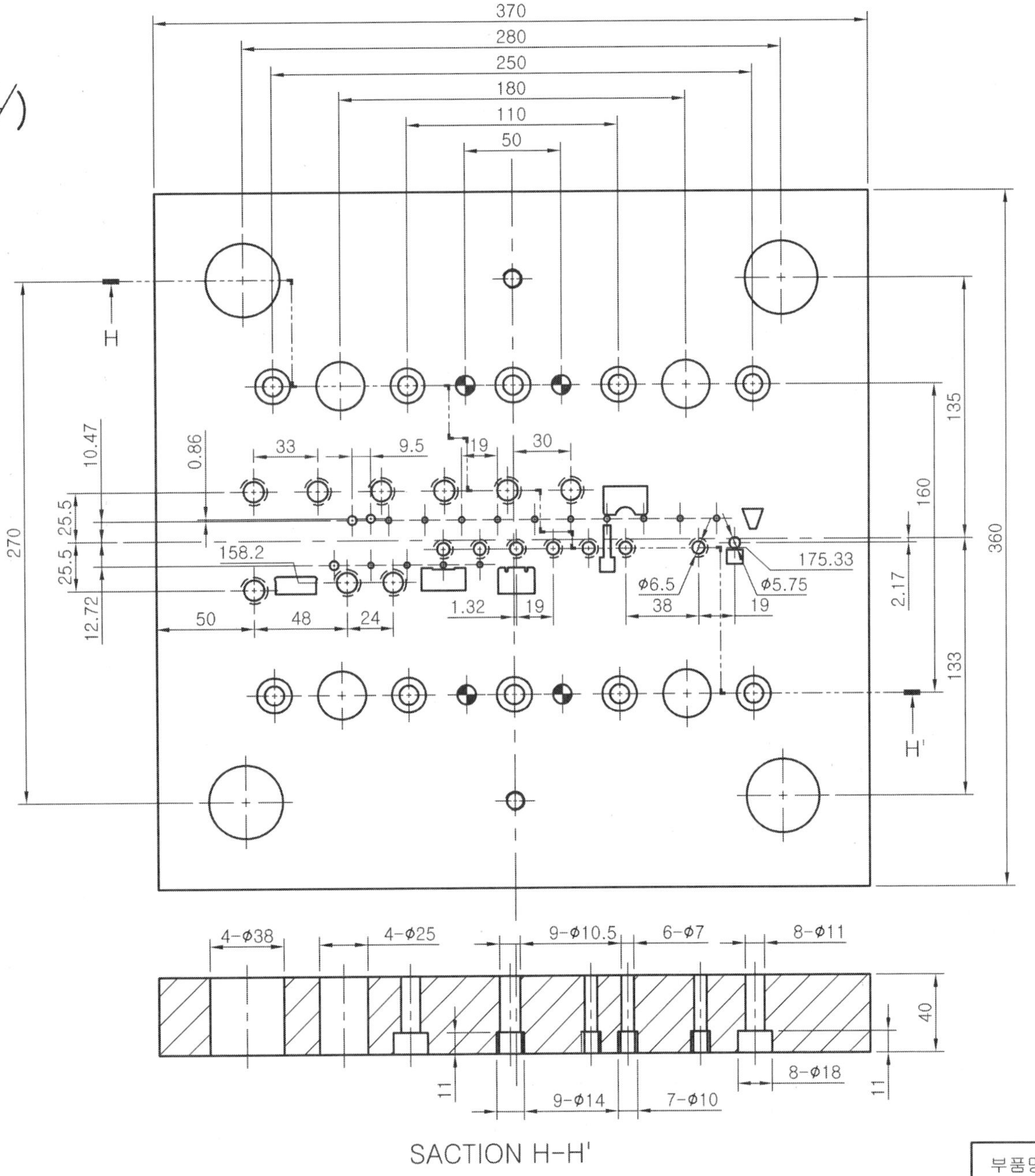

부품명	하 홀더	척 도	NS

⑨ 사이드컷 펀치 $\overset{x}{\bigtriangledown}/(\overset{y}{\bigtriangledown}/)$

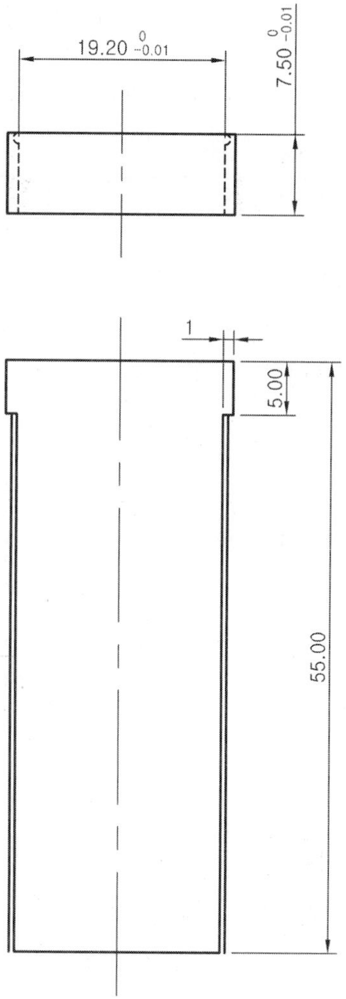

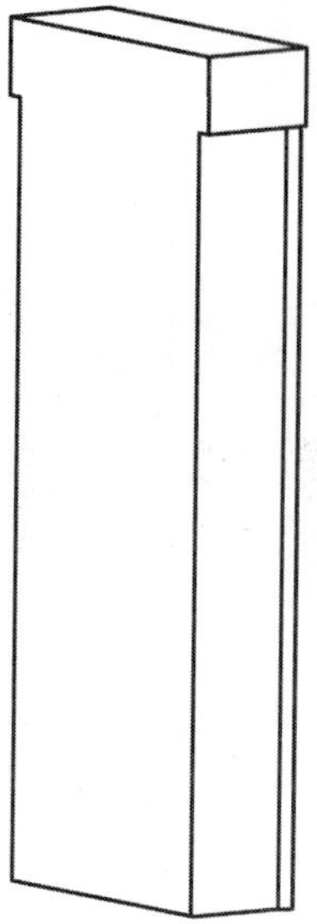

부품명	사이드컷 펀치	척 도	NS

⑩ 피어싱 펀치 $\overset{x}{\bigtriangledown}/(\overset{y}{\bigtriangledown})$

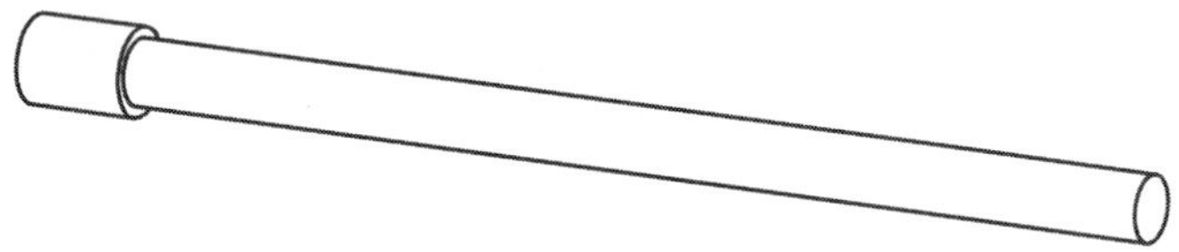

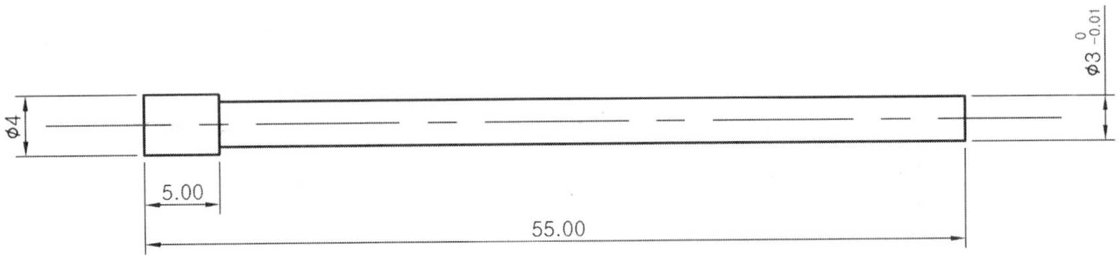

부품명	피어싱 펀치	척 도	NS

⑪ 노칭 펀치 $\overset{x}{\triangledown}$($\overset{y}{\triangledown}$)

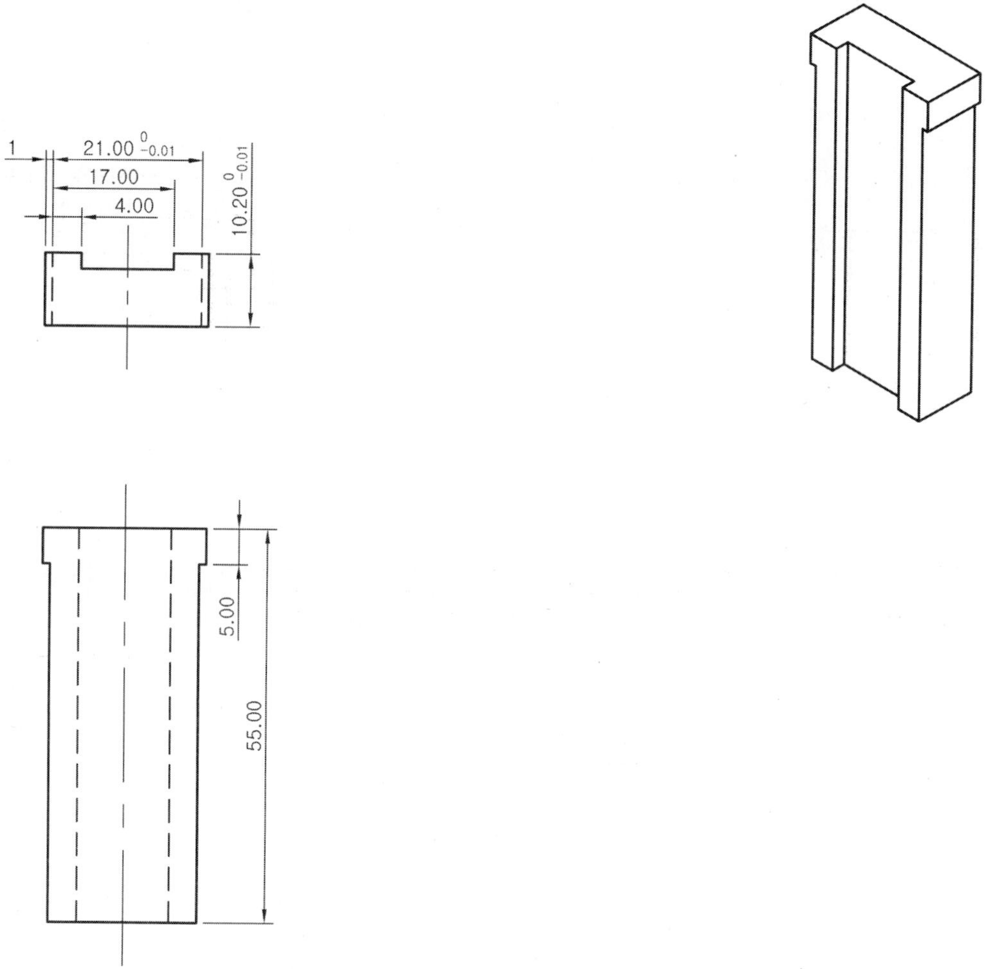

부품명	노칭 펀치	척 도	NS

⑫ 노칭 펀치 x/(y/)

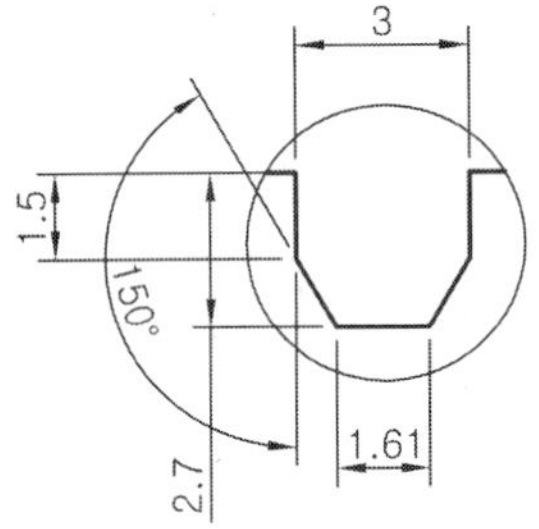

DETAIL A
SCALE 4:1

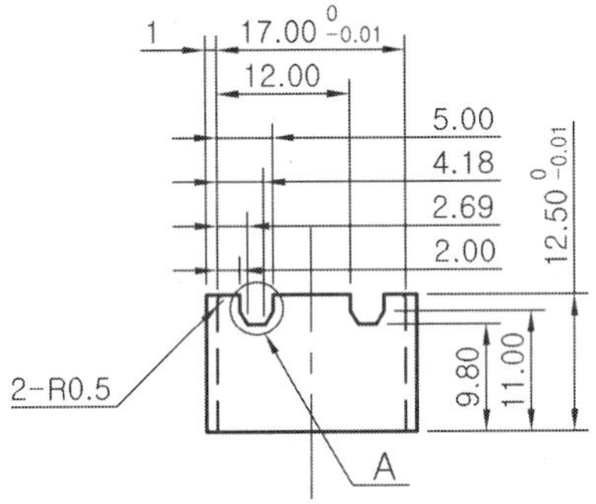

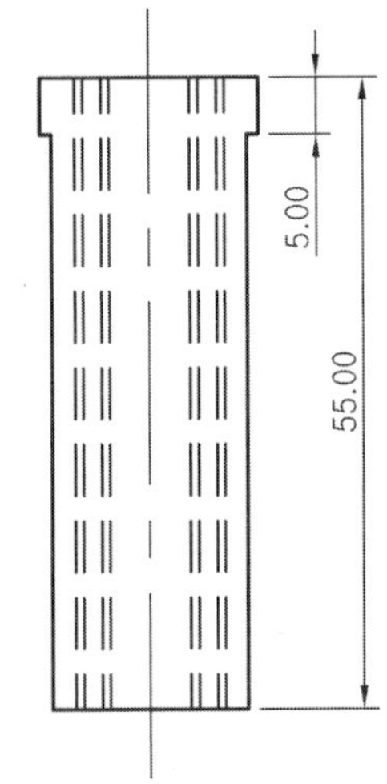

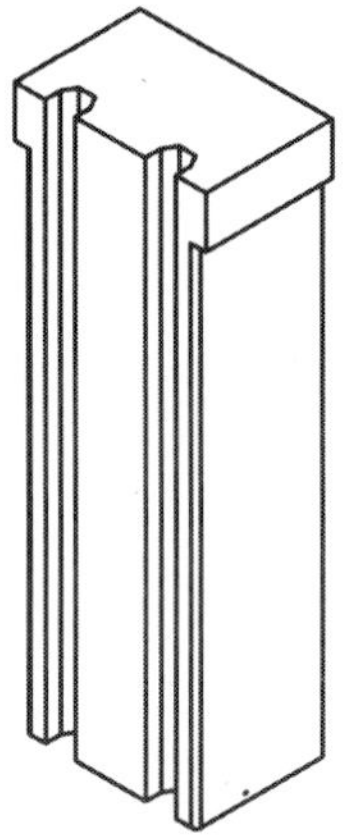

부품명	노칭 펀치	척 도	NS

⑬ 노칭 펀치 $\overset{x}{\bigtriangledown}$/($\overset{y}{\bigtriangledown}$)

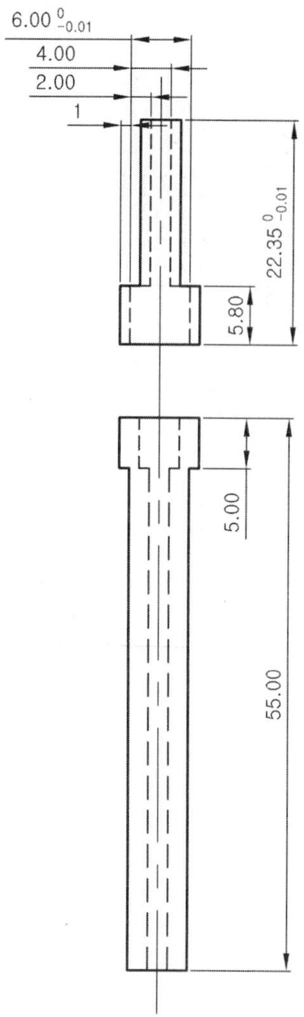

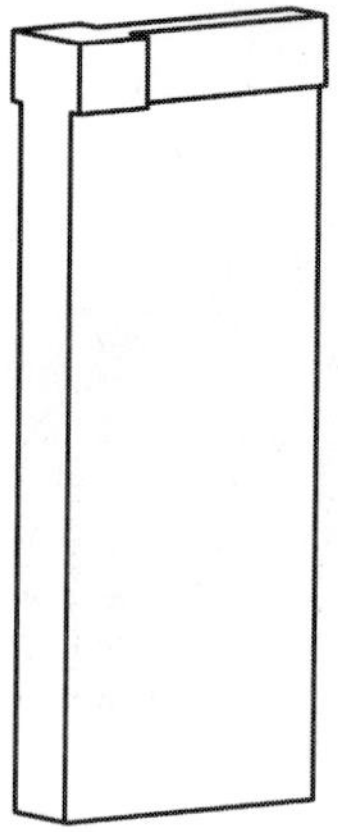

부품명	노칭 펀치	척 도	NS

⑭ 노칭 펀치 $\overset{x}{\bigtriangledown}$/($\overset{y}{\bigtriangledown}$)

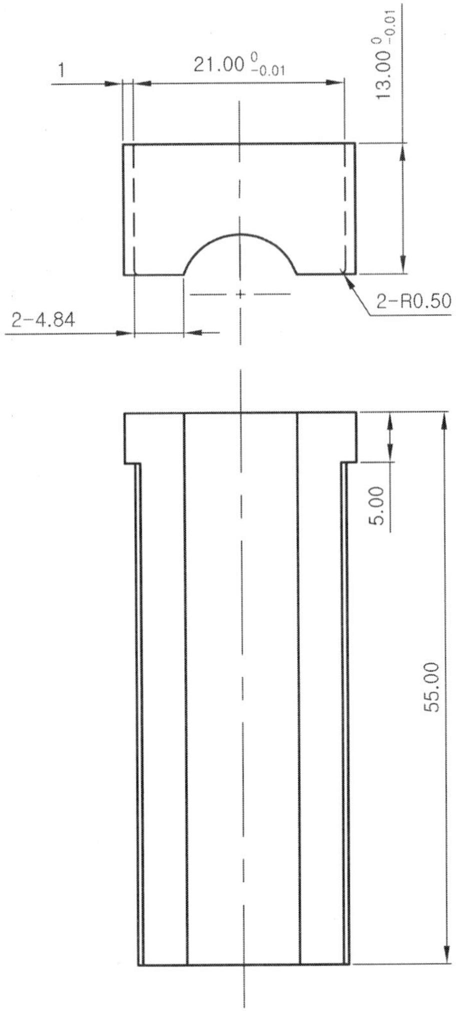

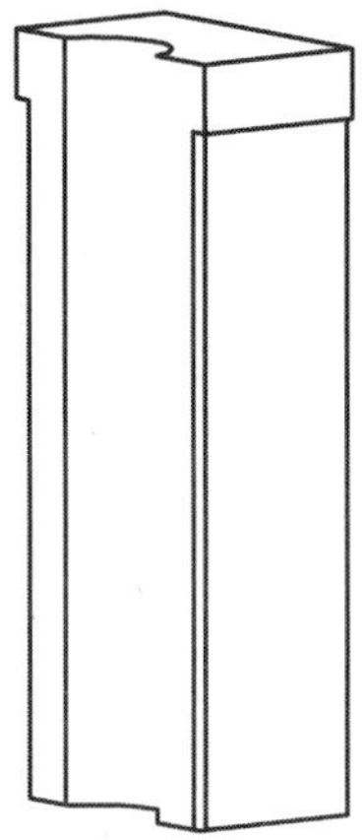

부품명	노칭 펀치	척 도	NS

⑮ 노칭 펀치 $\overset{x}{\bigtriangledown}$ ($\overset{y}{\bigtriangledown}$)

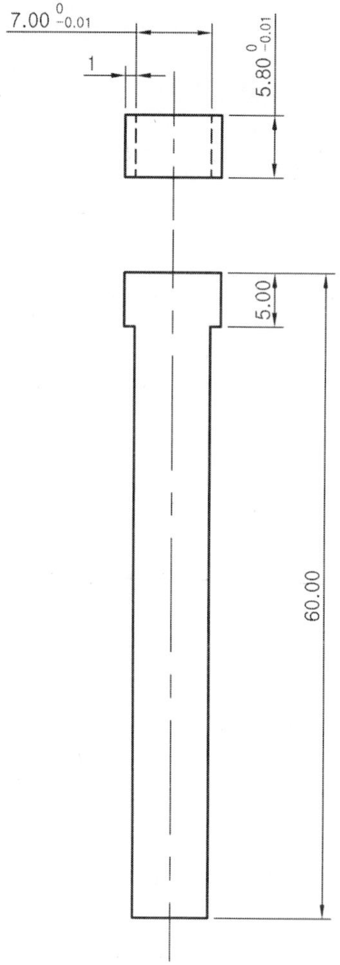

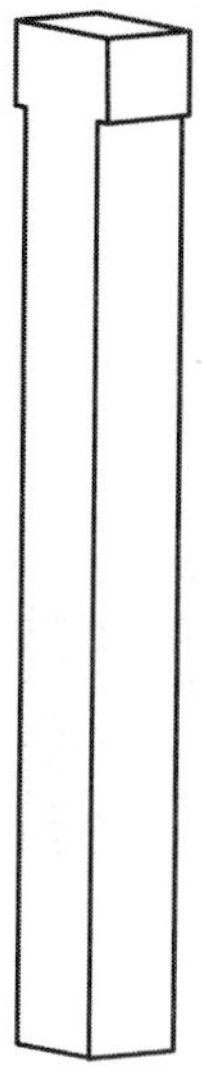

부품명	노칭 펀치	척 도	NS

⑯ 이형 피어싱 펀치 $\overset{x}{\bigtriangledown}$/($\overset{y}{\bigtriangledown}$/)

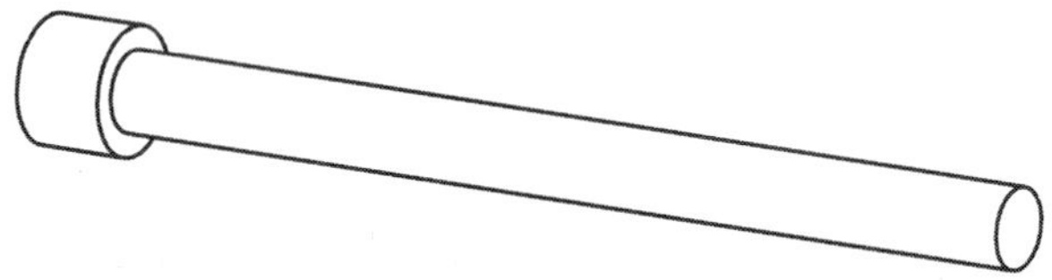

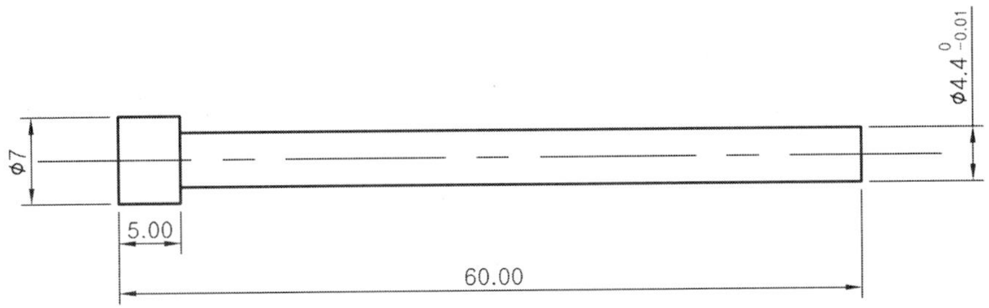

부품명	이형 피어싱 펀치	척 도	NS

⑰ 파팅 펀치 $\overset{x}{\bigtriangledown}$/($\overset{y}{\bigtriangledown}$/)

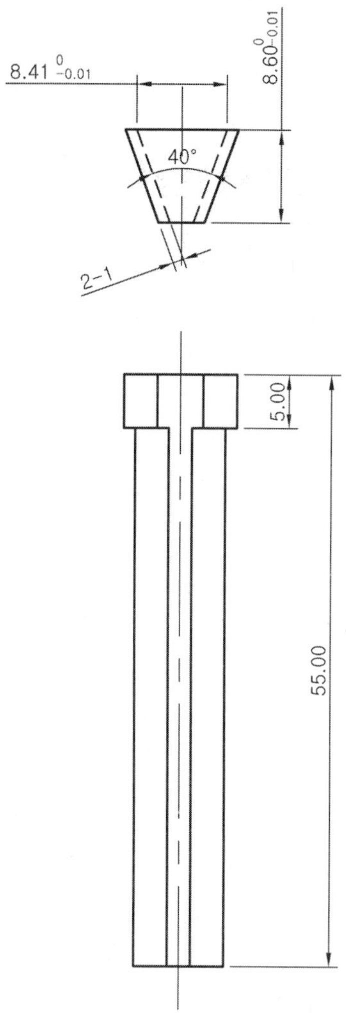

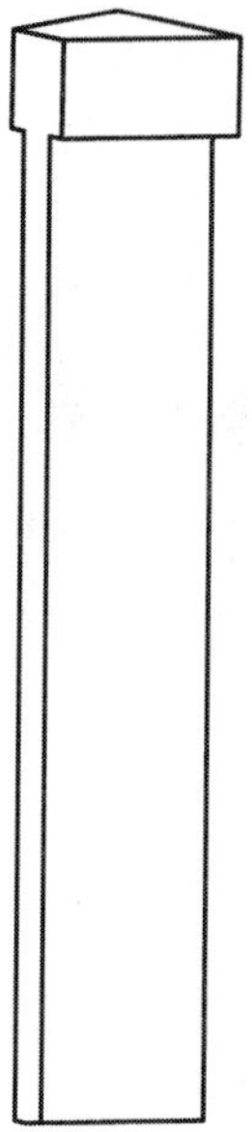

부품명	파팅 펀치	척 도	NS

⑱ 애벌 펀치 $\overset{x}{\triangledown}$ ($\overset{y}{\triangledown}$)

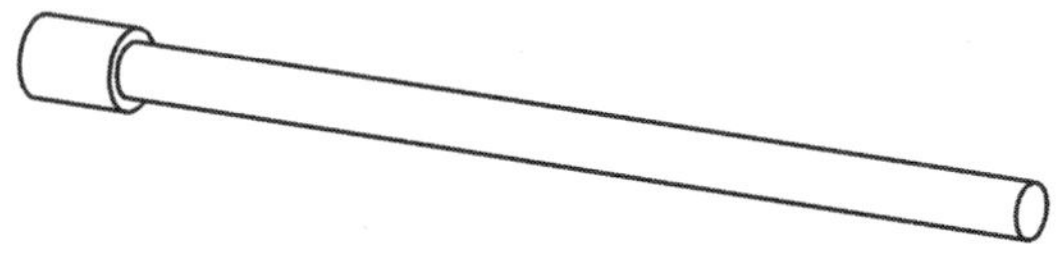

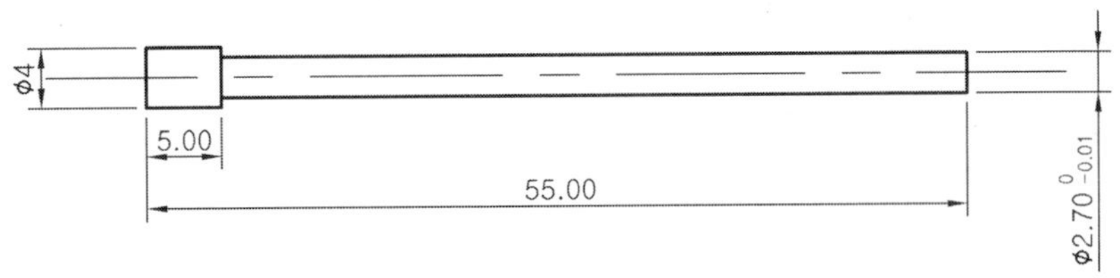

부품명	애벌 펀치	척 도	NS

⑲ 버링 펀치 $\overset{x}{\triangledown}$/($\overset{y}{\triangledown}$/)

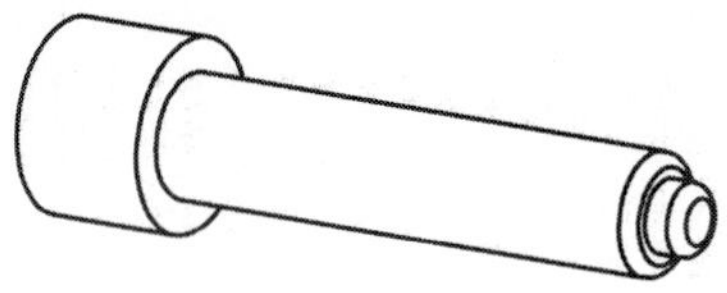

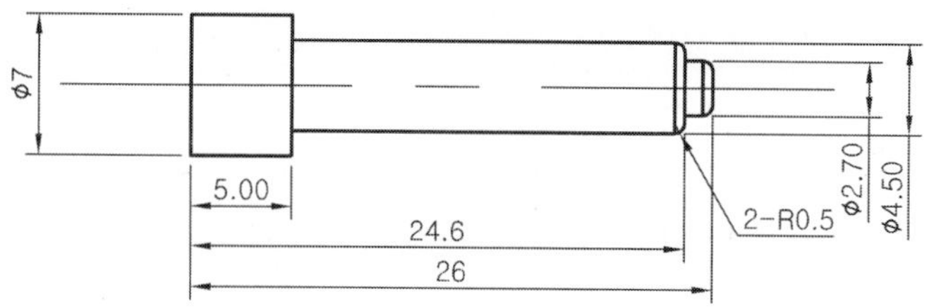

부품명	버링 펀치	척 도	NS

⑳ 버링 심봉 $\overset{x}{\nabla}$($\overset{y}{\nabla}$)

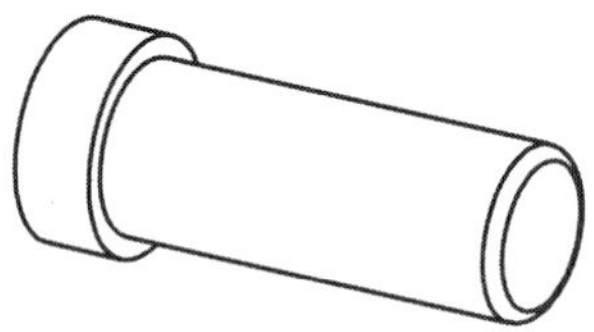

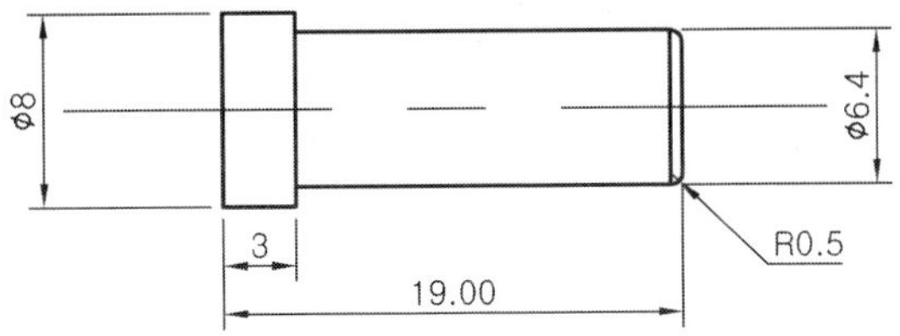

부품명	버링 심봉	척 도	NS

㉑ 버링 다이 $\overset{x}{\bigtriangledown}$/($\overset{y}{\bigtriangledown}$)

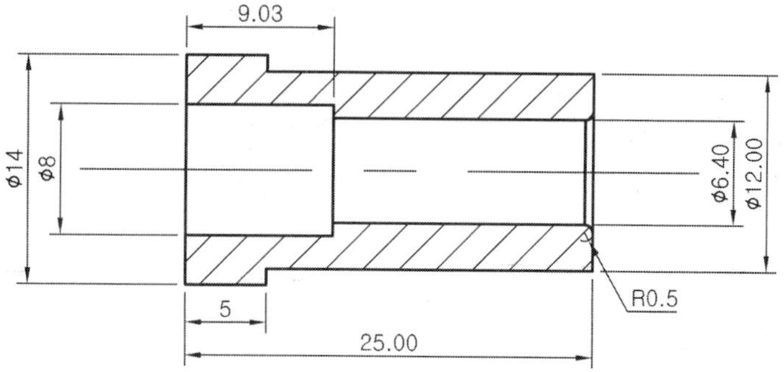

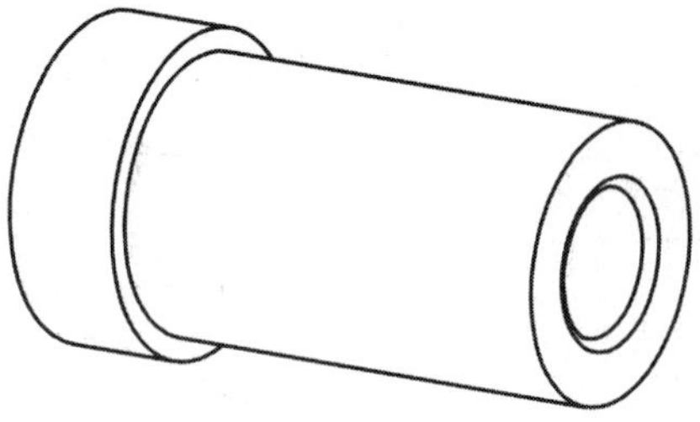

부품명	버링 다이	척 도	NS

㉒ 리스트라이킹 다이 $\overset{x}{\nabla}$($\overset{y}{\nabla}$)

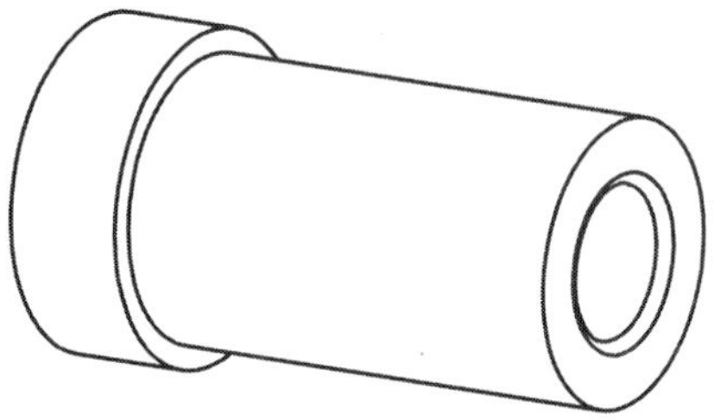

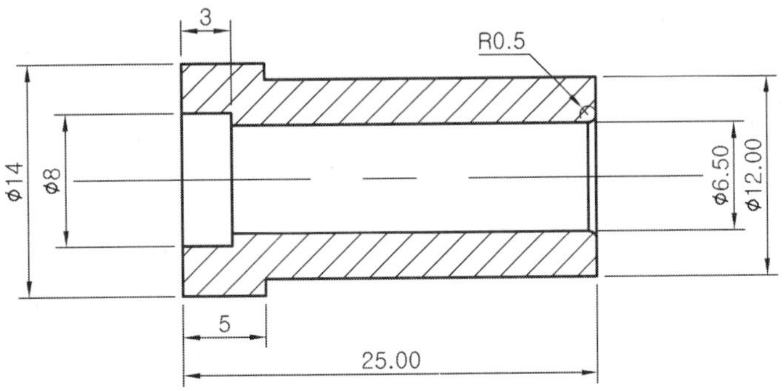

부품명	리스트라이킹 다이	척 도	NS

㉓ 리스트라이킹 심봉 $\overset{x}{\triangledown}$($\overset{y}{\triangledown}$)

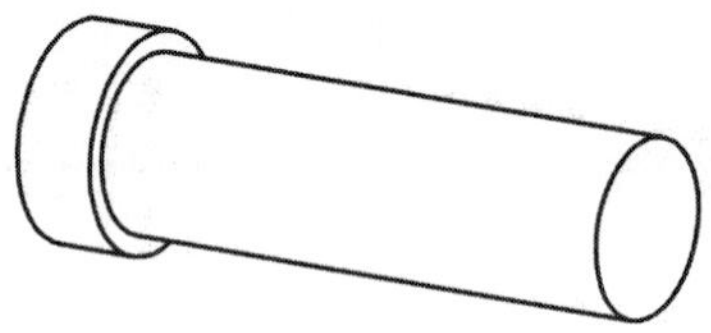

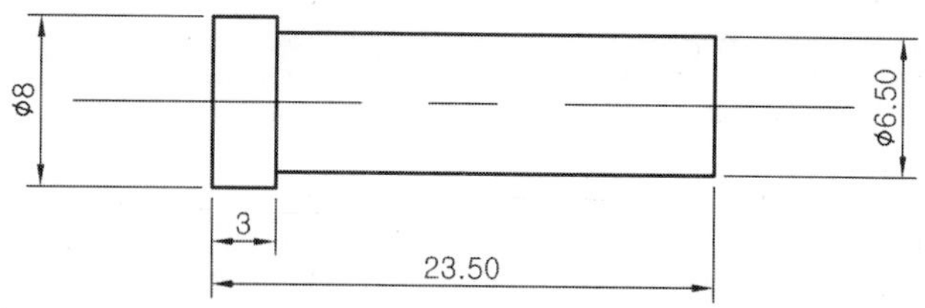

부품명	리스트라이킹 심봉	척 도	NS

㉔ 압축 펀치 $\overset{x}{\bigtriangledown}/(\overset{y}{\bigtriangledown})$

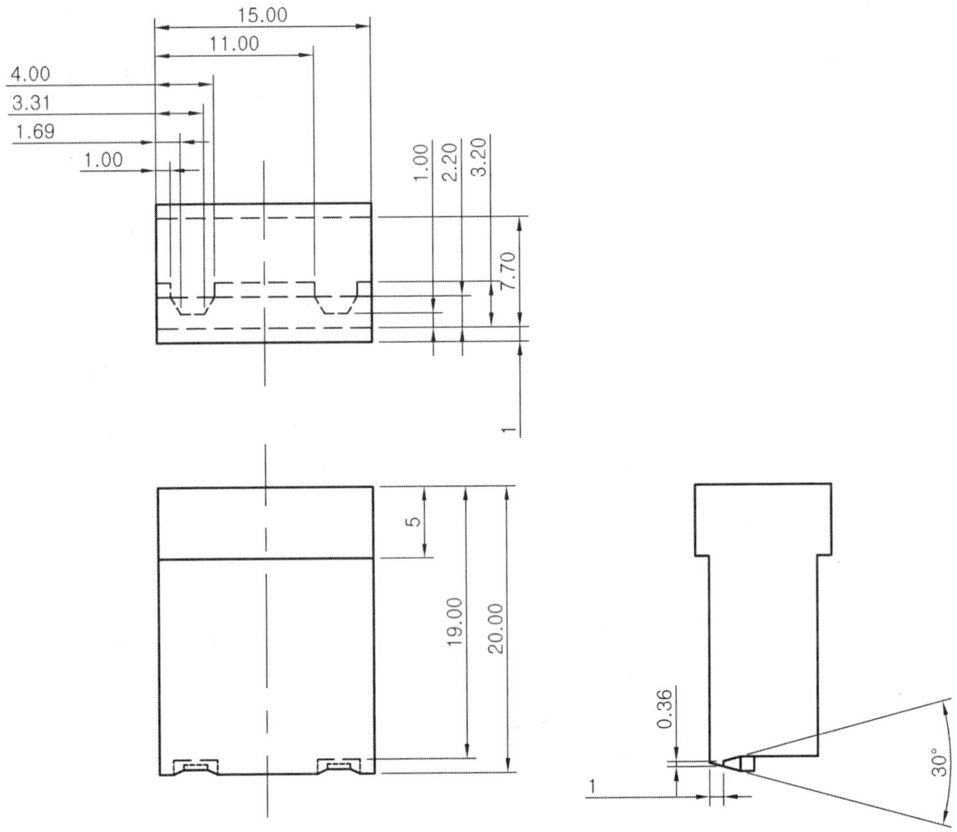

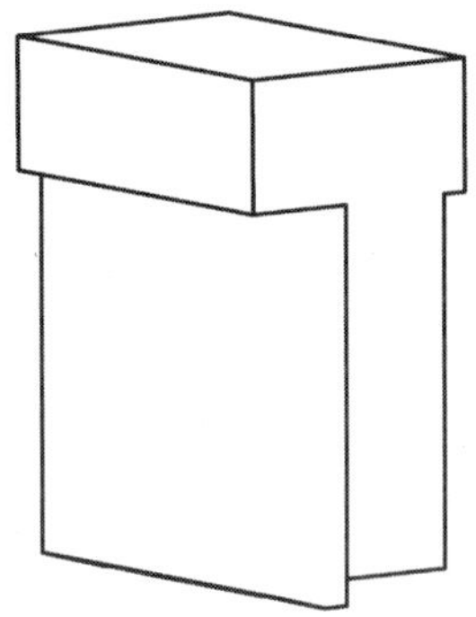

부품명	압축 펀치	척 도	NS

㉕ 압축 다이 $\overset{x}{\bigtriangledown}$(${\overset{y}{\bigtriangledown}}$)

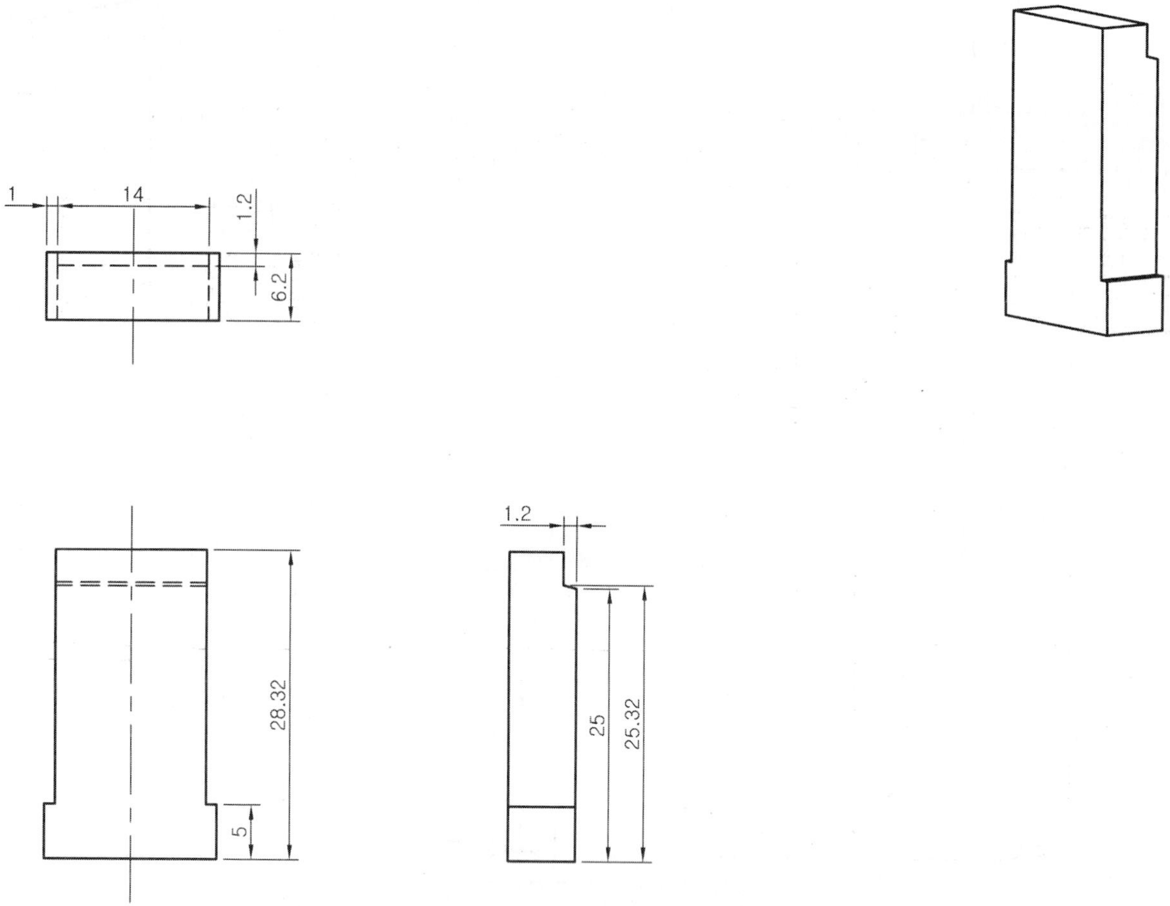

부품명	압축 다이	척 도	NS

(26) 1차 밴딩 펀치 $\overset{x}{\nabla}$/($\overset{y}{\nabla}$)

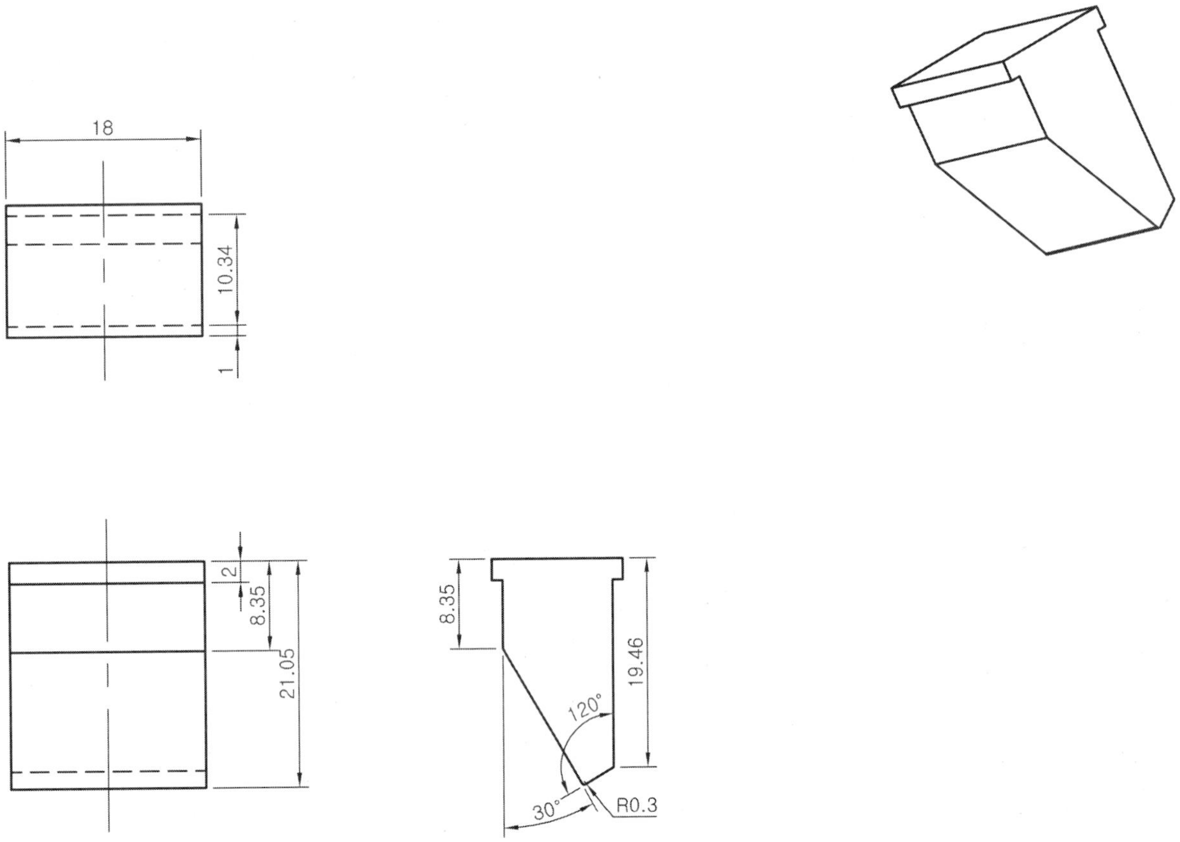

부품명	1차 밴딩 펀치	척 도	NS

㉗ 1차 밴딩 다이 $\overset{x}{\nabla}$/($\overset{y}{\nabla}$/)

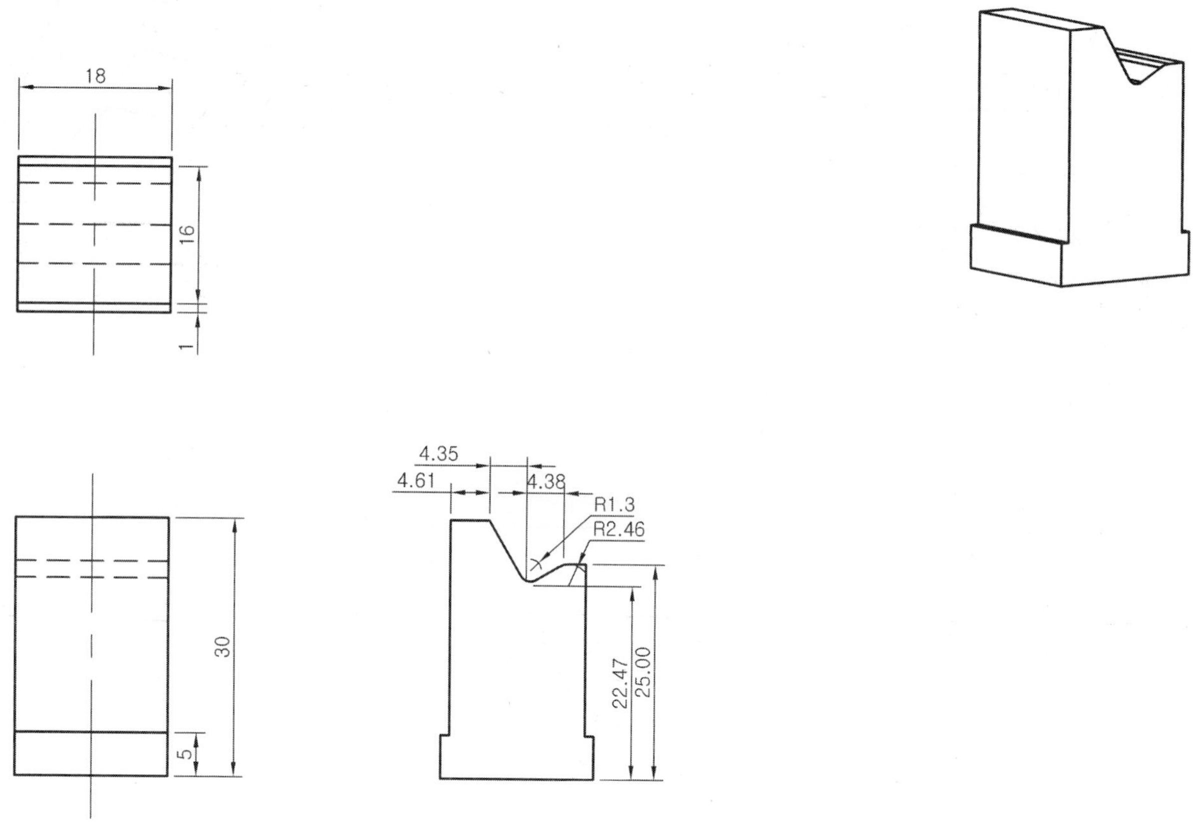

부품명	1차 밴딩 다이	척 도	NS

㉘ 2차 밴딩 펀치 $\overset{x}{\bigtriangledown}$/($\overset{y}{\bigtriangledown}$/)

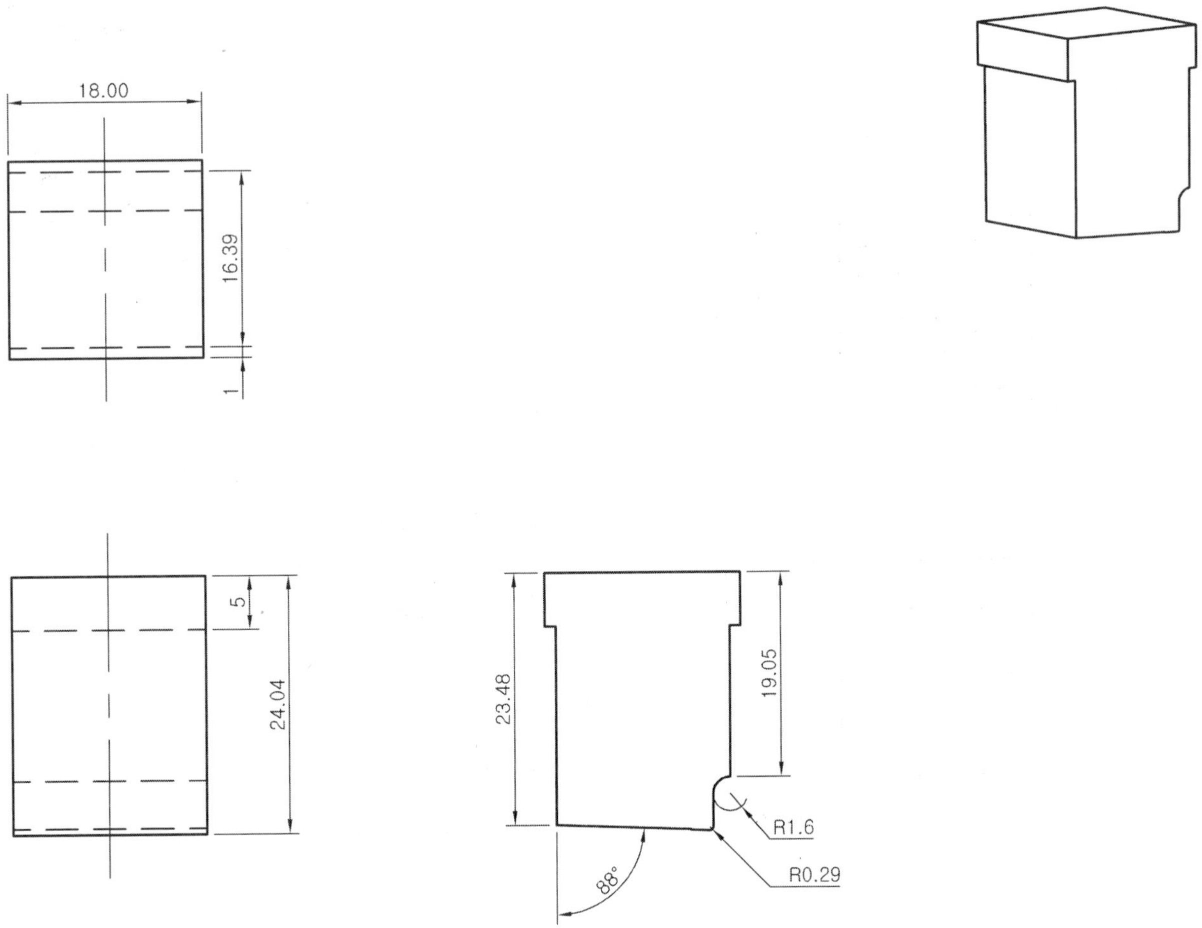

부품명	2차 밴딩 펀치	척 도	NS

㉙ 2차 밴딩 다이 $\overset{x}{\bigtriangledown}$/($\overset{y}{\bigtriangledown}$)

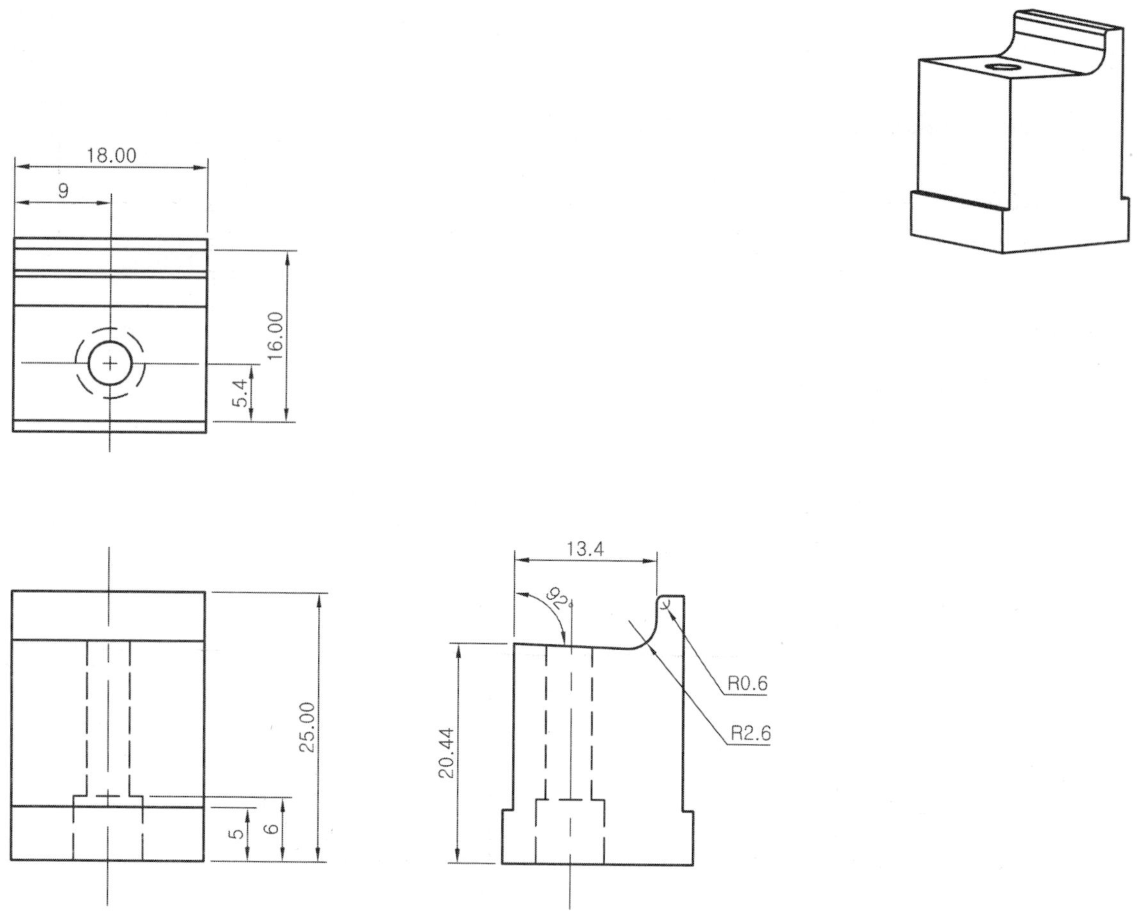

부품명	2차 밴딩 다이	척 도	NS

(30) 파일롯 핀 $\overset{x}{\bigtriangledown}$($\overset{y}{\bigtriangledown}$)

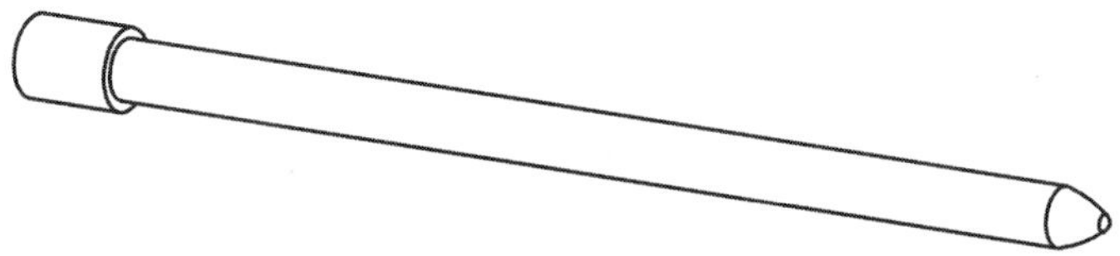

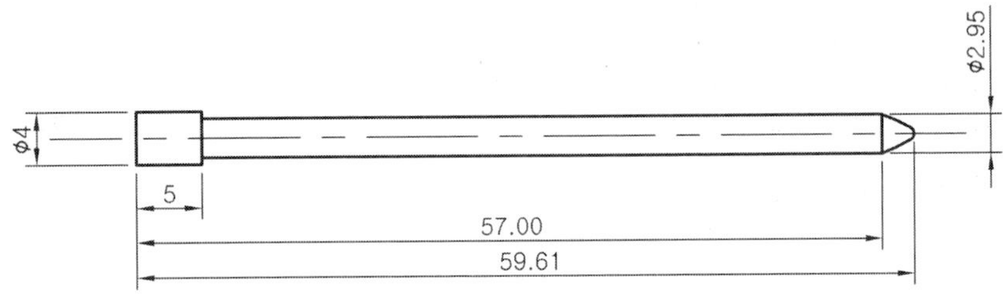

부품명	파일롯 핀	척 도	NS

(31) 가이드 리프터 핀 $\stackrel{x}{\bigtriangledown}(\stackrel{y}{\bigtriangledown})$

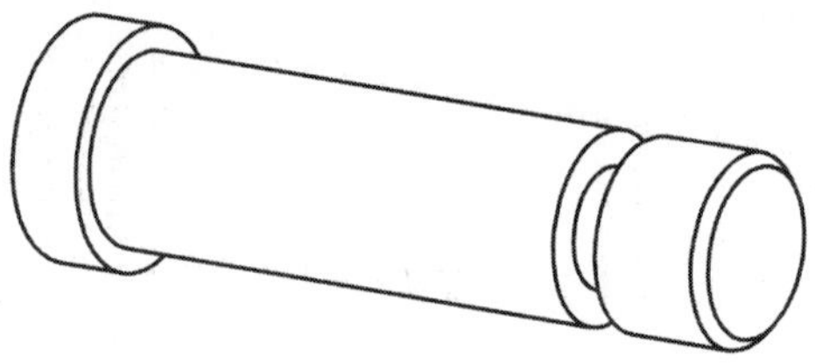

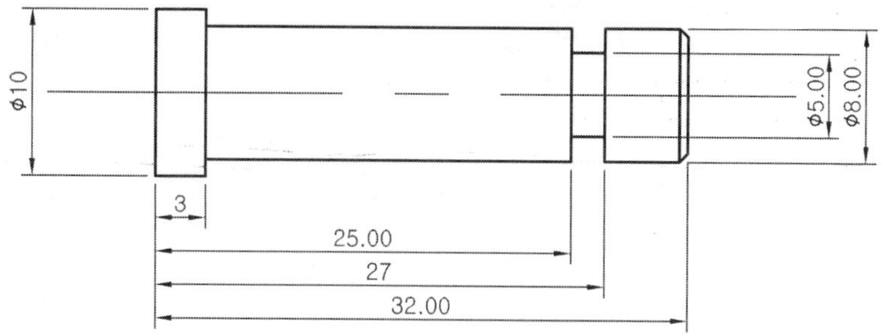

부품명	가이드 리프터 핀	척 도	NS

㉝ 털핀 $\overset{x}{\bigtriangledown}$/($\overset{y}{\bigtriangledown}$/)

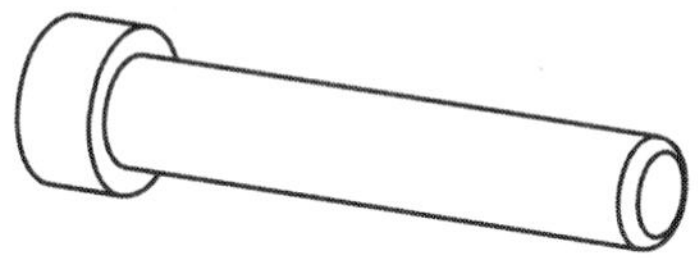

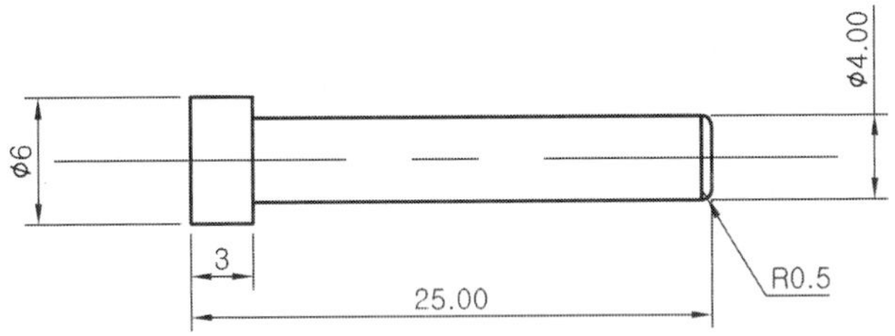

부품명	털핀	척 도	NS

3.5 Progressive-die(Bracket B)

요구사항

1) 투상법 : 3각법
2) 소재의 이송은 좌측에서 우측으로 핸드이송하고, 사이드 컷 펀치를 사용할 것.
3) LAY-OUT 배열은 1열 1개 생산 가능토록 할 것.
4) 파일럿은 직접 파일럿 방식으로 설계할 것.
5) 클리어런스는 사용 원재료에 따라 수검자가 정하고 이를 스트립 레이아웃에 표기할 것.
6) 스트립 레이아웃도를 작도하고 이송잔폭과 여유 폭을 표기할 것.
7) 조립도는 상형 평면도, 하형 평면도, 정면 단면도를 작도할 것.
8) 부품도는 다이 플레이트, 사이드 컷 펀치, 노칭 펀치, 피어싱 펀치, 파일럿 핀 등을 작도할 것.
9) 다이셋트는 규격집을 참고로 수검자가 임의로 설정하여 설계할 것.
10) 피어싱, 노칭 등은 성형 수축 및 공차를 적용하여 설계할 것.
11) 부품의 중요치수(클리어런스부, 부품조립부 등)는 부품모델에 표기할 것.
12) 기타 지시하지 않은 사항들은 KS제도법에 준하여 모델링 할 것.

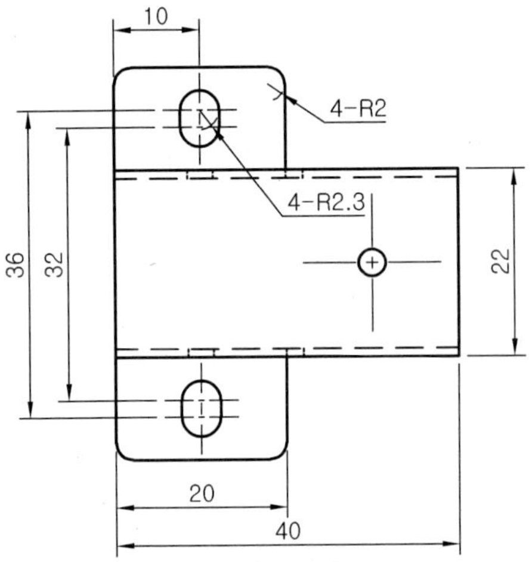

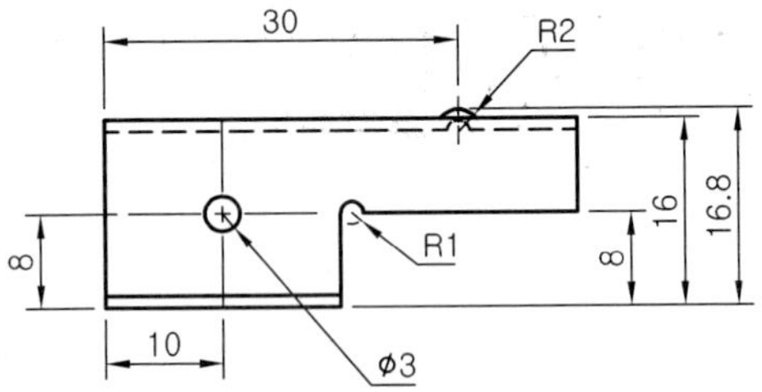

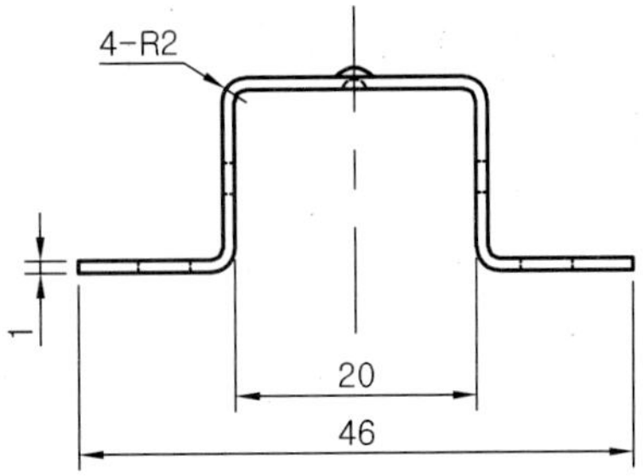

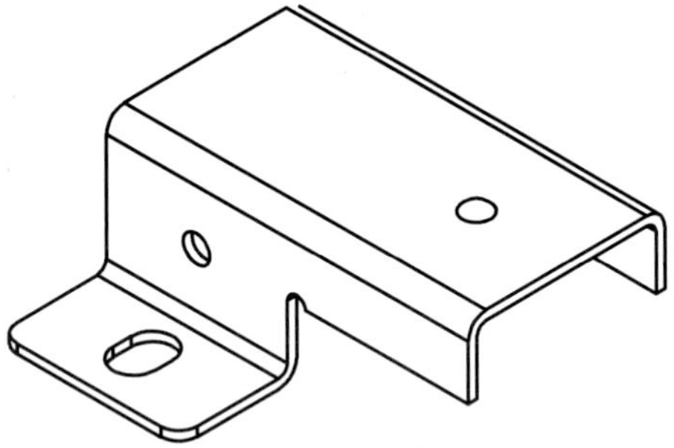

주서

1. 소재 두께 : 1mm
2. 금형 타입 : 프로그레시브 다이
3. 소재 이송 : 좌측에서 우측으로 롤 피더 사용
4. 클리어런스 : 재료 두께의 5%(편측)

제품명	bracket B	척 도	NS

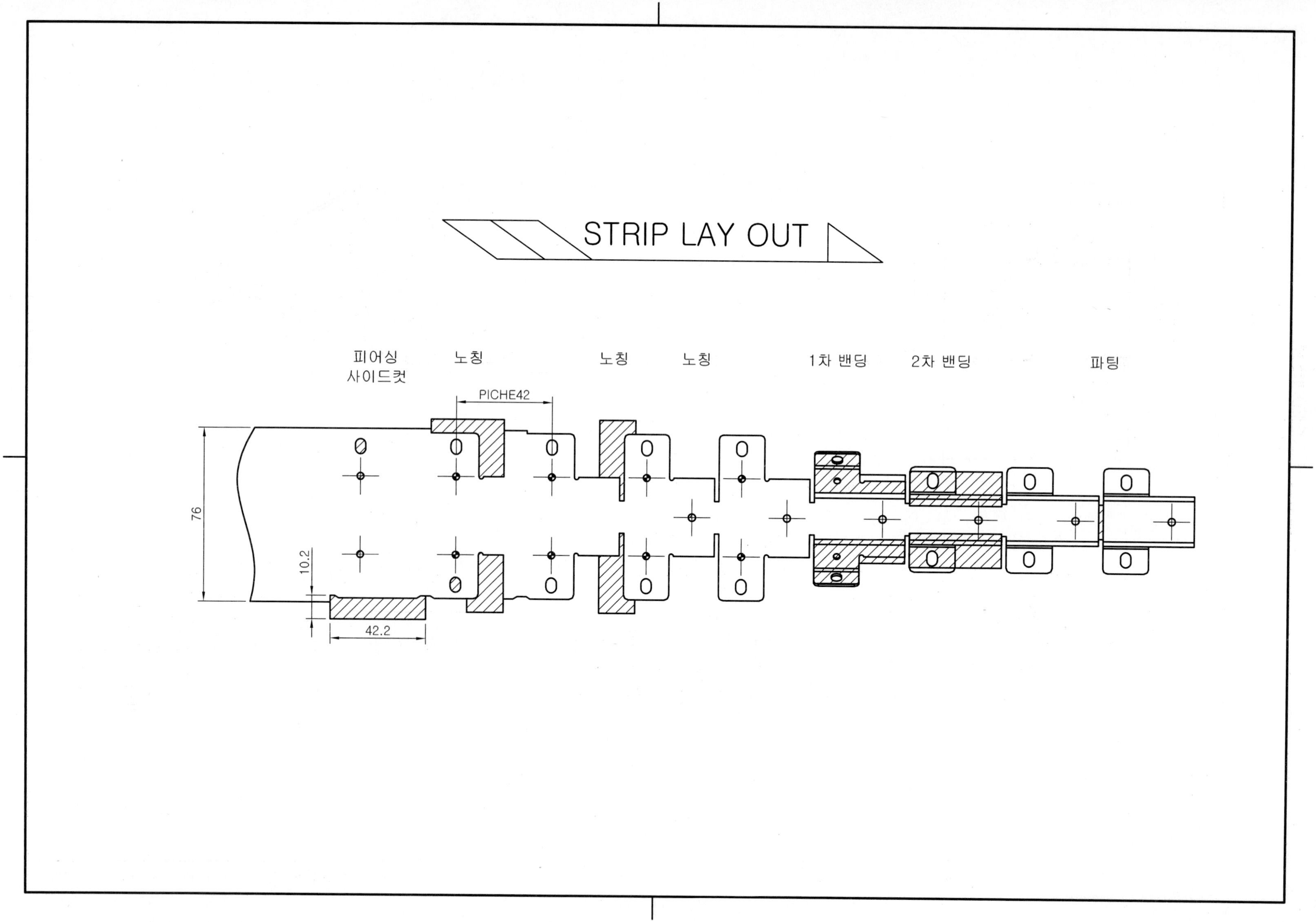
STRIP LAY OUT
피어싱
사이드컷
노칭
노칭
노칭
1차 밴딩
2차 밴딩
파팅
PICHE42
76
10.2
42.2

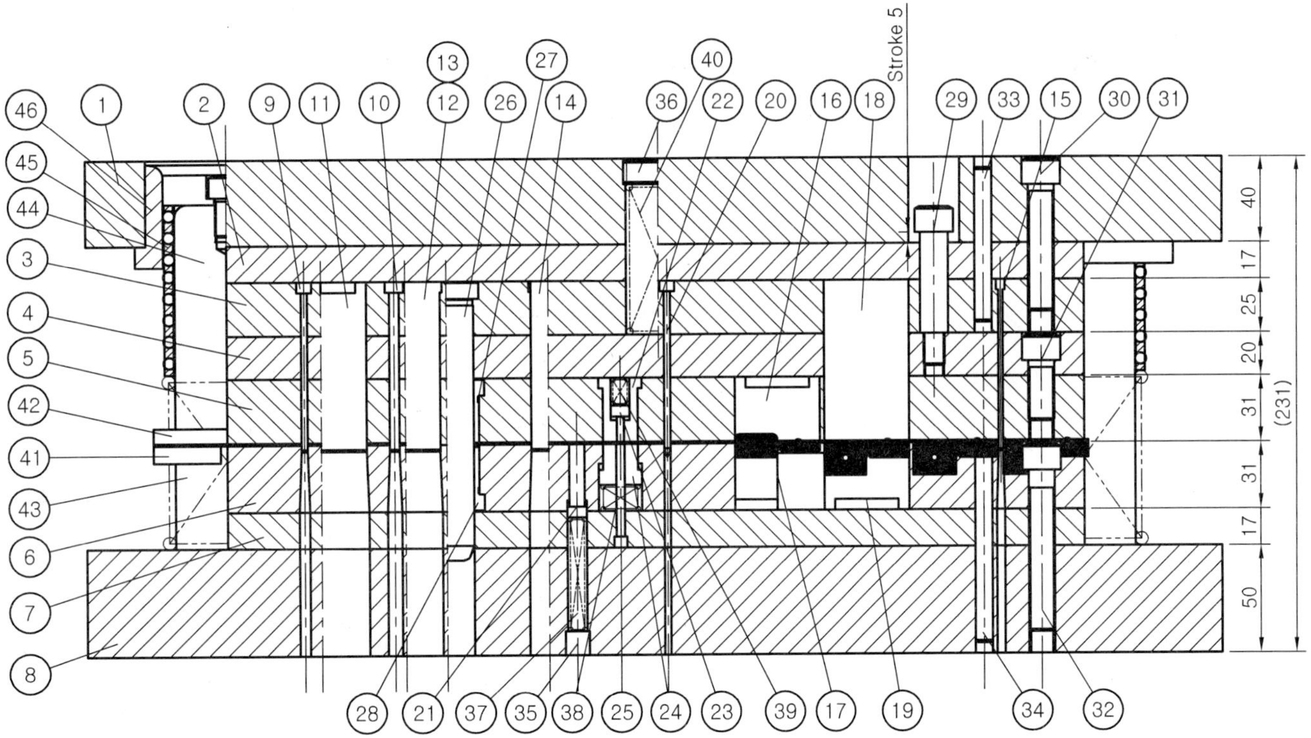

품 번	품 명	재 질	수 량	비 고
25	엠보싱 펀치	STD 11	1	HRC55
24	엠보싱 펀치 패드	STD 11	1	HRC55
23	엠보싱 다이	STD 11	1	HRC55
22	엠보싱 다이 편	STD 11	1	HRC55
21	파일롯 부시	STD 11	8	HRC55
20	파일롯 핀	STD 11	8	HRC55
19	2차 밴딩 다이	STD 11	1	HRC55
18	2차 밴딩 펀치	STD 11	1	HRC55
17	1차 밴딩 다이	STD 11	1	HRC55
16	1차 밴딩 펀치	STD 11	1	HRC55
15	파팅 펀치	STD 11	1	HRC55
14	노칭 펀치	STD 11	2	HRC55
13	노칭 펀치	STD 11	1	HRC55
12	노칭 펀치	STD 11	1	HRC55
11	사이드 컷 펀치	STD 11	1	HRC55
10	이형 피어싱 펀치	STD 11	2	HRC55
9	피어싱 펀치	STD 11	1	HRC55
8	하 홀더	SM 45C	1	
7	다이 받침판	STD 11	1	HRC60
6	다이	STD 11	1	
5	스트리퍼	STD 11	1	
4	압축판	STD 11	1	HRC60
3	펀치 고정판	STD 11	1	
2	펀치받침판	STD 11	1	HRC60
1	상 홀더	SM 45C	1	

progressive -die (bracket B)	척 도	N.S
	각 법	3각법

① 상 홀더 $\overset{x}{\nabla}$/($\overset{y}{\nabla}$)

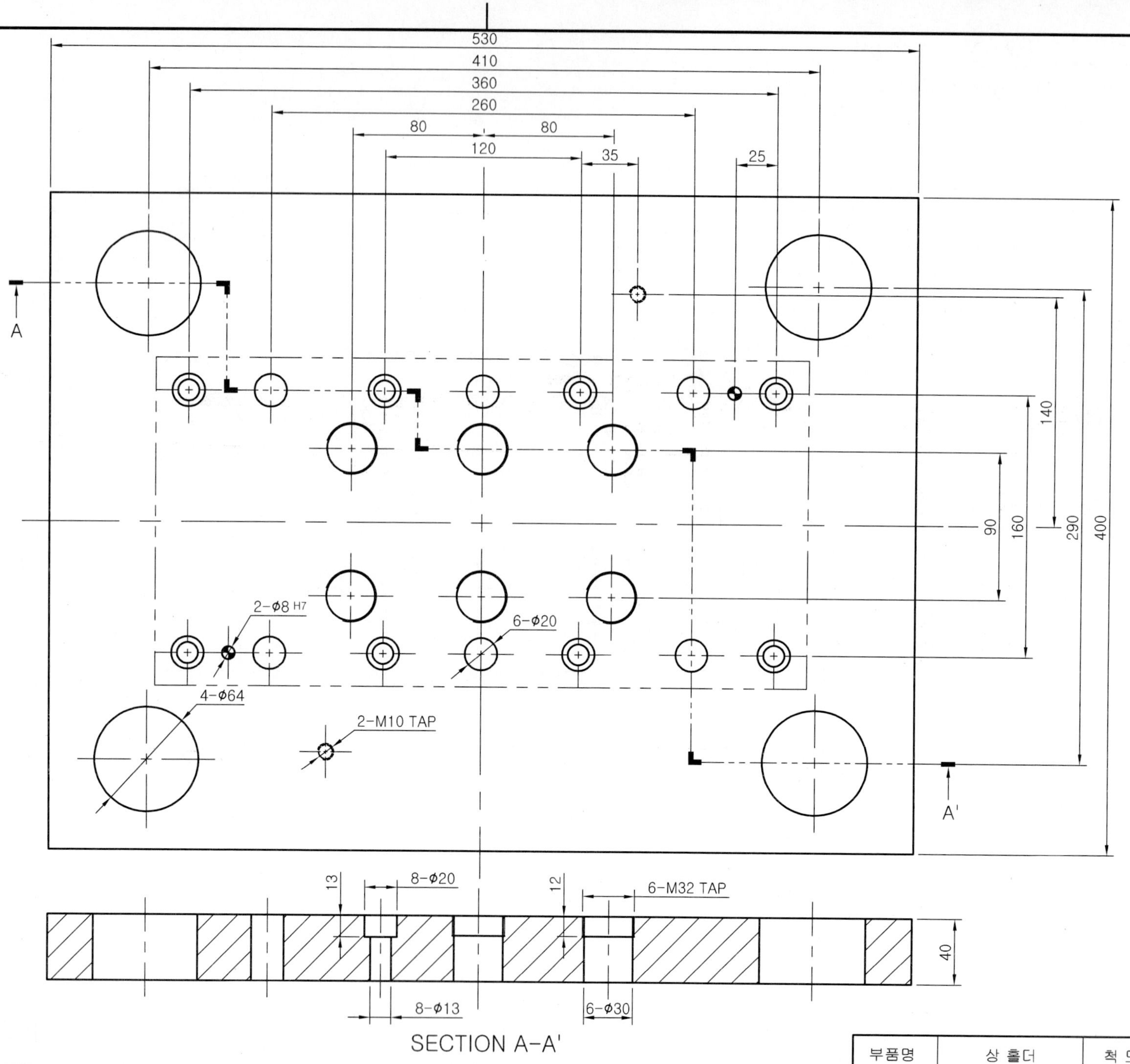

부품명	상 홀더	척 도	NS

② 펀치 받침판 $\overset{x}{\bigtriangledown}$/($\overset{y}{\bigtriangledown}$)

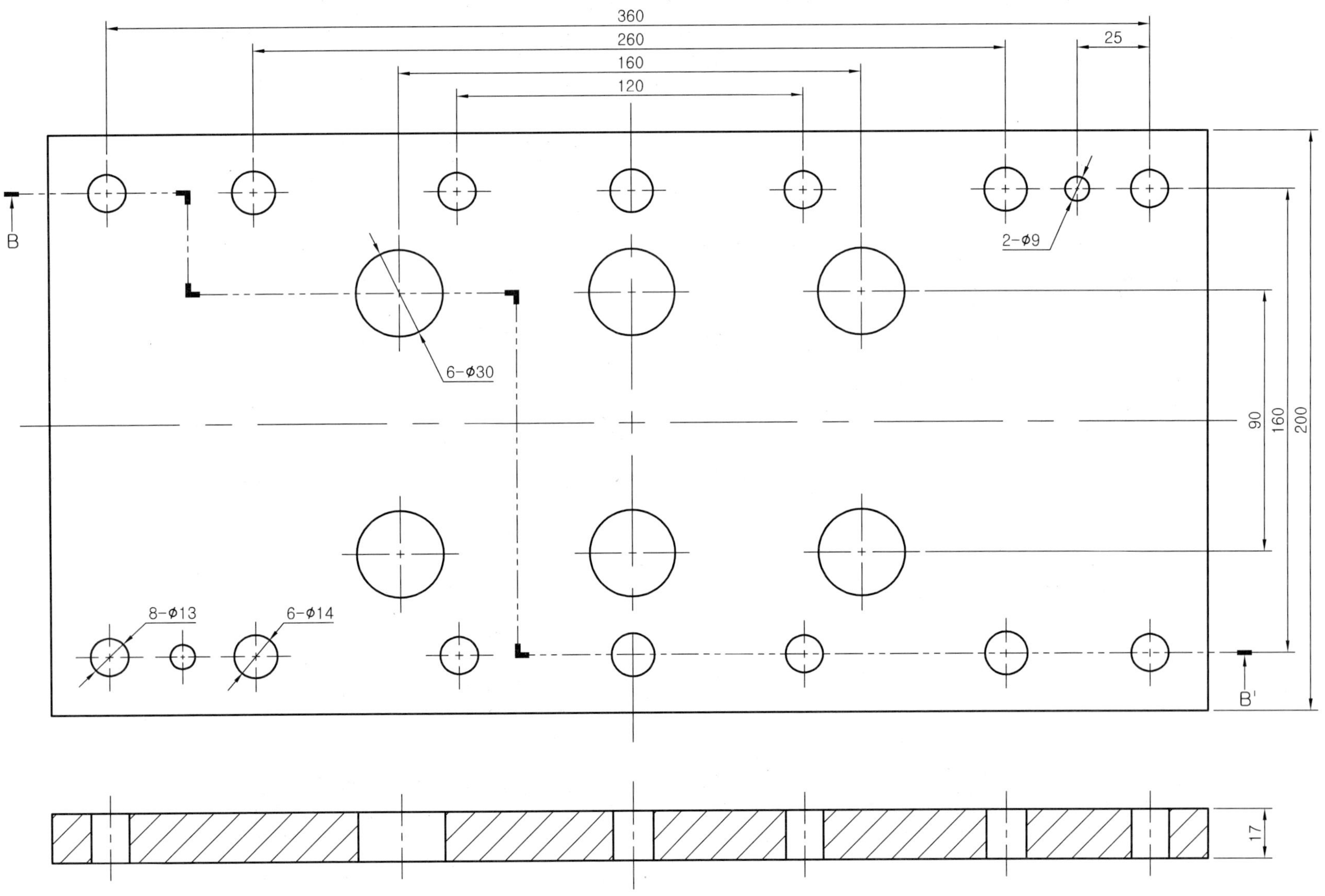

SECTION B-B'

부품명	펀치 받침판	척 도	NS

③ 펀치 고정판 $\overset{x}{\bigtriangledown}$($\overset{y}{\bigtriangledown}$)

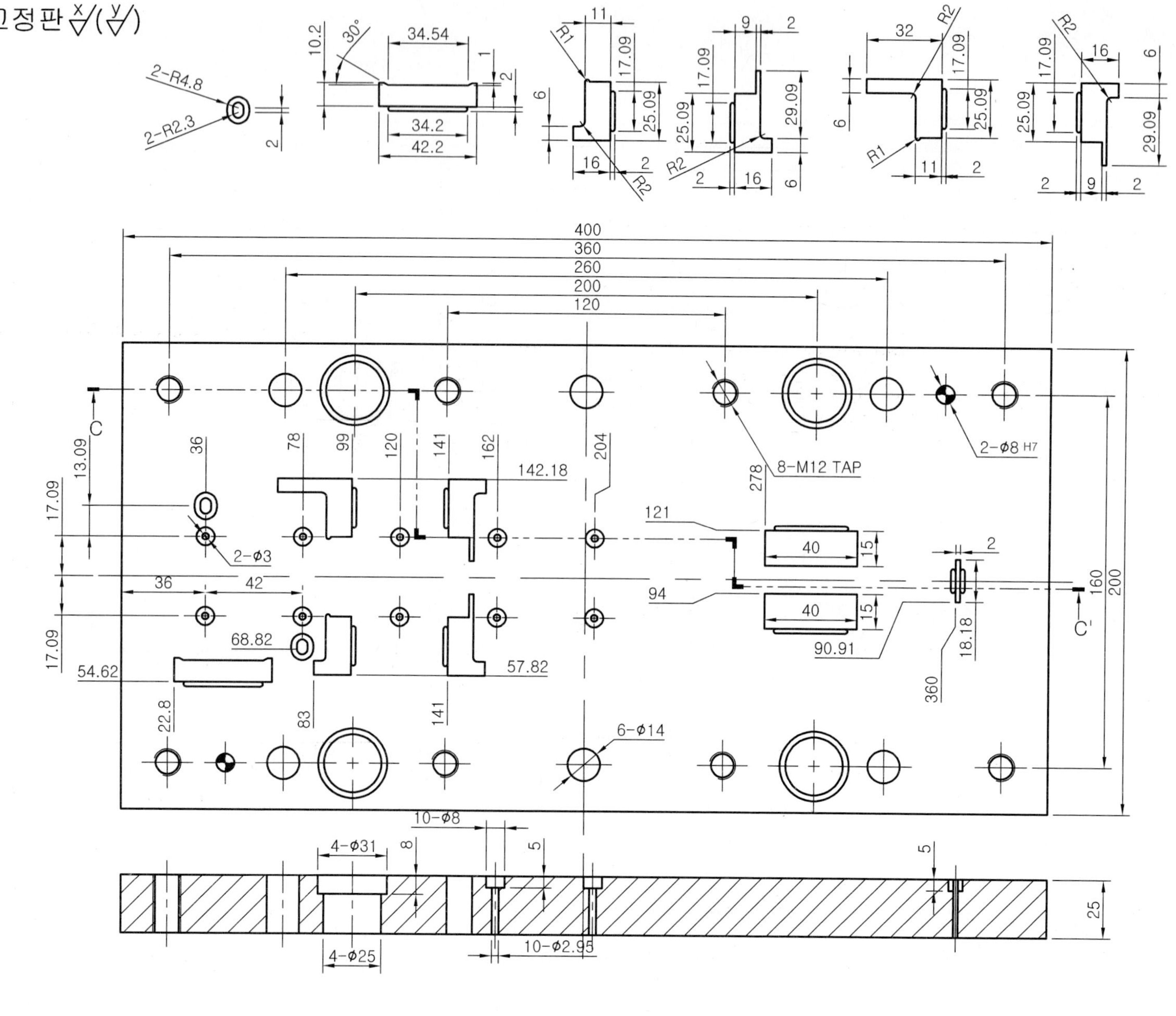

SECTION C-C'

부품명	펀치 고정판	척 도	NS

④ 압축판 $\overset{x}{\bigtriangledown}$/($\overset{y}{\bigtriangledown}$)

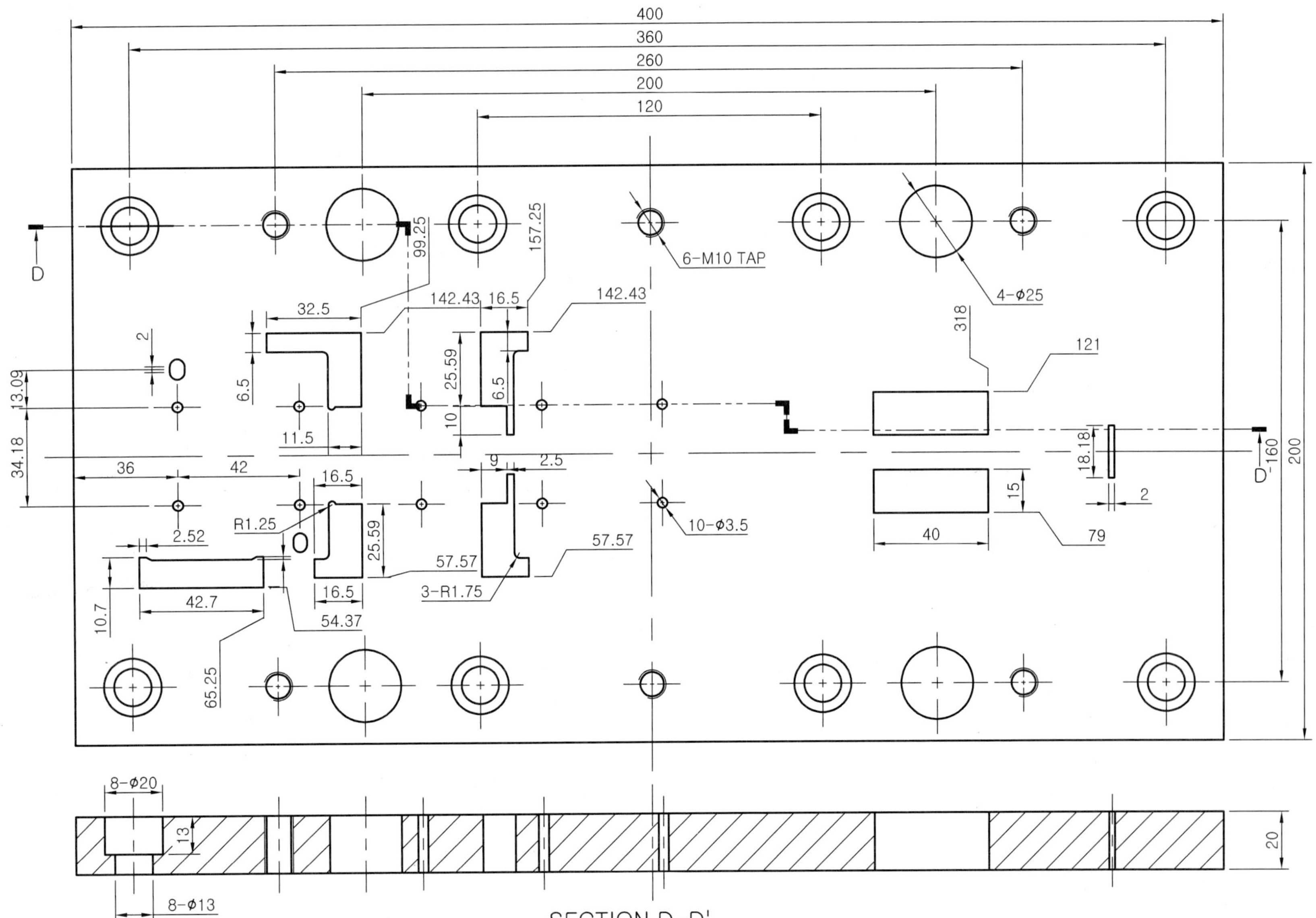

SECTION D-D'

부품명	압축판	척 도	NS

⑤ 스트리퍼 $\overset{x}{\nabla}$ ($\overset{y}{\nabla}$)

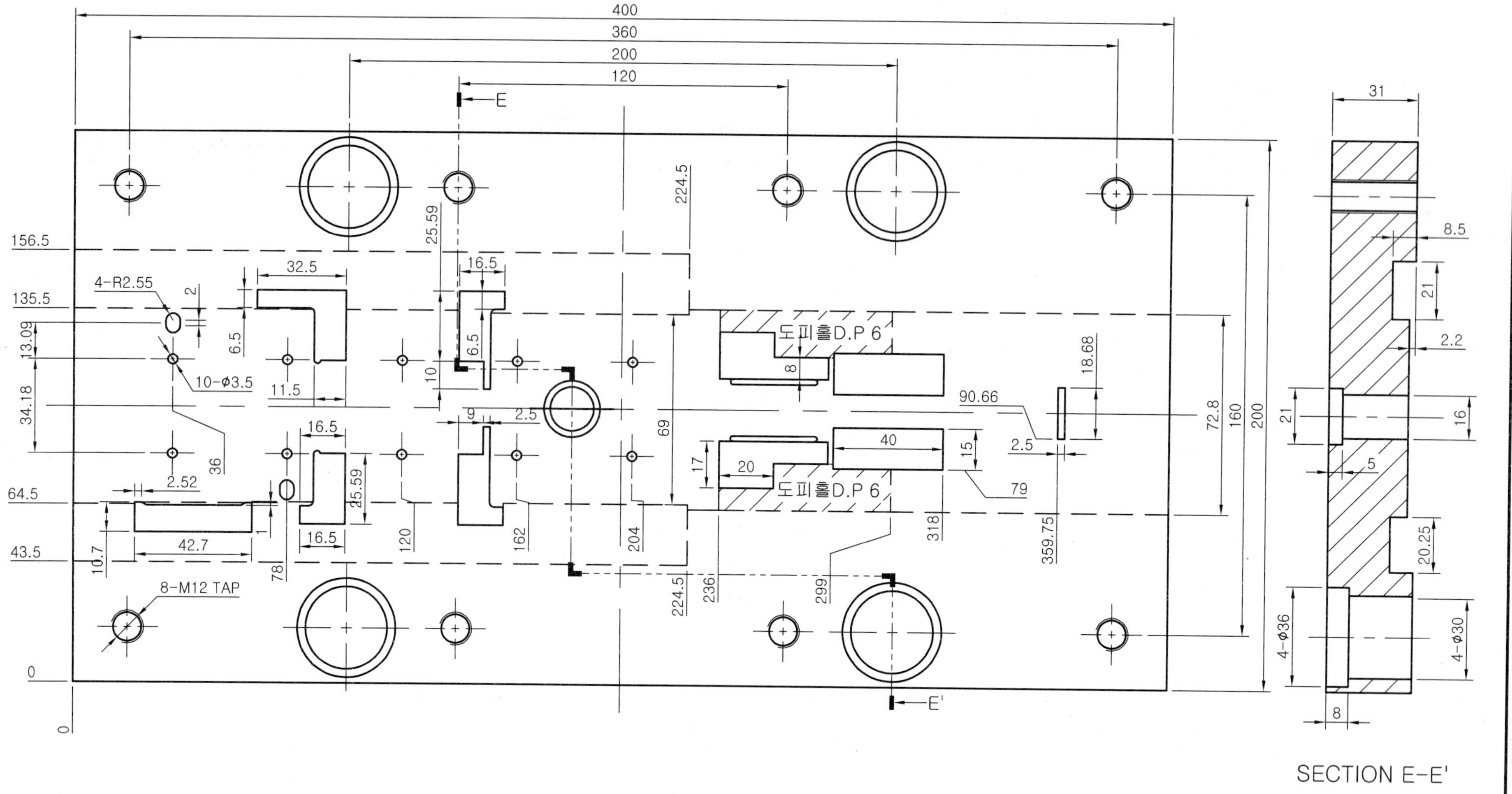

부품명	스트리퍼	척 도	NS

⑥ 다이 $\overset{x}{\nabla}$/($\overset{y}{\nabla}$)

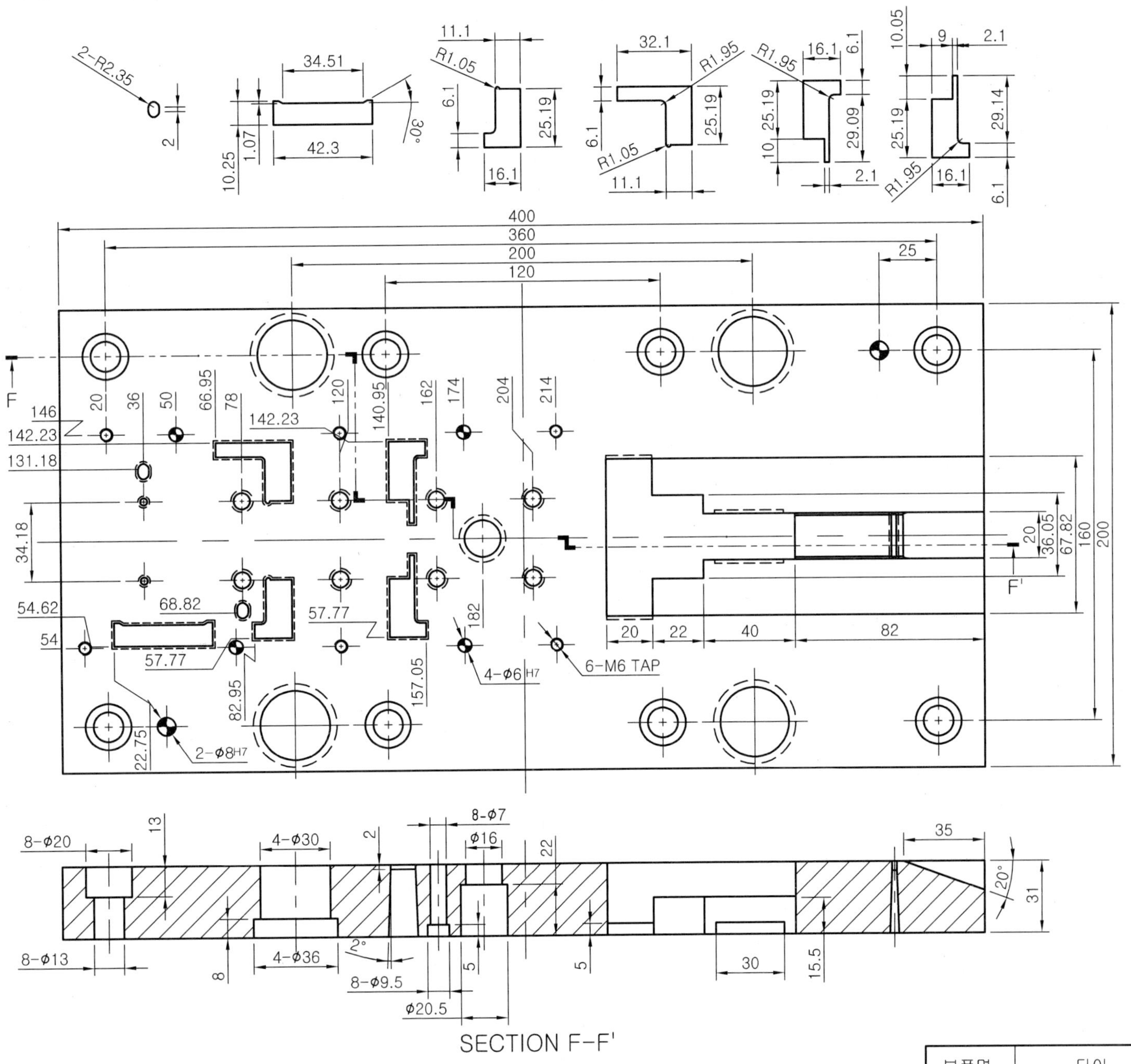

부품명	다이	척 도	NS

⑦ 다이 받침판 $\overset{x}{\nabla}$/($\overset{y}{\nabla}$)

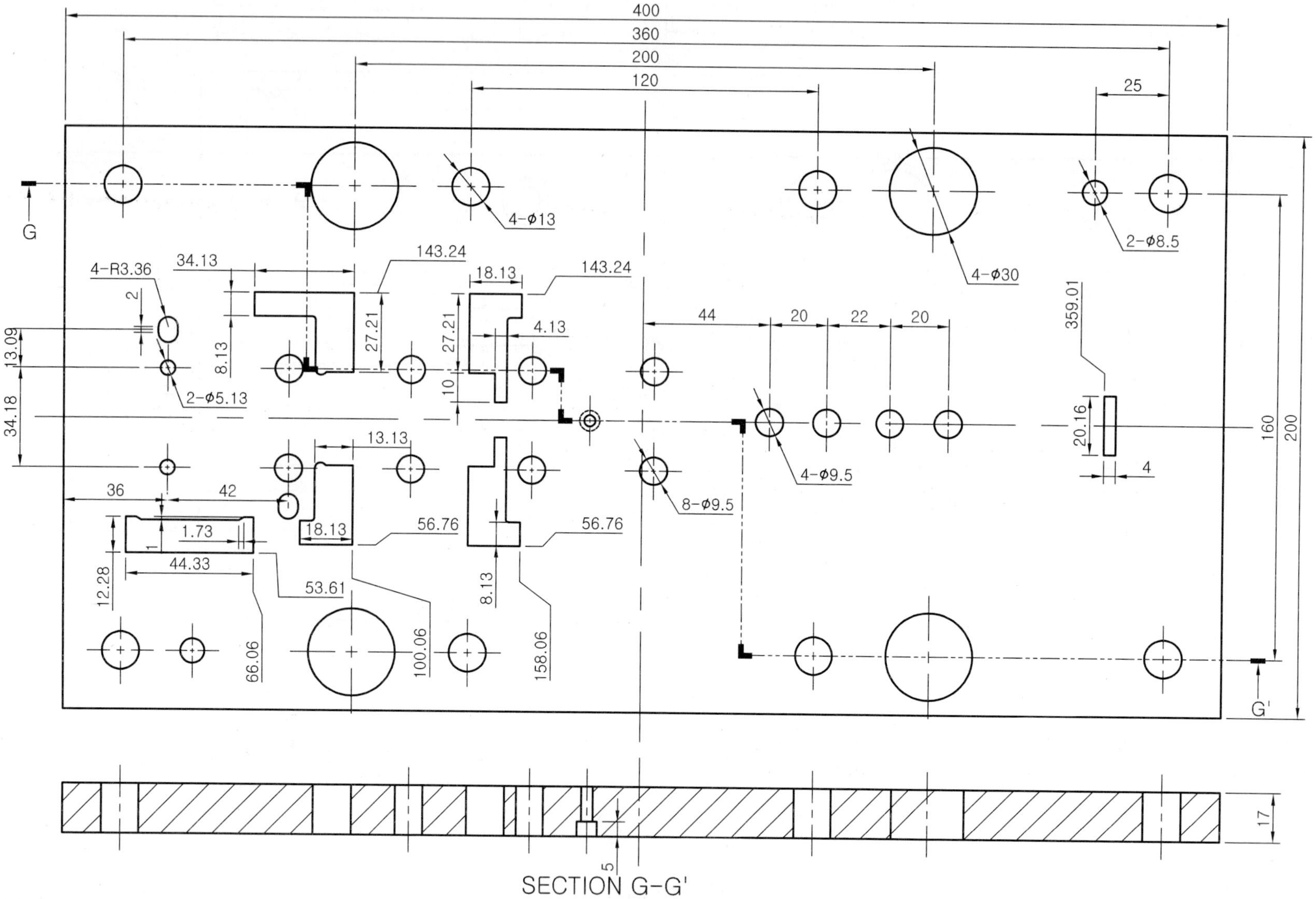

부품명	다이 받침판	척 도	NS

⑧ 하 홀더 x/(y/)

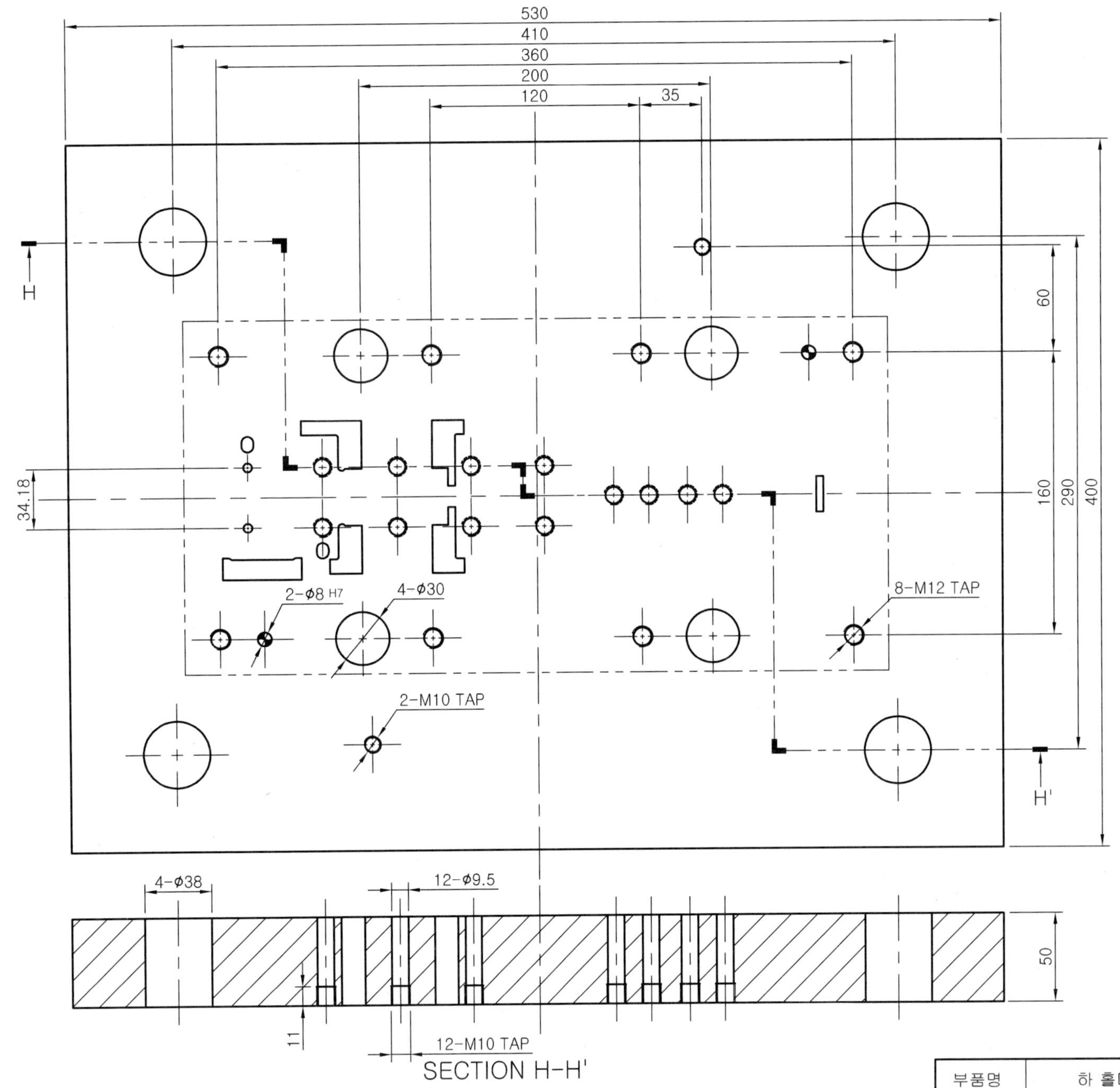

부품명	하 홀더	척 도	NS

⑨ 피어싱 펀치 $\overset{x}{\nabla}$/($\overset{y}{\nabla}$/)

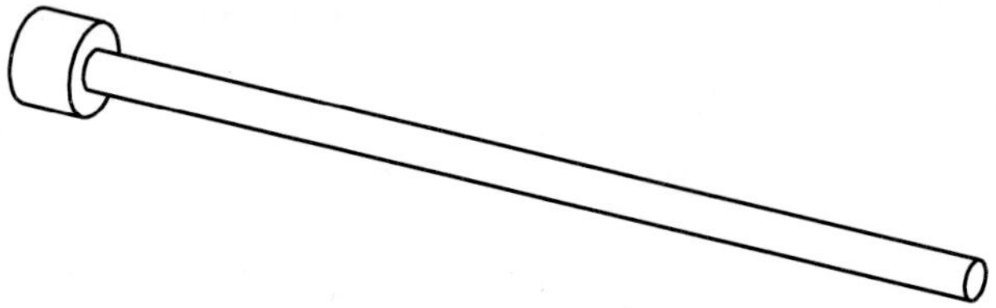

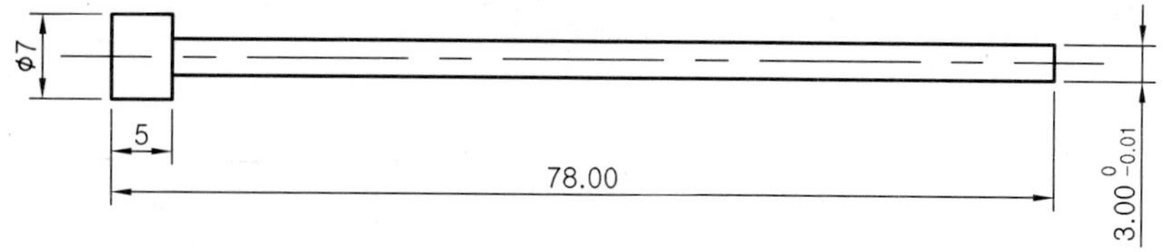

부품명	피어싱 펀치	척 도	NS

⑩ 이형 피어싱 펀치 $\overset{x}{\nabla}$ ($\overset{y}{\nabla}$)

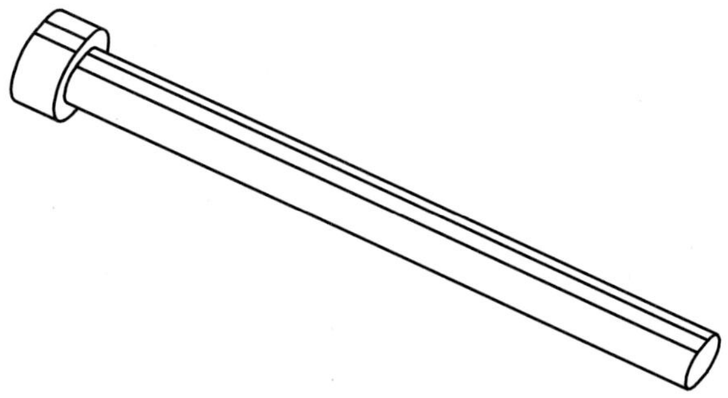

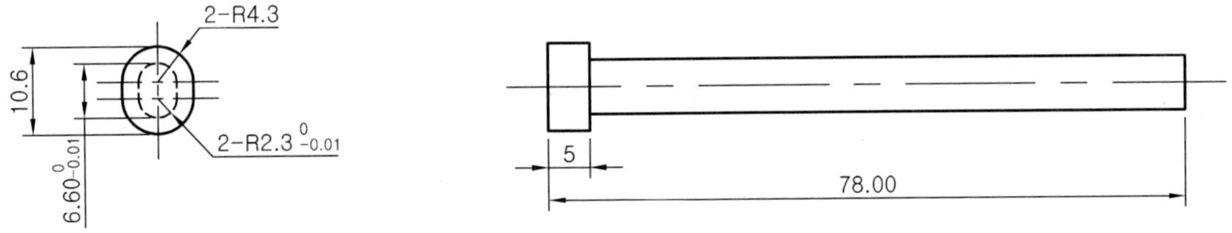

부품명	이형 피어싱 펀치	척 도	NS

⑪ 사이드 컷 펀치 $\overset{x}{\triangledown}$($\overset{y}{\triangledown}$)

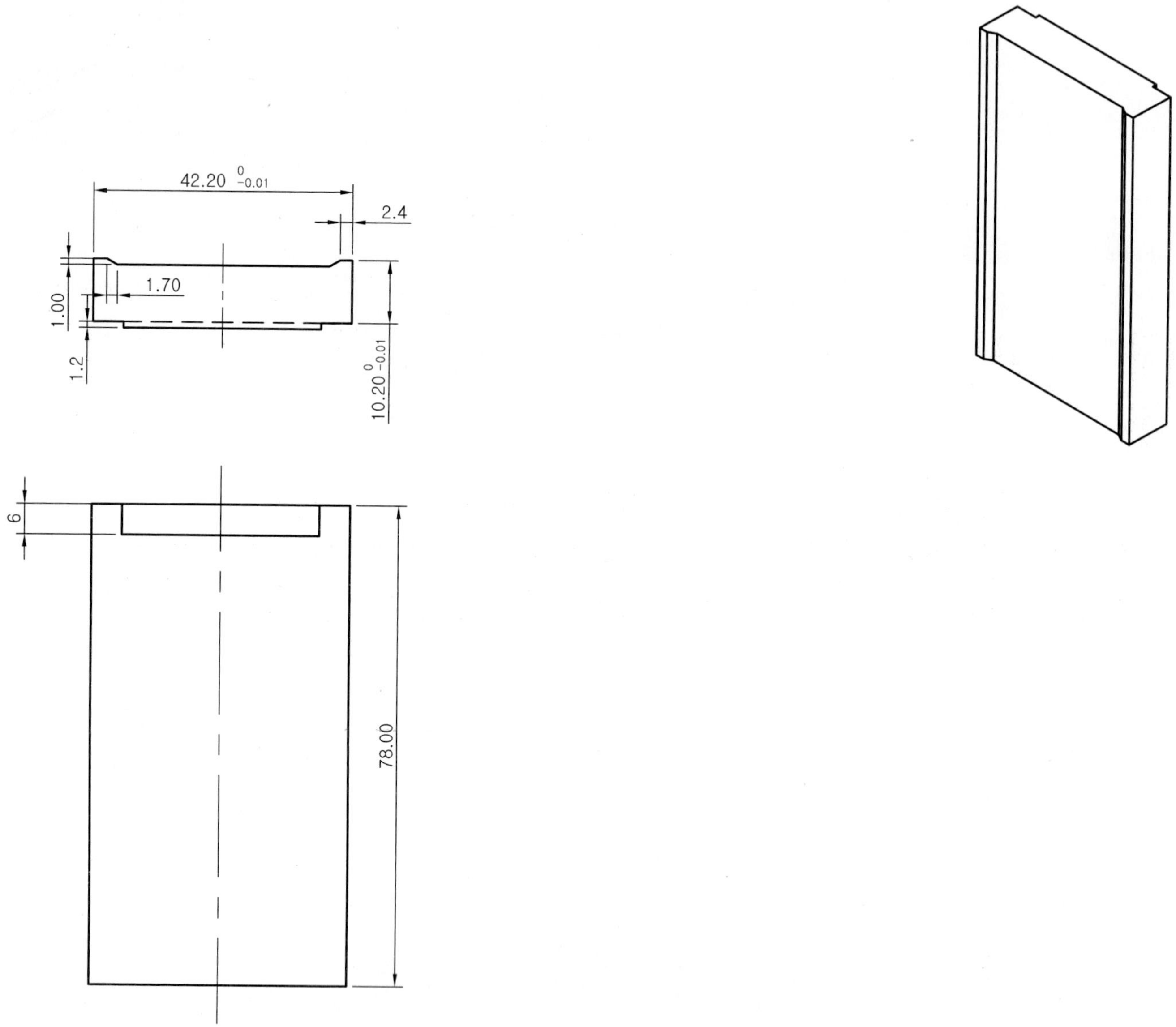

부품명	사이드 컷 펀치	척 도	NS

⑫ 노칭 펀치 $\overset{x}{\bigtriangledown}$/($\overset{y}{\bigtriangledown}$)

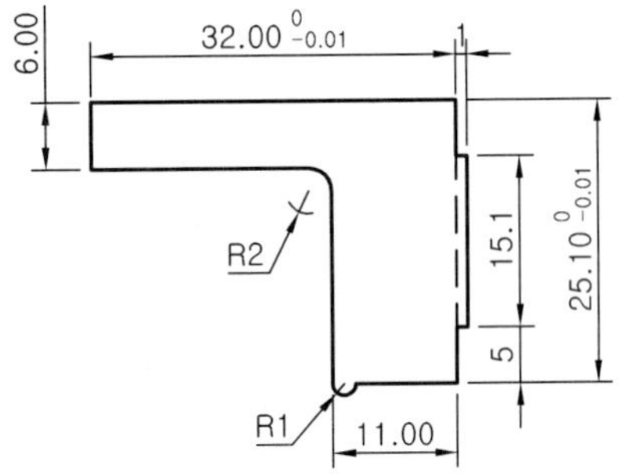

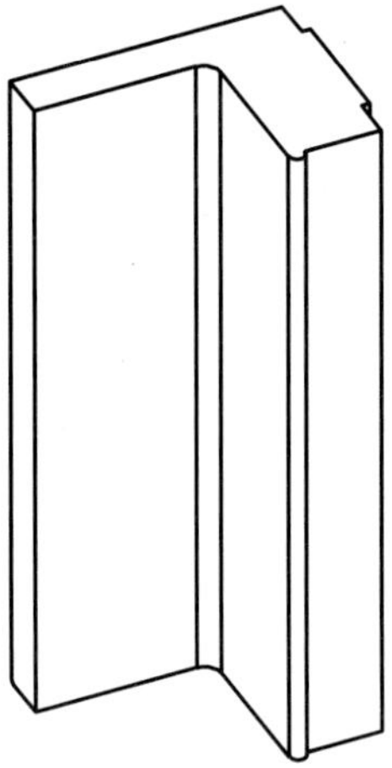

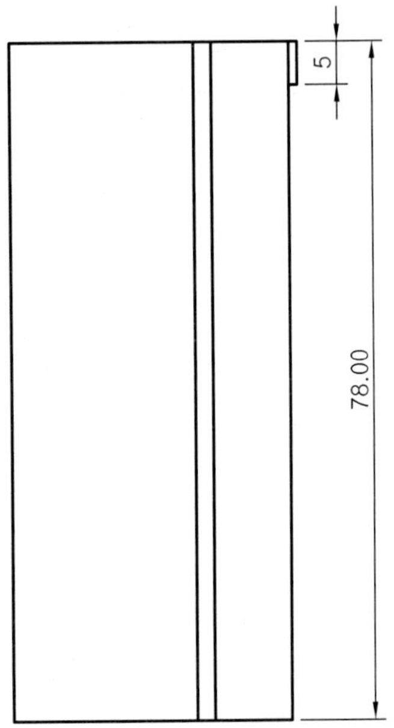

부품명	노칭 펀치	척 도	NS

⑭ 노칭 펀치 $\overset{x}{\triangledown}$ ($\overset{y}{\triangledown}$)

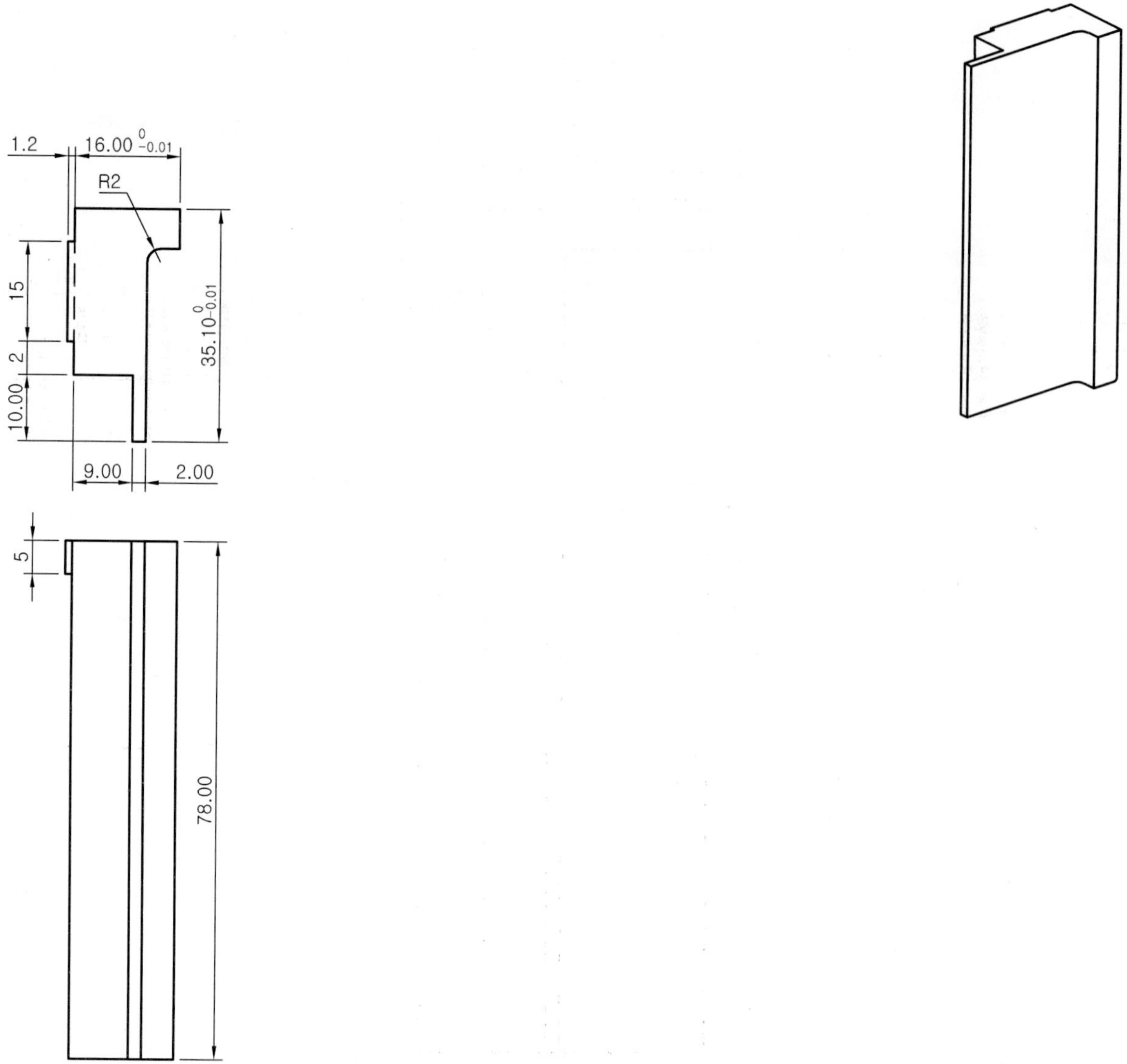

부품명	노칭 펀치	척 도	NS

⑮ 파팅 펀치 $\overset{x}{\bigtriangledown}$ ($\overset{y}{\bigtriangledown}$)

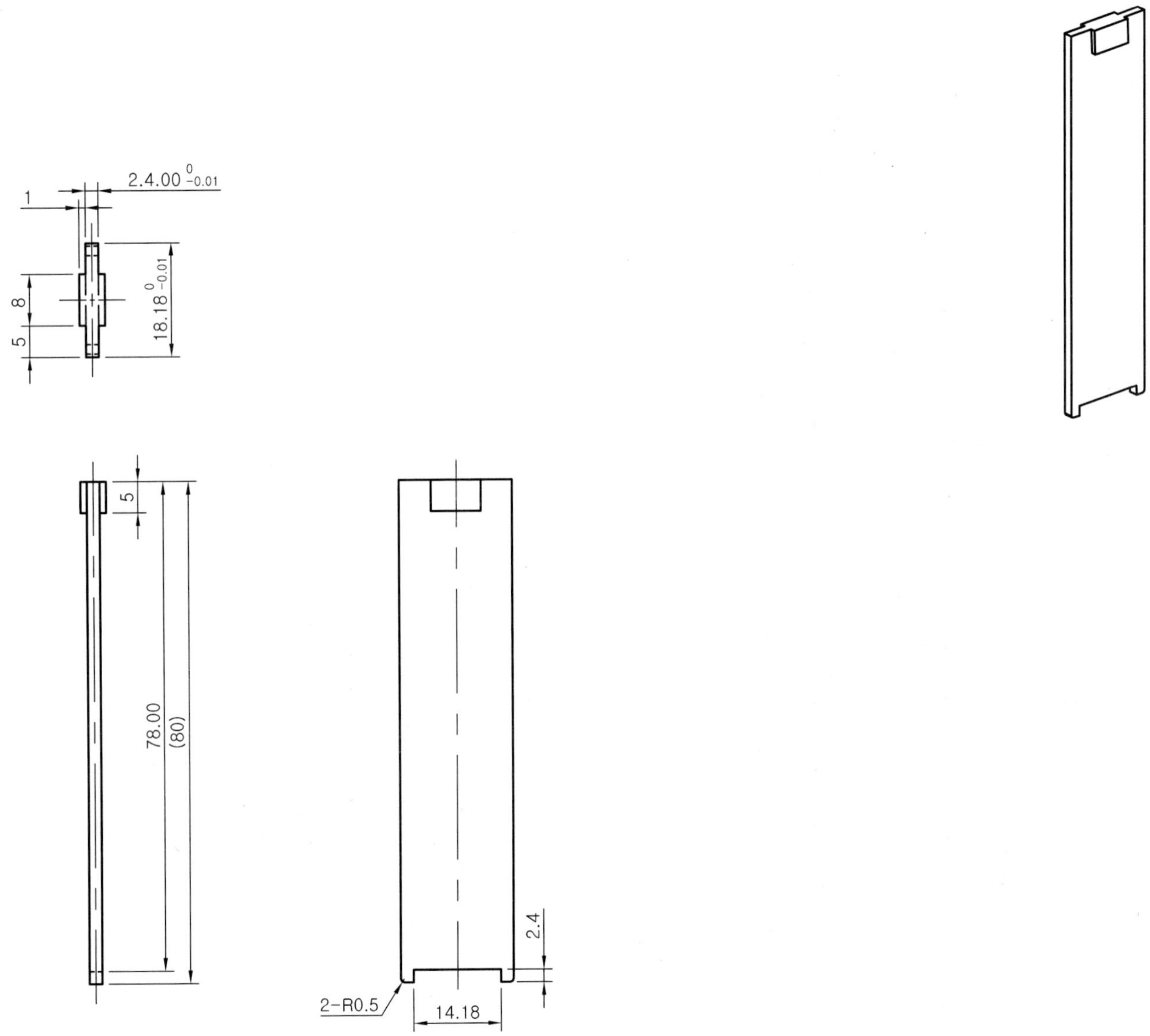

부품명	파팅 펀치	척 도	NS

⑯1차 밴딩 펀치 $\overset{x}{\nabla}$/($\overset{y}{\nabla}$/)

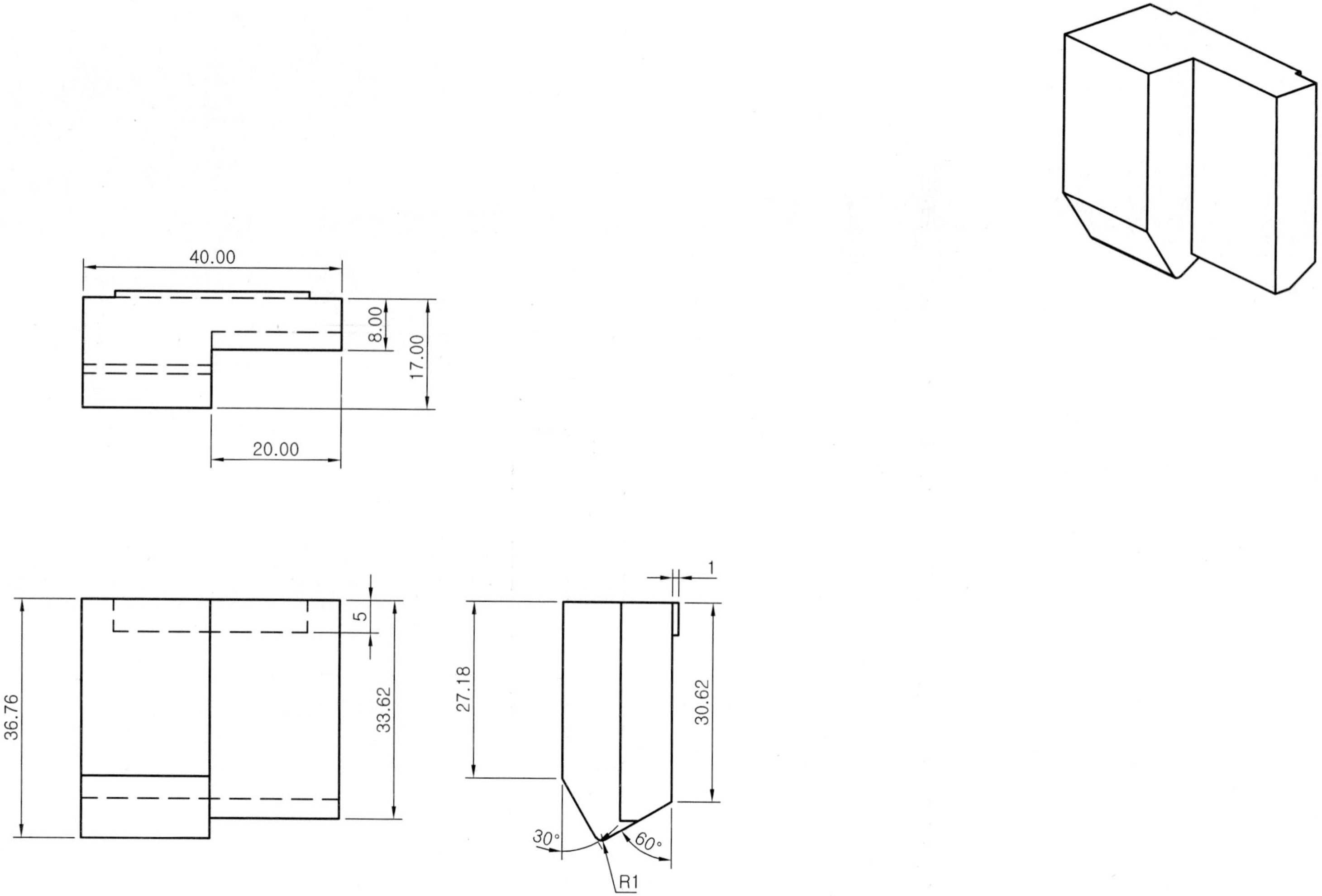

부품명	1차 밴딩 펀치	척 도	NS

⑰ 1차 밴딩 다이 $\overset{x}{\bigtriangledown}$/($\overset{y}{\bigtriangledown}$)

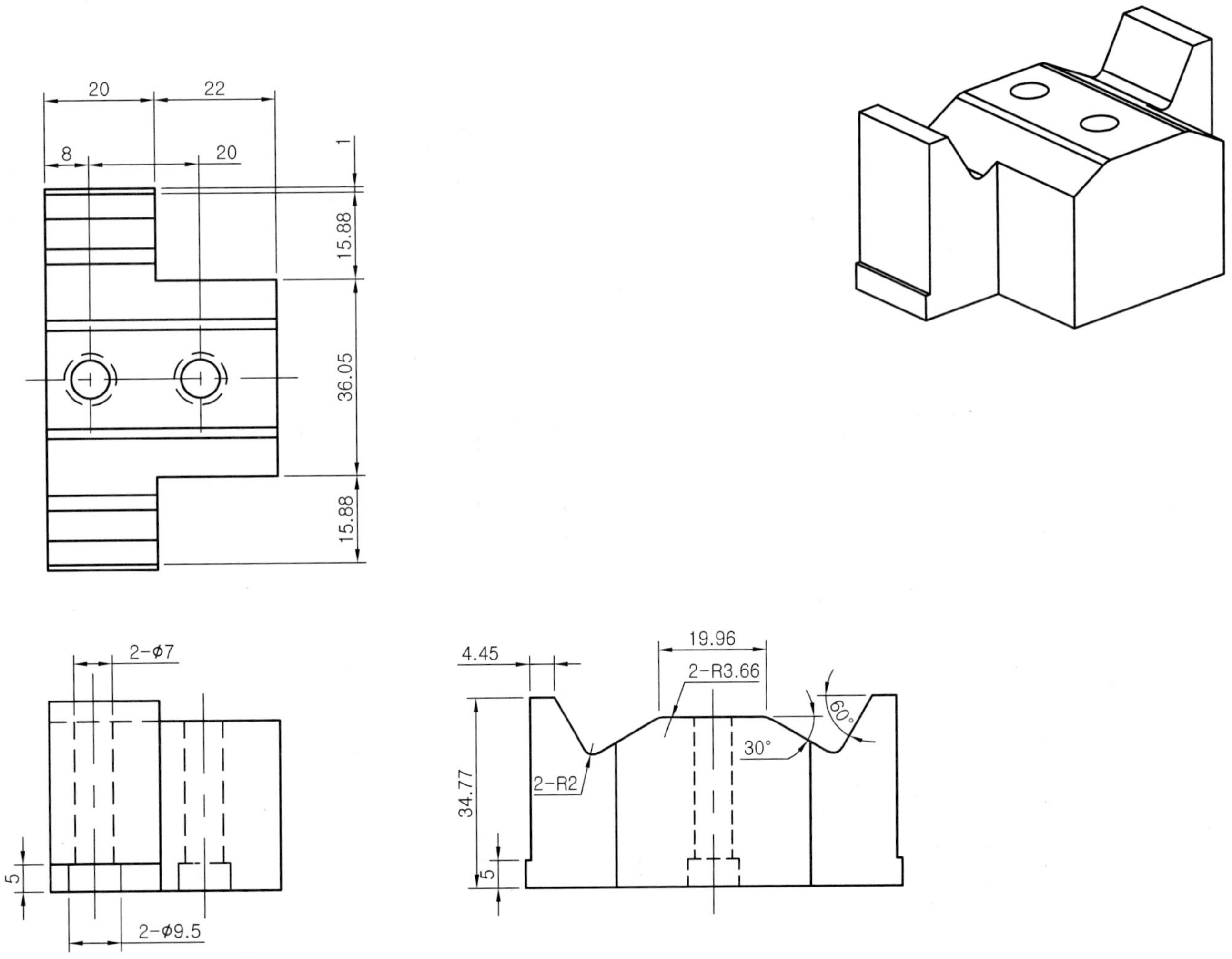

부품명	1차 밴딩 다이	척 도	NS

⑱ 2차 밴딩 펀치 $\overset{x}{\nabla}$($\overset{y}{\nabla}$)

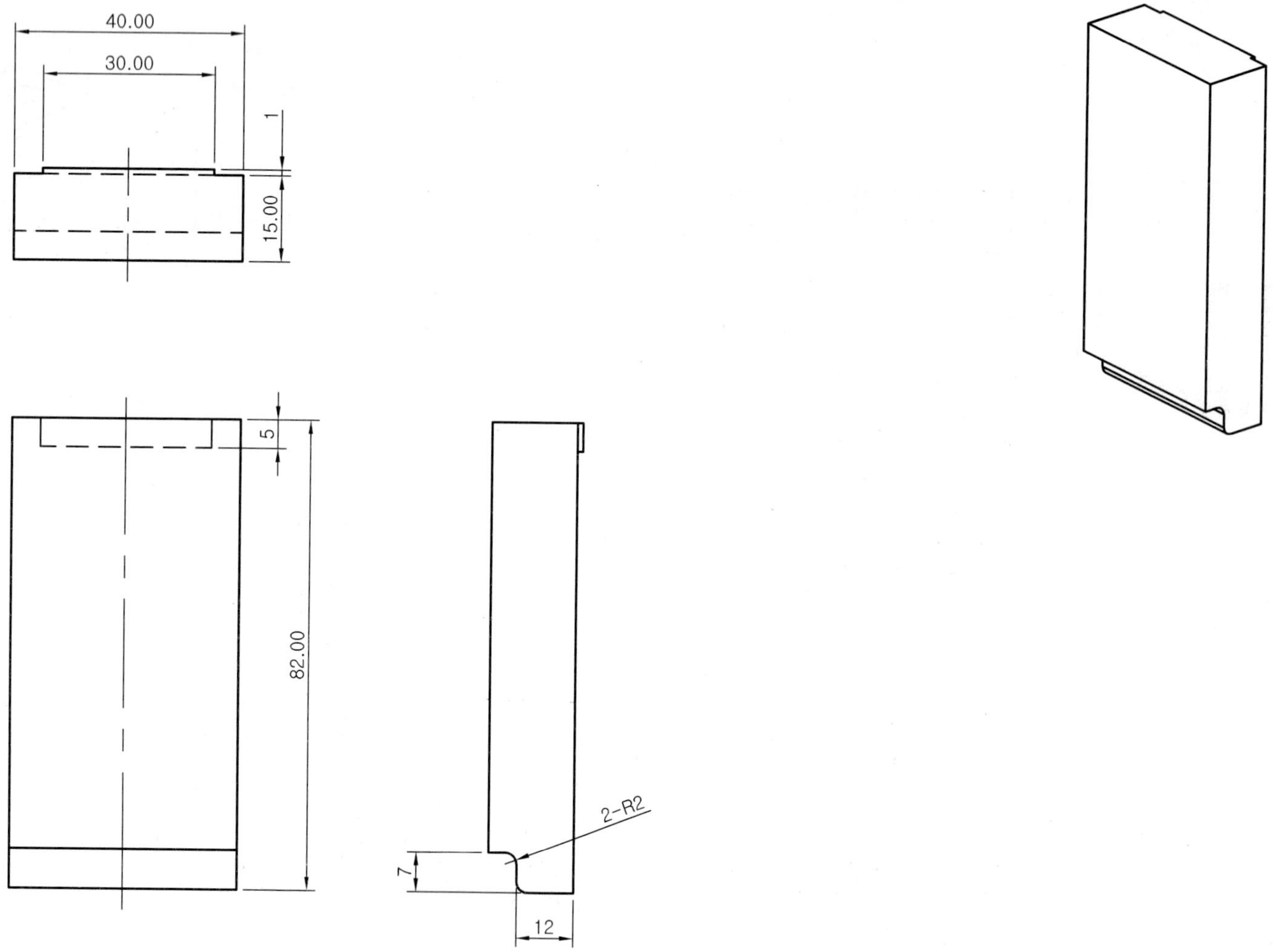

부품명	2차 밴딩 펀치	척 도	NS

⑲ 2차 밴딩 다이 x/(y/)

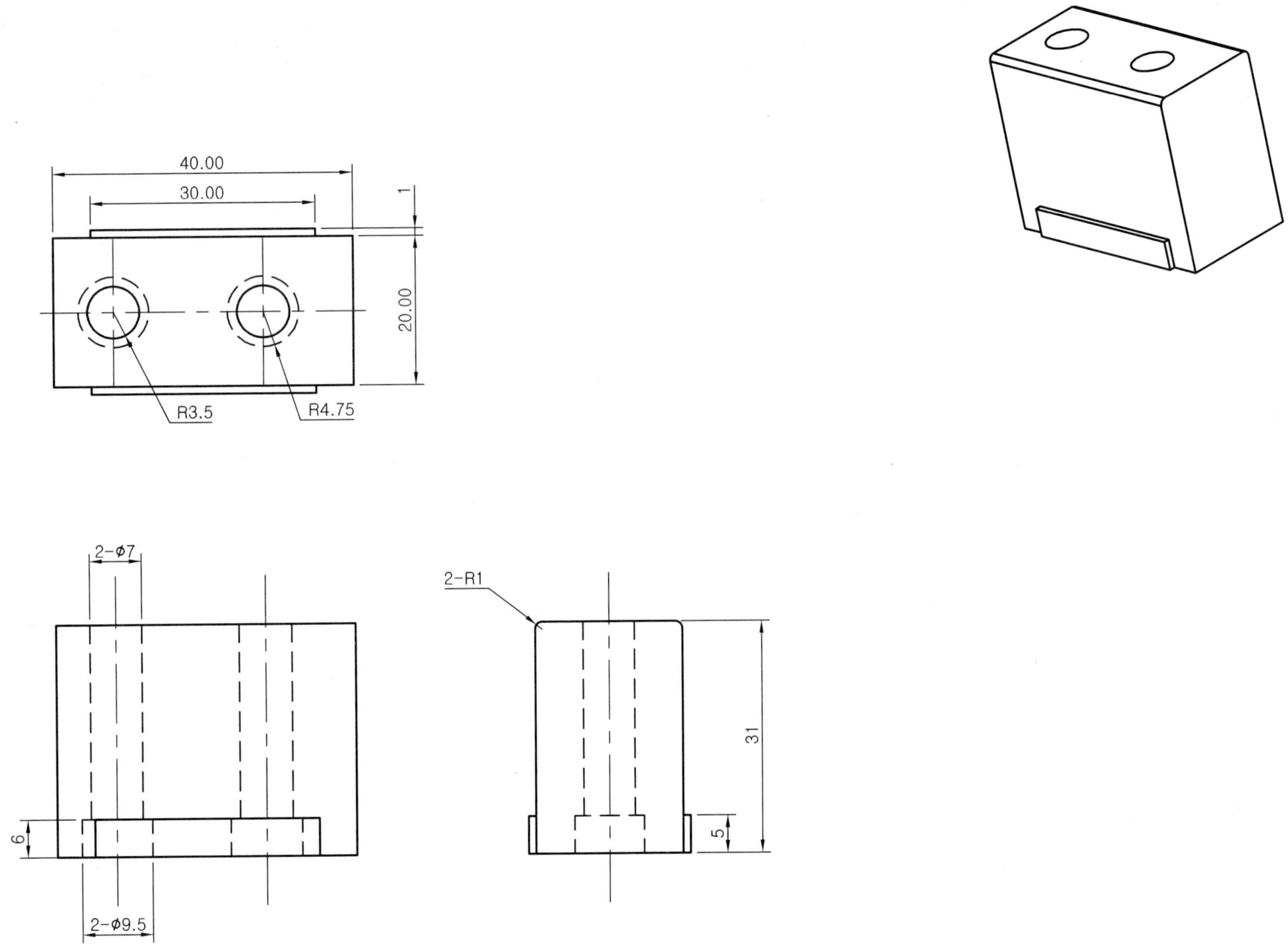

부품명	2차 밴딩 다이	척 도	NS

⑳ 파일롯 핀 $\overset{x}{\bigtriangledown}$/($\overset{y}{\bigtriangledown}$/)

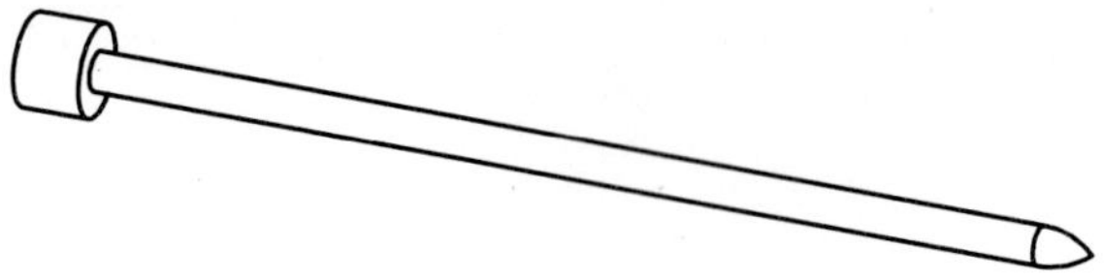

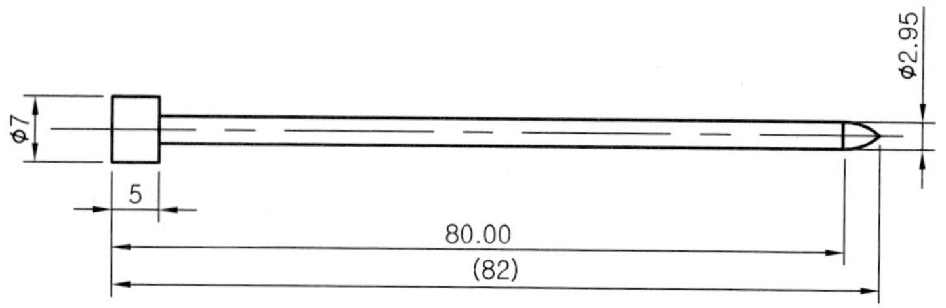

부품명	파일롯 핀	척 도	NS

㉑ 파일롯 부시 $\overset{x}{\bigtriangledown}$($\overset{y}{\bigtriangledown}$)

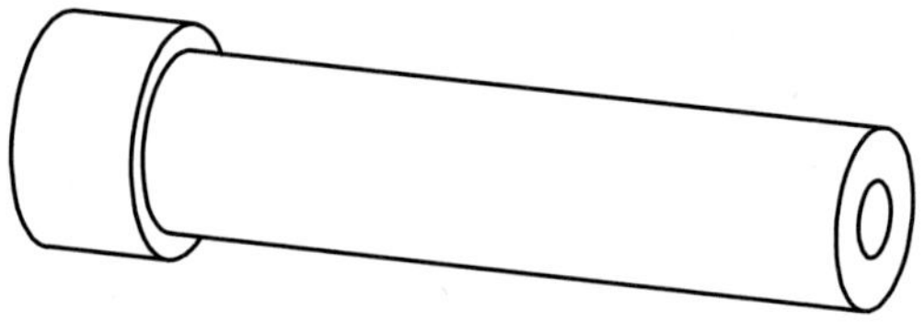

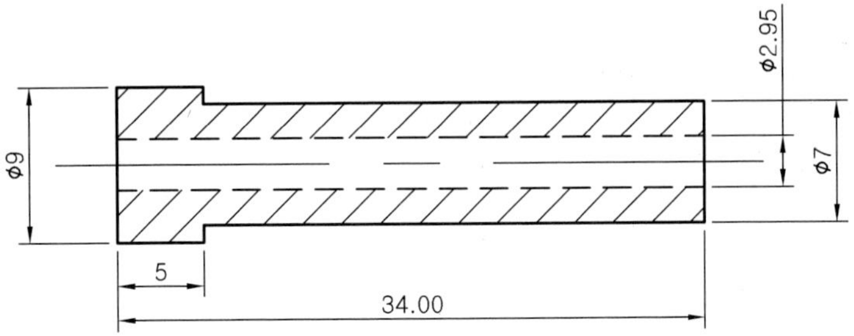

부품명	파일럿 부시	척 도	NS

㉒ 엠보싱 다이 편 $\overset{x}{\bigtriangledown}$ ($\overset{y}{\bigtriangledown}$)

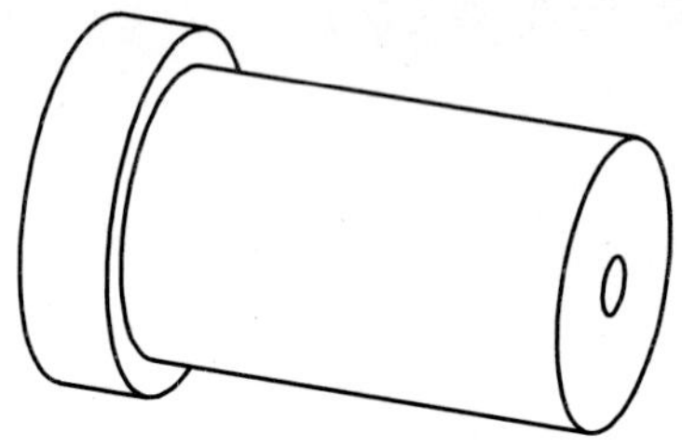

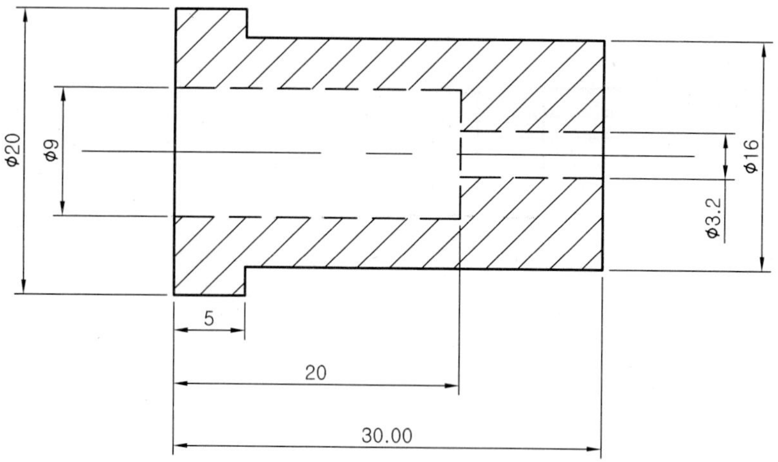

부품명	엠보싱 다이 편	척 도	NS

㉓ 엠보싱 다이 $\overset{x}{\nabla}$/($\overset{y}{\nabla}$/)

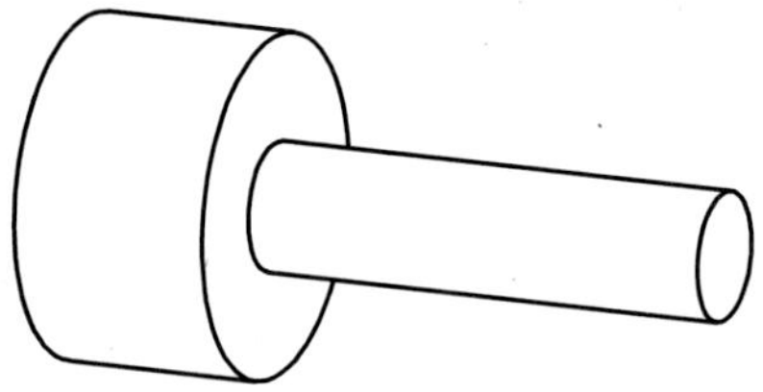

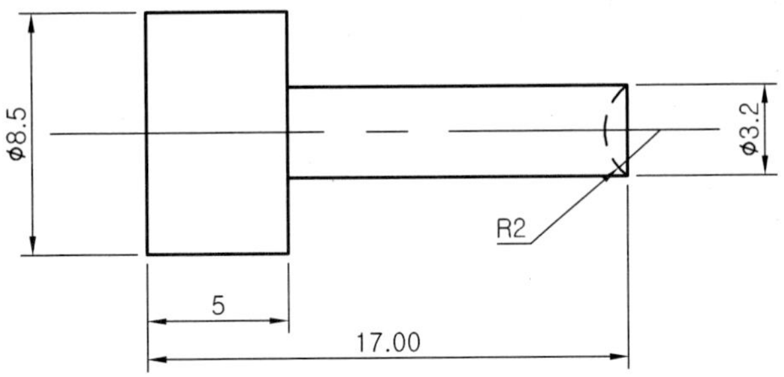

부품명	엠보싱 다이	척 도	NS

㉔ 엠보싱 펀치 패드 $\overset{x}{\nabla}$/($\overset{y}{\nabla}$)

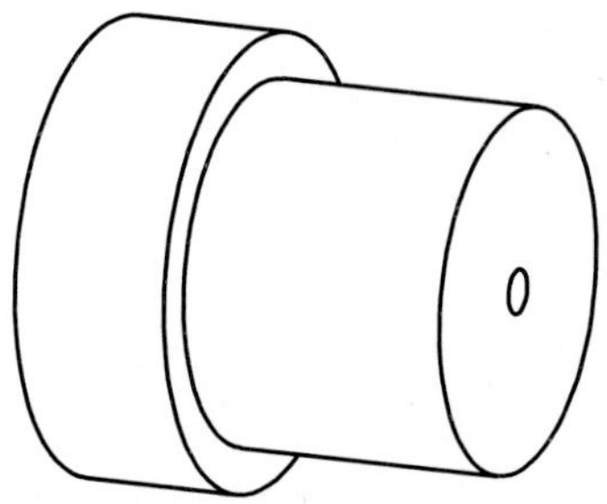

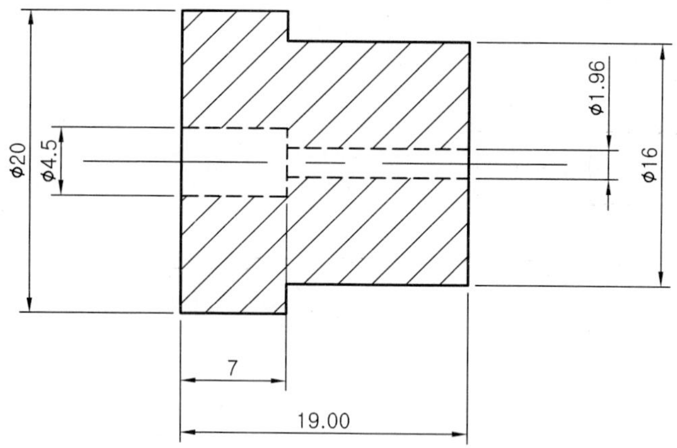

부품명	엠보싱 펀치 패드	척 도	NS

㉕ 엠보싱 펀치 $\overset{x}{\bigtriangledown}$/($\overset{y}{\bigtriangledown}$/)

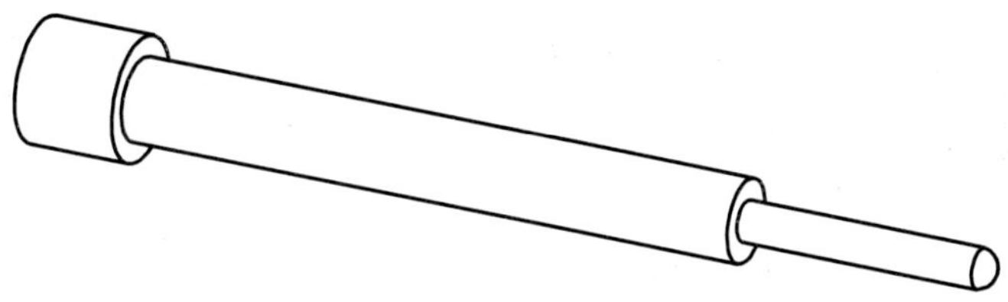

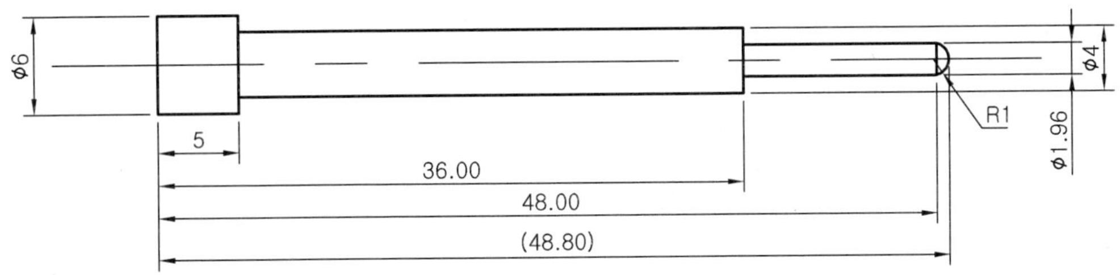

부품명	엠보싱 펀치	척 도	NS

3.6 Progressive-die(Bracket C)

요구사항

1) 제품도 및 3차원 Solid model을 이용하여 설계한다.
2) 판재 정보 : 두께 0.8 mm, 냉간압연강판
3) 금형 타입 : 프로그레시브 다이
4) 다이 셋트 : 다이셋트는 설계자가 정할 것.
5) 소재 이송 : 소재 이송은 좌측에서 우측으로 롤 피더를 사용하여 자동 이송하고 사이드 컷 공정은 필히 사용할 것.
6) 클리어런스 : 클리어런스는 재료 두께의 10%(편측)를 적용하여 설계할 것.
7) Lay-out
   7-1) Strip Lay-Out 배열은 1열 1개 생산 가능토록 할 것.
   7-2) Strip Lay-Out을 설계하고 제품전개치수, 피치, 재료폭, 포밍 등을 표기할 것.
   7-3) 작업 공정별 명칭을 필히 기입하고 Scrap은 최소화 할 것.
8) 파일럿 방식은 파일럿 파손방지를 위하여 가동 파일럿 방식으로 설계할 것.
9) 판재 휨으로 인한 사이드컷 공정 삽입할 것
10) 피어싱 가공 : 굽힙을 감안하여 요구치수를 만족할 것.
11) 성형가공 : 스프링백량을 감안한 굽힘구조와 버링 후 다이에서 빠짐이 원활한 구조
12) 부품도 : 공정의 부품도는 전체 12개 이상 설계할 것.
13) 조립도 단면도 :
   13-1) 상형과 하형을 결합된 상태로 설계하되 상기 주요사항을 표현할 것.
14) 스트리퍼
   14-1) 스트리퍼는 가동스트리퍼 타입으로 설계할 것.
   14-2) 스트리퍼 가이드 포스트 및 부시는 주어진 규격 집을 활용할 것.
15) 기타 지시하지 않은 사항들은 KS제도법에 준하여 모델링 할 것.

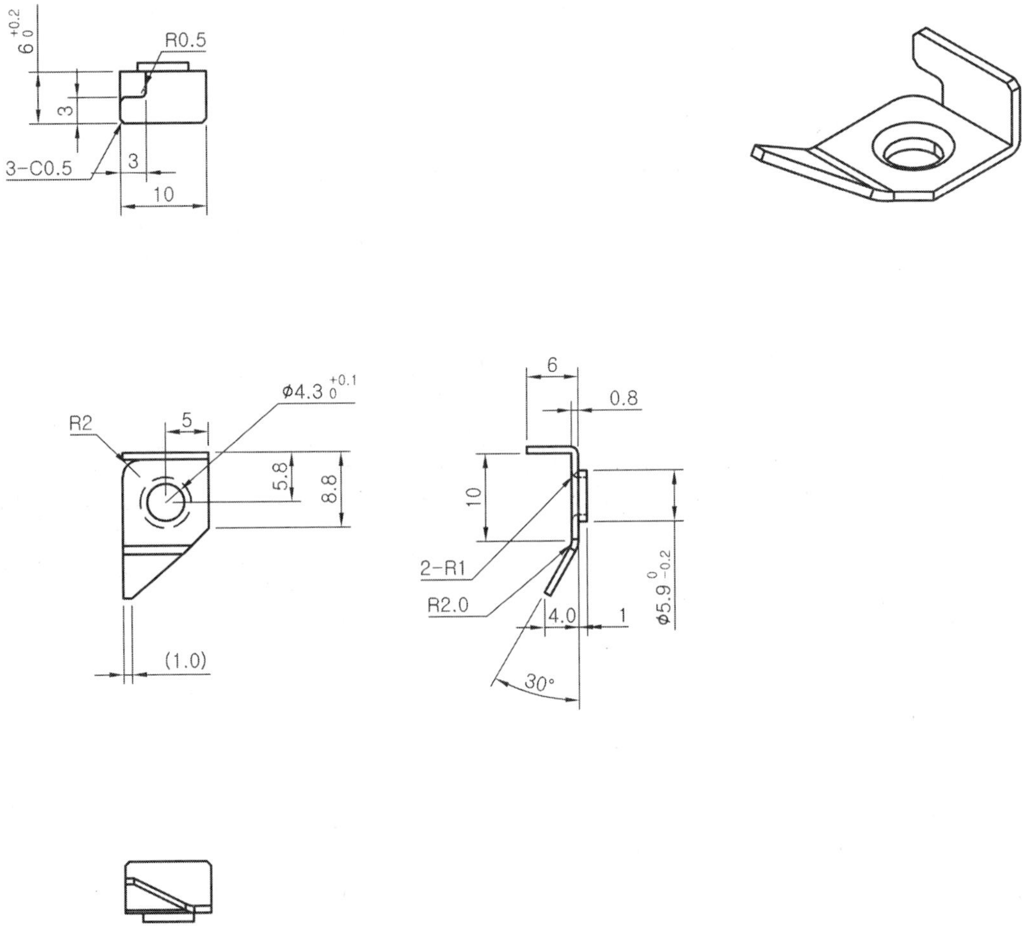

주서

1. 소재 두께 : 0.8mm
2. 금형 타입 : 프로그래시브 다이
3. 소재 이송 : 좌측에서 우측으로 롤 피더 사용
4. 클리어런스 : 재료 두께의 10%(편측)
5. 스프링 백량을 감안한 밴딩 구조 적용
6. 가동식 스트리퍼 사용

제품명	bracket C	척 도	NS

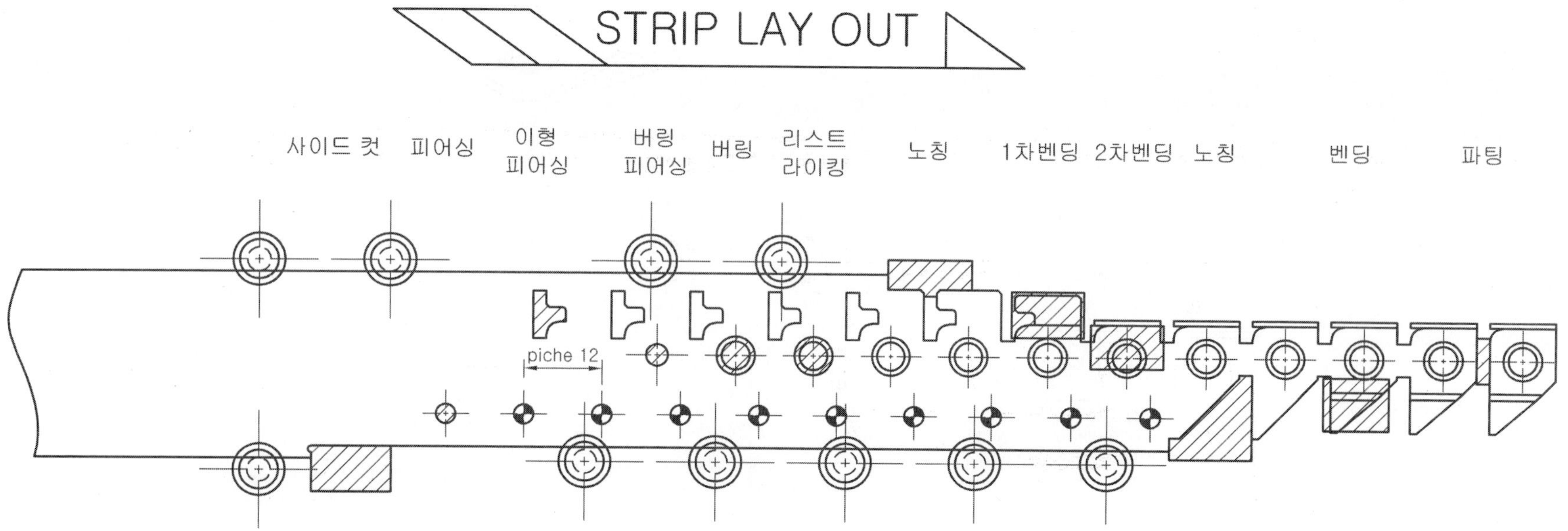
STRIP LAY OUT
사이드 컷
피어싱
이형 피어싱
버링 피어싱
버링
리스트 라이킹
노칭
1차벤딩
2차벤딩
노칭
벤딩
파팅
piche 12

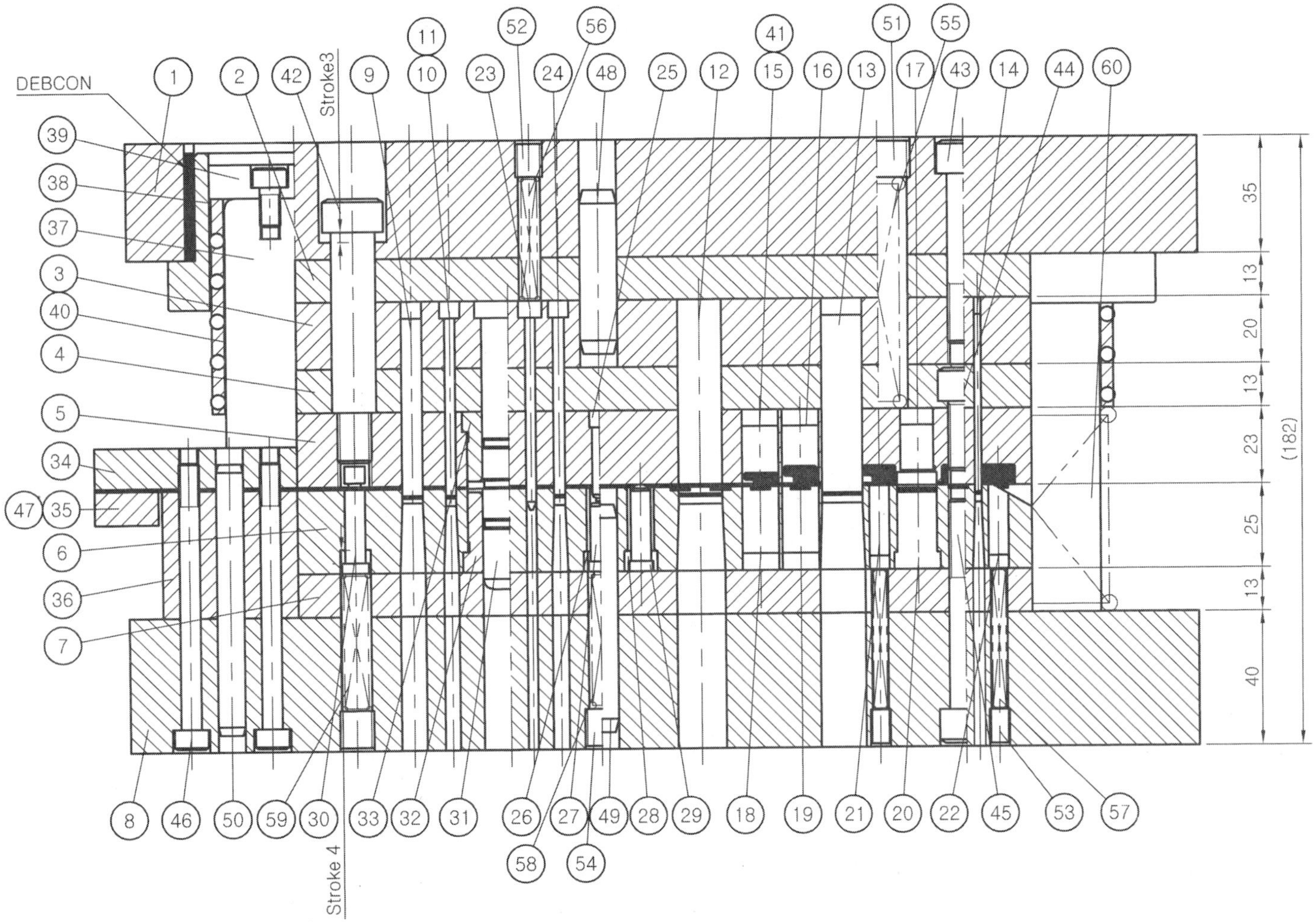

품 번	품 명	재 질	수 량	비 고
30	가이드 리프터 핀	STD 11	10	HRC55
29	리스트라이킹 심봉	STD 11	1	HRC55
28	리스트라이킹 편	STD 11	1	HRC55
27	버링 다이 심봉	STD 11	1	HRC55
26	버링 다이	STD 11	1	HRC55
25	버링 펀치	STD 11	1	HRC55
24	버링 애벌 펀치	STD 11	1	HRC55
23	파일롯 핀	STD 11	9	HRC55
22	블록 이젝터	STD 11	1	HRC55
21	블록 이젝터	STD 11	2	HRC55
20	밴딩 다이	STD 11	1	HRC55
19	2차 밴딩 다이	STD 11	1	HRC55
18	1차 밴딩 다이	STD 11	1	HRC55
17	밴딩 펀치	STD 11	1	HRC55
16	2차 밴딩 펀치	STD 11	1	HRC55
15	1차 밴딩 펀치	STD 11	1	HRC55
14	파팅 펀치	STD 11	1	HRC55
13	노칭 펀치	STD 11	1	HRC55
12	노칭 펀치	STD 11	1	HRC55
11	이형 피어싱 펀치	STD 11	1	HRC55
10	피어싱 펀치	STD 11	1	HRC55
9	사이드 커터	STD 11	1	HRC55
8	하 홀더	SM 45C	1	
7	다이 받침판	STD 11	1	HRC60
6	다이	STD 11	1	
5	스트리퍼	STD 11	1	
4	압축판	STD 11	1	HRC60
3	펀치 고정판	STD 11	1	
2	펀치 받침판	STD 11	1	HRC60
1	상 홀더	SM 45C	1	

progressive-die (bracket C)	척 도	N.S
	각 법	3각법

① 상 홀더 $\overset{x}{\bigtriangledown}$/ ($\overset{y}{\bigtriangledown}$/)

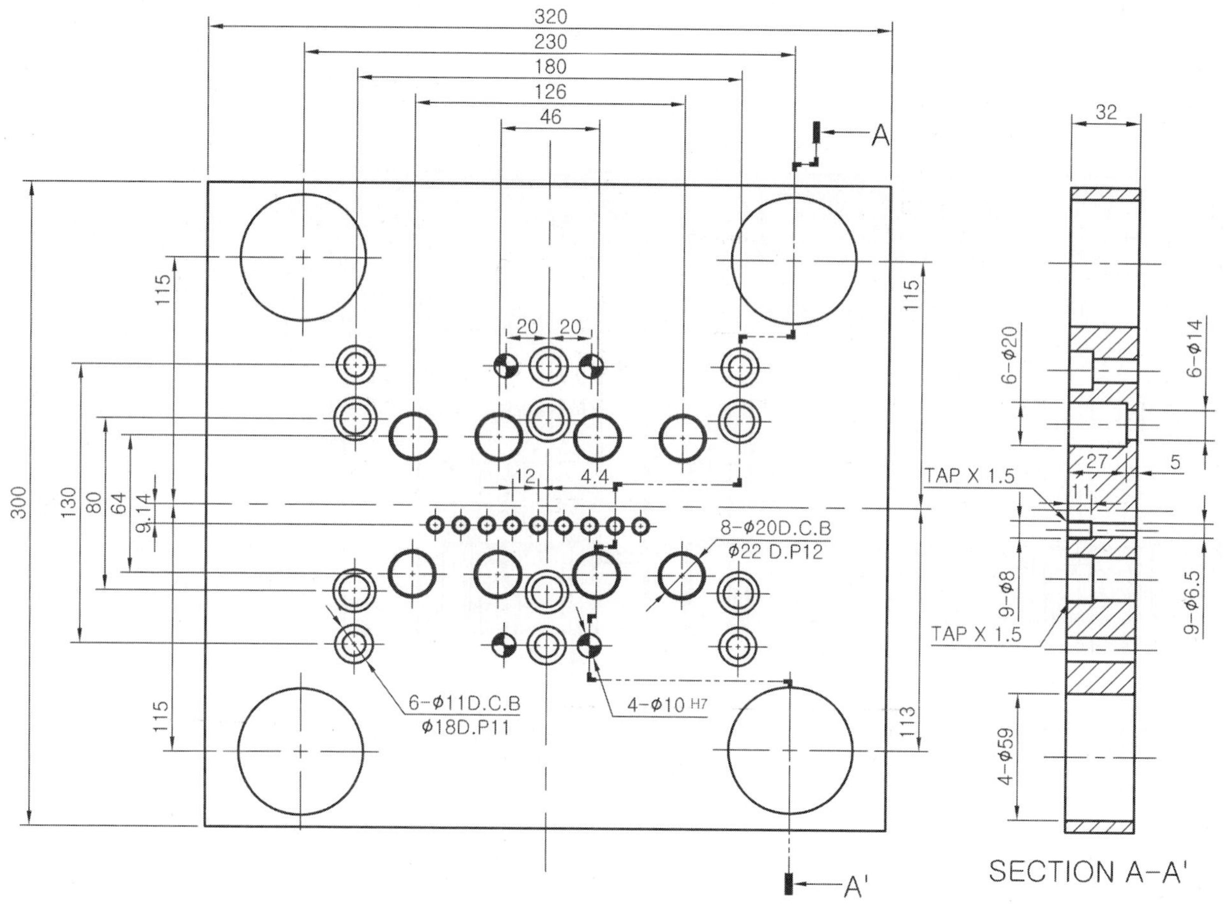

부품명	상 홀더	척 도	NS

② 펀치 받침판 x▽ (y▽)

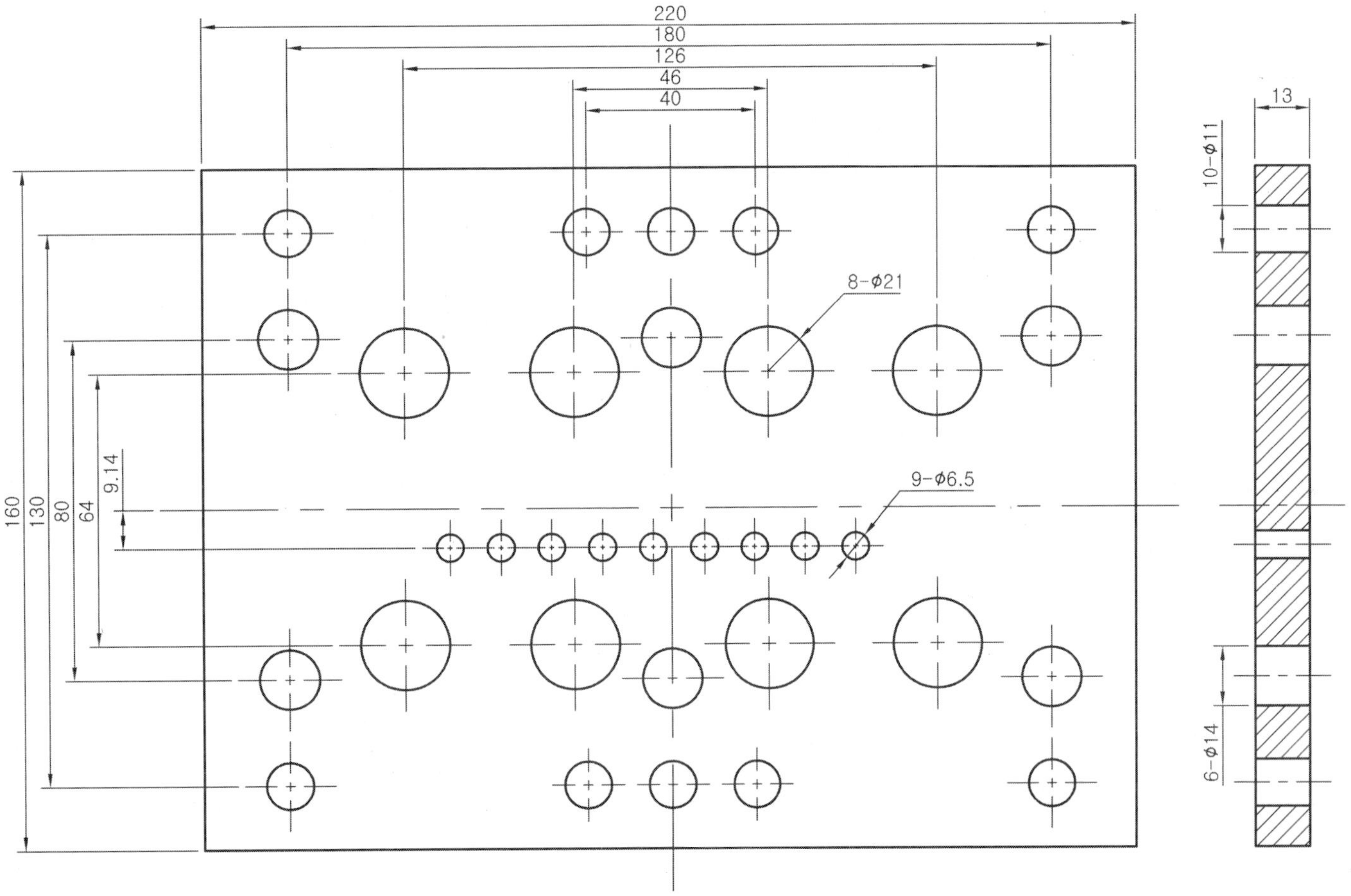

부품명	펀치 받침판	척 도	NS

③ 펀치 고정판 $\overset{x}{\bigtriangledown}$ ($\overset{y}{\bigtriangledown}$)

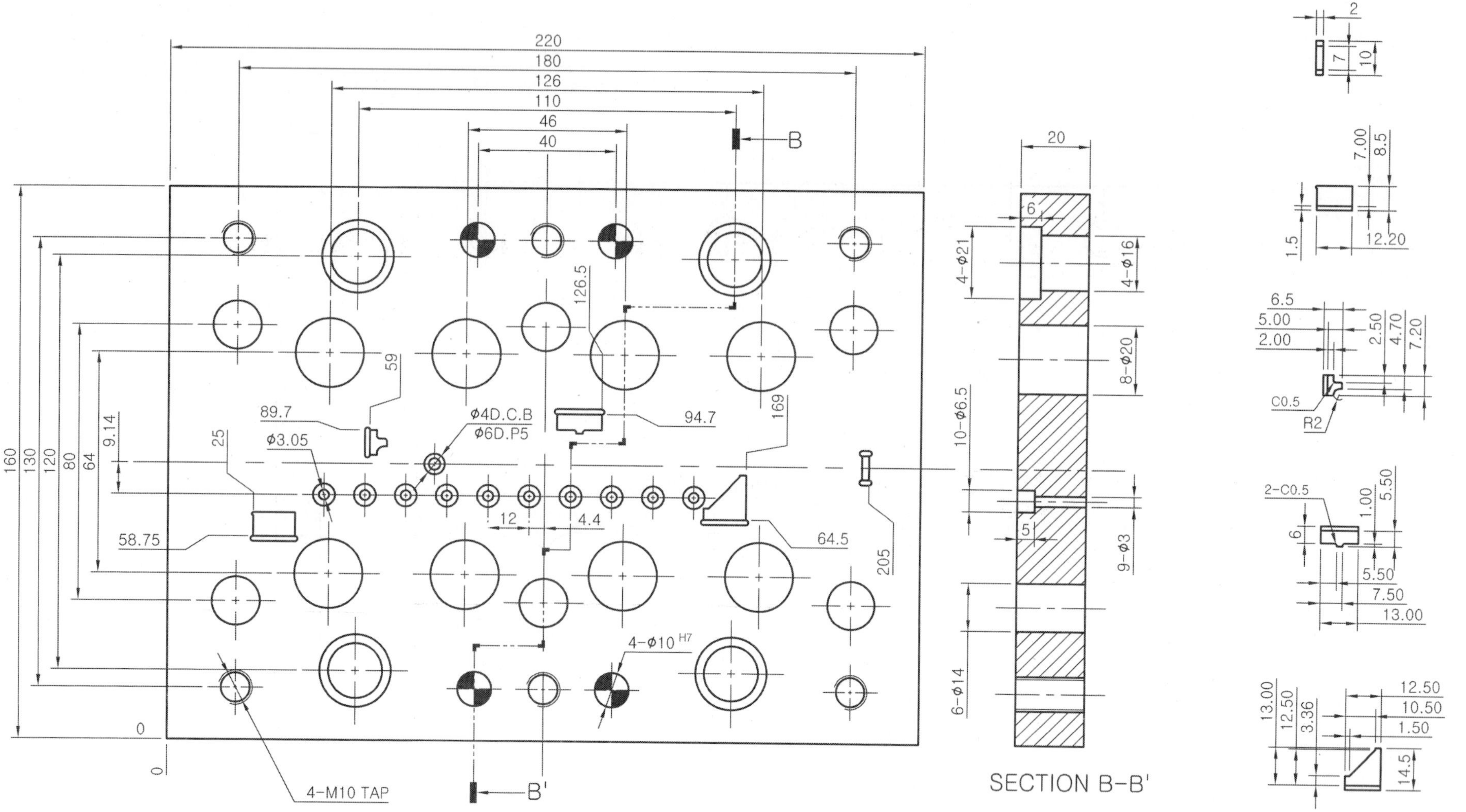

부품명	펀치 고정판	척 도	NS

④ 압축판 x/(y/)

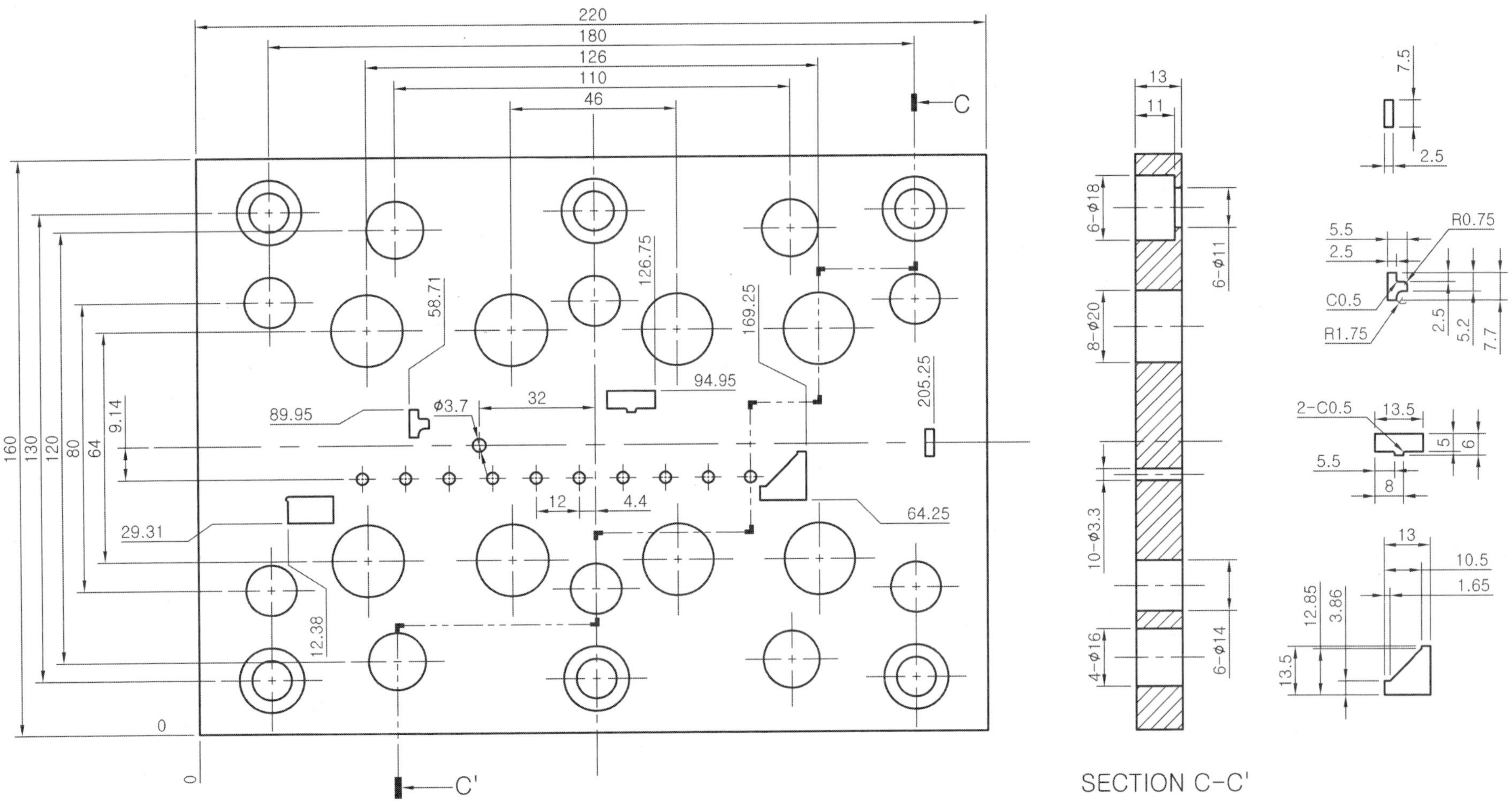

부품명	압축판	척 도	NS

⑤ 스트리퍼 $\overset{x}{\bigtriangledown}$ ($\overset{y}{\bigtriangledown}$)

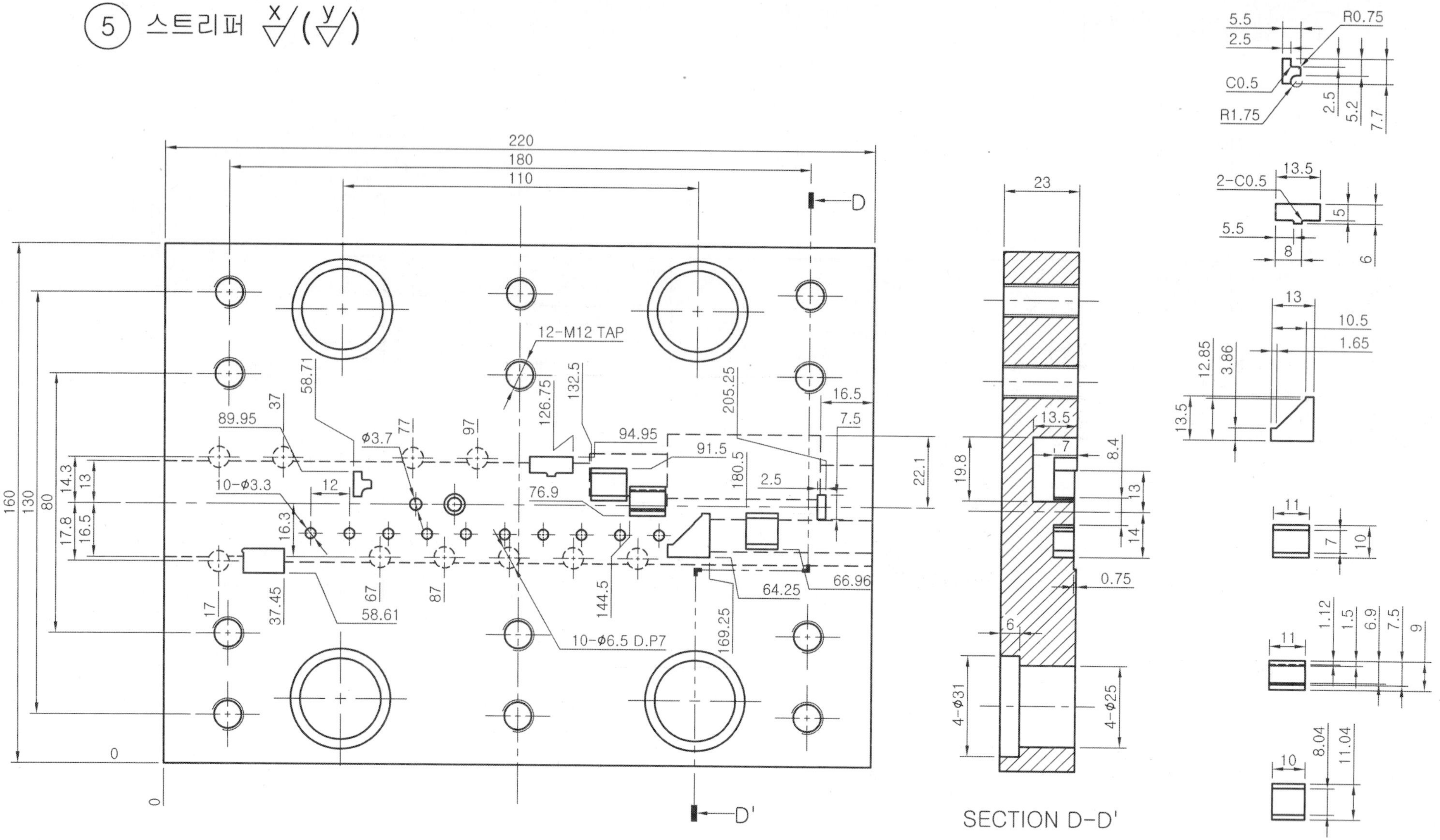

부품명	스트리퍼	척 도	NS

⑥ 다이 $\overset{x}{\nabla}$ ($\overset{y}{\nabla}$)

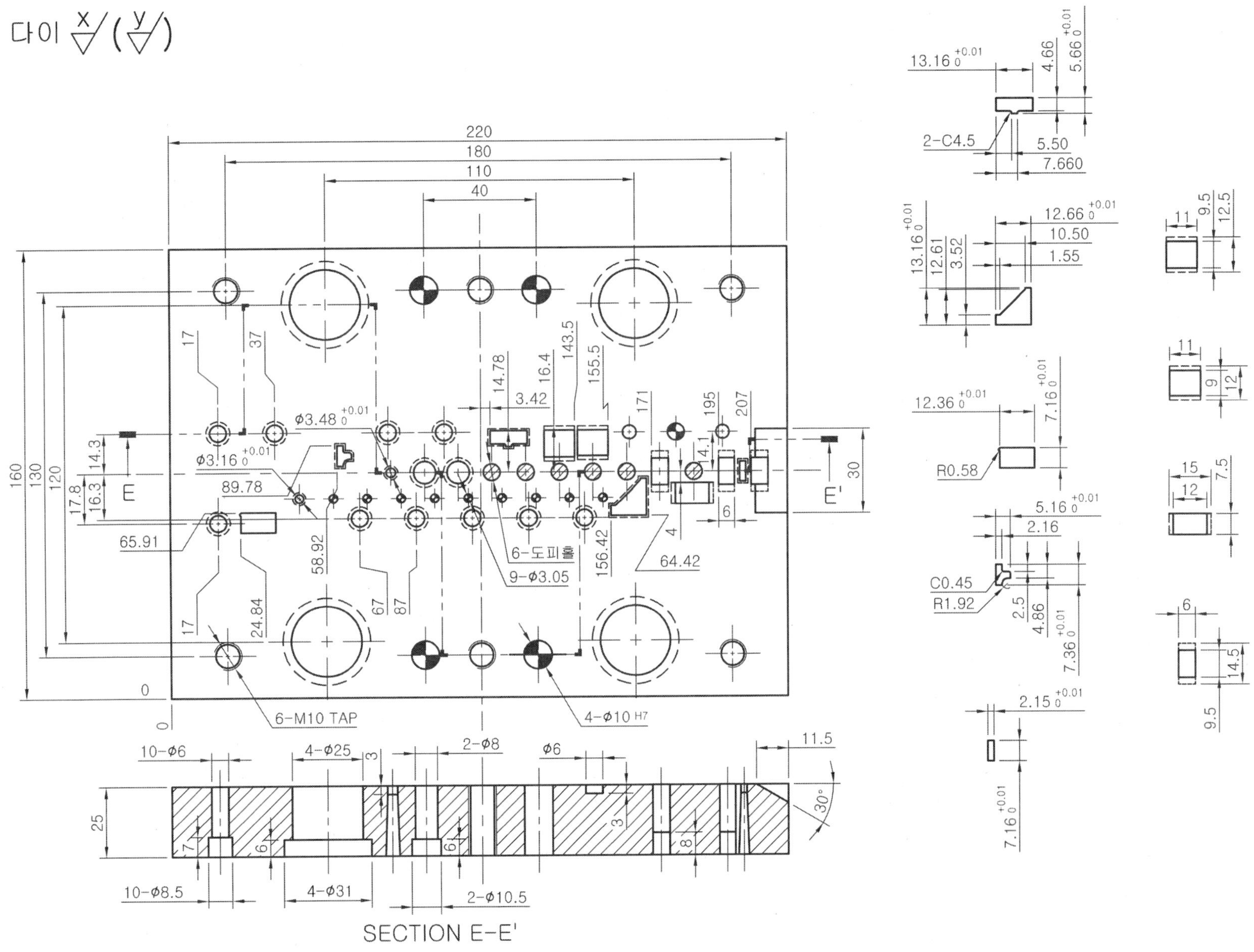

부품명	다이	척 도	NS

⑦ 다이 받침판

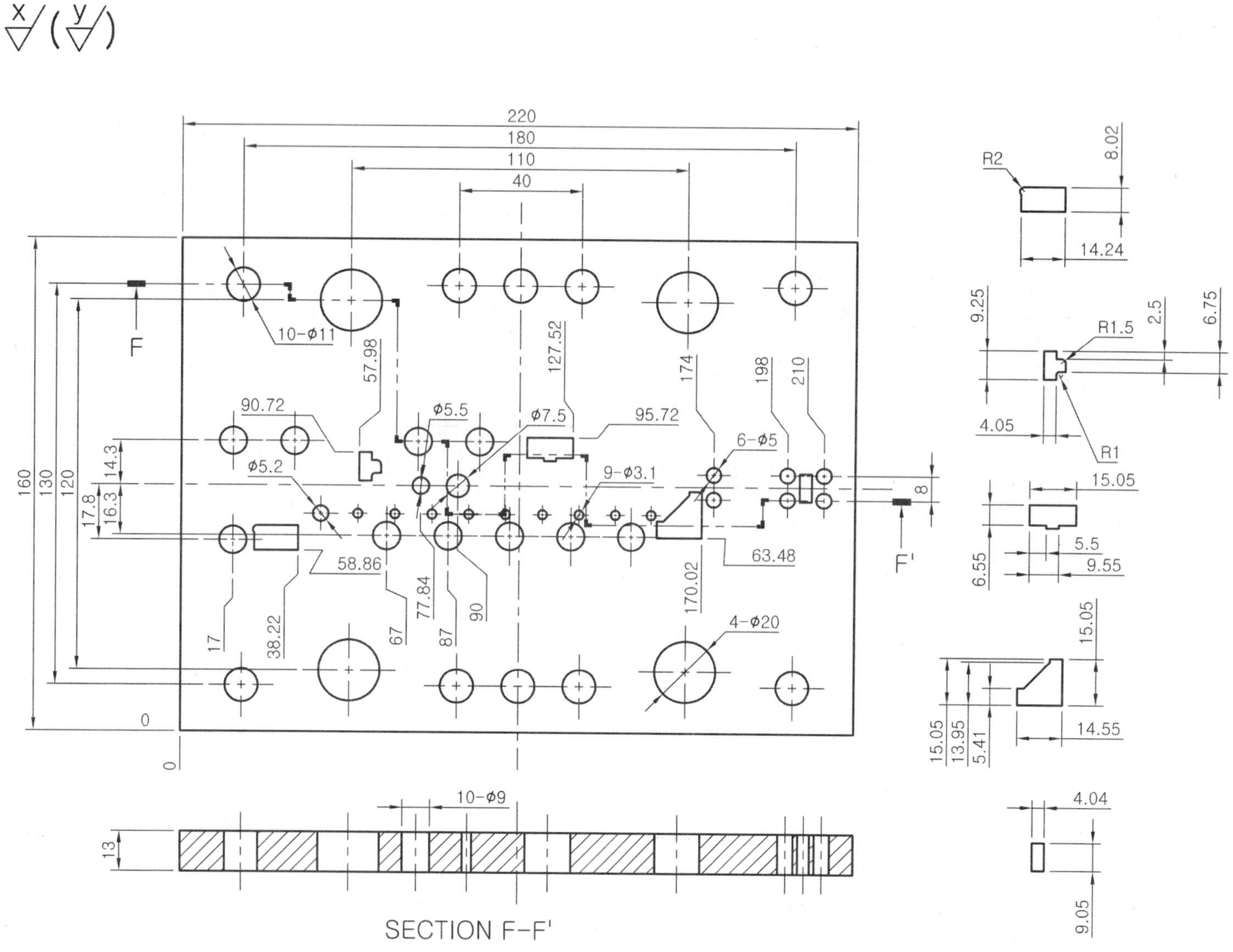

부품명	다이 받침판	척 도	NS

⑧ 하 홀더

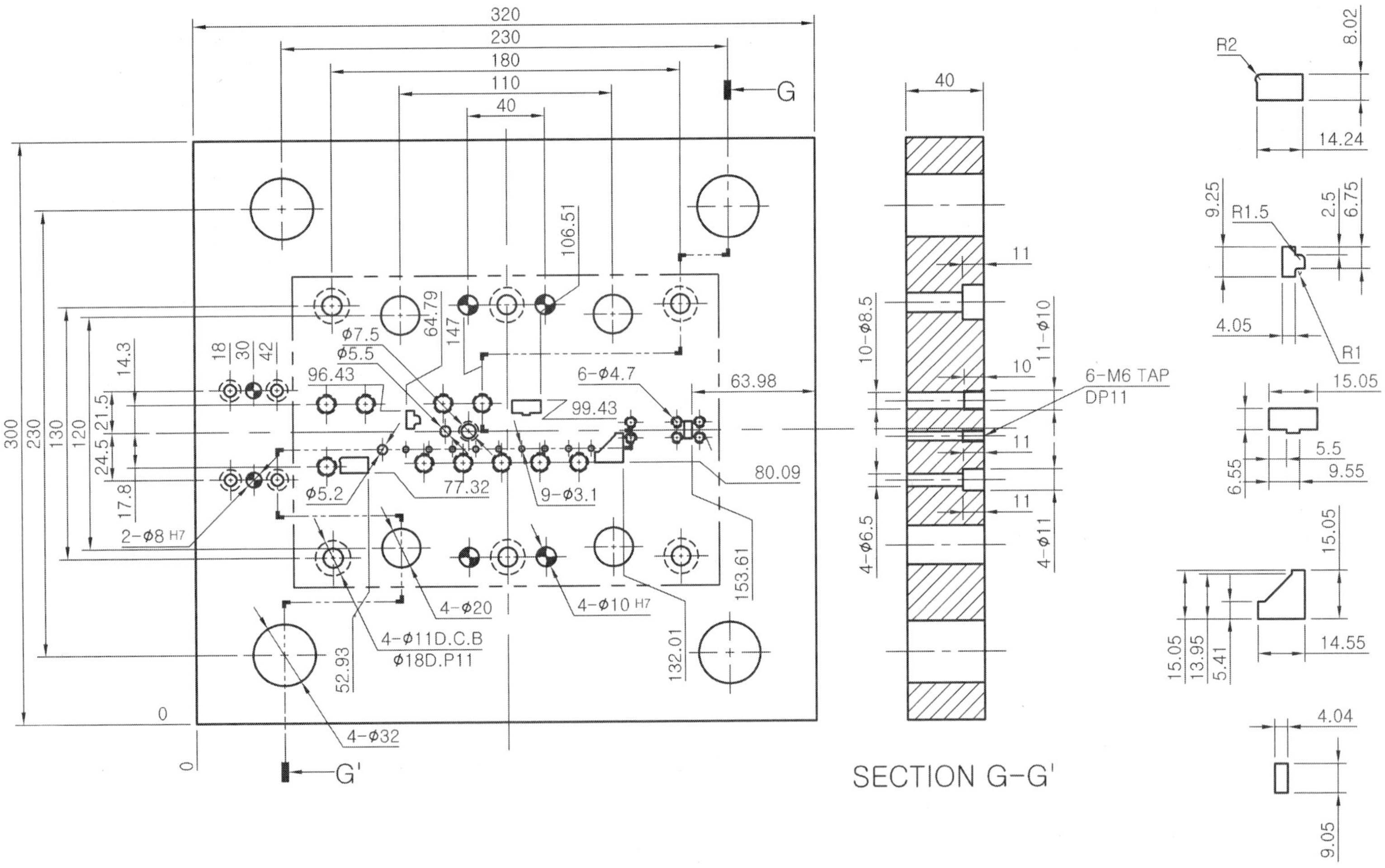

도시되고 지시되지 않은 TAP 1.5

부품명	하 홀더	척 도	NS

⑨ 사이드 커터 $\overset{x}{\nabla}$/($\overset{y}{\nabla}$/)

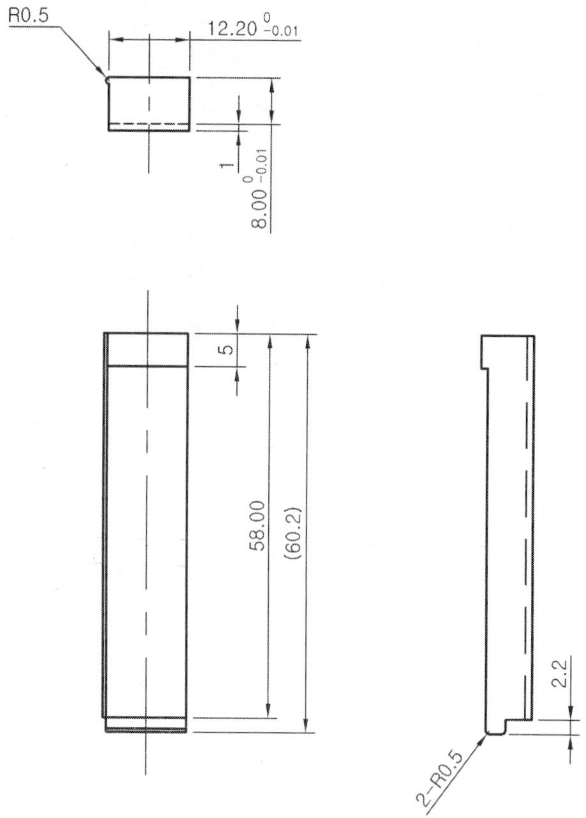

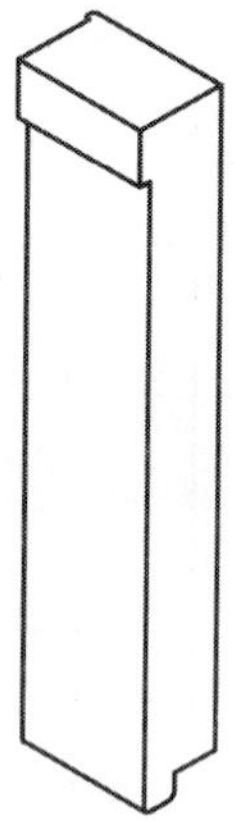

부품명	사이드 커터	척 도	NS

⑩ 피어싱 펀치 $\overset{x}{\nabla}$($\overset{y}{\nabla}$)

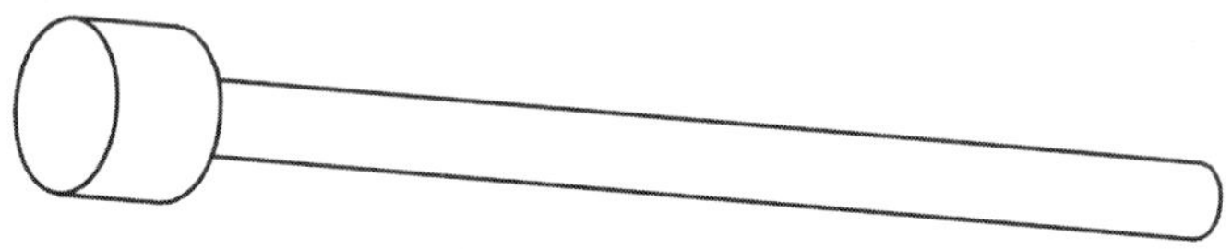

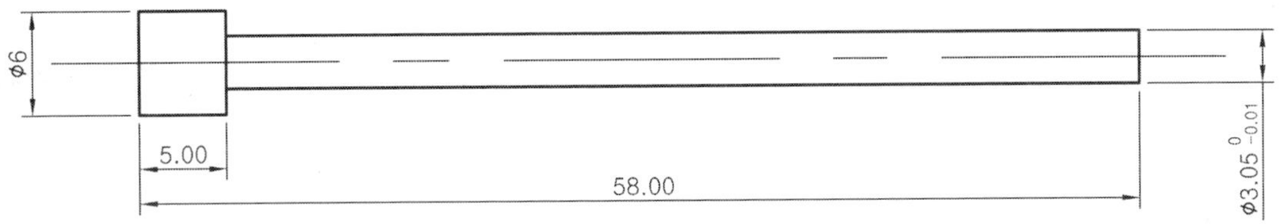

부품명	피어싱 펀치	척 도	NS

⑪ 이형 피어싱 펀치 $\overset{x}{\bigtriangledown}$ ($\overset{y}{\bigtriangledown}$)

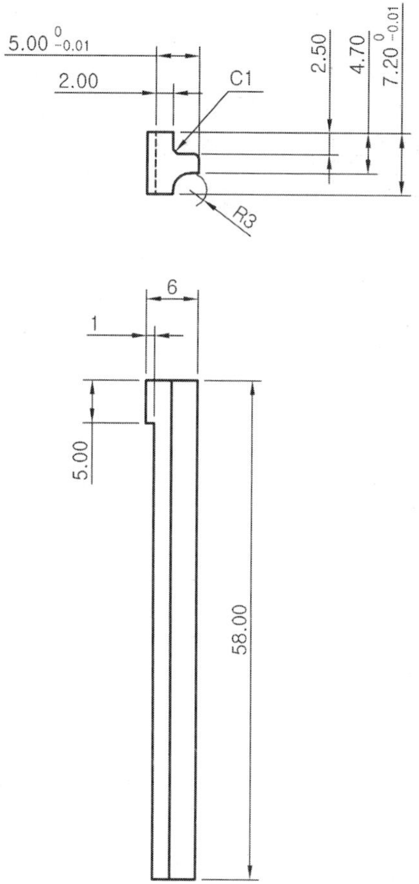

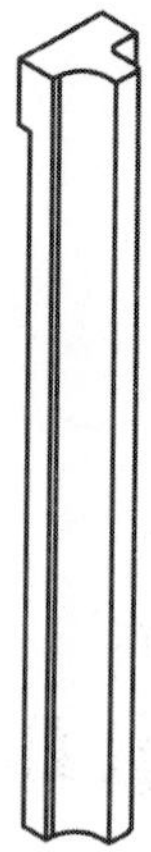

부품명	이형 피어싱 펀치	척 도	NS

⑫ 노칭 펀치 $\overset{x}{\bigtriangledown}$ ($\overset{y}{\bigtriangledown}$)

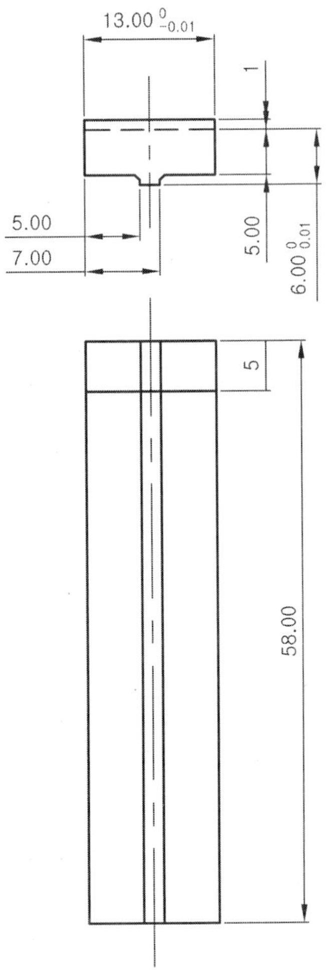

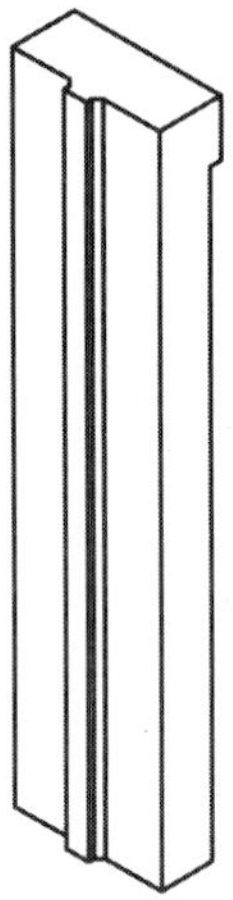

부품명	노칭 펀치	척 도	NS

⑬ 노칭 펀치 $\overset{x}{\bigtriangledown}\!/\,(\overset{y}{\bigtriangledown}\!/)$

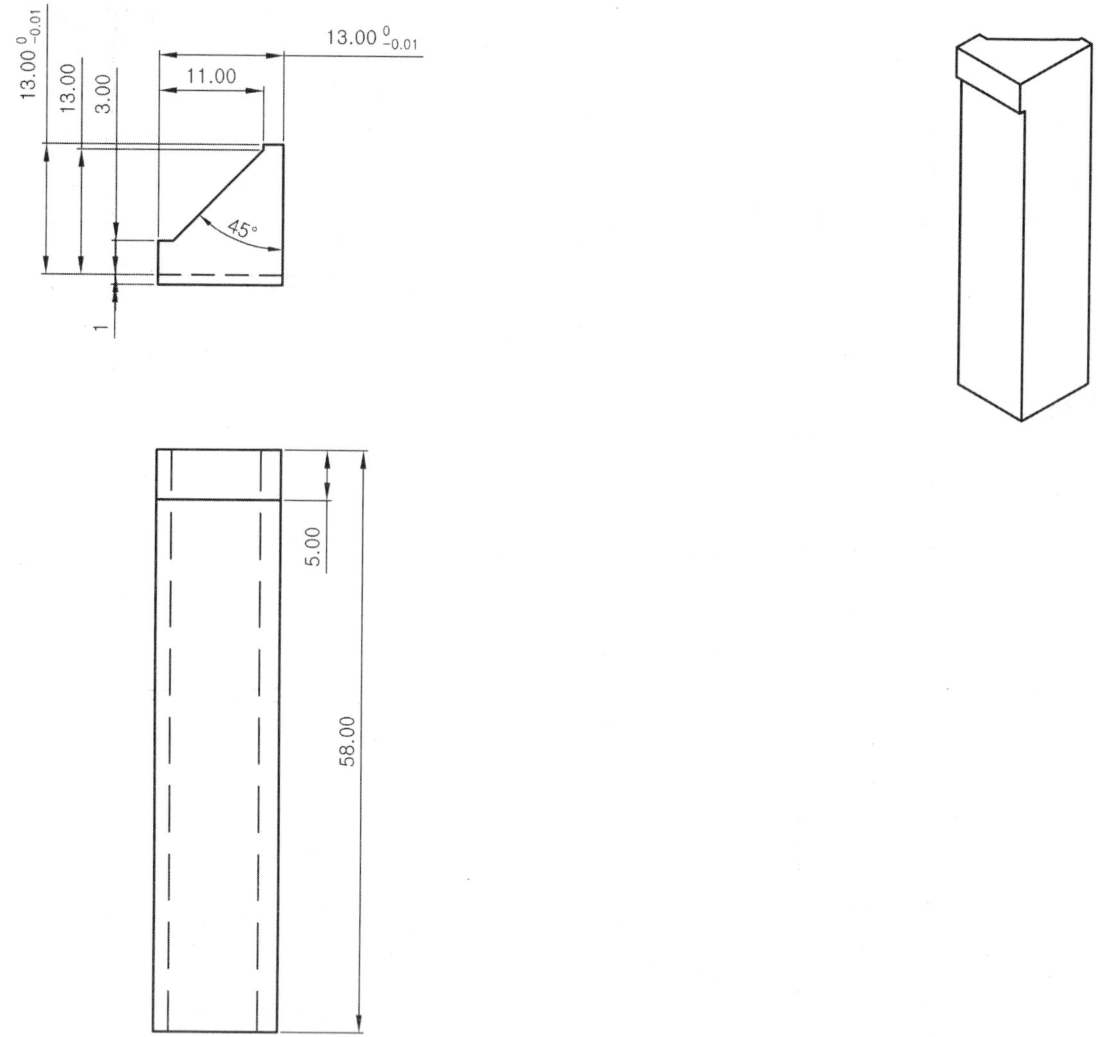

부품명	노칭 펀치	척 도	NS

⑭ 파팅 펀치 x/▽ (y/▽)

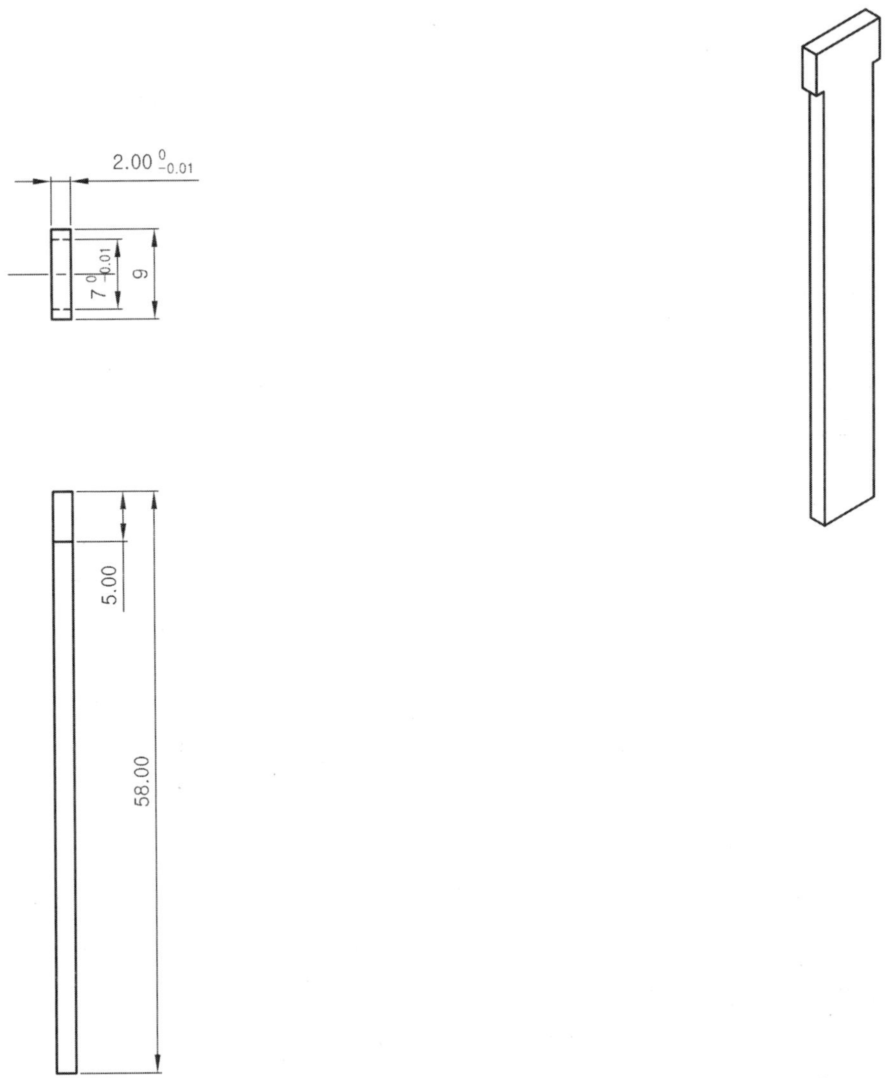

부품명	파팅 펀치	척 도	NS

⑮ 1차 밴딩 펀치 $\overset{x}{\nabla}$ ($\overset{y}{\nabla}$)

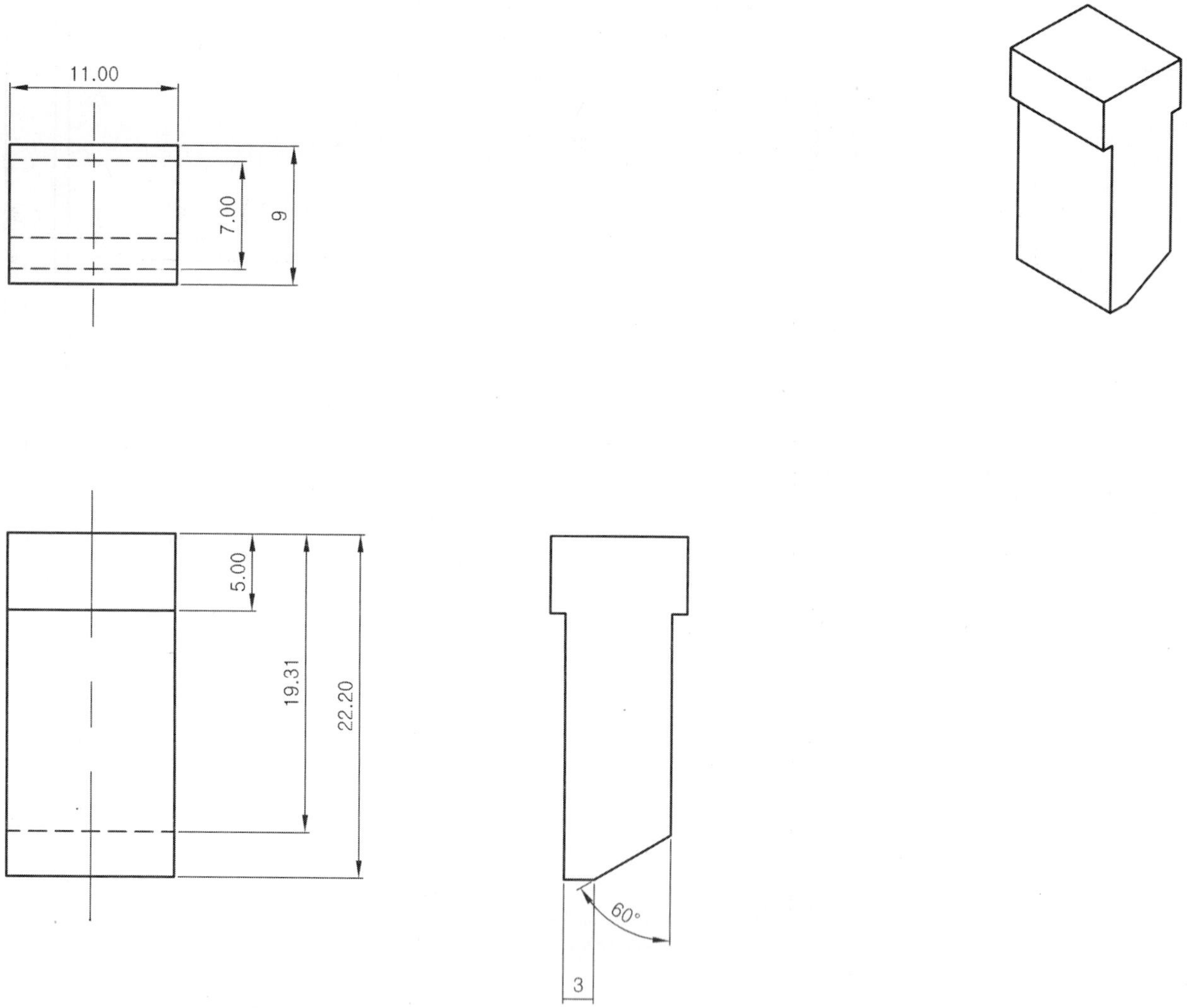

부품명	1차 밴딩 펀치	척 도	NS

⑯ 2차 밴딩 펀치 x/(y/)

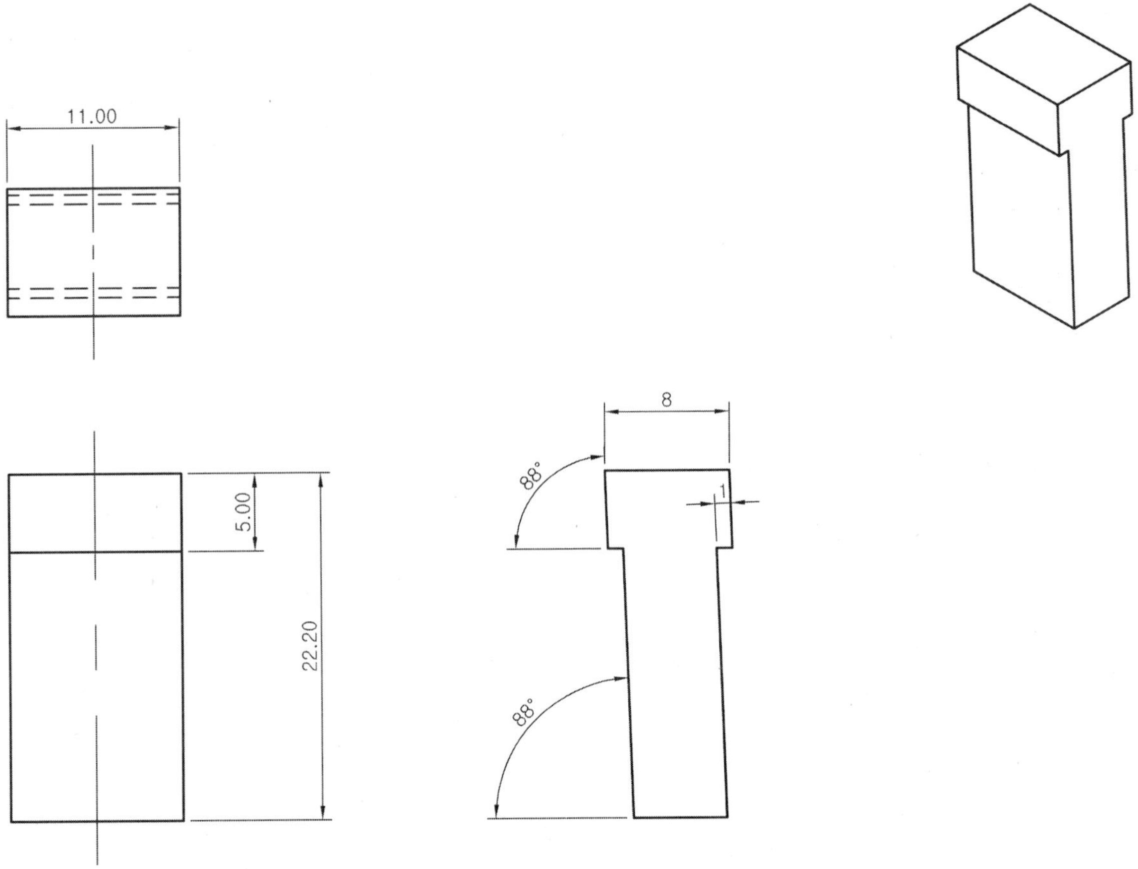

부품명	2차 밴딩 펀치	척 도	NS

⑰ 밴딩 펀치 x/▽ (y/▽)

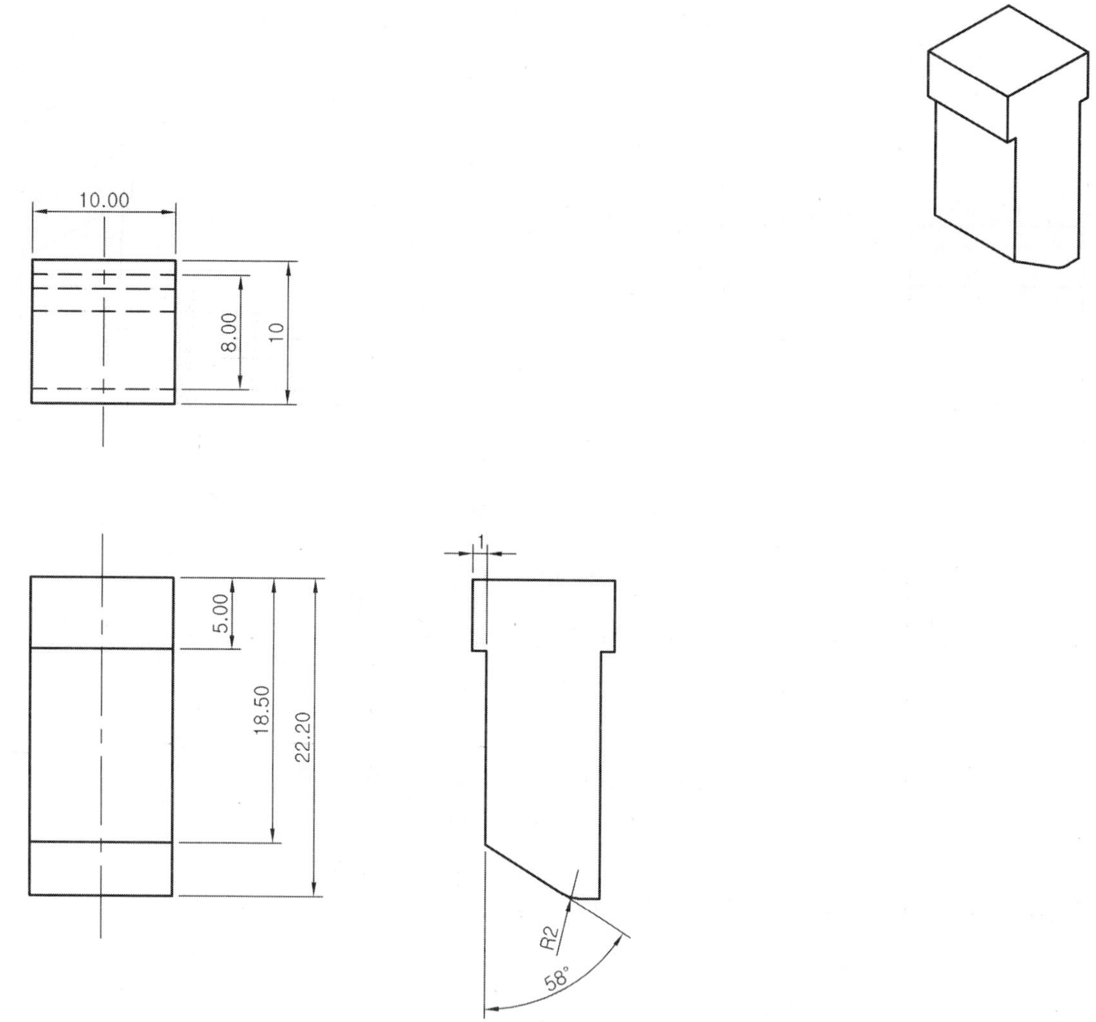

부품명	밴딩 펀치	척 도	NS

⑱ 1차 밴딩 다이 x/▽ (y/▽)

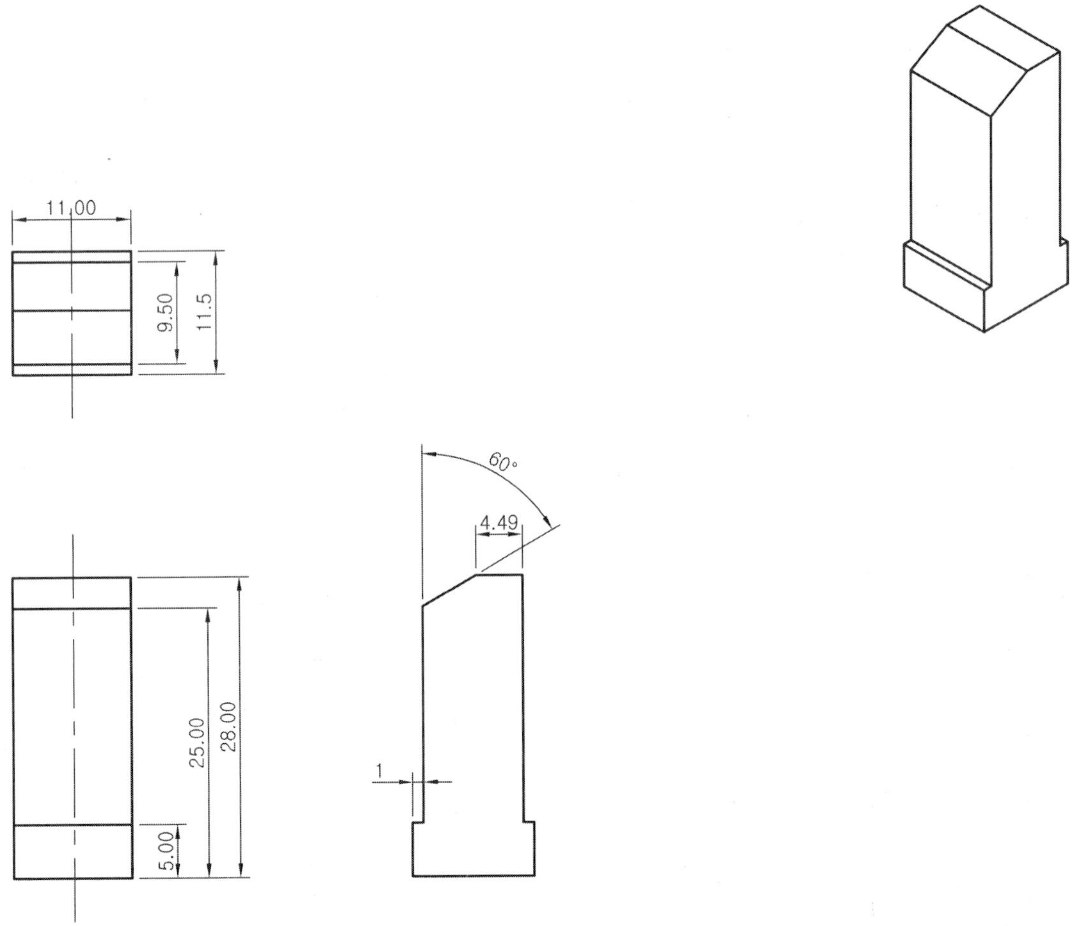

부품명	1차 밴딩 다이	척 도	NS

⑲ 2차 밴딩 다이 $\overset{x}{\bigtriangledown}$ ($\overset{y}{\bigtriangledown}$)

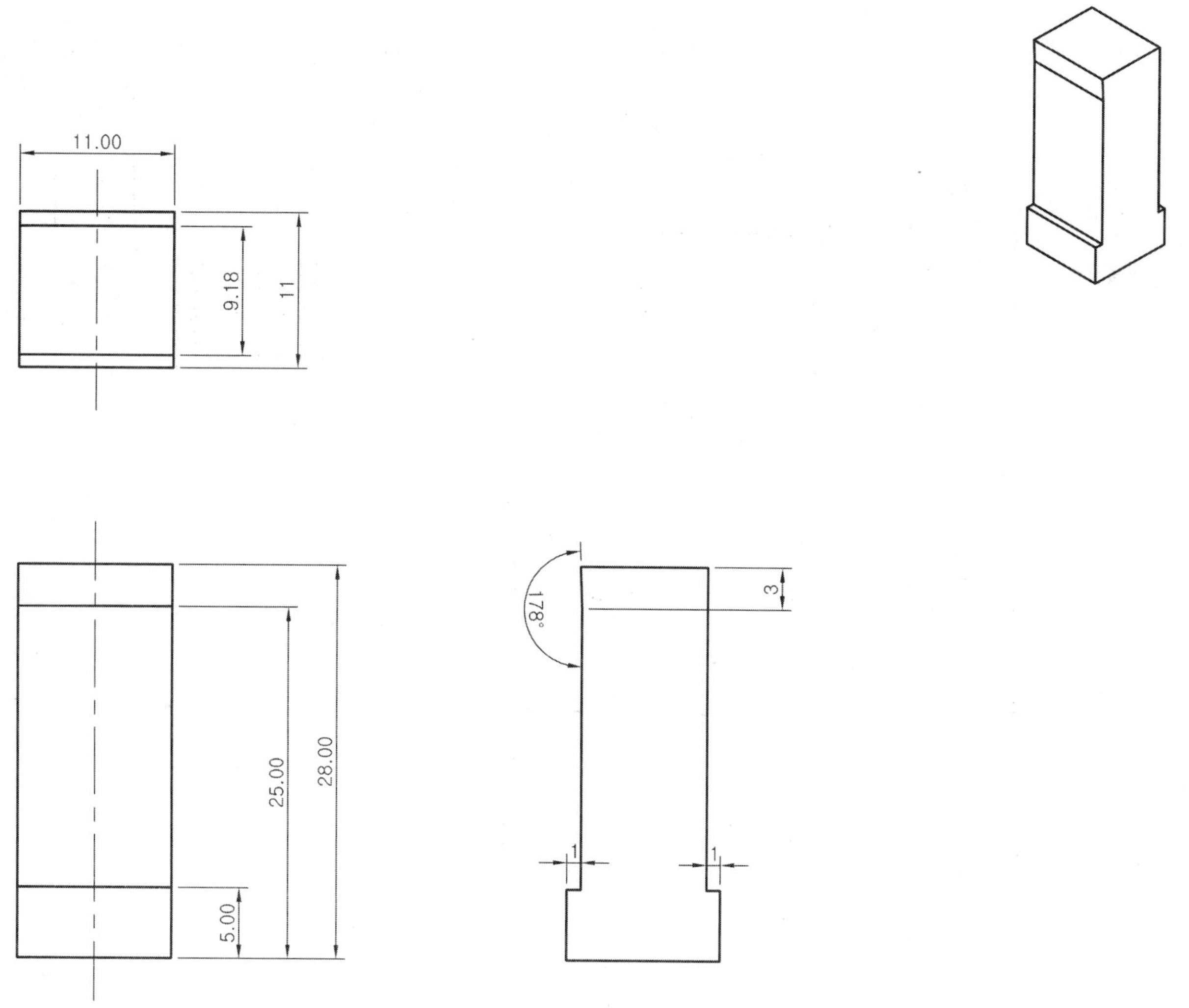

부품명	2차 밴딩 다이	척 도	NS

⑳ 밴딩 다이 $\overset{x}{\bigtriangledown}$/($\overset{y}{\bigtriangledown}$/)

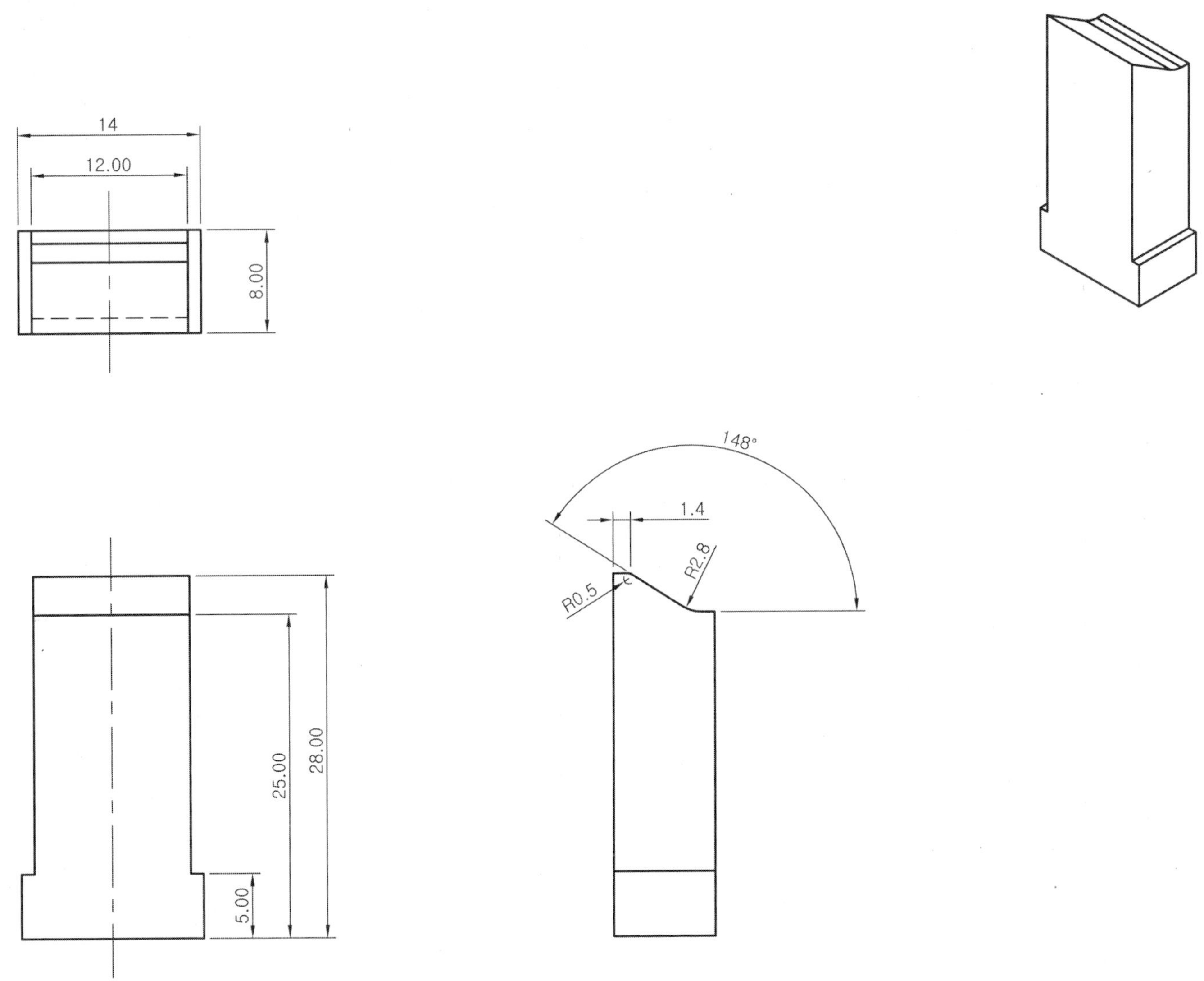

부품명	밴딩 다이	척 도	NS

㉑ 블록 이젝터 $\overset{x}{\nabla}$ ($\overset{y}{\nabla}$)

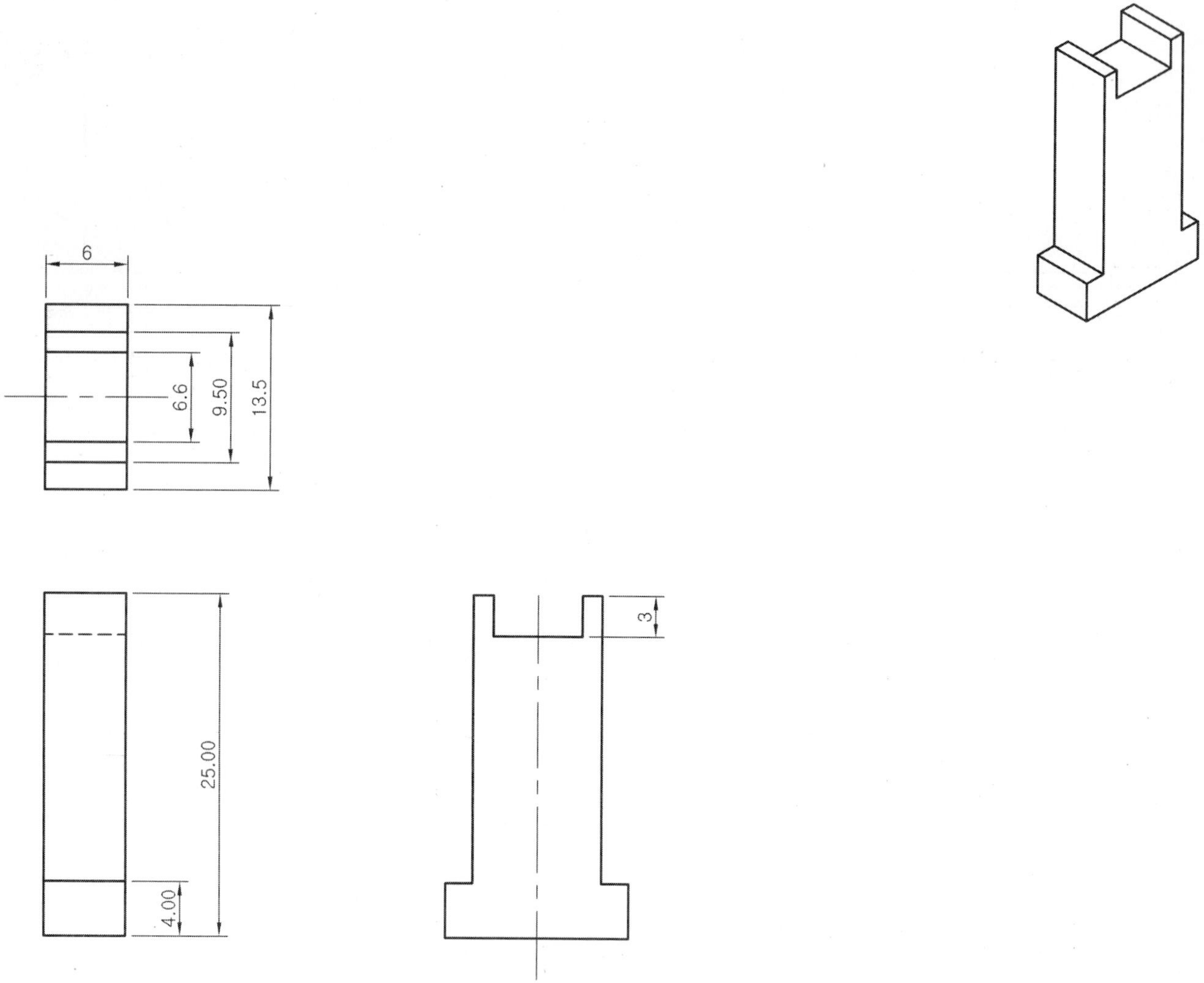

부품명	블록 이젝터	척 도	NS

㉒ 블록 이젝터 $\overset{x}{\bigtriangledown}$/ ($\overset{y}{\bigtriangledown}$/)

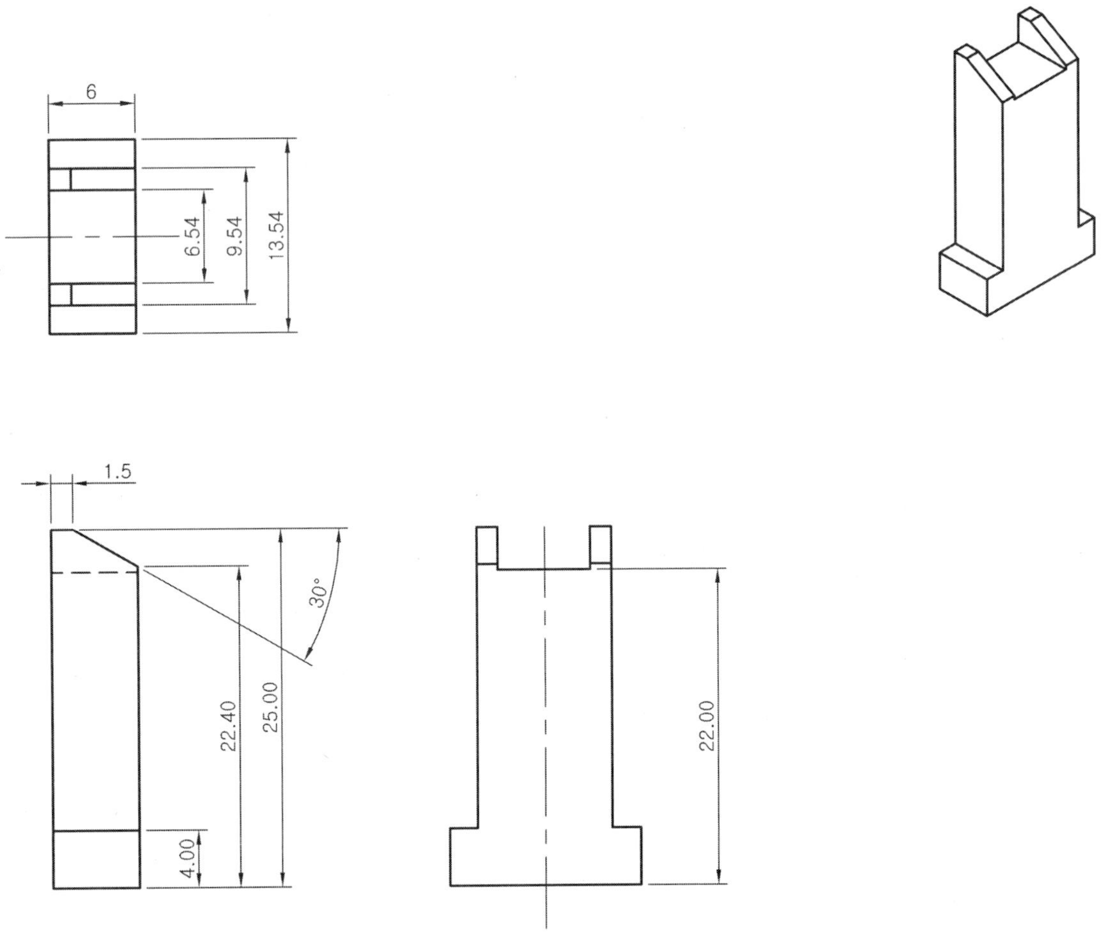

부품명	블록 이젝터	척 도	NS

㉓ 파일럿 핀 $\overset{x}{\bigtriangledown}$/ ($\overset{y}{\bigtriangledown}$/)

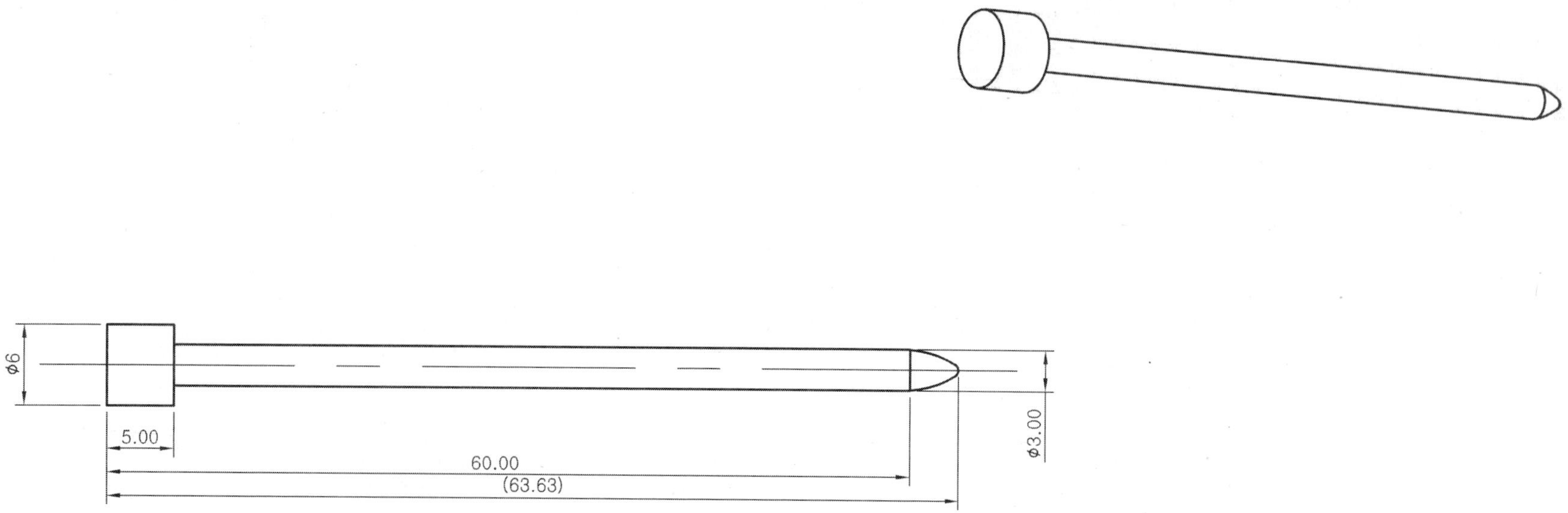

부품명	파일럿 핀	척 도	NS

(24) 버링 애벌 펀치 $\overset{x}{\bigtriangledown}$ ($\overset{y}{\bigtriangledown}$)

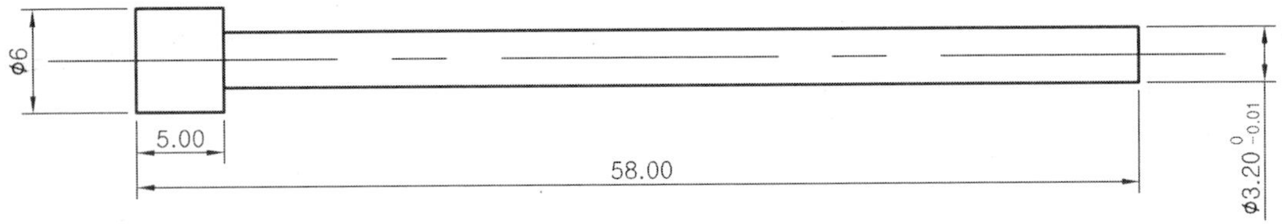

부품명	버링 애벌 펀치	척 도	NS

㉕ 버링 펀치 $\overset{x}{\bigtriangledown}$/($\overset{y}{\bigtriangledown}$)

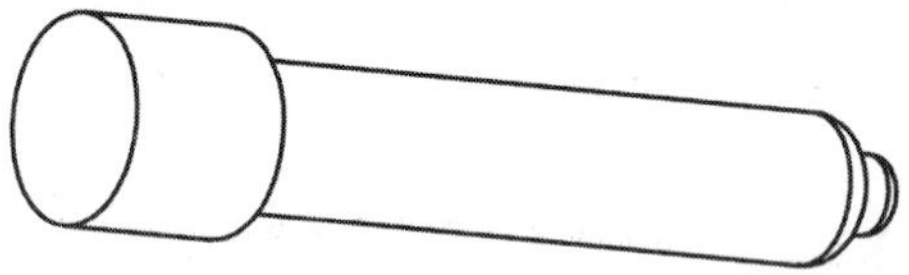

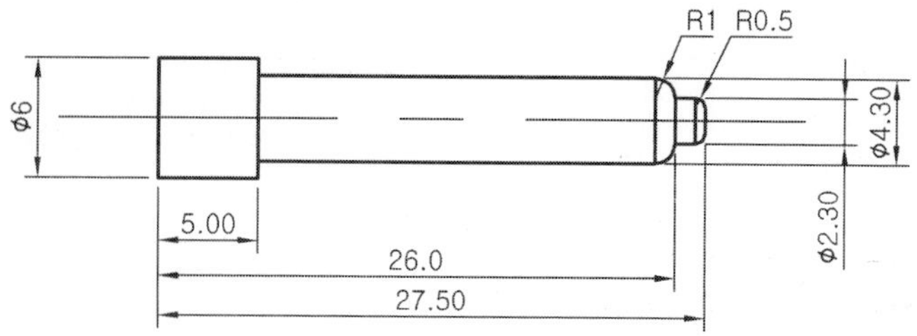

부품명	버링 펀치	척 도	NS

㉖ 버링 다이 $\overset{x}{\triangledown}$/($\overset{y}{\triangledown}$)

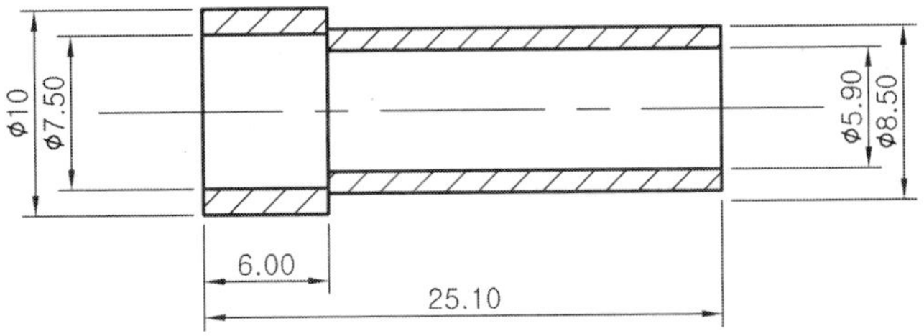

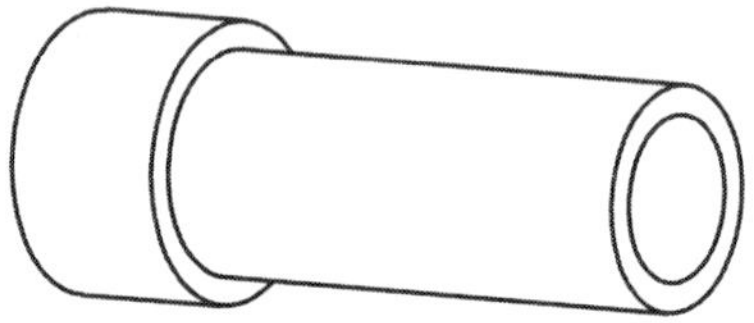

부품명	버링 다이	척 도	NS

㉗ 버링 다이 심봉 $\overset{x}{\nabla}$/ ($\overset{y}{\nabla}$/)

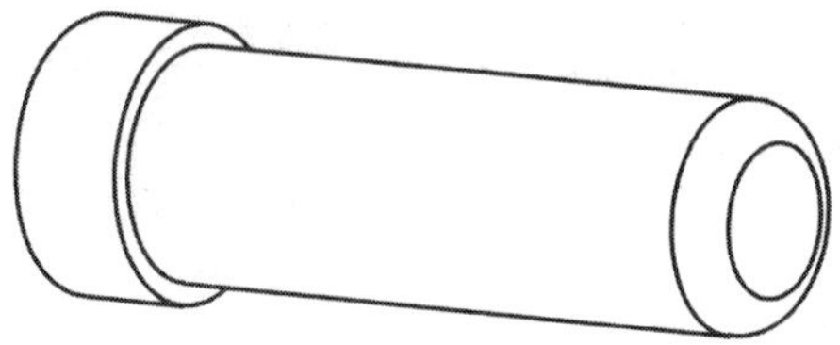

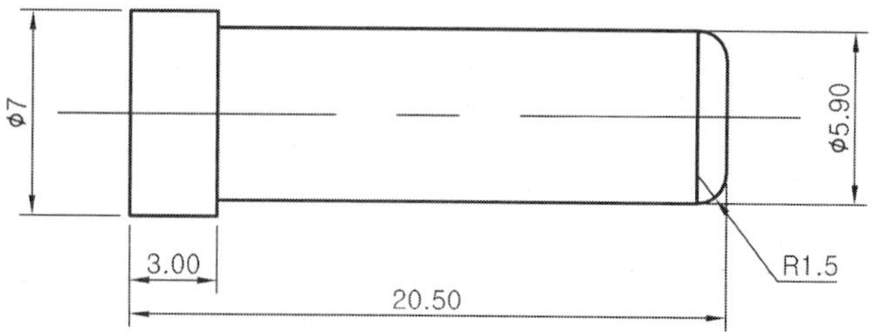

부품명	버링 다이 심봉	척 도	NS

㉘ 리스트라이킹 편 x/▽ (y/▽)

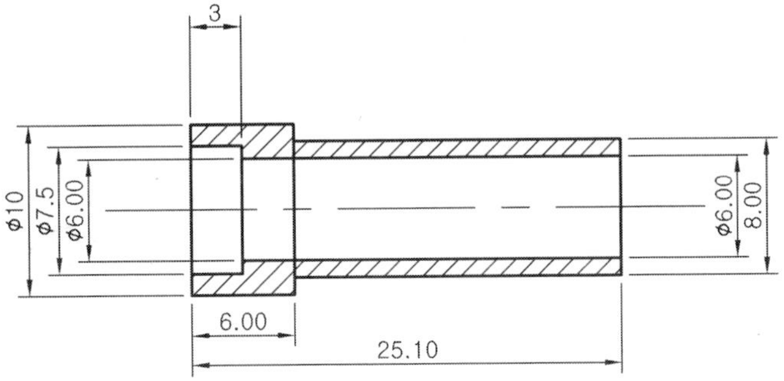

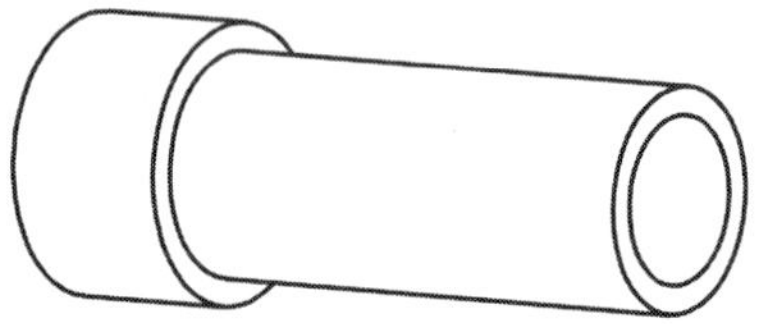

부품명	리스트라이킹 편	척 도	NS

㉙ 리스트라이킹 심봉 $\overset{x}{\bigtriangledown}$/ ($\overset{y}{\bigtriangledown}$/)

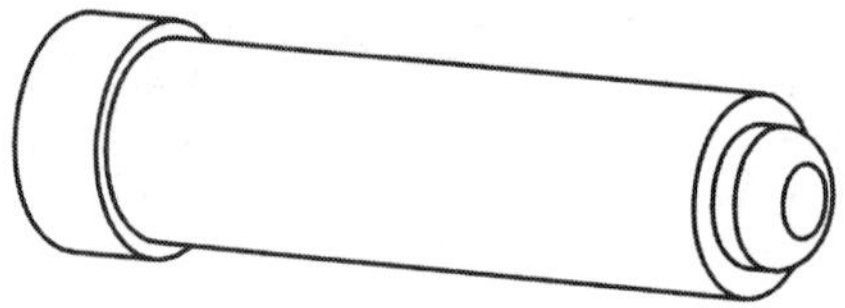

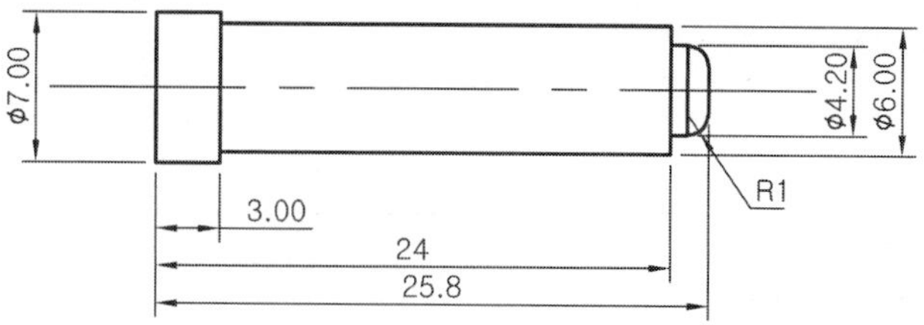

부품명	리스트라이킹 심봉	척 도	NS

(30) 가이드 리프터 $\overset{x}{\bigtriangledown}$/($\overset{y}{\bigtriangledown}$/)

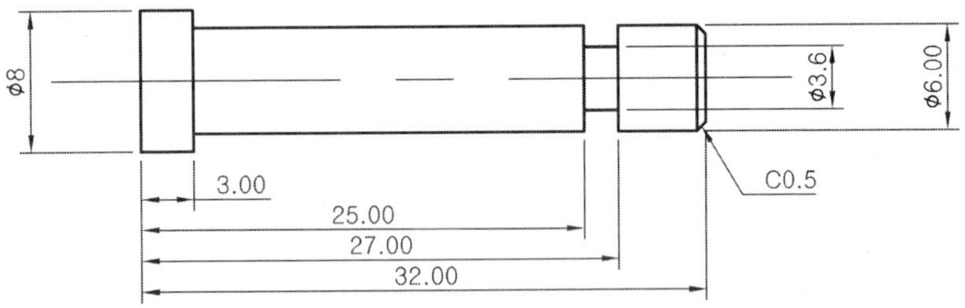

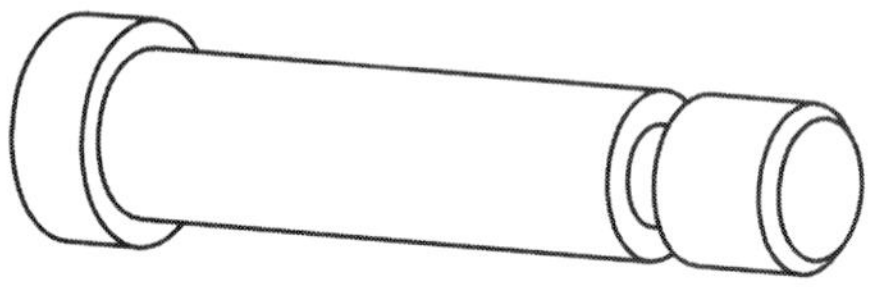

부품명	가이드 리프터	척 도	NS

㉛ 가이드 핀 x/▽ (y/▽)

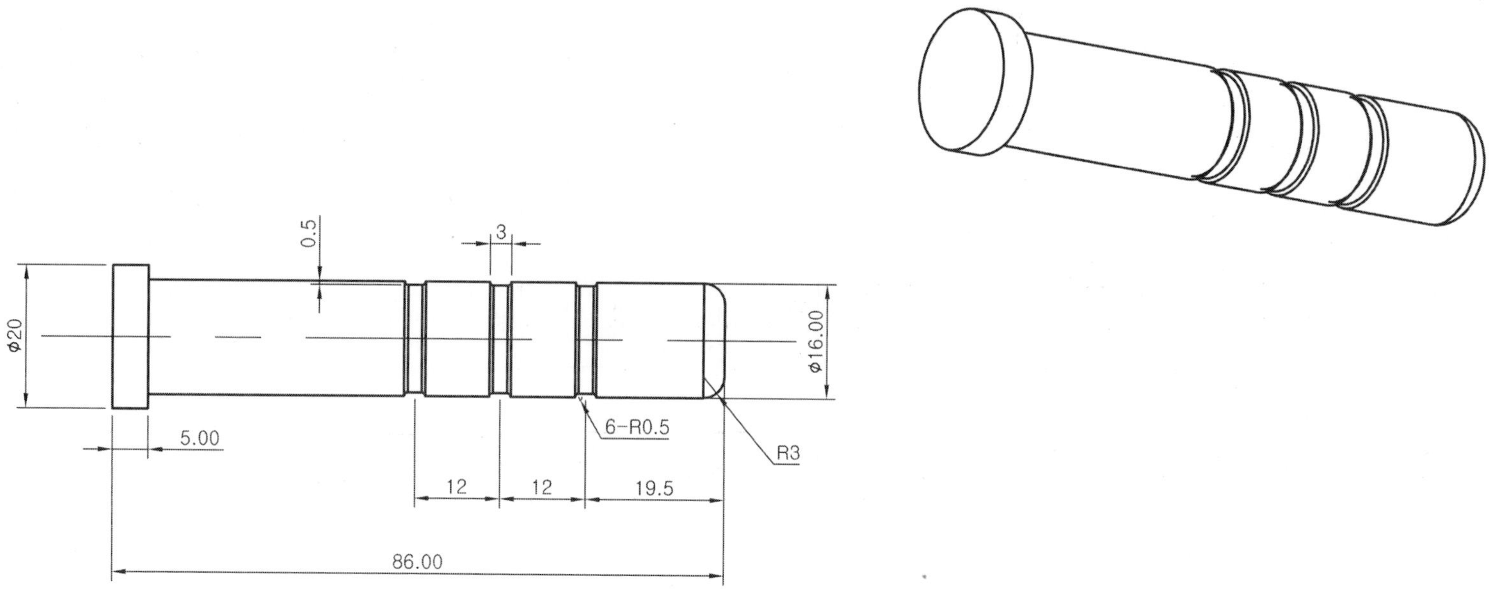

부품명	가이드 핀	척 도	NS

㉜ 가이드 부시 $\overset{x}{\nabla}$ ($\overset{y}{\nabla}$)

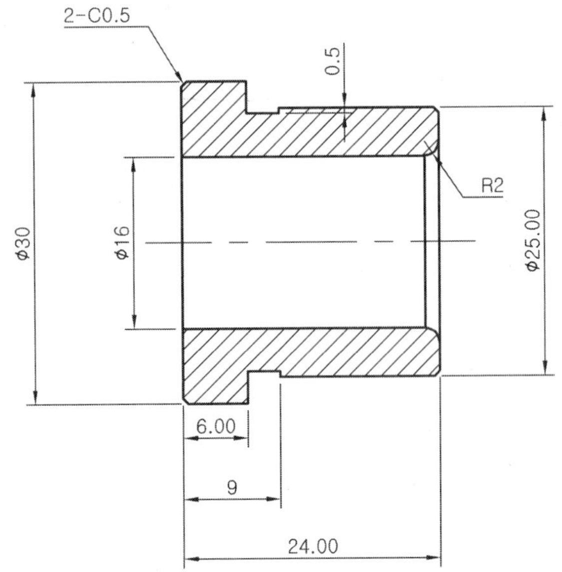

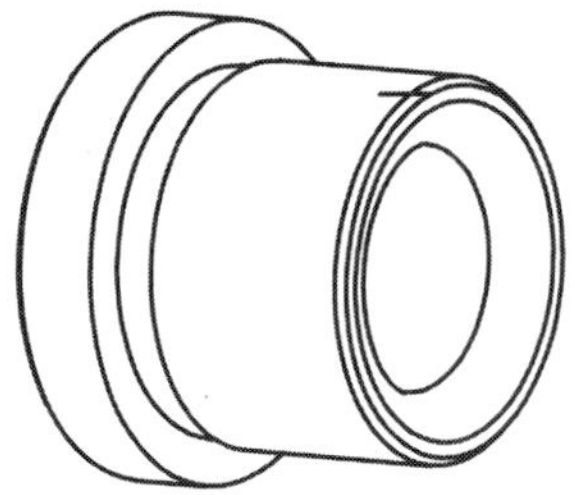

부품명	가이드 부시	척 도	NS

㉝ 가이드 부시 $\overset{x}{\bigtriangledown}$/ ($\overset{y}{\bigtriangledown}$/)

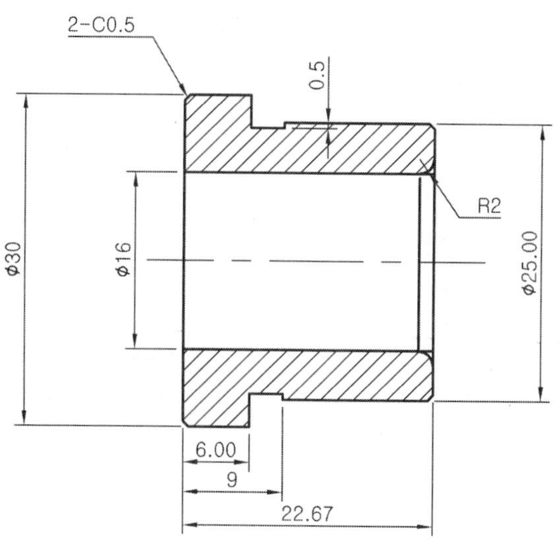

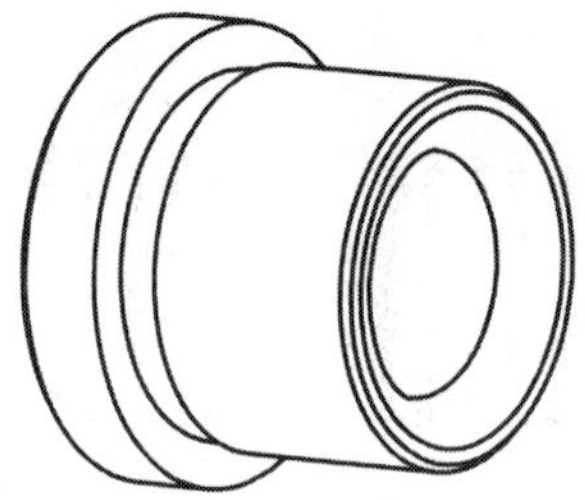

부품명	가이드 부시	척 도	NS

㉞ 소재 안내판 $\overset{x}{\bigtriangledown}$ ($\overset{y}{\bigtriangledown}$)

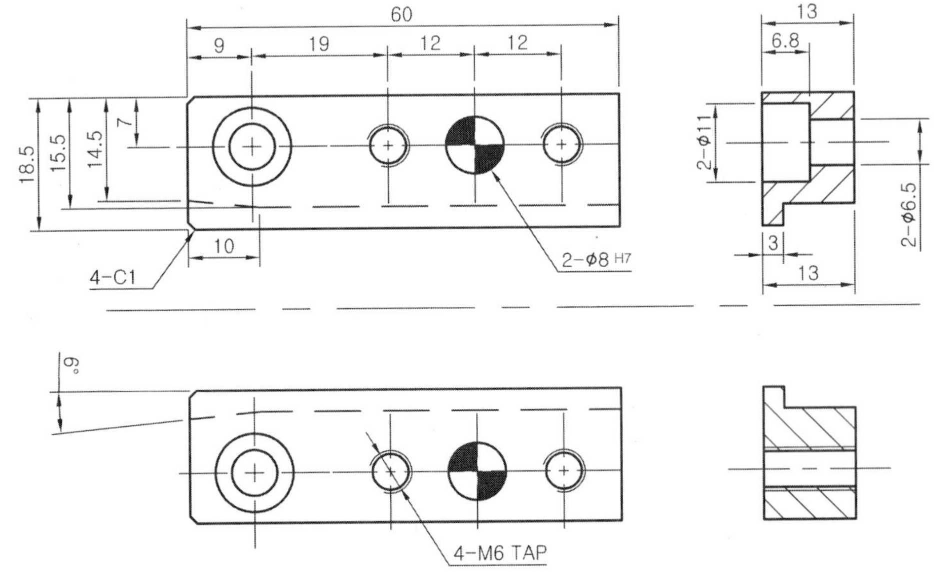

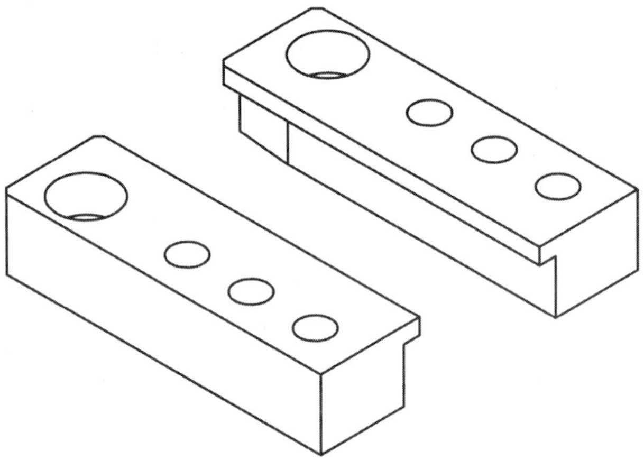

부품명	소재 안내판	척 도	NS

㉟ 소재 안내편 $\overset{x}{\bigtriangledown}$ ($\overset{y}{\bigtriangledown}$)

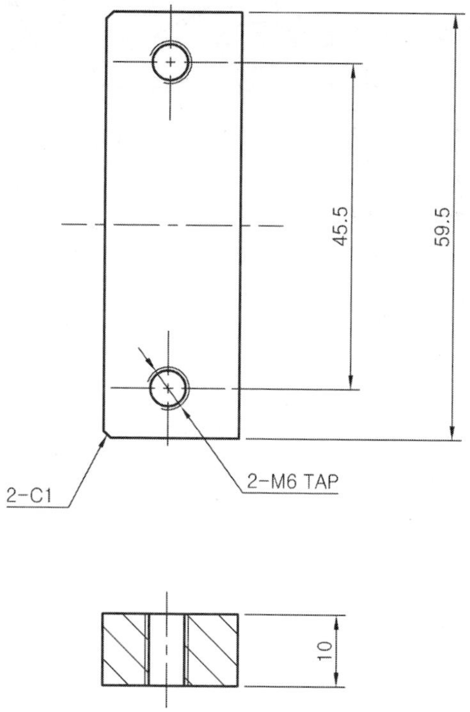

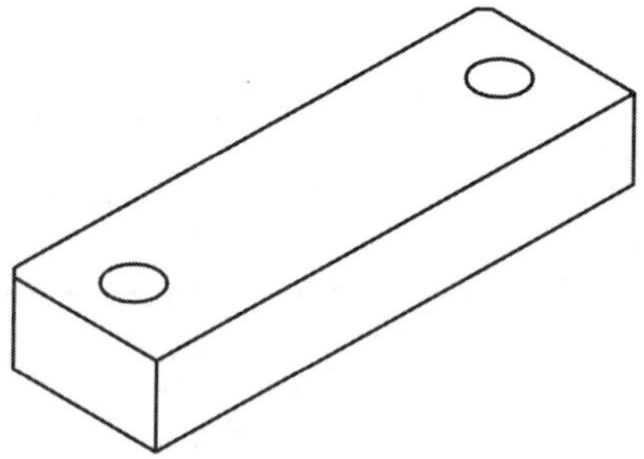

부품명	소재 안내편	척 도	NS

㊱ 소재 안내편 $\overset{x}{\nabla}$ ($\overset{y}{\nabla}$)

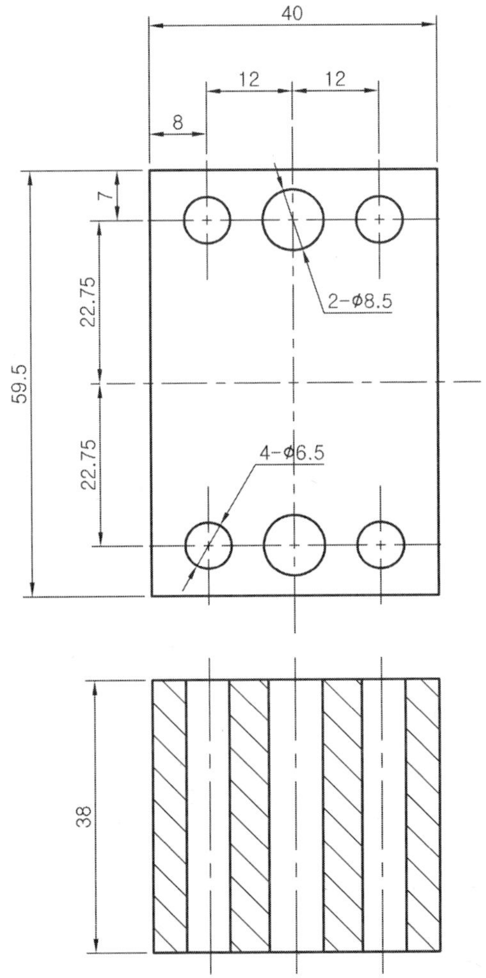

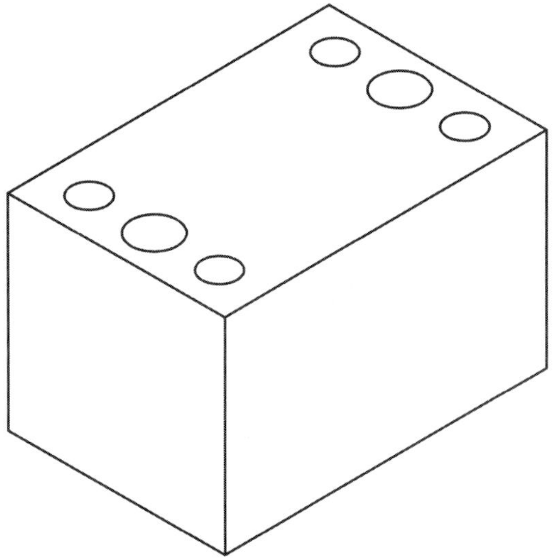

부품명	소재 안내편	척 도	NS

C.H.A.P.T.E.R **4**

프레스금형설계 도면 IV

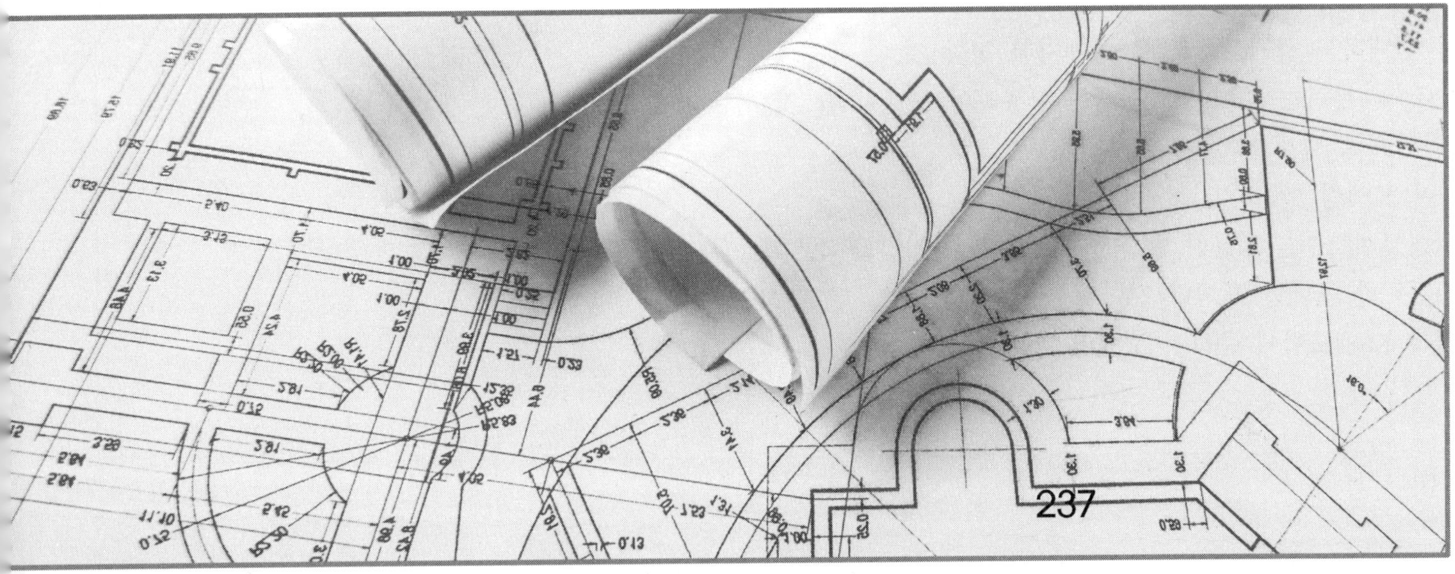

4.1 Progressive-die(Lever A)

요구사항

1) 투상법 : 3각법
2) 소재의 이송은 좌측에서 우측으로 롤 피더를 사용하여 자동 이송하고 사이드 컷 공정은 필히 사용할 것.
3) LAY-OUT 배열은 1열 1개 생산 가능토록 할 것.
4) 파일럿은 직접 파일럿 방식으로 설계할 것.
5) 클리어런스는 재료 두께의 10%(편측)를 적용하여 설계할 것.
6) STRIP LAY-OUT을 모델링하고 제품전개치수, 피치, 재료폭 등을 표기할 것.
   단, 작업 공정별 명칭을 필히 기입할 것.
7) 조립도는 상형과 하형을 결합된 상태로 완성하되 작업이 완료된 상태로 모델링할 것.
8) 각각의 부품들은 별도로 모델링하여 ASSEMBLY할 것.
9) 다이셋트는 스틸 다이셋트를 선택하되 규격은 임의로 설계자가 정할 것.
   단, 다이셋트용 가이드 포스트 및 부쉬는 주어진 규격집을 활용하여 모델링 할 것.
10) 스트리퍼는 가동스트리퍼 타입으로 설계할 것.
    단, 주어진 규격집을 활용하여 모델링 할 것.
11) 제품도에 주어진 공차는 금형설계치수를 적용한 제품전개도에 치수 기입할 것.
    단, 치수표기는 3D 또는 2D 중 한 곳에만 표기할 것.
12) 기타 지시하지 않은 사항들은 KS제도법에 준하여 모델링 할 것.

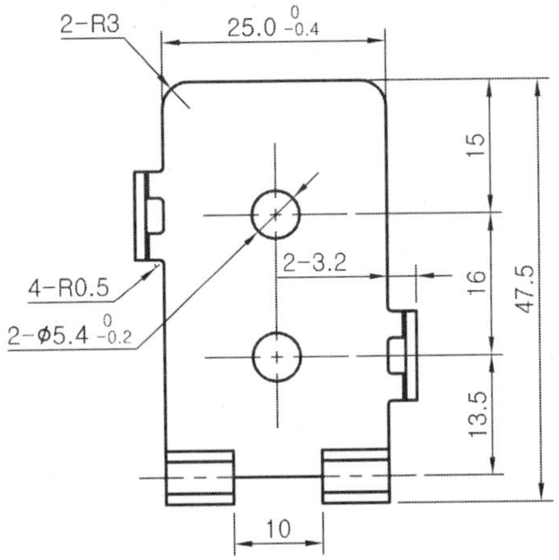

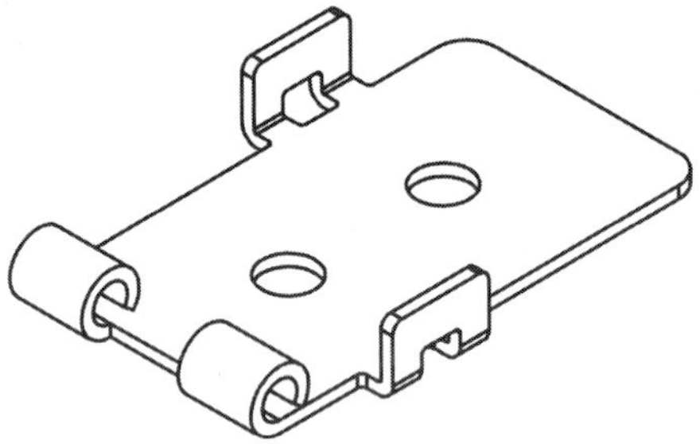

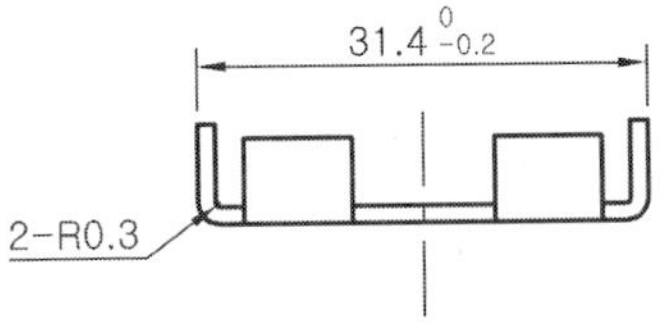

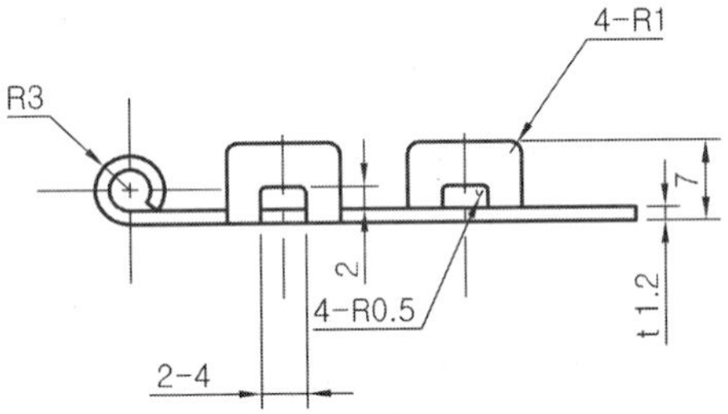

주서

1. 소재 두께 : 1.2mm
2. 금형 타입 : 프로그래시브 다이
3. 소재 이송 : 좌측에서 우측으로 롤 피더 사용
4. 클리어런스 : 재료 두께의 10%(편측)

제품명	Lever	척 도	NS

STRIP LAY OUT

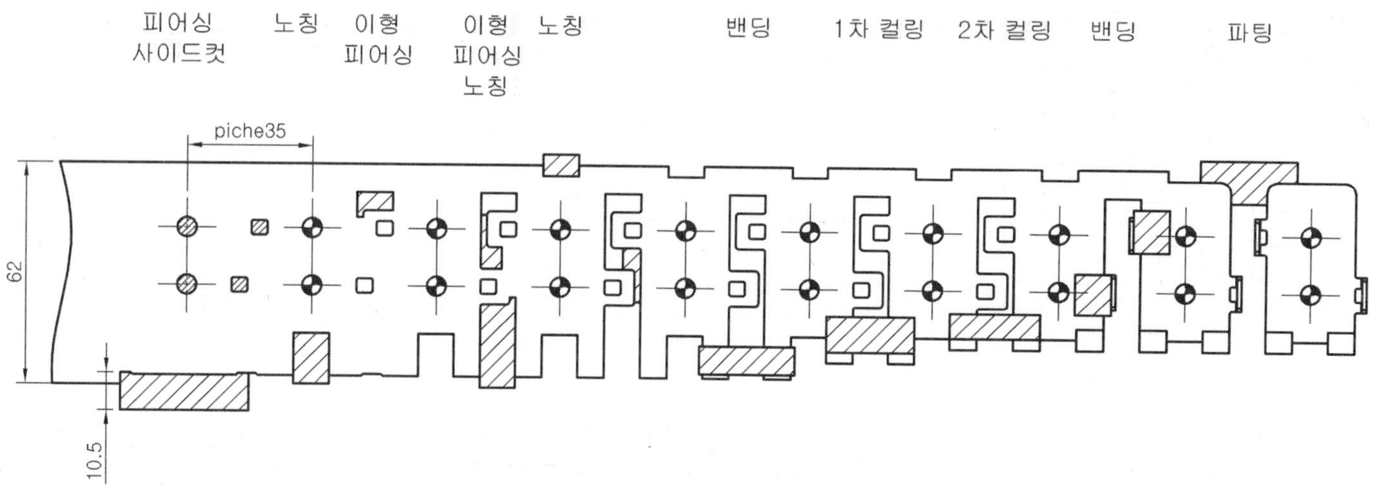

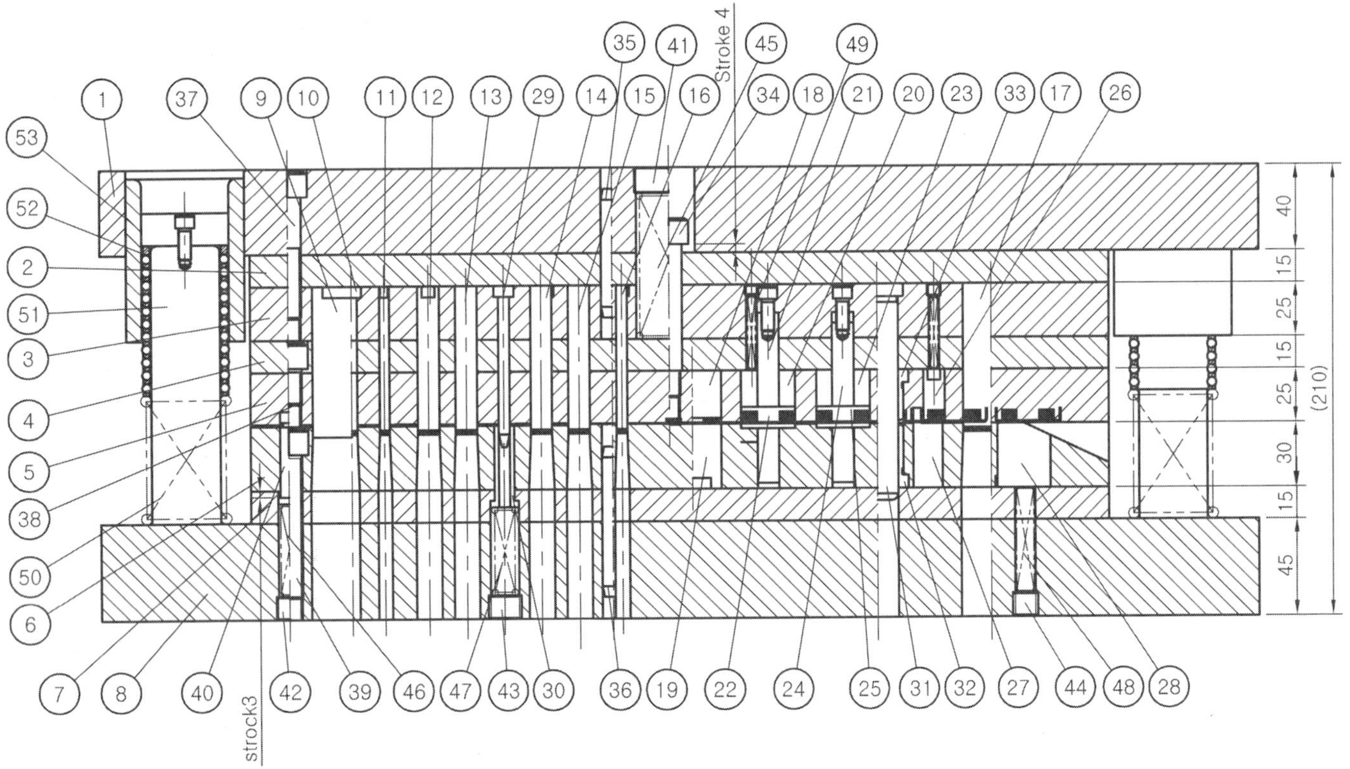

품번	품 명	재 질	수 량	비 고
29	파일롯 핀	STD 11	16	HRC55
28	파팅 이젝터	STD 11	1	HRC55
27	밴딩 다이	STD 11	1	HRC55
26	밴딩 펀치	STD 11	6	HRC55
25	2차 컬링 패드	STD 11	9	HRC55
24	2차 컬링 캠	STD 11	1	HRC55
23	2차 컬링 펀치	STD 11	1	HRC55
22	1차 컬링 패드	STD 11	1	HRC55
21	1차 컬링 캠	STD 11	1	HRC55
20	1차 컬링 펀치	STD 11	1	HRC55
19	밴딩 다이	STD 11	1	HRC55
18	밴딩 펀치	STD 11	1	HRC55
17	파팅 펀치	STD 11	1	HRC55
16	이형 피어싱 펀치	STD 11	2	HRC55
15	노칭 펀치	STD 11	1	HRC55
14	노칭 펀치	STD 11	1	HRC55
13	이형 피어싱 펀치	STD 11	1	HRC55
12	노칭 펀치	STD 11	2	HRC55
11	이형 피어싱 펀치	STD 11	2	HRC55
10	피어싱 펀치	STD 11	1	HRC55
9	사이드 컷 펀치	STD 11	1	HRC55
8	하 홀더	SM 45C	1	
7	다이 받침판	STD 11	1	HRC60
6	다이	STD 11	1	
5	스트리퍼	STD 11	1	
4	압축판	STD 11	1	HRC60
3	펀치 고정판	STD 11	1	
2	펀치 받침판	STD 11	1	HRC60
1	상 홀더	SM 45C	1	

Progressive-die (bracket C)	척 도	N,S
	각 법	3각법

① 상 홀더 $\overset{x}{\bigtriangledown}$ ($\overset{y}{\bigtriangledown}$)

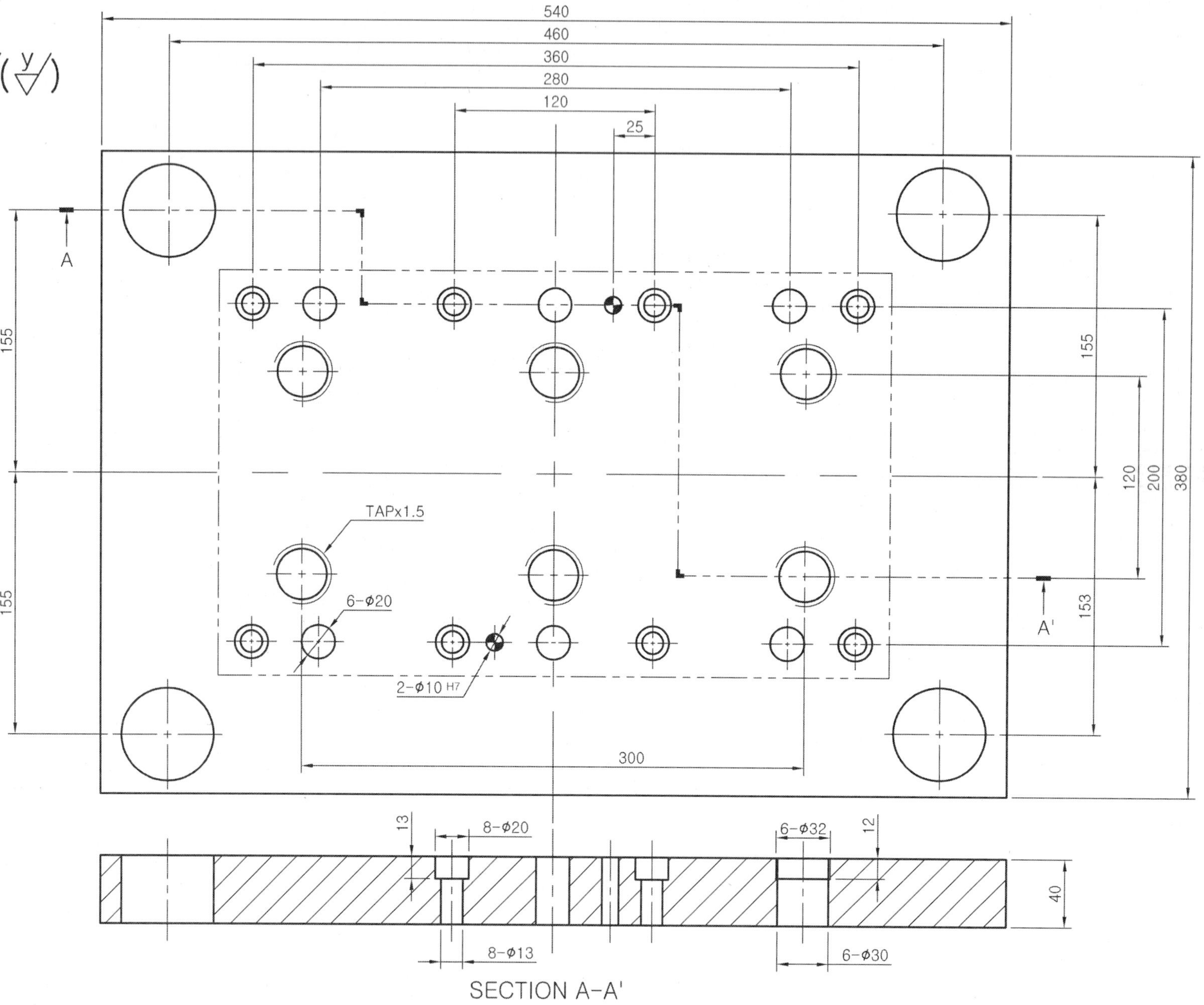

부품명	상 홀더	척 도	NS

② 편치 받침판 $\overset{x}{\bigtriangledown}$/($\overset{y}{\bigtriangledown}$/)

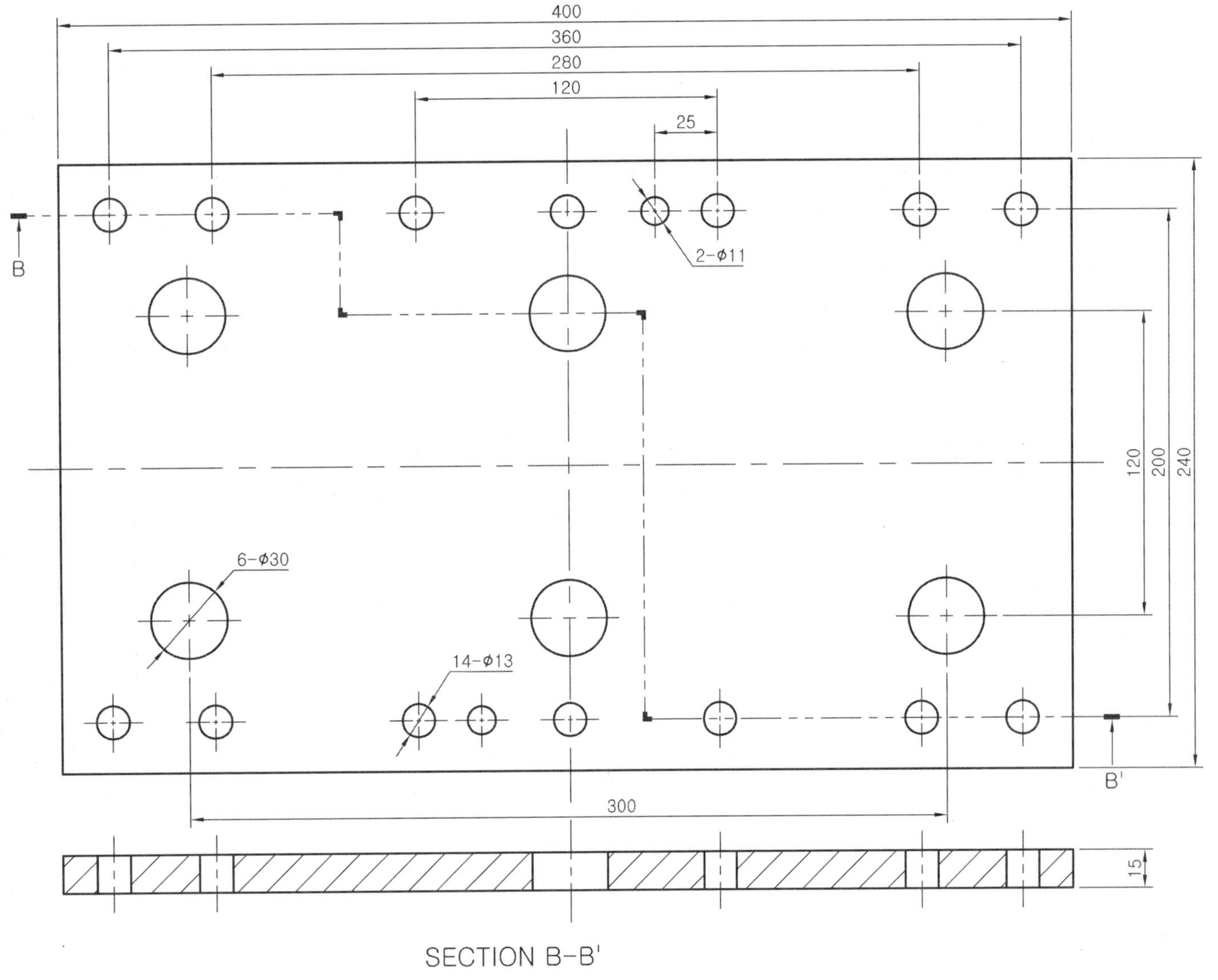

부품명	편치 받침판	척 도	NS

③ 펀치 고정판 $\overset{x}{\bigtriangledown}$ ($\overset{y}{\bigtriangledown}$)

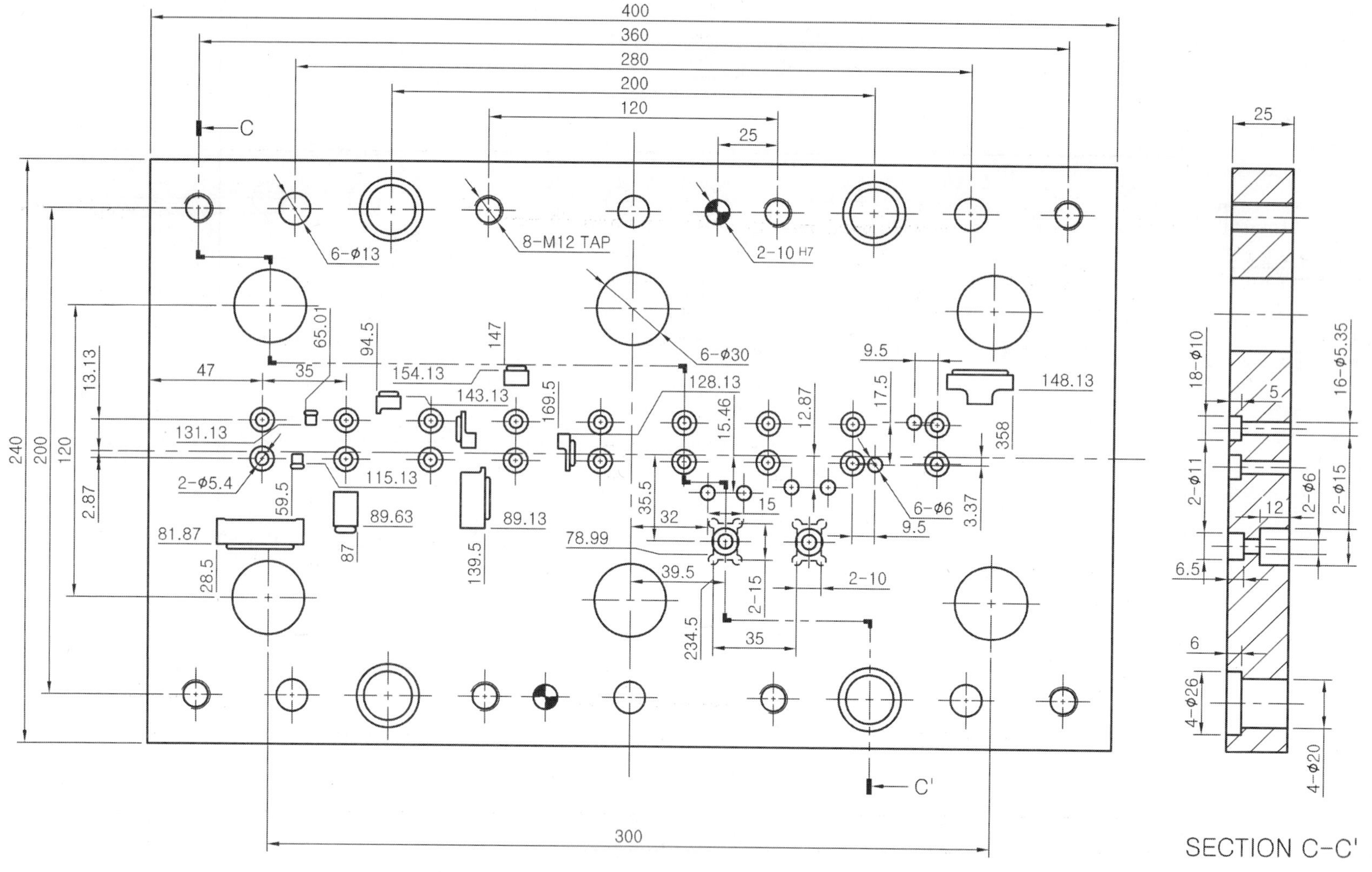

부품명	펀치 고정판	척 도	NS

④ 압축판 $\overset{x}{\bigtriangledown}$/($\overset{y}{\bigtriangledown}$)

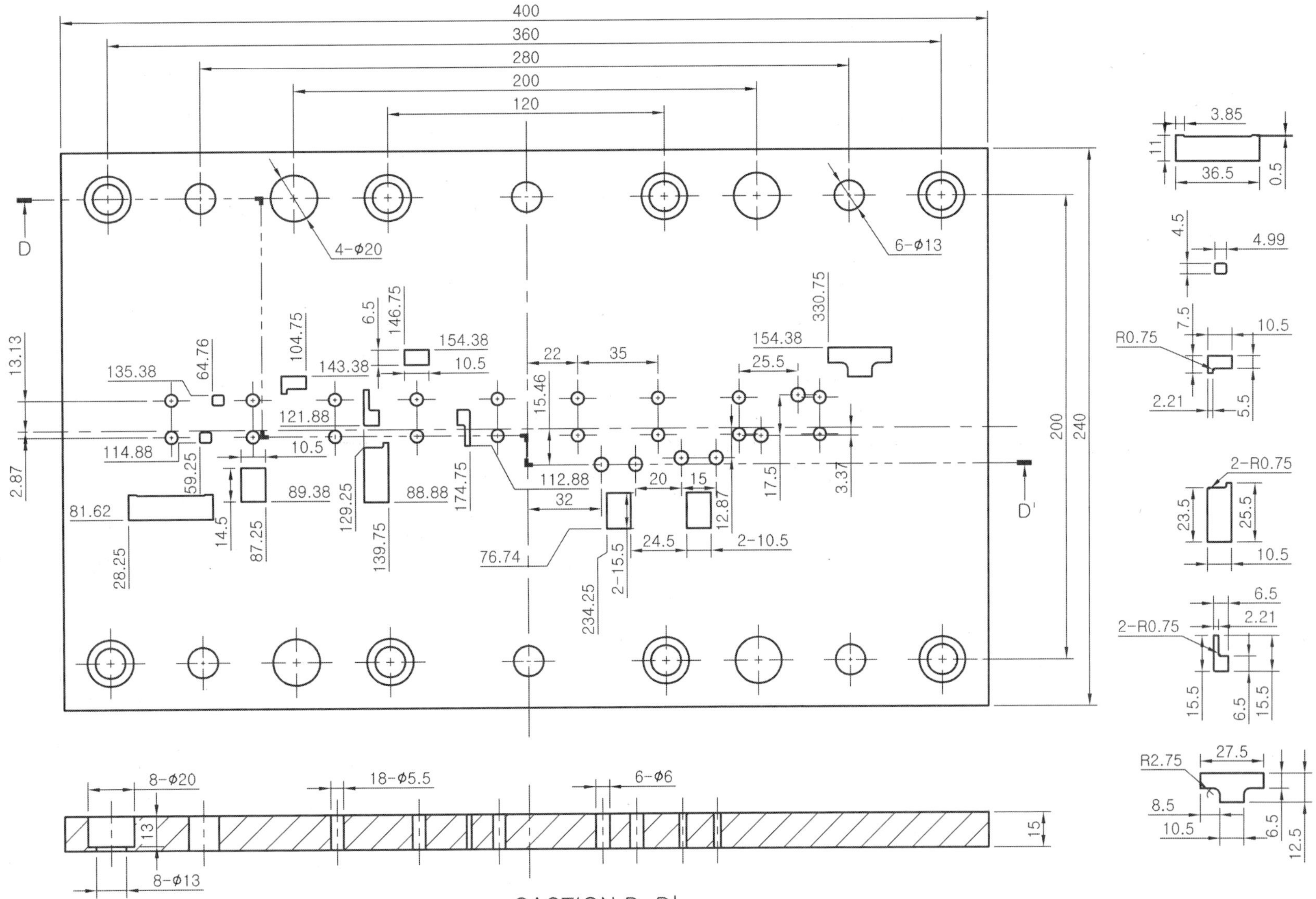

SACTION D-D'

부품명	압축판	척 도	NS

⑤ 스트리퍼 $\overset{x}{\bigtriangledown}$ ($\overset{y}{\bigtriangledown}$)

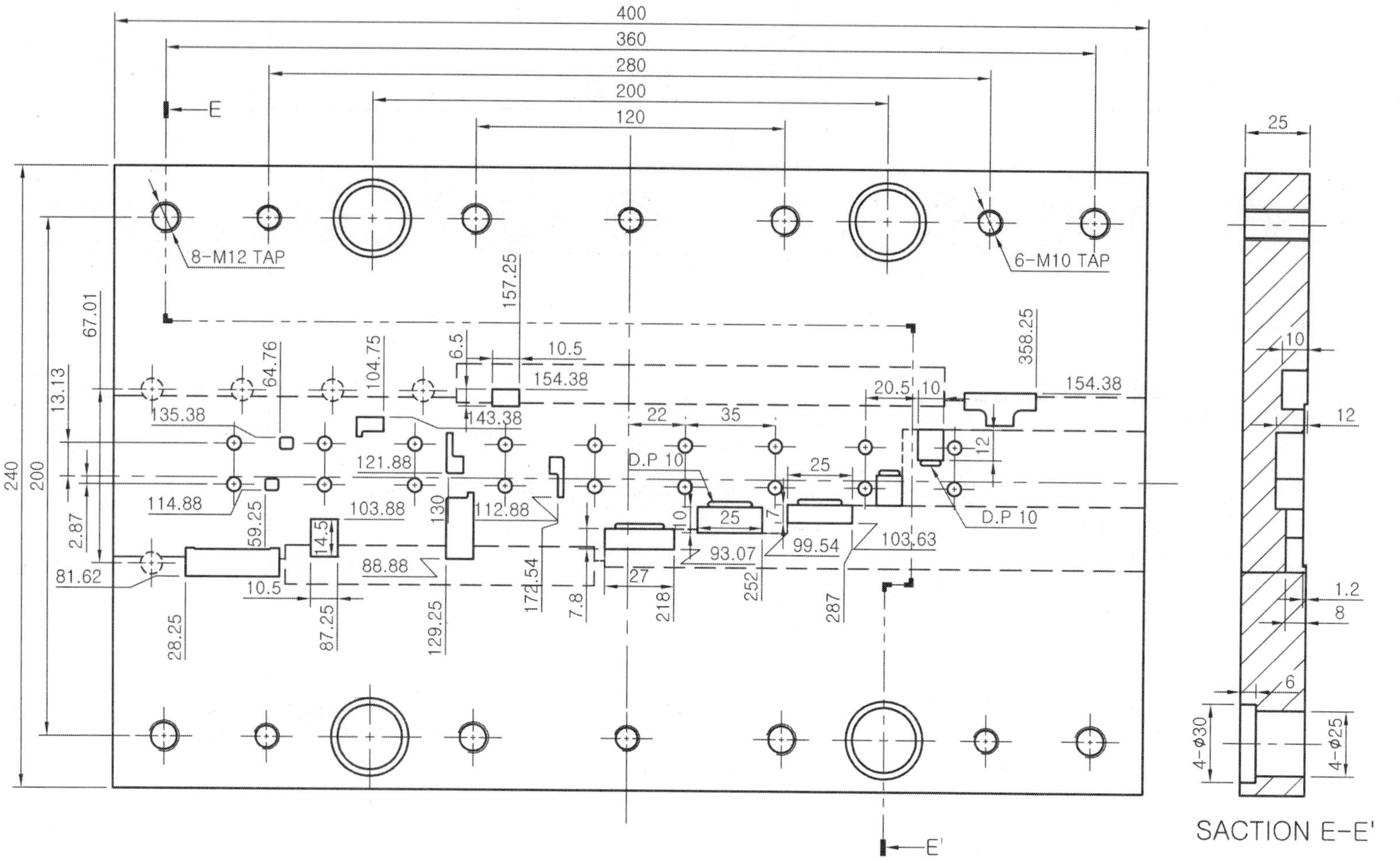

부품명	스트리퍼	척 도	NS

⑥ 다이 x/(y/)

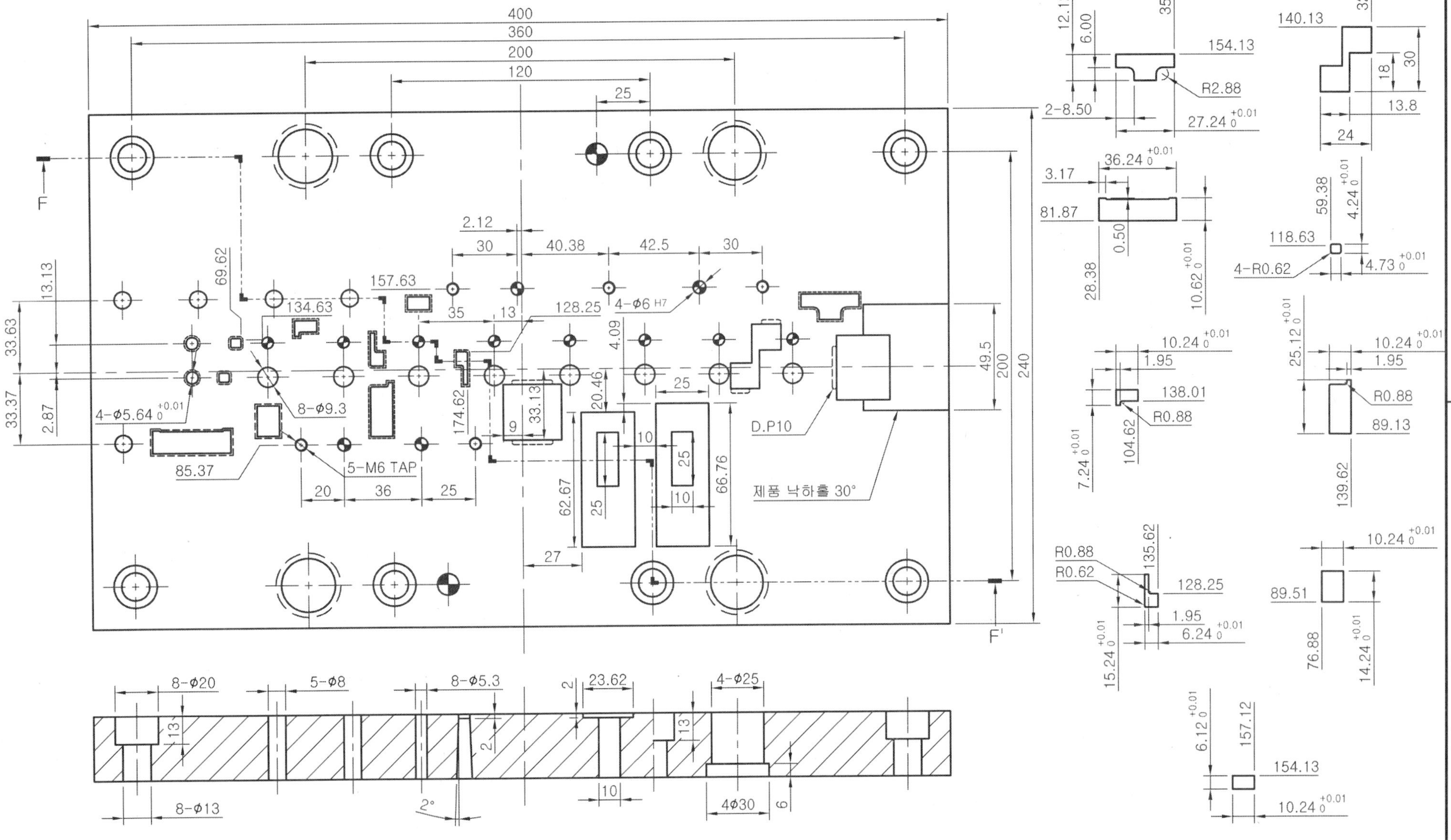

SACTION F-F'

부품명	다이	척 도	NS

⑦ 다이 받침판 $\overset{x}{\nabla}$/($\overset{y}{\nabla}$/)

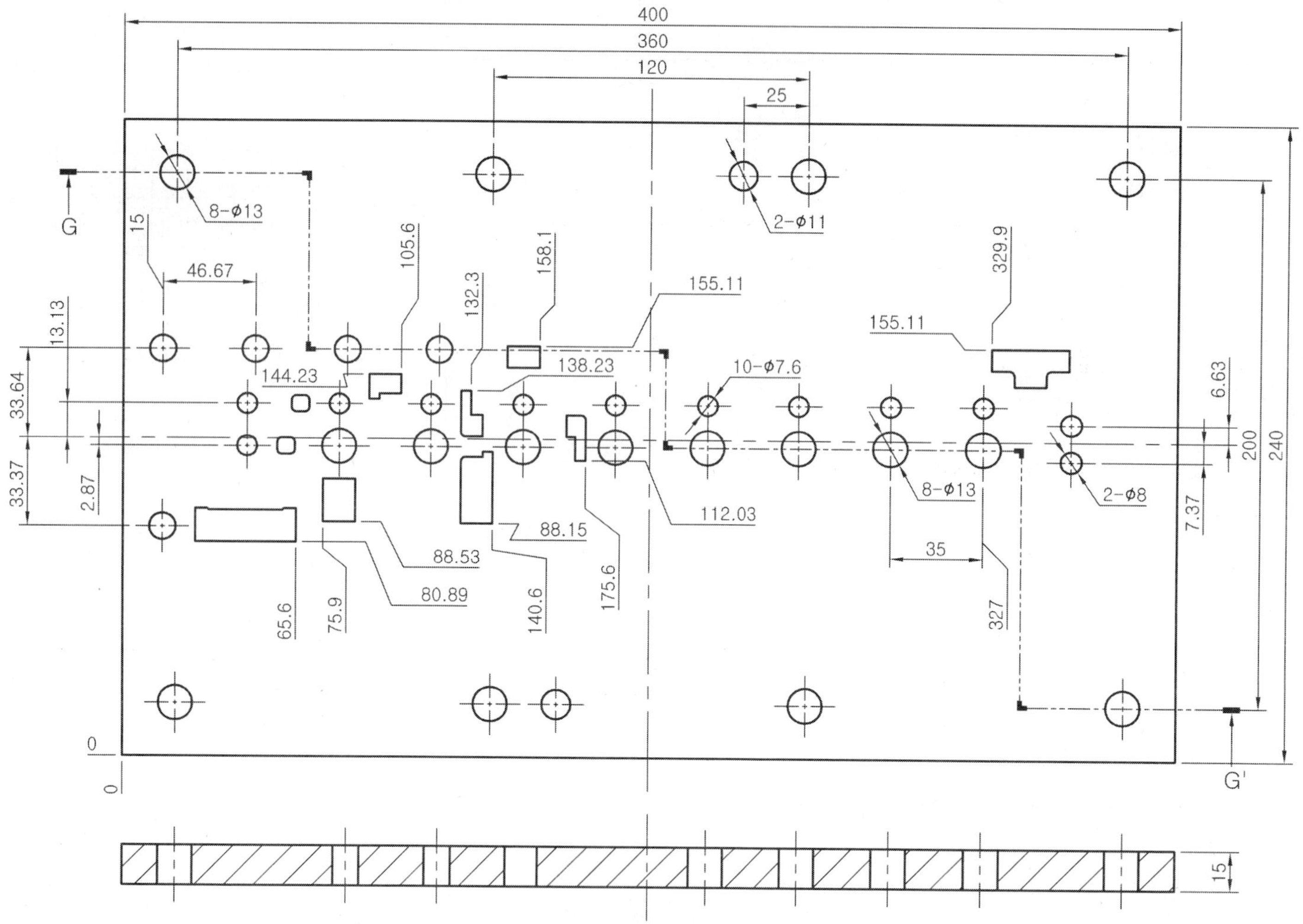

SACTION G-G'

부품명	다이 받침판	척 도	NS

⑧ 하 홀더 x/(y/)

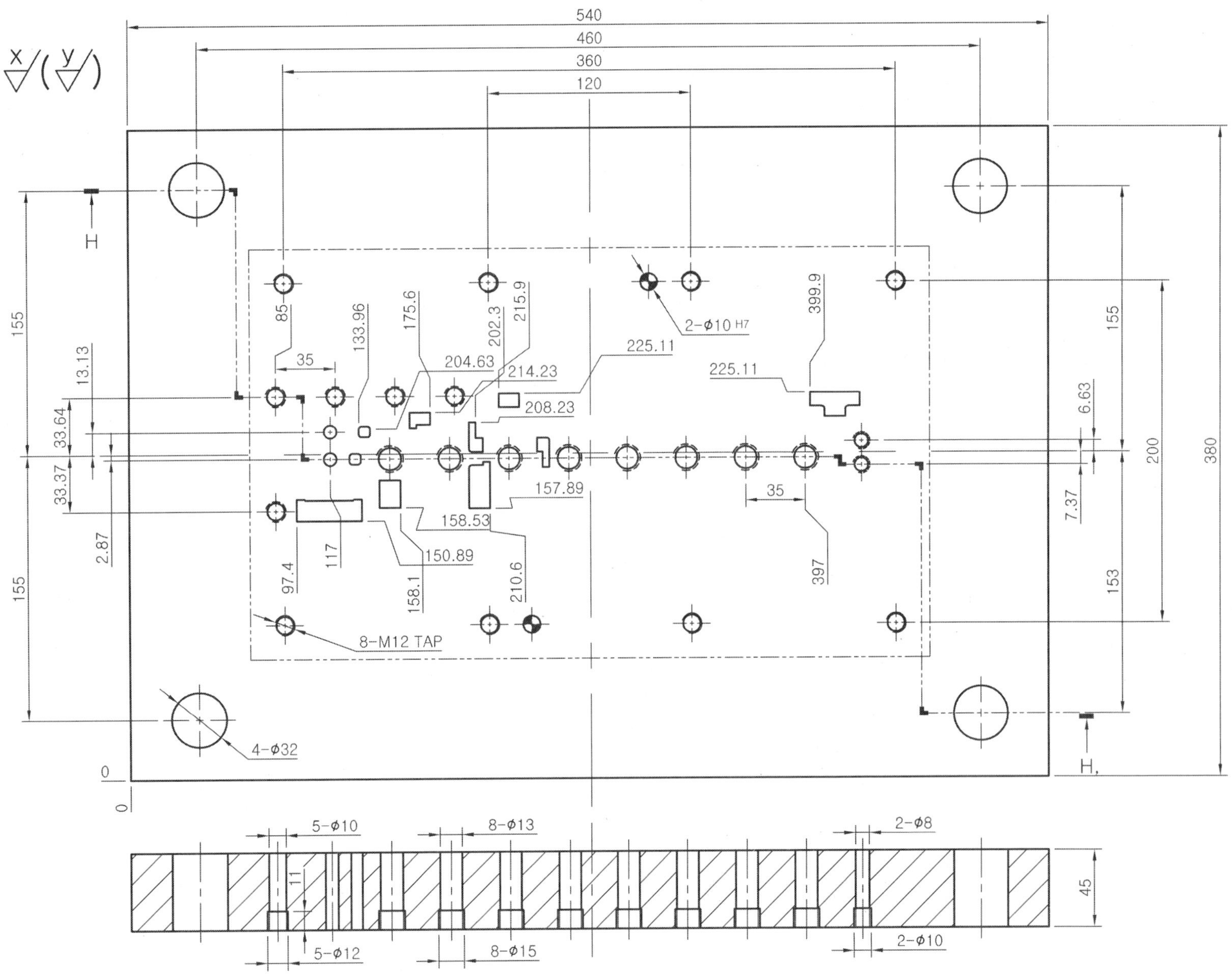

SACTION H-H'

부품명	하 홀더	척 도	NS

⑨ 사이드컷 펀치 x/(y/)

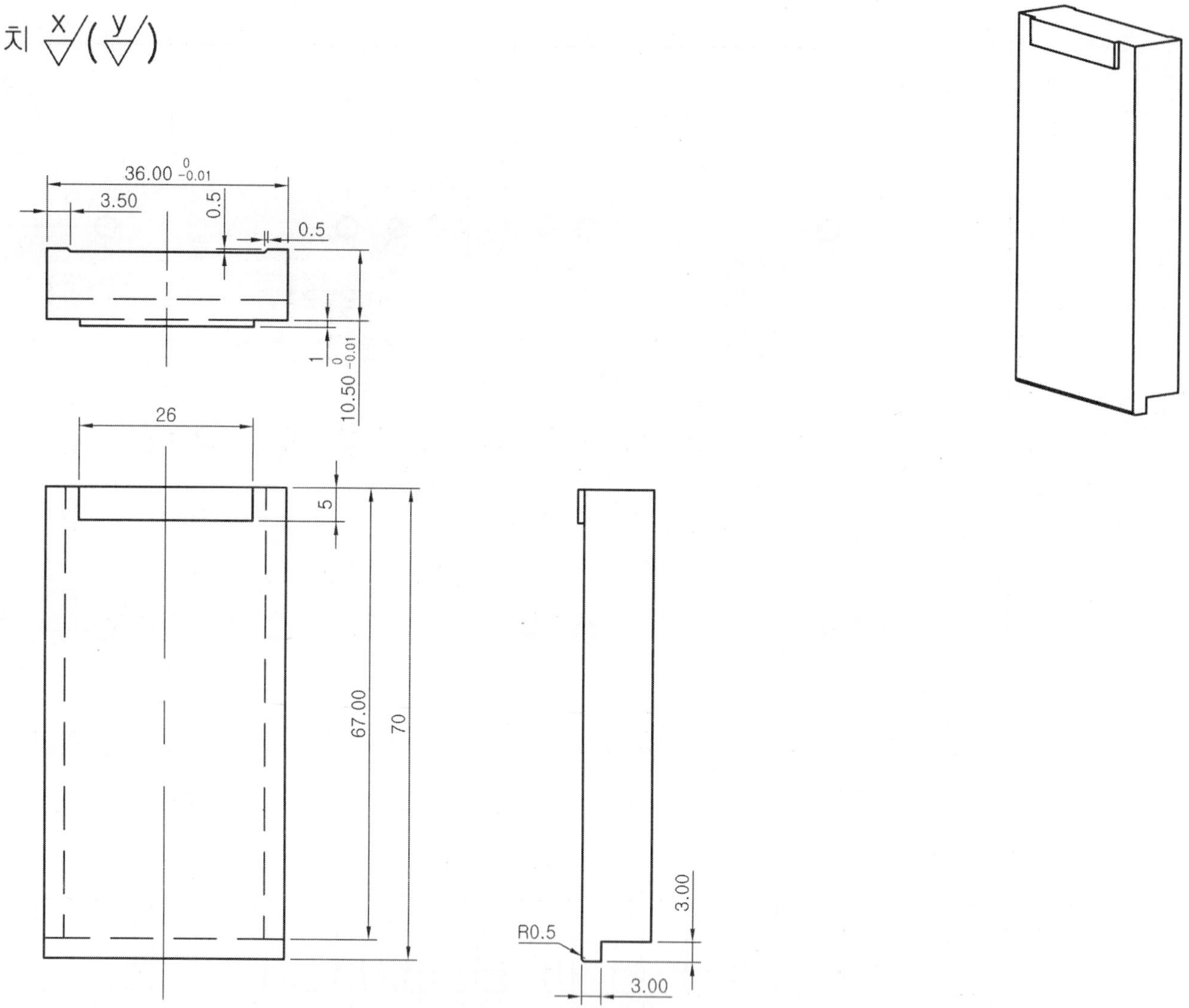

부품명	사이드컷 펀치	척 도	NS

⑩ 피어싱 펀치 $\overset{x}{\bigtriangledown}$/($\overset{y}{\bigtriangledown}$/)

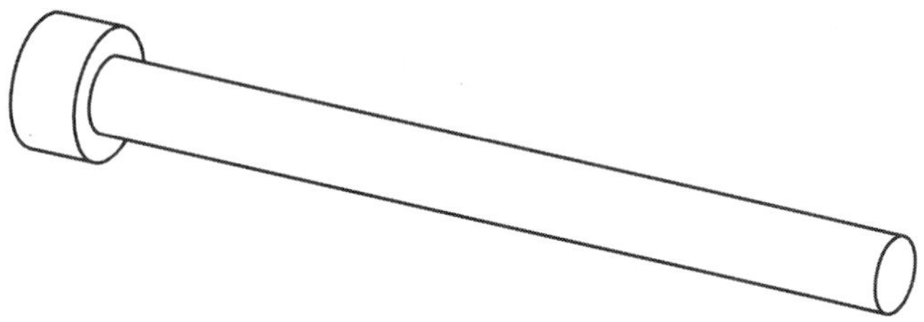

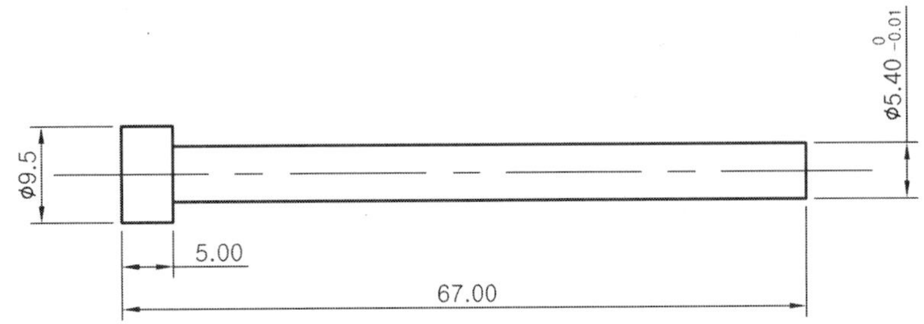

부품명	피어싱 펀치	척 도	NS

⑪ 사이드 컷 펀치 $\overset{x}{\nabla}$/($\overset{y}{\nabla}$/)

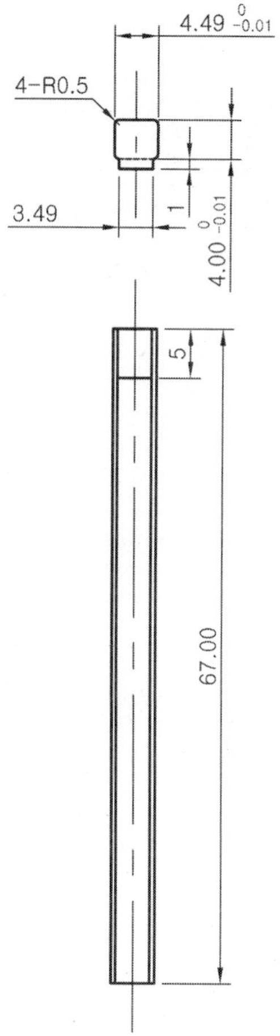

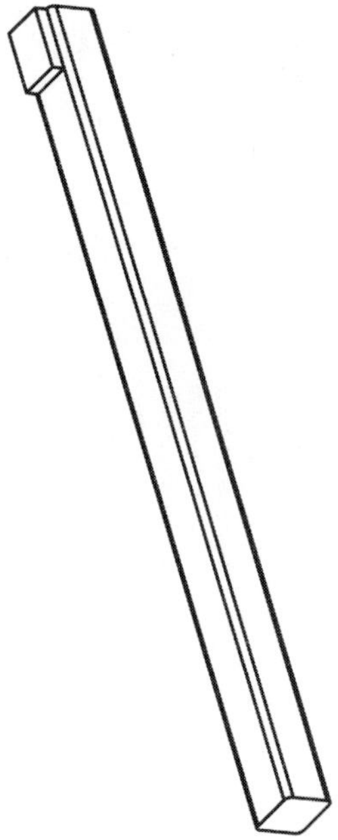

부품명	사이드 컷 펀치	척 도	NS

⑫ 노칭 펀치 x/∇ (y/∇)

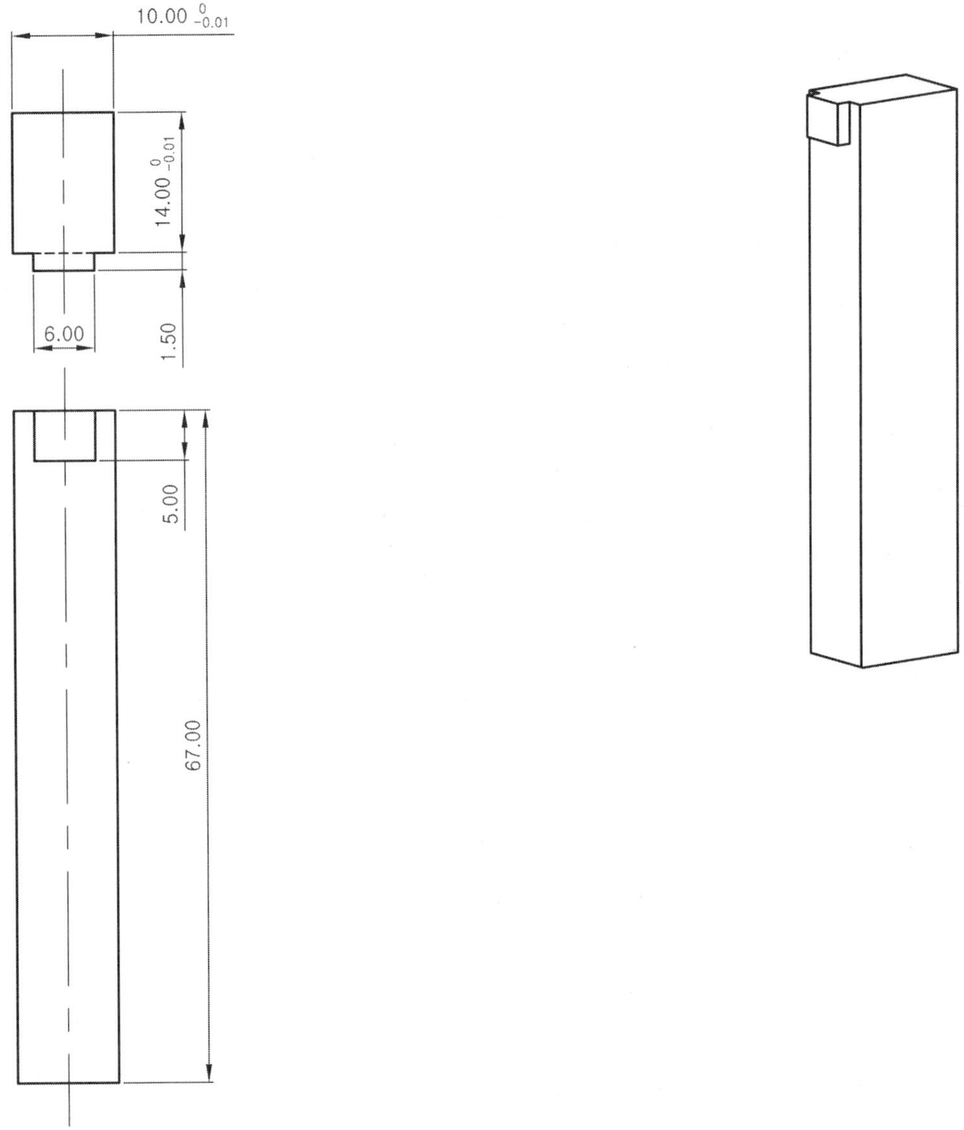

부품명	노칭 펀치	척 도	NS

⑬ 이형 피어싱 펀치 $\overset{x}{\nabla}$/($\overset{y}{\nabla}$)

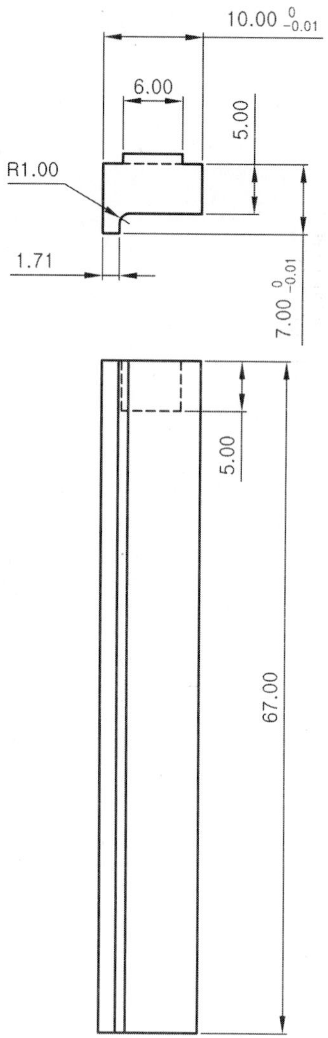

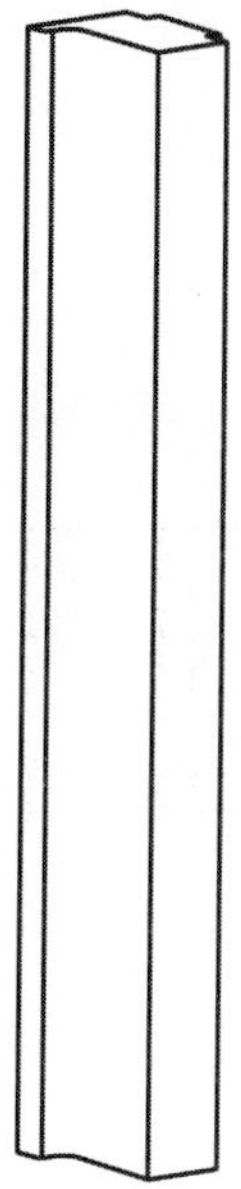

부품명	이형 피어싱 펀치	척 도	NS

⑭ 노칭 펀치 $\overset{x}{\nabla}$/($\overset{y}{\nabla}$)

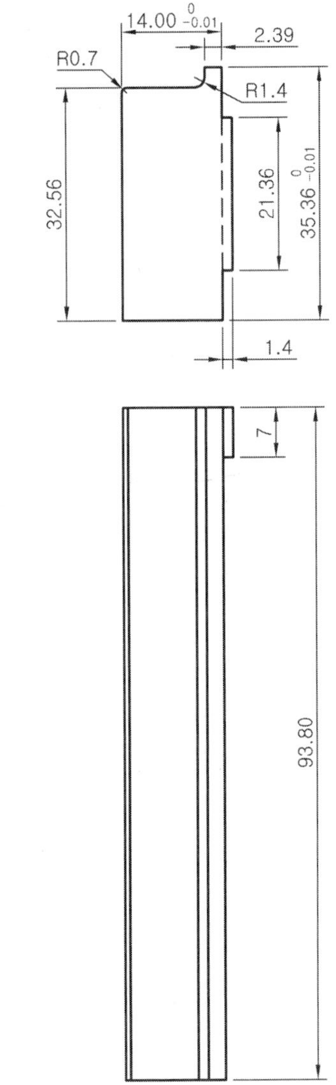

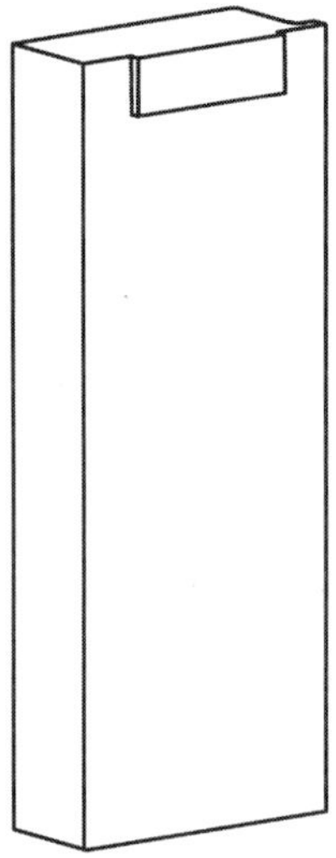

부품명	노칭 펀치	척 도	NS

⑮ 노칭 펀치 $\overset{x}{\nabla}$ ($\overset{y}{\nabla}$)

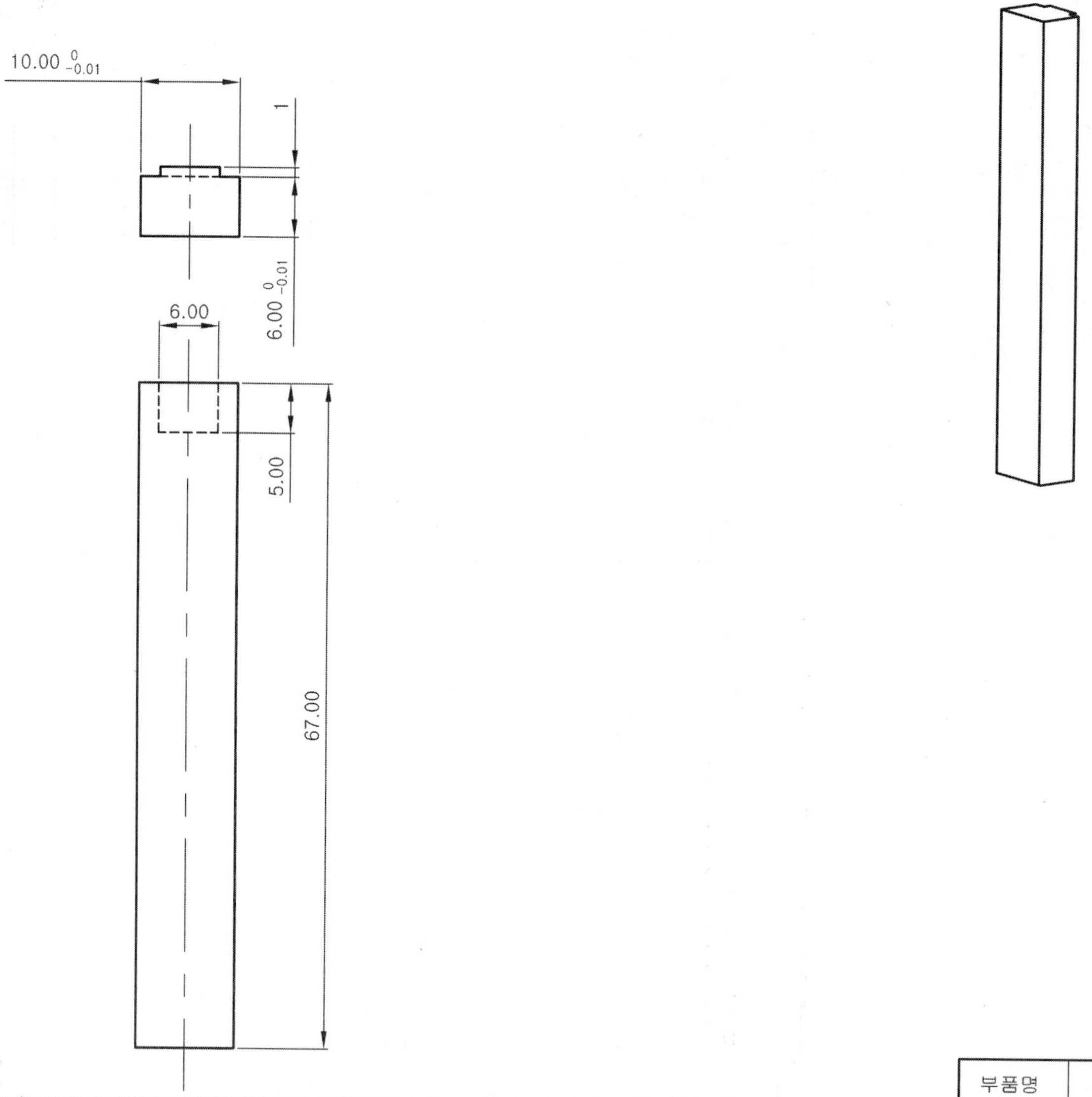

부품명	노칭 펀치	척 도	NS

⑯ 이형 피어싱 펀치 $\overset{x}{\triangledown}$/($\overset{y}{\triangledown}$)

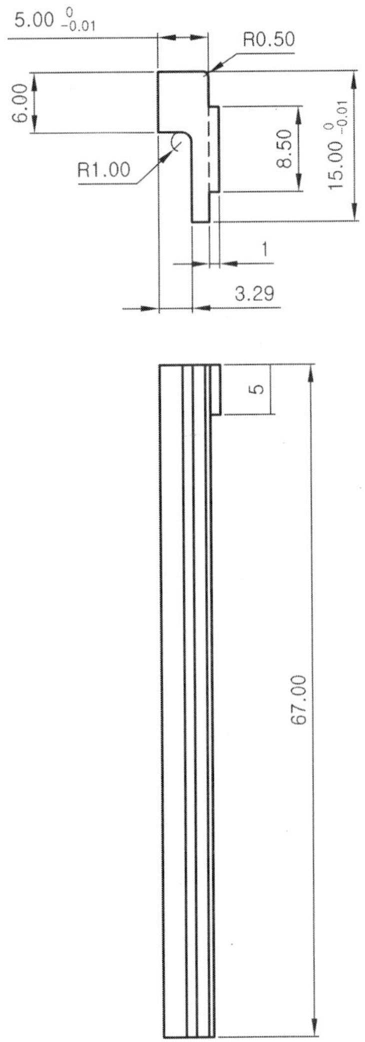

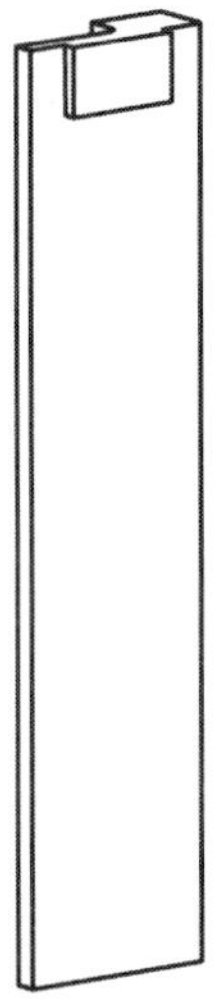

부품명	이형 피어싱 펀치	척 도	NS

⑰ 파팅 펀치 $\overset{x}{\nabla}/(\overset{y}{\nabla}/)$

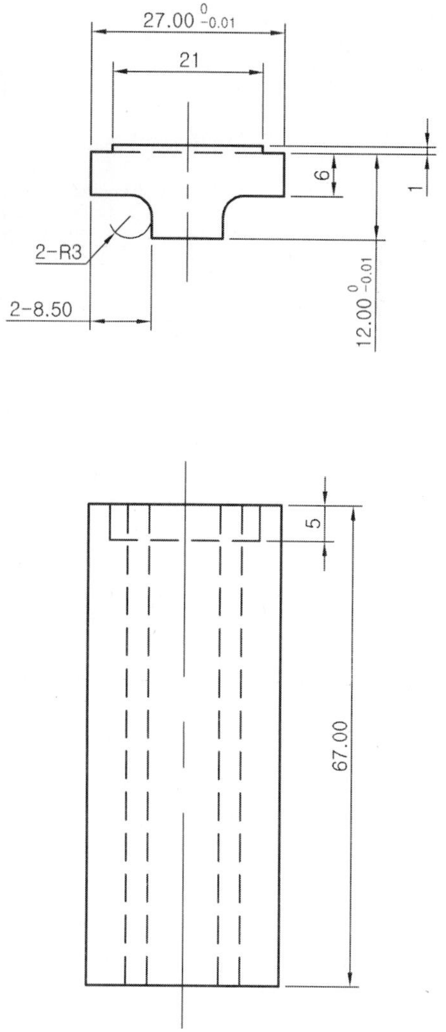

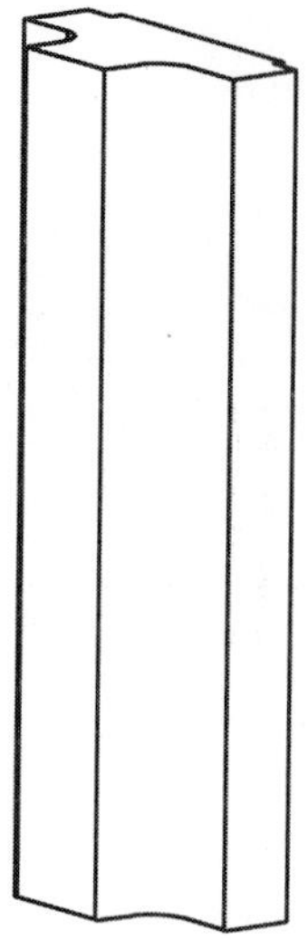

부품명	파팅 펀치	척 도	NS

⑱ 밴딩 펀치 $\overset{x}{\triangledown}$/($\overset{y}{\triangledown}$/)

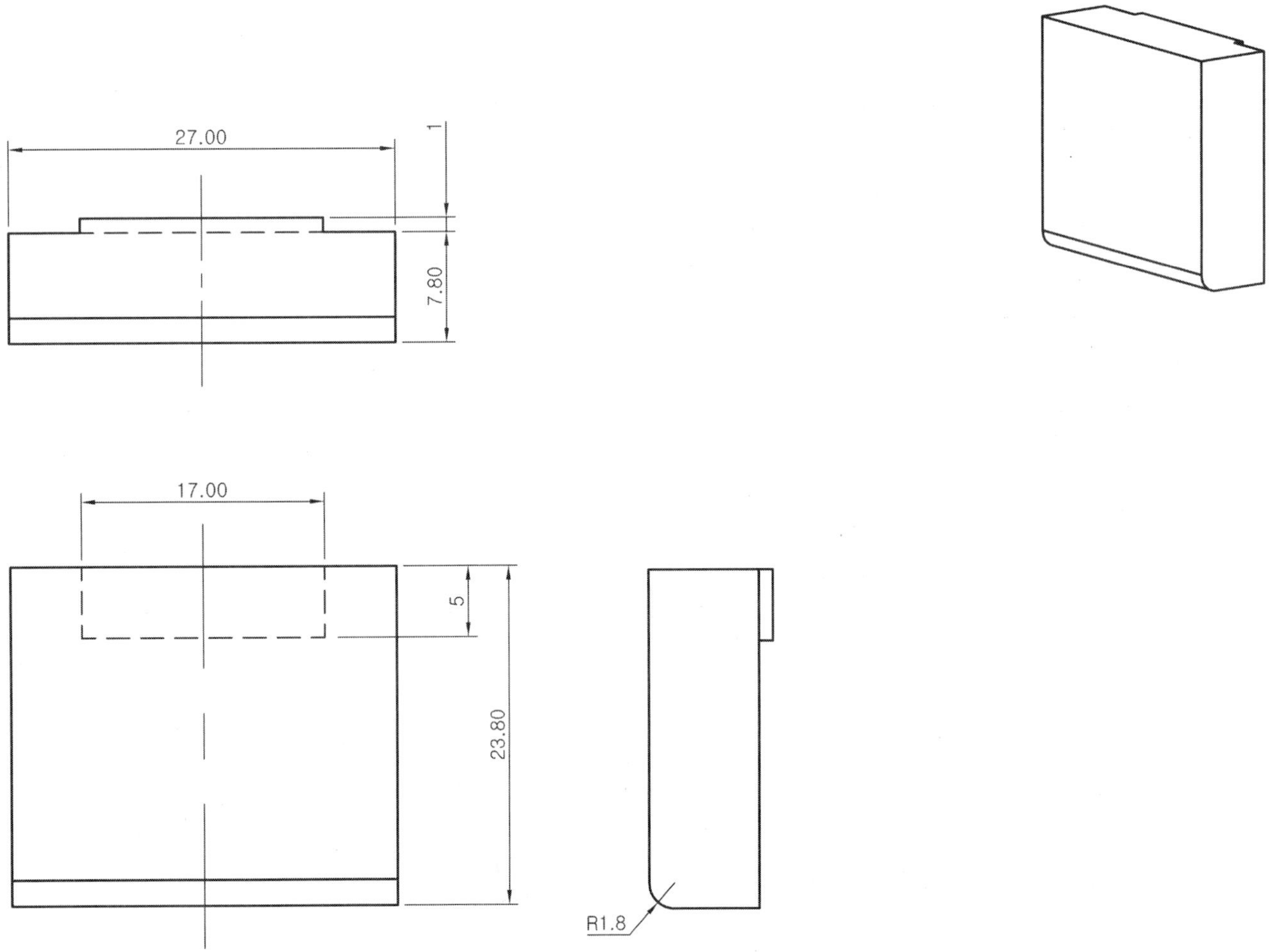

부품명	밴딩 펀치	척 도	NS

⑲ 밴딩 다이 $\overset{x}{\nabla}$/($\overset{y}{\nabla}$)

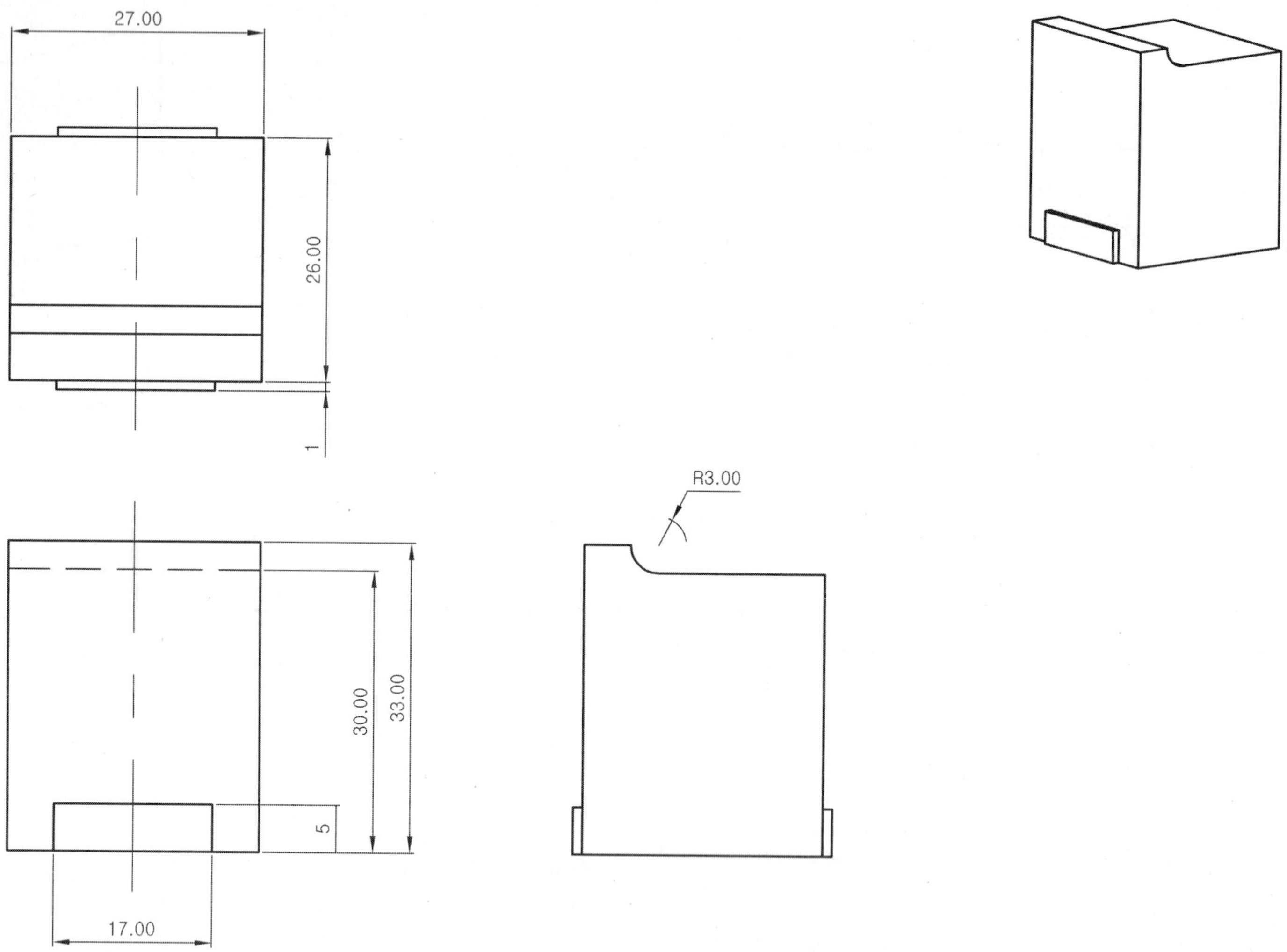

부품명	밴딩 다이	척 도	NS

⑳ 1차 컬링 펀치 $\overset{x}{\triangledown}$ ($\overset{y}{\triangledown}$)

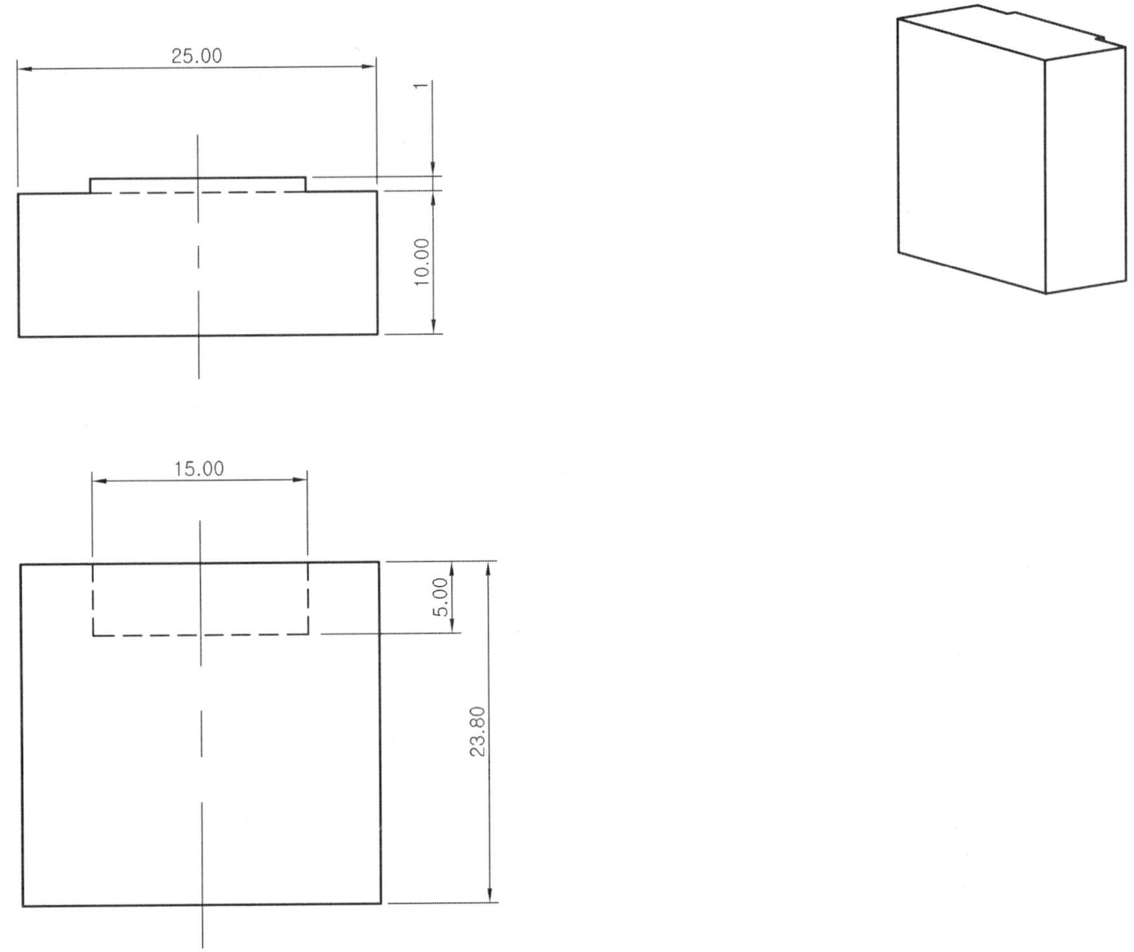

부품명	1차 컬링 펀치	척 도	NS

㉑ 1차 컬링 캠 x/(y/)

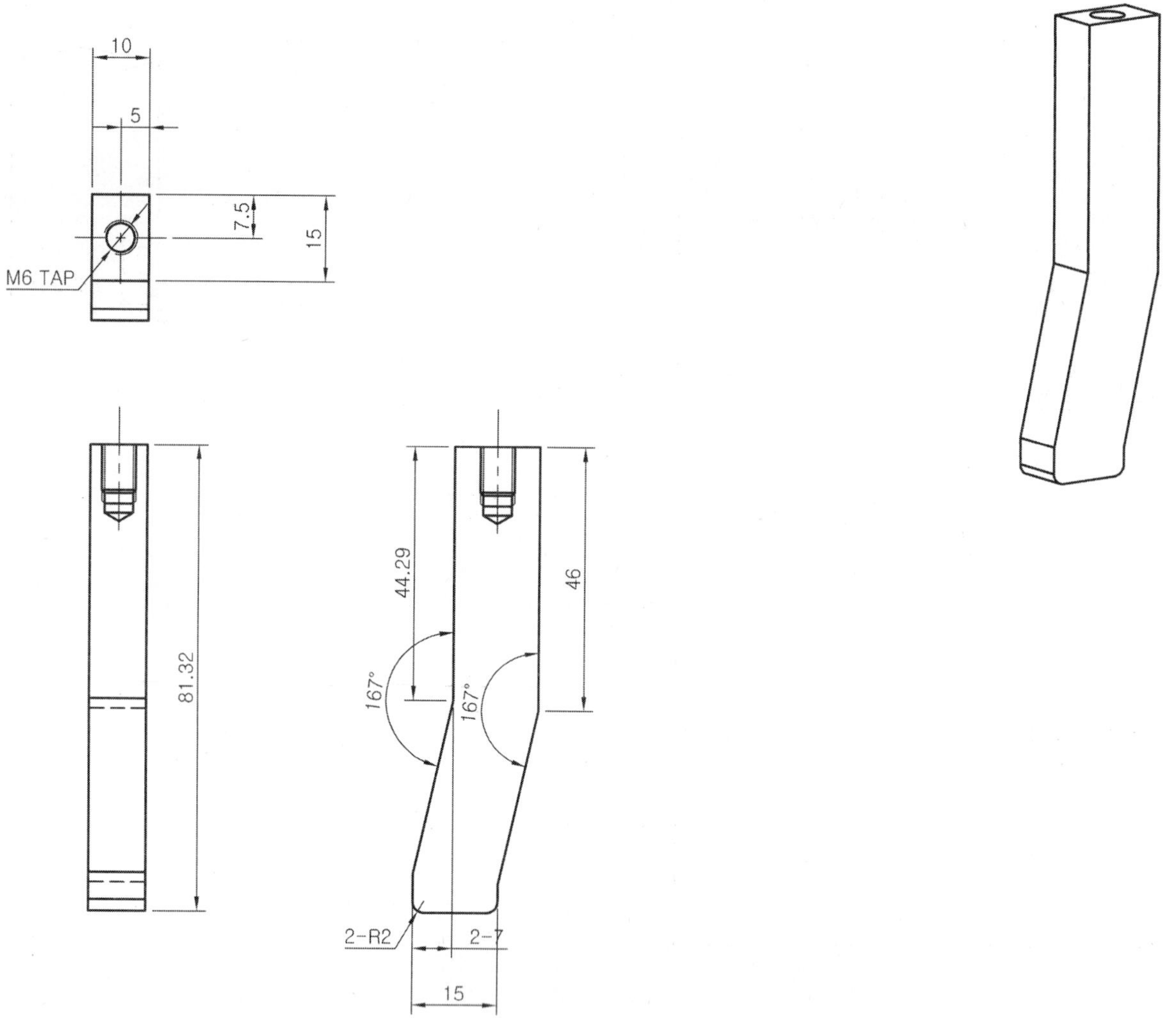

부품명	1차 컬링 캠	척 도	NS

㉒ 1차 컬링 패드 $\overset{x}{\triangledown}$/($\overset{y}{\triangledown}$/)

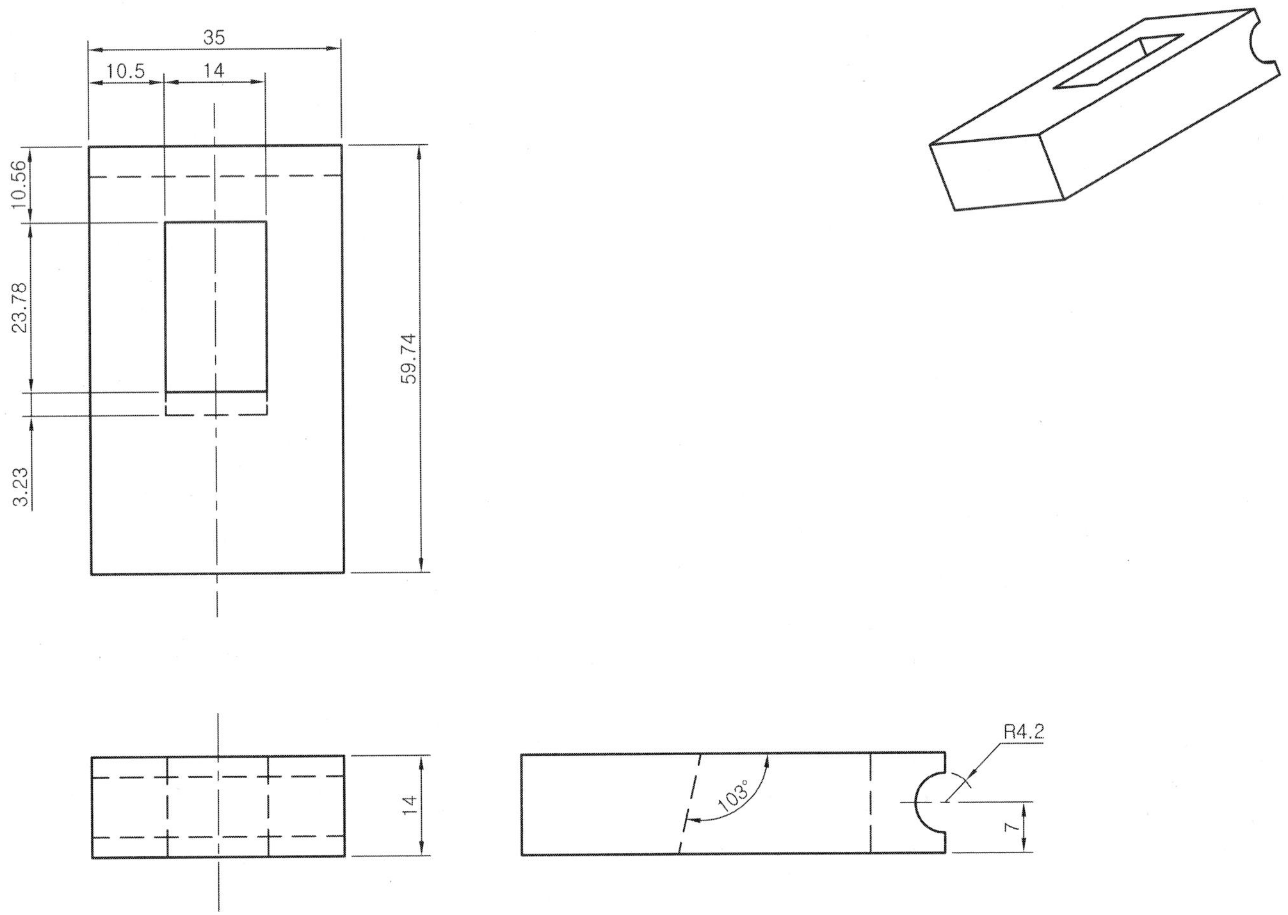

부품명	1차 컬링 패드	척 도	NS

㉓ 2차 컬링 펀치 $\overset{x}{\bigtriangledown}$/($\overset{y}{\bigtriangledown}$)

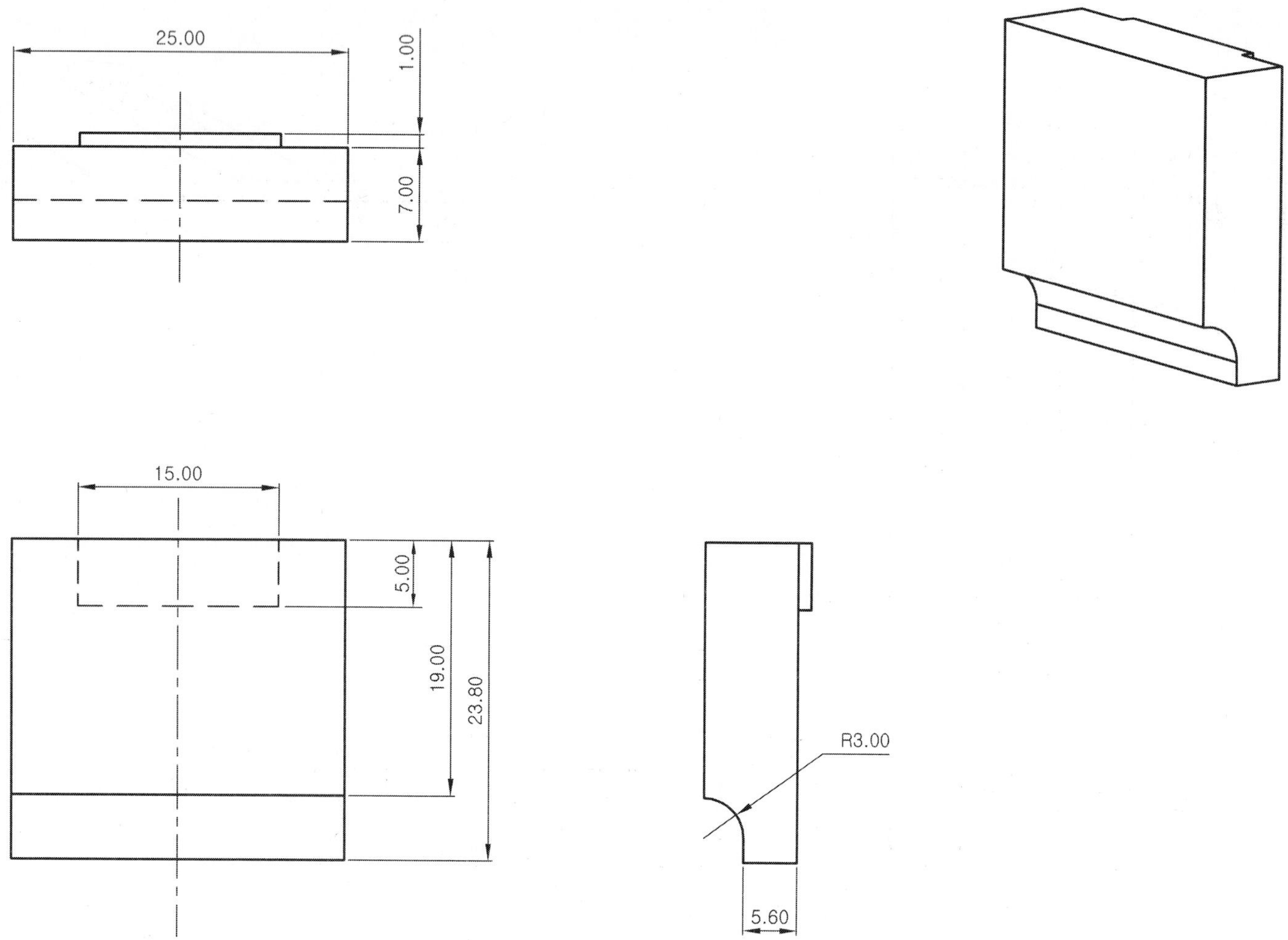

부품명	2차 컬링 펀치	척 도	NS

(25) 2차 컬링 패드 x/(y/)

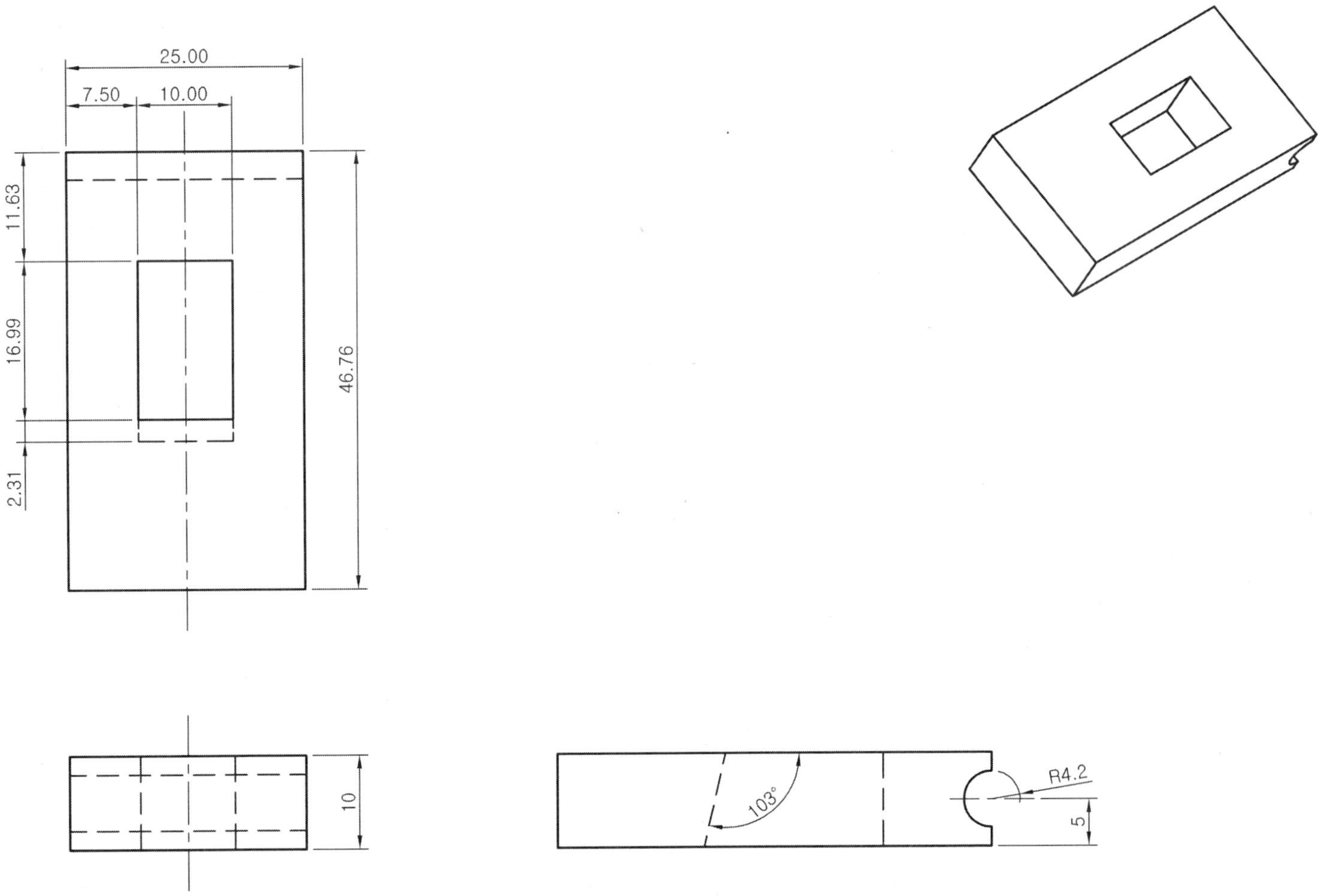

부품명	2차 컬링 패드	척 도	NS

㉖ 밴딩 펀치 $\overset{x}{\nabla}$/($\overset{y}{\nabla}$)

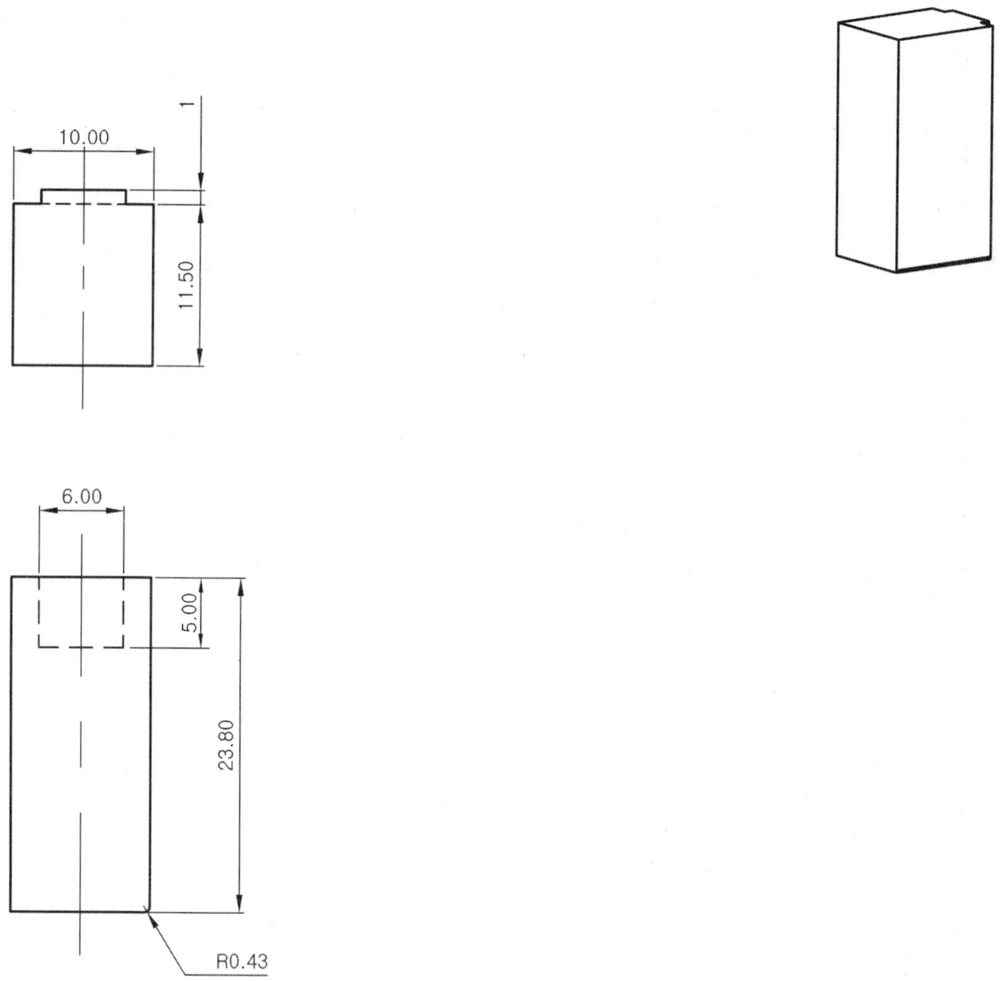

부품명	밴딩 펀치	척 도	NS

㉗ 밴딩 다이 $\overset{x}{\nabla}$($\overset{y}{\nabla}$)

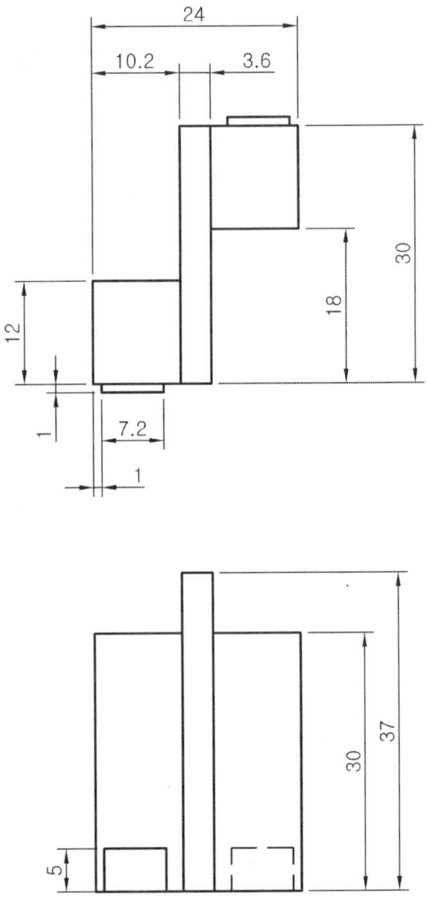

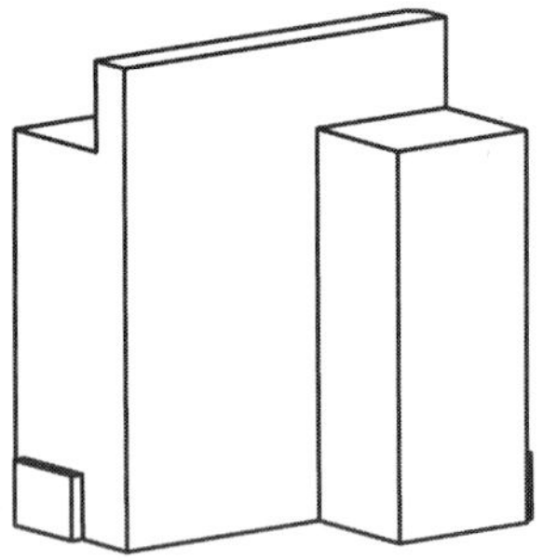

부품명	밴딩 다이	척 도	NS

(28) 파팅 이젝터 $\overset{x}{\bigtriangledown}/(\overset{y}{\bigtriangledown}/)$

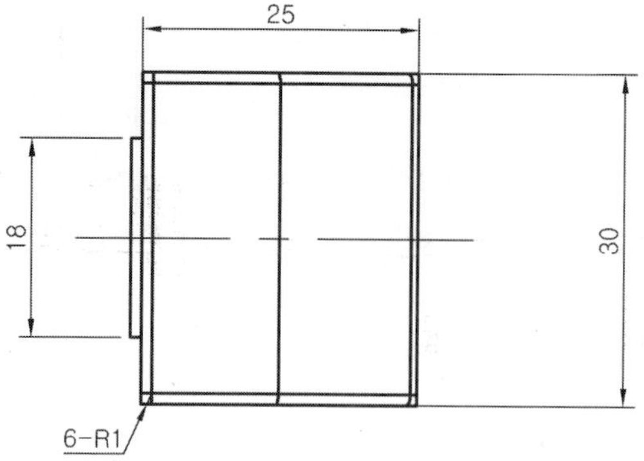

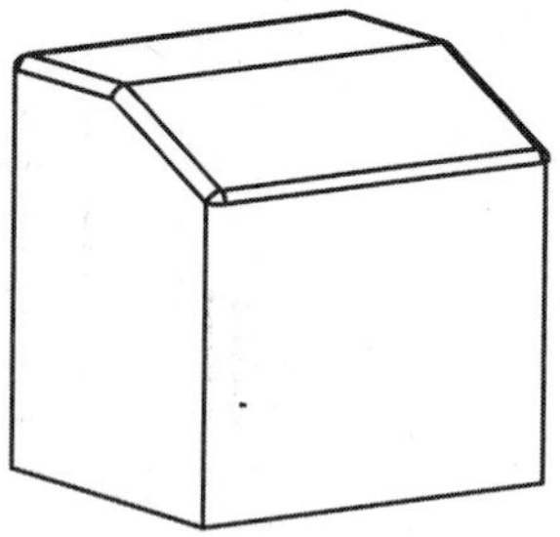

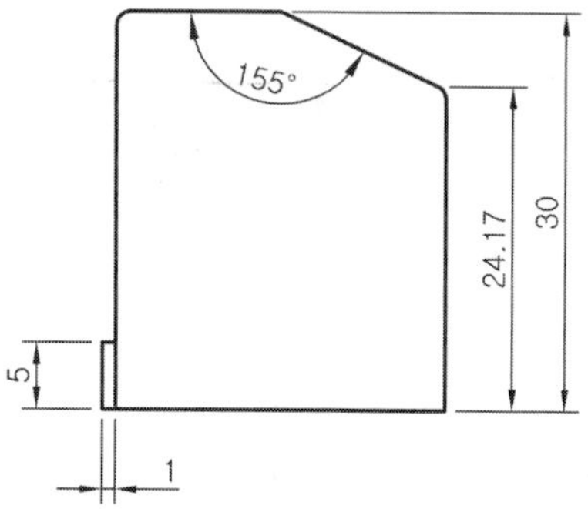

부품명	파팅 이젝터	척 도	NS

㉙ 파일롯 핀 $\overset{x}{\nabla}$/($\overset{y}{\nabla}$/)

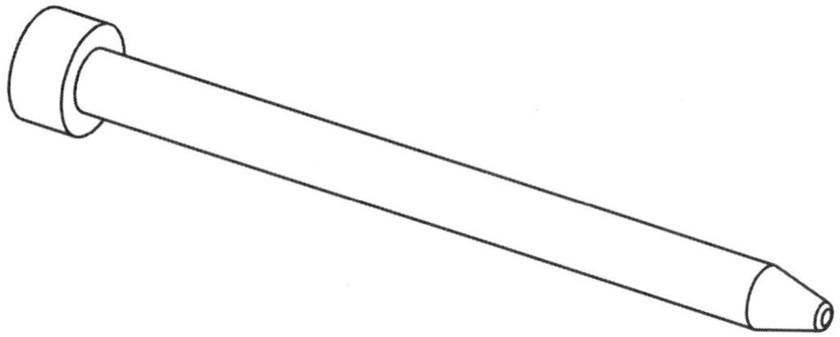

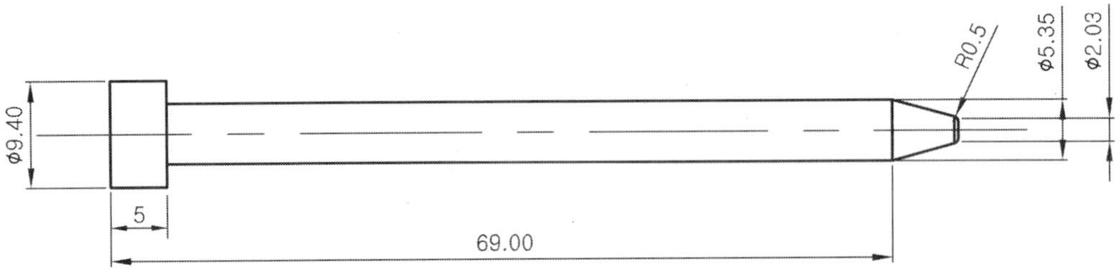

부품명	파일롯 핀	척 도	NS

(30) 파일롯 부시 $\overset{x}{\nabla}$ ($\overset{y}{\nabla}$)

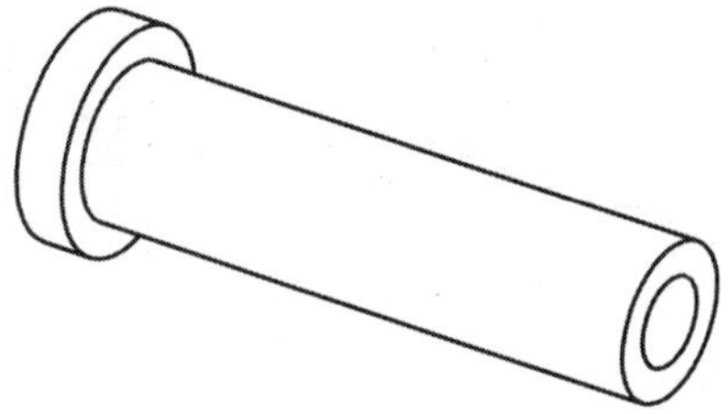

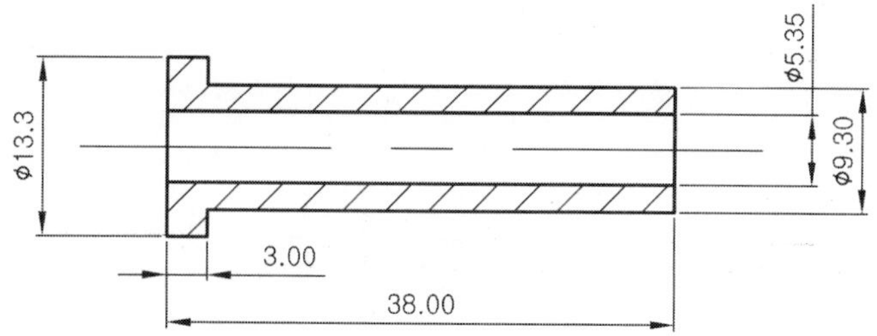

부품명	파일롯 부시	척 도	NS

4.2 Progressive-die(Lever B)

▮ 요구사항

1) 투상법 : 3각법
2) 소재의 이송은 좌측에서 우측으로 롤 피더를 사용하여 자동 이송하고 사이드 컷 공정은 사용하지 말 것.
3) LAY-OUT 배열은 1열 1개 생산 가능토록 할 것.
4) 파일럿은 직접 파일럿 방식으로 설계할 것.
5) 편측 클리어런스는 재료 두께의 10%를 적용하여 설계할 것.
6) STRIP LAY-OUT을 모델링하고 제품전개치수, 피치, 재료폭 등을 표기할 것.
   단, 작업공정별 명칭을 필히 기입할 것.
7) 조립도는 상형과 하형을 결합된 상태로 완성
8) 각각의 부품들은 별도로 설계
9) 다이셋트는 스틸 다이셋트를 선택하되 규격은 임의로 설계자가 정할 것.
   단, 다이셋트용 가이드 포스트 및 부시는 주어진 규격집을 활용하여 모델링 할 것.
10) 스트리퍼는 가동스트리퍼 타입으로 설계할 것.
   단, 스트리퍼가이드용 가이드 포스트 및 부시는 주어진 규격집을 활용하여 모델링 할 것.
10) 제품도에 주어진 공차는 금형설계치수를 적용한 제품전개도에 치수 기입할 것.
11) 기타 지시하지 않은 사항들은 KS 제도법에 준하여 모델링 할 것.

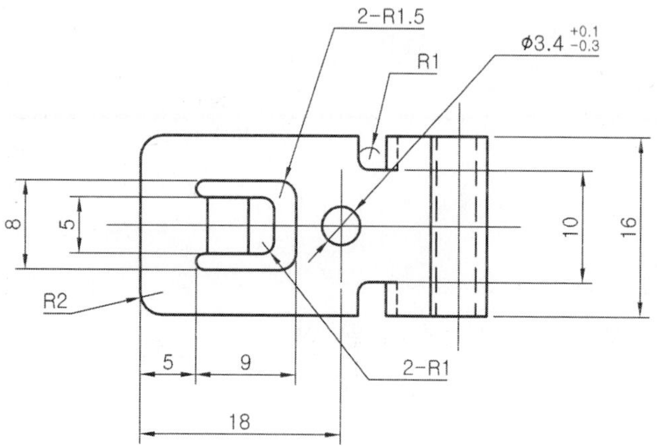

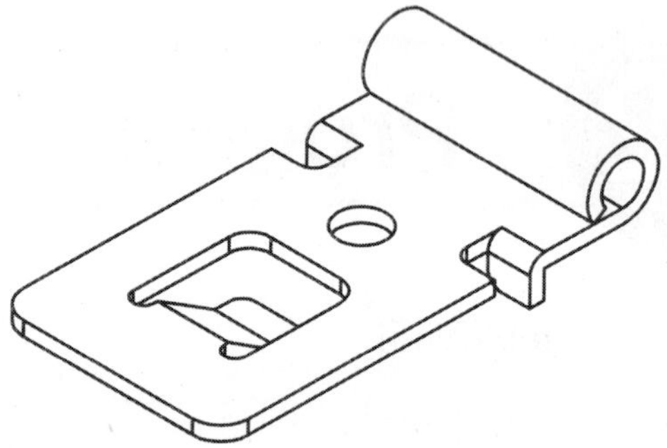

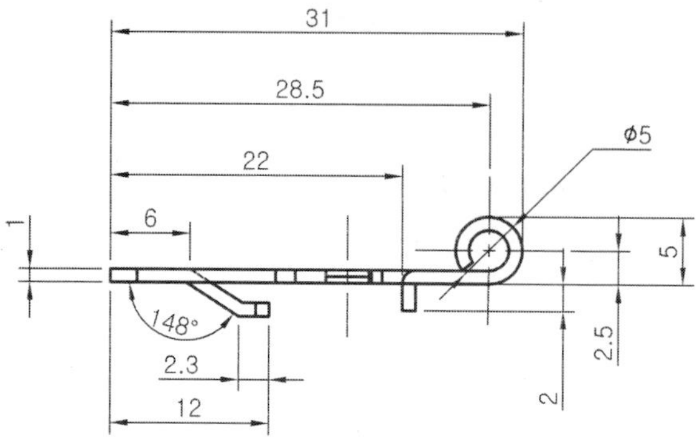

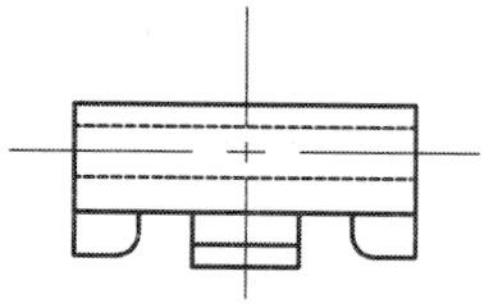

주서

1. 소재 두께 : 1.0mm
2. 금형 타입 : 프로그래시브 다이
3. 소재 이송 : 좌측에서 우측으로 롤 피더 사용
4. 클리어런스 : 재료 두께의 10%(편측)

제품명	Laver	척 도	NS

STRIP LAY OUT

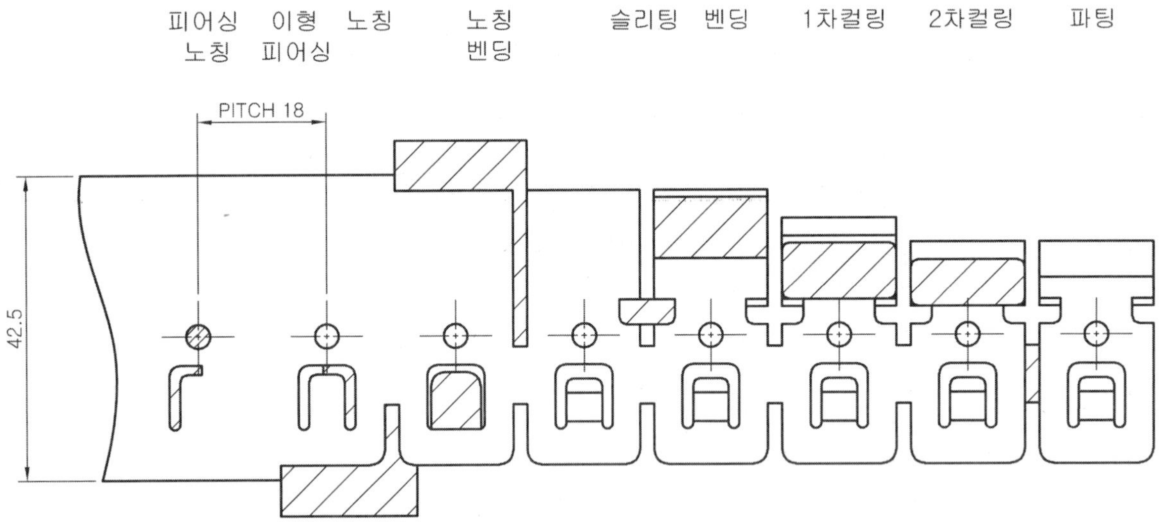

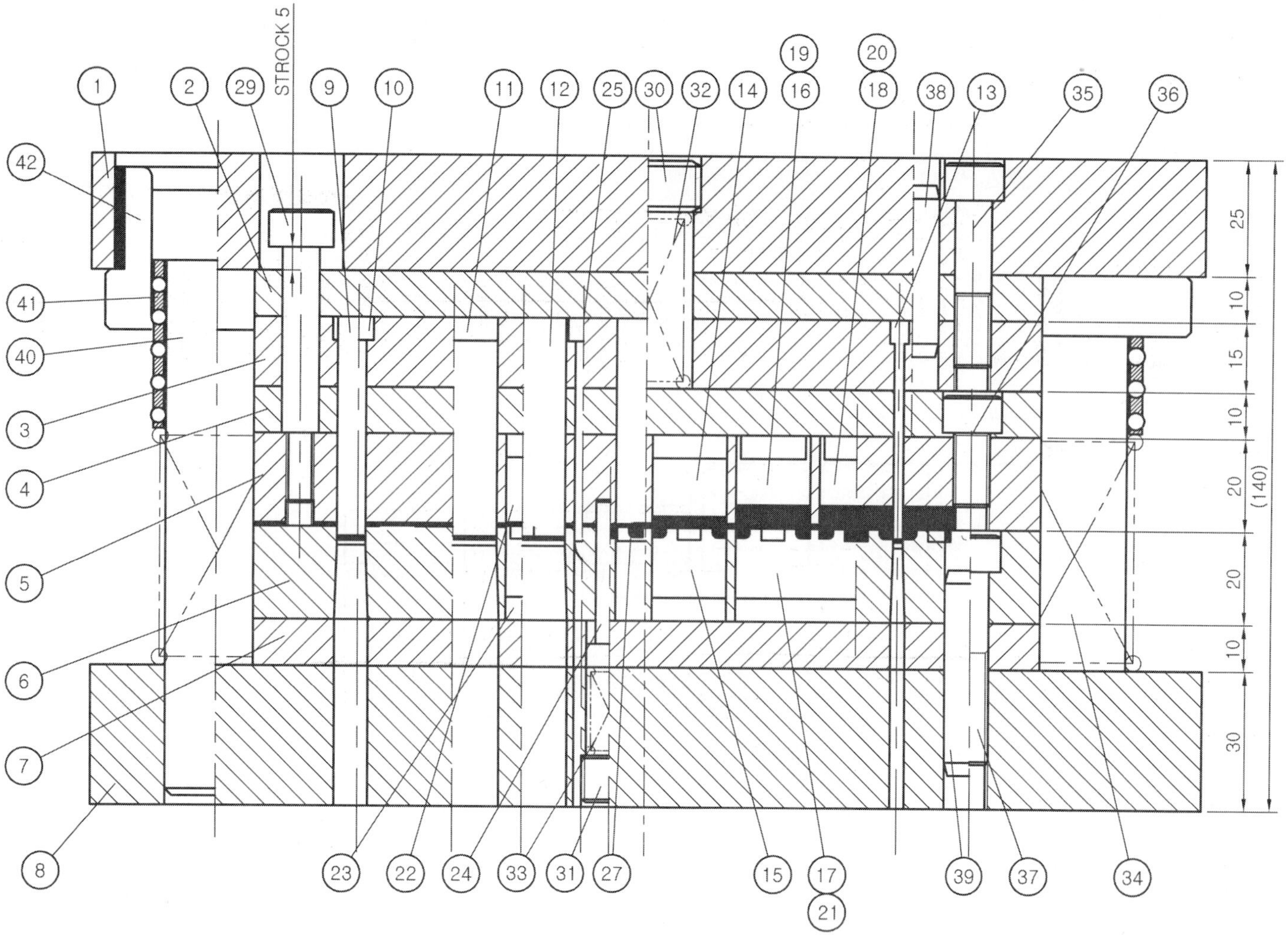

품 번	품 명	재 질	수 량	비 고
28	슬리팅 펀치	STD 11	1	HRC55
25	파일롯 핀	STD 11	6	HRC55
24	가이드 리프터 핀	STC3	9	HRC55
23	밴딩 다이	STD 11	1	HRC55
22	밴딩 펀치	STD 11	1	HRC55
21	캠 백업 장치	STD 11	1	HRC55
20	캠 펀치	STD 11	1	HRC55
19	캠 패드	STD 11	1	HRC55
18	2차 컬링 펀치	STD 11	1	HRC55
17	캠 스토퍼	STD 11	1	HRC55
16	1차 컬링 펀치	STD 11	1	HRC55
15	밴딩 펀치	STD 11	1	HRC55
14	밴딩 펀치	STD 11	1	HRC55
13	파팅 펀치	STD 11	1	HRC55
12	노칭 펀치	STD 11	1	HRC55
11	노칭 펀치	STD 11	1	HRC55
10	피어싱 펀치	STD 11	1	HRC55
9	이형 피어싱 펀치	STD 11	2	HRC55
8	하 홀더	SM 45C	1	
7	다이 받침판	STD 11	1	HRC60
6	다이	STD 11	1	
5	스트리퍼	STD 11	1	
4	압축판	STD 11	1	HRC60
3	펀치 고정판	STD 11	1	
2	펀치 받침판	STD 11	1	HRC60
1	상 홀더	SM 45C	1	

Progressive-die (lever B)	척 도	N,S
	각 법	3각법

① 상 홀더 $\overset{x}{\nabla}$ ($\overset{y}{\nabla}$)

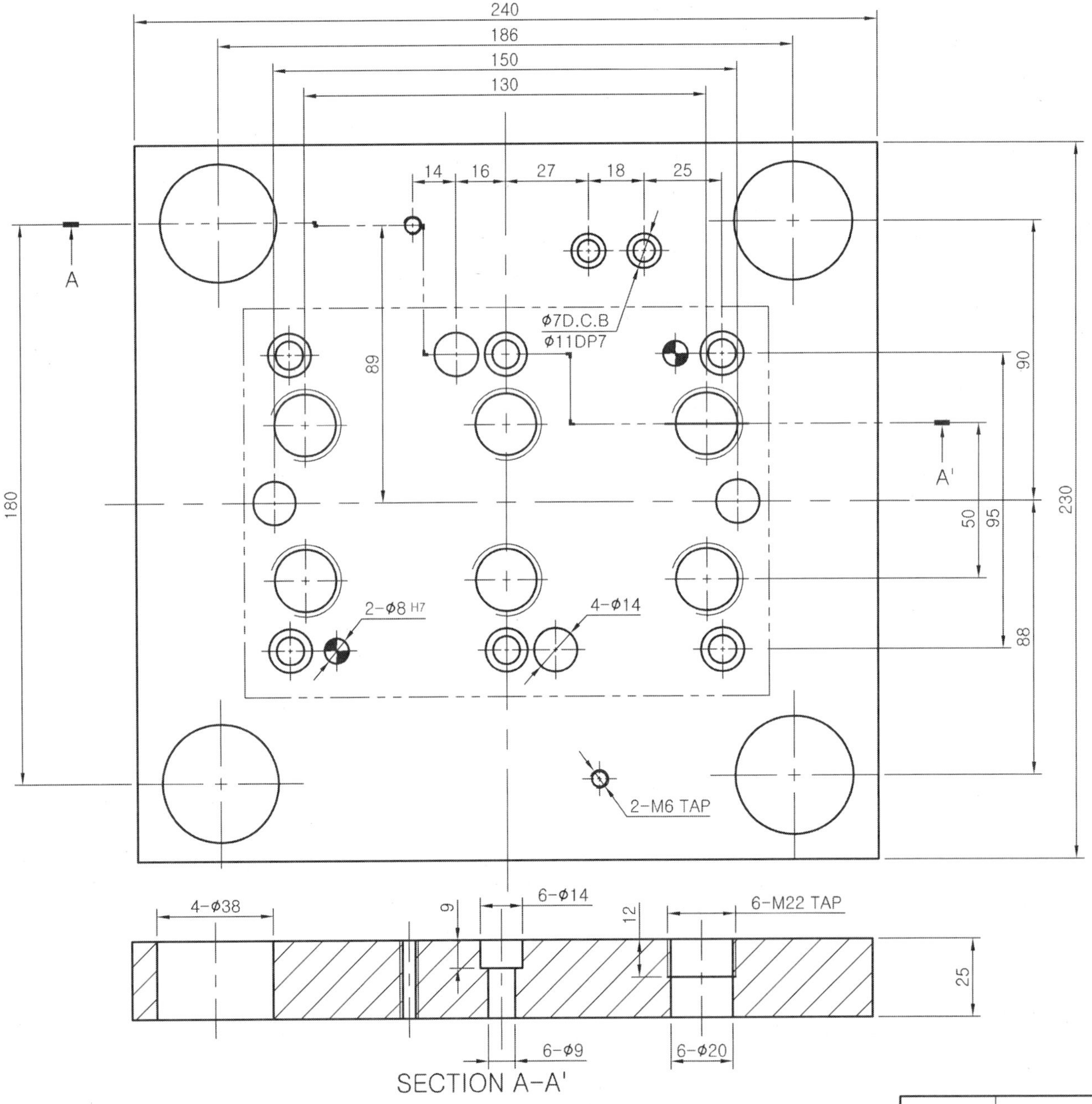

부품명	상홀더	척 도	NS

② 편치 받침판 $\overset{x}{\bigtriangledown}$/($\overset{y}{\bigtriangledown}$/)

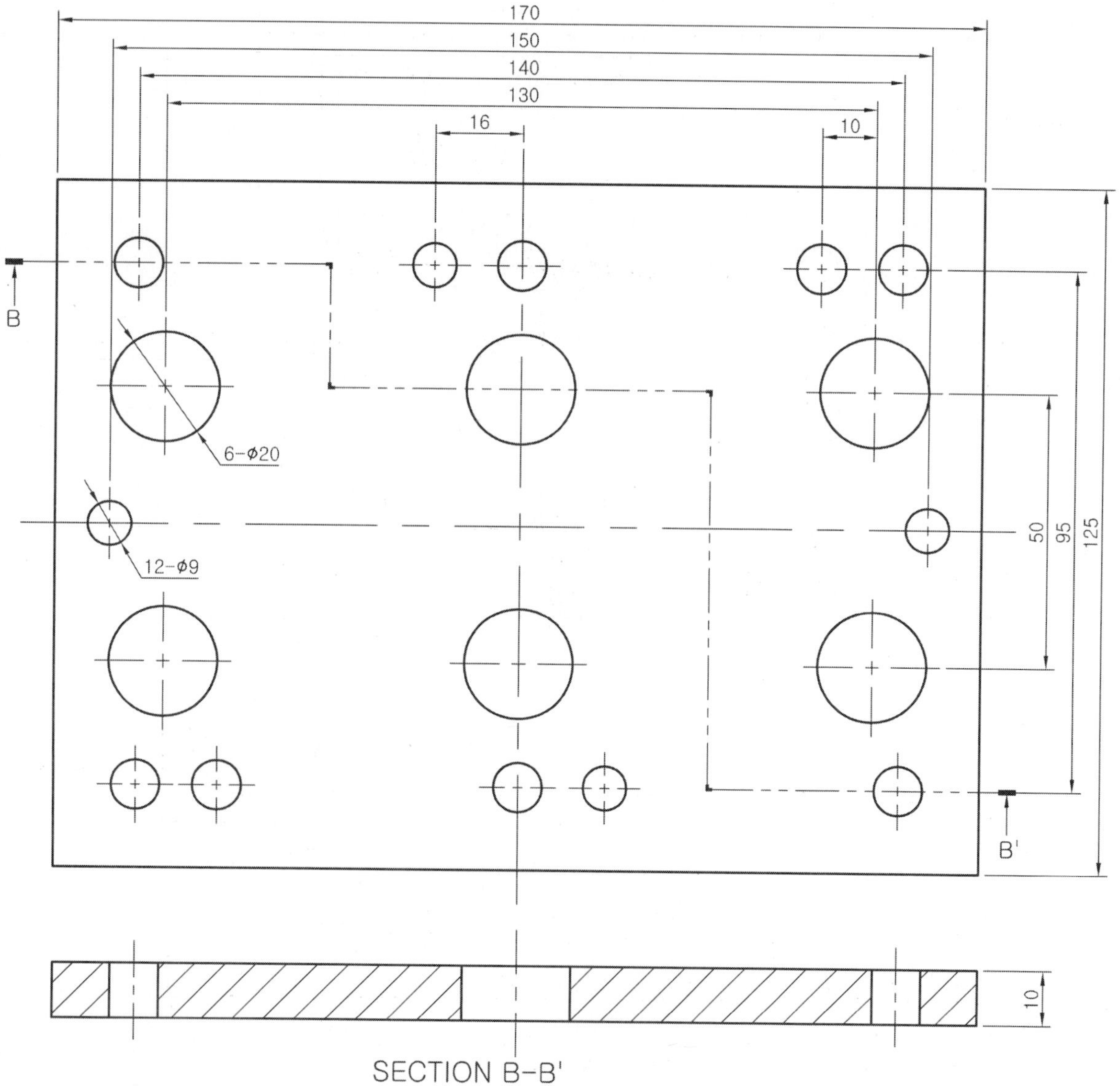

부품명	펀치 받침판	척 도	NS

③ 펀치 고정판 $\overset{x}{\bigtriangledown}$/($\overset{y}{\bigtriangledown}$/)

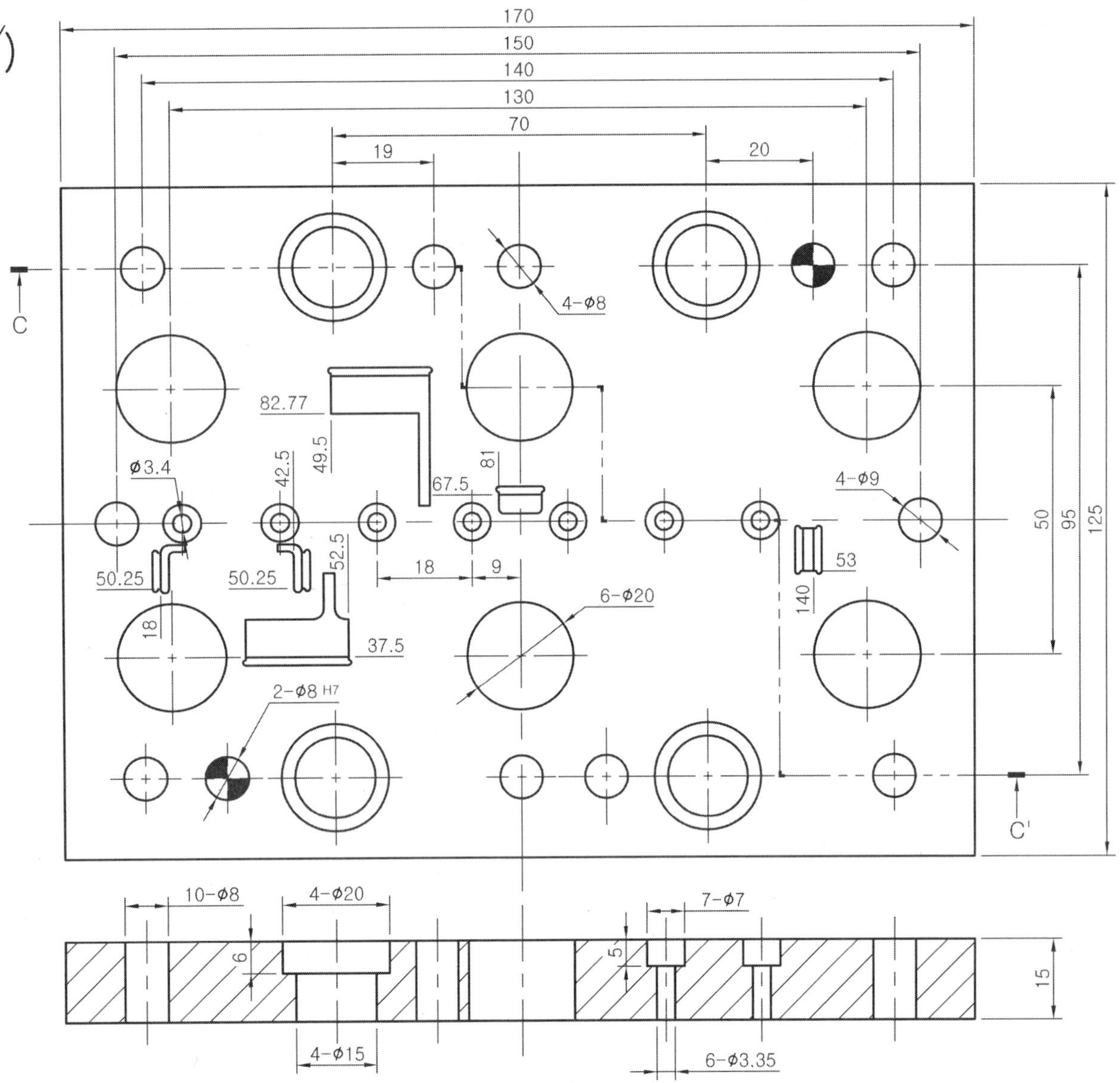

SECTION C-C'

부품명	펀치 고정판	척 도	NS

④ 압축판 x/▽(y/▽)

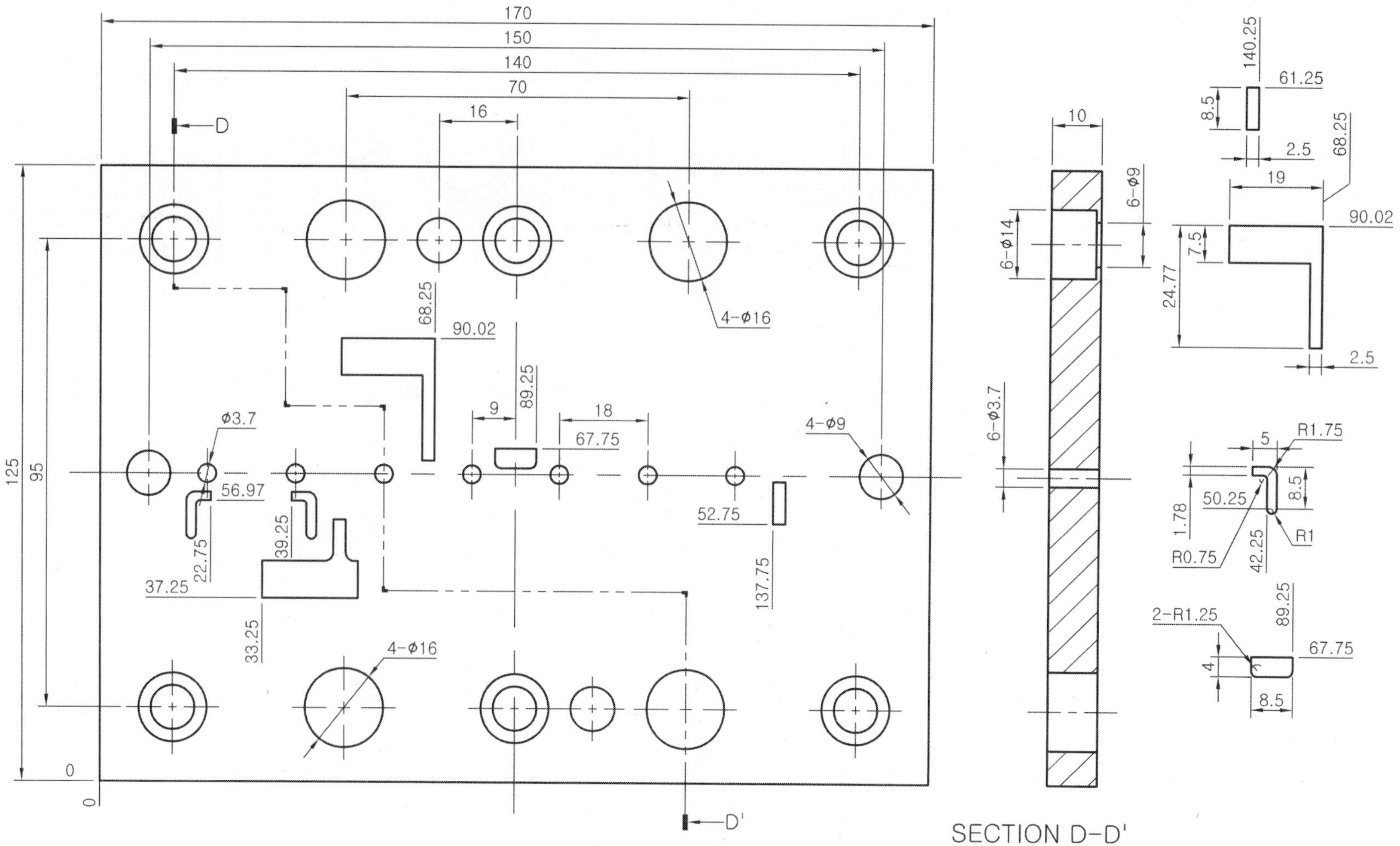

SECTION D-D'

부품명	압축판	척 도	NS

⑤ 스트리퍼 $\overset{x}{\bigtriangledown}$ ($\overset{y}{\bigtriangledown}$)

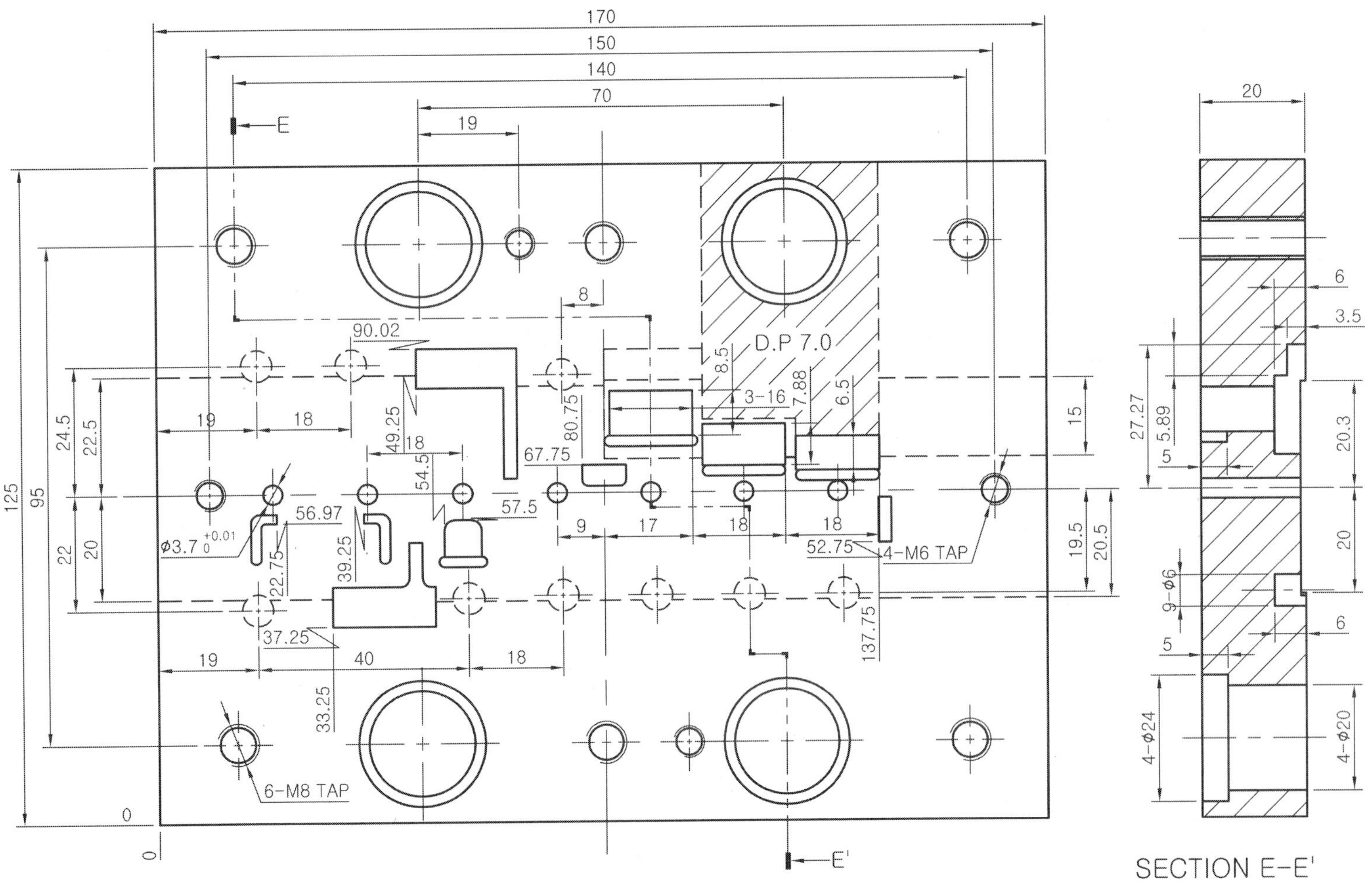

부품명	스트리퍼	척 도	NS

⑥ 다이 x/(y/)

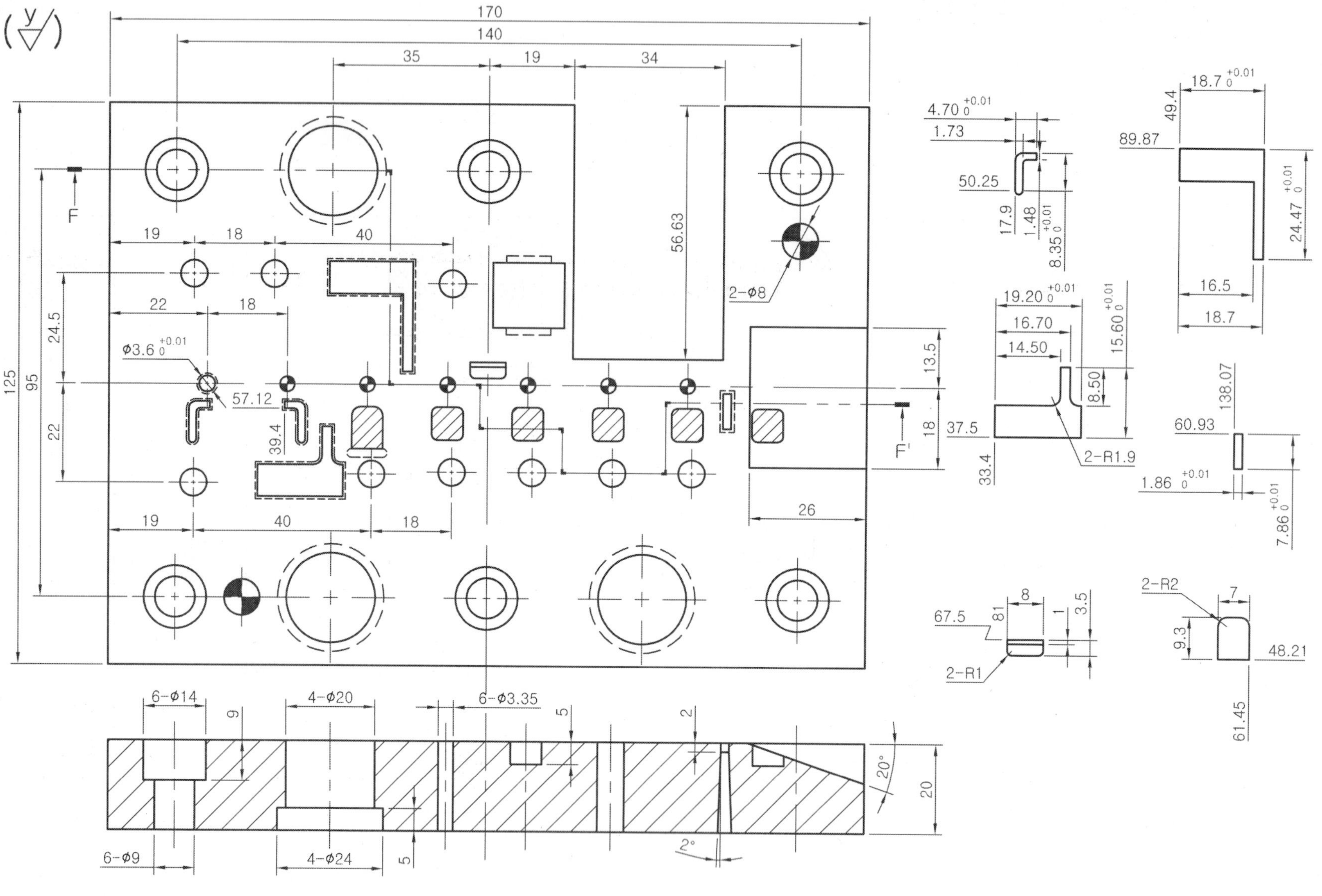

SECTION F-F'

부품명	다이	척 도	NS

⑦ 다이 받침판 $\overset{x}{\bigtriangledown}$ ($\overset{y}{\bigtriangledown}$)

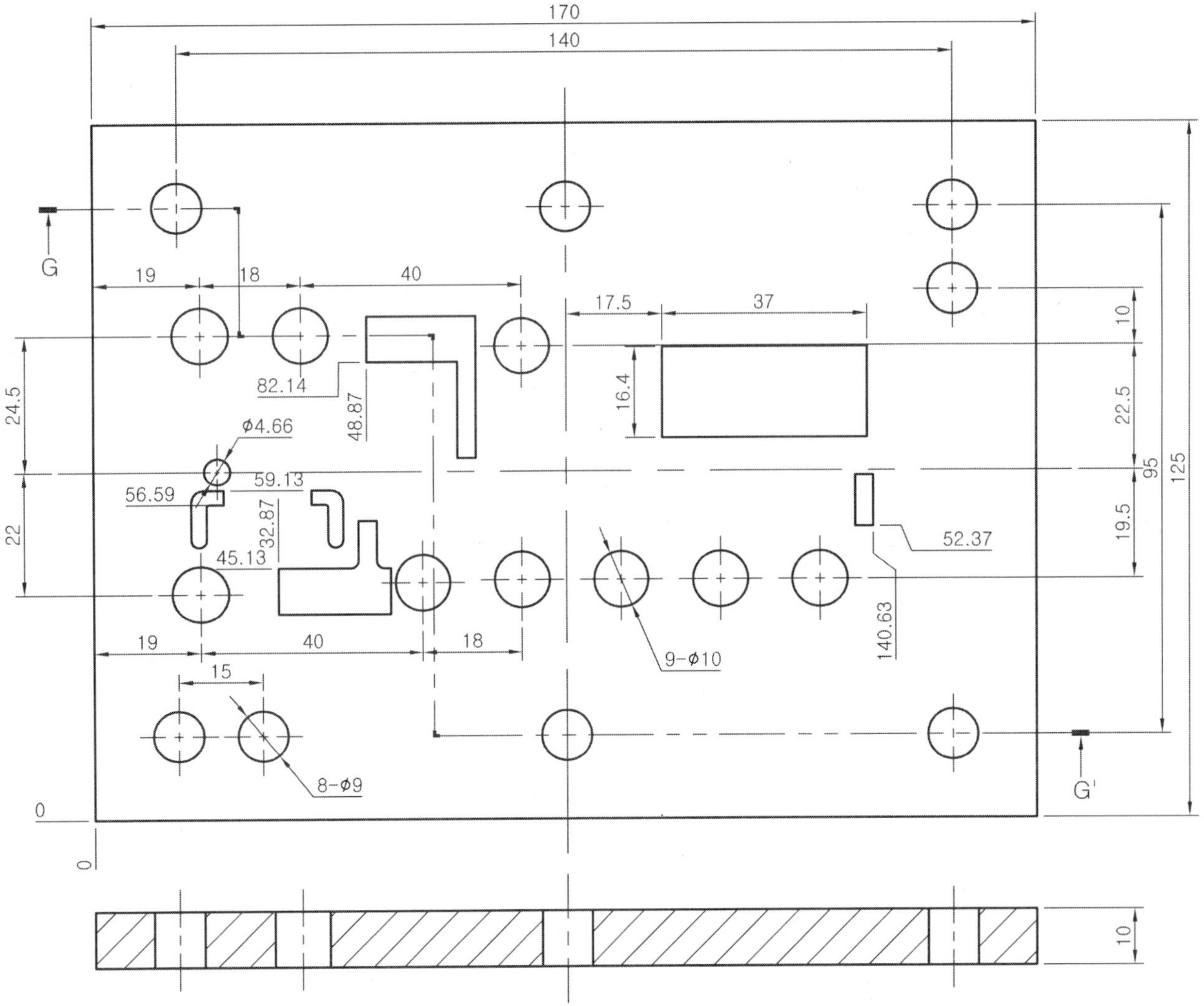

SECTION G-G'

부품명	다이 받침판	척 도	NS

⑧ 하 홀더 x/(y/)

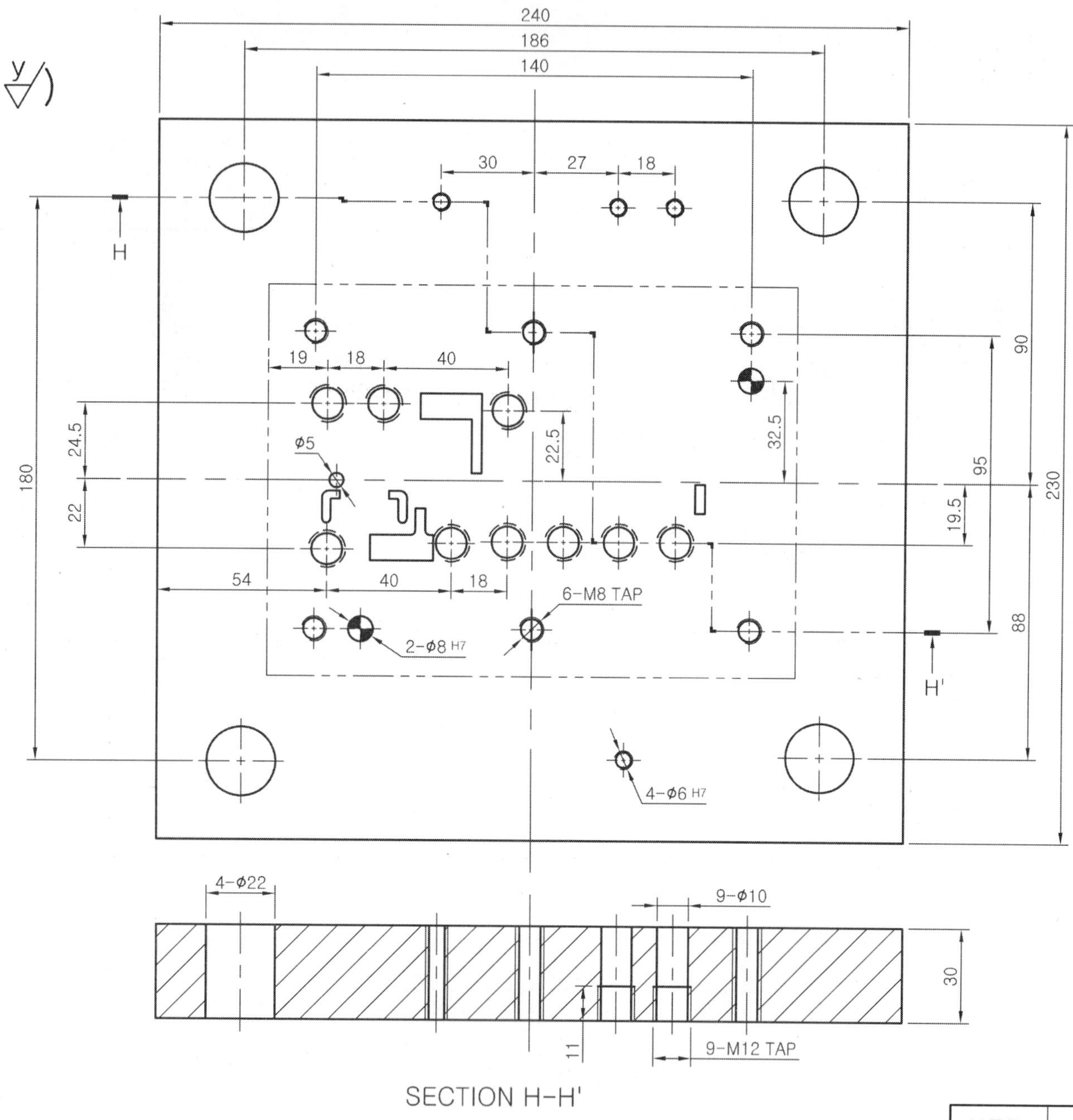

부품명	하 홀더	척 도	NS

⑨ 이형 피어싱 펀치 x/(y/)

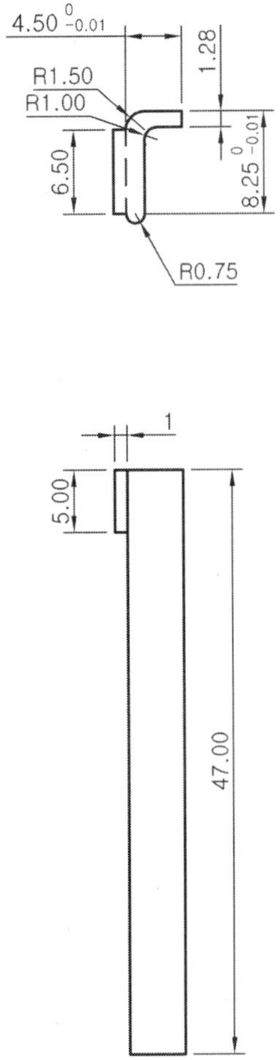

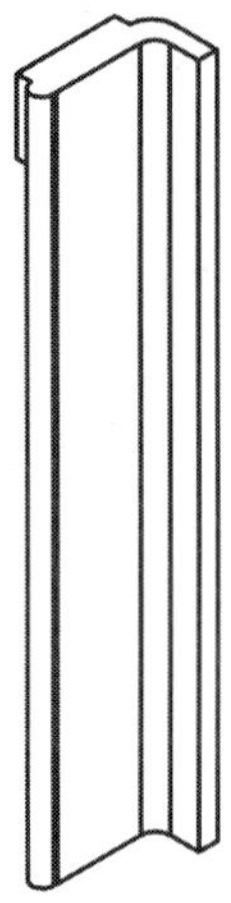

부품명	이형 피어싱 펀치	척 도	NS

⑩ 피어싱 펀치 $\overset{x}{\bigtriangledown}$/($\overset{y}{\bigtriangledown}$/)

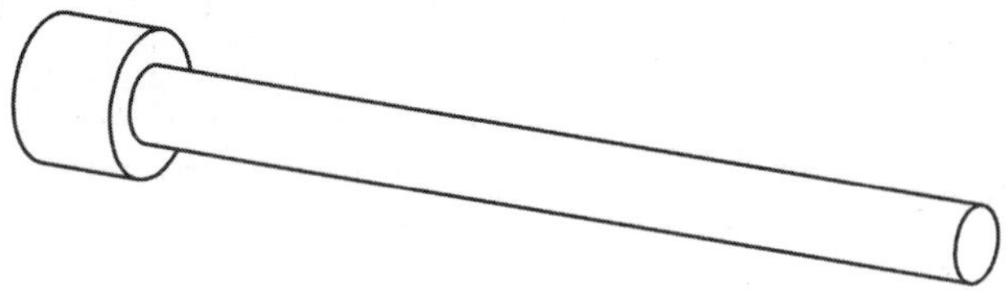

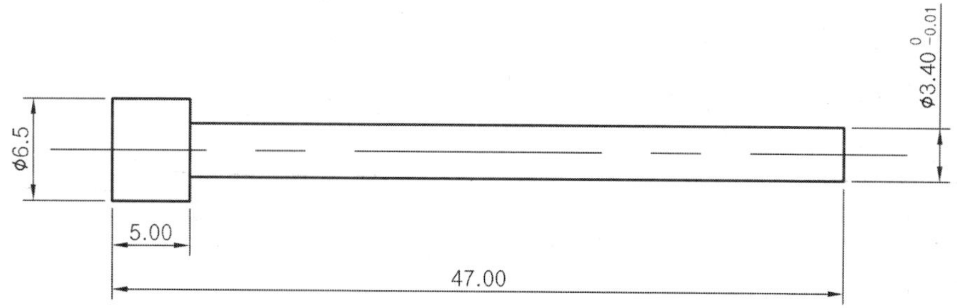

부품명	피어싱 펀치	척 도	NS

⑪ 노칭 펀치 $\overset{x}{\bigtriangledown}$/($\overset{y}{\bigtriangledown}$)

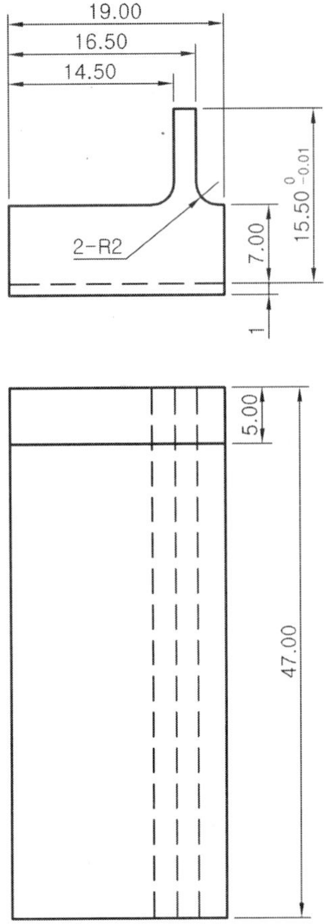

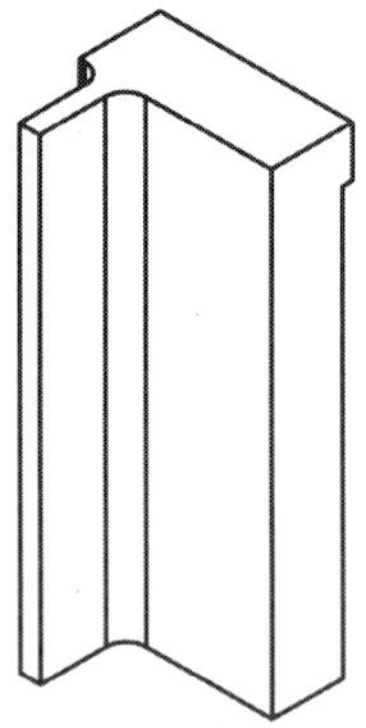

부품명	노칭 펀치	척 도	NS

⑫ 노칭 펀치 x/▽(y/▽)

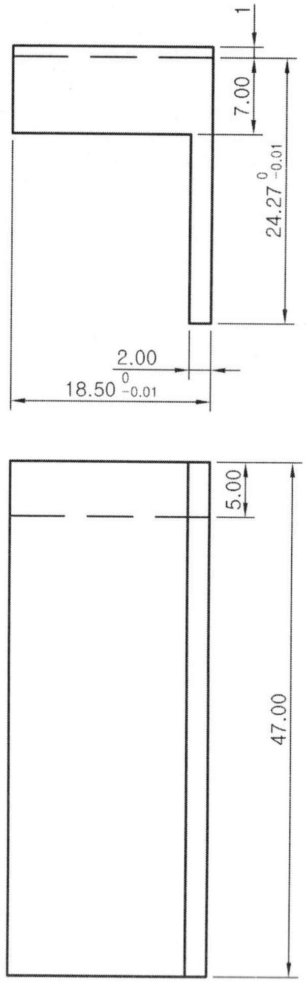

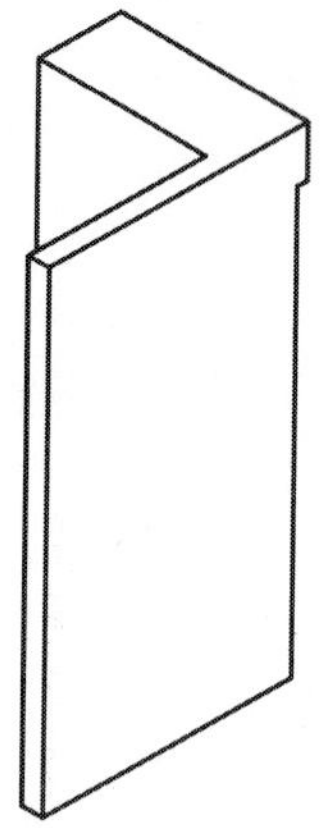

부품명	노칭 펀치	척 도	NS

⑬ 파팅 펀치 x/(y/)

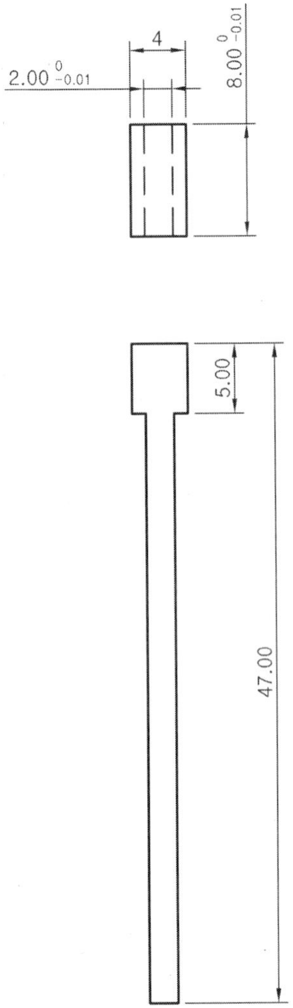

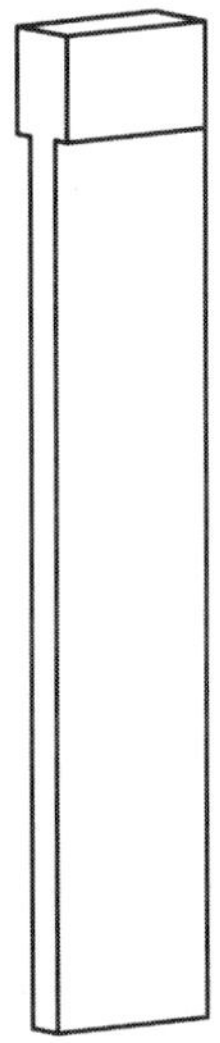

부품명	파팅 펀치	척 도	NS

(14) 밴딩 펀치 $\overset{x}{\bigtriangledown}(\overset{y}{\bigtriangledown})$

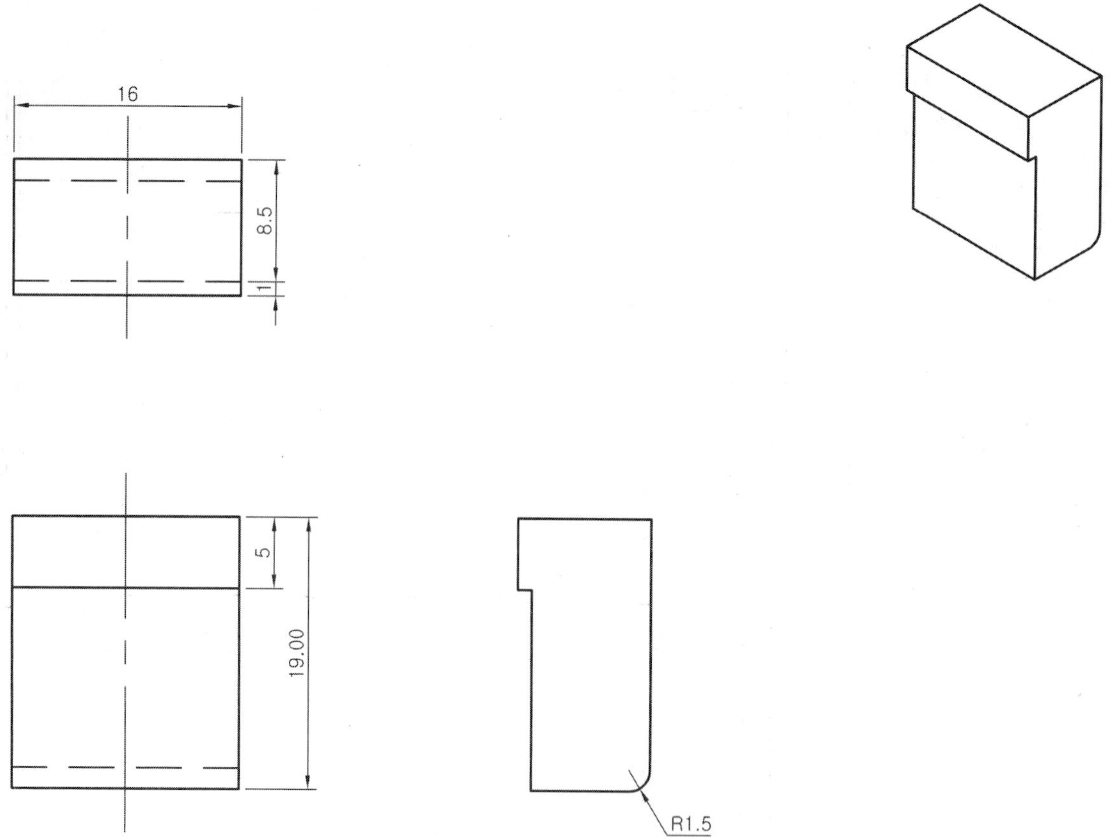

부품명	밴딩 펀치	척 도	NS

⑮ 밴딩 다이 $\overset{x}{\bigtriangledown}$/($\overset{y}{\bigtriangledown}$)

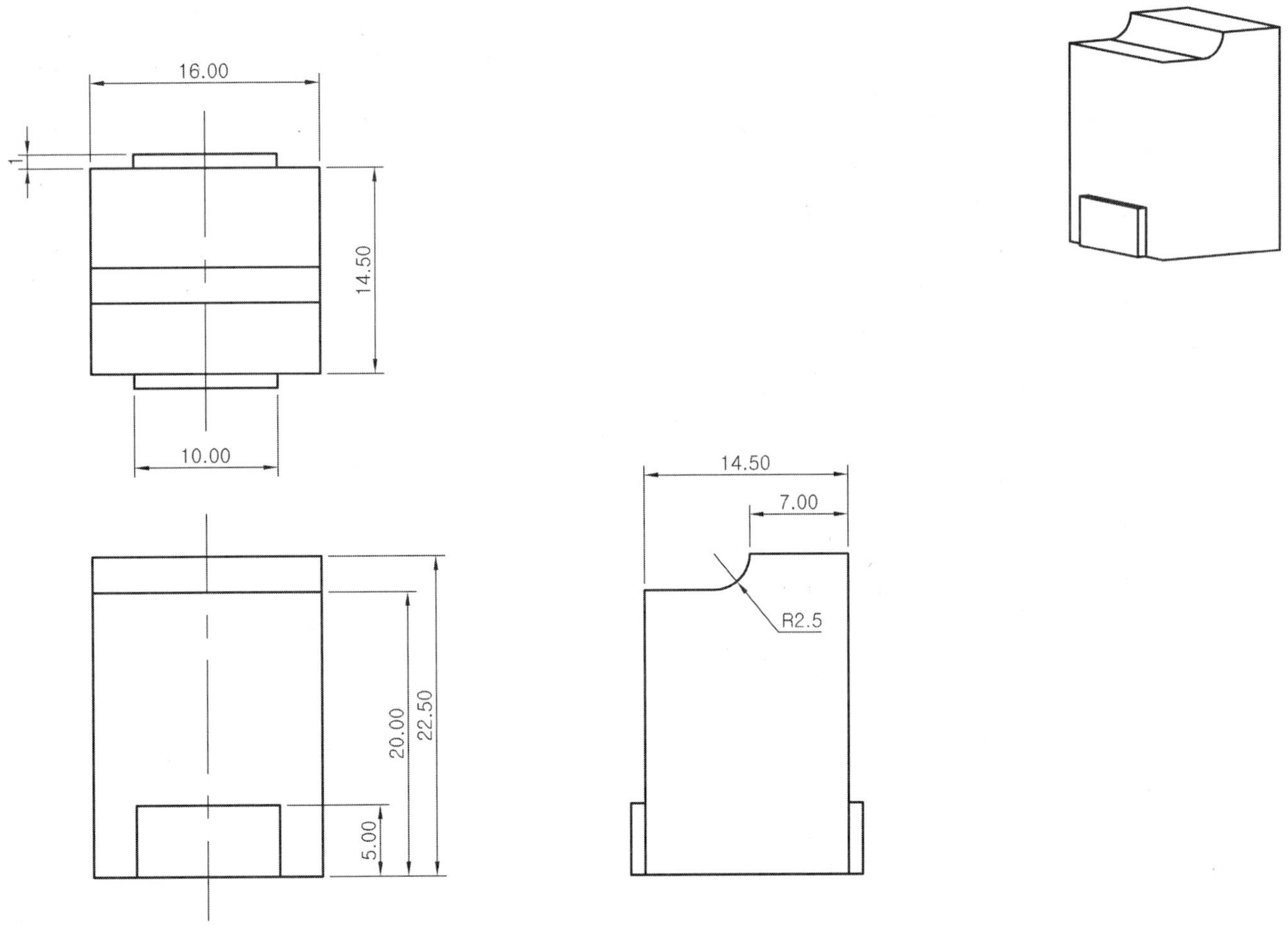

부품명	밴딩 다이	척 도	NS

⑯ 1차 컬링 펀치 $\overset{x}{\bigtriangledown}$/($\overset{y}{\bigtriangledown}$)

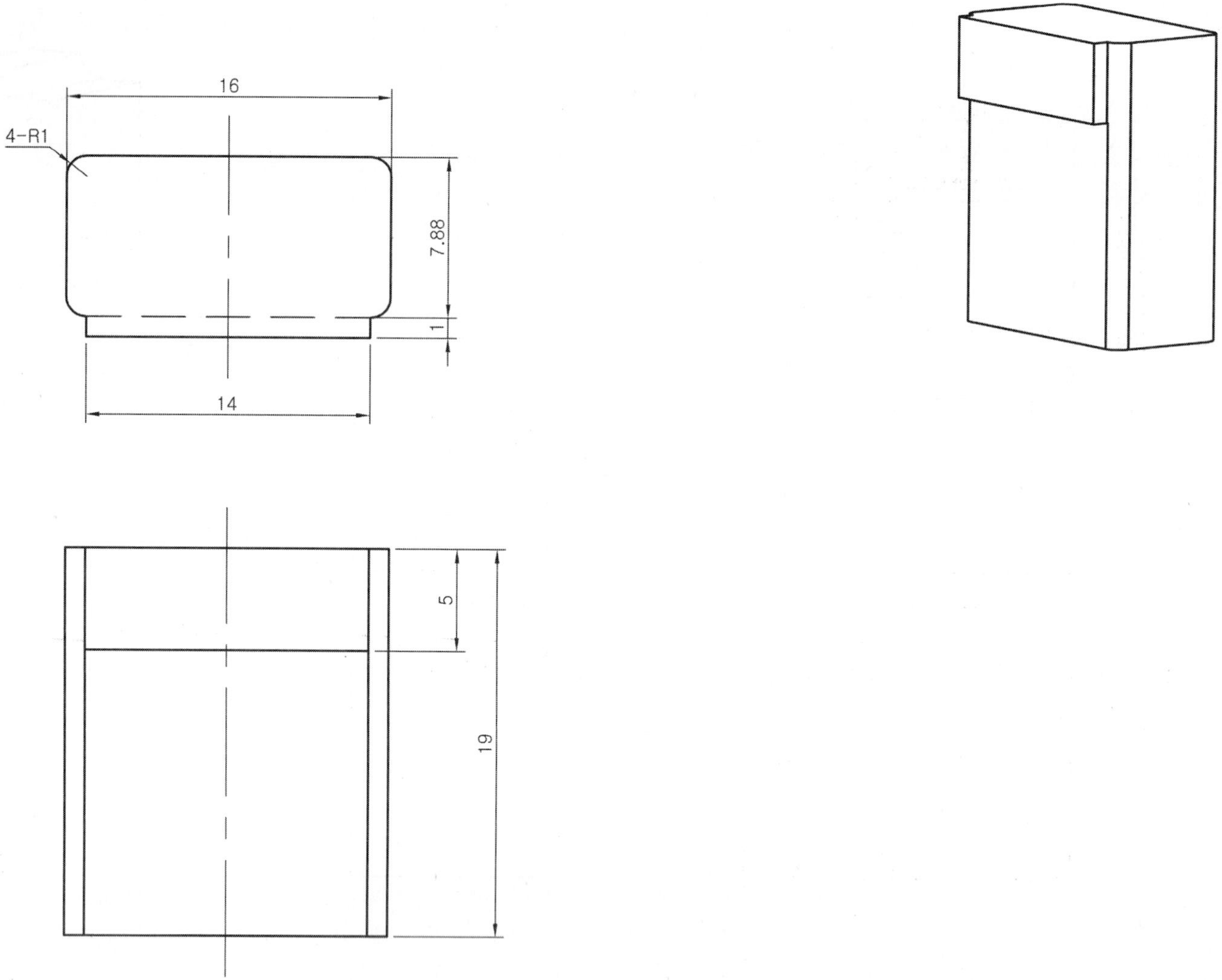

부품명	1차 컬링 펀치	척 도	NS

(17) 캠 스토퍼 $\overset{x}{\triangledown}$/($\overset{y}{\triangledown}$/)

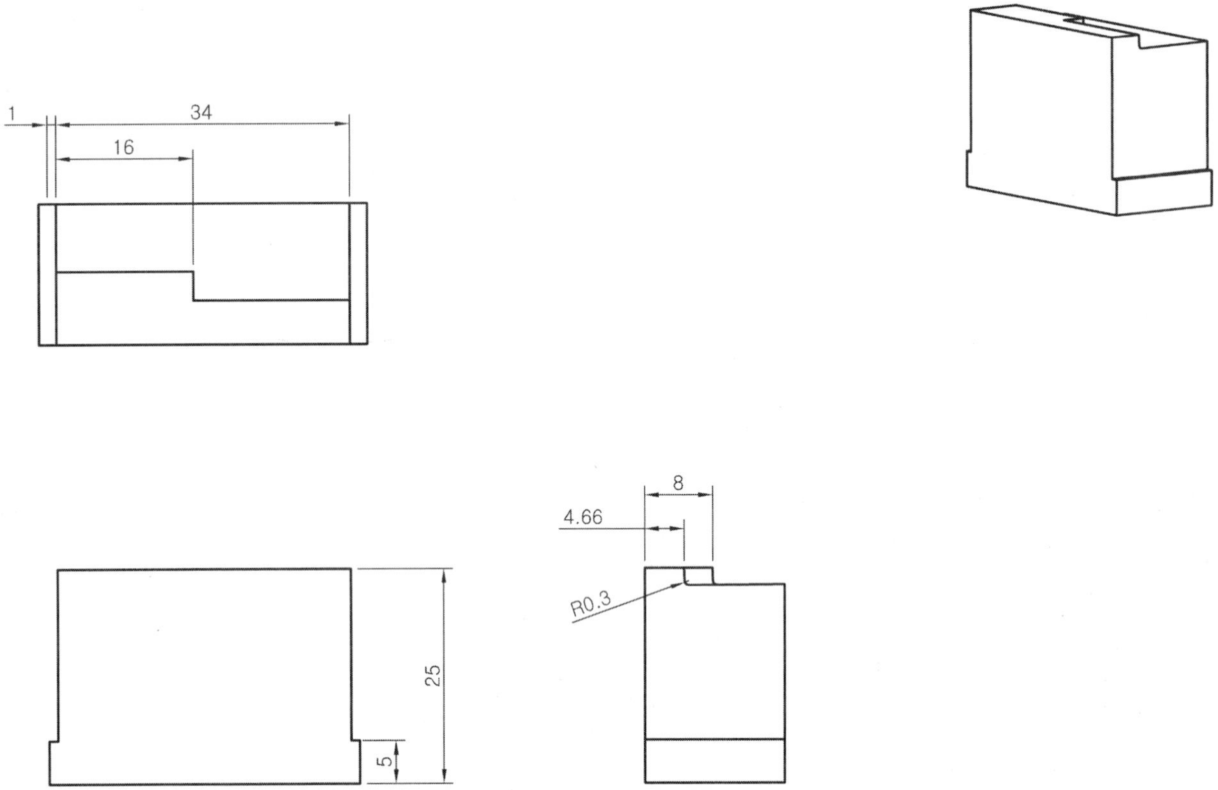

부품명	캠 스토퍼	척 도	NS

⑱ 2차 컬링 펀치 $\overset{x}{\bigtriangledown}$/($\overset{y}{\bigtriangledown}$/)

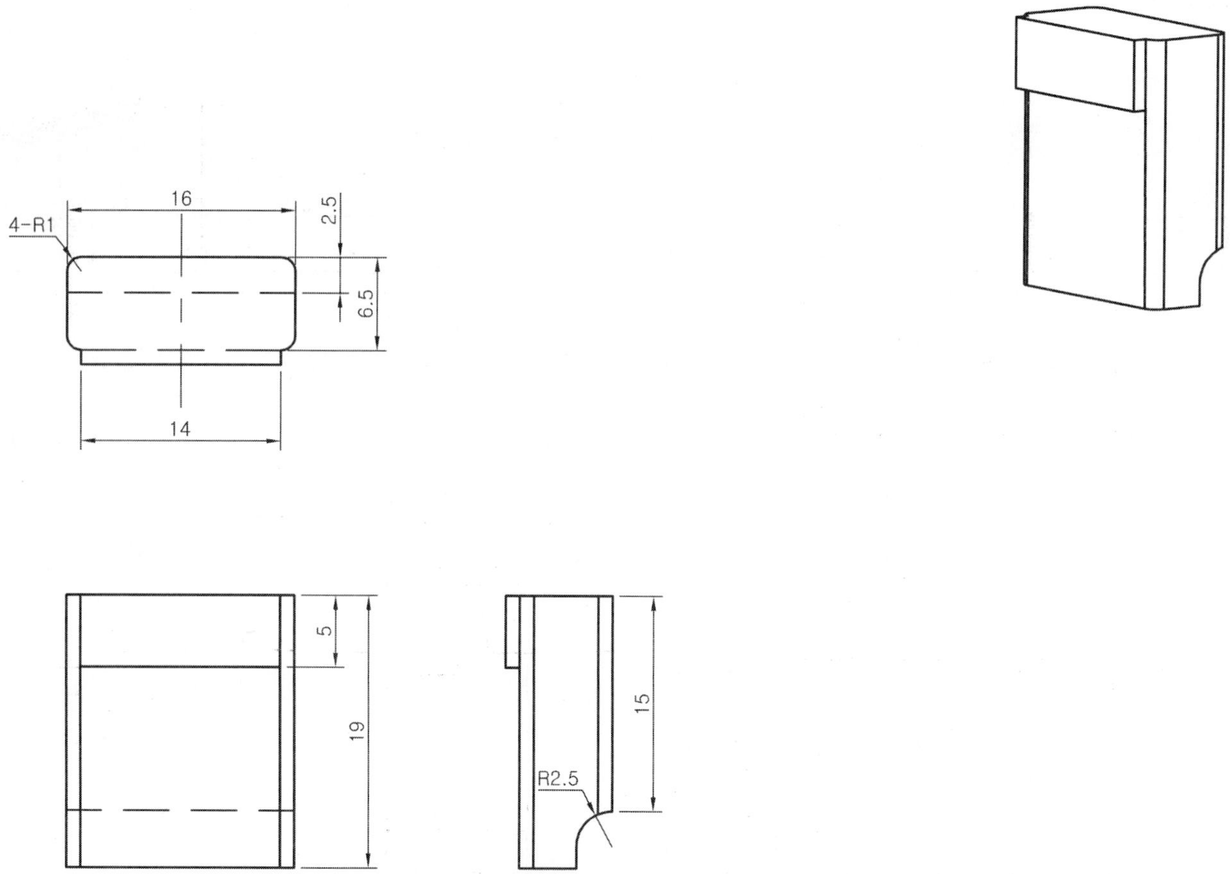

부품명	2차 컬링 펀치	척 도	NS

⑲ 캠 펀치 $\overset{x}{\nabla}$/($\overset{y}{\nabla}$)

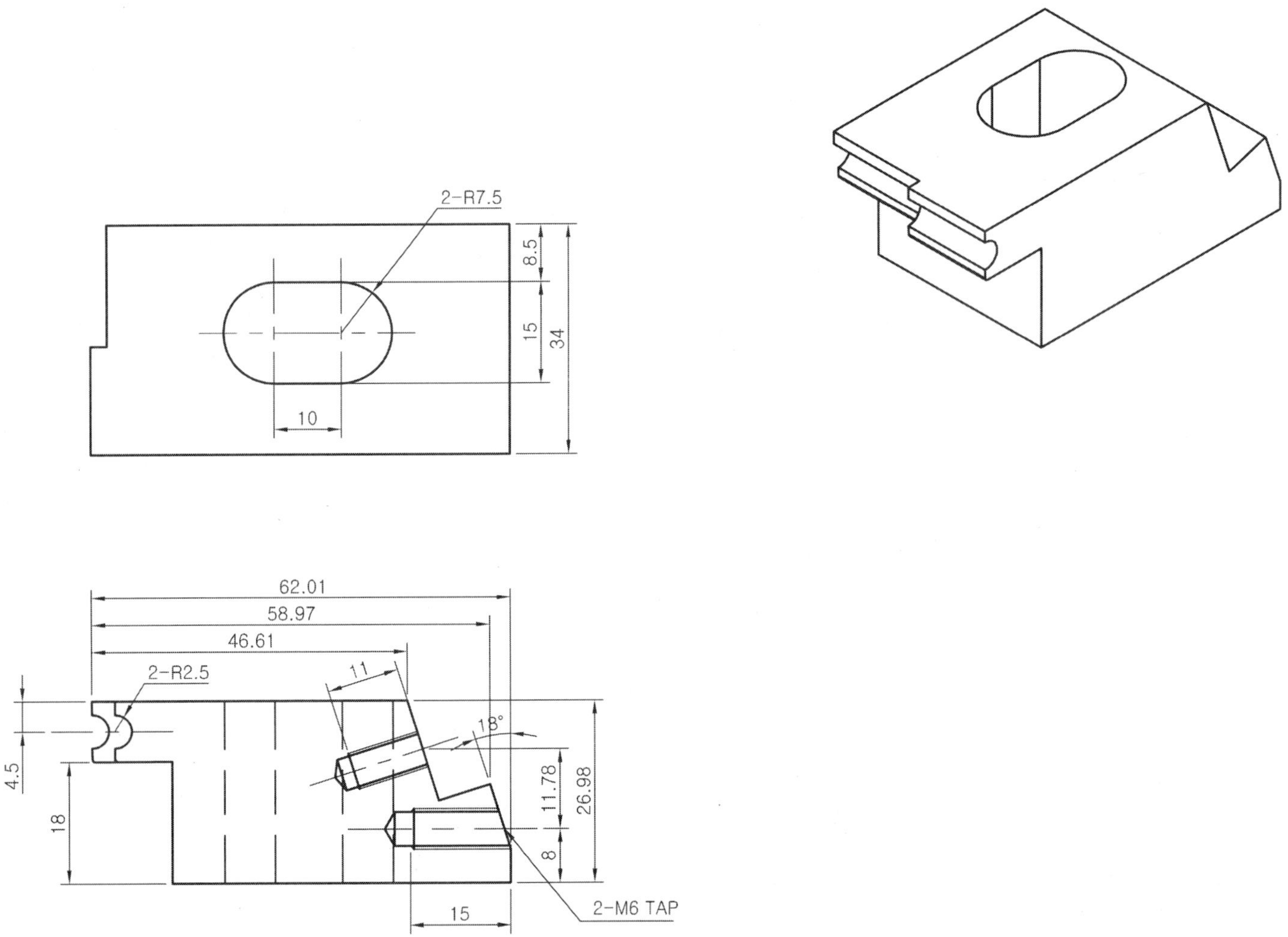

부품명	캠 펀치	척 도	NS

⑳ 캠 펀치 $\overset{x}{\bigtriangledown}$/($\overset{y}{\bigtriangledown}$)

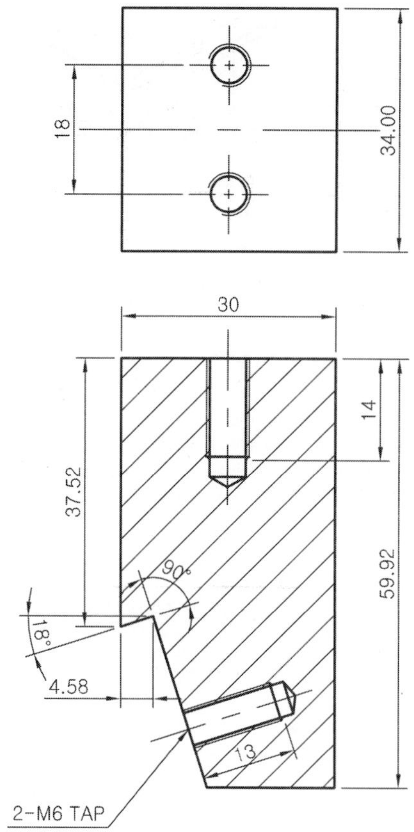

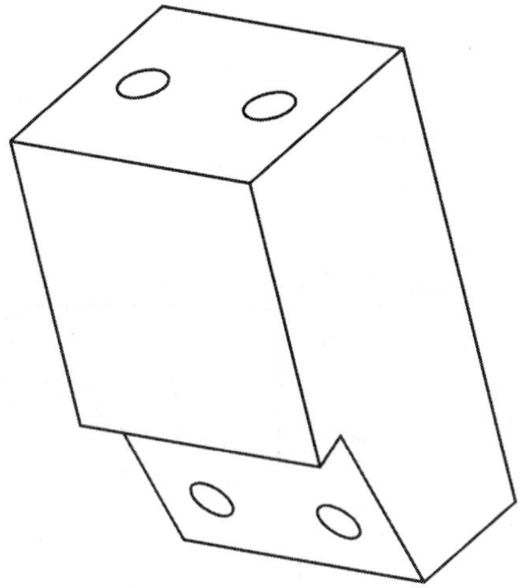

부품명	캠 펀치	척 도	NS

(21) 캠 백업 장치 $\overset{x}{\nabla}$($\overset{y}{\nabla}$)

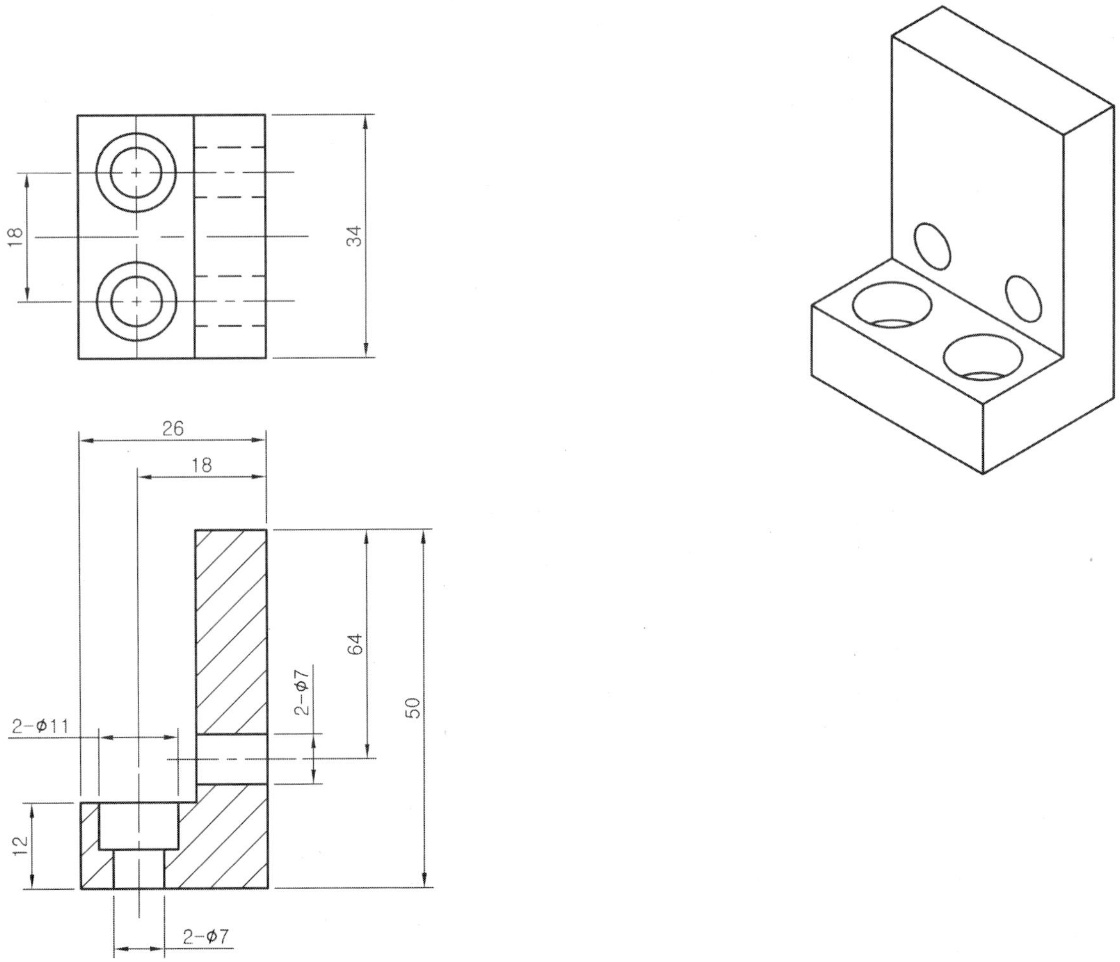

부품명	캠 백업 장치	척 도	NS

㉒ 밴딩 펀치 $\stackrel{x}{\bigtriangledown}$ ($\stackrel{y}{\bigtriangledown}$)

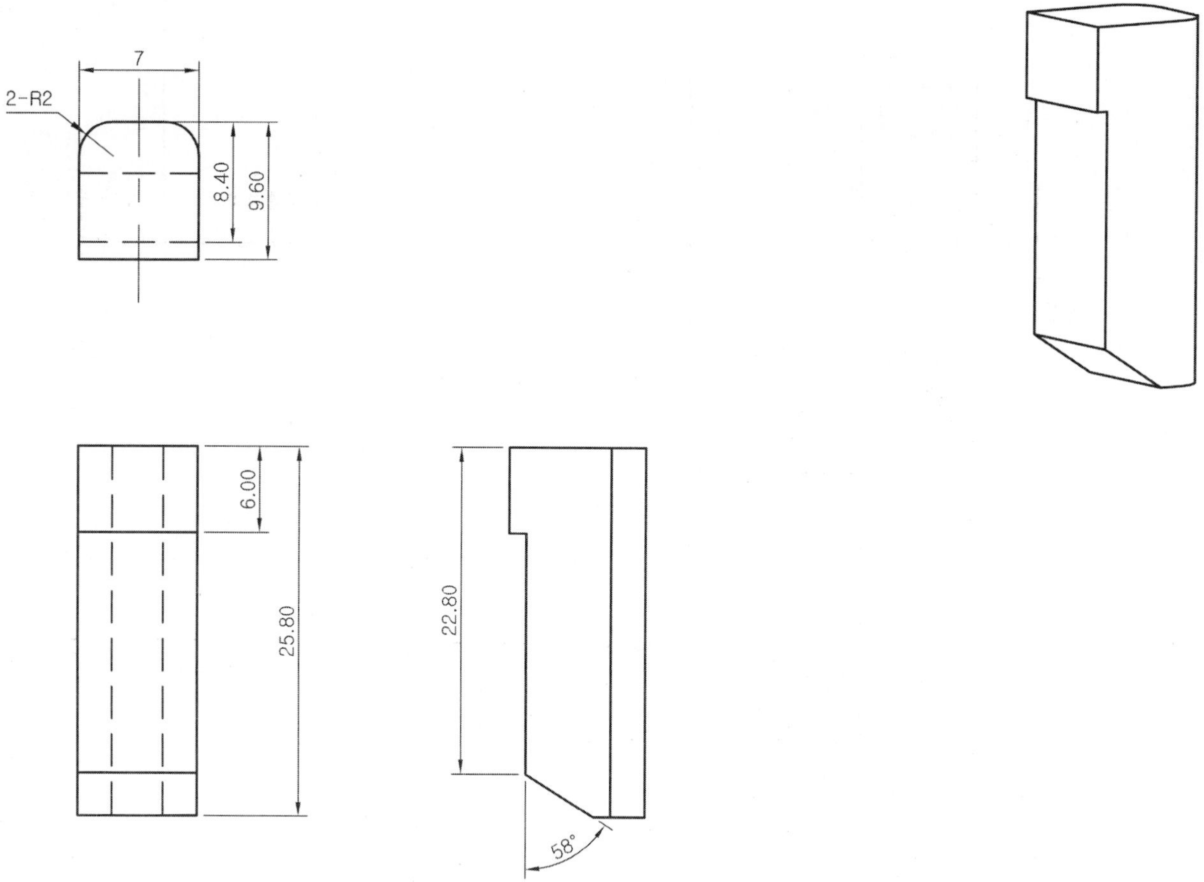

부품명	밴딩 펀치	척 도	NS

㉓ 밴딩 다이 $\overset{x}{\triangledown}/(\overset{y}{\triangledown}/)$

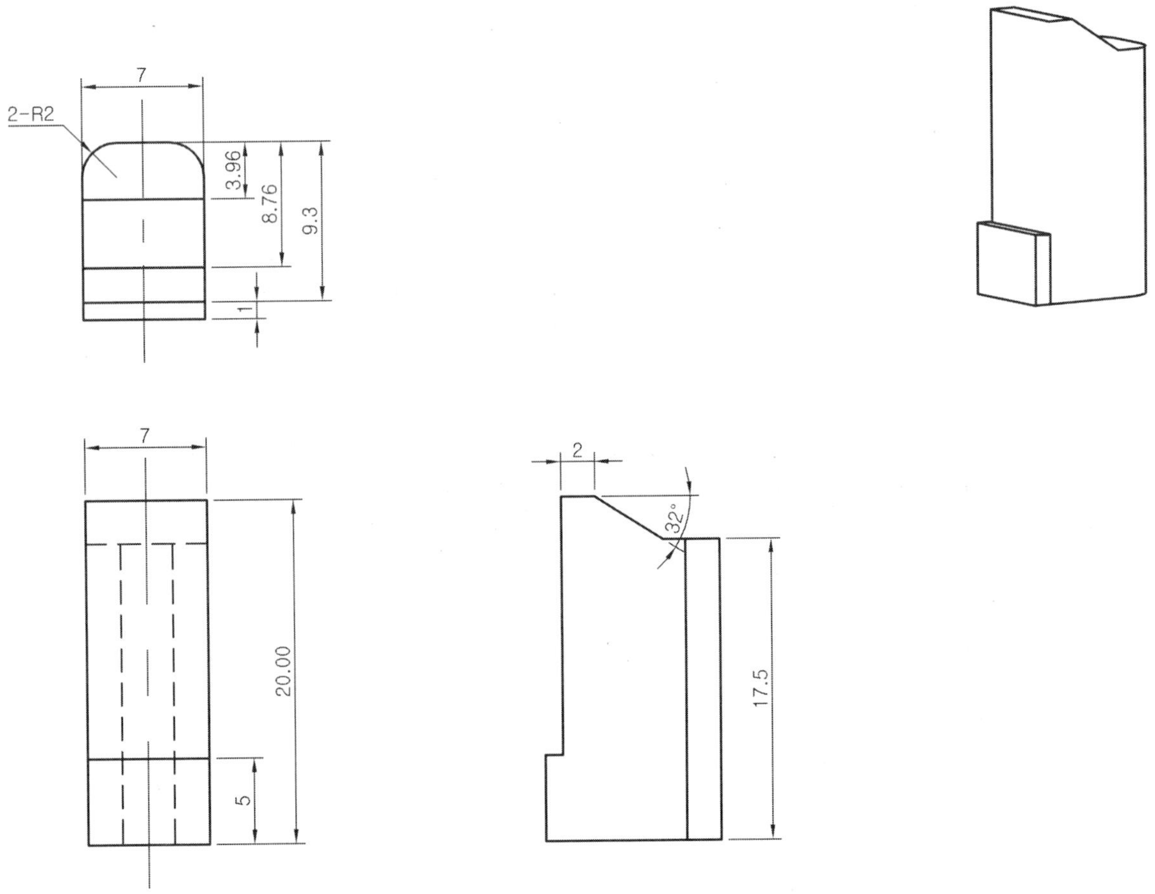

부품명	밴딩 다이	척 도	NS

㉔ 가이드 리프터 $\overset{x}{\bigtriangledown}$/($\overset{y}{\bigtriangledown}$)

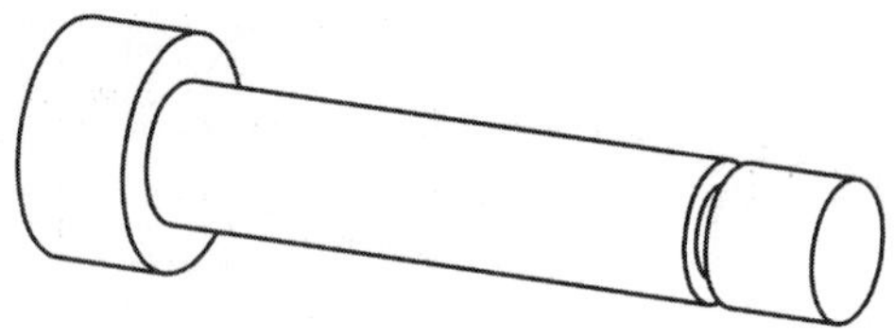

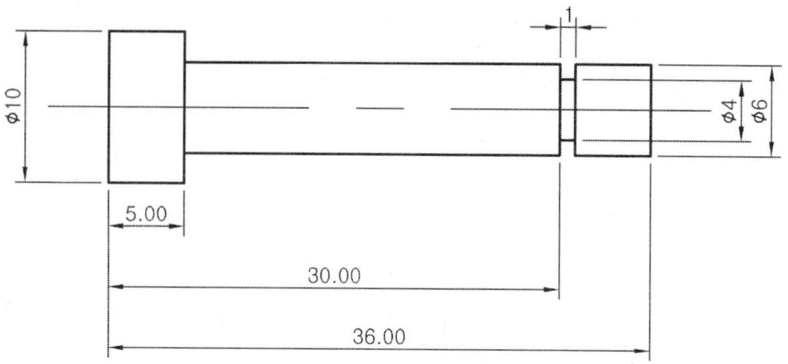

부품명	가이드 리프터	척 도	NS

㉕ 파일롯 핀 $\overset{x}{\nabla}$/($\overset{y}{\nabla}$/)

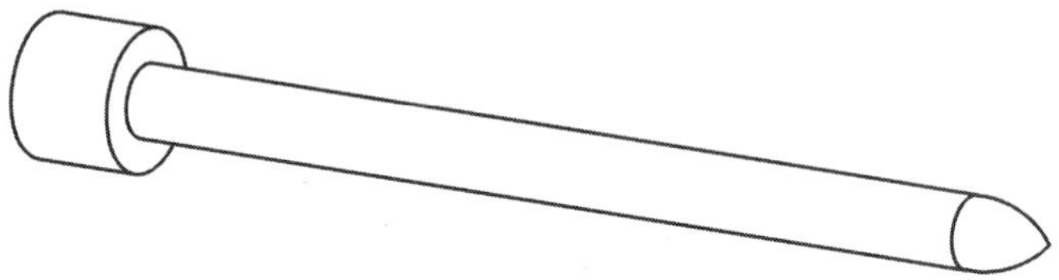

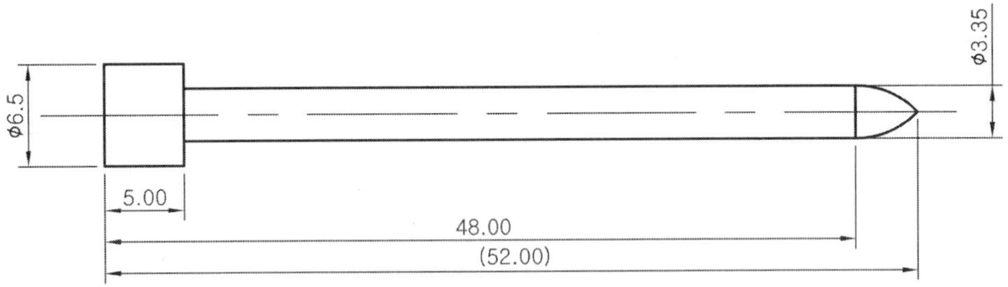

부품명	파일롯 핀	척 도	NS

㉗ 슬리팅 펀치 $\overset{x}{\nabla}$/($\overset{y}{\nabla}$/)

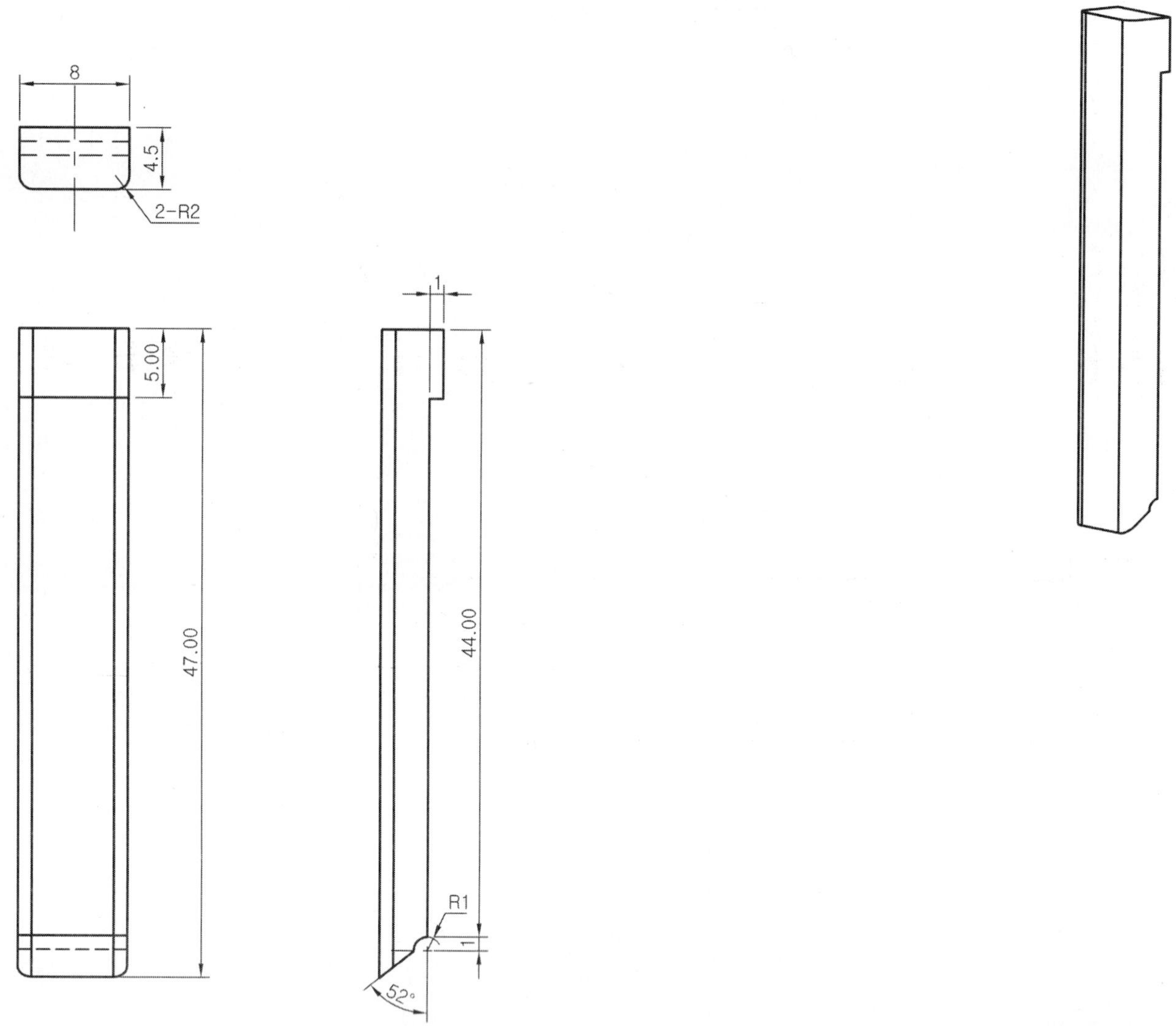

부품명	슬리팅 펀치	척 도	NS

4.3 Progressive-die(Case)

■ 요구사항

1) 투상법 : 3각법
2) 소재의 이송은 좌측에서 우측으로 롤 피더를 사용하여 자동 이송하고 사이드 컷 공정은 필히 사용할 것.
3) LAY-OUT 배열은 1열 1개 생산 가능토록 할 것.
4) 파일럿은 간접 파일럿 방식으로 설계할 것.
5) 클리어런스는 재료 두께의 10%(편측)을 적용하여 설계할 것.
6) STRIP LAY-OUT을 모델링하고 제품전개치수, 피치, 재료폭 등을 표기할 것.
   단, 작업 공정별 명칭을 필히 기입할 것.
7) 조립도는 상형과 하형을 결합된 상태로 완성하되 작업이 완료
8) 각각의 부품들은 별도로 설계할 것.
9) 다이셋트는 스틸 다이셋트를 선택하되 규격은 임의로 설계자가 정할 것.
   단, 다이셋트용 가이드 포스트 및 부시는 주어진 규격 집을 활용하여 모델링 할 것.
10) 스트리퍼는 가동스트리퍼 타입으로 설계할 것.
   단, 스트리퍼가이드용 가이드 포스트 및 부시는 주어진 규격 집을 활용하여 설계할 것.
11) 제품도에 주어진 공차는 금형설계치수를 적용한 제품전개도에 치수 기입할 것.
12) 기타 지시하지 않은 사항들은 KS제도법에 준하여 설계.

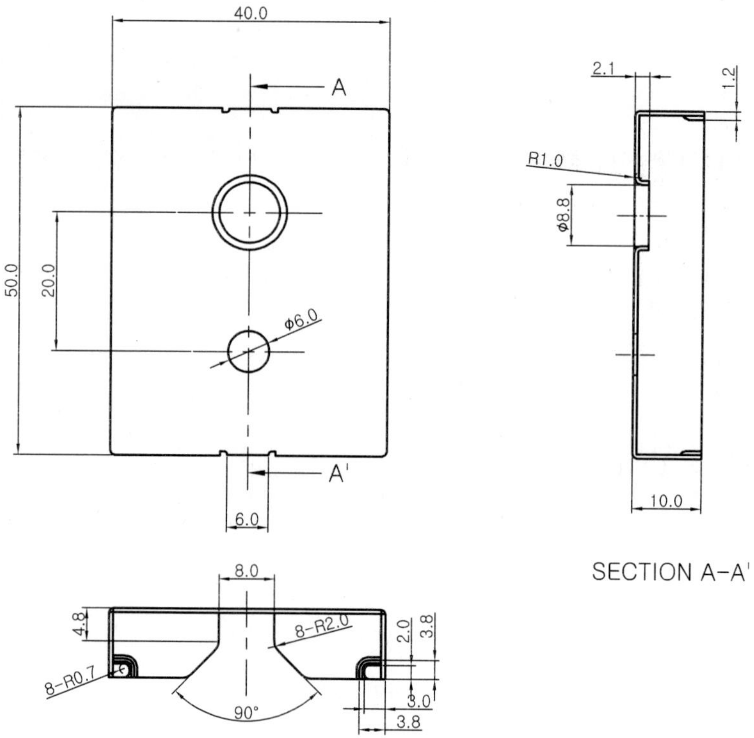

SECTION A-A'

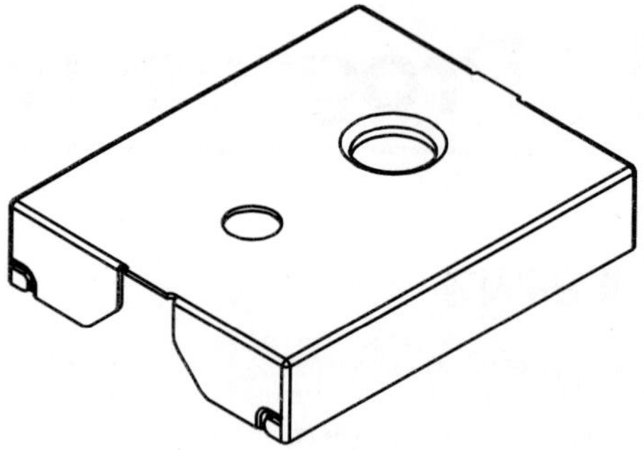

주서

1. 1열 1개생산
2. 갼접 파일럿 방식
3. 클리어런스=10%t(편측)
4. 가동식 스트리퍼 사용

제품명	Case	척 도	NS

STRIP LAYOUT

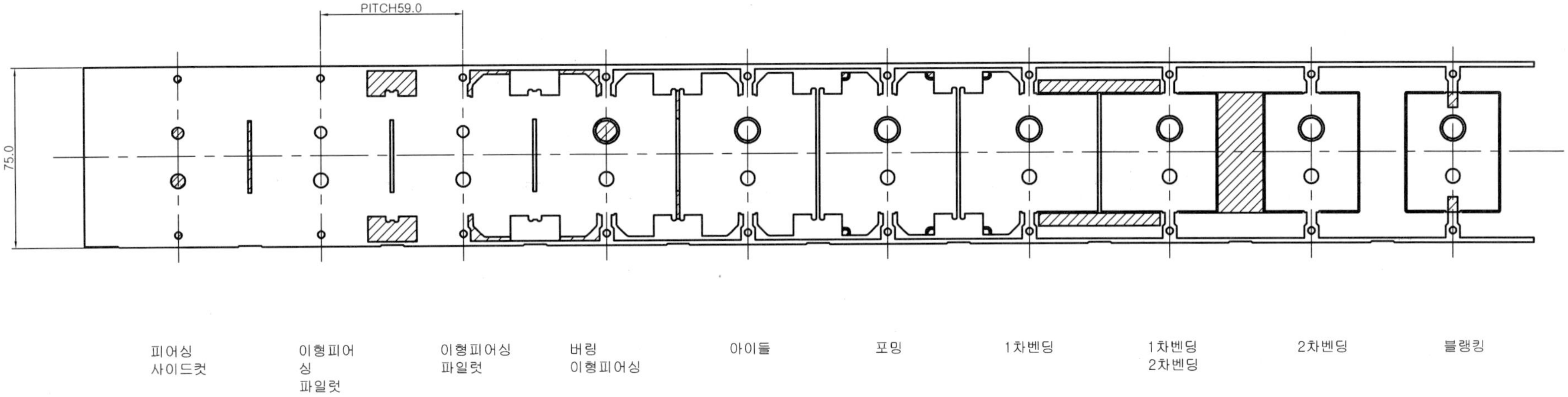

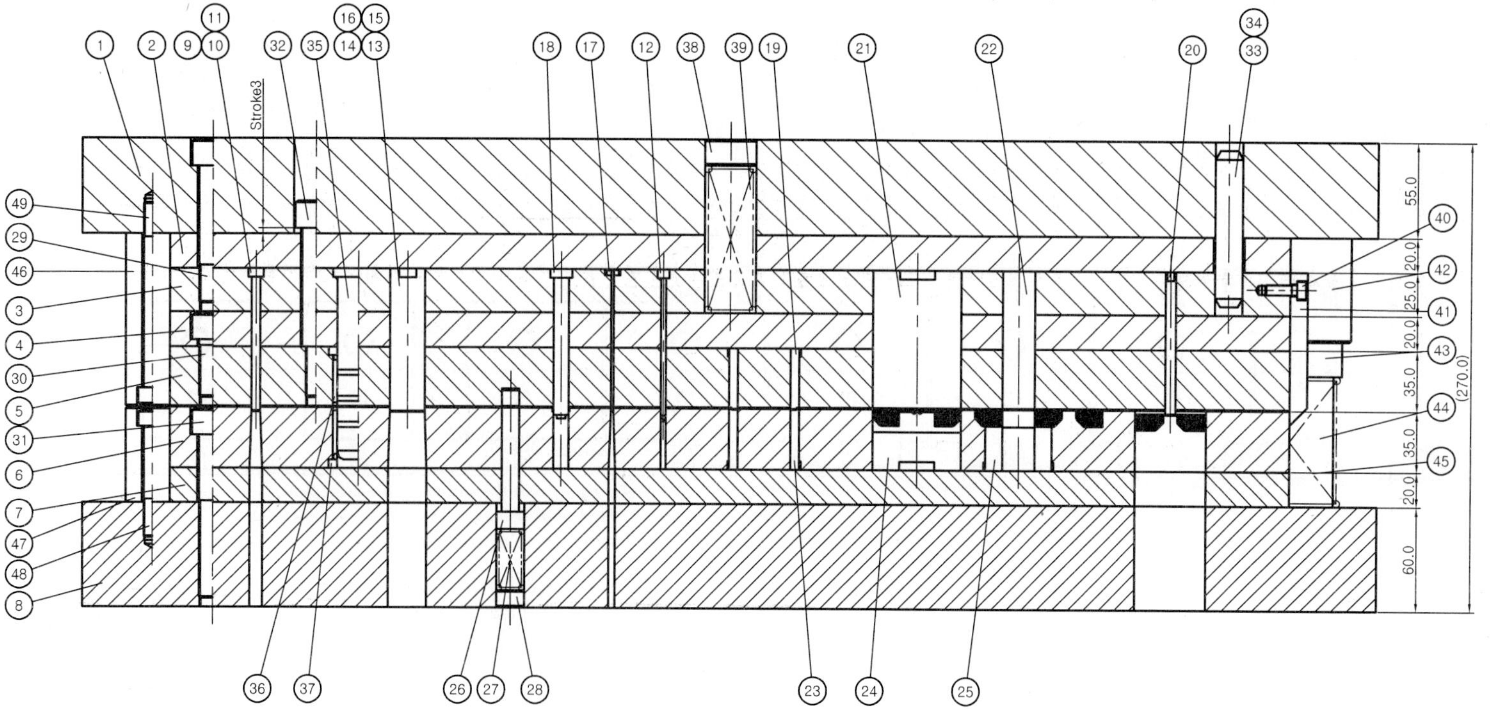

품번	품명	수량	재질	비고
41	스크랩커터	1	STD11	H_RC55
26	가이드리프터핀	19	STD11	H_RC55
25	벤딩다이편	2	STD11	H_RC55
24	벤딩다이편	2	STD11	H_RC55
23	포밍다이편	4	STD11	H_RC55
22	벤딩펀치	1	STD11	H_RC55
21	벤딩펀치	2	STD11	H_RC55
20	블랭킹펀치	2	STD11	H_RC55
19	포밍펀치	4	STD11	H_RC55
18	버링펀치	1	STD11	H_RC55
17	이형피어싱펀치	2	STD11	H_RC55
16	이형피어싱펀치	1	STD11	H_RC55
15	이형피어싱펀치	2	STD11	H_RC55
14	이형피어싱펀치	2	STD11	H_RC55
13	이형피어싱펀치	2	STD11	H_RC55
12	파일럿핀	16	STD11	H_RC55
11	피어싱펀치	1	STD11	H_RC55
10	피어싱펀치	1	STD11	H_RC55
9	사이드컷펀치	1	STD11	H_RC55
8	하홀더	1	SM45C	
7	다이받침판	1	STD11	H_RC55
6	다이	1	STD11	
5	스트리퍼	1	STD11	
4	압축판	1	STD11	H_RC55
3	펀치고정판	1	STD11	
2	펀치받침판	1	STD11	H_RC55
1	상홀더	1	SM45C	

progressive-die (case)	척도	NS
	각법	3각법

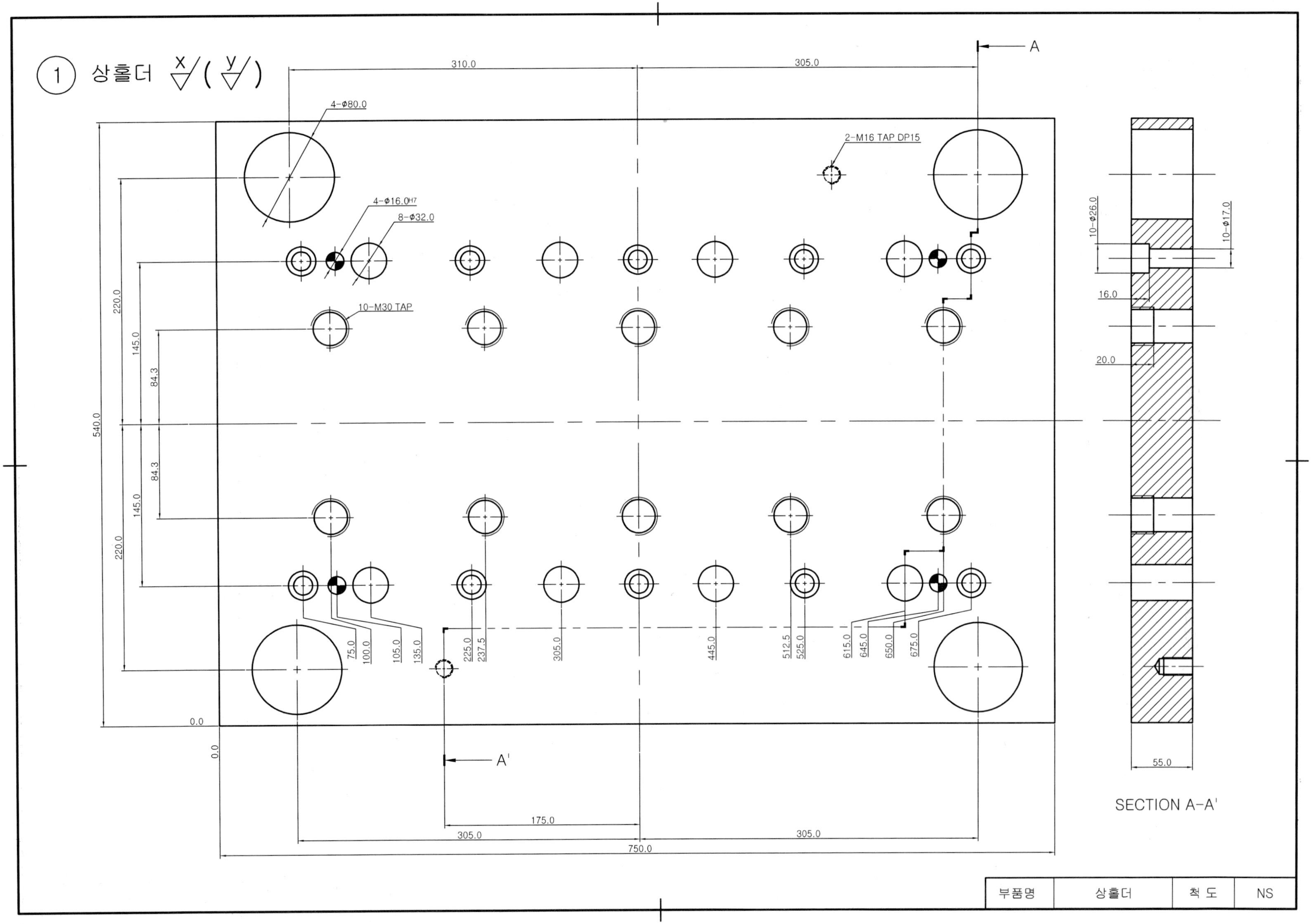

① 상홀더
4-ϕ80.0
2-M16 TAP DP15
4-ϕ16.0H7
8-ϕ32.0
10-M30 TAP
310.0
305.0
220.0
145.0
84.3
540.0
0.0
75.0
100.0
105.0
135.0
225.0
237.5
305.0
445.0
512.5
525.0
615.0
645.0
650.0
675.0
175.0
750.0
A
A'
10-ϕ26.0
10-ϕ17.0
16.0
20.0
55.0
SECTION A-A'
부품명
상홀더
척 도
NS

② 펀치받침판 x/ (y/)

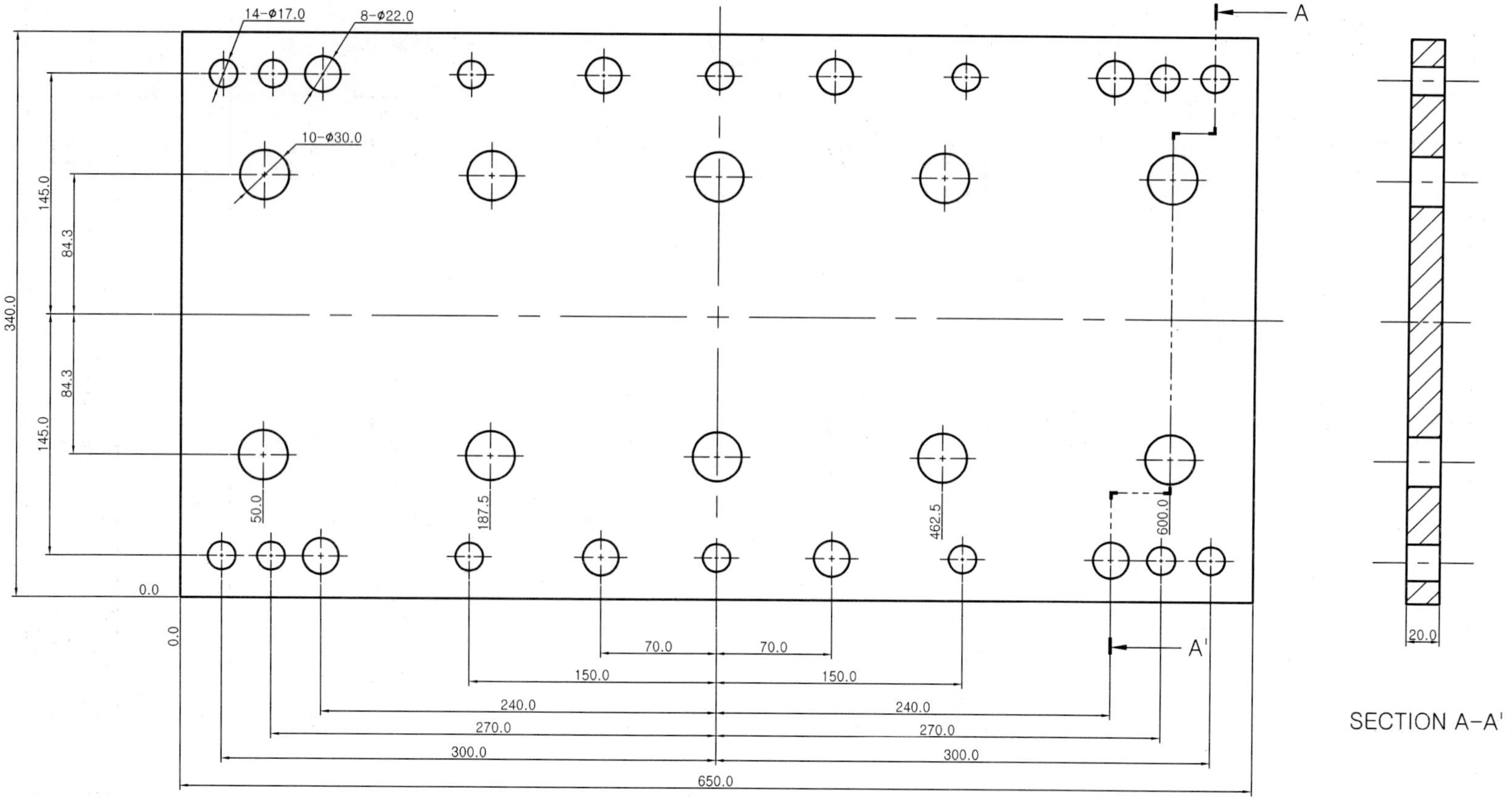

부품명	펀치받침판	척 도	NS

③ 펀치고정판 x/ (y/)

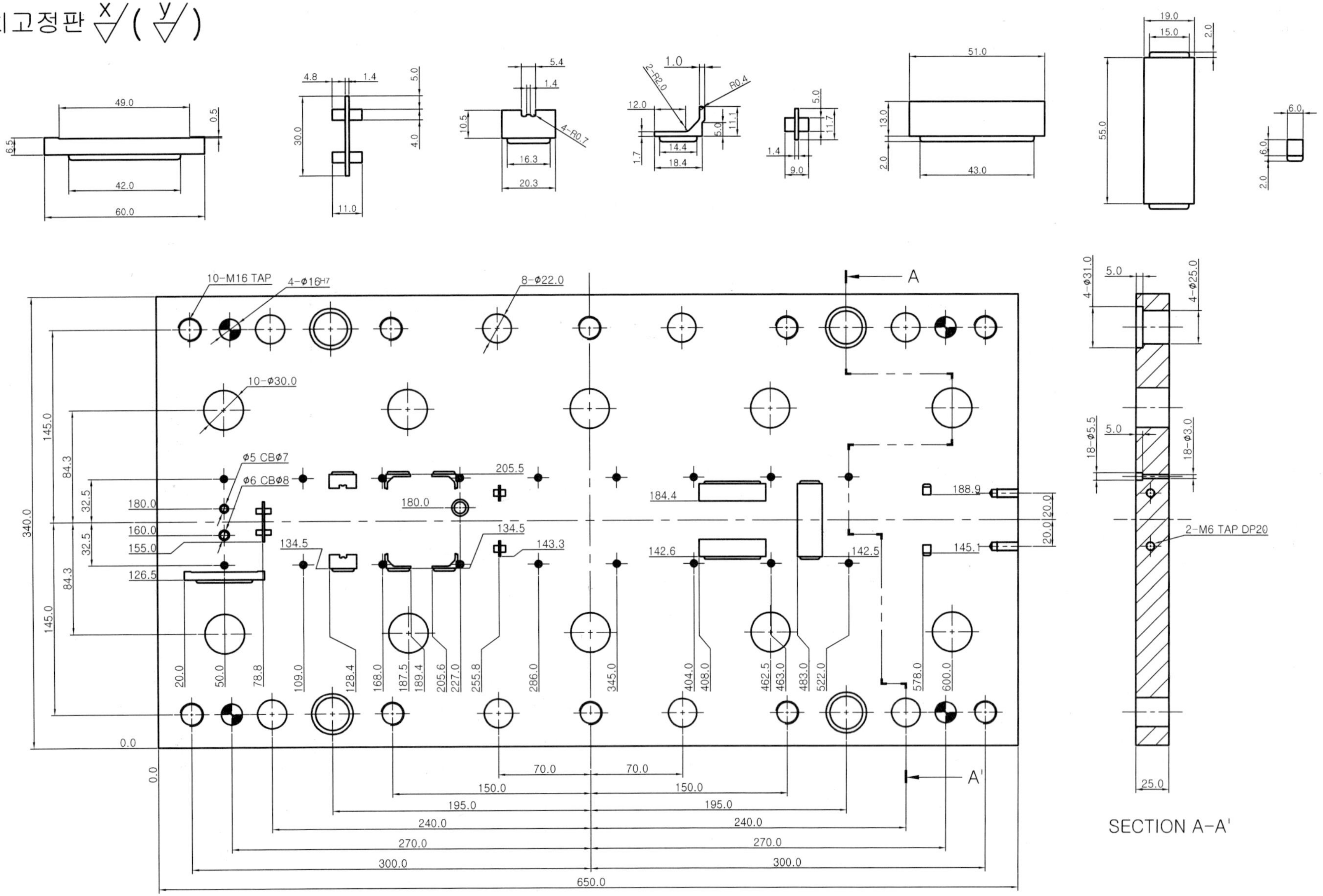

부품명	펀치고정판	척 도	NS

④ 압축판 x/(y/)

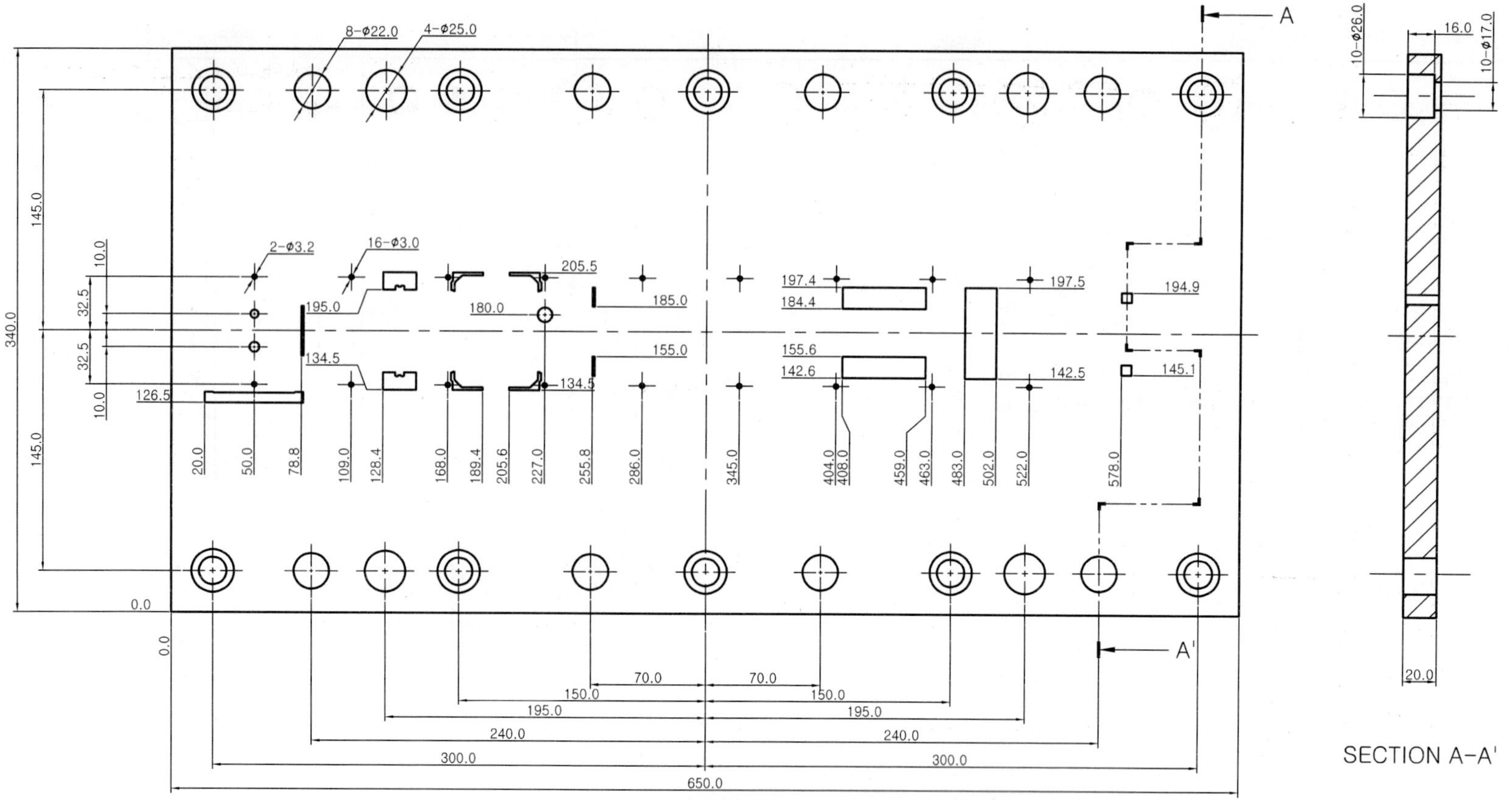

SECTION A-A'

부품명	압축판	척 도	NS

⑤ 스트리퍼 $\overset{x}{\triangledown}$ ($\overset{y}{\triangledown}$)

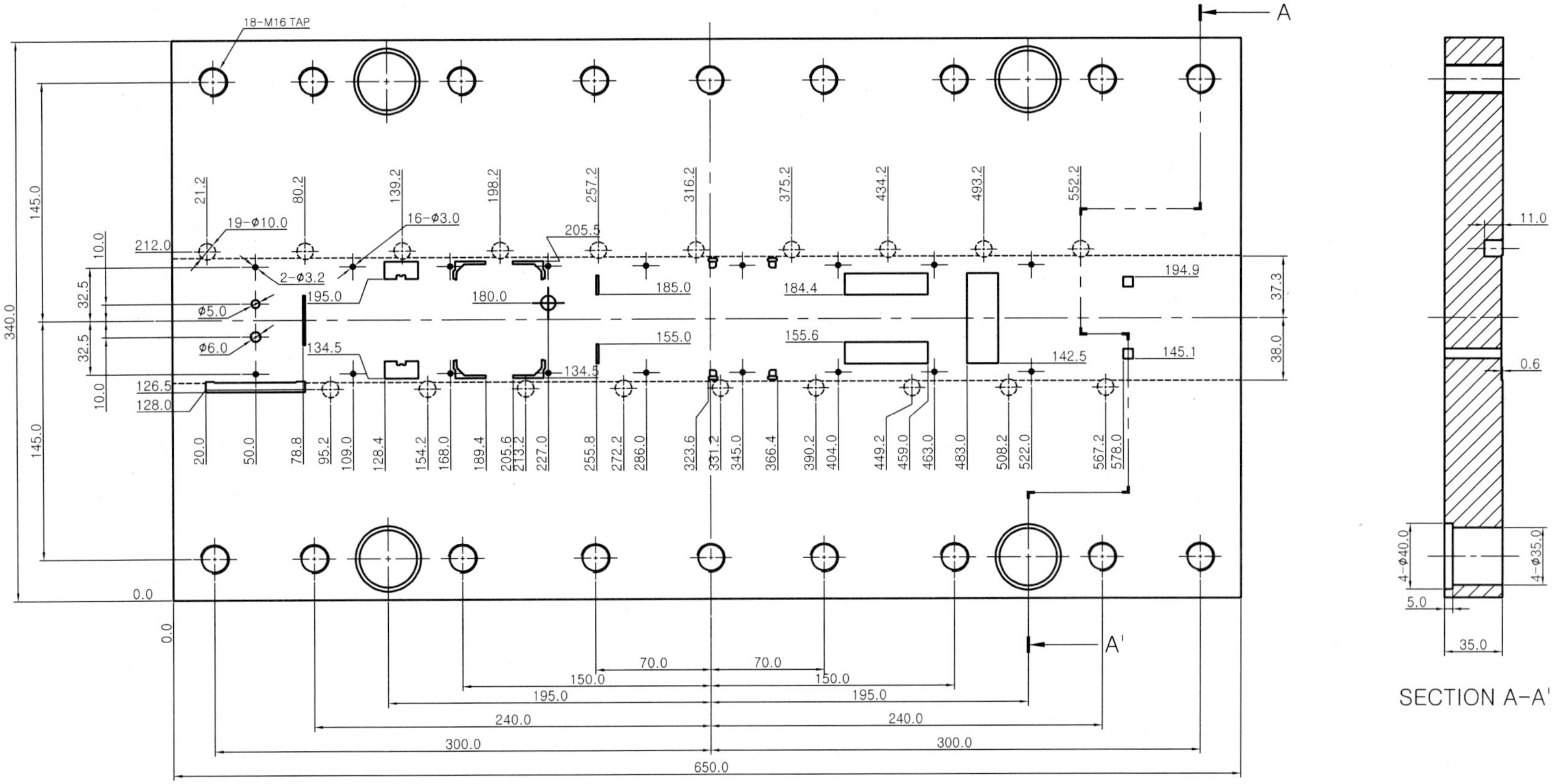

SECTION A-A'

부품명	스트리퍼	척 도	NS

⑥ 다이 x/(y/)

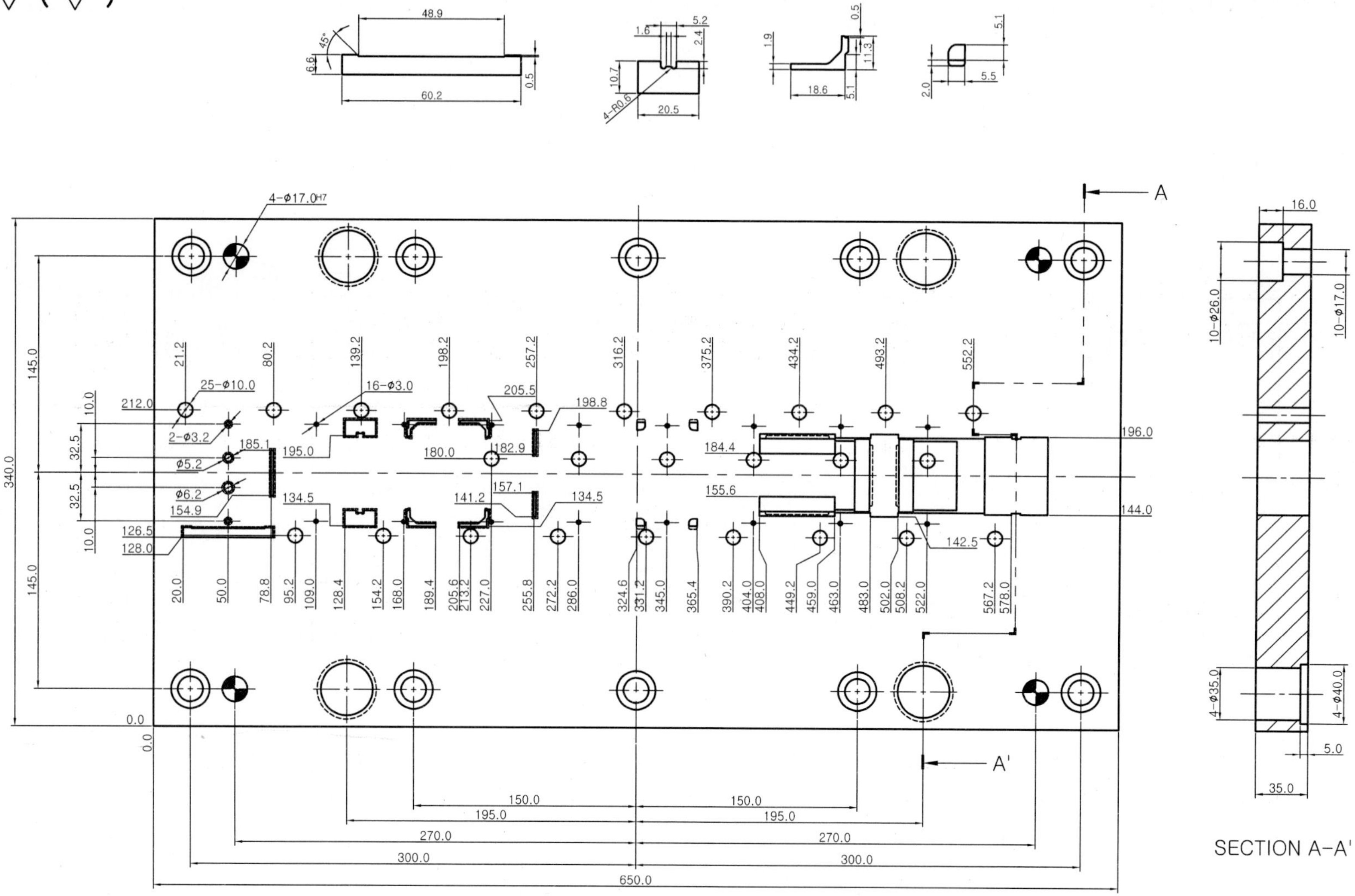

부품명	다이	척 도	NS

⑦ 다이받침판 x/ (y/)

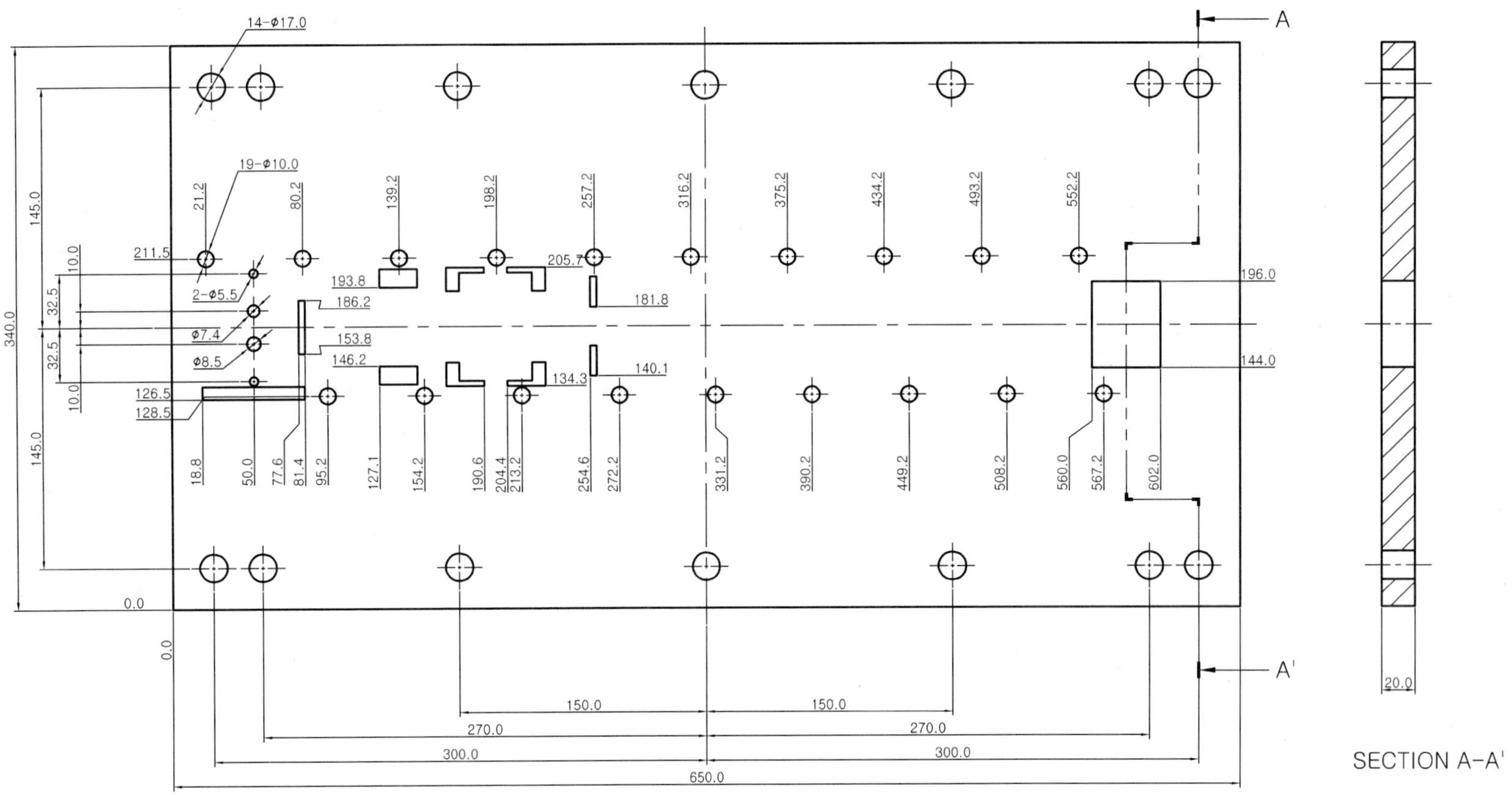

부품명	다이받침판	척 도	NS

⑧ 하홀더 x/▽ (y/▽)

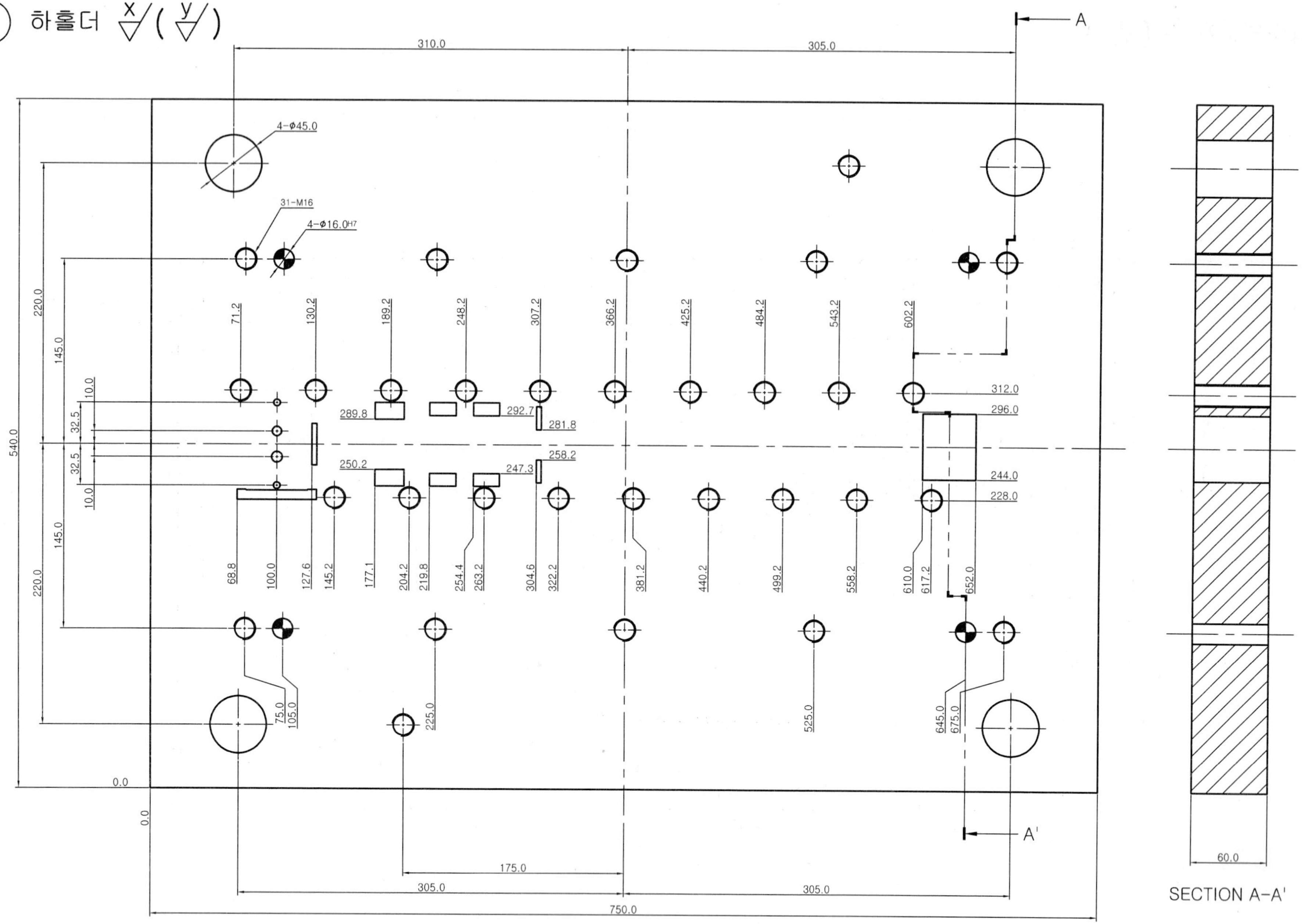

부품명	하홀더	척 도	NS

⑨ 사이드컷펀치 $\overset{x}{\nabla}$ ($\overset{y}{\nabla}$)

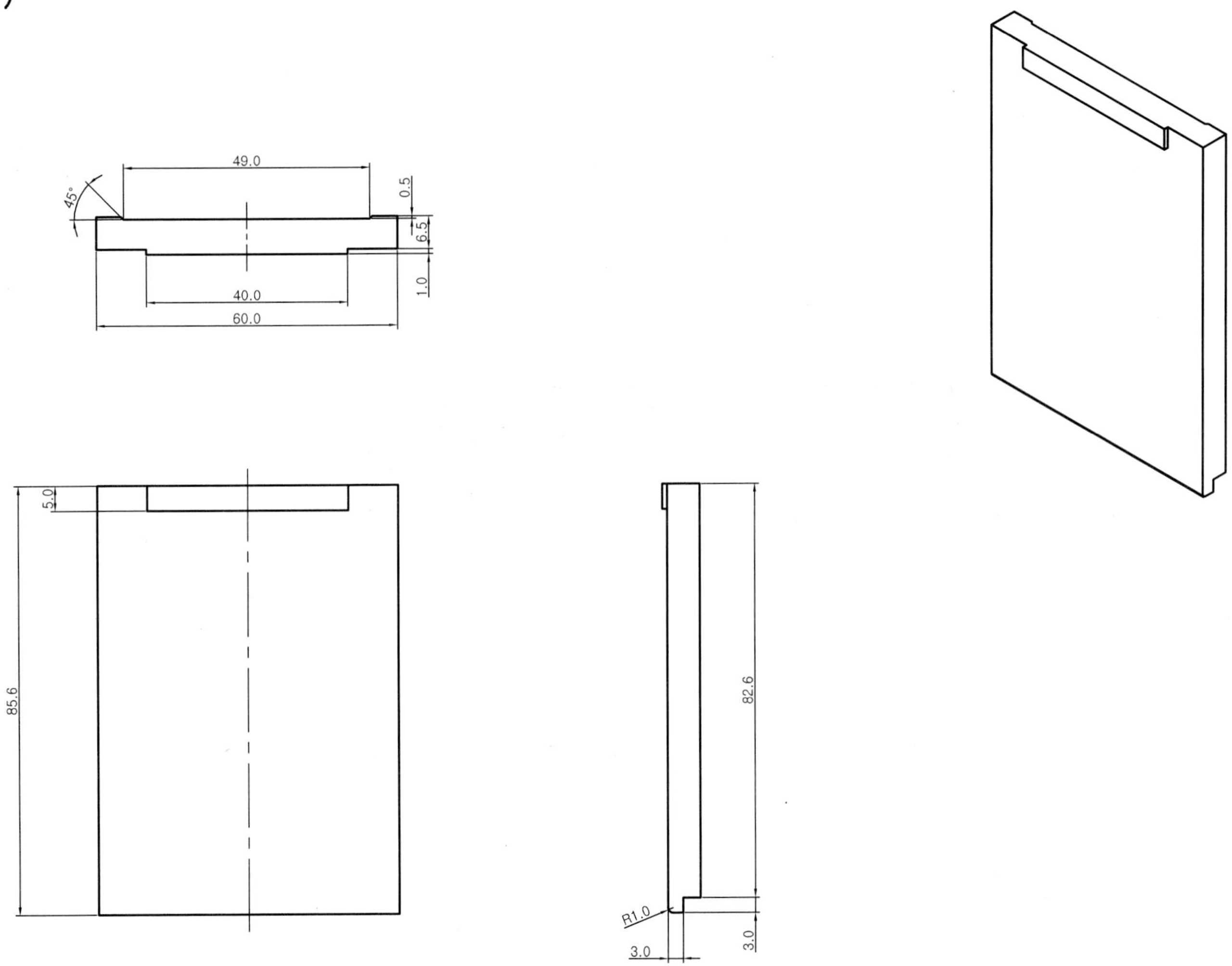

부품명	사이드컷펀치	척 도	NS

⑩ 피어싱펀치 x∇ (y∇)

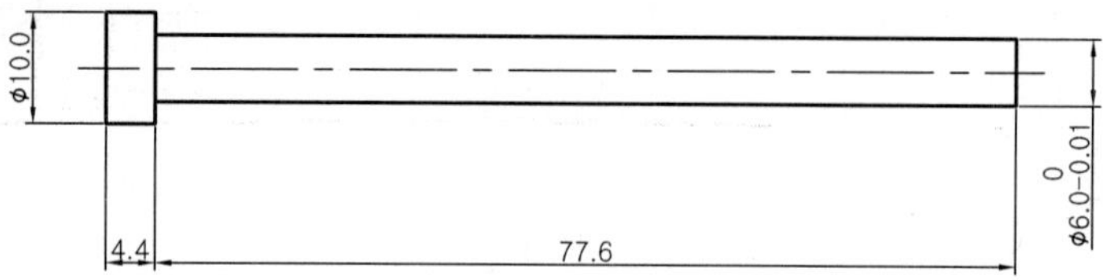

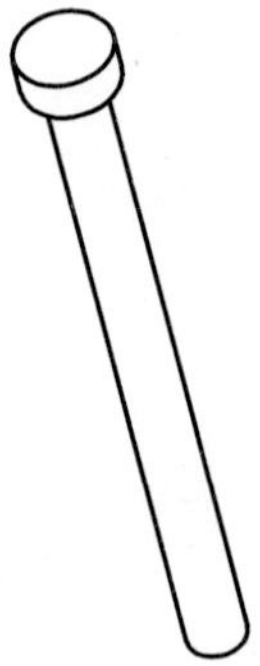

부품명	피어싱펀치	척 도	NS

⑪ 피어싱펀치 x/ (y/)

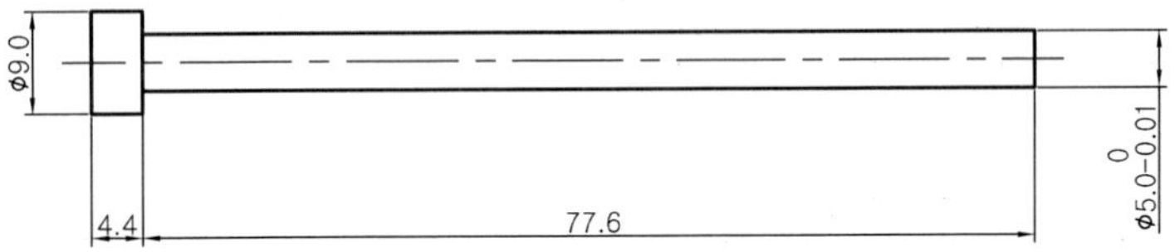

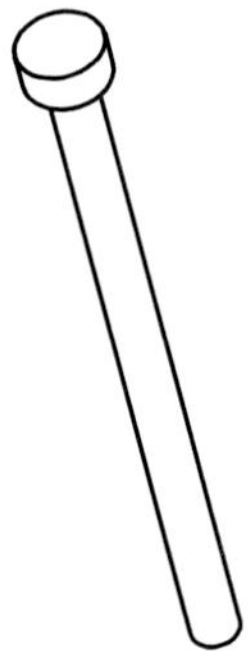

부품명	피어싱펀치	척 도	NS

⑫ 파일럿핀 $\overset{x}{\nabla}$ ($\overset{y}{\nabla}$)

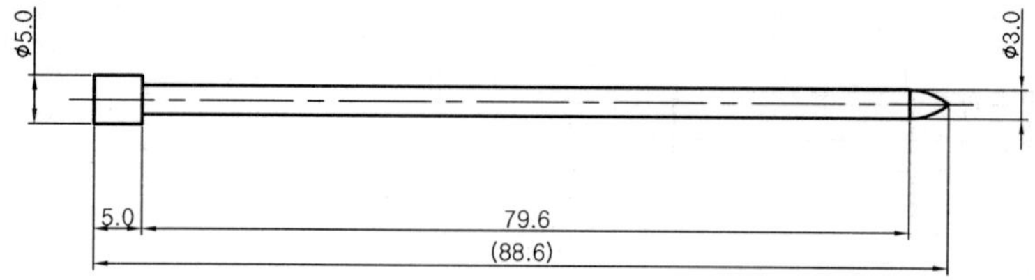

부품명	파일럿핀	척 도	NS

⑬ 이형피어싱펀치 x/ (y/)

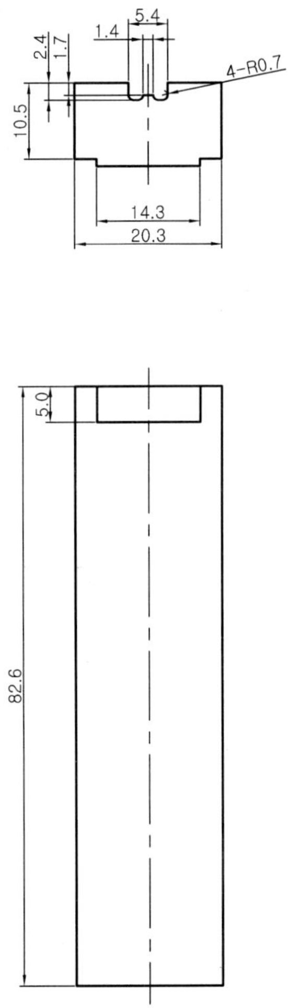

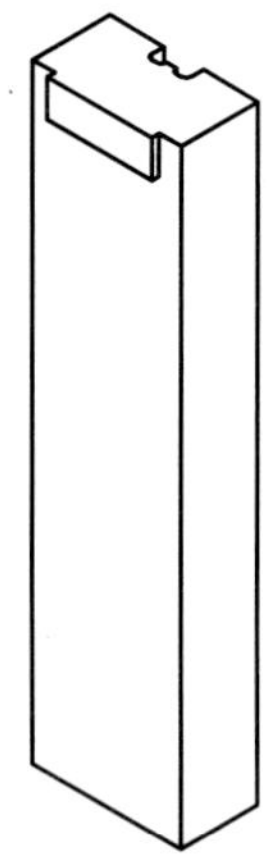

부품명	이형피어싱펀치	척 도	NS

⑭ 이형피어싱펀치 x/ (y/)

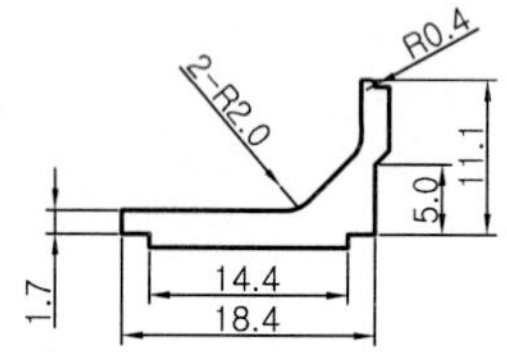

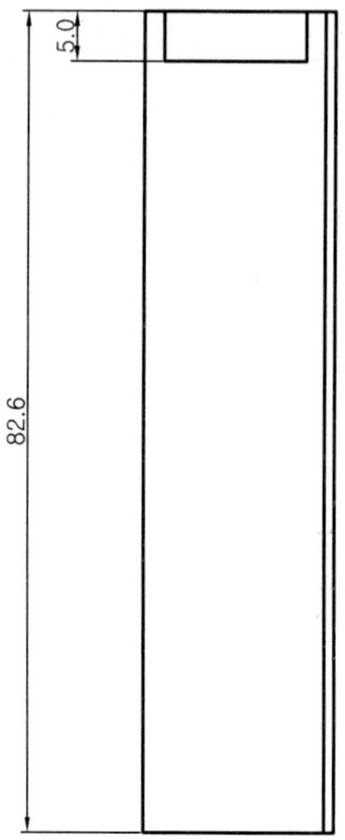

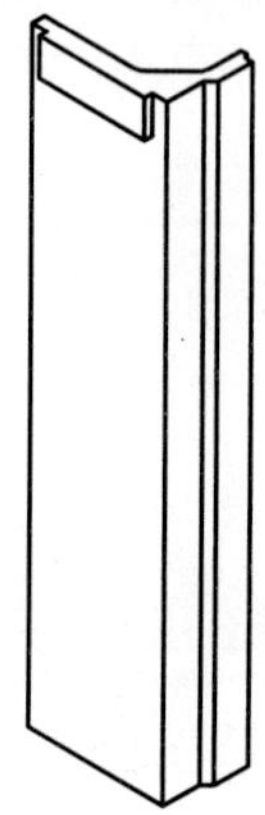

부품명	이형피어싱펀치	척 도	NS

⑮ 이형피어싱펀치 x/▽ (y/▽)

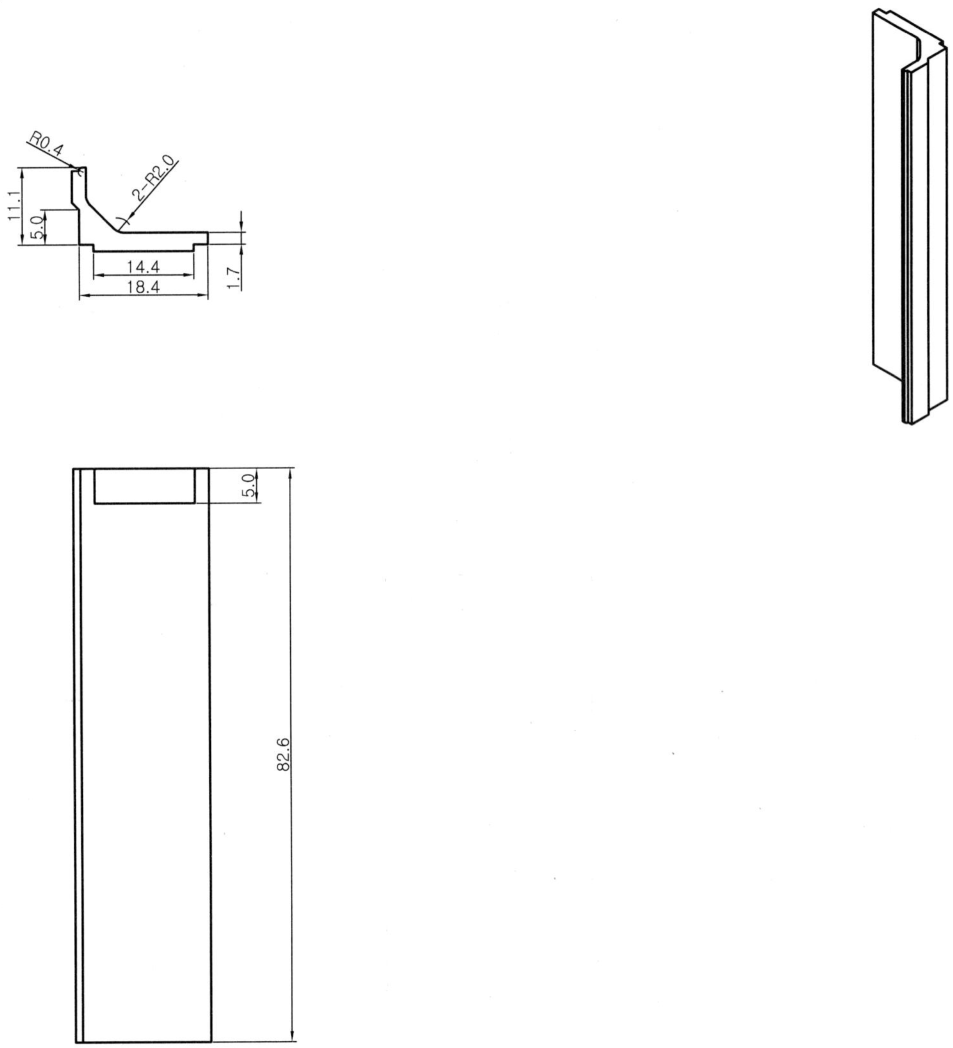

부품명	이형피어싱펀치	척 도	NS

⑯ 이형피어싱펀치 $\overset{x}{\nabla}$/ ($\overset{y}{\nabla}$/)

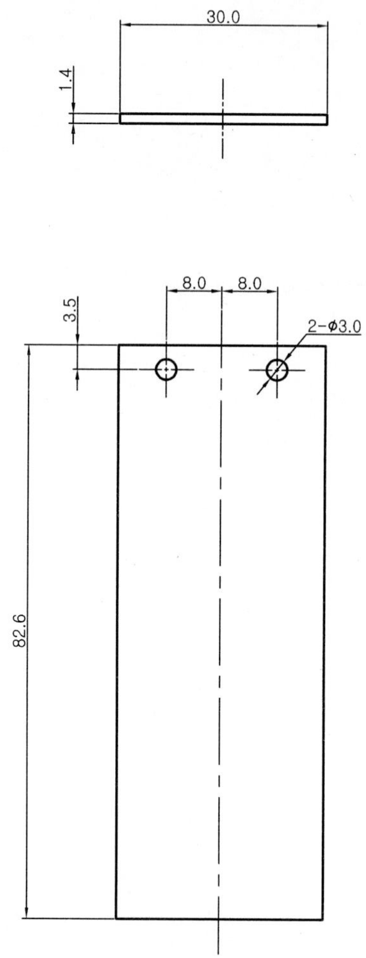

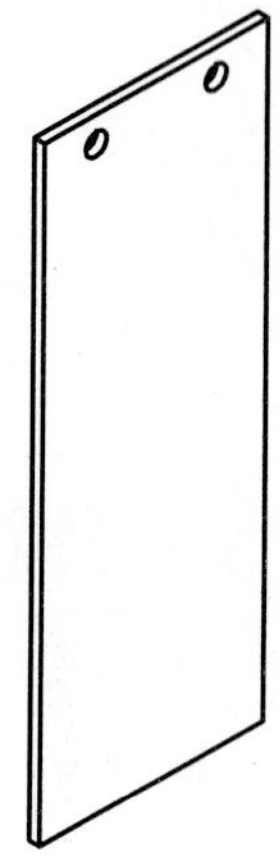

부품명	이형피어싱펀치	척 도	NS

⑰ 이형피어싱펀치 x/ (y/)

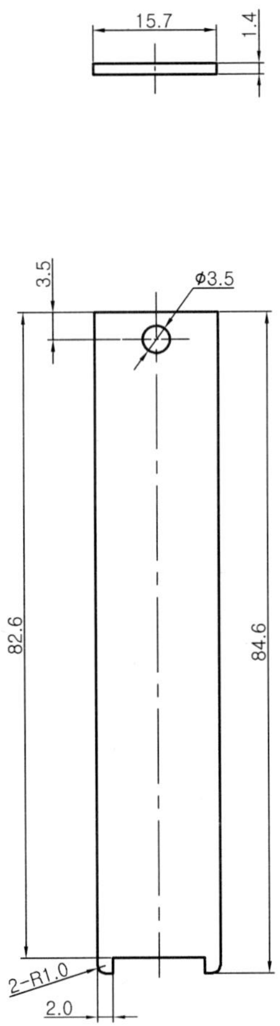

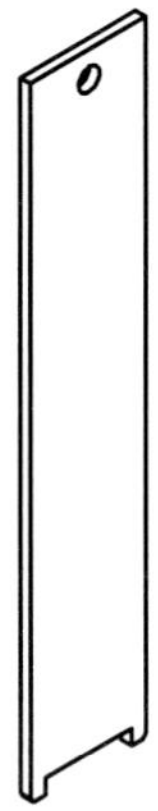

부품명	이형피어싱펀치	척 도	NS

⑱ 버링펀치 $\overset{x}{\nabla}$/($\overset{y}{\nabla}$/)

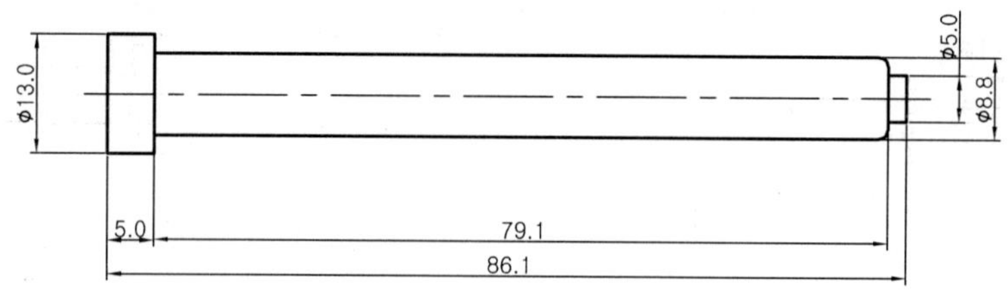

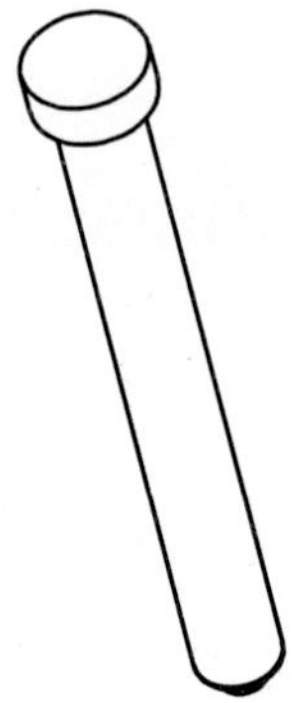

부품명	버링펀치	척 도	NS

⑲ 포밍펀치 $\overset{x}{\bigtriangledown}$/($\overset{y}{\bigtriangledown}$/)

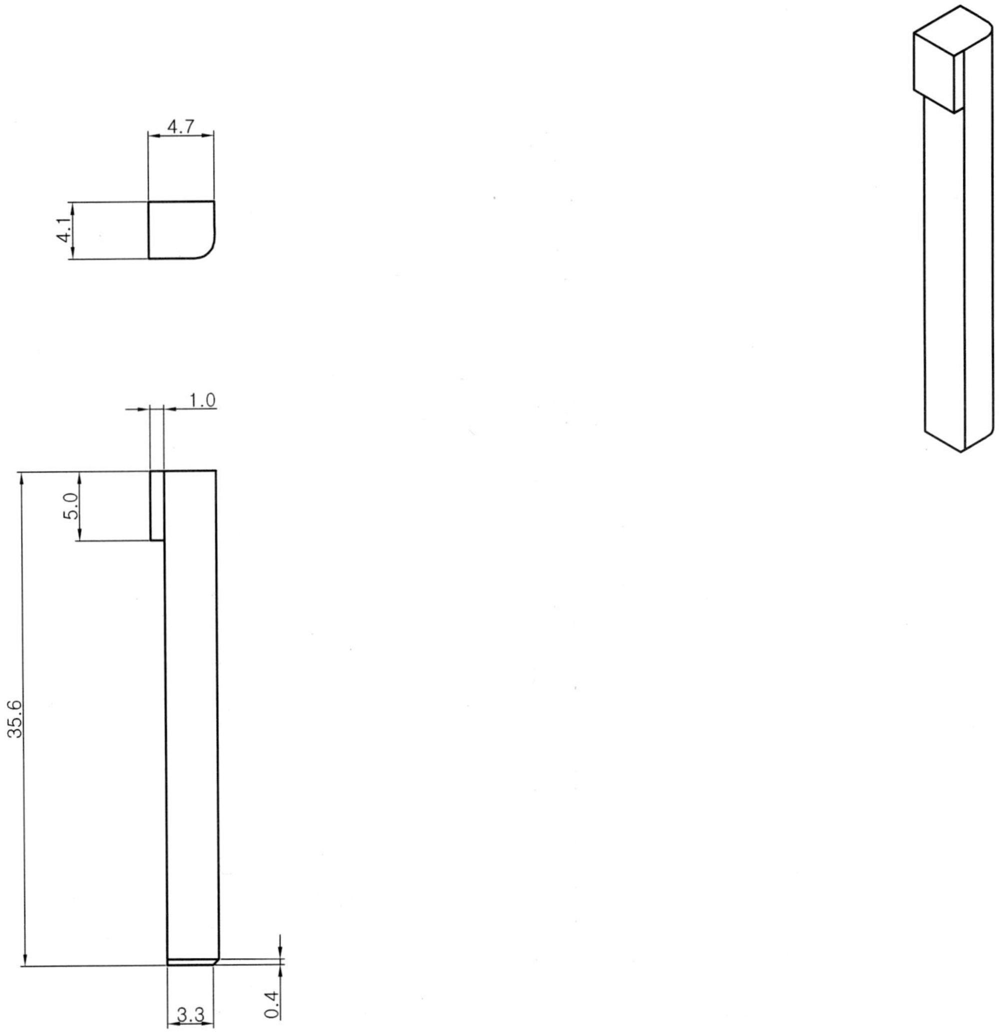

부품명	포밍펀치	척 도	NS

⑳ 블랭킹펀치 $\overset{x}{\bigtriangledown}$ ($\overset{y}{\bigtriangledown}$)

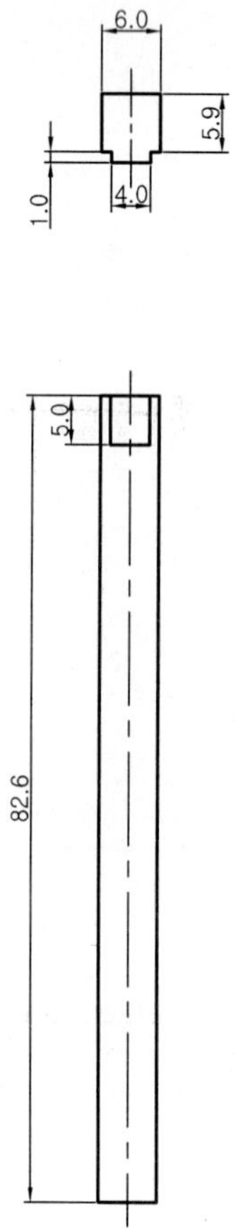

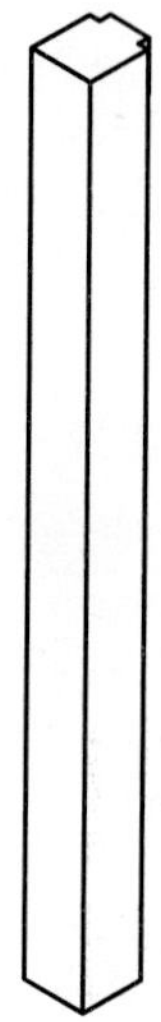

부품명	블랭킹펀치	척 도	NS

㉑ 벤딩펀치 $\overset{x}{\bigtriangledown}$/ ($\overset{y}{\bigtriangledown}$/)

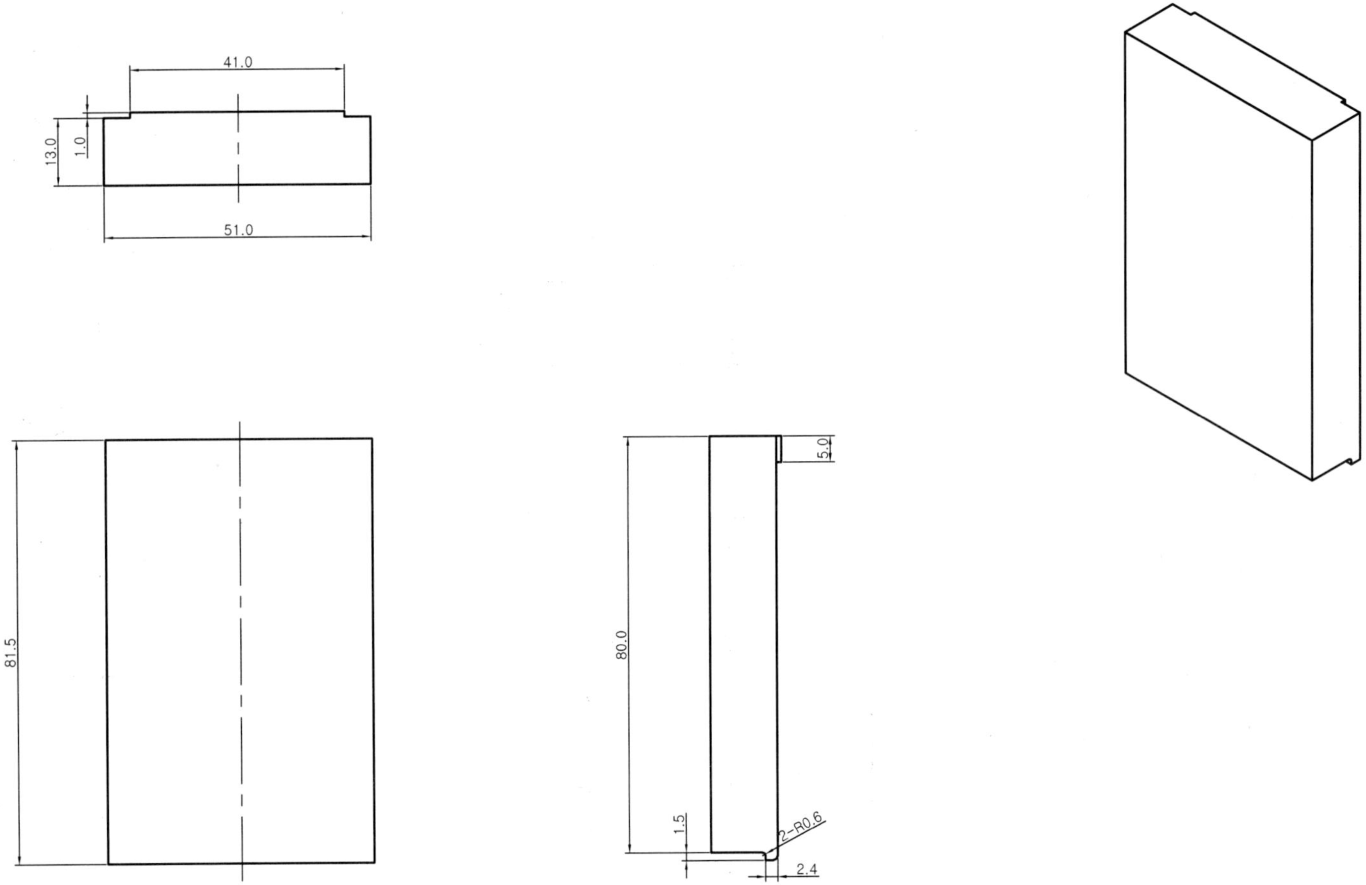

부품명	벤딩펀치	척 도	NS

㉒ 벤딩펀치 $\overset{x}{\bigtriangledown}$ ($\overset{y}{\bigtriangledown}$)

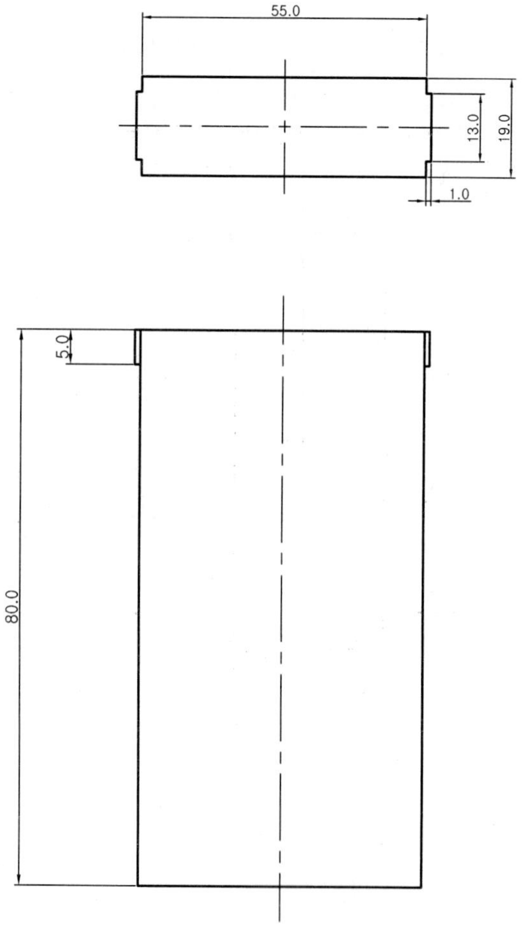

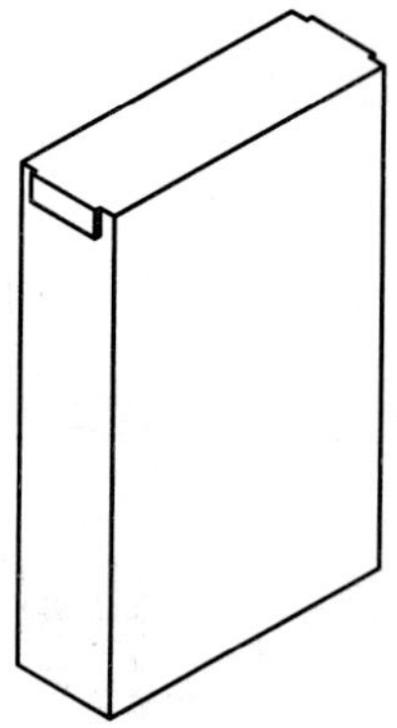

부품명	벤딩펀치	척 도	NS

㉓ 포밍다이편 $\overset{x}{\bigtriangledown}$ ($\overset{y}{\bigtriangledown}$)

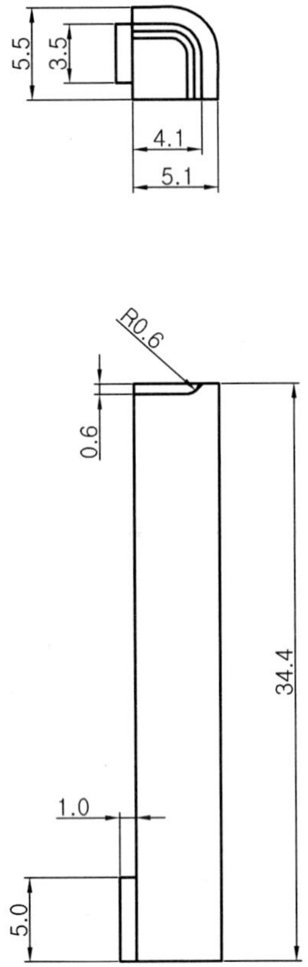

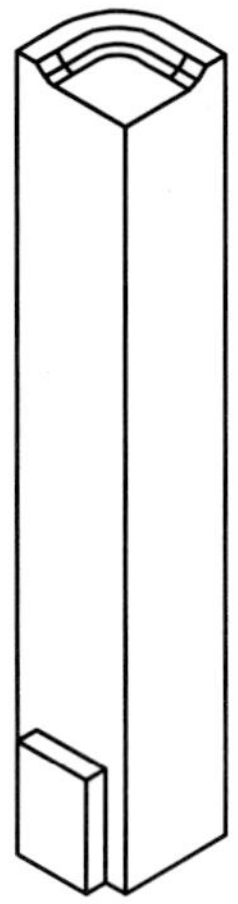

부품명	포밍다이편	척 도	NS

㉔ 벤딩다이편 $\overset{x}{\bigtriangledown}$ ($\overset{y}{\bigtriangledown}$)

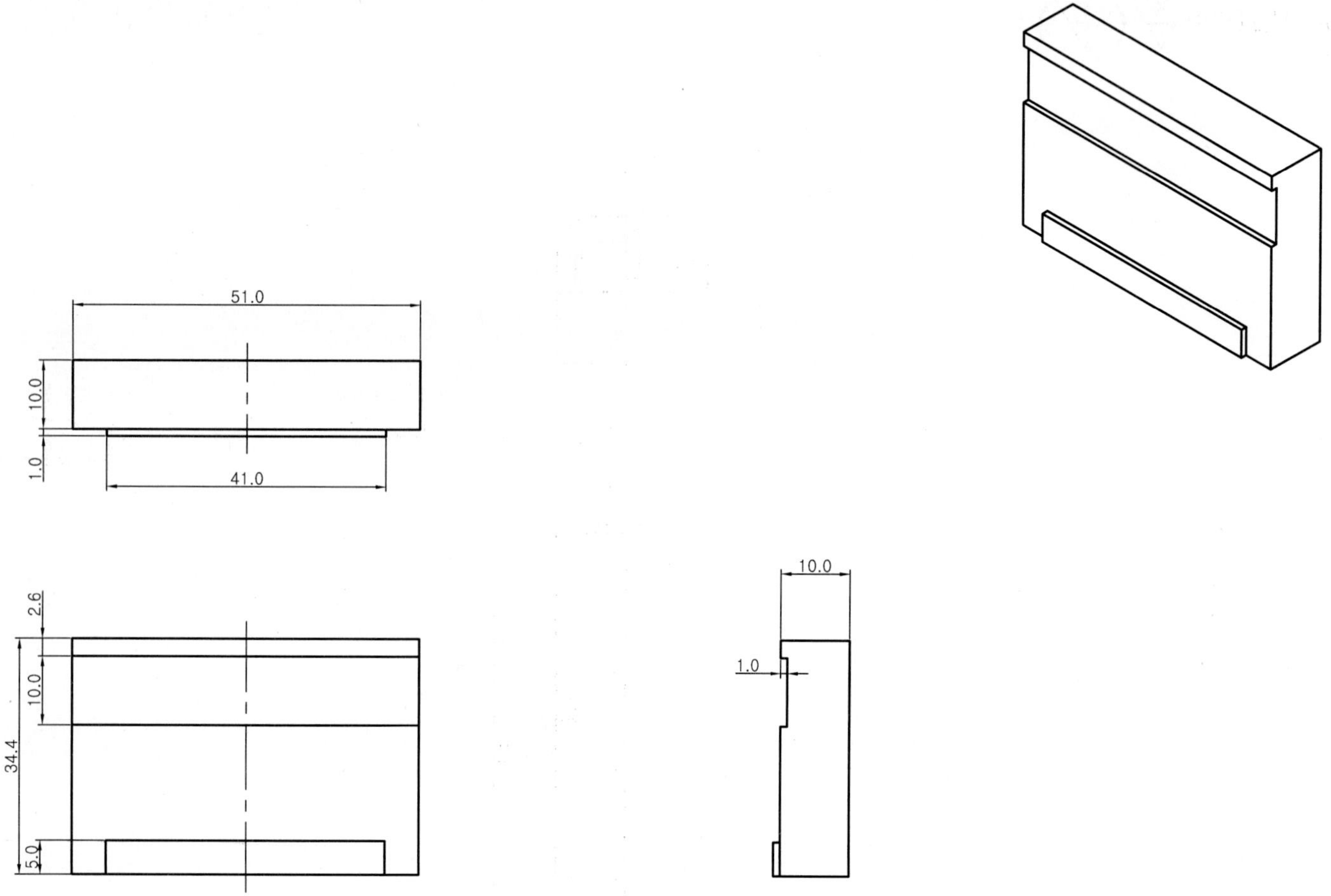

부품명	벤딩다이편	척 도	NS

(25) 벤딩다이편 x/▽ (y/▽)

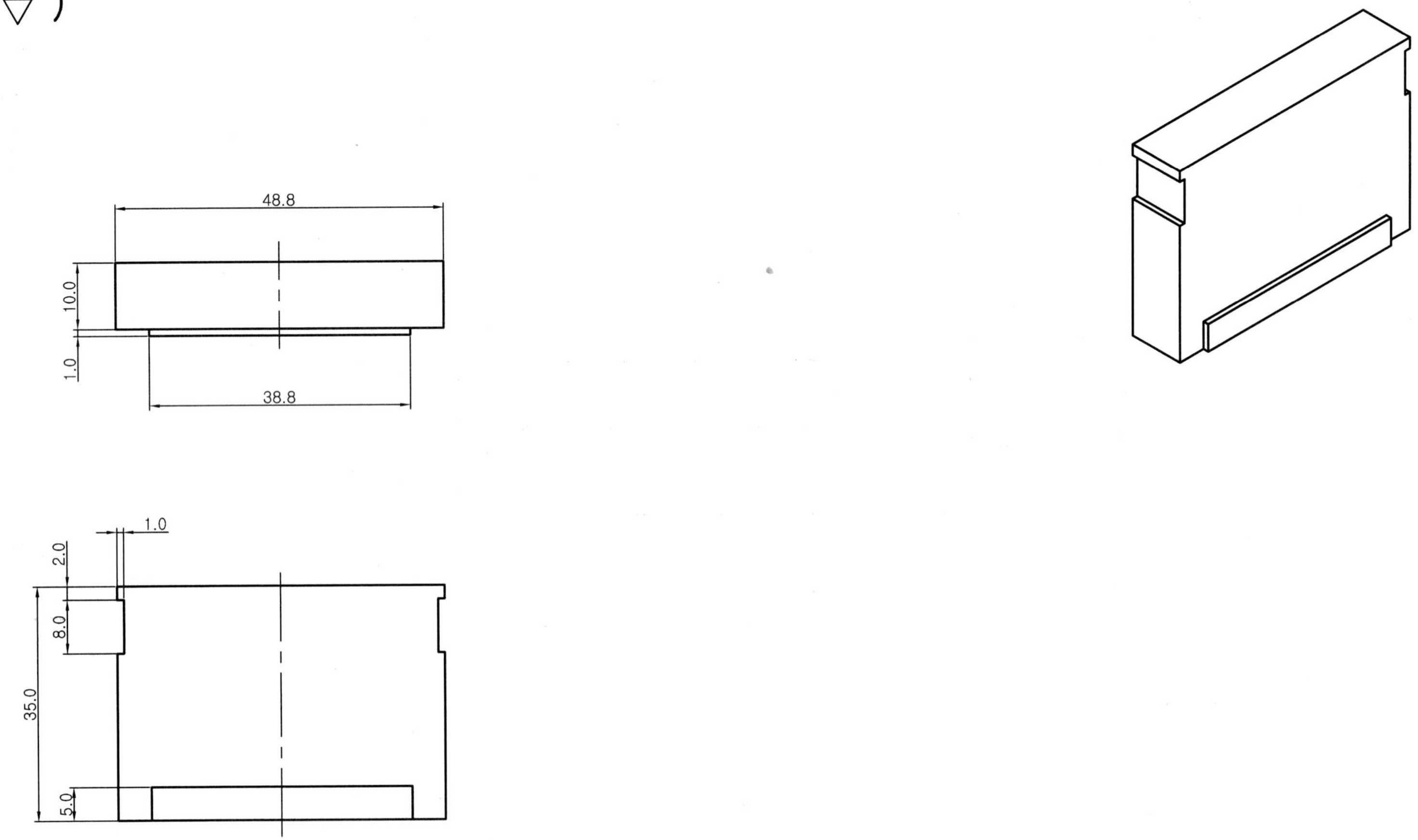

부품명	벤딩다이편	척 도	NS

㉖ 가이드리프터핀 $\overset{x}{\nabla}$/ ($\overset{y}{\nabla}$/)

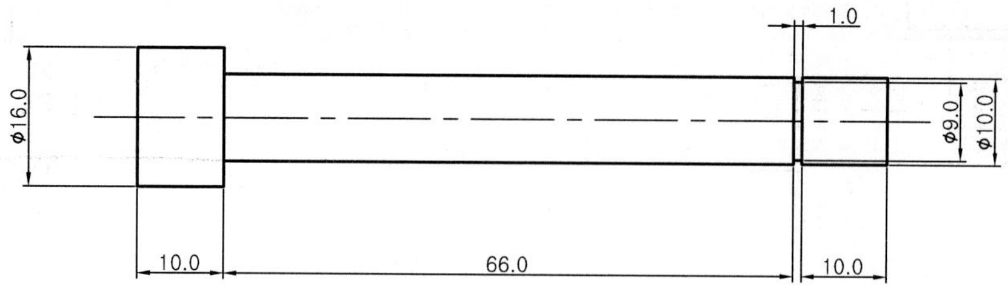

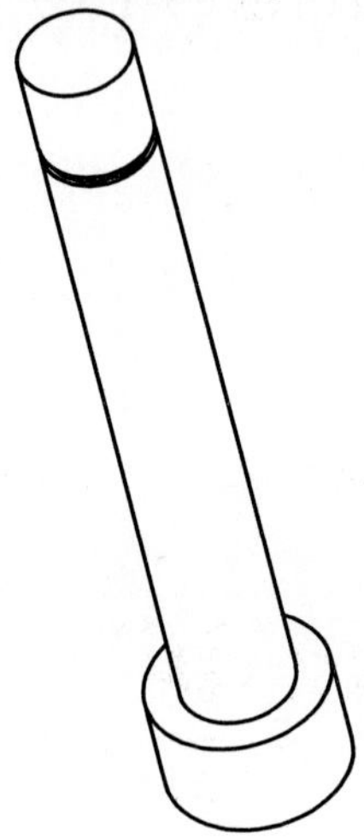

부품명	가이드리프터핀	척 도	NS

4.4 Progressive-die(Bracket D)

▮ 요구사항

1) 제품도 및 3차원 Solid model
2) 판재 정보 : 두께 1.2 mm, 냉간압연강판
3) 금형 타입 : 프로그레시브 다이
4) 다이셋트 : 다이셋트는 설계자가 정할 것.
5) 소재 이송 : 소재 이송은 좌측에서 우측으로 롤 피더를 사용하여 자동 이송하고 사이드 컷 공정은 필히 사용할 것.
6) 클리어런스 : 클리어런스는 재료 두께의 10%(편측)을 적용하여 설계할 것.
7) Lay-out
   7-1) Strip Lay-Out 배열은 1열 1개 생산 가능토록 할 것.
   7-2) Strip Lay-Out을 설계하고 제품전개치수, 피치, 재료 폭, 포밍 등을 표기할 것.
   7-3) 작업 공정별 명칭을 필히 기입하고 Scrap은 최소화 할 것.
8) 파일럿 방식은 파일럿 파손방지를 위하여 가동 파일럿 방식으로 설계할 것.
9) 원활한 소재 이송을 위하여 Lay-out 앞쪽에는 밀핀 유닛을 적용하고, 뒤쪽에는 면 가이드를 이용할 것
10) 피어싱 가공 : 벤딩을 감안하여 요구치수를 만족할 것.
11) 스프링백의 방지를 위한 조치를 필히 취할 것.
12) 부품도 : 공정의 부품도는 전체 25개 이상 설계할 것.
13) 조립도 단면도 : 13-1) 상형과 하형을 결합된 상태로 설계하되 상기 주요사항을 표현할 것.
14) 스트리퍼
   14-1) 스트리퍼는 가동스트리퍼 타입으로 설계할 것.
   14-2) 스트리퍼 가이드 포스트 및 부시는 주어진 규격집을 활용할 것.
15) 기타 지시하지 않은 사항들은 KS 제도법에 준하여 모델링 할 것.

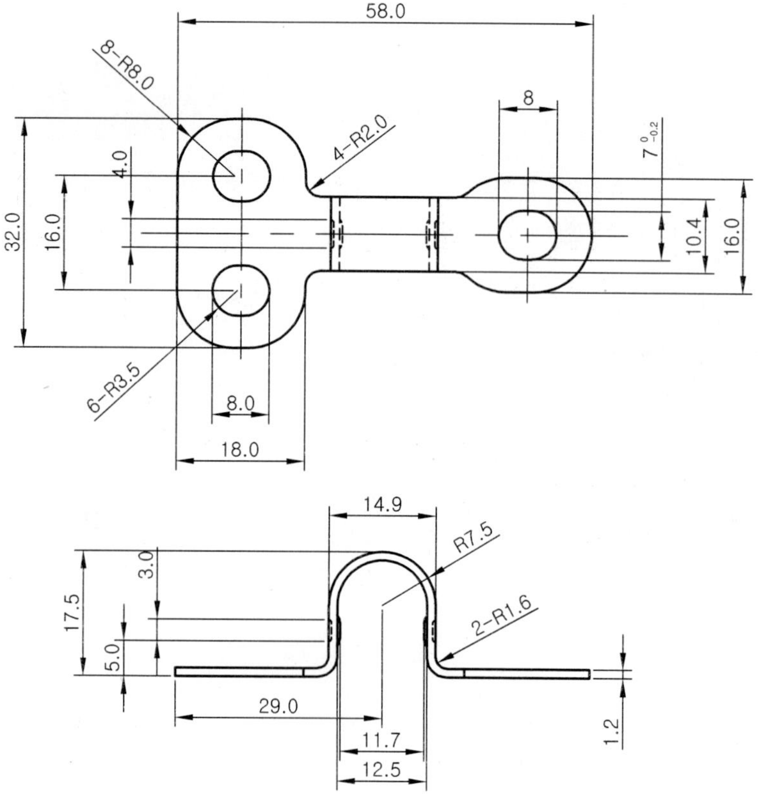

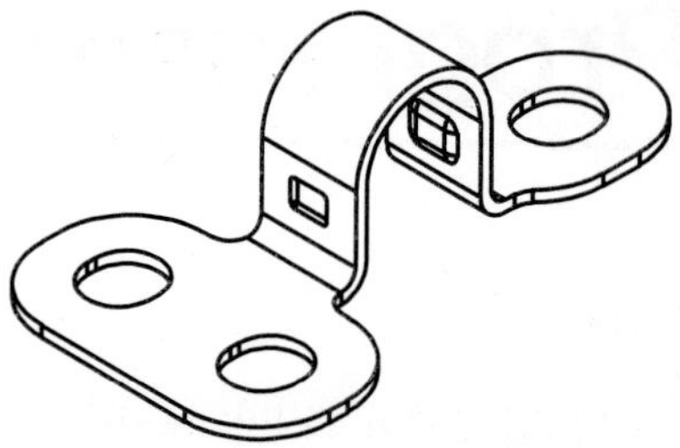

주서

1. 프로그레시브 금형
2. 좌측에서 우측으로 이송, 사이드컷은 필히 사용할 것
3. 클리어런스=10%t
4. 가동 파일럿 방식으로 설계할 것
5. 벤딩을 감안하여 요구치수를 만족할 것
6. 스프링백의 방지를 위한 조치를 필히 취할 것

제품명	bracket D	척 도	NS

STRIP LAYOUT

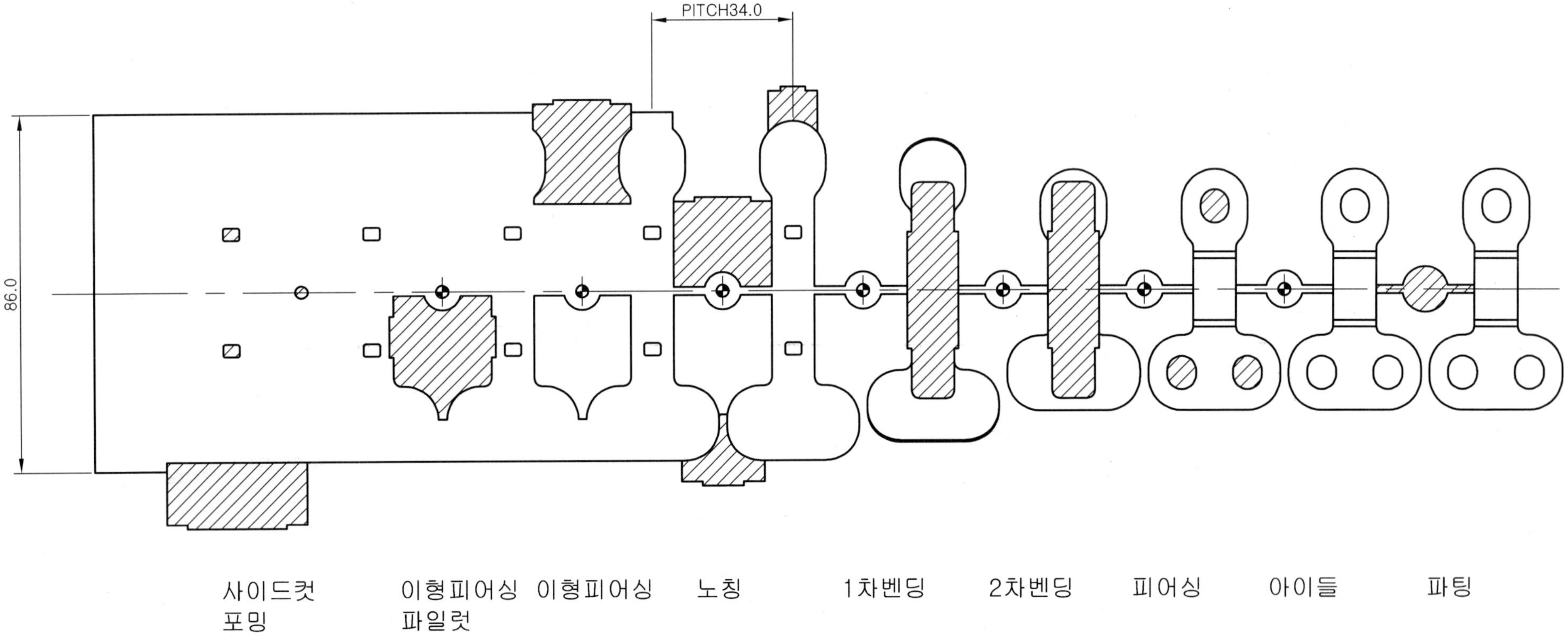

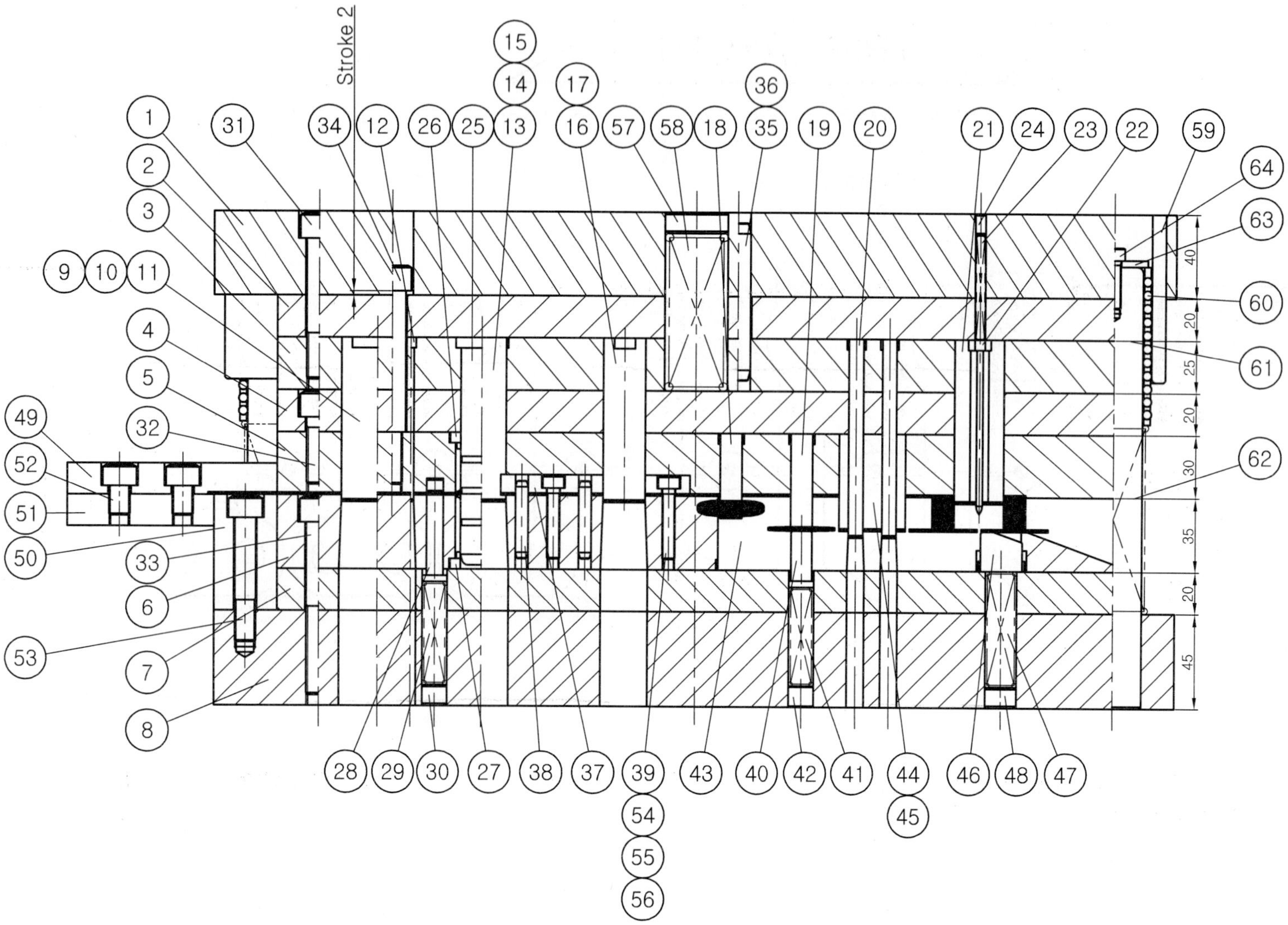

품번	품명	수량	재질	비고
43	다이블록	1	STD11	H_RC55
22	파일럿핀	8	STD11	H_RC55
21	파팅펀치	1	STD11	H_RC55
20	피어싱펀치	3	STD11	H_RC55
19	벤딩펀치	1	STD11	H_RC55
18	벤딩펀치	1	STD11	H_RC55
17	노칭펀치	1	STD11	H_RC55
16	노칭펀치	1	STD11	H_RC55
15	노칭펀치	1	STD11	H_RC55
14	노칭펀치	1	STD11	H_RC55
13	이형피어싱펀치	1	STD11	H_RC55
12	피어싱펀치	1	STD11	H_RC55
11	사이드컷펀치	1	STD11	H_RC55
10	포밍다이편	2	STD11	H_RC55
9	포밍펀치	2	STD11	H_RC55
8	하 홀더	1	SM45C	
7	다이받침판	1	STD11	H_RC55
6	다이	1	STD11	
5	스트리퍼	1	STD11	
4	압축판	1	STD11	H_RC55
3	펀치고정판	1	STD11	
2	펀치받침판	1	STD11	H_RC55
1	상 홀더	1	SM45C	
progressive-die (bracket D)		척도	NS	
		각법	3각법	

① 상 홀더

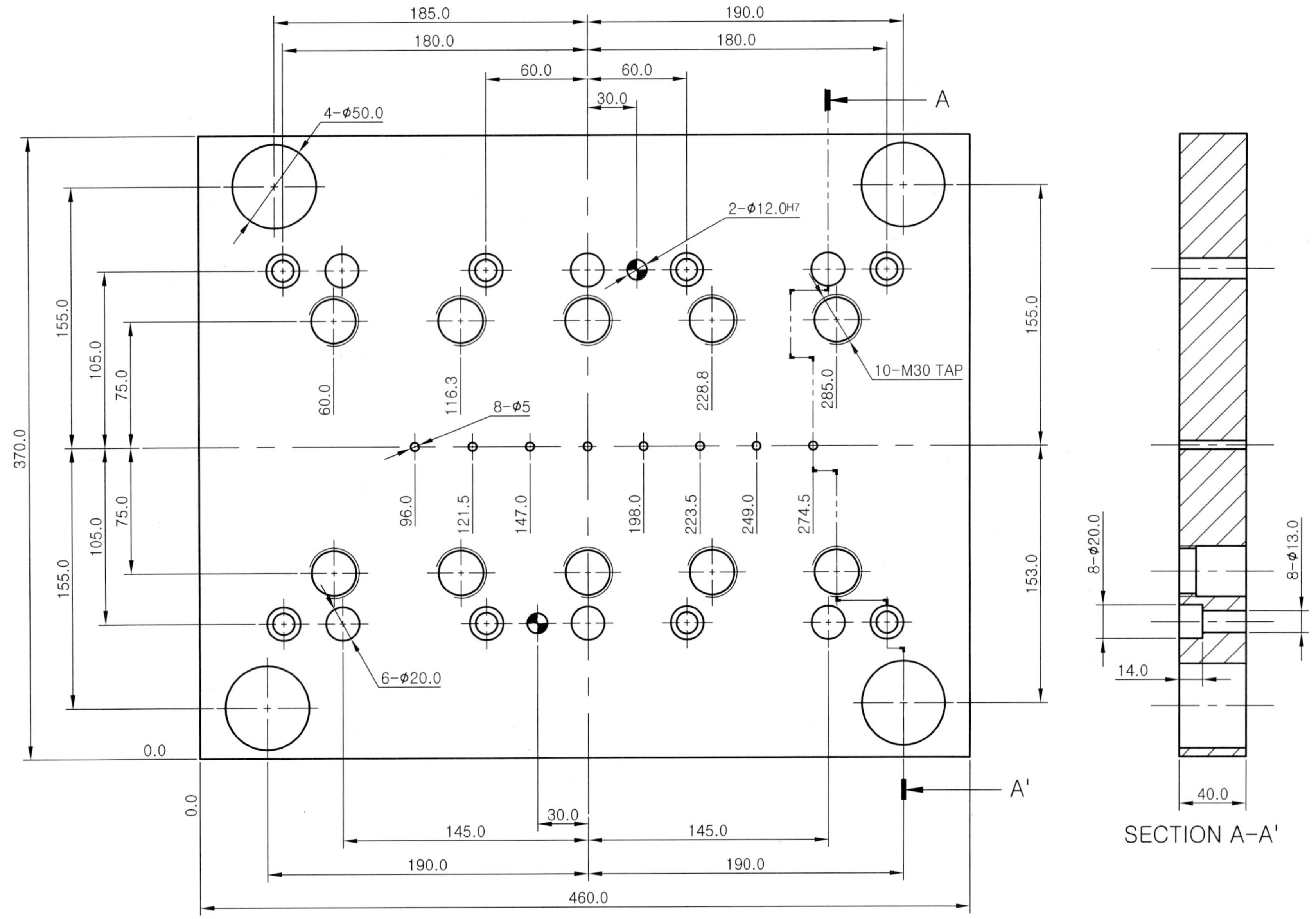

부품명	상 홀더	척 도	NS

② 편치받침판 x/▽ (y/▽)

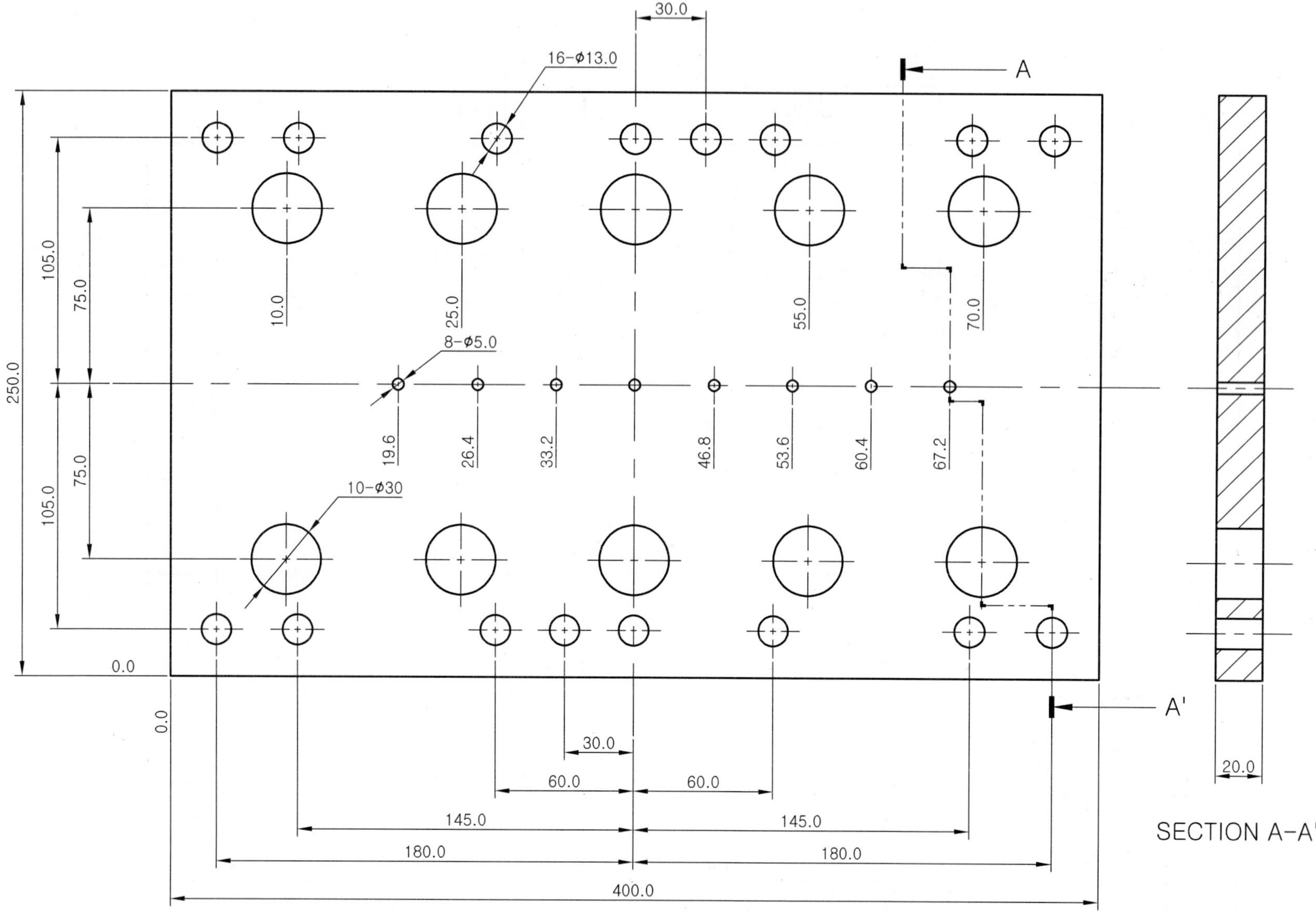

부품명	편치받침판	척 도	NS

③ 펀치고정판

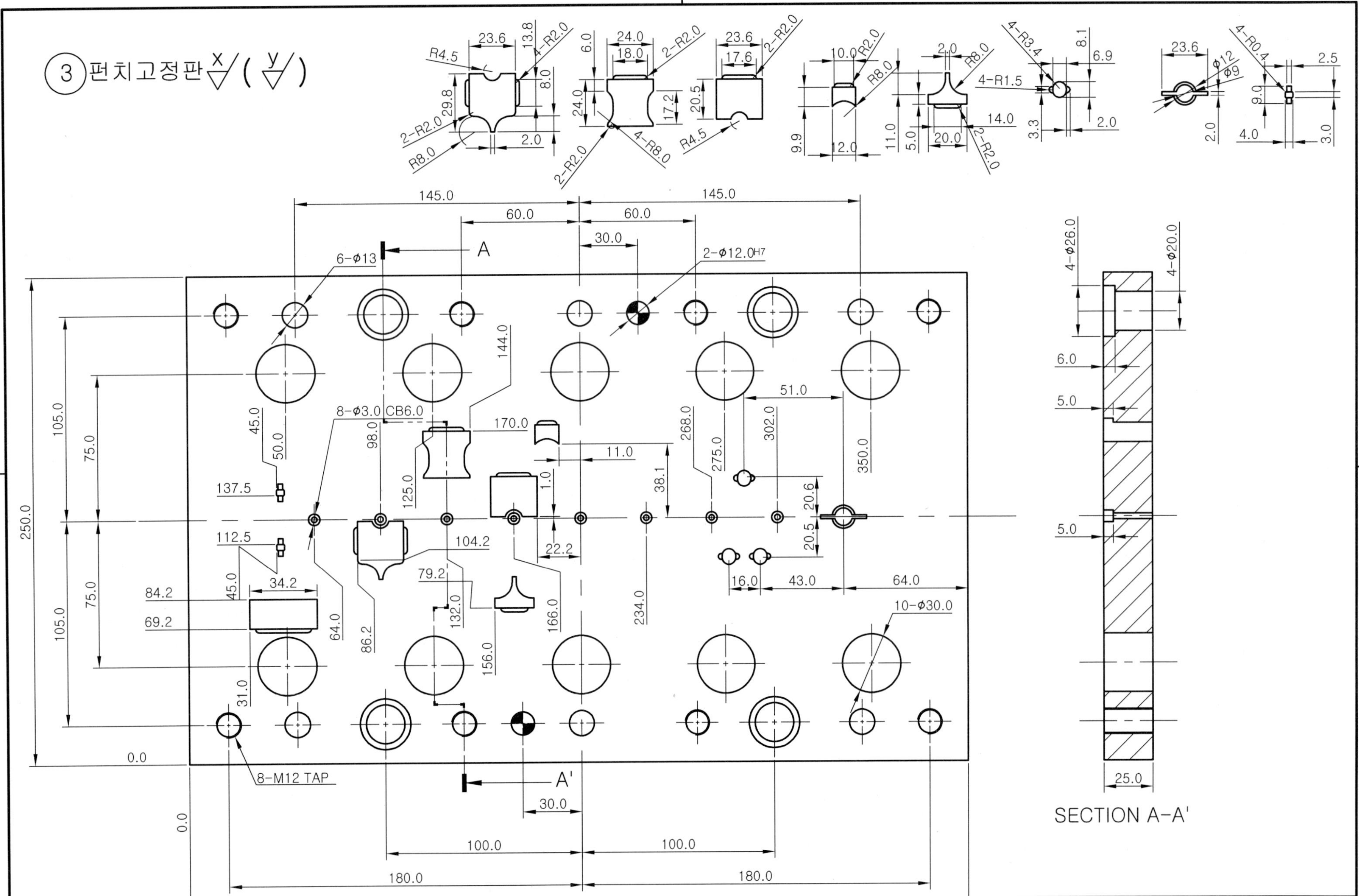

부품명	펀치고정판	척 도	NS

④ 압축판 $\overset{x}{\bigtriangledown}$ ($\overset{y}{\bigtriangledown}$)

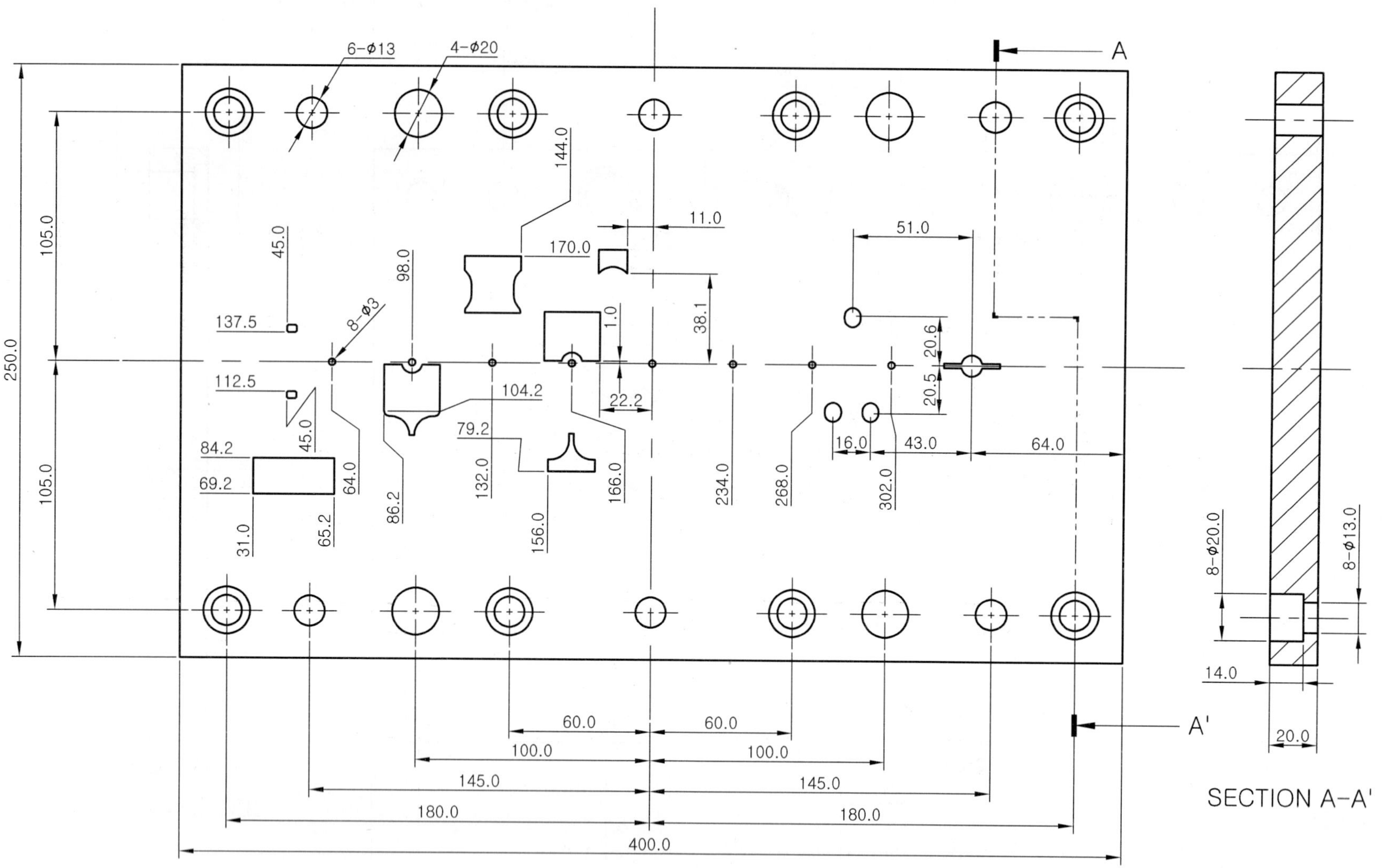

부품명	압축판	척 도	NS

⑤ 스트리퍼 $\overset{x}{\bigtriangledown}$ ($\overset{y}{\bigtriangledown}$)

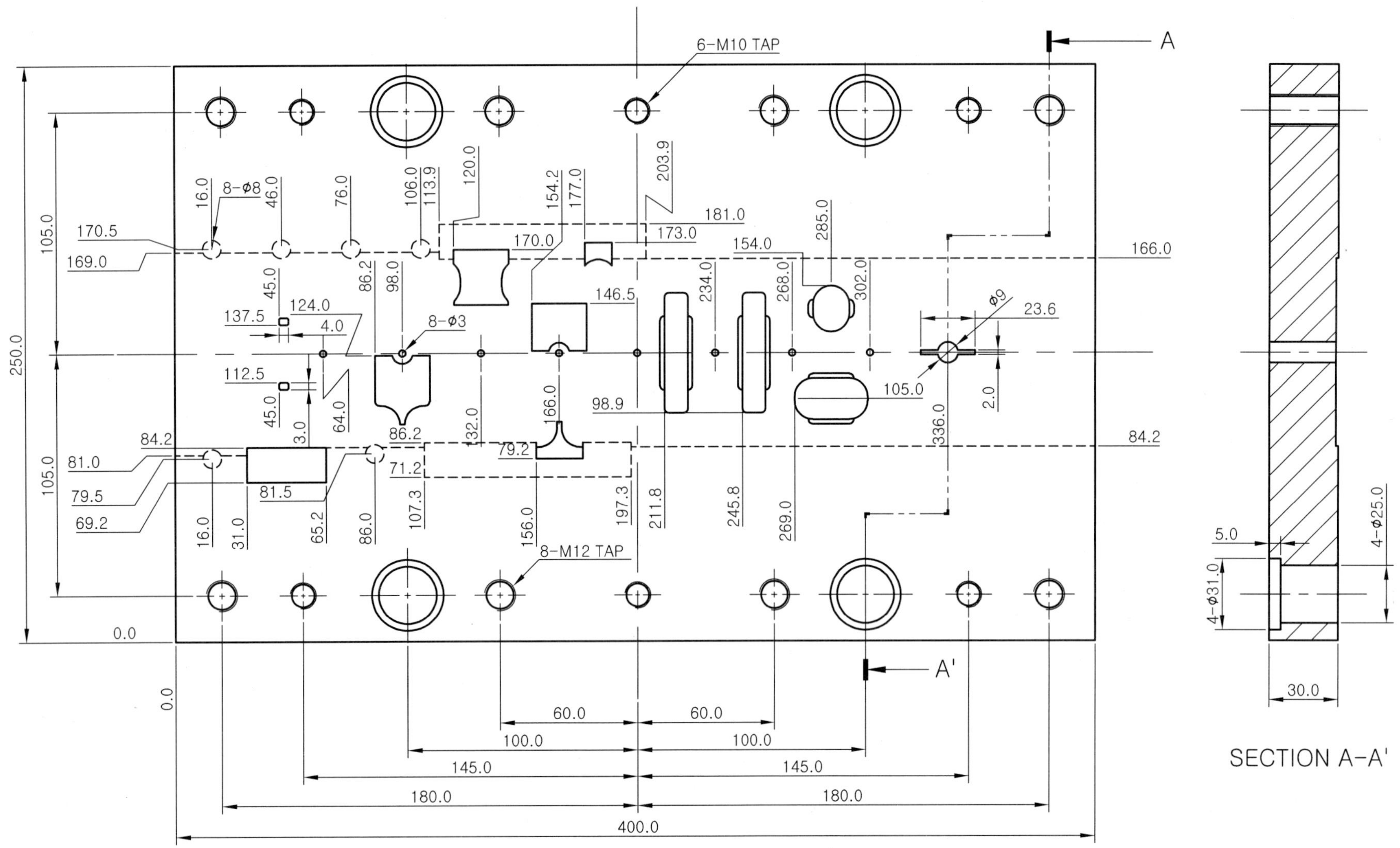

부품명	스트리퍼	척 도	NS

⑥ 다이 x/(y/)

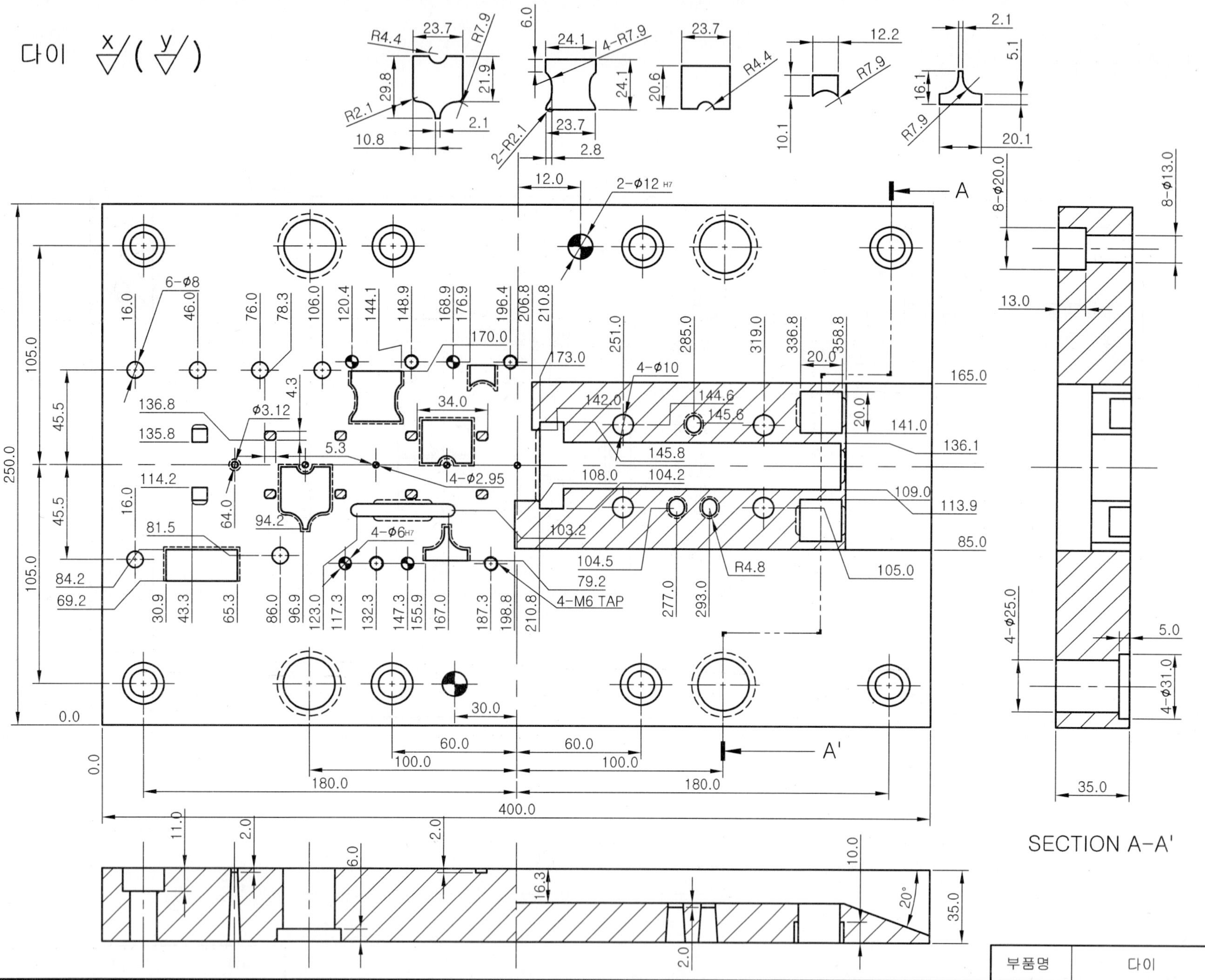

부품명	다이	척 도	NS

⑦ 다이받침판 x/▽ (y/▽)

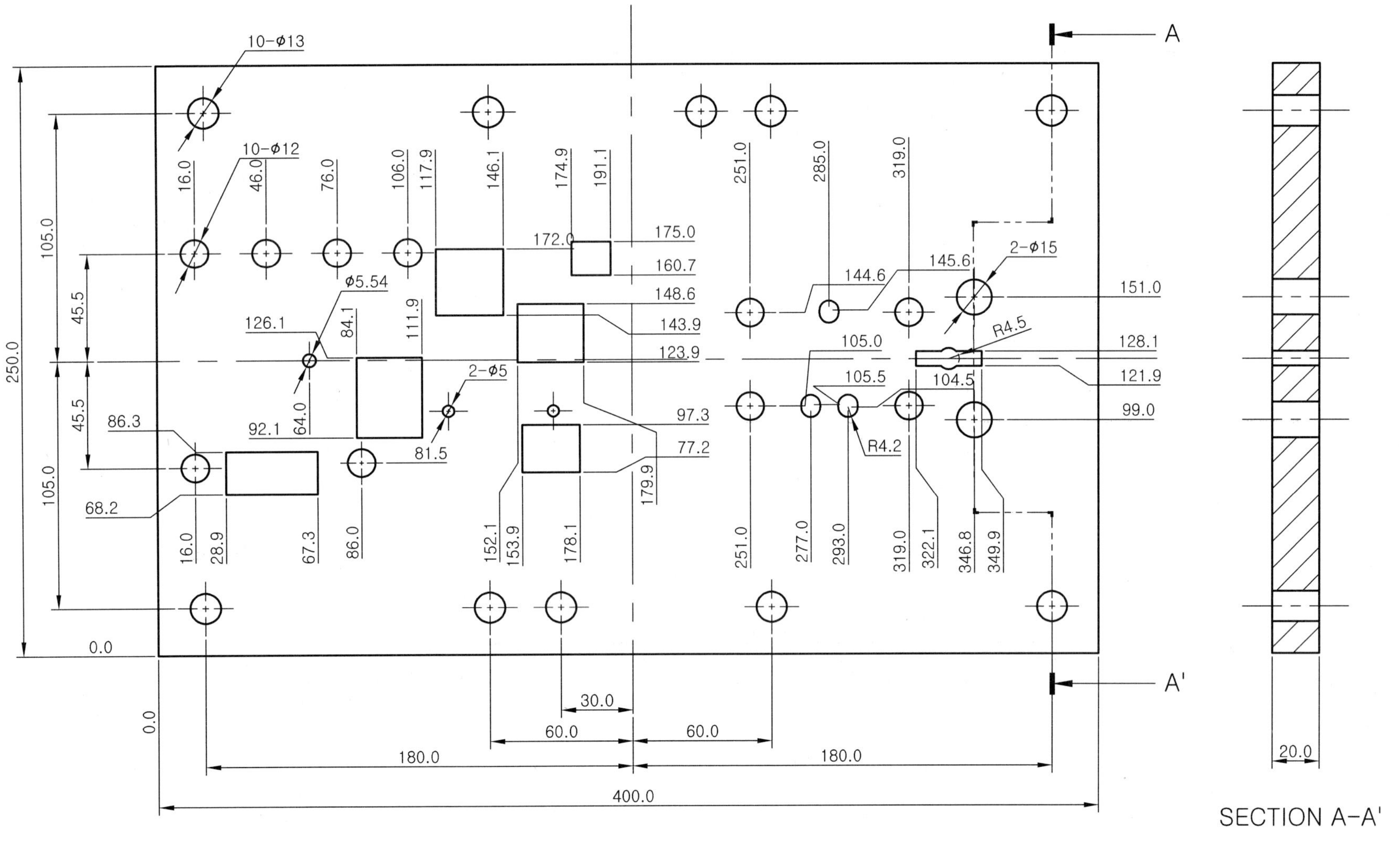

부품명	다이 받침판	척 도	NS

⑧ 하 홀더 x/▽ (y/▽)

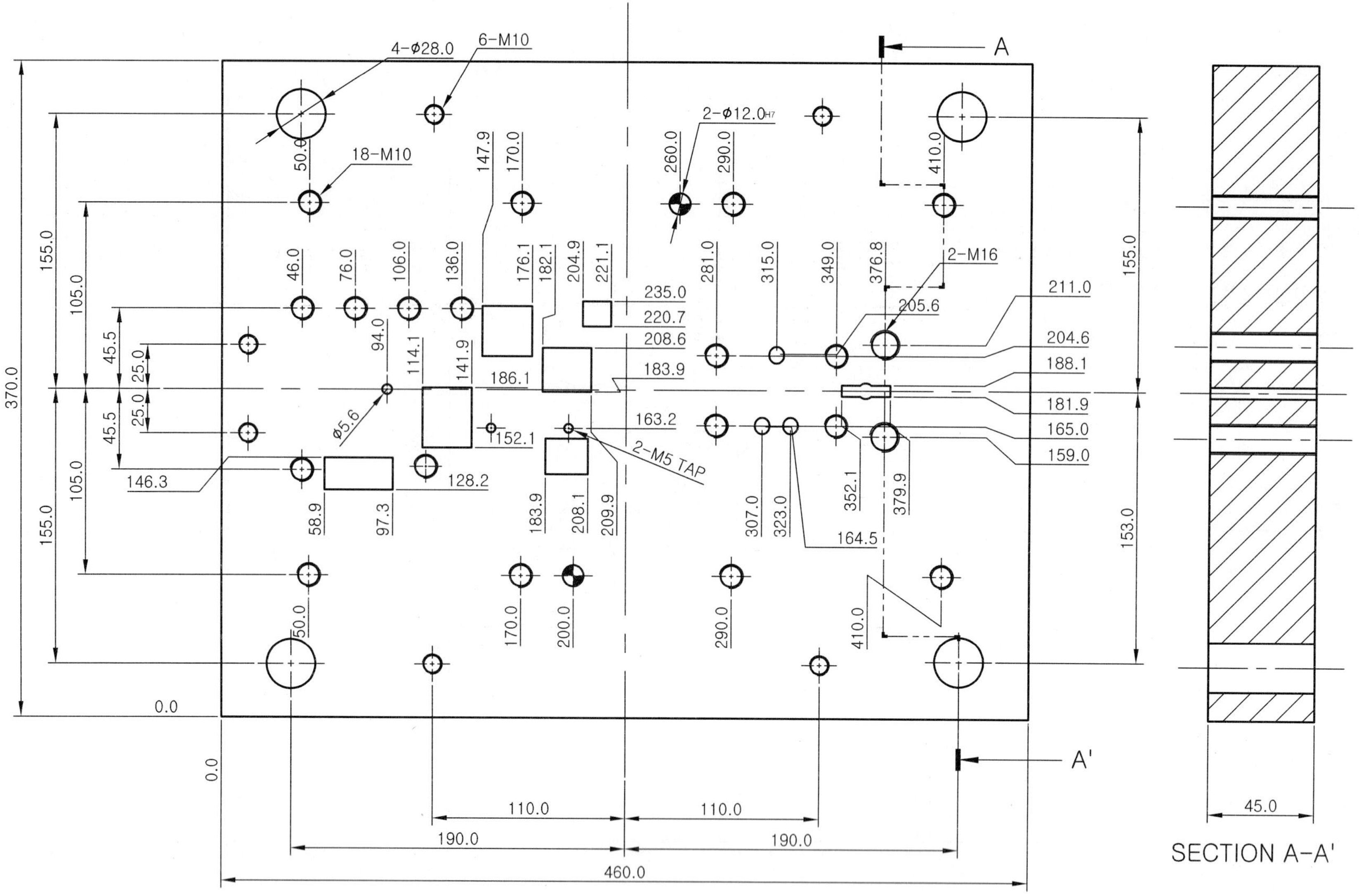

부품명	하 홀더	척 도	NS

⑨ 포밍펀치 x/∇ (y/∇)

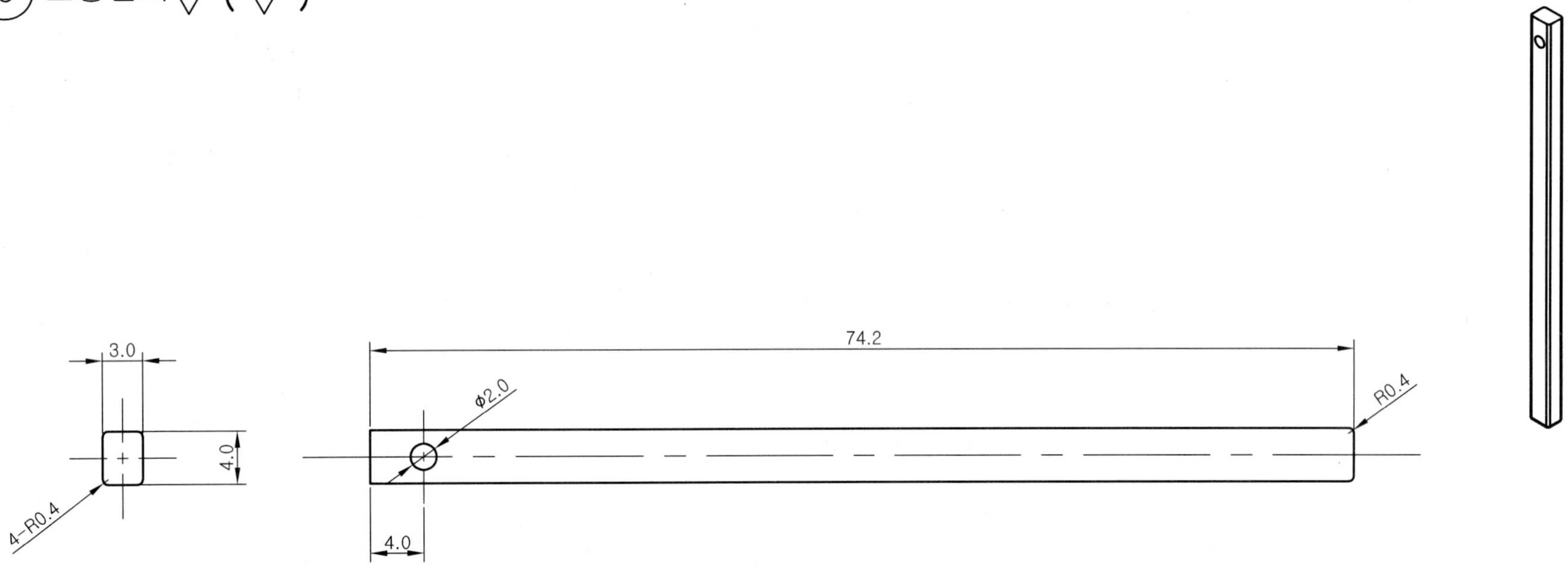

부품명	포밍 펀치	척 도	NS

⑩ 포밍다이편 $\overset{x}{\nabla}$ ($\overset{y}{\nabla}$)

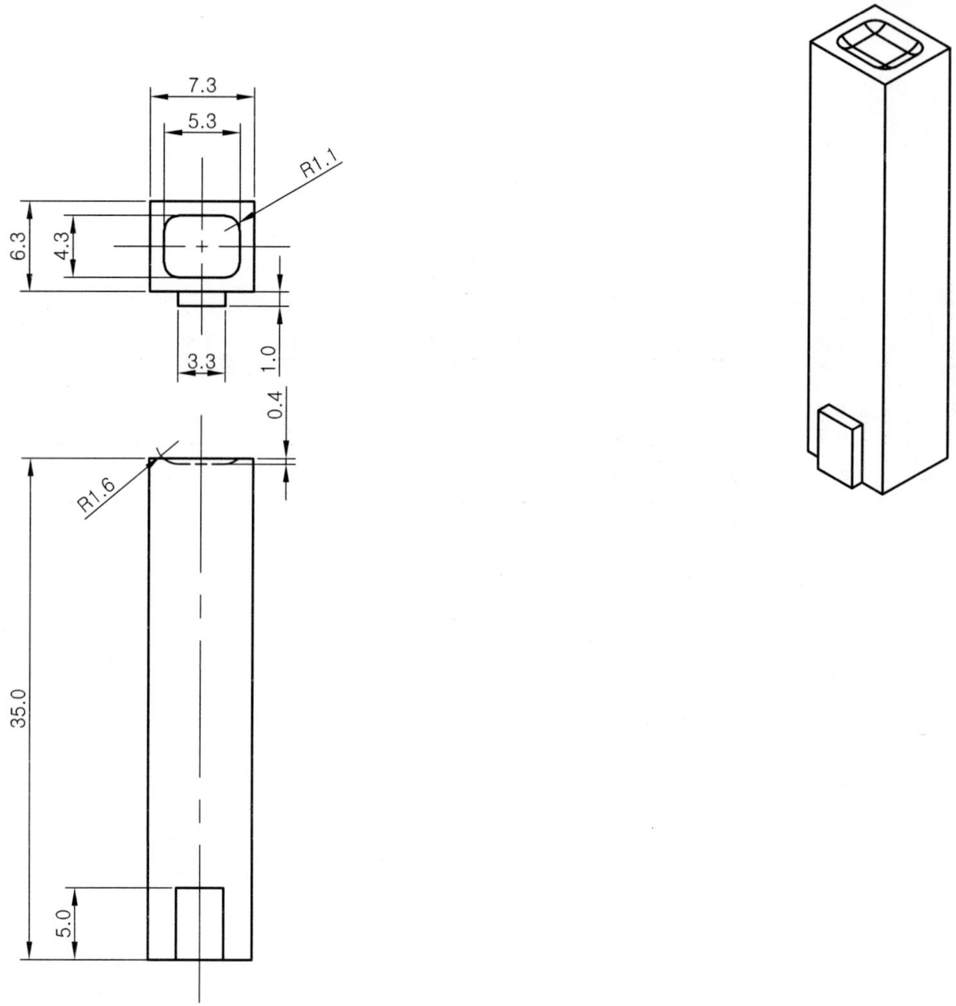

부품명	포밍다이편	척 도	NS

⑪ 사이드컷펀치 $\overset{x}{\nabla}$ ($\overset{y}{\nabla}$)

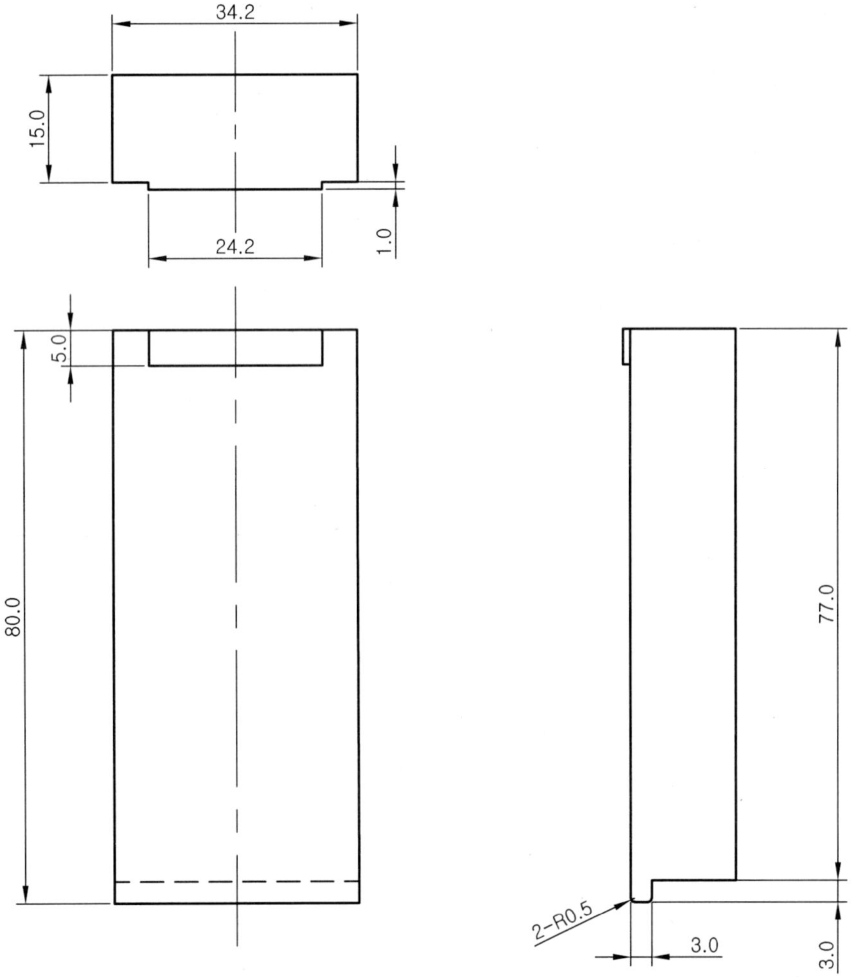

부품명	사이드컷펀치	척 도	NS

⑫ 피어싱펀치 x/ (y/)

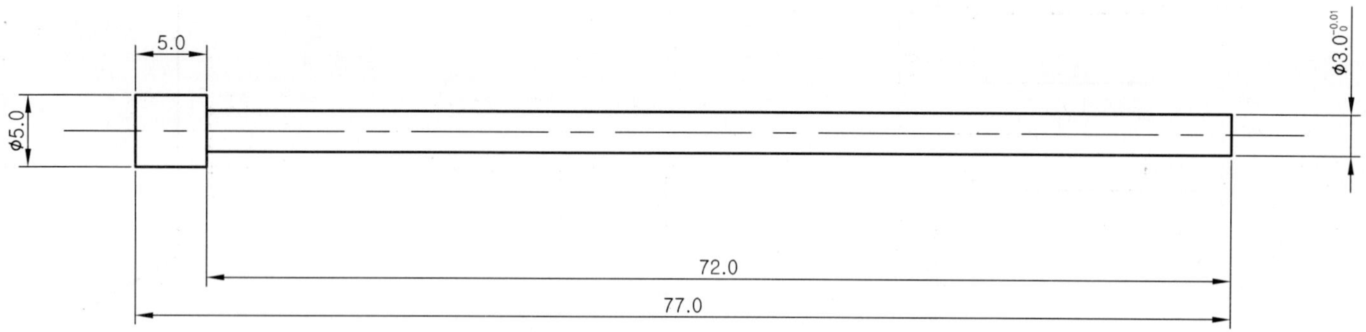

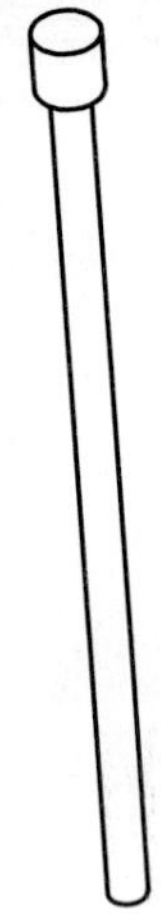

부품명	피어싱펀치	척 도	NS

⑬ 이형피어싱펀치 $\overset{x}{\bigtriangledown}$ ($\overset{y}{\bigtriangledown}$)

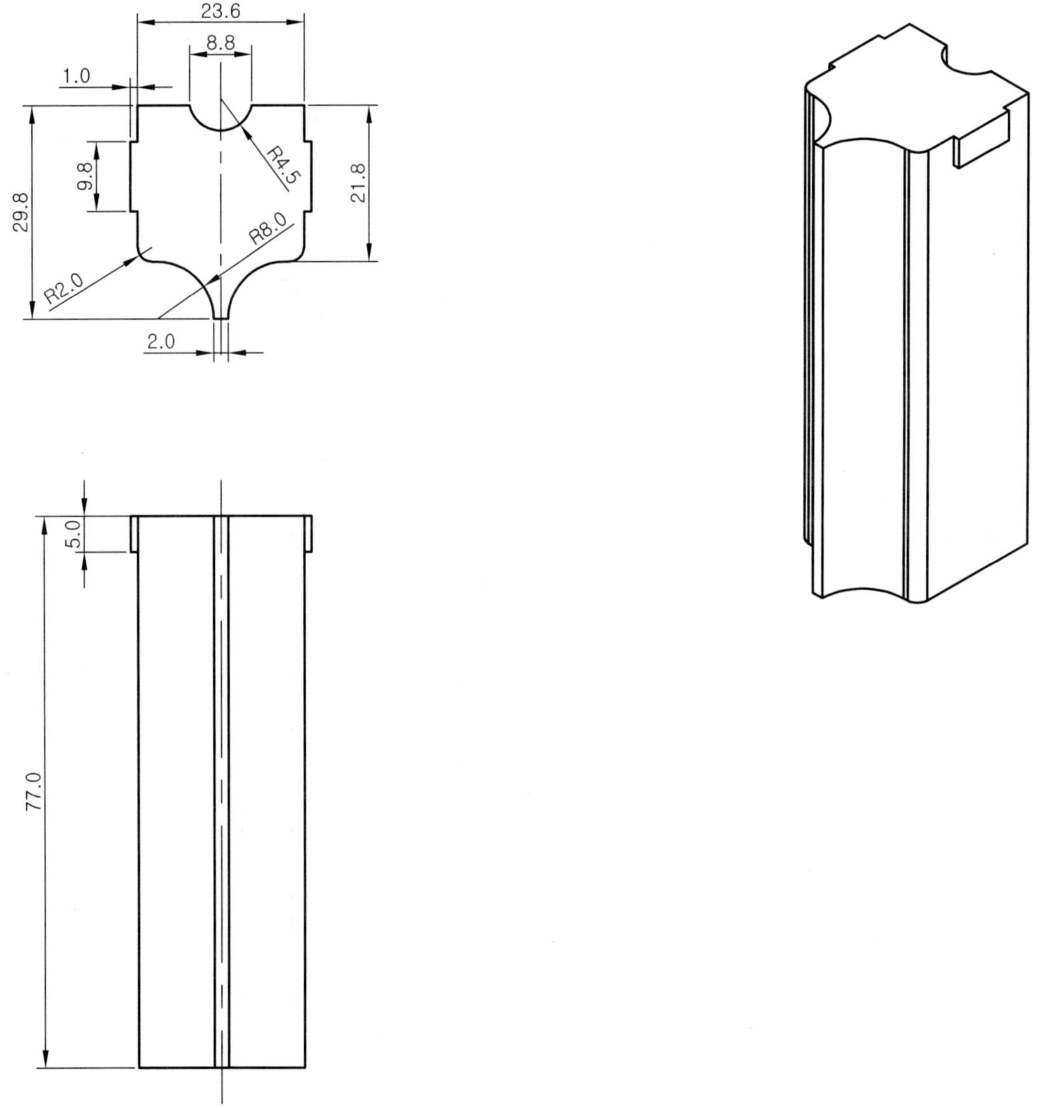

부품명	이형피어싱펀치	척 도	NS

⑭ 노칭펀치 $\overset{x}{\nabla}$ ($\overset{y}{\nabla}$)

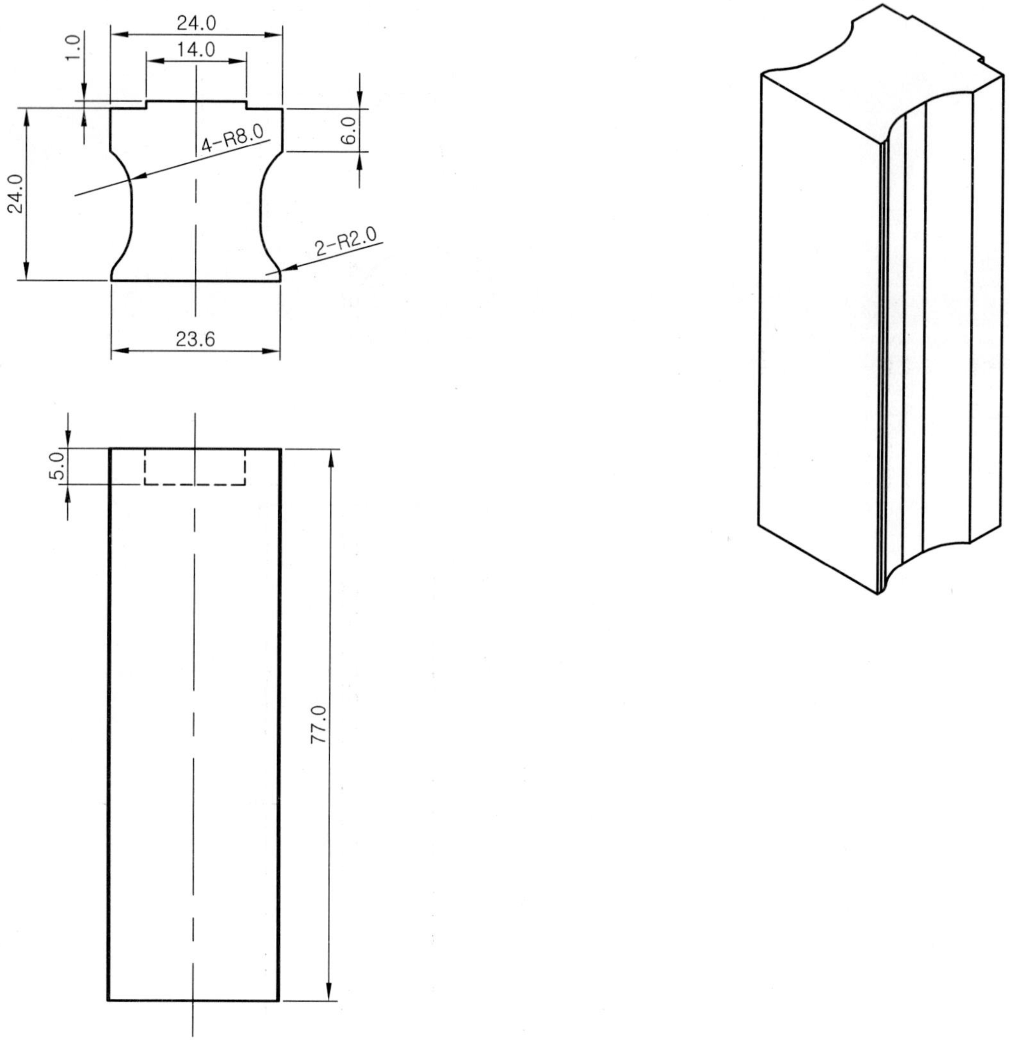

부품명	노칭펀치	척 도	NS

⑮ 노칭펀치 $\overset{x}{\bigtriangledown}$ ($\overset{y}{\bigtriangledown}$)

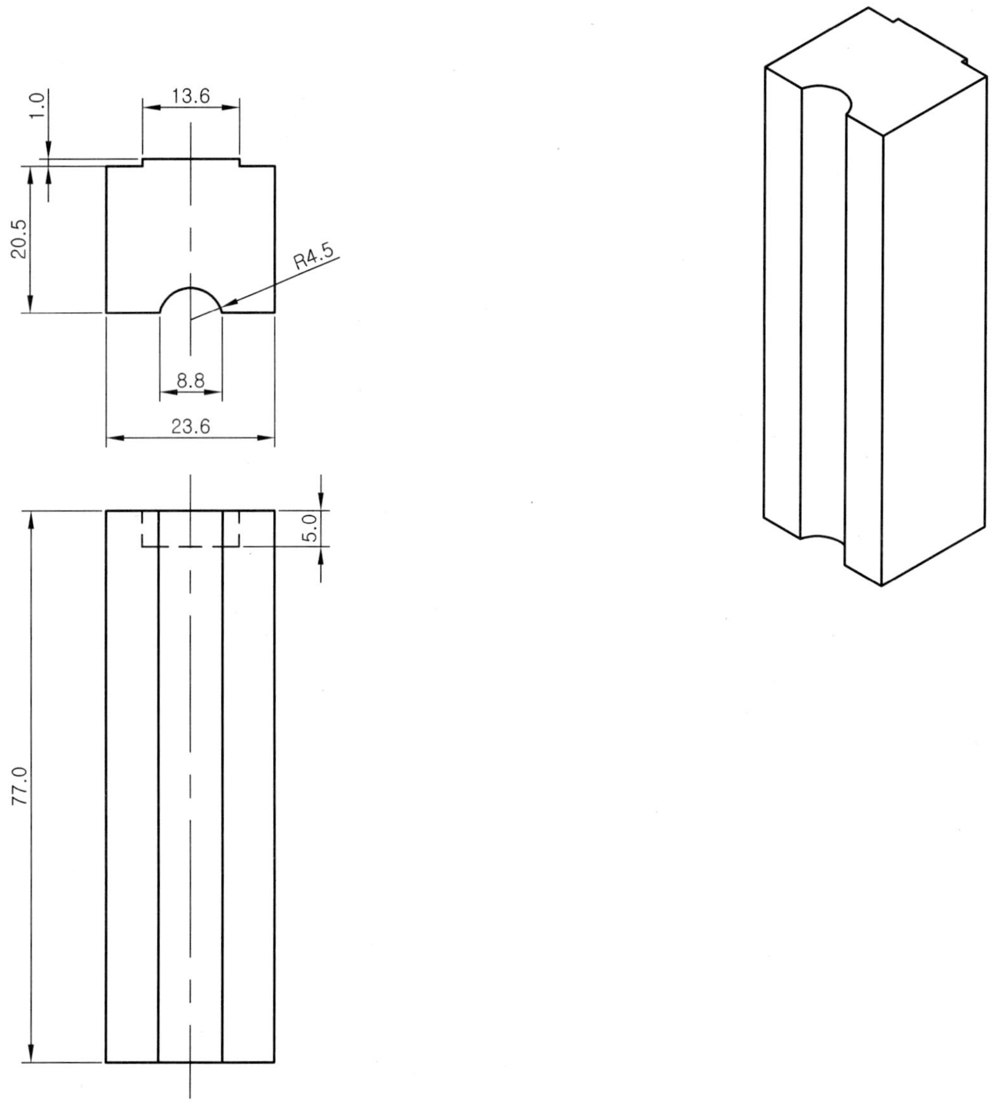

부품명	노칭펀치	척 도	NS

⑯ 노칭펀치 $\overset{x}{\bigtriangledown}$ ($\overset{y}{\bigtriangledown}$)

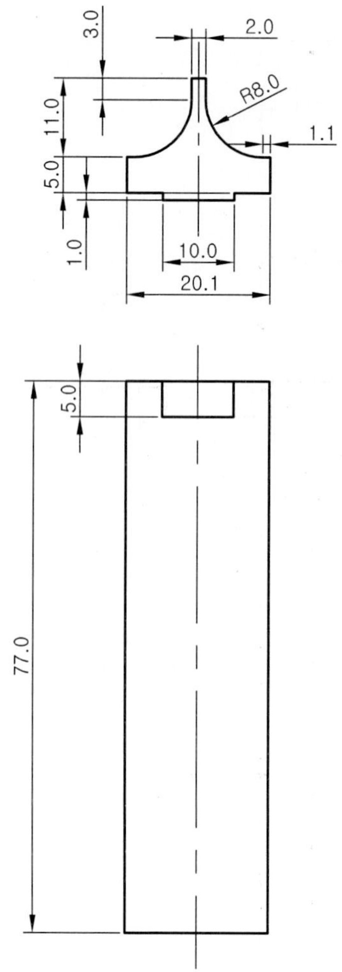

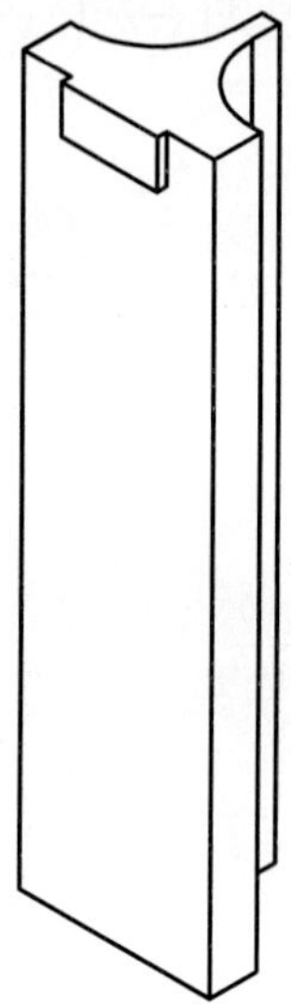

부품명	노칭펀치	척 도	NS

⑰ 노칭펀치 $\overset{x}{\bigtriangledown}$ ($\overset{y}{\bigtriangledown}$)

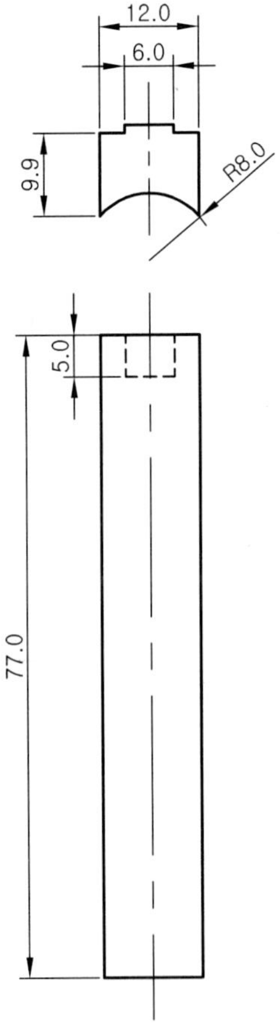

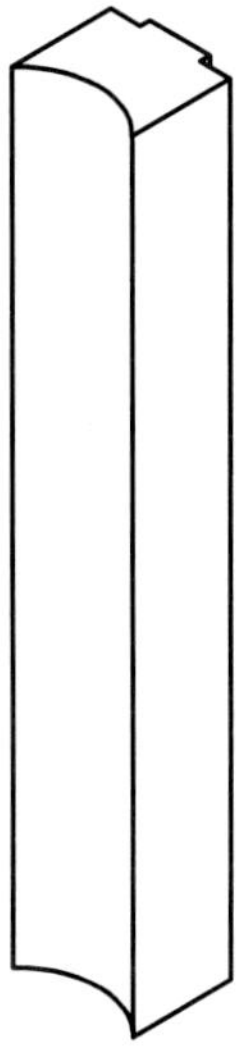

부품명	노칭펀치	척 도	NS

⑱ 벤딩펀치 $\overset{x}{\bigtriangledown}$/ ($\overset{y}{\bigtriangledown}$/)

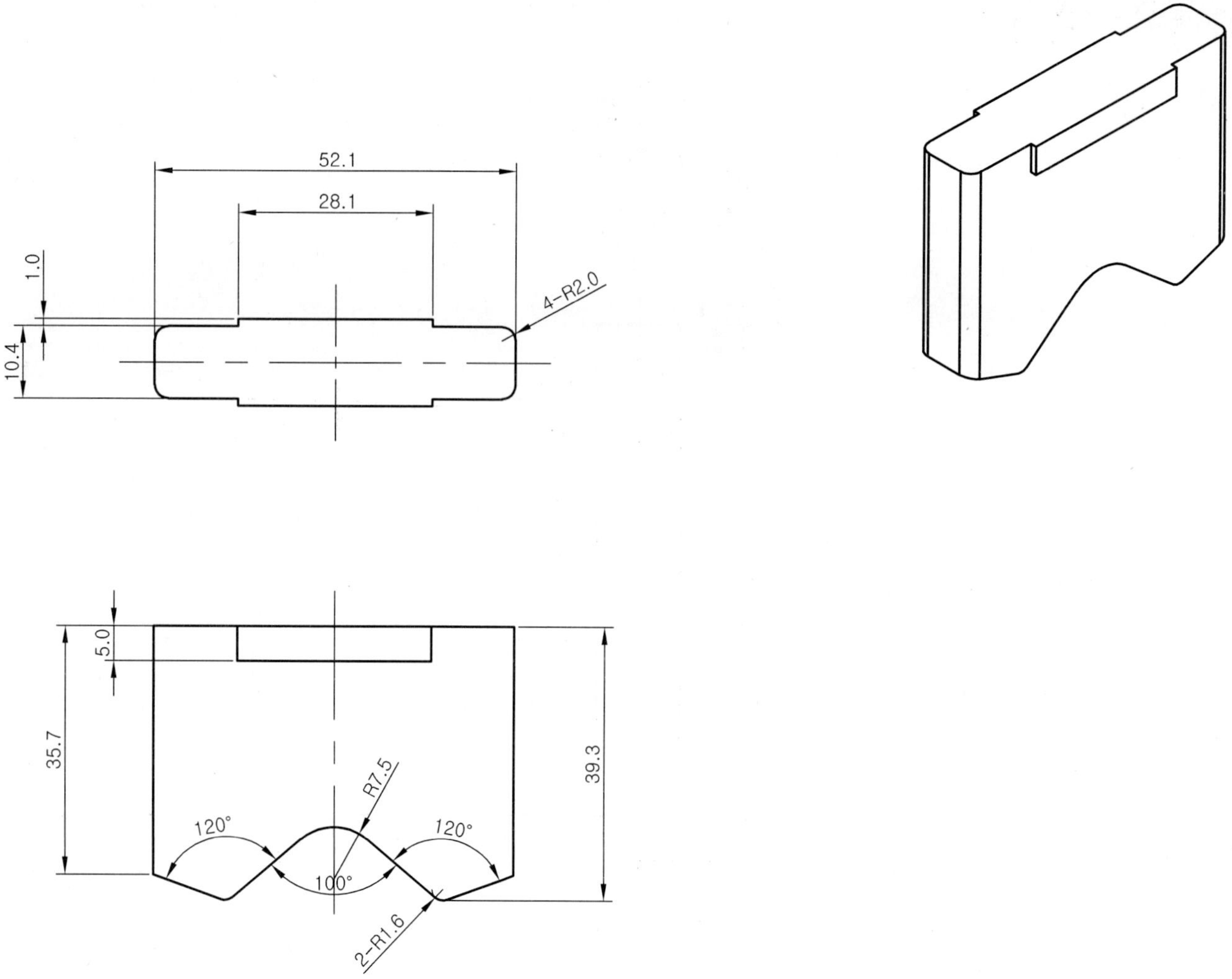

부품명	밴딩펀치	척 도	NS

⑲ 벤딩펀치 x/▽ (y/▽)

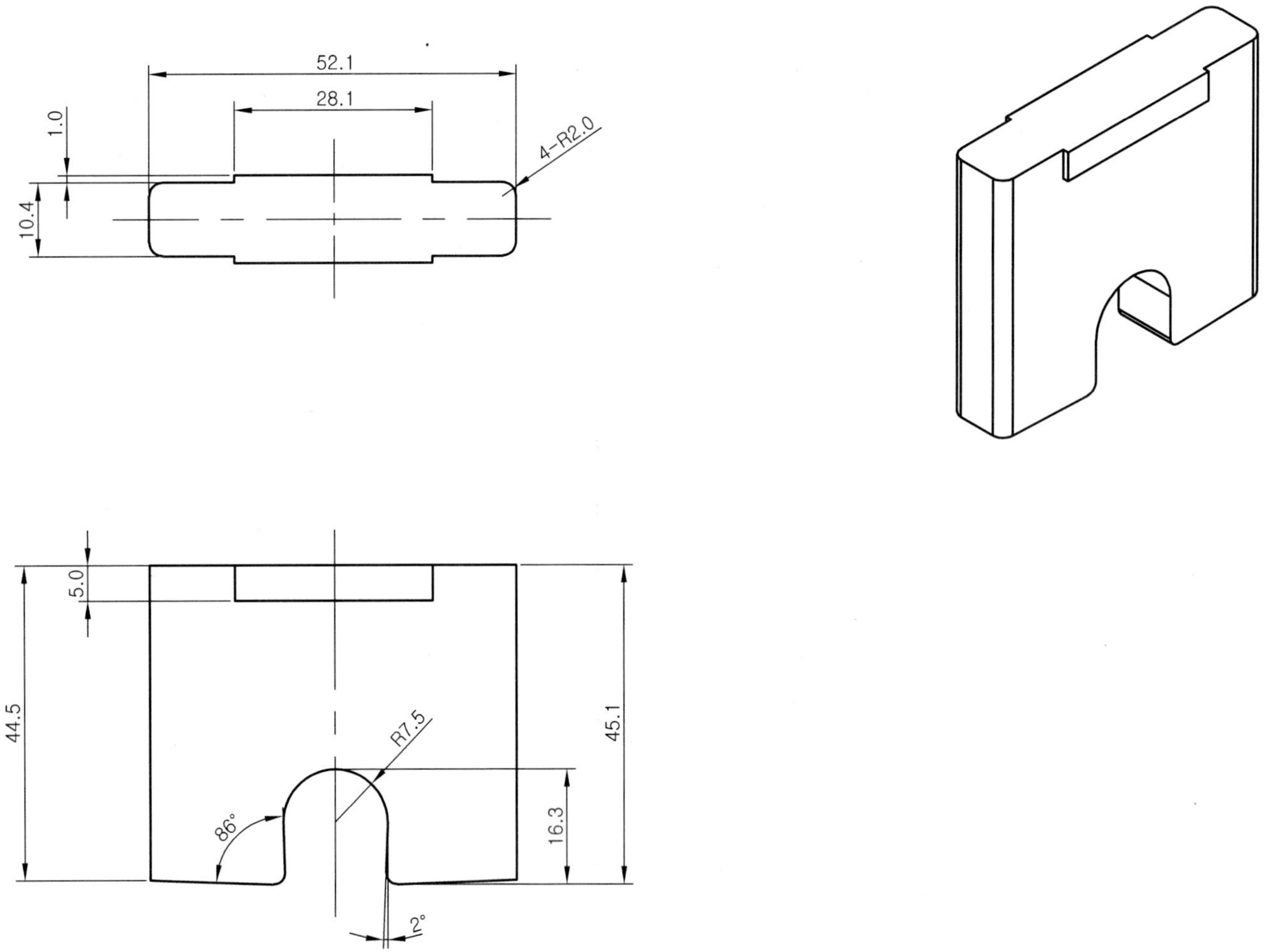

부품명	밴딩펀치	척 도	NS

⑳ 피어싱펀치 $\overset{x}{\bigtriangledown}$ ($\overset{y}{\bigtriangledown}$)

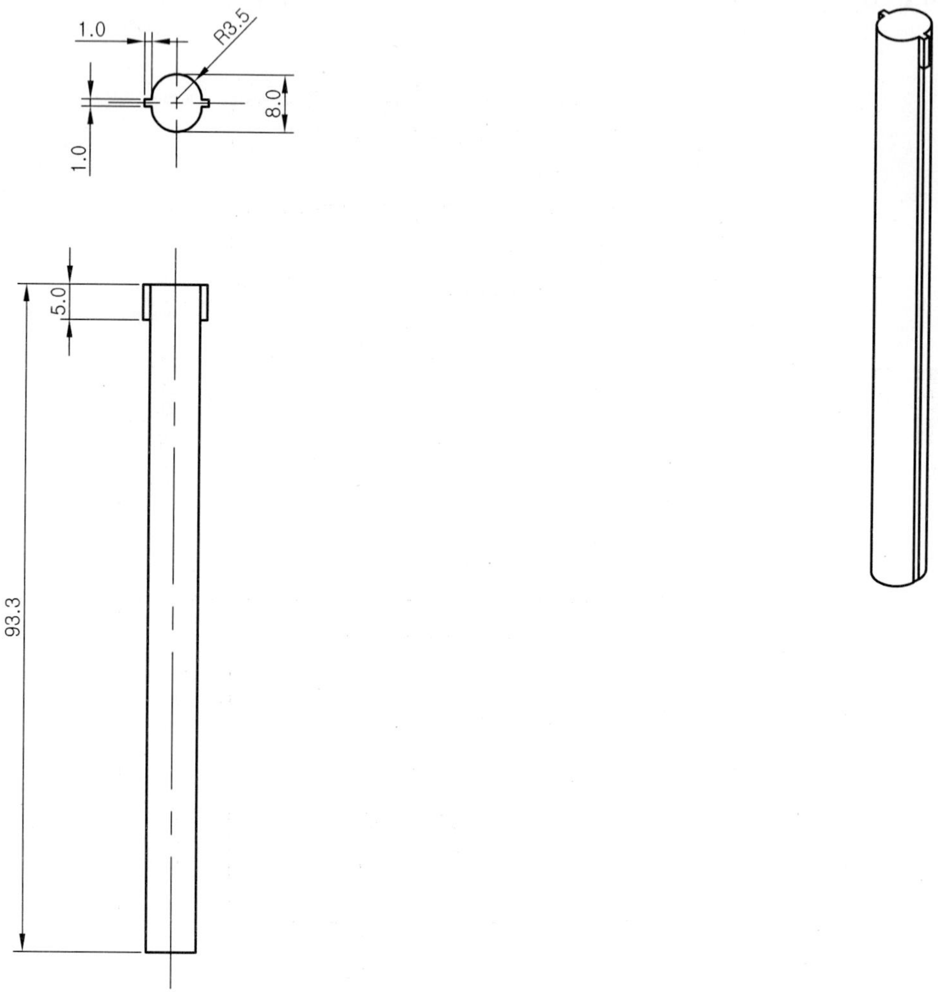

부품명	피어싱펀치	척 도	NS

(21) 파팅펀치 x/ (y/)

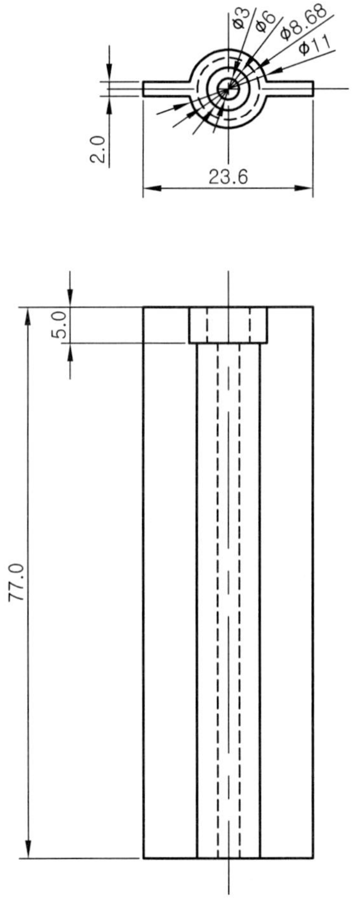

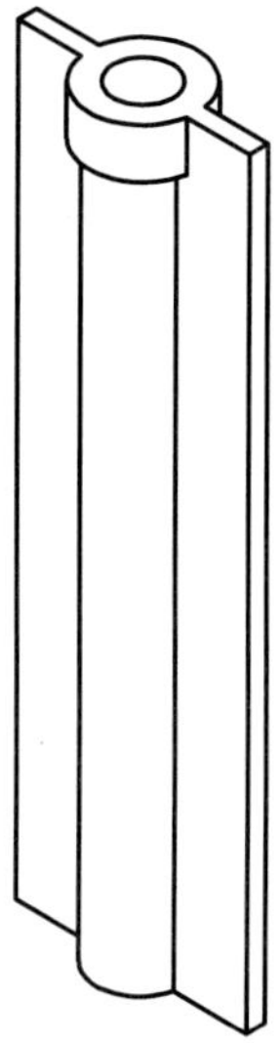

부품명	파팅펀치	척 도	NS

(22) 파일럿핀 $\overset{x}{\bigtriangledown}$ ($\overset{y}{\bigtriangledown}$)

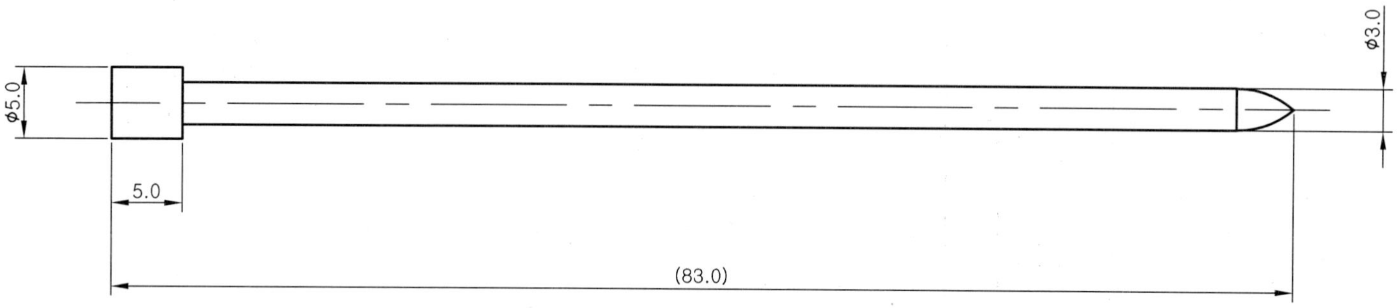

부품명	파일럿핀	척 도	NS

㉘ 가이드리프터핀 $\overset{x}{\bigtriangledown}$ ($\overset{y}{\bigtriangledown}$)

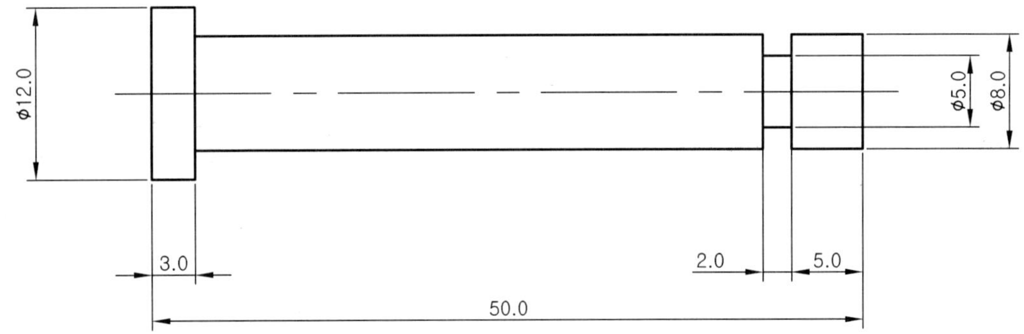

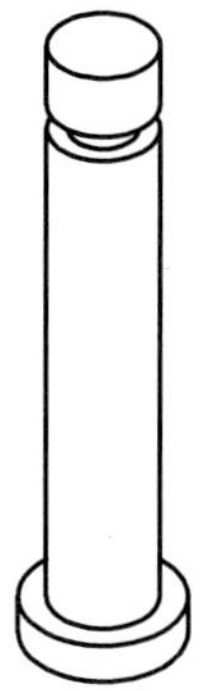

부품명	가이드리프터핀	척 도	NS

㊲ 가이드레일 $\overset{x}{\triangledown}$ ($\overset{y}{\triangledown}$)

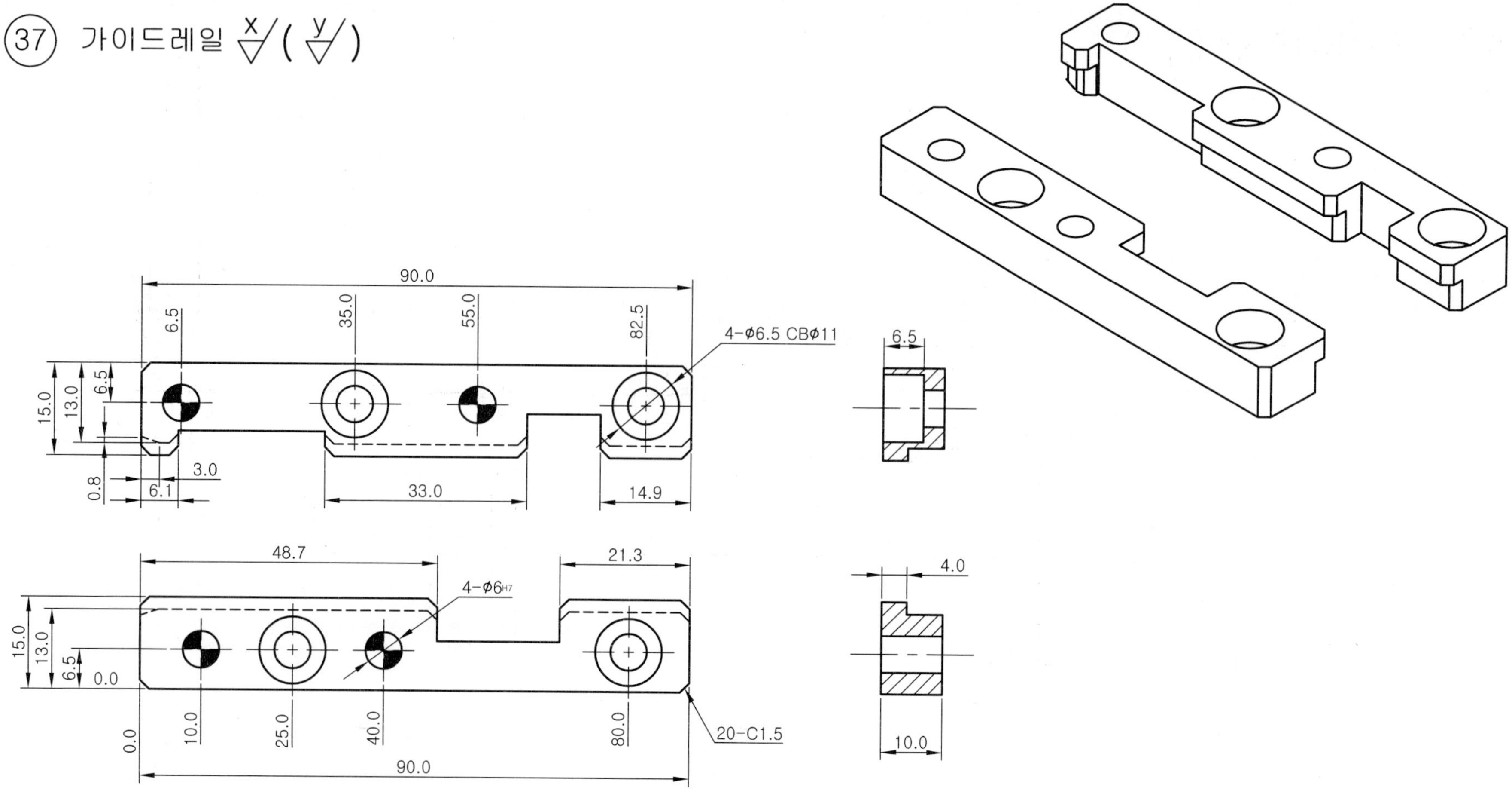

부품명	가이드레일	척 도	NS

㊵ 이젝터핀 $\overset{x}{\nabla}$/ ($\overset{y}{\nabla}$/)

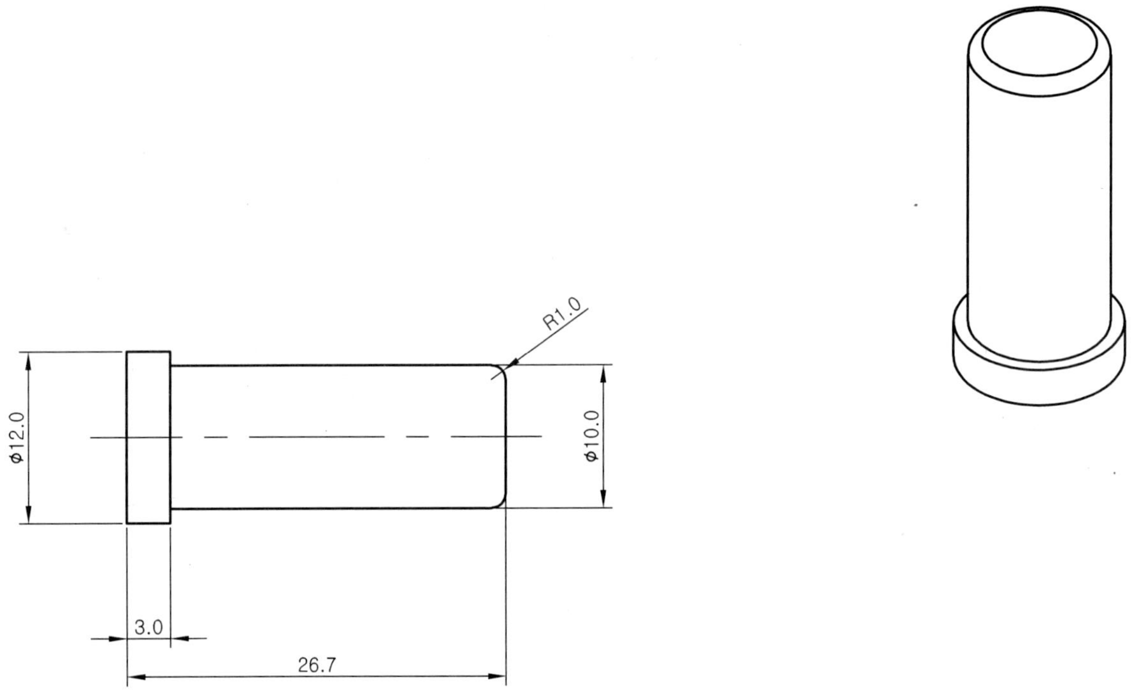

부품명	이젝터핀	척 도	NS

(43) 다이블록 $\overset{x}{\nabla}$ ($\overset{y}{\nabla}$)

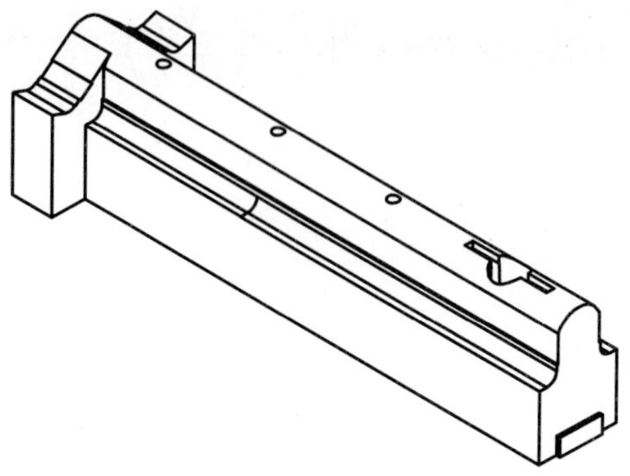

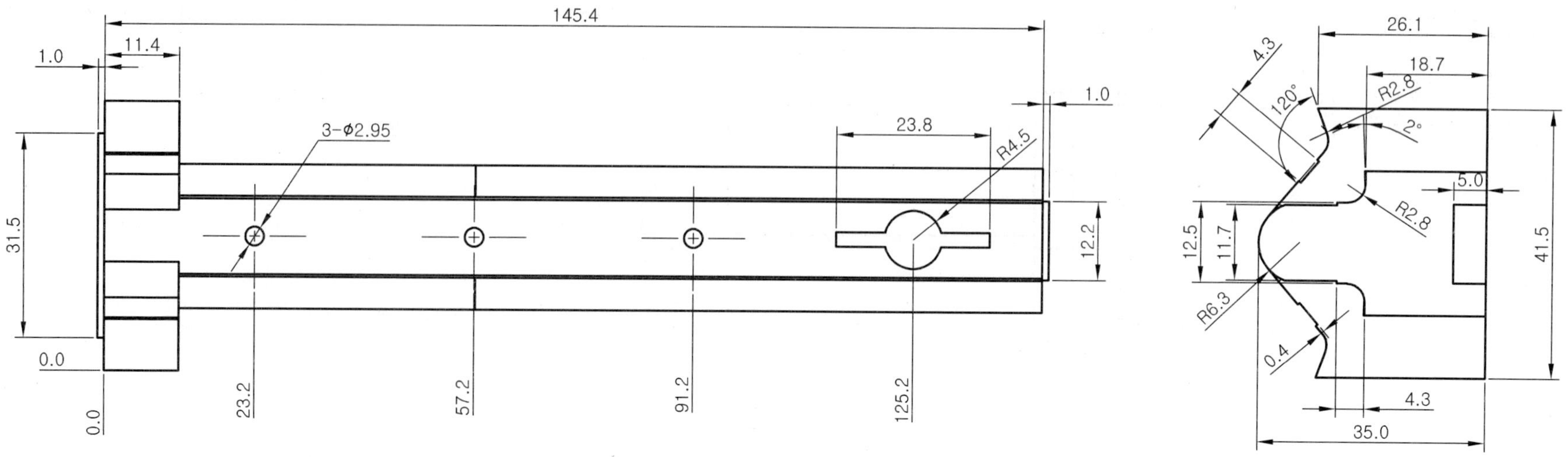

부품명	다이블록	척 도	NS

(44) 피어싱펀치안내편 x/▽ (y/▽)

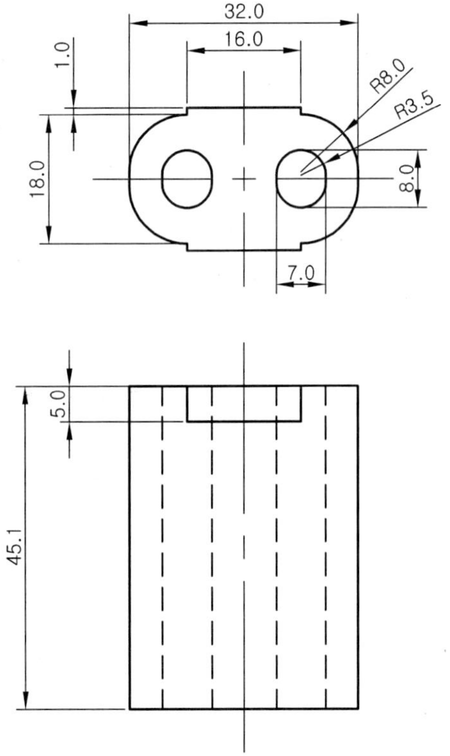

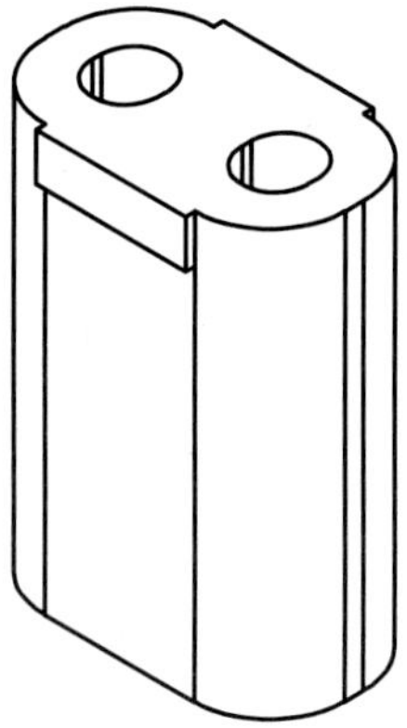

부품명	피어싱펀치안내편	척 도	NS

(45) 피어싱펀치안내편 $\overset{x}{\triangledown}$ ($\overset{y}{\triangledown}$)

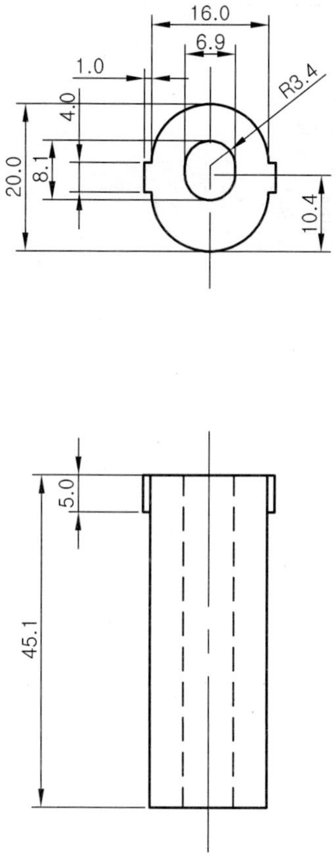

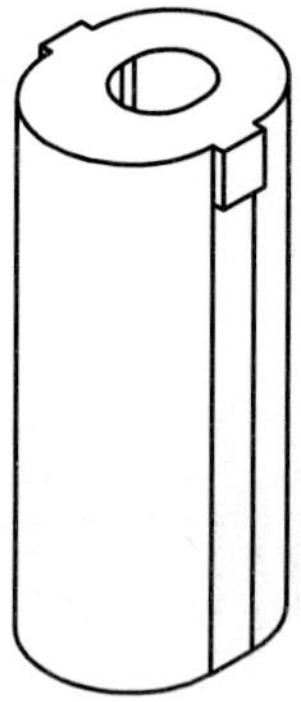

부품명	피어싱펀치안내편	척 도	NS

㊻ 블록리프터 $\overset{x}{\nabla}$($\overset{y}{\nabla}$)

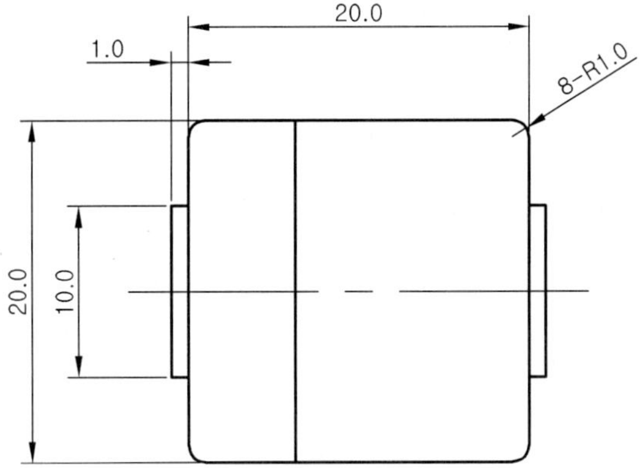

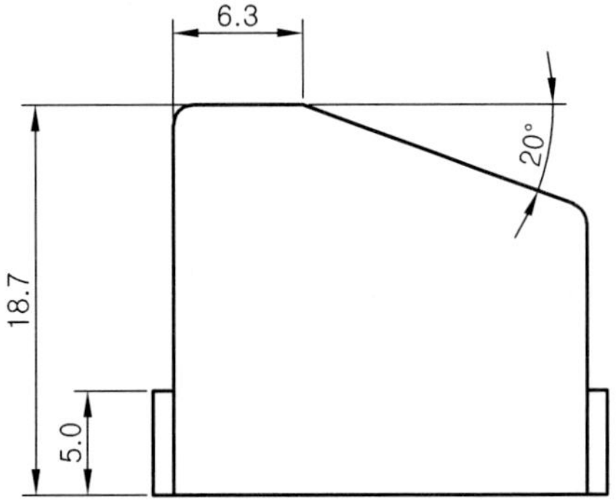

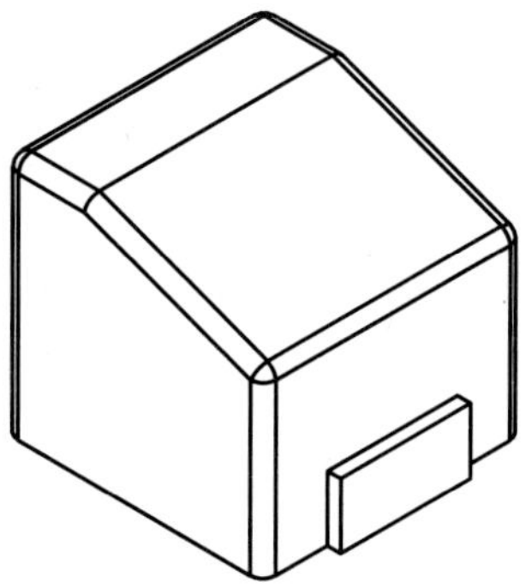

부품명	블록리프터	척 도	NS

㊾ 소재안내판 $\overset{x}{\bigtriangledown}$ ($\overset{y}{\bigtriangledown}$)

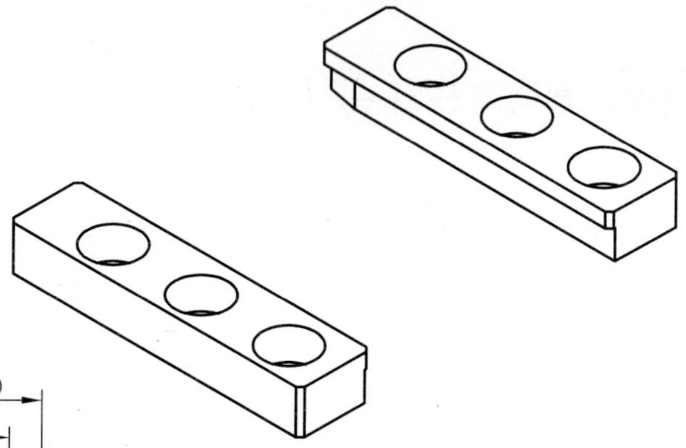

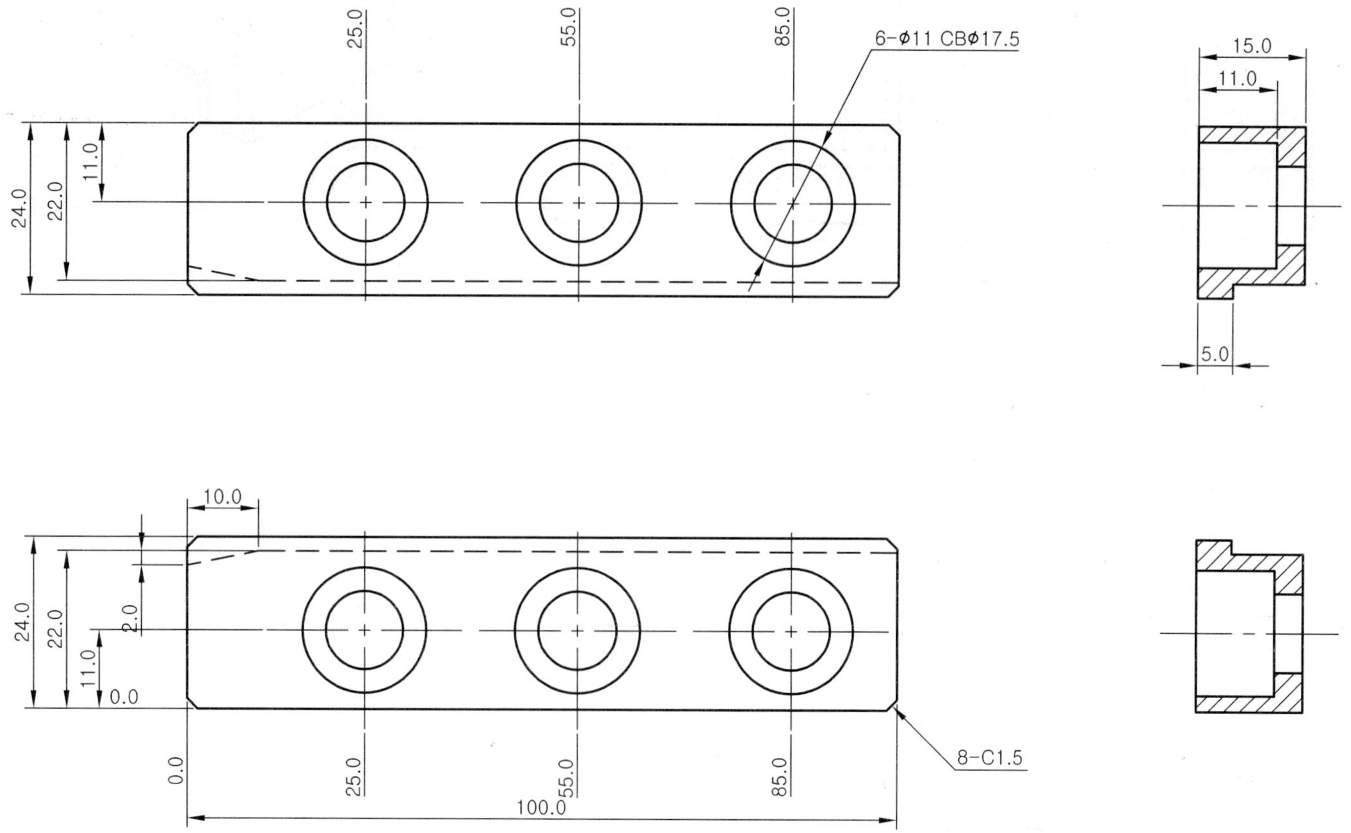

부품명	소재안내판	척 도	NS

(50) 소재안내받침판

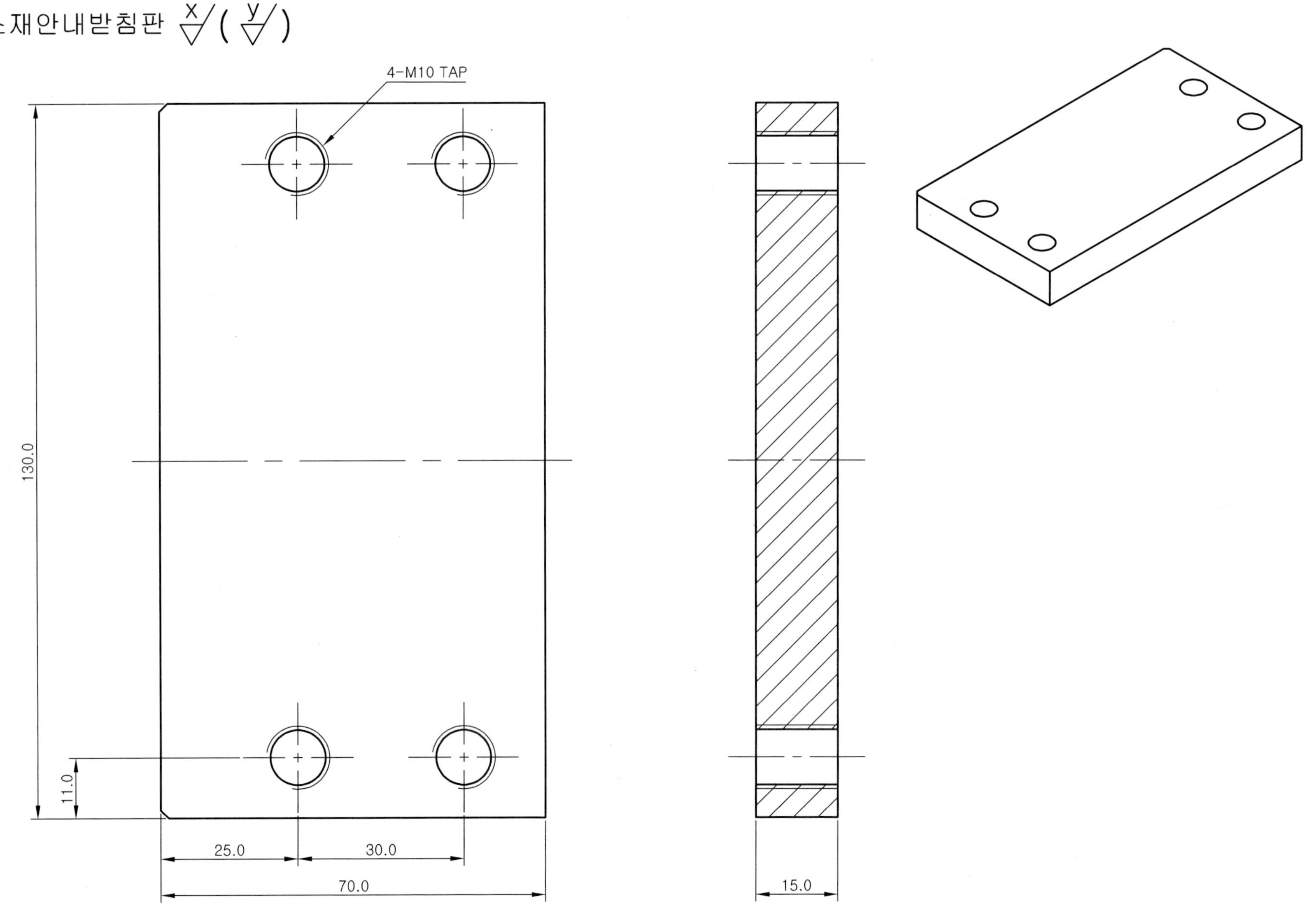

부품명	소재안내받침판	척 도	NS

51 소재안내받침판 x/(y/)

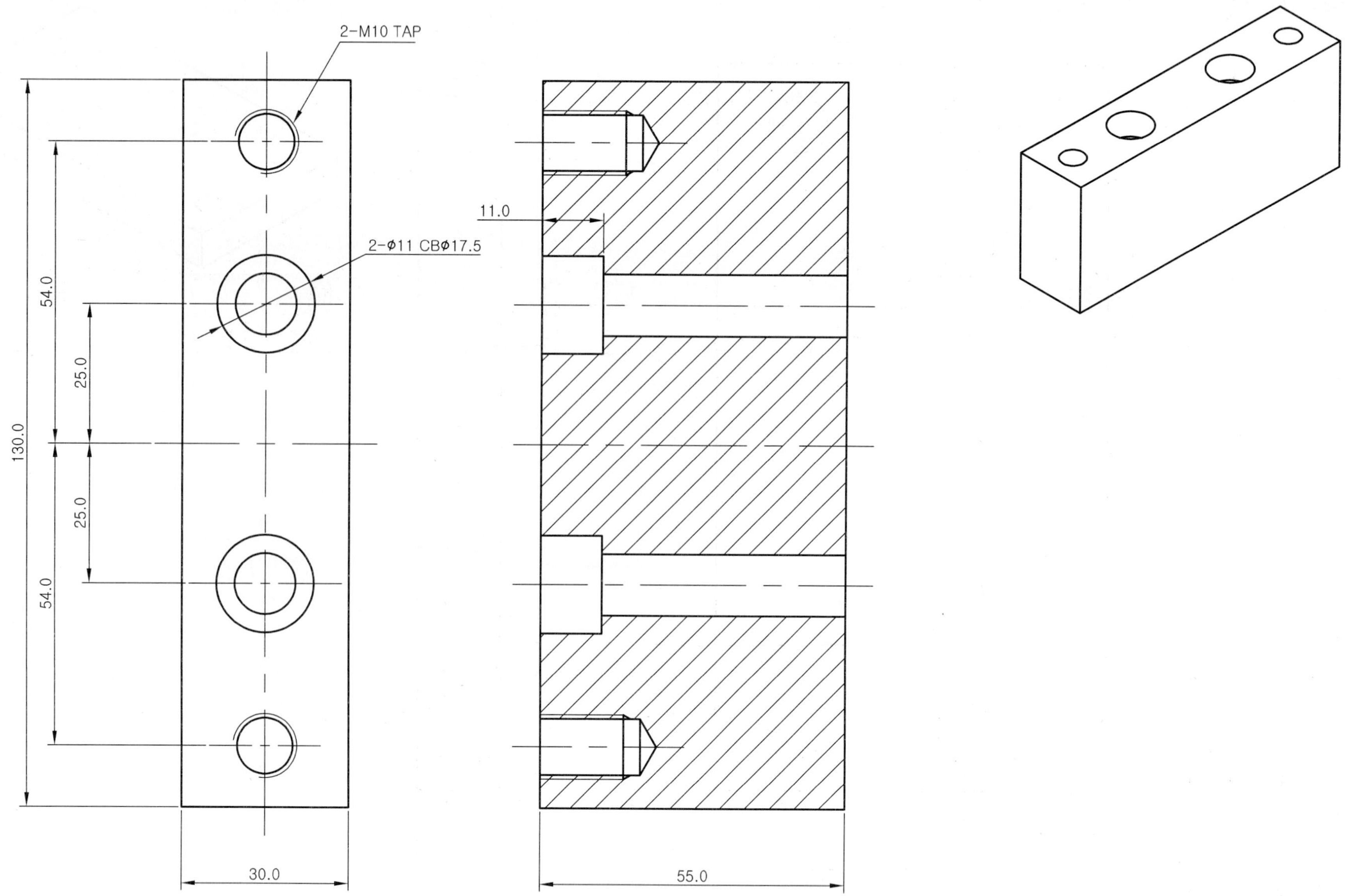

부품명	소재안내받침판	척 도	NS

54 블록리프터 x/ (y/)

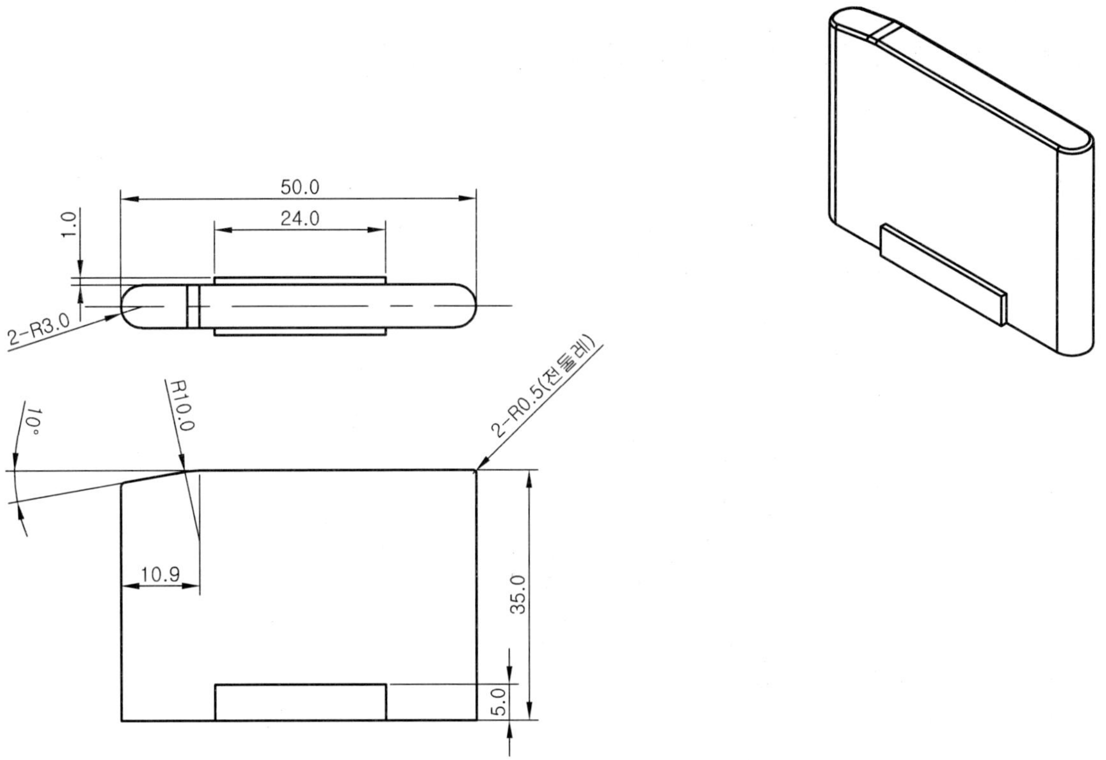

부품명	블록리프터	척 도	NS

4.5 Progressive-die(Clip)

▮ 요구사항

1) 제품도 및 3차원 Solid model 이용하여 설계한다.
2) 판재 정보 : 두께 0.8 mm, 냉간압연강판
3) 금형 타입 : 프로그레시브 다이
4) 다이셋트 : 다이셋트는 설계자가 정할 것.
5) 소재 이송 : 소재 이송은 좌측에서 우측으로 롤 피더를 사용하여 자동 이송하고 사이드 컷 공정은 필히 사용할 것.
6) 클리어런스 : 클리어런스는 재료 두께의 10%(편측)을 적용하여 설계할 것.
7) Lay-out 7-1) Strip Lay-Out 배열은 1열 1개 생산 가능토록 할 것.
   7-2) Strip Lay-Out을 설계하고 제품전개치수, 피치, 재료폭, 포밍 등을 표기할 것.
   7-3) 작업 공정별 명칭을 필히 기입하고 Scrap은 최소화 할 것.
8) 파일럿 방식은 스트리퍼 고정방식으로 설계할 것.
9) 판재 휨으로 인한 대책 마련할 것
10) 피어싱 가공 : 벤딩을 감안하여 요구치수를 만족할 것.
11) 성형가공 : 스프링백량을 감안한 벤딩구조와 버링 후 다이에서 빠짐이 원활한 구조
12) 부품도 : 공정의 부품도는 전체 12개 이상 설계할 것.
13) 조립도 단면도 : 상형과 하형을 결합된 상태로 설계
14) 스트리퍼 14-1) 스트리퍼는 가동스트리퍼 타입으로 설계할 것.
    14-2) 스트리퍼 가이드 포스트 및 부시는 주어진 규격집을 활용할 것.
15) 기타 지시하지 않은 사항들은 KS제도법에 준하여 설계

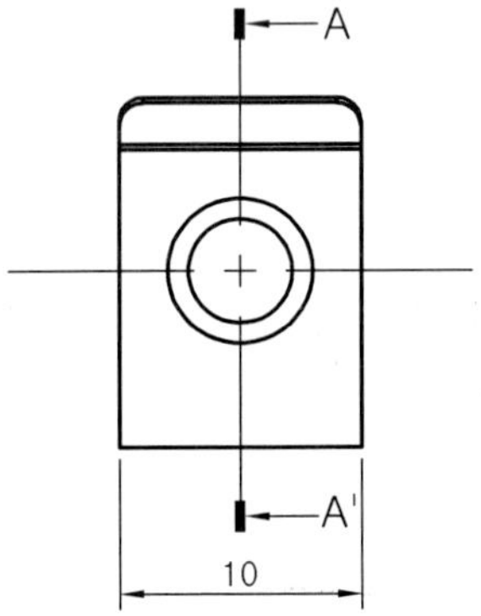

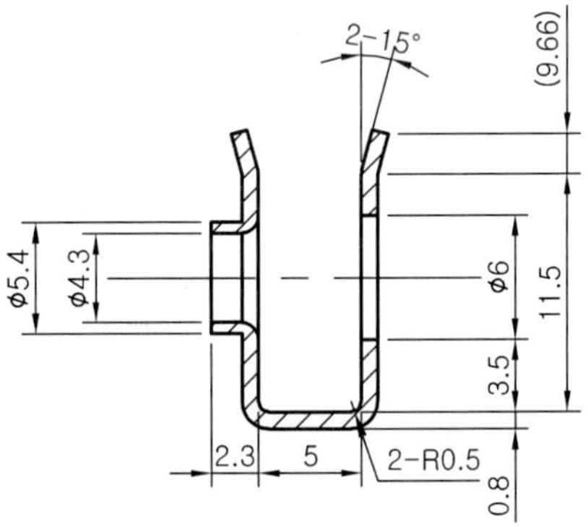

SECTION A-A'

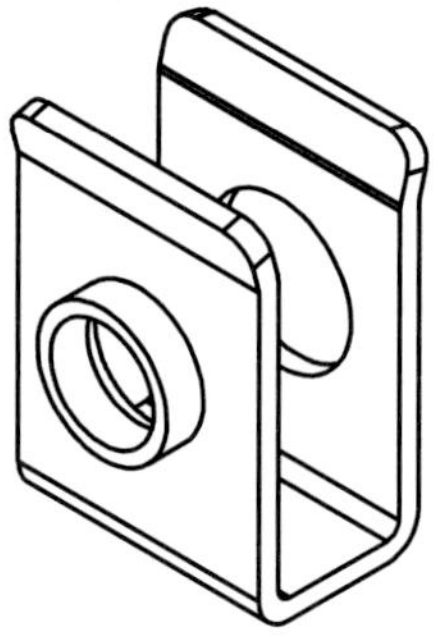

주서

1. 소재 두께 : 0.8mm
2. 금형 타입 : 프로그래시브 다이
3. 소재 이송 : 좌측에서 우측으로 롤 피더 사용
4. 클리어런스 : 재료 두께의 10%(편측)
5. 스프링 백량을 감안한 밴딩 구조 적용

제품명	clip	척 도	NS

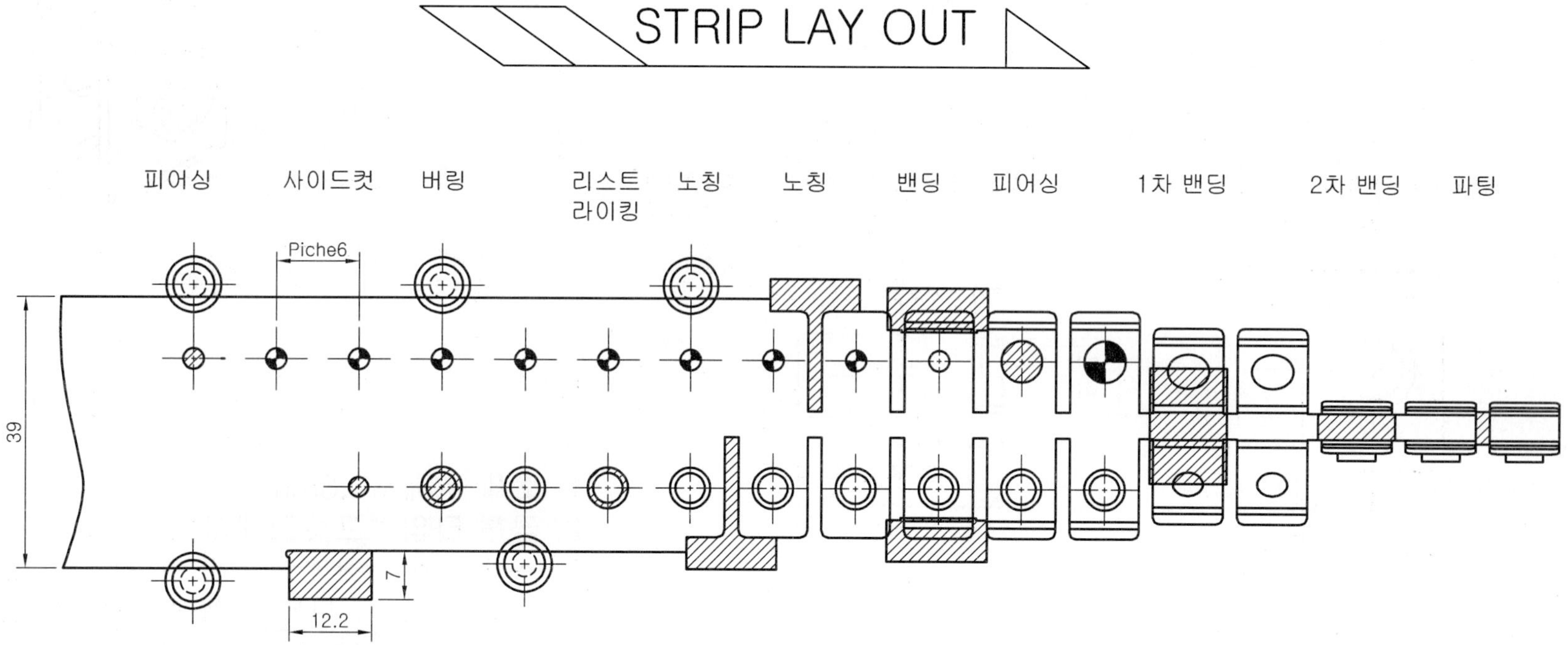
STRIP LAY OUT
피어싱
사이드컷
버링
리스트
라이킹
노칭
노칭
밴딩
피어싱
1차 밴딩
2차 밴딩
파팅
Piche6
39
7
12.2

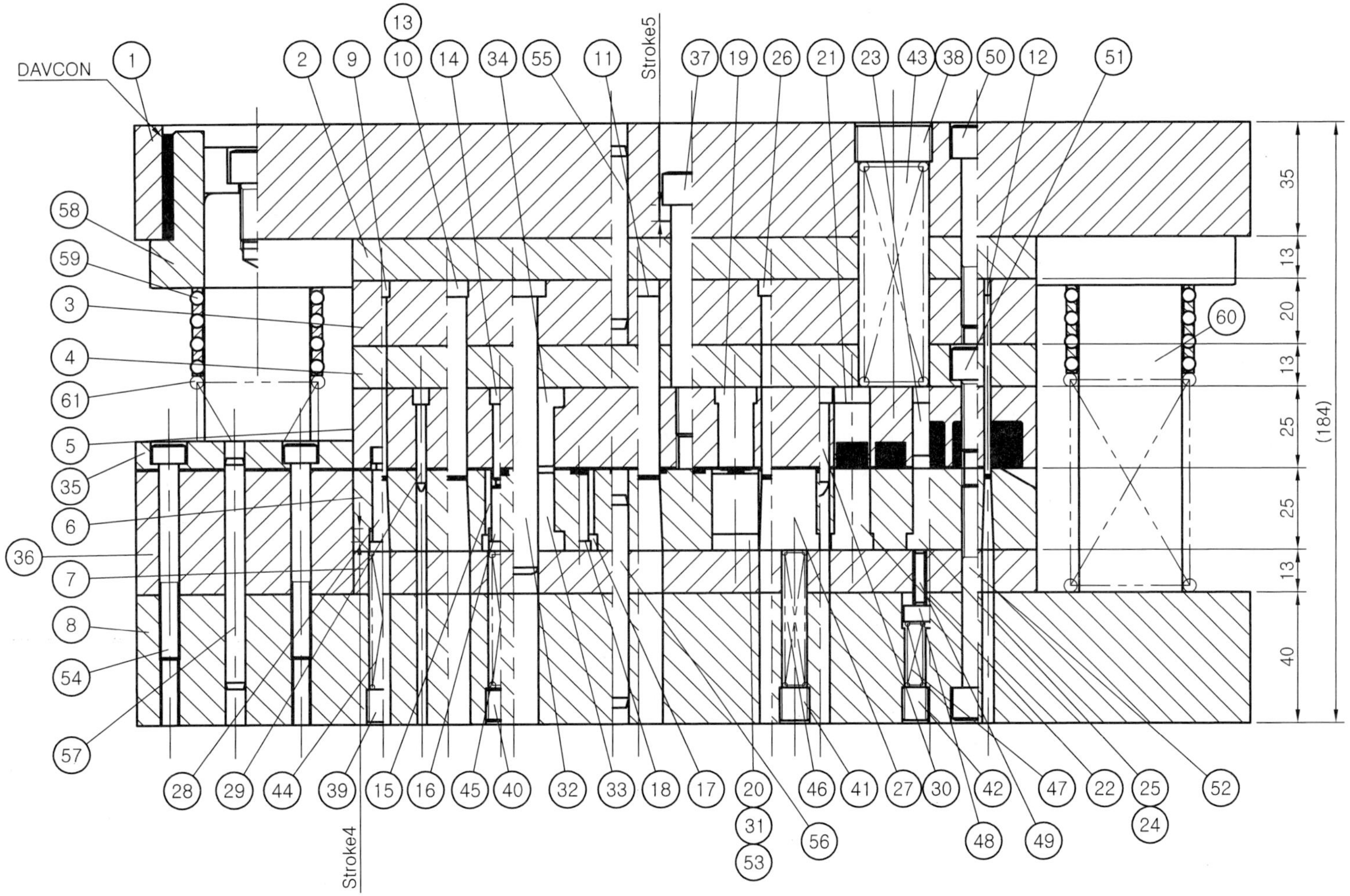

품 번	품 명	재 질	수 량	비 고
30	2차 파일럿 핀	STD 11	1	HRC55
29	1차 파일럿 핀	STD 11	8	HRC55
28	가이드 리프터 핀	STD 11	5	HRC55
27	블록 이젝터	STC 4	1	HRC55
26	피어싱 펀치	STD 11	6	HRC55
25	2차 밴딩 패드	STD 11	9	HRC55
24	2차 밴딩 다이	STD 11	2	HRC55
23	2차 밴딩 펀치	STD 11	1	HRC55
22	1차 밴딩 다이	STD 11	1	HRC55
21	1차 밴딩 펀치	STD 11	1	HRC55
20	밴딩 다이	STD 11	2	HRC55
19	밴딩 펀치	STD 11	2	HRC55
18	리스트라이킹 심봉	STD 11	1	HRC55
17	리스트라이킹 다이	STD 11	1	HRC55
16	버링 심봉	STD 11	1	HRC55
15	버링 다이	STD 11	1	HRC55
14	버링 펀치	STD 11	1	HRC55
13	버링 애벌 펀치	STD 11	1	HRC55
12	파팅 펀치	STD 11	1	HRC55
11	노칭 펀치	STD 11	2	HRC55
10	사이드 컷 펀치	STD 11	1	HRC55
9	피어싱 펀치	STD 11	1	HRC55
8	하홀더	SM 45C	1	
7	다이 받침판	STD 11	1	HRC60
6	다이	STD 11	1	
5	스트리퍼	STD 11	1	
4	압축판	STD 11	1	HRC60
3	펀치 고정판	STD 11	1	
2	펀치 받침판	STD 11	1	HRC60
1	상홀더	SM 45C	1	

progressive-die (clip)	척 도	N.S
	각 법	3각법

① 상홀더 $\overset{x}{\bigtriangledown}$/($\overset{y}{\bigtriangledown}$/)

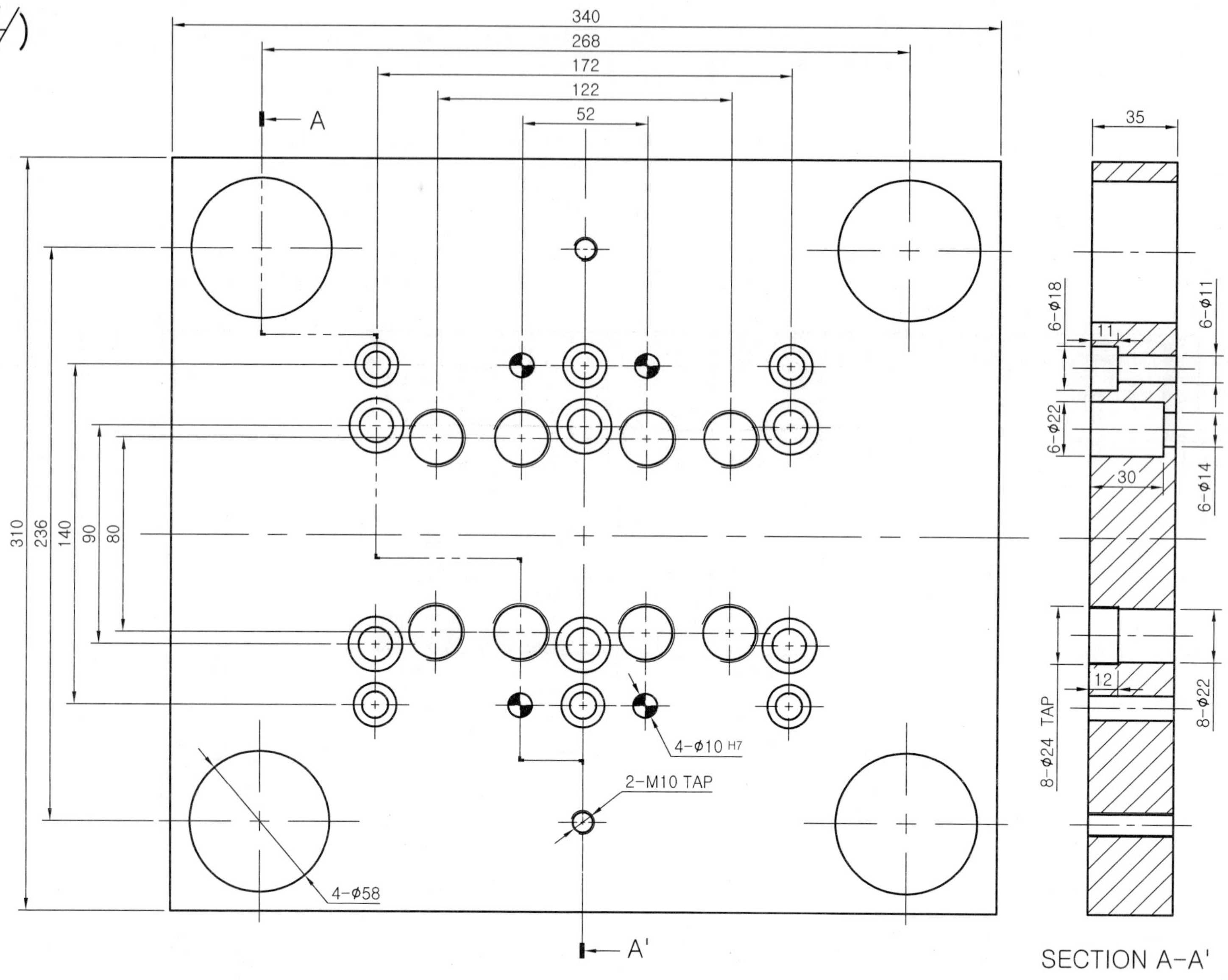

부품명	상홀더	척 도	NS

② 펀치 받침판 x/(y/)

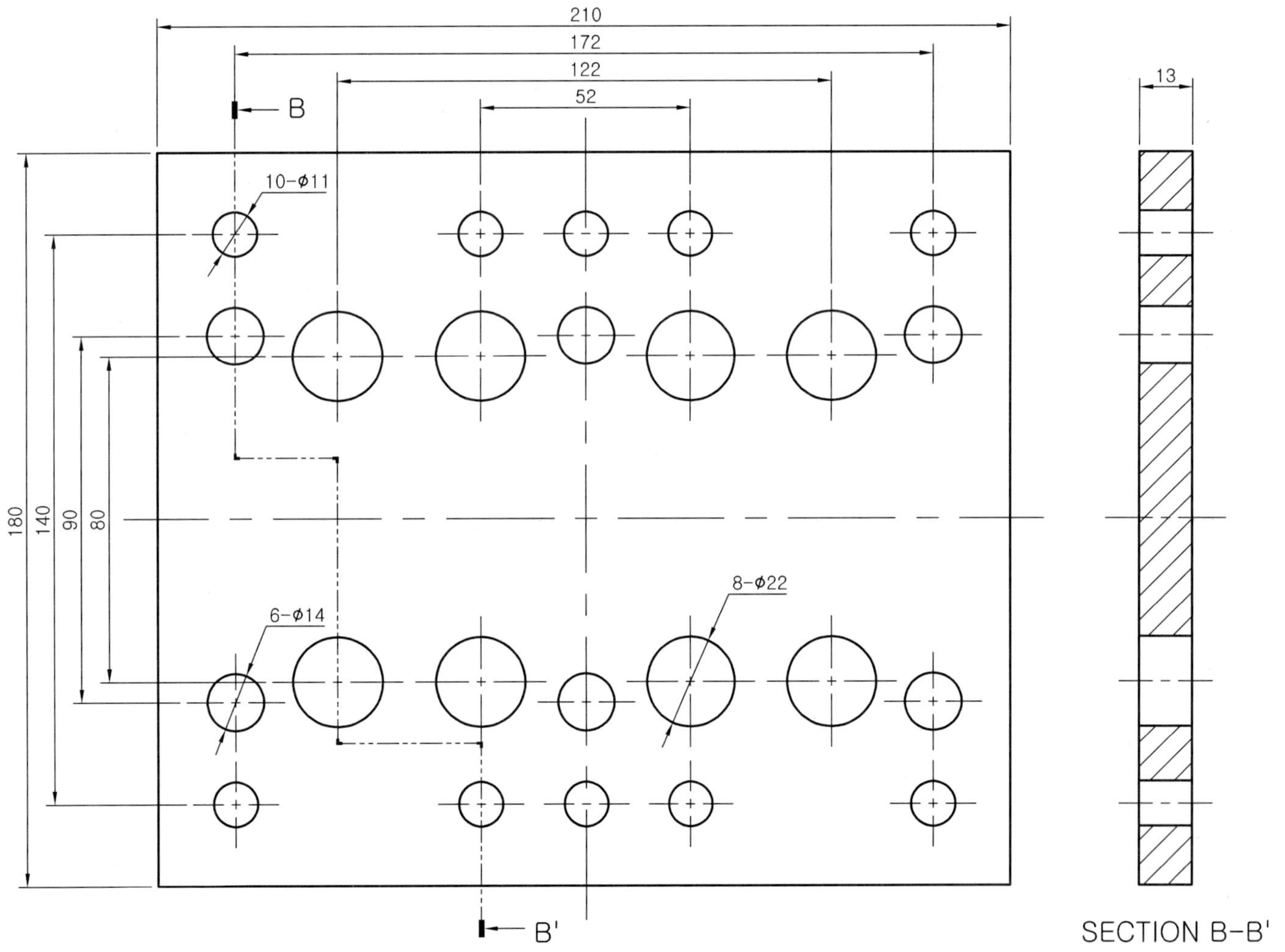

부품명	펀치 받침판	척 도	NS

③ 펀치 고정판 $\overset{x}{\bigtriangledown}$ ($\overset{y}{\bigtriangledown}$)

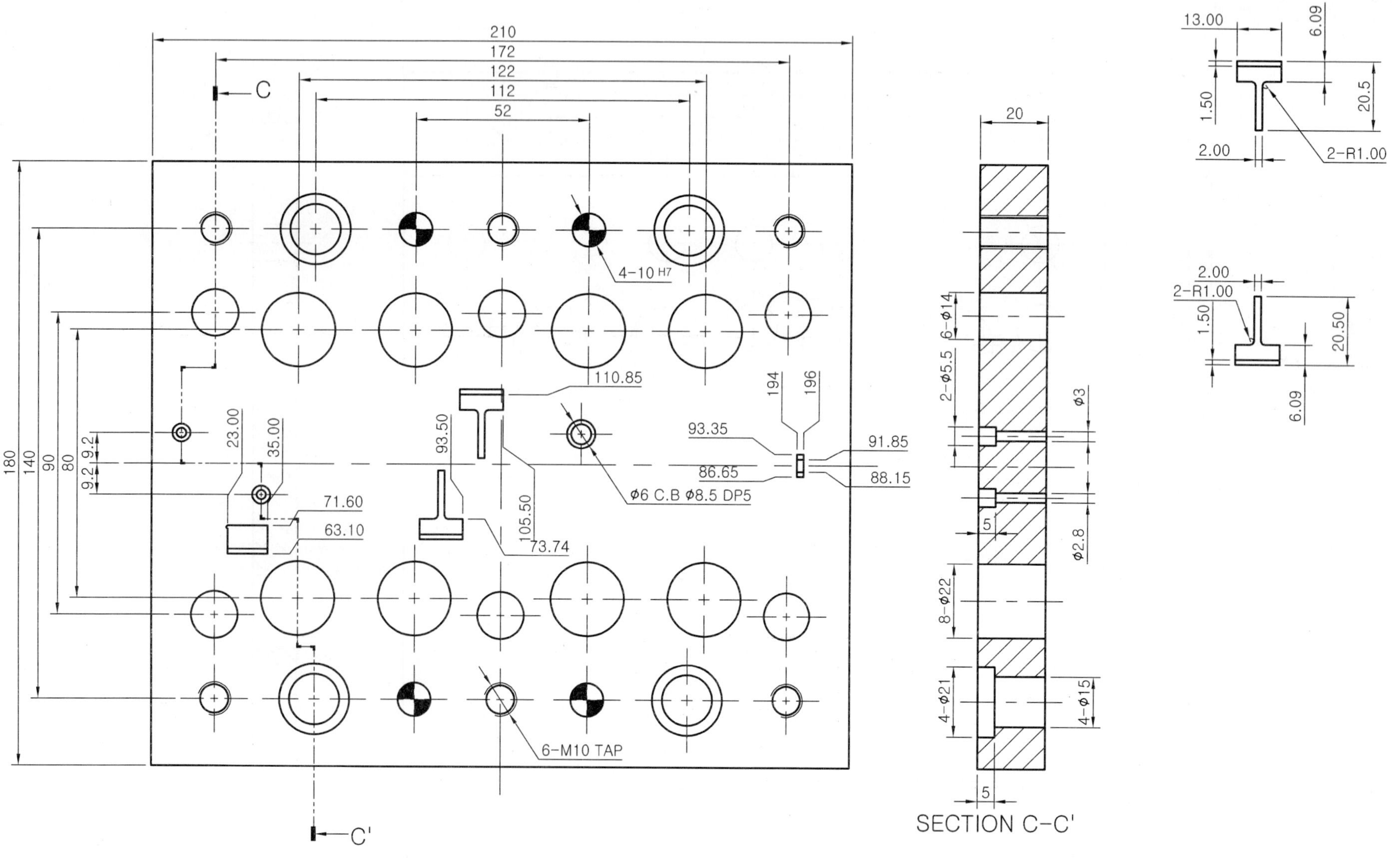

부품명	펀치 고정판	척 도	NS

④ 압축판 $\overset{x}{\bigtriangledown}$/($\overset{y}{\bigtriangledown}$/)

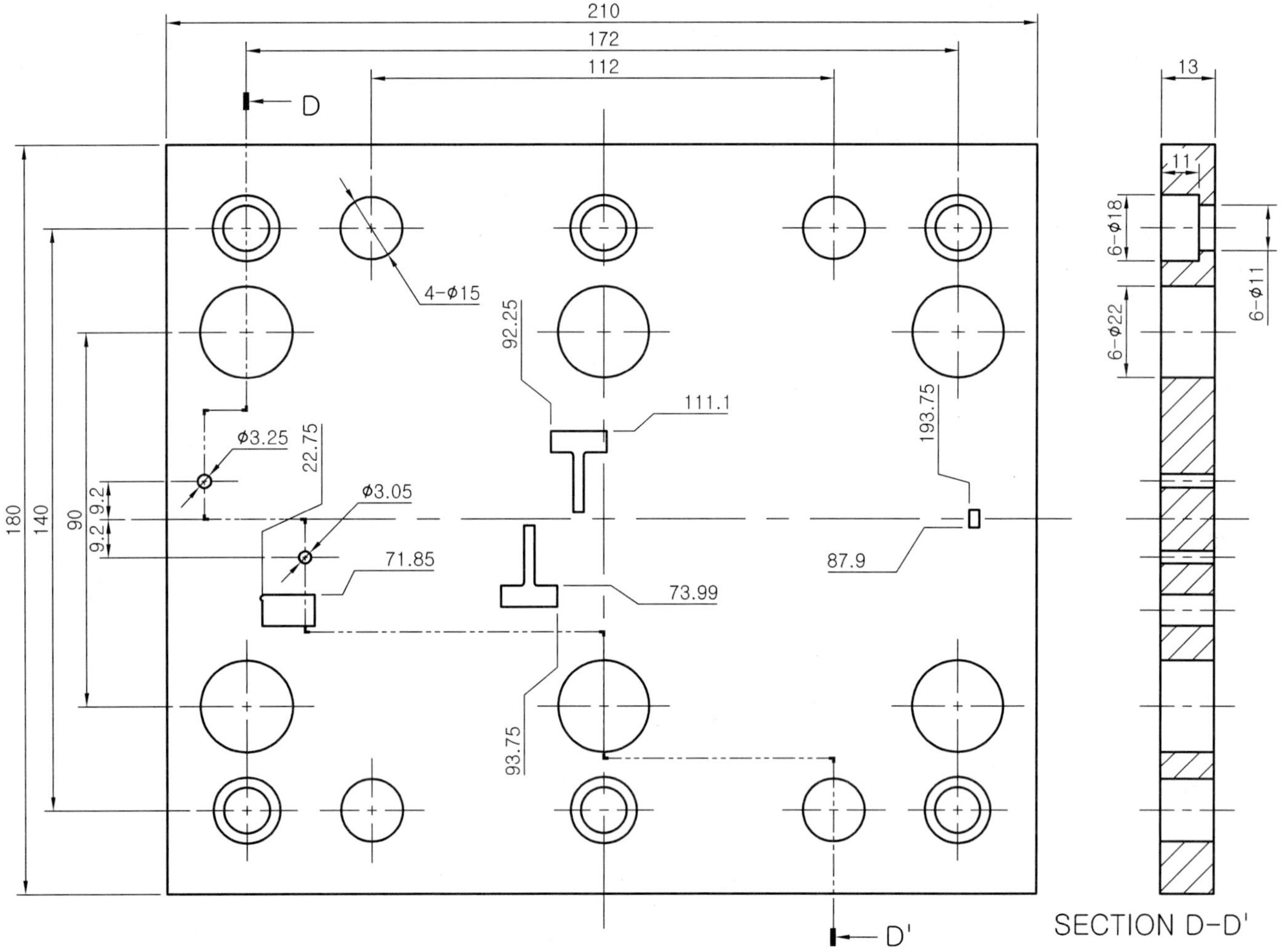

부품명	압축판	척 도	NS

⑤ 스트리퍼 x/(y/)

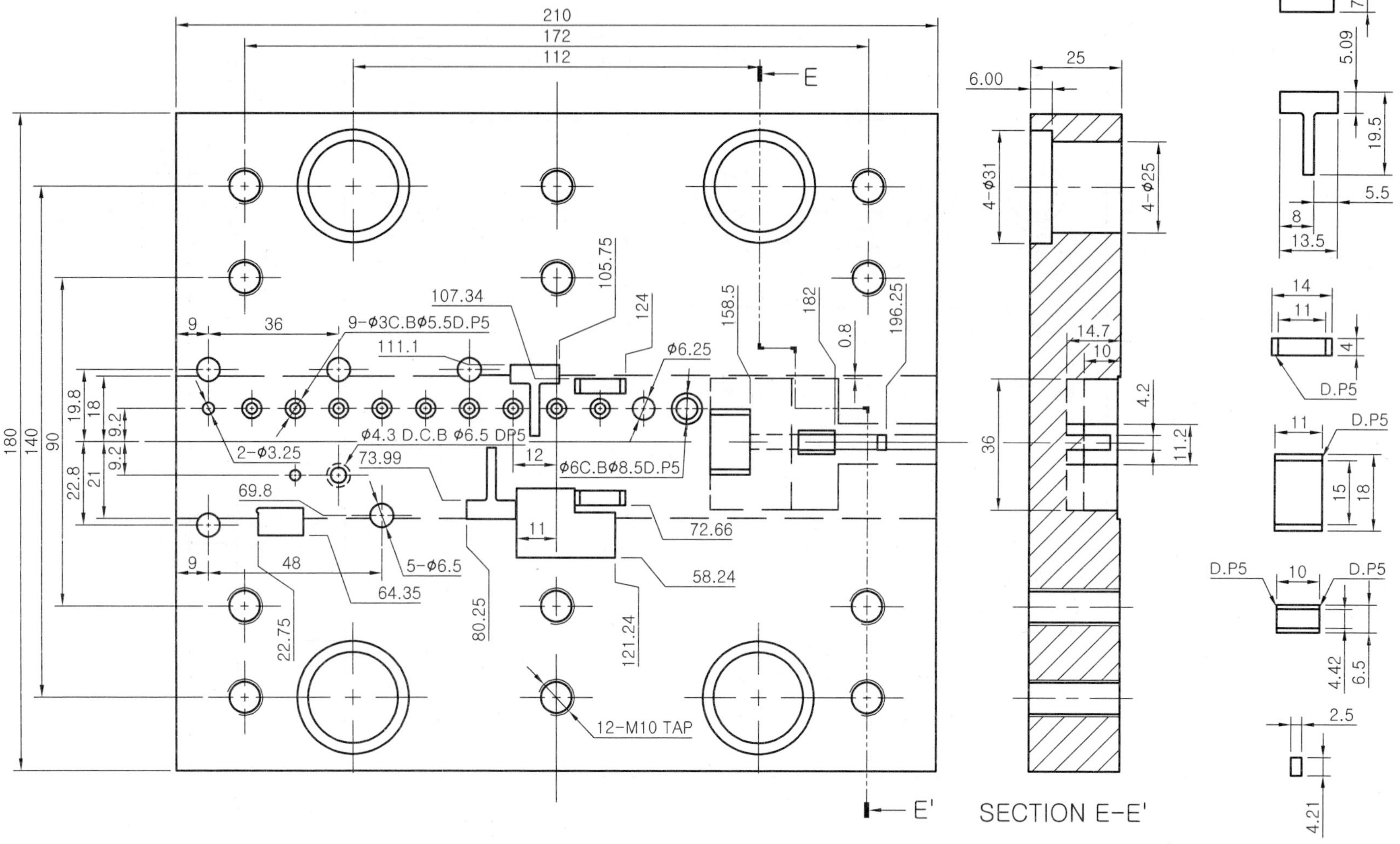

부품명	스트리퍼	척 도	NS

⑥ 다이 (x/y finish marks)

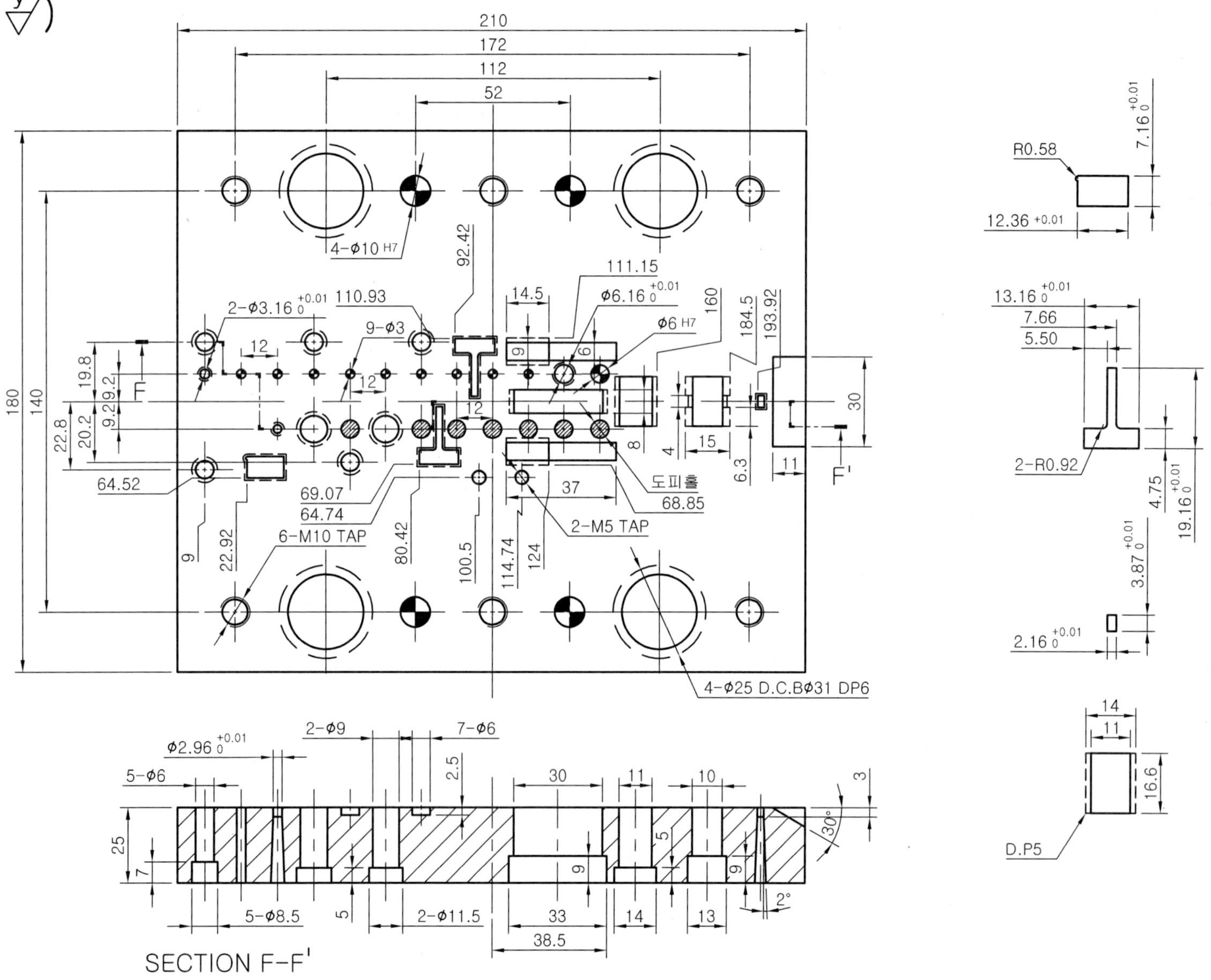

부품명	다이	척 도	NS

⑦ 다이 받침판 $\overset{x}{\nabla}$/($\overset{y}{\nabla}$/)

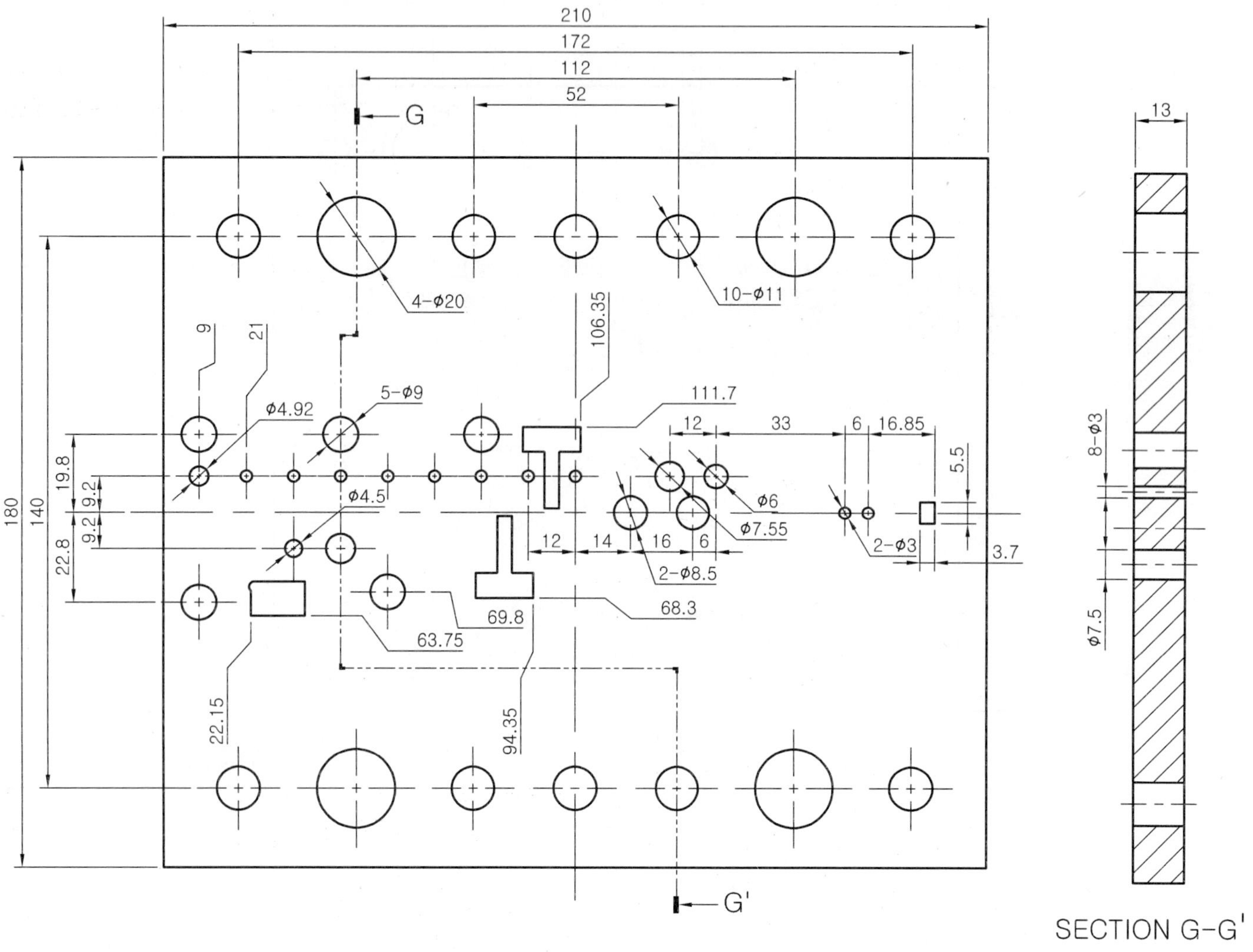

부품명	다이 받침판	척 도	NS

⑧ 하홀더

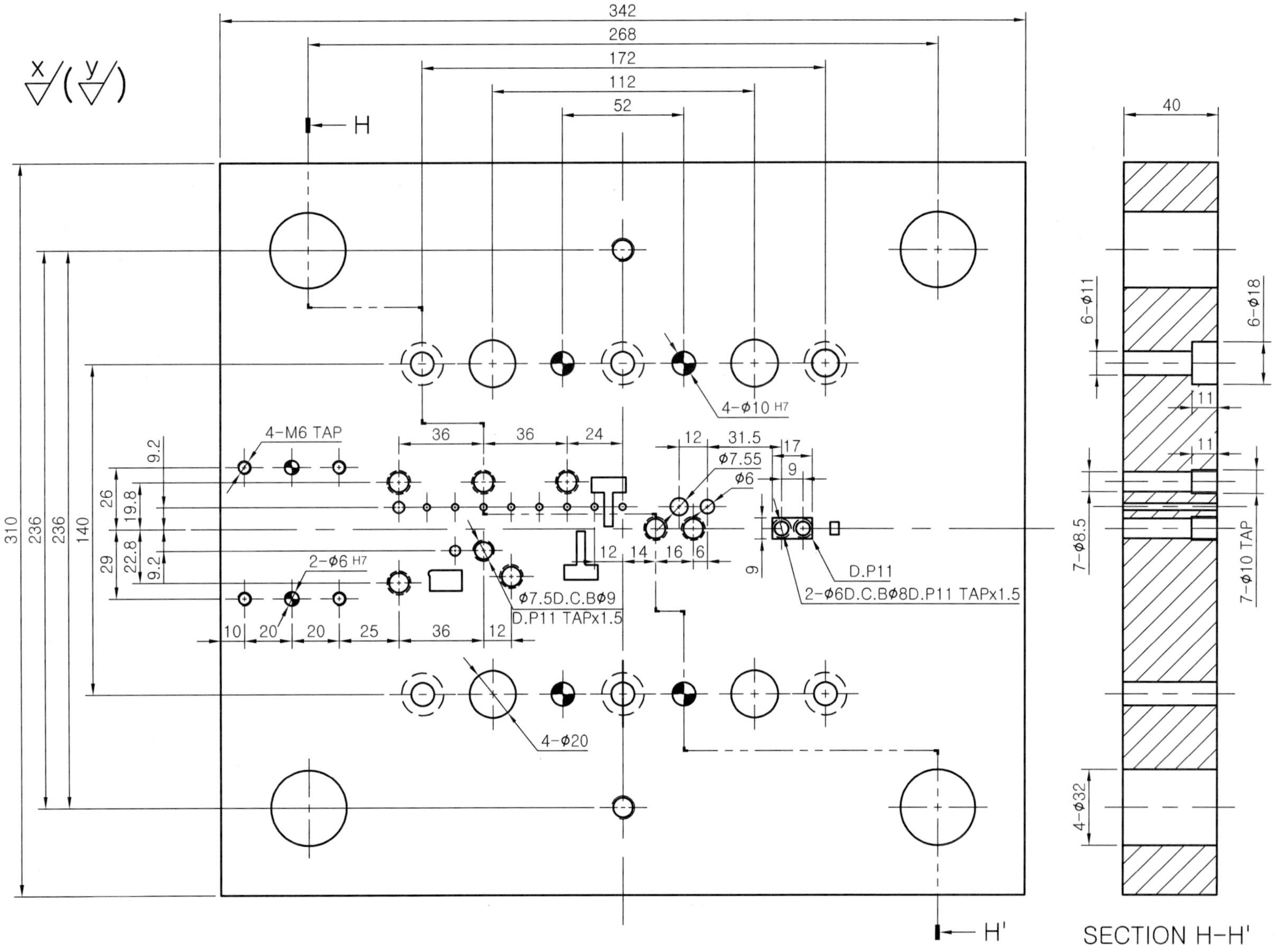

부품명	하홀더	척 도	NS

⑨ 피어싱 펀치 $\overset{x}{\nabla}$/ ($\overset{y}{\nabla}$/)

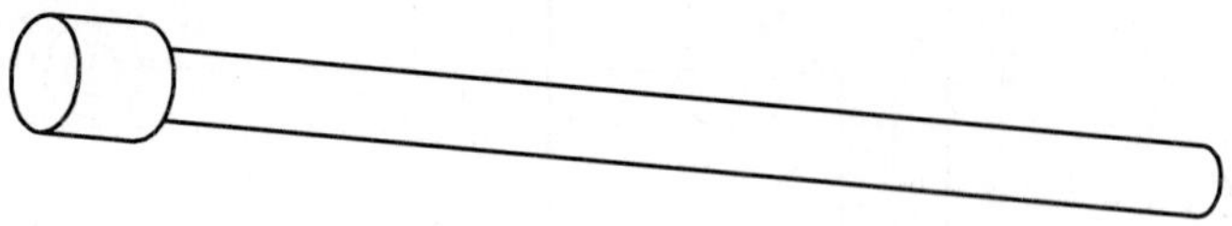

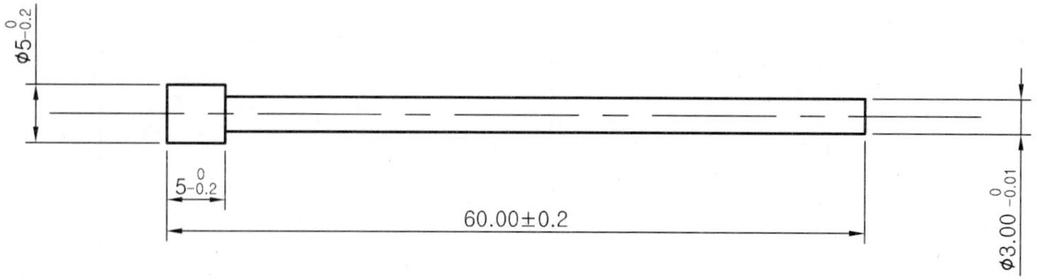

부품명	피어싱 펀치	척 도	NS

⑩ 사이드컷 펀치 $\overset{x}{\triangledown}$/ ($\overset{y}{\triangledown}$/)

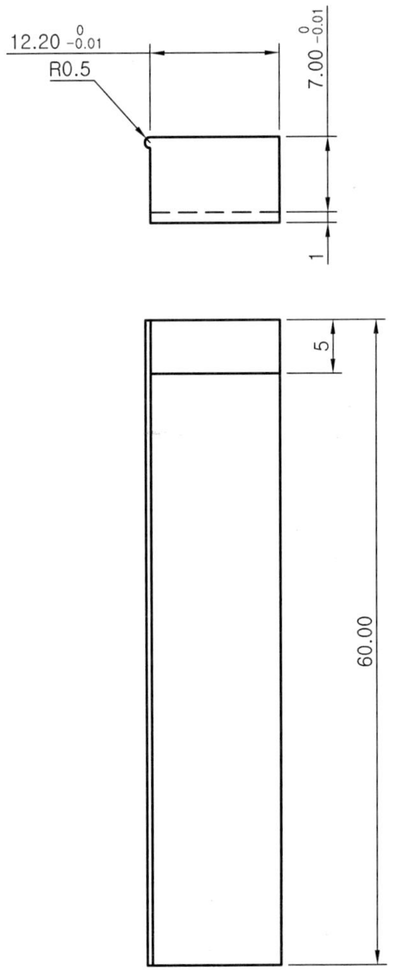

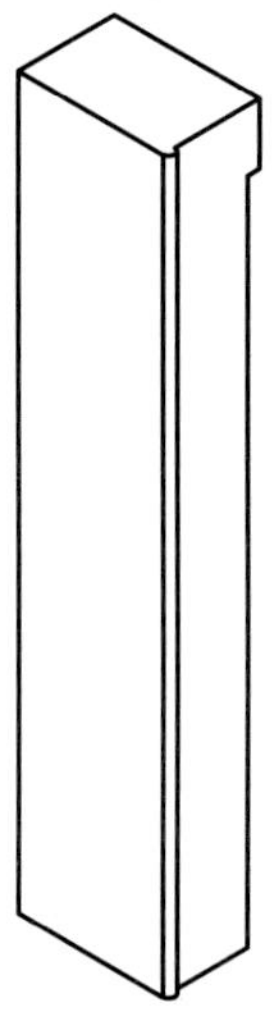

부품명	사이드컷 펀치	척 도	NS

⑪ 노칭 펀치 x/▽ (y/▽)

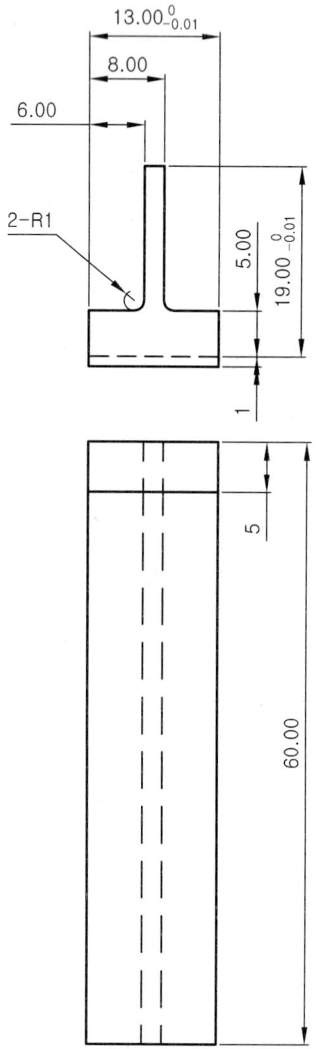

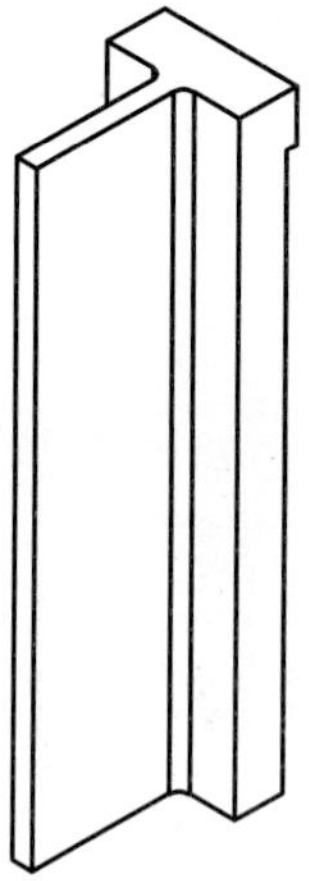

부품명	노칭 펀치	척 도	NS

⑫ 파팅 펀치 $\overset{x}{\nabla}$ ($\overset{y}{\nabla}$)

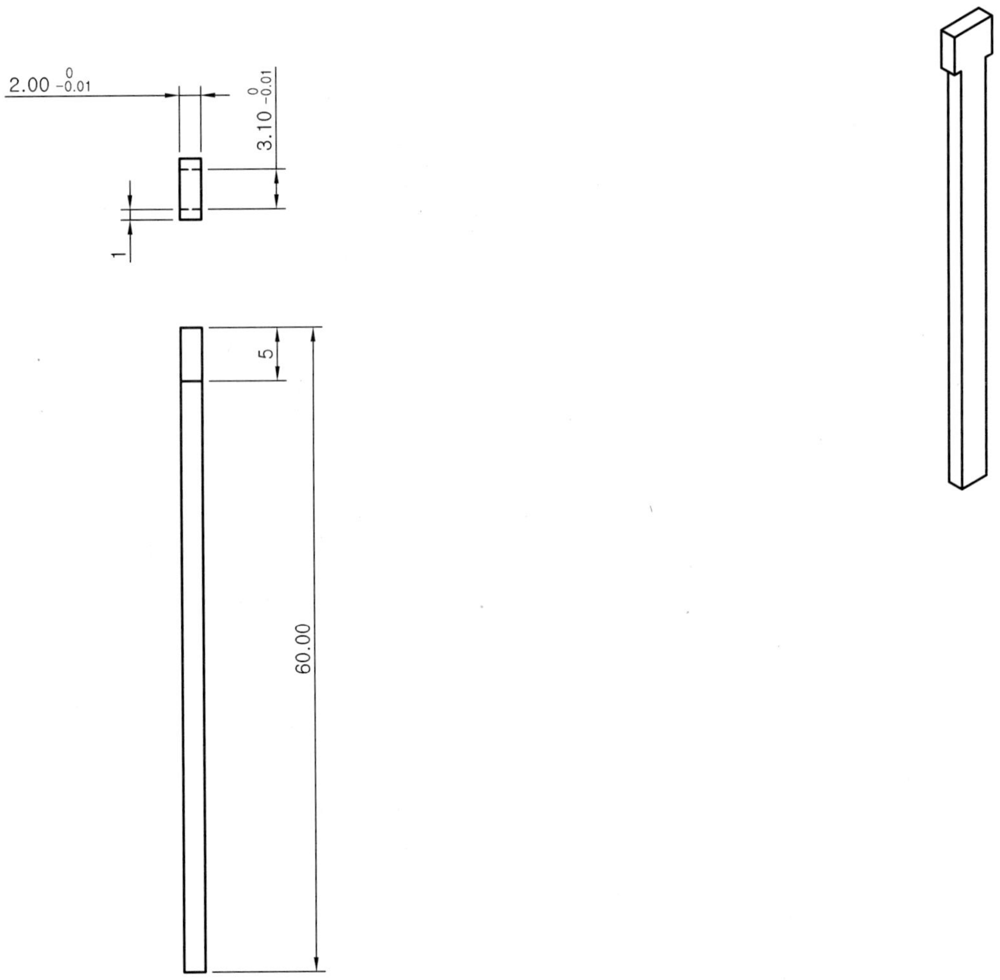

부품명	파팅 펀치	척 도	NS

⑬ 버링 애벌 펀치 $\overset{x}{\triangledown}$ ($\overset{y}{\triangledown}$)

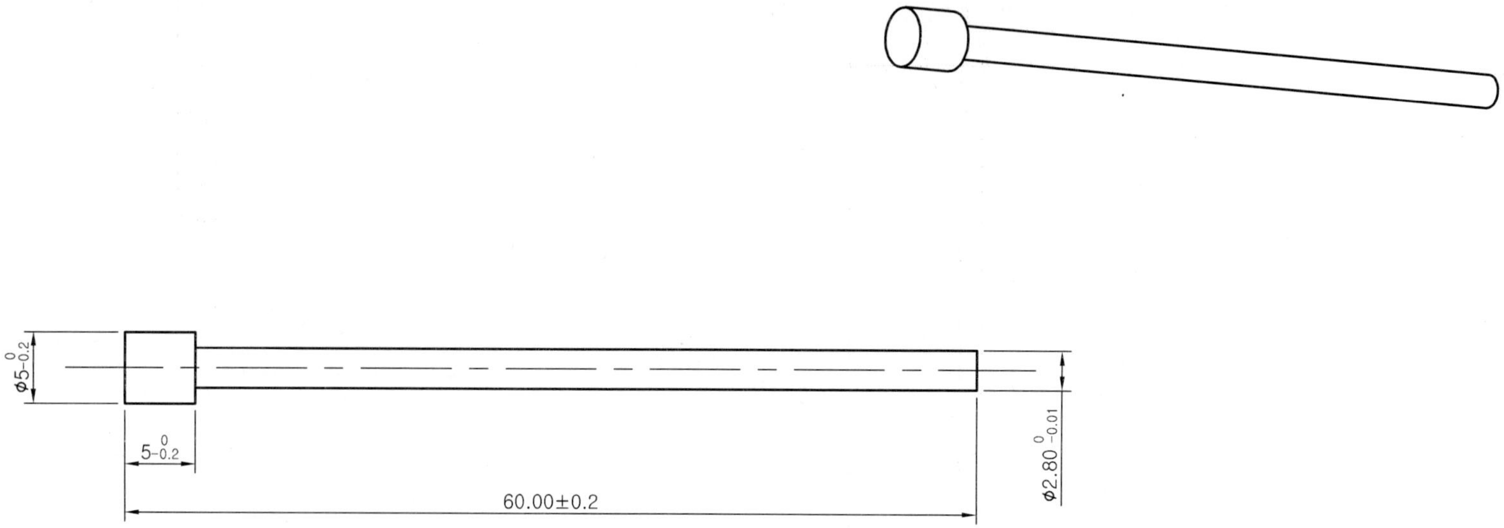

부품명	버링 애벌 펀치	척 도	NS

⑭ 버링 펀치 x/ (y/)

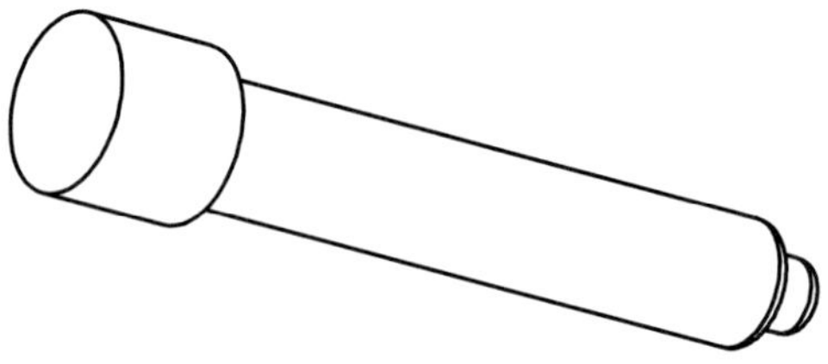

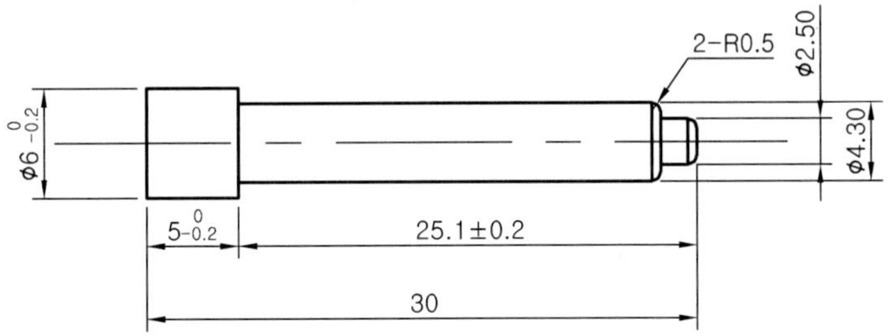

부품명	버링 펀치	척 도	NS

⑮ 버링 다이 $\overset{x}{\nabla}$ ($\overset{y}{\nabla}$)

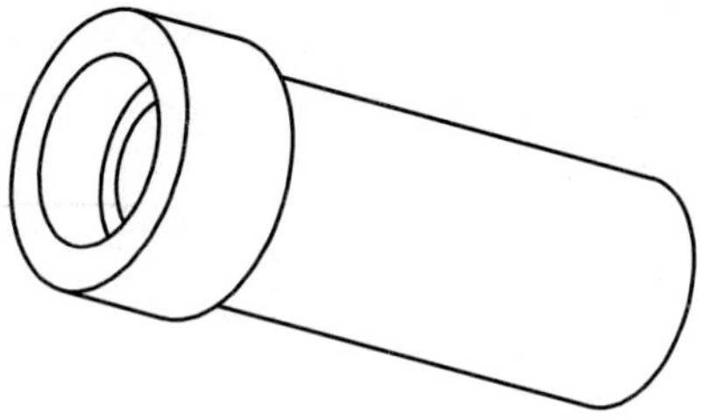

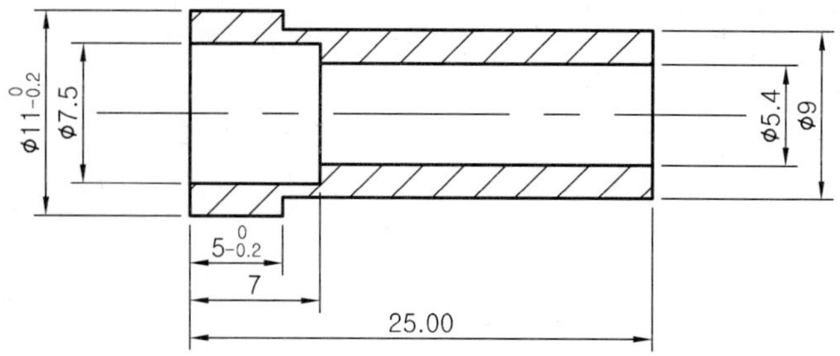

부품명	버링 다이	척 도	NS

⑯ 버링 심봉 $\overset{x}{\nabla}$ ($\overset{y}{\nabla}$)

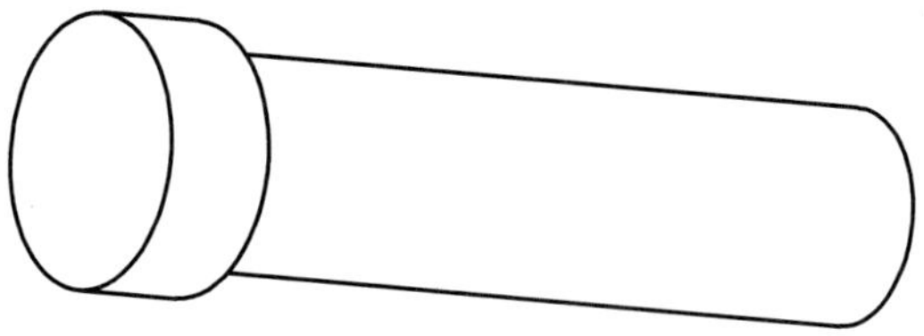

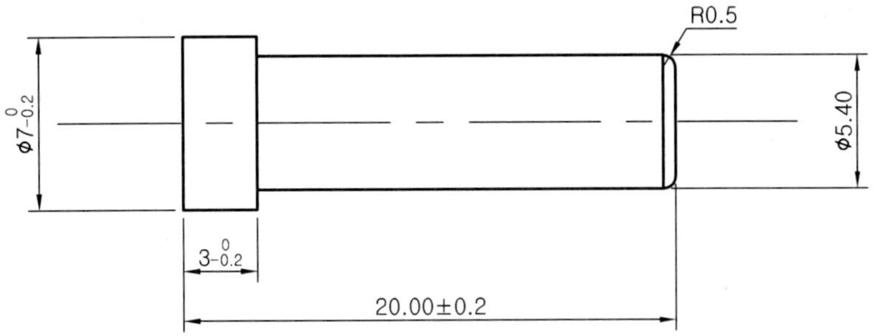

부품명	버링 심봉	척 도	NS

⑰ 리스트라이킹 다이 x/(y/)

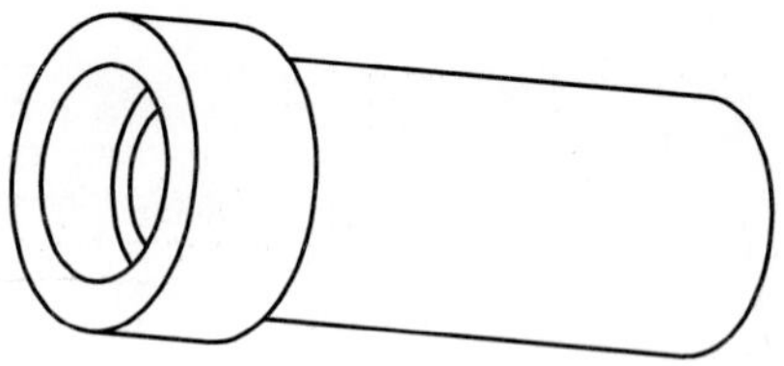

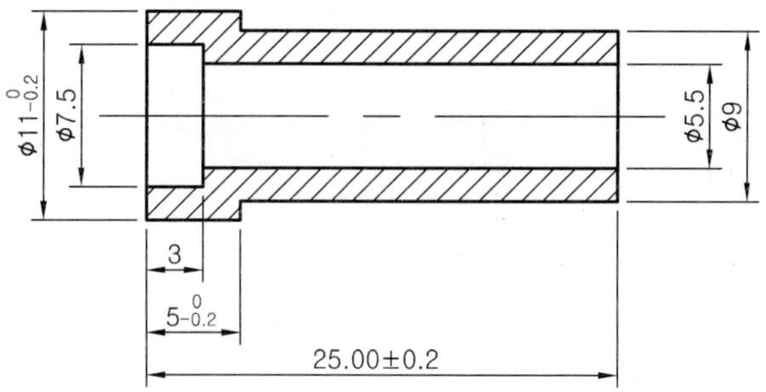

부품명	리스트라이킹 다이	척 도	NS

⑱ 리스트라이킹 심봉 $\overset{x}{\bigtriangledown}$ ($\overset{y}{\bigtriangledown}$)

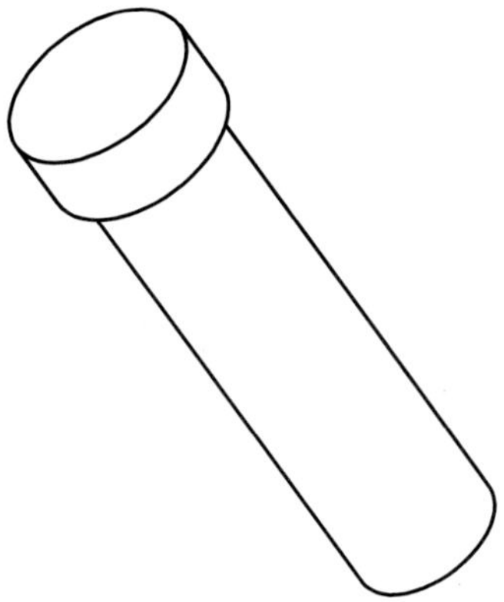

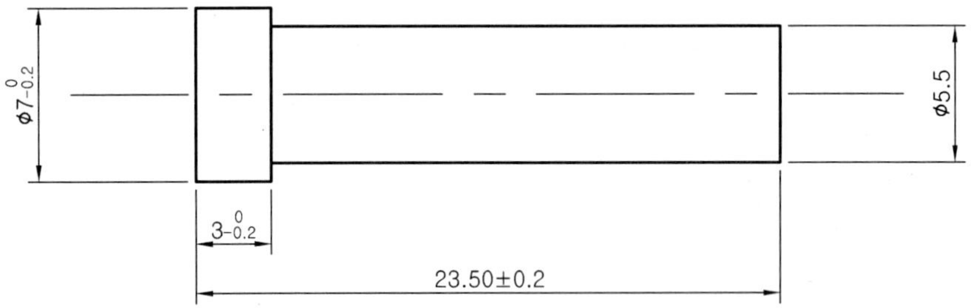

부품명	리스트라이킹 심봉	척 도	NS

⑲ 밴딩 펀치 $\overset{x}{\nabla}/(\overset{y}{\nabla}/)$

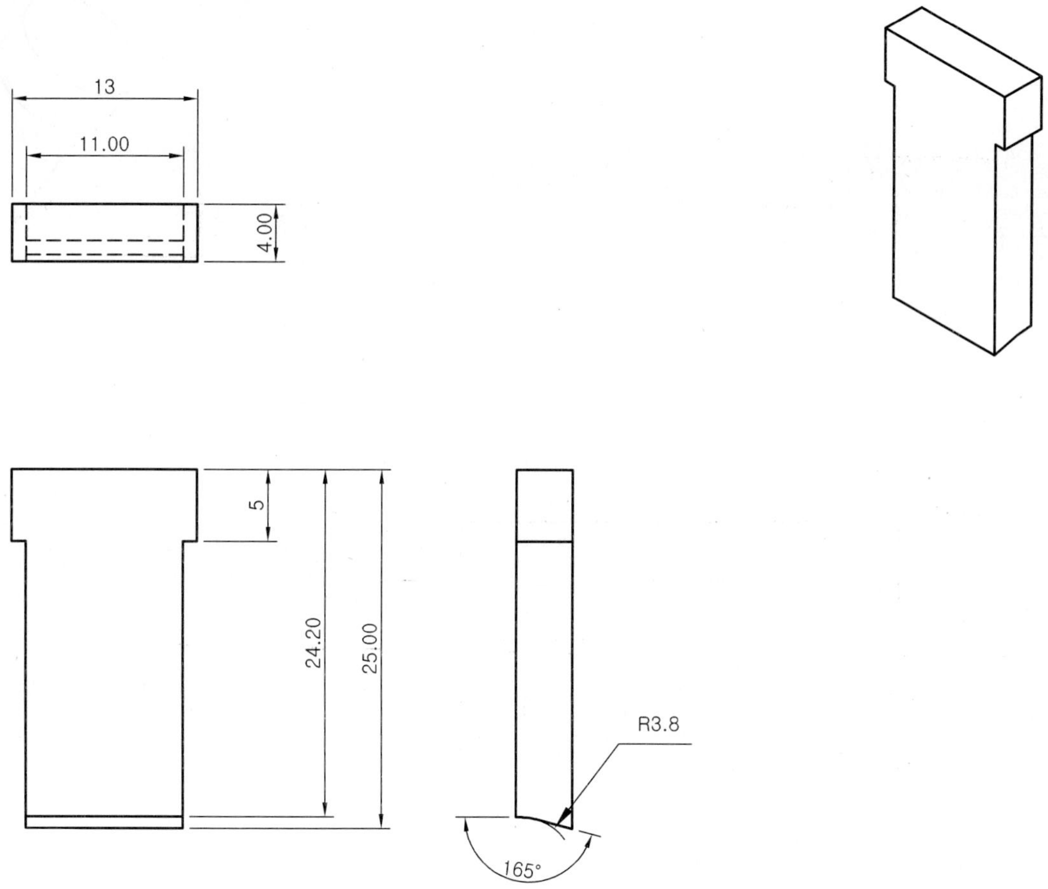

부품명	밴딩 펀치	척 도	NS

⑳ 밴딩 다이 $\overset{x}{\bigtriangledown}\!/(\overset{y}{\bigtriangledown}\!/)$

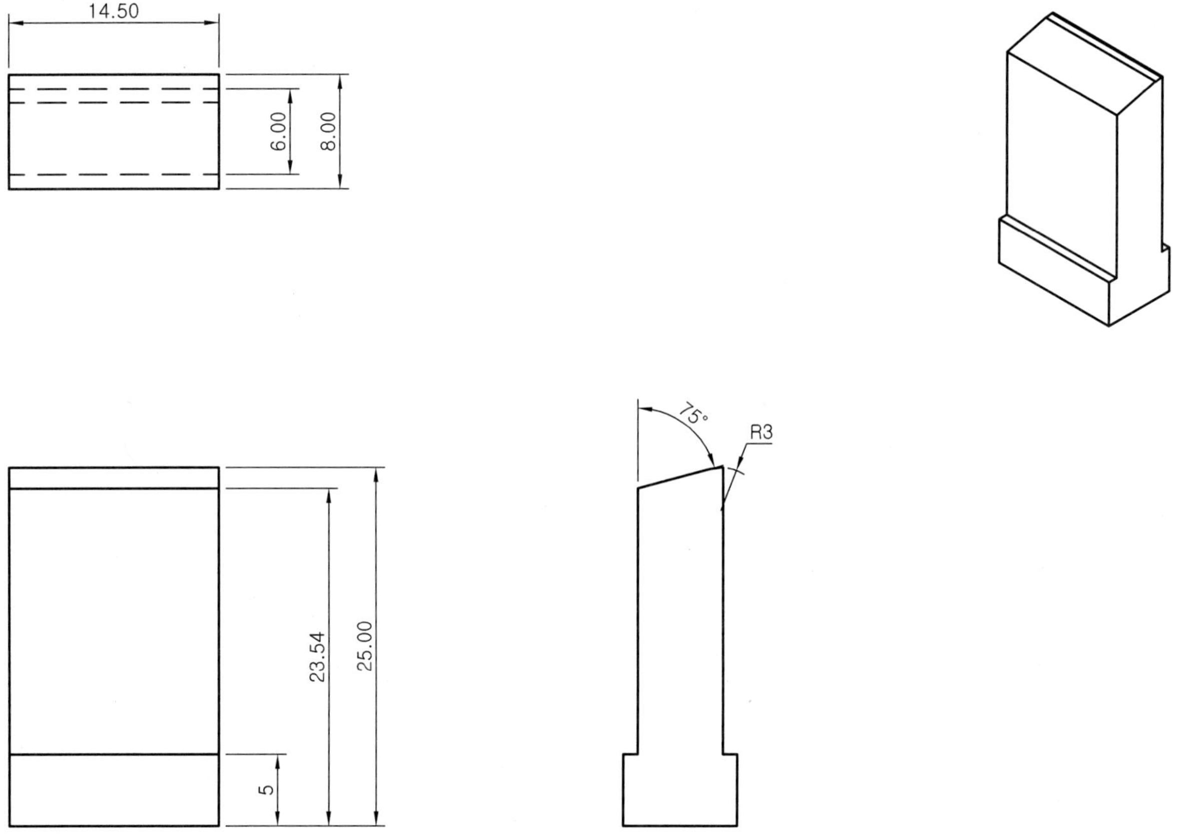

부품명	밴딩 다이	척 도	NS

㉑ 1차 밴딩 펀치 $\overset{x}{\bigtriangledown}\!/ \, (\overset{y}{\bigtriangledown}\!/)$

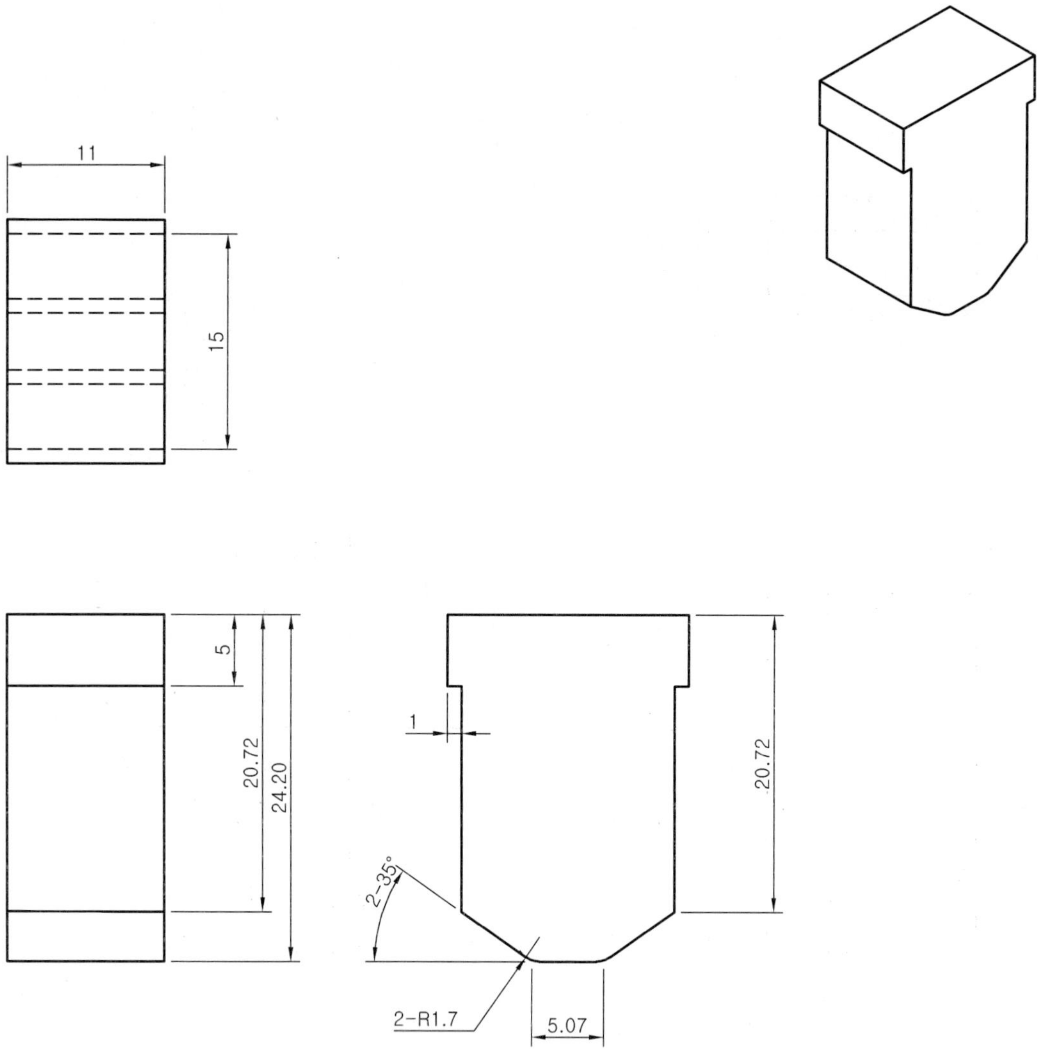

부품명	1차 밴딩 펀치	척 도	NS

㉒ 1차 밴딩 다이 x/(y/)

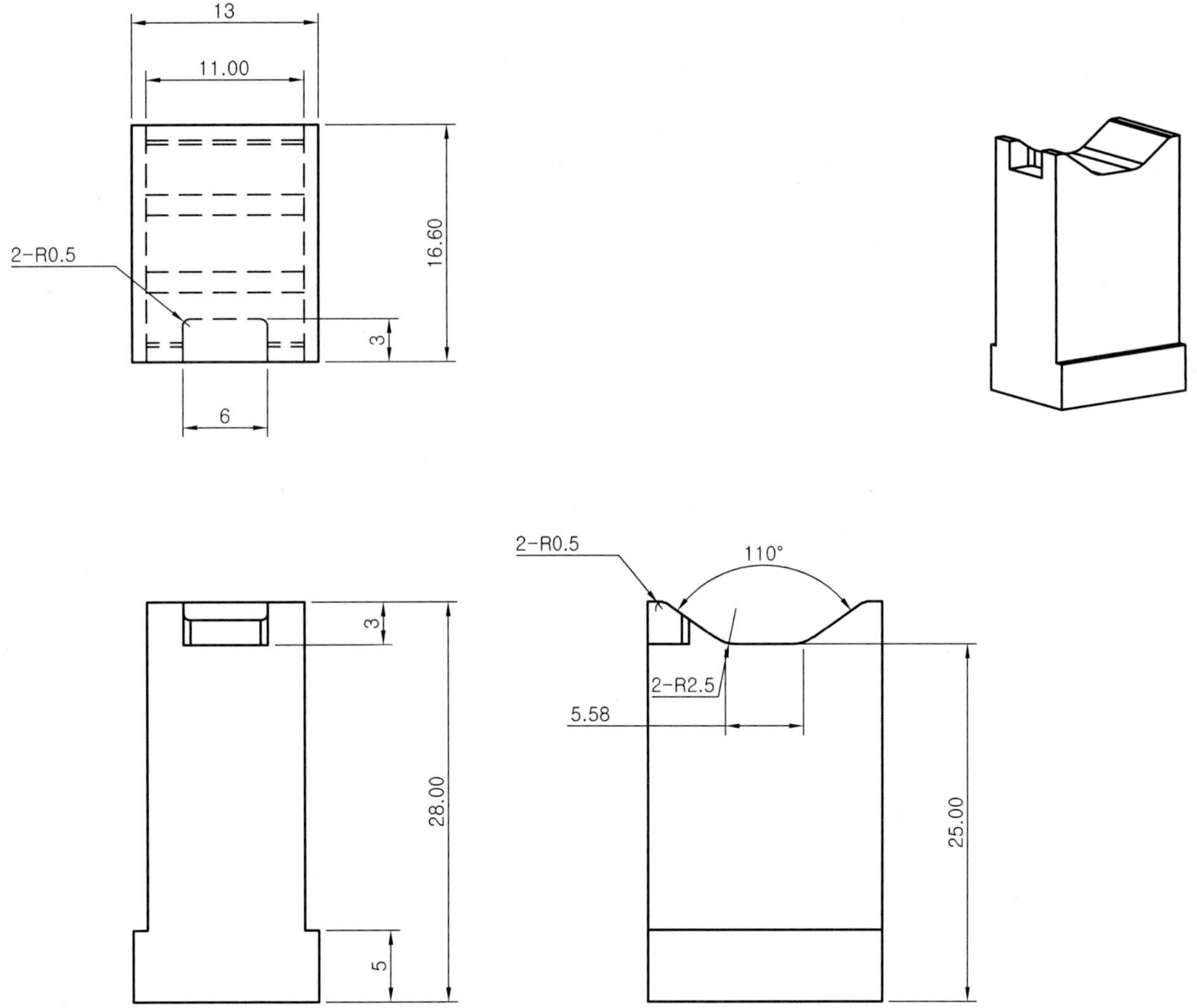

부품명	1차 밴딩 다이	척 도	NS

㉓ 2차 밴딩 펀치 $\overset{x}{\bigtriangledown}$/($\overset{y}{\bigtriangledown}$/)

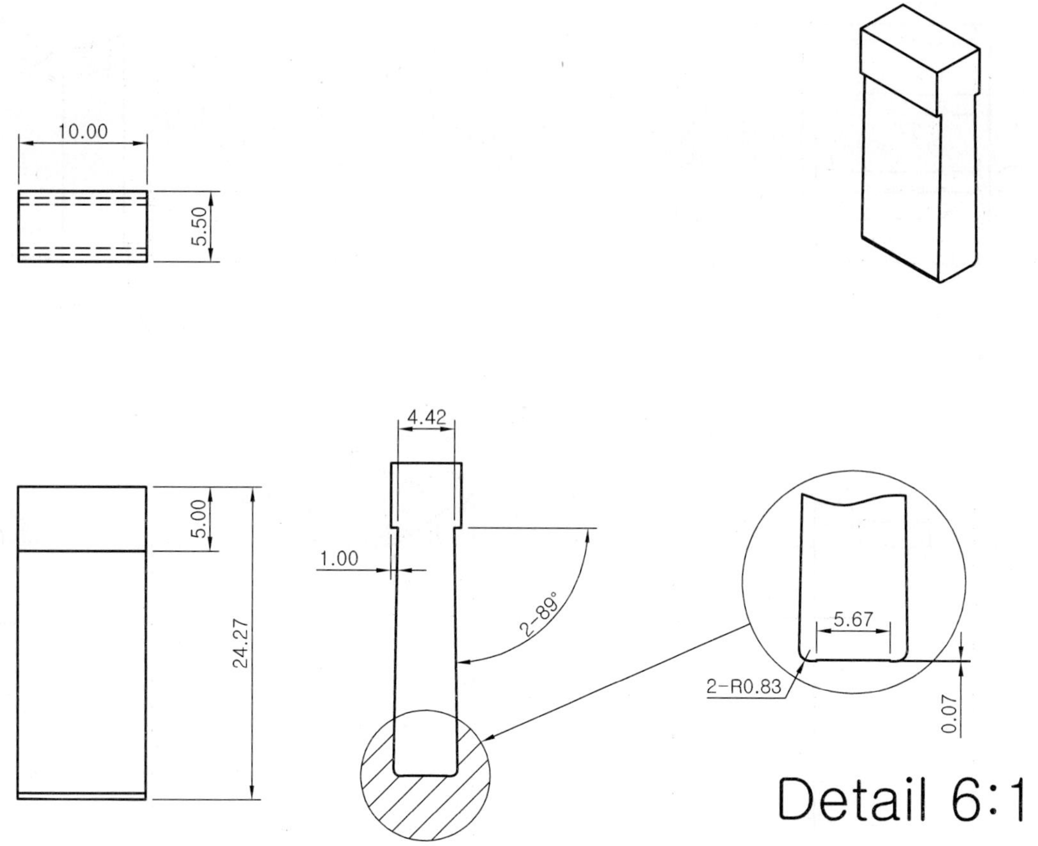

부품명	2차 밴딩 펀치	척 도	NS

㉔ 2차 밴딩 다이 $\overset{x}{\bigtriangledown}/(\overset{y}{\bigtriangledown}/)$

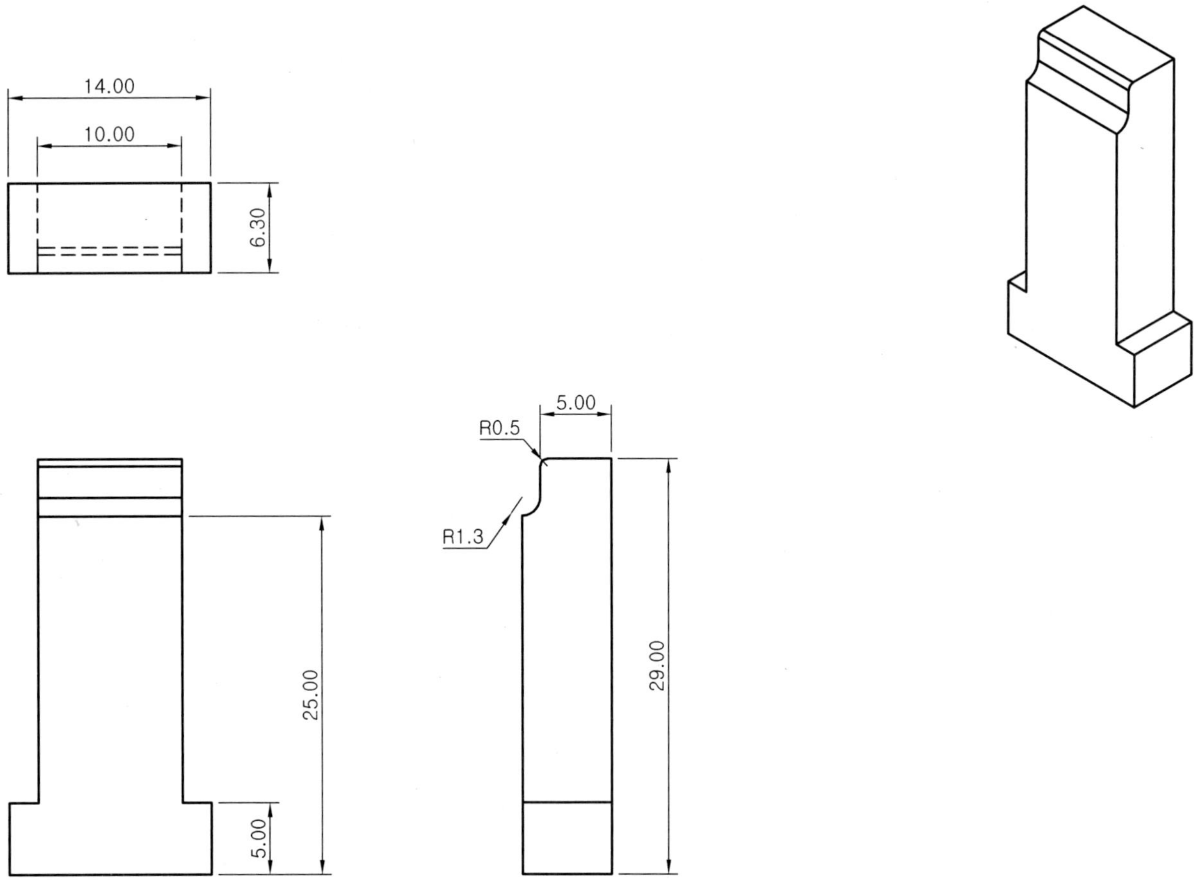

부품명	2차 밴딩 다이	척 도	NS

(25) 2차 밴딩 패드 x/ (y/)

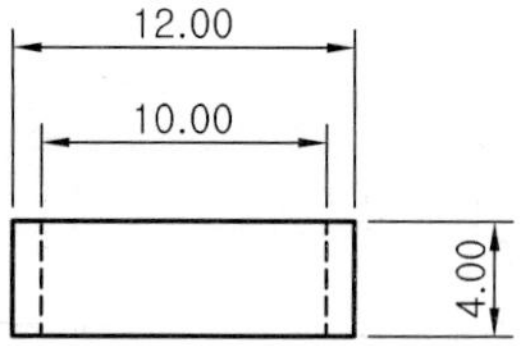

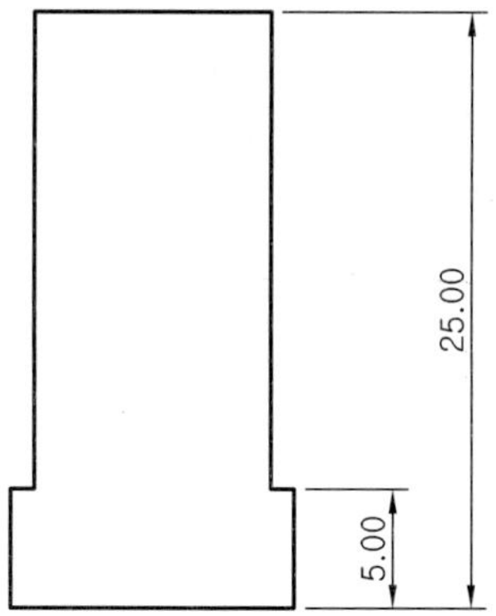

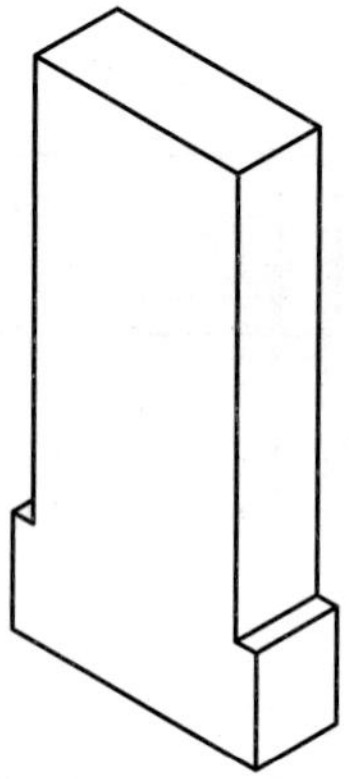

부품명	2차 밴딩 패드	척 도	NS

㉖ 피어싱 펀치 $\overset{x}{\nabla}$/ ($\overset{y}{\nabla}$/)

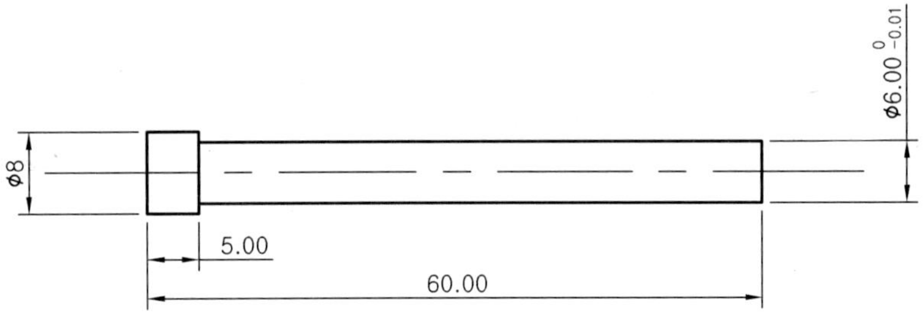

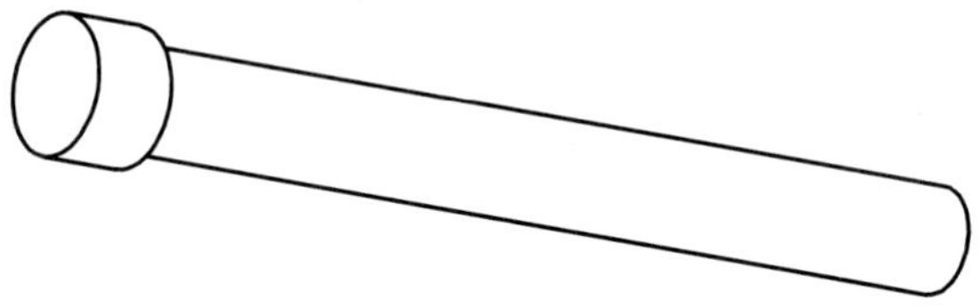

부품명	피어싱 펀치	척 도	NS

㉘ 가이드 리프터 핀 $\overset{x}{\nabla}$/($\overset{y}{\nabla}$)

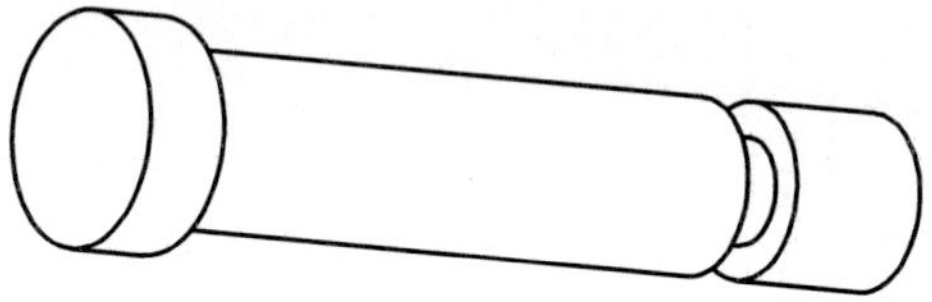

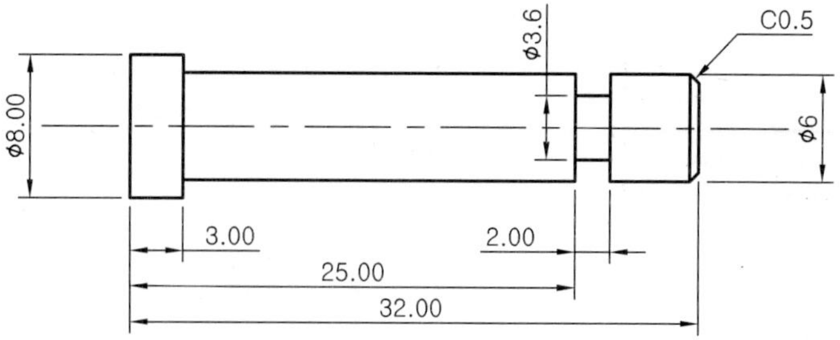

부품명	가이드 리프터 핀	척 도	NS

㉙ 파일럿 핀 x/▽ (y/▽)

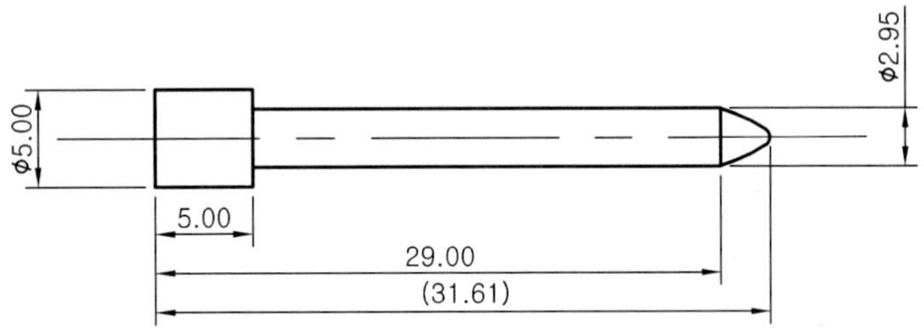

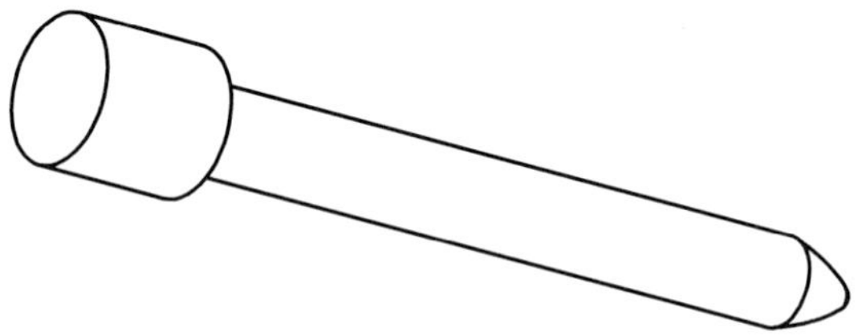

부품명	파일럿 핀	척 도	NS

(30) 2차 파일럿 핀 $\overset{x}{\bigtriangledown}$ ($\overset{y}{\bigtriangledown}$)

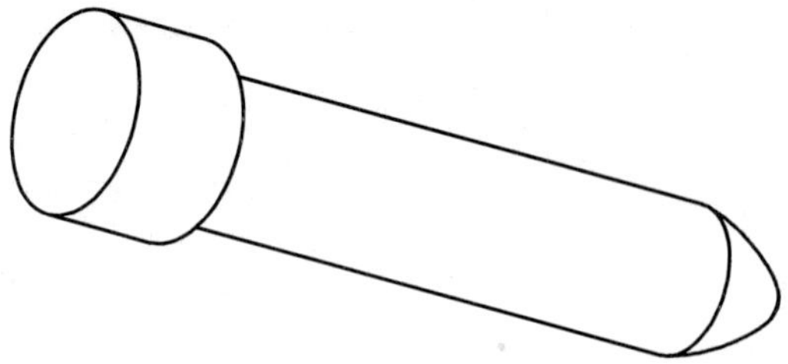

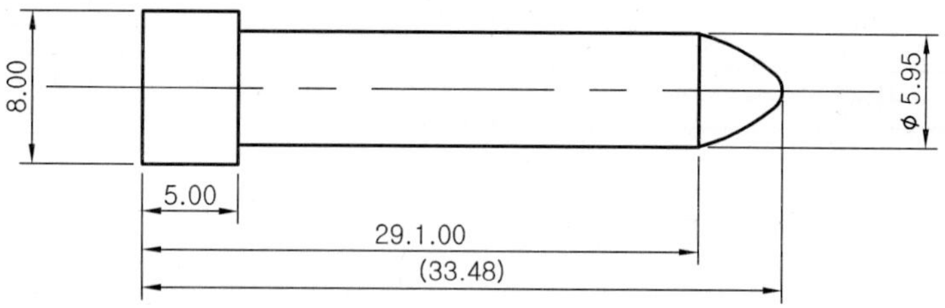

부품명	2차 파일럿 핀	척 도	NS

㉟ 소재 안내판 $\overset{x}{\nabla}$ ($\overset{y}{\nabla}$)

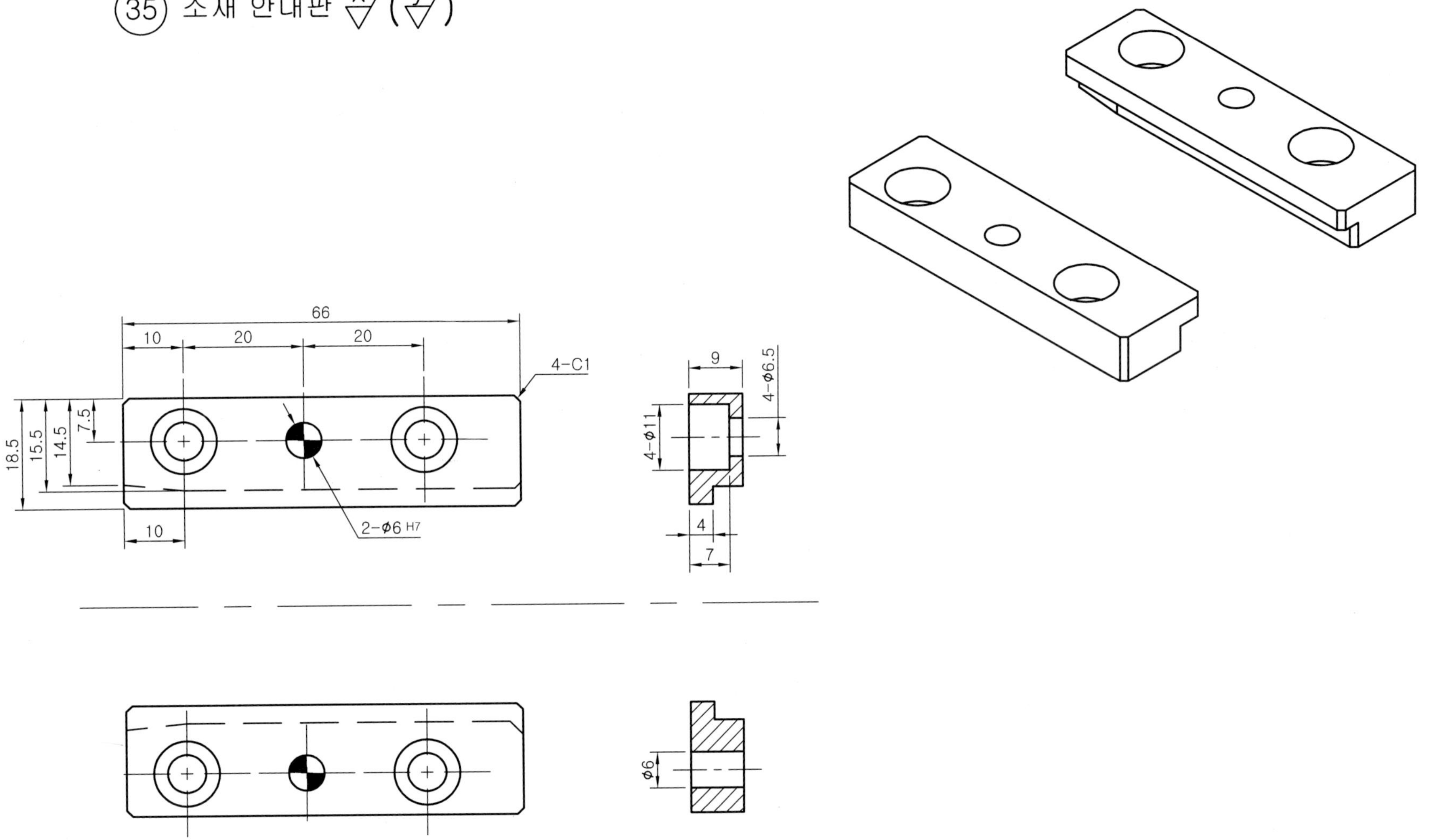

부품명	소재 안내판	척 도	NS

㊱ 소재 안내편 $\overset{x}{\bigtriangledown}$/ ($\overset{y}{\bigtriangledown}$/)

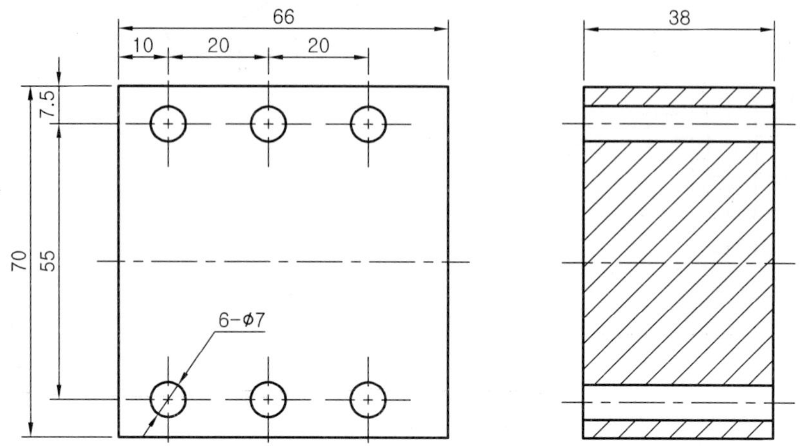

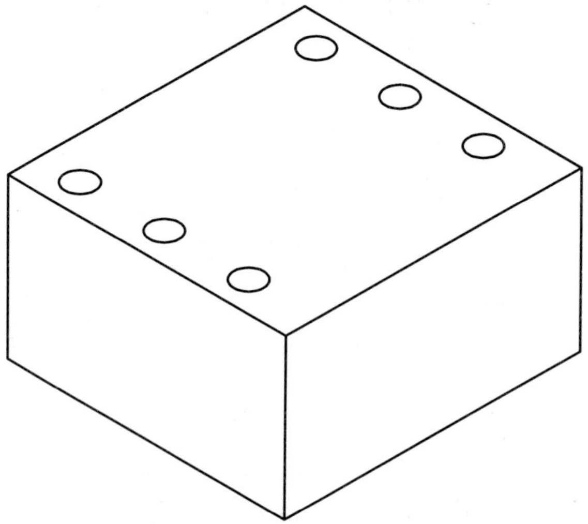

부품명	소재 안내편	척 도	NS

현장실무능력 배양을 위한

최신 프레스금형 설계도면집

1판 1쇄 2017년 12월 26일

저 자 윤갑석
발행인 송광헌
발행처 복두출판사
주 소 서울특별시 영등포구 경인로82길 3-4
센터플러스 807호 (우) 07371
전 화 02-2164-2580
FAX 02-2164-2584
등 록 1993. 11. 22. 제 10-902 호

정가 : 26,000원
ISBN : 979-11-5906-324-4 93550

한국과학기술출판협회 회원사